石油化工有害物质防护手册

中国石化集团公司安全环保局
中国石化集团公司职业病防治中心 组织编写

中国石化出版社

图书在版编目(CIP)数据

石油化工有害物质防护手册/中国石化集团公司安全环保局，中国石化集团公司职业病防治中心组织编写. —北京：中国石化出版社，2011.6
ISBN 978-7-5114-0934-8

Ⅰ. ①石… Ⅱ. ①中… ②中… Ⅲ. ①石油化工-有害物质-防护-技术手册 Ⅳ. ①TE687

中国版本图书馆 CIP 数据核字(2011)第 090350 号

中国石化出版社出版发行
地址:北京市东城区安定门外大街 58 号
邮编:100011　电话:(010)84271850
读者服务部电话:(010)84289974
http://www.sinopec-press.com
E-mail:press@sinopec.com.cn
北京金明盛印刷有限公司印刷
全国各地新华书店经销
*
787×1092 毫米 16 开本 41.25 印张 986 千字
2011 年 10 月第 1 版　2011 年 10 月第 1 次印刷
定价：120.00 元

序

安全生产必须把“为了人”作为根本目的。以人为本首先要以人的生命健康为本，关爱生命比什么都重要，中国石化党组对职工健康工作高度重视，坚持“预防为主、防治结合、分类管理、综合治理”的方针，坚持“以人为本、健康至上”原则，严格执行国家有关法律法规、标准制度，稳步推进职工健康工作迈上新台阶。安全生产必须把“尊重人”作为根本准则。要增加投入，创造条件，改善环境，让每一名劳动者体面地工作、生活。要善待、关心、关爱为中国石化服务的每一位员工。安全生产必须把“依靠人”作为根本途径。要通过多种形式，提高员工的安全素质和业务技能，安全生产才有基础，才有保证。

随着石油化学工业的迅猛发展，生产或使用过程中遇到日益增多的化学物质。这些化学物质大多数具有一定的危害，甚至毒性，对广大职工身体健康构成了潜在的影响，直接或间接威胁着职工身心健康。

中国石化集团公司安全环保局与集团公司职业病防治中心组织有关人员结合国际、国内情况以及国家相关法律法规标准，在原《石油化工毒物手册》(1992 年出版)的基础上编写了《石油化工有害物质防护手册》，共收录 470 条目，旨在石化系统内进一步普及有关化学物质的理化性质、毒性、中毒表现、防护措施、职业接触限值等方面知识，让广大职工掌握和增强自我防护、自救互救的能力。

《石油化工有害物质防护手册》所收录的石油化工有害物质涵盖了目前中国石化上、中、下游企业职工在作业过程中所接触的化学物质职业危害，内容全面，可作为石油化工生产、设计、安全、环保、工作场所检测、职业应急、紧急救援、职业病防治等领域的技术人员和管理工作者的常用工具书，也可作为 HSE 培训，特别是职业健康教育的辅助教材。希望广大职工认真学习，加强防护意识，从源头控制职业危害，实现“安全体面工作、健康快乐生活”的目标。

《石油化工有害物质防护手册》

编 写 委 员 会

主　　任　王　强

副 主 任　寇建朝

委　　员　周学勤　何怀明　苏树祥　傅迎春　王　坤

主　　编　周学勤

副 主 编　苏树祥　傅迎春

编写人员　（以姓氏笔画为序）

邓喆轩　申　静　曲凡宇　齐敬东　朱燕群

刘　燕　刘英魁　苏树祥　李国宏　李　明

李俊杰　李渊博　李　超　吴梅香　张　辉

姚宏伟　赵　静　贾　婷　郭淑霞　黄　江

傅迎春　傅成林

前　言

近二十年来，我国石油化学工业发展迅猛，生产过程中遇到的化学物质日益增多，有相当部分化学物质具有一定毒害作用，有些物质的毒害作用机理还未被人们充分认识。生产中存在的这些有害物质对广大职工的身心健康构成一定威胁。为让广大石化职工了解本行业生产中存在的有害物质及其对健康的毒害作用、防护知识以及我国现行的职业卫生标准要求等，以增强职工自我防护及自救互救能力，我们组织编写了《石油化工有害物质防护手册》(以下简称《手册》)。本《手册》以1992年版《石油化工毒物手册》为基础，根据生产发展情况，新增了有害物质条目，对每条目下包含的内容做了较大调整。

本《手册》共收录了470条有害物质，它们是石油化工生产中存在的比较常见的有毒有害物质。本手册对有害物质按化学物质分类为序进行编排，共分8大类化学物质：A脂肪族化合物、B脂环族化合物及其衍生物、C芳香族化合物、D杂环化合物、E元素有机化合物、F高分子聚合物、G混合物、H元素及其无机化合物。每条物质下设理化性质、接触机会、毒性、职业危害、职业禁忌、应急处理、防护措施、职业接触限值等内容。

本《手册》的编写倾注了编写委员会及全体编写人员的大量心血，但由于水平有限，错漏之处在所难免，敬请广大读者批评指正。

在本《手册》的编写和审查过程中，得到中国疾病预防控制中心职业卫生与中毒控制所、首都经济贸易大学等单位的专家，以及中国石化集团公司职业病防治中心的老专家宁文生的指导，在此表示衷心感谢！在收集资料及编写过程中，中国石化集团公司安全环保局及多家企业有关同志给予了大力支持，在此一并致谢！

《石油化工有害物质防护手册》编写组

编写说明

一、近二十年来，我国石油化学工业发展迅猛，生产过程中遇到的化学物质日益增多，有相当部分化学物质具有一定毒害作用，有些物质的毒害作用机理还未被人们充分认识。生产中存在的这些有害物质对广大职工的身心健康构成一定威胁。为让广大石化职工了解本行业生产中存在的有害物质及其对健康的毒害作用、防护知识以及我国现行的职业卫生标准要求等，以增强职工自我防护及自救互救能力，我们组织编写了《石油化工有害物质防护手册》(以下简称《手册》)。本《手册》以1992年版《石油化工毒物手册》为基础，根据生产发展情况，新增了有害物质条目，对每条目下包含的内容做了较大调整。

二、本《手册》共收录了470条有害物质，对有害物质按化学物质分类为序进行编排，共分8大类化学物质，分别是：A脂肪族化合物、B脂环族化合物及其衍生物、C芳香族化合物、D杂环化合物、E元素有机化合物、F高分子聚合物、G混合物、H元素及其无机化合物。

A脂肪族化合物分七类，分别是：脂肪族烃类，脂肪族卤代衍生物，脂肪族醇、醚及其衍生物，脂肪族醛、酮及其衍生物，脂肪族羧酸及其衍生物，脂肪族含氮化合物，脂肪族含硫化合物。

C芳香族化合物分五类，分别是：芳香族烃类，酚、芳香醇及其衍生物，芳香族羧酸及其衍生物，芳香族含氮化合物及其衍生物，其他芳香族化合物。

三、每条有害物质条目下设置如下内容。但如果有的有害物质条目内容收集不到，则没有相应内容。

基本信息，包括化学结构式、英文名、别名、相对分子质量、分子式、CAS号(化学文摘号)；

理化性质，主要包括相对密度、熔点、沸点、闪点、爆炸极限、自燃点、色、味、溶解性等内容；

接触机会，主要描述有害物质分布，在生产、使用、储存中存在的主要环节；

毒性，主要描述有害物质的毒性，对动物的毒性数据、毒作用机理等内容；

职业危害，主要描述有害物质对人体的急、慢性毒作用，包括致癌、致敏等作用；

职业禁忌，主要依据GBZ 188《职业健康监护技术规范》描述有害物质的职业禁忌；如GBZ 188中没有该项物质的职业体检及职业禁忌资料，该物质条目里则没有职业禁忌一项。

应急处理，主要描述发生该有害物质污染身体、吸入中毒或口服中毒时现场急救的内容及要求。

防护措施，主要从工程技术、职业卫生管理、个体防护等方面描述从事该有害物质作业的防护措施。

职业接触限值，参考国家现行的职业卫生标准给出了中国职业接触限值，并给出了美国现行的 ACGIH、OSHA 和 NIOSH 接触限值及 *IDLH* 值。如果我国没有制订该项接触限值，则注明“中国未制订职业接触限值”。

四、本《手册》中所使用的一些化学缩写、参数符号所表示的含义如下：

CAS 号：美国化学文摘对化学物质登录的检索服务号，是 Chemical Abstract Service 的缩写，是检索化学物质有关信息最常用的编号。

OELs：职业接触限值(occupational exposure limits)。我国职业卫生标准中使用，是职业性有害因素的接触限制量值。指劳动者在职业活动过程中长期反复接触，对绝大多数接触者的健康不引起有害作用的容许接触水平。化学有害因素的职业接触限值包括时间加权平均容许浓度、短时间接触容许浓度和最高容许浓度三类。

PC-TWA：时间加权平均容许浓度(permissible concentration - time weighted average)，以时间为权数规定的 8h 工作日、40h 工作周的平均容许接触浓度。我国的职业接触限值之一。

PC-STEL：短时间接触容许浓度(permissible concentration - short term exposure limit)，在遵守 *PC-TWA* 前提下容许短时间(15min)接触的浓度。我国的职业接触限值之一。

MAC：最高容许浓度(maximum allowable concentration)，工作地点、在一个工作日内、任何时间有毒化学物质均不应超过的浓度。我国的职业接触限值之一。

G1：中国职业接触限值标准中使用，致癌性标识，表示确认人类致癌物。

G2A：中国职业接触限值标准中使用，致癌性标识，表示可能人类致癌物。

G2B：中国职业接触限值标准中使用，致癌性标识，表示可疑人类致癌物。

G3：中国职业接触限值标准中使用，致癌性标识，表示对人及动物致癌性证据不足。

皮：中国职业接触限值标准中使用，表示可因皮肤、黏膜和眼睛直接接触蒸气、液体和固体，通过完整的皮肤吸收引起全身效应。

敏：中国职业接触限值标准中使用，指已被人或动物资料证实该物质可能导致致敏作用，但并不表示致敏作用是制定 *PC-TWA* 所依据的关键效应，也不表示致敏效应是制定 *PC-TWA*的惟一依据。

ACGIH：美国政府及工业卫生协会，American Conference of Governmental Industrial Hygienists 的英文首字母缩写。

OSHA：美国职业安全与健康管理局，Occupational Safety and Health Adiministration 的英文首字母缩写。

NIOSH：美国国家职业安全与健康研究所，National Institute for Occupational Safety and Health 的英文首字母缩写。

TLVs：阈限值，Threshold Limit Values 的缩写，美国 ACGIH 制订的工作场所职业接触限值。

PEL：允许接触限值，Permissible Exposure Limits 的缩写，美国 OSHA 制订的工作场所有害因素允许接触限值。

REL：推荐接触限值，Recommended Exposure Limits 的缩写，美国 NIOSH 制订的工作场所有害因素推荐接触限值。

TWA：时间加权平均(time weighted average)。

STEL：短时间接触限值(short term exposure limit)。

C：最高容许浓度（celling limit），在职业暴露过程中，任何时间内都不能超过的浓度。

A1：美国 ACGIH 制订的阈限值中使用，表示确认人类致癌物。

A2：美国 ACGIH 制订的阈限值中使用，表示可能人类致癌物。

A3：美国 ACGIH 制订的阈限值中使用，表示确认的动物致癌物，但不知与人类致癌的相关性。

A4：美国 ACGIH 制订的阈限值中使用，表示由于数据缺乏，未分类为人类致癌物。

SKIN：美国 ACGIH 制订的阈限值中使用，表示有经皮肤吸收的危险。

SEN：美国 ACGIH 制订的阈限值中使用，表示已被人或动物资料证实可能的致敏原。

BEI：美国 ACGIH 制订的阈限值中使用，表示该物质还推荐有生物暴露指数（biological exposure indices）。

BEI_A：抑制乙酰胆碱酯酶杀虫剂的生物暴露指数。

BEI_M：高铁血红蛋白引发剂的生物暴露指数。

BEI_P：多环芳香烃的生物暴露指数。

Ca：美国 NIOSH 制订的阈限值中使用，表示任何可疑致癌物。

IDLH：立即威胁生命或健康浓度（Immediately dangerous to life or health concentration），在此浓度下对生命立即或延迟产生威胁，或能导致永久性健康损害，或可使人立即丧失逃生能力。

LC_{50}：半数致死浓度。

LD_{50}：半数致死剂量。

LC：致死浓度。

LD：致死剂量。

MLC：最小致死浓度。

MLD：最小致死剂量。

五、ppm 为非法定计量单位，但为了便于读者使用本手册予以保留。

目　录

石油化工有害物质名录

有害物质防护原则

一、有害物质对人体的危害作用

（一）生产过程中有害物质存在形式

石油化工生产过程中的有害物质主要来源于原料、辅助原料、中间产品（中间体）、产品、副产品、废弃物；有的也来自热分解产物及反应产物，如聚四氟乙烯的热解产物全氟异丁烯，燃烧含硫燃料的加热炉、锅炉烟气中可含有二氧化硫、一氧化碳和氮氧化物等。

有害物质一般以固态、液态、气态或气溶胶的形式存在于生产环境中。

气态物质指常温、常压下呈气体状态的有害物质，如氯气、氮氧化物、一氧化碳、硫化氢等刺激性和窒息性气体；固体升华、液体蒸发或挥发可形成蒸气，如碘经升华、苯经蒸发而成气态。凡沸点低、蒸气压大的液态有害物质都易产生蒸气，对液体加温、搅拌、通气、超声处理等均可促进蒸发或挥发。

悬浮于空气中的液态微粒，称为雾。蒸气冷凝或液体喷洒可形成雾，如酸雾等。悬浮于空气中直径小于0.1μm的固体微粒，称为烟。金属熔融时产生的蒸气在空气中迅速冷凝、氧化可形成烟；有机物加热或燃烧时，也可形成烟。能较长时间悬浮在空气中，其粒子直径为0.1～10μm的固体微粒则称为粉尘。固体物质的机械加工、粉碎，粉状物质的混合、筛分、包装均可引起粉尘飞扬。漂浮在空气中的粉尘、烟和雾，统称为气溶胶。

（二）生产过程中有害物质的接触机会

石油开采简称采油。原油通常是一种从褐色到黑色的黏稠液体，其化学组成是含有多种烃类的有机化合物，主要为烷烃（液态烷烃、石蜡）、环烷烃（环戊烷、环己烷等）和芳香烃（苯、甲苯、二甲苯、萘、蒽等）。此外，尚含有少量的含硫化合物（硫醇、硫醚、二硫化物、噻吩等）、含氧化合物（环烷酸、酚类）、含氮化合物（吡咯、吡啶、喹啉、胺类）以及胶质和沥青。硫、氧、氮三种元素的含量，一般均少于1%，但有些石油硫含量可达5%以上。通常石油与天然气共生，天然气主要为甲烷（约97%）和少量乙烷（1%～2%）、丙烷（0.3%～0.5%）的混合气体，并常含有氮、二氧化碳、硫化氢等，有的还可能含有氦。工人在开采作业过程中可能接触的具有潜在危害的化学品和材料主要包括：钻井时溢出和井喷时大量流出的原油、天然气和硫化氢气体。此外，几乎所有的开采作业地带空气中都存在烃类和硫化氢。

石油炼制过程中会接触到包括烃类、卤化物、酮类、酚类、醚类、一氧化碳、氮氧化物、硫化氢、酸、碱及氨等，如：①油品蒸气主要是低沸点的汽油蒸气，几乎所有作业地带空气中均可存在，尤其以装卸油台、储油罐区、轻质油泵房、常压减压蒸馏塔区等处较为严重。②酮苯脱蜡过程中用苯或甲苯做溶剂，如密闭不严有时可导致工作场所苯或甲苯的浓度达近百 ppm。此外，在催化重整及芳烃溶剂提取过程中，工作地点空气中苯及甲苯浓度也较高，同时还有二甲苯蒸气。③常减压蒸馏、加氢精制、脱硫精制、加氢裂化、延迟焦化、催化裂化、溶剂再生、酸性水汽提、制硫等过程中，均可产生硫化氢。而随着高含硫原油加工量的增加，空气中硫化氢浓度显著增高，有时甚至可发生急性中毒。④加热炉、锅炉烟气中含有二氧化硫、一氧化碳、氮氧化物。在催化裂化、延迟焦化过程中可产生气体烃(甲烷、乙烯、丙烯、丁烯等)。在糠醛(或酚)精制过程中，可产生糠醛(或酚)蒸气。在冷冻压缩机室可散逸氨气。在润滑油酸碱精制过程中，可产生酸蒸气，引起化学灼伤。

石油化学工业产品种类繁多，从原料到成品因各种产品不同各有其独特的生产工艺工程，生产方法有繁有简，工艺有先进有落后，因此劳动条件差别很大。一般，该工业接触有害物质主要有如下几个基本操作过程：

①原料的搬运和储藏　许多原料为腐蚀性强、易燃、易爆、易挥发及毒性大的物质，灌装、搬运和储藏需特殊容器并要求操作准确、小心和加强防护。如化工原料运输管道的跑、冒、滴、漏，造成工作场所有害物质浓度增加。

②原料加工与配制　包括固体原料粉碎、过筛、配料、搅拌，有的固体原料需要融化并与其他液体原料混合等。

③加料及化学反应　将液体或固体原料注入或吸入到反应锅或反应釜内，进行氧化、还原、水解、合成、聚合或缩合等化学反应。

④成品精制和包装　化学反应完成并从容器出料后，有的需经过离心、蒸发、重结晶等工作处理成最终产品，经包装后出厂。

(三) 生产过程中有害物质进入人体的途径

有害物质主要经呼吸道吸收进入人体，亦可经皮肤和消化道进入。

1. 呼吸道

呼吸道由鼻咽部、气管－支气管、细支气管和肺泡等组成。因肺泡膜极薄，表面积达 $50 \sim 100m^2$，供血丰富，呈气体、蒸气和气溶胶状态的有害物质均可经呼吸道迅速吸收，大部分有害物质均由此途径进入人体而中毒，肺组织是呼吸道中吸收有害物质的主要器官。经呼吸道吸收的有害物质未经肝脏的生物转化解毒过程即直接进入大循环并分布全身，毒作用发生较快。气态有害物质经过呼吸道吸收受许多因素的影响，其中主要是有害物质在空气中的浓度或肺泡气与血浆中的分压差。浓度高则有害物质在呼吸膜内外的分压差大，进入机体的速度就快。其次，与有害物质分子量及其血/气分配系数(blood/air partition coefficient)有关，分配系数大的有害物质，易吸收。例如，二硫化碳的血/气分配系数为5、苯为6.85、甲醇为1700，故甲醇较二硫化碳和苯易被吸收入血液。气态有害物质进入呼吸道的深度取决于其水溶性，水溶性较大的有害物质如氨气，易在上呼吸道吸收，除非浓度较高，一般不易到达肺泡。水溶性较小的有害物质如光气、氮氧化物等，因其对上呼吸道的刺激较小，易进入呼吸道深部。此外，劳动强度、肺的通气量与肺血流量，以及生产环境的气象条件等因素也可影响有害物质在呼吸道中的吸收。

气溶胶状态的有害物质在呼吸道的吸收情况颇为复杂，受呼吸道结构特点、呼吸方式、粒子的形状、分散度、溶解度以及呼吸系统的清除功能等多种因素的影响。

2. 皮肤

皮肤对外来物质有屏障作用，但确有不少外来化合物可经皮肤吸收，如芳香族的氨基和硝基化合物、有机磷酸酯类化合物、氨基甲酸酯类化合物、金属有机化合物(四乙基铅)等可通过完整皮肤吸收入血而引起中毒。有害物质主要通过表皮细胞，也可通过皮肤的附属器，如毛囊、皮脂腺或汗腺进入真皮而被吸收入血；但皮肤附属器仅占皮肤表面积的0.1%～0.2%，只能吸收少量有害物质，实际意义不大。经皮肤吸收的有害物质也不经肝脏的生物转化解毒过程即直接进入大循环。

有害物质经皮肤吸收分为穿透皮肤角质层和由角层进入乳头层和真皮而被吸收入血两个阶段。毒物穿透角质层能力与其相对分子质量的大小、脂溶性和角质层厚度有关，相对分子质量大于300的物质一般不易透过角质层。角质层下的颗粒层为多层膜状结构，且胞膜富含固醇磷脂，脂溶性物质可透过此层，但能阻碍水溶性物质进入。有害物质经表皮到达真皮后，如不同时具有一定水溶性，也很难进入真皮的毛细血管，故易经皮吸收的有害物质往往是脂、水两溶性物质；所以，了解其脂/水分配系数(lipid/water partition coefficient)有助于估测经皮吸收的可能性。某些难经皮肤吸收的有害物质如金属汞蒸气，在浓度较高时也可经皮肤吸收。皮肤有病损或表皮屏障遭腐蚀性有害物质破坏，原本难经完整皮肤吸收的有害物质也能进入。有害物质的浓度和黏稠度、接触皮肤的部位和面积、生产环境的温度和湿度等均可影响有害物质经皮吸收。

3. 消化道

有害物质经消化道吸收，但在生产过程中，其经消化道摄入所致的职业中毒甚为少见。

(四) 有害物质对人体的健康危害作用

各种有害物质依据其来源、理化性质、接触机会和途径不同，会对不同的生理系统和器官组织造成多种多样的损害反应。这些系统和器官组织包括呼吸系统、神经系统、血液系统、循环系统、消化系统、泌尿系统和皮肤等。

1. 呼吸系统

呼吸系统是石油化工生产过程中有害物侵入人体的重要的途径，绝大多数生产性有害物质均可通过呼吸道丰富的血液循环直接吸收进入人体，造成全身中毒，或者呼吸道、尤其肺作为生产性粉尘、毒性刺激物或致敏原的靶器官，直接受到损害，形成病变。这种直接损害往往较其他器官更为迅速和严重。

根据有害物质的作用特点、接触情况，其造成的呼吸系统损害可分为急性(亚急性)损害、慢性损害及变应性损害。

(1) 急性损害　表现为弥漫性的呼吸道炎症损害，包括化学性鼻咽炎、气管炎、支气管炎、支气管肺炎、肺炎、肺水肿等。常见于高浓度刺激性气体(氯气、氨气、二氧化氮等)所致急性中毒以及高浓度颗粒性刺激物的急性作用。

(2) 慢性损害 常见于各种粉尘及呼吸道刺激物的长期低浓度作用，基本病理变化有肺间质弥漫性纤维化、淋巴结肿大、胸膜病变、职业性呼吸系统肿瘤。

(3) 变应性损害 主要见于有机粉尘所致外源性变应性肺泡炎和职业性变应原引起的气道过敏性炎症。

2. 神经系统

神经系统由中枢神经系统和外周神经系统组成。中枢神经系统是人体最复杂的器官，也是人体最易受到有害物质损伤的部位。

石油化工生产中多种有害物质都可选择性地作用于神经系统，产生损害，其中大部分可称之为神经毒物(neurotoxicant)，可导致急性或慢性中毒性脑病。有害物质进入人体后，由于血－脑屏障和血－神经屏障的存在，使其进入脑和神经组织受到一定限制，但是，在毒物大量进入、长时间进入、通过某种机制破坏上述屏障，有些有害物质对血－脑屏障和血－神经屏障有特殊穿透性或存在某种特殊运转机制时，有害物质可进入脑和神经组织，产生损害。有些有害物质作用于包括神经系统在内的多个脏器和系统，或首先作用于其他系统后继发地损害神经系统，使神经系统的症状或体征成为所致职业病的临床表现之一。还有些有害物质不直接作用于神经系统，但也可产生明显的神经效应，出现模糊、主观和非特异的神经精神方面的行为。

慢性轻度中毒早期多有类神经症，甚至精神障碍表现，脱离接触后可逐渐恢复。有些毒物如铅、正已烷等还可引起神经髓鞘、轴索变性，损害运动神经的神经肌肉接点，从而产生感觉和运动神经损害的周围神经病变。一氧化碳、锰等中毒可损伤椎体外系，出现肌张力增高、震颤麻痹等症状。铅、汞、窒息性气体严重中毒时，可引起中毒性脑病和脑水肿。

3. 血液系统

许多有害物质对血液系统有毒作用，容易引起造血功能减退、血细胞损害、血红蛋白变性、出血凝血机制障碍等。如铅干扰卟啉代谢，影响血红素合成，可引起低色素性贫血；砷化氢是剧烈的溶血性物质，可产生急性溶血反应；苯的氨基、硝基化合物及亚硝酸盐等可导致高铁血红蛋白血症；苯和三硝基甲苯抑制骨髓造血功能，可引起白细胞、血小板减少，引发再生障碍性贫血，甚至引起白血病；一氧化碳与血红蛋白结合，形成碳氧血红蛋白血症，可引起组织细胞缺氧窒息等。

4. 消化系统

消化系统是有害物质吸收、生物转化、排出和肠肝循环再吸收的场所，石油化工生产中许多有害物质可损害消化系统。如接触汞、酸雾等可引起口腔炎；汞盐、三氧化二砷急性中毒时可引起急性胃肠炎；四氯化碳、氯仿、三硝基甲苯等可引起急性或慢性中毒性肝病；铅中毒可出现腹绞痛。

5. 泌尿系统

肾脏不仅是毒物最主要的排泄器官，也是许多化学物质的储存器官之一，因此，泌尿系统，尤其是肾脏成为许多毒物的靶器官。引起泌尿系统损害的毒物很多，其临床表现大致可分为急性中毒性肾病、慢性中毒性肾病、泌尿系统肿瘤以及其他中毒性泌尿系统疾病，以前两种类型较多见。如铅、汞、镉、四氯化碳等可致急、慢性肾病，β－萘胺、联苯胺可致泌尿系统肿瘤；芳香胺可致化学性膀胱炎。

6. 循环系统

石油化工有害物质引起心血管系统损害的临床表现多见急、慢性心肌损害、心律失常、房室传导阻滞、肺源性心脏病、心肌病和血压异常等。许多有机溶剂可直接损害心肌，如四氯化碳等；镍通过影响心肌氧化与能量代谢，可引起心功能降低、房室传导阻滞；某些氟烷烃可使心肌应激性增强，诱发心率失常，促发室性心动过速或引发心室颤动；亚硝酸盐可致血管扩张，血压下降；长期接触一定浓度一氧化碳、二硫化碳的工人，冠状动脉粥样硬化、冠心病或心肌梗死的发病率明显增高。

7. 皮肤

职业性皮肤病约占职业病总数的40%～50%，其致病因素中化学因素占90%以上。生产性有害物质对皮肤造成多种损害。如酸、碱、有机溶剂等所致接触性皮炎，沥青、煤焦油等所致光敏性皮炎和职业性赘疣，矿物油类、卤代芳烃化合物等所致职业性痤疮，煤焦油、石油等所致皮肤变黑病，有机溶剂、碱性物质等所致职业性角化过度和皲裂，氯丁二烯可引起脱发，煤焦油、砷等可引起职业性皮肤肿瘤。

（五）有害物质所致的职业病

1. 刺激性气体中毒

刺激性气体是指对眼、呼吸道黏膜和皮肤具有刺激作用，引起机体以急性炎症、肺水肿为主要病理改变的一类气态物质。此类气体物质多具有腐蚀性，常因不遵守操作规程或容器、管道等设备腐蚀而发生跑、冒、滴、漏后污染作业环境。

刺激性气体通常以局部损害为主，其作用的共同特点是对眼、呼吸道黏膜及皮肤有不同程度的刺激作用，刺激作用过强时可引起全身反应。

刺激性气体对人体的毒作用主要表现在：急性刺激作用、中毒性肺水肿、成人呼吸窘迫综合症(ARDS)。而长期接触低浓度刺激性气体，可引起慢性结膜炎、鼻炎、咽炎、支气管炎及牙齿酸蚀症，同时常伴有神经衰弱综合症和消化道等全身症状。有的刺激性气体还有致畸作用，如甲苯二异氰酸酯等。

2. 窒息性气体中毒

窒息性气体是指经吸入使机体产生缺氧而直接引起窒息作用的气体。主要致病环节都是引起机体缺氧。而脑对缺氧极为敏感，轻度缺氧时会引起智力减退、注意力不集中、定向能力障碍等表现；较重时可引起头痛、耳鸣、呕吐、乏力、嗜睡，甚至昏迷；进一步可发展为脑水肿。

3. 有机溶剂中毒

有机溶剂主要用作清洗、去油污、稀释，以及作为提取剂；许多有机溶剂也用作原料制备其他化工产品。有机溶剂具有类似或不同的毒性作用。

①皮肤　几乎全部有机溶剂都能使皮肤脱脂或使脂质溶解而成为原发性皮肤刺激物。

②中枢神经系统　几乎全部易挥发的脂溶性有机溶剂都能引起中枢神经系统的抑制，多属非特异性的抑制或全身麻醉。急性有机溶剂中毒可表现为头痛、恶心、呕吐、眩晕、倦怠、嗜睡、衰弱、语言不清、步态不稳、易激怒、神经过敏、抑郁、定向力障碍、意识错乱或丧失，以至死于呼吸抑制。慢性接触可导致慢性神经行为障碍。

③周围神经　有机溶剂可引起周围神经和脑神经损害，有少数溶剂对周围神经系统呈特异毒性，如二硫化碳、正己烷等。

④呼吸系统　有机溶剂对呼吸道均有一定刺激作用，高浓度醇、酮和醛类还可以使蛋白质变性。

⑤心脏　有机溶剂对心脏的影响主要是心肌对内源性肾上腺素的敏感性增强。

⑥肝脏　在接触剂量大、接触时间长的情况下，任何有机溶剂均可导致肝细胞损害。其中一些卤素或硝基功能团的有机溶剂，对肝毒性尤为明显。

⑦肾脏　四氯化碳急性中毒时，可出现肾小管坏死性急性肾衰竭。多种溶剂或混合溶剂慢性接触可导致肾小管功能不全，出现尿蛋白、尿酶尿。

⑧血液　苯可损害造血系统，导致白细胞和全血细胞减少症，以至再生障碍性贫血和白血病。

⑨致癌　在常用的溶剂中，苯是肯定的人类致癌物质，可引起急性或慢性白血病，应控制苯作为溶剂和稀释剂的使用。

4. 苯的氨基和硝基化合物中毒

苯或同系物(如甲苯、二甲苯、酚)苯环上的氢原子被一个或几个氨基($—NH_2$)或硝基($—NO_2$)取代后，即形成芳香族氨基和硝基化合物。该类化合物进入人体内后，经氧化还原代谢，大部分最终产物从肾脏随尿排出。该类化合物主要引起血液损害，如苯胺和硝基苯引起高铁血红蛋白；肝脏损害，如硝基苯、三硝基甲苯、二硝基苯等引起的中毒性肝病；有些物质也可引起泌尿系统损害，如5－氯－邻甲苯胺可引起出血性膀胱炎；神经系统损害，如重度中毒患者可有神经细胞脂肪变性，视神经区可受损害，发生视神经炎、视神经周围炎等；皮肤损害致敏作用；晶体损害，如三硝基甲苯、二硝基酚等可引起眼晶状体混浊，最后发展为白内障；致癌作用，如接触联苯胺所致的职业性膀胱癌。

5. 高分子化合物生产中的毒物中毒

高分子化合物生产过程分为四个部分：生产基本的化工原料、合成单体、单体聚合(或缩聚)以及聚合物树脂加工塑制成成品。在生产过程中主要接触的有害物质有煤焦油、天然气和石油裂解气等原料及各种助剂(添加剂)，如催化剂、引发剂、凝聚剂、稳定剂及着色剂等。这些物质大多具有一定的毒性、变应原性或致癌性。如氯乙烯、丙烯腈等可以引起急性、慢性中毒；有机铝、有机硅等对皮肤黏膜有刺激作用；高分子化合物在加工受热时产生的裂解气中含有有毒物质，如氯化氢、氰化氢、光气等吸入后可引起急性中毒。高分子化合物的粉尘如聚氯乙烯粉尘可致肺轻度纤维化，而酚醛树脂、环氧树脂对皮肤有原发刺激作用或致敏作用。

6. 金属和类金属中毒

石油化学工业在使用金属和类金属过程中，也会对车间和工作场所造成污染，给作业人员健康带来潜在危害。很多金属具有靶器官性，即在有选择性的器官或组织中蓄积和发挥生物学效应，并因此引起慢性毒性作用。

7. 职业性皮肤病

石油化工生产过程中接触的煤焦油和煤焦沥青、石油馏分及其副产品、合成橡胶原料、各种助剂以及金属、合成树脂的原料及添加剂等有害物质均有可能导致职业性皮肤病的发生。

煤焦油和煤焦沥青含有挥发物质较多，在生产过程中易形成大量蒸气、烟雾和粉尘，直接损害皮肤，引起病变。主要临床表现有：光敏性皮炎、接触性皮炎、皮肤色素沉着、痤疮和毛囊炎及皮肤疣状赘生物。同时也会出现黏膜症状及乏力、头痛、口渴、恶心等身体症状。

石油及其分馏产品中低沸点的油类多半引起皮肤浅层改变如皮炎等；沸点高的油类则常引起皮肤深层改变如痤疮毛囊炎、疣赘和肿瘤等。主要临床表现有：皮肤角化、皲裂、皮炎、痤疮、疣状赘生物、皮肤黑变病、指甲变化、毛发改变。

合成橡胶生产中的皮肤病多以接触性皮炎较多，大都有较长期潜伏期，皮损表现以湿疹样为主，大多为橡胶配合剂的致敏作用。主要临床表现有：皮肤瘙痒症、接触性皮炎、皮肤干燥、角化、皲裂、色素变化等。

石油化工生产过程中接触铬、镍及砷等易引发皮炎。铬、砷一般引起接触性皮炎，而镍是强烈的皮肤致敏剂，可引起变应性皮炎。

合成树脂生产中接触某些原料、添加剂、单体、成品及其热解产物时可引起各种类型的职业性皮肤病。一般为接触性皮炎。

8. 职业肿瘤

确定的职业病名单中职业肿瘤有 8 种，其中石油化工生产中可能发生的有：联苯胺所致膀胱癌、苯所致白血病、氯甲醚所致肺癌、砷所致肺癌或皮肤癌、氯乙烯所致肝血管瘤、焦炉逸散物所致肺癌、铬酸盐所致肺癌等 7 种。

9. 职业性五官疾病

有害化学物质进入人体，除引起全身中毒外，也可损害视觉器官，造成急性或慢性职业中毒性眼病，也可造成视功能(中央视力及视野)损害，甚至失明。化学物质所引起的眼部损害主要有：三硝基甲苯、二硝基酚等引起的中毒性白内障；二硫化碳、甲醇、金属等化学因素所致的眼损害；酸、碱等所致的化学性眼灼伤。

在石油化工生产过程中接触有害因素如毒性气体和雾、毒性烟和粉尘会引起耳鼻咽喉病变。这些有害物质通过直接接触、腐蚀、毒性及变态效应使耳鼻咽喉发生病变。如铬酸盐及重铬酸盐等六价铬化合物引起的铬鼻病。

长期接触硫酸、盐酸等物质可引起职业性牙酸蚀病。

二、有害物质的防护

（一）生产性有害物质的防护原则

石油化工生产中存在的有害物质种类多，分布广，接触人数庞大，职业中毒(慢性中毒、急性中毒)以及职业性皮肤病等在石化行业的职业病发病中占有很大比例。控制生产性有害物质的产生、逸散，对预防职业中毒、保护和促进职工职业健康，保证石油化工企业可持续发展具有重要意义。预防有害物质引起的职业病必须采取综合防治的措施，从根本上消除、控制或尽可能减少毒物对职工的侵害。预防职业中毒应遵循“三级预防”的原则，推行“清洁生产”，重点做好“前期预防”。生产性有害物质的防护可遵循以下原则：

1. 根除毒物

从生产工艺流程中消除有毒物质，原材料选择上应遵循用无毒或低毒物质代替有毒或高毒物质的原则。如使用二氧化氯、优氯净、强氯精替代高毒的氯气做为循环水的杀菌灭藻剂，炼油企业使用甲基叔丁基醚替代四乙基铅做为汽油的防爆添加剂，使用二甲苯替代高毒的苯做为油漆的溶剂或稀释剂等。但替代物不能影响产品质量，并需经毒理学评价，其替代物实际危害性较小方能应用。如因工艺要求必须使用高毒物料时，应尽量密闭化、自动化，强化通风排毒措施。

2. 降低有害物浓度

减少人体接触毒物水平，以保证不对接触者产生明显健康危害是预防职业中毒的关键。其中心环节是采用先进技术和通风排毒措施，将环境空气中有害物质浓度控制在职业接触限值以下。

(1) 采用先进技术。对产生或存在有害物质的作业，生产过程应尽可能地采用自动化、密闭化、管道化、连续化技术。将有毒物质生产放在密闭系统内，尽可能使之保持负压，消除毒物逸散的条件；应用先进的技术和工艺，尽可能采取自动化遥控或程序控制，最大限度地减少劳动者接触毒物的机会；采用先进的自动密闭灌装工艺，减少有害物质逸散等。

(2) 通风排毒。石化生产设备之间接点、阀门、开口、管线多，且许多物料有腐蚀性，易造成跑、冒、滴、漏，尤其在加料、采样、包装、维修等操作时，易发生人身伤害事故。除加强设备维护、管理外，对室内作业环境或密闭空间采用适当的通风，加强有毒有害物质的扩散是一项重要的防护措施。通风的设计，必须根据物料性质、密闭程度、毒性大小、工艺的需要和条件综合考虑。一般应满足下列要求：保证生产场所有良好的气象条件和足够的换气量；生产环境中有害物质浓度不超过职业接触限值；已被污染的空气不得直接送入车间；抽排出的气体未经处理不得排出直接影响邻近车间和居民区空气；通风设备不能对作业人员产生不良的健康作用，如寒冷、强气流、噪声、振动等；不得妨碍操作人员操作，要便于使用管理。

3. 合理工艺、建筑布局

生产工序的布局不仅要满足生产上的需要，而且应符合职业卫生要求。宜将可能产生严重职业性有害因素的设施远离产生一般职业性有害因素的其他设施；应根据有害物质的毒性、浓度和接触人数等对作业区实行分区布置，以免产生叠加影响。产生并散发有害物质的车间装置，宜位于相邻车间当地全年最小频率风向的上风侧；非生产区布置在当地全年最小频率风向的下风侧；辅助生产区布置在两者之间。

4. 设置有害气体检测报警设施

目前部分有毒有害气体已研制有检测报警仪（固定式或便携式），如硫化氢、氯气、一氧化碳、氨、二氧化硫、氯化氢、氢氰酸、二硫化碳、苯类等，在可能泄漏大量有毒气体或易挥发有毒液体而可能导致中毒事故发生的场所应设置固定式有毒气体检测报警仪；如不具备安装固定式有毒气体检测报警仪的条件，或属于临时性的作业场所，应配备便携式有毒气体检测报警仪。

5. 其他防护设施

可能因有毒物质泄漏而发生中毒事故的室外作业场所，或作业中可能接触有害物质需要选择合适操作方位的室外作业场所，应在便于观察的位置设置醒目的风向标。存在腐蚀性、刺激性、侵染性物料的作业场所应在便于达到及使用的场所设置喷淋洗眼设施，以方便发生喷溅污染身体事故时及时冲洗使用。可能存在或产生有害物质的工作场所还应根据有毒物质的理化特性和危害特点配备现场急救用品，设置应急撤离通道和必要的泄险区。泄险区底部应设置防渗透层，泄漏物质和冲洗水应集中纳入工业废水处理系统。

6. 建立管理机构，加强管理，严格执行规章制度和安全操作规程

违章操作、违章检修、设备缺陷或维护不当，不重视防护、有章不循是职业中毒，尤其是急性中毒发生的重要原因。生产中存在有毒有害因素的企业要建立健全职业安全卫生管理机构及管理岗位，制定职业卫生管理规章制度和各项作业的安全卫生操作规程，工作中严格执行有关规章制度及操作规程，把预防职业中毒与生产、安全管理结合起来。某些特殊作业，为防止工人持续地接触毒物，可以在岗位配置及劳动作息安排等方面适当考虑，有助于预防中毒事故发生。

7. 加强教育培训，普及防毒知识，提高自救互救能力

通过上岗前的职业卫生教育培训和危害告知，以及在岗期间定期的教育培训，多种形式的宣传告知，提高职工对职业安全卫生工作重要性的认识，了解有害物质防治常识，提高自救互救能力。培训内容应包括：本单位生产过程中可能发生的职业危害、污染源及发生条件，毒物的性质、存在形态、进入人体的途径、毒性及早期中毒症状，预防中毒的基

本原则，防治方面的先进经验及技术，安全操作规程，个体用品的使用维护，自救互救技术等。由于职业中毒多为突然发生，且常常危及重要生命体征，而常温下大脑耐受缺氧时限为3～4min，呼吸血管中枢也仅20～30min。有的职业危害如氢氟酸灼伤、硫化氢中毒，早期正确处治对抢救治疗起决定性作用。因此组织职工学习一些简易的中毒处理、现场自救互救的知识，提高自救互救能力，对争取时间，保护职工生命健康有很大作用。职业卫生学习应作为安全教育内容，有布置，有检查，考核合格者方能上岗独立操作。

各种形式的告知，如工作场所的警示标识，高毒物品告知卡，作业场所有害因素检测结果告知牌(或告知单)等也是让职工了解工作场所的职业危害分布与浓度、强度情况，防止职业中毒等危害的必要措施。职业病防治知识图书、宣传册、宣传图和多媒体资料等是增强职工职业卫生防护知识的补充手段。

8. 个人防护

个人防护是预防职业中毒的重要辅助措施。在生产条件或技术措施不能从根本上杜绝职业中毒可能时，须采取个人防护措施。有害物质的个人防护用品包括呼吸防护用品、防护眼镜及防护面罩、防护帽、防护服及皮肤防护用品等。选择个体防护用品应注意其防护特性和效能。应对使用者进行培训，平时对防护用品进行经常性的维护和保养，保证使用时的有效性。

9. 生产环境中有害物质定期的监测、检测与评价

空气中有害物质浓度是估计职工健康受影响可能性和评价卫生工程技术措施防护效果的重要指标。测定空气中有害物质浓度，了解有害物质发生源，掌握其空间分布和消长规律，及时发现超标的作业场所，查找原因并整改，采取必要的防护措施，是预防职业中毒的重要措施。各企业应建立经常性有害物质监测及检测与评价制度，检测与评价应委托有相应职业卫生技术服务资质的机构进行。监测、检测结果及时告知工作场所职工。

10. 职业健康监护

新职工入厂前或厂内调动到有毒有害作业岗位前，均应进行上岗前体检；凡接触有毒有害因素的职工，均应按国家有关规定及国家《职业健康监护技术规范》进行在岗定期职业性健康体检及离岗前职业健康体检。企业应建立职工职业健康监护档案，并长期保存。体检中发现的职业禁忌证、疑似职业病病例及其他情况，要及时妥善处理。

11. 建立气防机构

大型石化企业及有毒气体危害严重的单位，可建立气体防护机构。接触高毒物质的车间应设急救箱，配备必要的救护器械。

(二)卫生工程防护技术

1. 防护目标

卫生工程防护技术措施是对生产工艺措施控制有害物质浓度的补充措施，在已有的生

产工艺条件下，如果仍然有有害物质逸散，如受生产条件限制，使得设备无法完全密闭，需要采取通风、净化等卫生工程技术措施，降低生产场所有害物质浓度，保护劳动者健康。

2. 常用卫生工程防毒防尘技术

(1)全面通风

全面通风换气是用新鲜空气将作业场所中的有毒气体稀释到国家卫生标准要求的限值以下。全面通风换气适用于有毒气体散发源分散且散发量不大的情况，或虽然有局部排风装置，但仍有逸散的情况。全面通风可以作为局部排风的辅助措施。

采用全面通风措施时，应综合考虑工作场所用途、生产工艺布置、有害物质发散源分布、有害物质特点、人员操作位置及其他有关因素，合理组织气流，使新鲜空气或污染较少的空气先流经工作地点，再冲淡污染较重的空气。即车间气流的组织使进风口接近工作地点，或有毒气体浓度较低的区域，而排风口应接近有毒气体的发散源。全面通风送风口和排风口的相互位置关系有以下几种：下送上排、上送下排及上送上排，每种形式中，送、排风口又可布置在工作场所的同侧或对侧。

全面通风换气量应根据需要稀释的有害气体的种类、散发量等因素综合计算确定。当数种溶剂(苯及其同系物、醇类、醋酸酯类)的蒸气，或数种刺激性气体(三氧化硫及二氧化硫、氟化氢及其盐类等)同时放散在工作场所空气中时，全面通风换气量应按各种气体分别稀释至职业接触限值浓度时所需要的空气量的总和计算。除上述有害物质的气体及蒸气外，其他有害物质同时放散于工作场所空气中时，通风量仅按需要空气量最大的有害物质计算。

(2)局部排风

局部排风是把有害物质从发生源直接抽出去，然后净化回收。适用于处理发散源相对集中，气体中有毒物质浓度较高的情况。与全面通风比较，处理风量小，处理气体中有害物质浓度高，较为经济有效，便于净化回收。

局部排风系统一般由排风罩、风道、净化器、风机和排气筒组成。

排风罩的设计原则是形式适宜、位置正确、风量适中、强度足够、检修方便。常用的排风罩有排毒柜、伞形罩及槽边吸气罩等。在不妨碍操作的前提下，排风罩应尽量接近有害、有毒气体发生源。

有害气体常用的净化方法有燃烧法、冷凝法、吸收法和吸附法。

(三)个人防护措施

1. 防护目标

有毒有害工作场所在采取了卫生工程防护技术措施后，仍不能将有毒有害物质浓度控制在国家职业接触限值以下，或虽然工作场所空气浓度符合职业接触限值，但操作过程中有可能出现皮肤接触，或意外泄漏喷溅等情况，对眼睛、皮肤及呼吸系统造成伤害，均需要采取个人防护用品，保护劳动者免受或减轻有毒有害物质伤害。

2. 个人防护用品种类

按照个人防护用品防护的身体部位，可以分为呼吸防护用品、眼面部防护用品、听力防护用品、防护手套、防护鞋、防护服、防坠落护品、劳动护肤品等。对于有毒有害物质的防护主要涉及呼吸防护用品、眼面部防护用品、防护手套、防护鞋、防护服、劳动护肤品等。

(1) 呼吸防护用品

按照人体吸入气体的气源不同，呼吸防护用品可分为过滤式和隔绝式呼吸防护器两种。过滤式呼吸器造价相对低，质量小，使用灵活，但只能在相对较低浓度下使用，并且受所防毒气的种类限制，适用面窄。隔绝式呼吸器不受毒物种类限制，可防任何气体，但质量大，造价高。按照所配面罩结构的不同，可分为全面罩、半面罩等几种。

①过滤式呼吸防护器　指借助过滤材料，将空气中有害物质予以过滤净化后供呼吸使用的呼吸防护器。按克服吸气阻力的动力不同分为自吸过滤式和送风过滤式。过滤式呼吸防护器主要由过滤元件和面罩两部分组成，有的还包括导管。

按面罩类型分为全面罩和半面罩，全面罩分为头戴式和面罩式，全面罩过滤式防毒面具还具有保护眼睛和面部的作用。不同类型面罩防护因数不同。按过滤元件滤料量分为大、中、小三种型号；按照滤毒元件中滤料防护有害物质的类型，分为防颗粒物型(防粉尘)、防气体和蒸气型(防毒物)，或是尘毒组合型。其中防毒物又有不同类型，可分为综合防毒型、防有机气体或蒸气型、防无机气体或蒸气型、防酸性气体型、防氨型、防硫化氢型、防一氧化碳型、防汞蒸气型等。按照国家有关规定，不同防毒类型滤毒罐(盒)分别有不同的颜色标识。

过滤式呼吸防护器适用于空气中有害物质浓度不很高，且空气中含氧量不低于18%的场所。过滤元件有一定的容量，需要定期更换，一次性简易防护口罩使用失效后就要丢弃，滤毒罐(盒)式的需要更换过滤元件。使用单位应根据工作场所有害物质的种类及特性，可能达到的浓度，选择正确的过滤式呼吸防护器。关于更换周期，应参考生产厂商提供的说明书，或佩戴时能闻到异味就应更换。

②隔绝式呼吸防护器　指将使用者的呼吸器官与有害空气环境隔绝，从本身携带的气源或导气管引入的作业环境以外的洁净空气供呼吸的呼吸防护器。按气源供给方式可分为携气式和供气式(长管式)。按照吸气时面罩内的压力环境分为正压式和负压式两种。

携气式呼吸防护器包括空气呼吸器、氧气呼吸器、化学生氧呼吸器和液态氧呼吸器几种。

供气式呼吸防护器包括常压气源供气呼吸器和压缩空气供气呼吸器两种。

隔绝式呼吸防护器适用于各类空气污染物存在的情况，携气式的使用时间有限，使用时间与气源容量和使用者的呼吸量有关，与有害物质浓度无关。

③呼吸防护用品的选择　使用单位应综合考虑工作场所有害物质的种类及特性、可能达到的浓度、作业场所的含氧量、使用者的面部形状和环境条件等因素选择正确的呼吸防护器。

过滤式呼吸防护器使用于作业环境中氧含量不低于18%(开放环境)并且有毒有害物质明确，浓度已知并且不是很高的环境。过滤元件(滤毒罐或滤毒盒)的防护性能有针对性，不能乱用，必须根据环境中的有毒有害气体或蒸气的性质进行选择。过滤式呼吸防护器一般不适于罐、槽、下水道等受限空间作业。

隔离式呼吸防护器一般不受环境有毒有害因素条件的限制，但长管供气式呼吸器只适用于固定场所和流动性小的作业。

当空气中氧含量低于18%时，或作业环境中污染区性质不清楚或浓度未知，或达到立即威胁生命或健康浓度 *IDLH* 时，或在受限空间作业时，不能使用过滤式防毒面具，只能使用隔离式空气呼吸器。

不同类型呼吸器有不同的防护因数。各类呼吸防护用品的防护因数见表1。

表1 各类呼吸防护用品的防护因数(*APF*)一览表

呼吸防护用品类型	面罩类型	*APF*	
		正压式	负压式
自吸过滤式	半面罩	不适用	10
	全面罩		100
送风过滤式	半面罩	50	不适用
	全面罩	>200 且 <1000	
	开放型面罩	25	
	送气头罩	>200 且 <1000	
供气式	半面罩	50	10
	全面罩	1000	100
	开放型面罩	25	不适用
	送气头罩	1000	
携气式	半面罩	>1000	10
	全面罩		100

④呼吸防护用品的使用　应对使用者进行培训，使其掌握不同呼吸防护用品的正确佩戴方法、使用范围、失效的识别、清洁维护方法等内容。使用前应检查呼吸防护用品的完整性、密闭性、过滤元件的适用性、气瓶的气量、电池电量，符合有关规定才能使用。

关于更换周期，过滤式呼吸防护器应参考生产厂商提供的说明书，或佩戴时闻到异味就应立即更换。携气式空气呼吸器或氧气呼吸器应根据气瓶压力、气瓶容量以及使用者自身的呼吸量确定使用时间，在出现低压报警后，应立即离开作业场所至安全处更换气瓶。

(2)身体其他部位防护用品

对于腐蚀性、刺激性有毒有害物质，除呼吸防护以外，还应考虑身体其他部位的防护。

①眼面部防护用品　有防护面罩及化学安全防护眼镜等，全面罩式的呼吸防护用品对眼及面部也具有防护作用。

②防护服　主要指化学防护服，用于防止化学毒物、酸碱液体等喷溅和渗透伤害躯体。按照防护对象和整体防护性能分为气密型化学防护服—ET(应急救援用)、非气密型化学防护服—ET(应急救援用)、液密型化学防护服、颗粒物防护服。目前国内生产的各类防化学品伤害的防护服主要有橡胶耐酸碱服、塑料防酸碱服、防酸绸防护服、合成纤维

防酸碱服、毛呢耐酸服、抗油拒水防护服等。

③防护手套　化学防护手套按防护目的的不同，主要分为耐酸碱手套、橡胶耐油手套、防毒手套等。各类防护手套应符合国家有关防护手套标准的要求。按照手套的生产材质不同，可分为乳胶手套、丁腈手套、聚氯乙烯(PVC)手套、氯丁橡胶手套、聚乙烯醇手套、丁基橡胶手套、氟橡胶手套、氯磺化聚乙烯手套等。不同材质的手套对不同化学物防护性能不一样，使用单位应根据需防护的有毒有害物质特性、浓度等选用合适的防护手套。

④防护鞋　化学品防护鞋主要有耐化学品的工业用橡胶鞋、耐化学品的工业用模压塑料鞋、耐油防护鞋等。耐化学品的工业用橡胶鞋、耐化学品的工业用模压塑料鞋可以防止酸、碱及相关溶液直接污染足部，避免腐蚀、烧伤足部；耐油防护鞋可以防止汽油、柴油、机油、煤油等化学油品对足部皮肤的伤害。

⑤防护膏　在戴手套感到妨碍操作的情况下，常用膏膜防护皮肤污染。干酪素防护膏可对有机溶剂、油漆和染料等有较好的防护作用。对酸碱等水溶液可用由聚甲基丙烯酸丁酯制成的胶状膜液，涂布后形成防护膜，但洗脱时需要用乙酸乙酯等溶剂。防护膏膜不适于有较强摩擦力的操作。

三、职业中毒现场急救原则

某些物质进入人体，损害组织和器官，并引起功能性或器质性改变，出现了相应的临床表现称为中毒。能引起中毒的物质称为毒物。中毒一般分为急性、亚急性和慢性中毒。

工业生产中因意外事故发生急性中毒，其特点是病情发生急骤、症状严重、变化迅速，抢救人员必须争分夺秒、全力以赴进行抢救和治疗。其原则是：

(1)尽快阻止毒物继续侵入人体；

(2)尽力消除进入体内毒物的作用，加速毒物的排泄；

(3)用特效药物解毒或对症治疗，维持主要脏器的功能，在抢救病人时，要视具体情况灵活掌握。

（一）现场急救程序

1. 现场救护的组织和准备

(1) 出现成批急性中毒病员时，应立即成立临时抢救的指挥组织负责现场指挥。

(2) 设法快速切断毒源。

(3) 如中毒现场在室内，立即开启门、窗及通风设备，尽快排出毒物。

(4) 救护人员进入中毒现场，一定要采取自身保护措施。

(5) 立即通知医院做好急救准备。通知时应尽可能说清是什么毒物中毒、中毒人数、侵入途径和大致病情。

2. 现场救护

(1)立即将病人转移到上风向或空气新鲜的安全地带，解开领扣，使呼吸通畅，让病人呼吸新鲜空气；若患者衣服、皮肤被毒物污染，应立即脱去污染衣服，并用清水彻底清洗污染的皮肤和毛发(冬天宜用温水)，注意保暖。如遇水可发生化学反应的物质，应先用干布抹去污染物，再用水冲洗，以防毒物继续经皮吸收。

(2)呼吸困难或呼吸停止时，应立即进行人工呼吸，有条件时给吸氧和注射兴奋呼吸中枢的药物。立即送往医院。

(3)心脏骤停者应立即行胸外心脏按摩术。现场抢救成功的心肺复苏患者或重症患者，如昏迷、惊厥、休克、深度青紫等，应立即送医院治疗。

(二) 皮肤及眼化学性灼伤的救护

1. 强酸灼伤的急救

硫酸、盐酸、硝酸等都具有强烈的刺激性和腐蚀作用。硫酸灼伤的皮肤一般是黑色，硝酸灼伤呈灰黄色，盐酸灼伤呈黄绿色。被灼伤后应立即用大量流动清水冲洗，冲洗时间至少在15min以上。彻底冲洗后，可用2%～5%碳酸氢钠溶液、淡石灰水、肥皂水等进行中和。切忌未经大量流水彻底冲洗，就用碱性药物在皮肤上直接中和，这会加重皮肤的损伤。处理后立即送医院治疗。

强酸溅入眼睛内时，在现场立即就近用大量清水或生理盐水彻底冲洗。冲洗时应将头置于水龙头下，使冲洗后的水自伤眼的颞侧流下，这样既避免水直冲眼球，又不至于使带酸的冲洗液进入好眼。冲洗时应拉开上下眼睑，使酸不至于留存眼内和下穹窿形成留酸死腔。如无冲洗设备，可将眼浸入盛清水的盆内，拉开下眼睑，摆动头部，洗掉酸液。切忌惊慌或因疼痛而紧闭眼睛。冲洗时间应至少在15min以上。经上述处理后，立即送眼科进行治疗。

2. 碱灼伤的现场急救

碱灼伤皮肤，在现场立即用大量清水冲洗至皂样物质消失为止，然后可用1%～2%醋酸或3%硼酸溶液进一步冲洗。石灰灼伤先去掉干的颗粒再冲洗。立即就医。

眼部碱灼伤的冲洗原则同酸。彻底冲洗后，可用2%～3%硼酸液作进一步冲洗。石灰灼伤严重者，可于结膜下注射具有酸性的维生素C，滴氯霉素微酸性眼药水，也可用5%半胱氨酸液滴眼。此外，用1%阿托品滴眼，以防止虹膜睫状体炎。

3. 氢氟酸灼伤的急救

氢氟酸对皮肤有强烈的腐蚀性，渗透作用强，并对组织蛋白有脱水及溶解作用。皮肤及衣物被腐蚀者，立即脱去被污染衣物。皮肤用大量流动清水彻底冲洗后，继续用肥皂水或2%～5%碳酸氢钠溶液冲洗，再用葡萄糖酸钙软膏涂敷按摩，然后再涂以33%氧化镁甘油糊剂、维生素AD软膏或可的松软膏等。也可在表皮完整的灼伤局部行直流电离子透入(用10%氯化钙溶液)，或用饱和氢氧化钙液浸泡或湿敷。指甲、甲床灼伤，可局麻切除或扩创引流，以葡萄酸钙湿敷后，用凡士林纱布包扎。

4. 酚灼伤的现场急救

皮肤接触者，应立即脱去被污染的衣服，用10%酒精反复擦拭，再用大量清水冲洗，直至无酚味为止；然后用饱和硫酸钠湿敷。灼伤面积大，而酚在皮肤表面滞留时间长者，应注意是否存在吸入中毒，并积极处理。

眼部沾染毒物时，迅速用大量温水冲洗(至少15min)，以后用3%硼酸溶液冲洗。

5. 黄磷灼伤的现场急救

皮肤被黄磷灼伤时，及时脱去污染的衣物，并立即用清水(由五氧化二磷、五硫化磷、五氯化磷引起的灼伤禁用水洗)或5%硫酸铜溶液、或3%过氧化氢溶液冲洗，再用5%碳酸氢钠溶液冲洗，中和所形成的磷酸；然后用1:5000高锰酸钾溶液湿敷，或用2%硫酸铜溶液湿敷，以使皮肤上残存的黄磷颗粒形成磷化铜。灼伤创面禁用含油敷料。应注意硫酸铜可能引起溶血和对实质脏器的损害，近来有人提出用2%硝酸银溶液进行黄磷灼伤的灭火治疗，详见有关资料。清除的黄磷颗粒应放入水中保存，以防其复燃。

(三) 吸入刺激性气体中毒救护

立即移离中毒现场，给2%~5%碳酸氢钠溶液雾化吸入，吸氧。呼吸、心跳停止者，立即进行现场心肺复苏术。

刺激性气体中毒应预防感染，警惕肺水肿的发生。尽早进行X光胸片检查；积极改善症状，如剧咳者使用祛痰止咳剂，支气管痉挛酌情给解痉药物雾化吸入；适度给氧，避免增加心肺负荷的活动，抗感染，采用抗自由基制剂及钙通道阻滞剂。

(四) 吸入窒息性气体中毒救护

迅速将中毒患者转移至空气新鲜处，松开衣领，保持呼吸道畅通，注意保暖，密切观察意识状态，轻度中毒给予吸氧。如衣物被污染，立即脱去污染衣物，清洗被污染的皮肤。呼吸、心跳停止者，立即进行现场心肺复苏术。

抢救、治疗原则以对症疗法为主，积极防治脑水肿、肺水肿，对于一氧化碳、硫化氢中毒给予吸氧治疗，对于中重度中毒患者尽快安排高压氧治疗。氰化氢中毒患者应给予解毒剂治疗。

(五) 口服毒物中毒救护

口服有毒物质中毒者须立即引吐、洗胃及导泻。如患者清醒而又合作，宜饮大量清水引吐，优点是能使大量固体食物及毒物吐出。亦可用药物引吐。对引吐效果不好或昏迷者，应立即送医院用胃管洗胃。洗胃液可用1:5000高锰酸钾溶液，每次量不超过200~300mL，可以反复洗胃，直到无味或洗出的液体为洗胃液方停止洗胃，借助洗胃管导入50%硫酸镁300mL。

如口服强酸强碱中毒，一般不宜催吐和洗胃，可服用蛋清、牛奶、氧化镁乳剂或柠檬汁、桔汁、醋等与相应的酸碱中和。

催吐禁忌症包括：昏迷状态；中毒引起抽搐、惊厥未控制之前；服腐蚀性毒物，催吐有引起食管及胃穿孔的可能；食管静脉曲张、主动脉瘤、溃疡病出血等。孕妇慎用。洗胃禁忌症包括：强腐蚀性毒物中毒；最近有上消化道出血或胃穿孔，以及同时患有食道静脉曲张、严重心脏病或主动脉瘤；中毒引起的惊厥并未控制之前。

（六）运送中毒者途中注意事项

（1）为保持呼吸畅通，避免咽下呕吐物，取平卧位，头部稍低。

（2）尽力清除昏迷病人口腔内阻塞物，取下假牙，使舌引向前方。如惊厥不止病人，注意不要咬伤舌及上下唇。

（3）在护送途中，随时注意患者的呼吸、脉搏、面色、神志情况，随时给以必要的处置。

（4）护送途中注意车厢内通风，以防患者身上残余毒物蒸发而加重病情及影响陪送人员。

石油化工有害物质防护

A 脂肪族化合物

一、脂肪族烃类

【甲烷】

H
H—C—H
H

英 文 名：Methane；Marsh gas；Methyl hydride

别　　名：沼气；甲基氢化物

相对分子质量：16.04

分 子 式：CH_4

CAS　号：74－82－8

理化性质

相对密度：0.5547（0℃，气体）　　闪　　点：－188℃

熔　　点：－182.5℃　　爆炸极限：5.3%～15%（体积）

沸　　点：－161.6℃　　自 燃 点：537℃

无色、无臭、无味气体，比空气轻，溶于乙醇、乙醚，微溶于水，是一种窒息气体。性质稳定，可被液化和固化，在适当条件下能发生氧化、卤化、热解等反应。燃烧时呈青白色火焰。与空气的混合气体在点燃时会发生爆炸。

接触机会

甲烷是油田气、天然气和沼气的主要成分，也存在于焦炉气、炼厂气、煤矿坑道气及石油裂解后的尾气中。作为原料主要用于制造乙炔、氨、氢气、炭黑、硝基甲烷、一氯甲烷、二氯甲烷、三氯甲烷、四氯化碳和氢氰酸等，并可直接用作燃料。

毒性

侵入途径：吸入。

甲烷对人基本无毒，只有单纯性窒息作用。

甲烷只有在极高浓度时由于空气被置换，氧分压降低而产生窒息。空气中甲烷浓度87%使小鼠窒息，90%时致呼吸停止。

甲烷主要通过呼吸道进入体内，大部分以原形呼出，少量在体内可氧化为二氧化碳和水。因其与蛋白质结合能力极低，故麻醉作用相当弱。

职业危害

甲烷毒性甚低，接触高浓度甲烷时引起的“甲烷中毒”，实际上是因空气中氧含量相对降低造成的缺氧窒息。人处于甲烷浓度达25%～30%的空气中即出现缺氧的一系列临床表现，如头晕、脉速、注意力不集中、气促、无力、共济失调、窒息等；如浓度很高，患者可迅速死亡。曾有观察发现甲烷中毒患者均有不同程度的中毒性脑病，中毒严重的患者可能有神经系统后遗症。煤矿生产中的甲烷的最大危害在于与空气混合后起火爆炸。皮肤接触液体的甲烷时，因其迅速挥发，可造成冻伤。

应急处理

立即脱离现场，将患者移到空气新鲜处，平卧、保暖、保持呼吸道畅通和吸氧等；呼吸、心跳停止时需立即给予人工呼吸和心脏按摩；防治脑水肿，必要时做高压氧治疗。

液化甲烷污染皮肤时，短时间内会使污染处皮肤表面温度急剧降低，若冻伤处皮肤仍未解冻，可用42℃左右温水浸洗，并按外科冻伤处理原则治疗。

防护措施

(1) 通过工程控制提高自动化和密闭化程度。采取通风排毒措施；加强设备维修保养，遵守操作规程。防止跑、冒、滴、漏。

(2) 储运注意：储存于阴凉、通风的库房。远离火种、热源。库温不宜超过30℃。应与氧化剂等分开存放，切忌混储。采用防爆型照明、通风设施。禁止使用易产生火花的机械设备和工具。储区应备有泄漏应急处理设备。

(3) 采取个人防护措施。

吸入防护：高浓度时，使用呼吸防护器。

皮肤防护：液化甲烷操作时应佩戴隔冷手套。

眼睛防护：液化甲烷操作时应佩戴安全护目镜。

职业接触限值

中国未制订职业接触限值。

【乙烷】

英 文 名：Ethane；Methymethane

相对分子质量：30.07

分 子 式：C_2H_6

CAS 号：74-84-0

$$H_3C-CH_3$$

理化性质

相对密度：0.446 (0℃，液体)

1.04(气体)

熔 点：-183.2℃

沸 点：-88.63℃

蒸 气 压：3633.0kPa (20℃)

闪 点：-135℃

爆炸极限：3.2%～12.5%(体积)

自 燃 点：515℃

无色、无臭气体，微溶于水，与空气形成爆炸性混合物，与氟、氯等接触会发生剧烈的化学反应。

接触机会

乙烷存在于天然气、油田气、炼厂气和焦炉气中，工业上用于制造乙烯、氯乙烷、溴乙烷、硝基乙烷和硝基甲烷等，亦可用作燃料和冷冻剂。

毒性

本品属微毒类。侵入途径：吸入。吸收入体内后，几乎不转化，迅速从肺排出。空气中乙烷浓度在5%以下时，对人无任何作用；浓度超过6%时，出现头晕、恶心、轻度麻醉症状；高浓度时(40%或以上)，出现惊厥、直至置换空气而缺氧窒息。

职业危害

乙烷本身的毒性很低，有轻度麻醉作用。空气中的乙烷浓度大于6%时，可引起轻度恶心、眩晕、轻度麻醉和惊厥等症状；浓度大于40%时，使空气氧含量相对减低，可造成不同程度的缺氧、窒息，其临床表现和甲烷中毒时相似。

应急处理

立即脱离现场，将患者移到空气新鲜处，平卧、保暖、保持呼吸道畅通和吸氧等；呼吸、心跳停止时需立即给予人工呼吸和心脏按摩；防治脑水肿，必要时做高压氧治疗。禁用抑制呼吸的药物如吗啡、巴比妥类等。

防护措施

(1) 通过工程控制提高自动化和密闭化程度。采取通风排毒措施；加强设备维修保养，遵守操作规程。防止跑、冒、滴、漏。

(2) 储运注意：储存于阴凉、通风的库房。远离火种、热源。库温不宜超过30℃。应与氧化剂等分开存放，切忌混储。采用防爆型照明、通风设施。禁止使用易产生火花的机械设备和工具。储区应备有泄漏应急处理设备。

(3) 采取个人防护措施。

吸入防护：应通风。高浓度时应使用呼吸防护器。

皮肤防护：配备隔冷手套。

眼睛防护：配备安全护目镜。

职业接触限值

中国未制订职业接触限值。

【丙烷】

$H_3C—CH_2—CH_3$

英 文 名：Propane

相对分子质量：44.10

分 子 式：C_3H_8

CAS 号：74-98-6

理化性质

相对密度：0.531(0℃，液体)
1.56(气体)

熔 点：-189.9℃

沸 点：-42.5℃

闪 点：-105℃

爆炸极限：2.2%~9.5%(体积)

自 燃 点：467℃

无色气体，具有天然气气味，无腐蚀性。溶于乙醇、乙醚，微溶于水，是一种窒息性气体。性质稳定，不易发生化学反应。与空气形成爆炸性混合物。

接触机会

丙烷存在于天然气、油田气和炼厂气中。工业上可作为燃料和制冷剂，也是制造低级硝基烷、乙烯、丙烯和含氧化合物的原料，是生活用液化石油气的主要成分。

毒性

属微毒类，为单纯麻醉剂。侵入途径：吸入。对皮肤及眼无刺激，皮肤直接接触液态丙烷可引起冻伤。空气中丙烷浓度在1000ppm以下时无明显不良作用。1%浓度引起狗的血液动力学改变，3.3%可降低心肌收缩力，平均主动脉压降低，心输出量减少，肺血管阻力增加。

职业危害

(1) 急性中毒：单纯的急性丙烷中毒少见。丙烷对人类皮肤和黏膜无刺激作用，但皮肤直接接触液化丙烷可引起冻伤；人接触1%浓度的丙烷无症状，浓度达10%时出现轻度头晕；较高浓度的丙烷和丁烷混合气体有麻醉作用，吸入后可出现头昏、嗜睡、兴奋或嗜睡、恶心、呕吐、流涎、脉缓、血压偏低、生理反射减弱等，严重时可导致麻醉。有报道20例"猝死"者其血、尿、脑脊液中测到丙烷和丙烯。

(2) 慢性中毒：长期接触低浓度丙烷、丁烷、丙烯和丁烯的混合气体后，可出现头痛、头晕、失眠、易累、情绪不稳等症状和多汗、皮肤划痕症、竖毛肌反射增强等植物神经功能障碍表现，以及四肢远端感觉减退等。

应急处理

立即脱离现场，将患者移到空气新鲜处，平卧、保暖、保持呼吸道畅通，如呼吸困难给予吸氧等对症治疗；呼吸、心跳停止时应立即给予人工呼吸和心脏按摩。

防护措施

(1) 通过工程控制提高自动化和密闭化程度。采取通风排毒措施；加强设备维修保养，遵守操作规程。防止跑、冒、滴、漏。

(2) 储运注意：储存于阴凉、通风的库房。远离火种、热源。库温不宜超过30℃。应与氧化剂、卤素分开存放，切忌混储。采用防爆型照明、通风设施。禁止使用易产生火花的机械设备和工具。储区应备有泄漏应急处理设备。

(3) 采取个人防护措施。

吸入防护：应通风。如浓度高使用呼吸防护器。

皮肤防护：配备隔冷手套(佩戴隔冷手套、防护服)。

眼睛防护：一般不需要特殊防护，高浓度接触时可戴安全防护眼镜(面罩)。

职业接触限值

中国未制订职业接触限值。

【正丁烷】

$H_3C—CH_2—CH_2—CH_3$

英 文 名：*n* - Butane；Methyl ethylmethane

别　　名：甲基乙基甲烷；丁烷

相对分子质量：58.12

分 子 式：C_4H_{10}

CAS　号：106 - 97 - 8

理化性质

密　　度：2.4553kg/m³ (101.3kPa，25℃)

熔　　点：-138.3℃

沸　　点：-0.5℃

蒸 气 压：214.77kPa(20℃) 爆炸极限：1.8% ~8.4%(体积)

无色可燃性气体。不溶于水，易溶于乙醇、乙醚、氯仿及其他烃类。与空气混合形成爆炸性混合物。

接触机会

化学工业上用丁烷制造丁二烯、顺丁二烯酸酐、醋酸、乙醛、二硫化碳、丙烯、已二醇、氢气、聚氨酯泡沫塑料和树脂、烟雾剂、重油精制脱沥青剂、海水淡化的制冷剂以及合成其他有机物。

毒性

正丁烷属低毒类。主要是麻醉作用。对眼和皮肤有刺激作用。直接接触液化产物可引起皮肤冻伤。

LC_{50}：正丁烷大鼠为658g/m^3(4h)，小鼠为680g/m^3(2h)。13% 25min、22% 1min可使小鼠麻醉。丁烷对狗为弱的心脏致敏剂。

职业危害

(1) 急性中毒：正丁烷毒性较低，中毒时主要临床表现为中枢神经系统受损症状和心律失常。

人吸入浓度为23.73mg/m^{3}的丁烷10min后，可出现嗜睡；吸入高浓度丁烷可出现头晕、头痛、恶心、嗜睡及酒醉状态等；吸入极高浓度的丁烷方出现麻醉、昏迷甚至窒息。皮肤直接接触丁烷可造成冻伤。

(2) 慢性中毒：长期接触丁烷对人体的影响，有认为可造成头晕、失眠、头痛、易累等症状。

应急处理

对急性中毒患者，应立即脱离现场，将患者移到空气新鲜处，平卧、保暖、保持呼吸道畅通，予对症治疗，患者常可迅速恢复。皮肤冻伤可参照外科治疗原则处理。慢性接触引起的症状可对症处理。

防护措施

(1) 通过工程控制提高自动化和密闭化程度。采取通风排毒措施；加强设备维修保养，遵守操作规程。防止跑、冒、滴、漏。

(2) 储运注意：储存于阴凉、通风的库房。远离火种、热源。库温不超过30℃，相对湿度不超过80%。应与氧化剂、卤素分开存放，切忌混储。采用防爆型照明、通风设施。禁止使用易产生火花的机械设备和工具。储区应备有泄漏应急处理设备。

(3) 采取个人防护措施。

呼吸系统防护：一般不需要特殊防护，高浓度接触时，佩戴自吸过滤式防毒面具(半面罩)。

眼睛防护：一般不需要特殊防护，高浓度接触时可戴化学安全防护眼镜。

身体防护：穿防静电工作服。

手 防 护：戴一般作业防护手套，必要时，戴隔冷手套。

其　　他：工作现场严禁吸烟。避免长期反复接触。进入罐、限制性空间或其他高浓度区作业，须有人监护。

职业接触限值

中国未制订职业接触限值。

美　　国：ACGIH TLVs：*TWA*　1000ppm

NIOSH REL：*TWA*　800ppm(900mg/m^3)

【异丁烷】

英 文 名：Isobutane；2 - Methylpropane

别　　名：2 - 甲基丙烷

相对分子质量：58.12

分 子 式：C_4H_{10}

CAS　号：75 - 28 - 5

$H_3C-CH(CH_3)-CH_3$

理化性质

相对密度：0.551(25℃)　　蒸 气 压：160.07kPa(0℃)

熔　　点：-145℃　　闪　　点：-83℃

沸　　点：-11.7℃　　爆炸极限：1.9% ~0.4%(体积)

无色可燃气体。微溶于水。与空气混合形成爆炸性混合物。

接触机会

化学工业上用丁烷制造丁二烯、顺丁二烯酸酐、醋酸、乙醛、二硫化碳、丙烯、己二醇、氢气、聚氨酯泡沫塑料和树脂、烟雾剂、重油精制脱沥青剂、海水淡化的制冷剂以及合成其他有机物。

毒性

异丁烷属低毒类。对皮肤和黏膜有刺激和麻醉作用。侵入途径：吸入。

LC_{50}：异丁烷22% ~27%浓度对小鼠8.7min引起麻醉，15min可致呼吸停止；45%浓度时10min引起狗麻醉。异丁烷可被大鼠肝微粒体酶氧化代谢成异丁醇。

职业危害

(1) 急性中毒：异丁烷毒性较低，中毒时主要临床表现为中枢神经系统受损症状和心律失常。

人吸入浓度为23.73mg/m^3的丁烷10min后，可出现嗜睡；吸入高浓度丁烷可出现头晕、头痛、恶心、嗜睡及酒醉状态等；吸入极高浓度的丁烷方出现麻醉、昏迷甚至窒息。

(2) 慢性中毒：长期接触丁烷对人体的影响，有认为可出现头痛、易累等症状。

应急处理

对急性中毒患者，应立即脱离现场，将患者移到空气新鲜处，平卧、保暖、保持呼吸道畅通，予对症治疗，患者常可迅速恢复。慢性接触引起的症状可对症处理。出现心律失常时可按内科治疗原则处理。

防护措施

(1) 通过工程控制提高自动化和密闭化程度。采取通风排毒措施；加强设备维修保养，遵守操作规程。防止跑、冒、滴、漏。

(2) 储运注意：储存于阴凉、通风的库房。远离火种、热源。库温不超过30℃，相对湿度不超过80%。应与氧化剂、卤素分开存放，切忌混储。采用防爆型照明、通风设施。禁止使用易产生火花的机械设备和工具。储区应备有泄漏应急处理设备。

(3) 采取个人防护措施。

呼吸系统防护：一般不需要特殊防护，高浓度接触时，佩戴自吸过滤式防毒面具(半面罩)。

眼睛防护：一般不需要特殊防护，高浓度接触时可戴化学安全防护眼镜。

身体防护：穿防静电工作服。

手 防 护：戴一般作业防护手套，必要时，戴隔冷手套。

其　　他：工作现场严禁吸烟。避免长期反复接触。进入罐、限制性空间或其他高浓度区作业，须有人监护。

职业接触限值

中国未制订职业接触限值。

美　　国：ACGIH TLVs：*TWA*　1000ppm

NIOSH REL：*TWA*　800ppm(900mg/m^3)

【正戊烷】

$H_3C—CH_2—CH_2—CH_2—CH_3$

英 文 名：*n*－Pentane

分 子 式：C_5H_{12}

CAS　号：109－66－0

理化性质

相对密度：0.6262(液体)

闪　　点：－40℃

熔　　点：－129.7℃

爆炸极限：1.5%～7.8%(体积)

沸　　点：36.074℃

自 燃 点：308℃

蒸 气 压：53.32kPa(18.5℃)

无色液体，有微弱的薄荷香味。微溶于水，溶于乙醇、乙醚、丙酮、苯、氯仿等多数有机溶剂。

接触机会

戊烷存在于石油和天然气中，工业上常作燃料使用，是汽油的主要成分。正戊烷及其同分异构体异戊烷可制造异戊二烯、戊醇和戊萘。

毒性

属低毒类。毒效应主要是麻醉和轻度刺激作用。侵入途径：吸入、误服。

大鼠侧倒浓度为270g/m^3(2h)，致死浓度为380g/m^3。戊烷在大鼠体内被肝微粒体酶羟化成戊醇，与葡萄糖醛酸结合后排出。小鼠在16000ppm浓度下吸入5min未出现反应；32000～64000ppm时出现呼吸道刺激症状；90000～120000ppm吸入5～10min出现轻度麻醉；128000ppm下吸入5min出现深度麻醉；小鼠致死浓度为130000ppm(30min)。引起麻醉与致死之间浓度距离很窄。

职业危害

(1) 急性中毒：人类吸入0.5%的戊烷10min可无不适，浓度达217～2950mg/m^3时可嗅出，接触高浓度的戊烷可出现眼和黏膜刺激和麻醉症状，浓度达324000mg/m^3时可发生急性中毒，最低致死浓度为468000mg/m^3。

(2) 慢性中毒：长期接触戊烷者眼和呼吸道可有刺激症状，皮肤反复接触戊烷可出现皮炎。

应急处理

立即脱离现场，将患者移到空气新鲜处，平卧、保暖、保持呼吸道畅通和吸氧等对症治疗；呼吸、心跳停止时应立即给予人工呼吸和心脏按摩。

防护措施

（1）通过工程控制提高自动化和密闭化程度。采取通风排毒措施；加强设备维修保养，遵守操作规程。防止跑、冒、滴、漏。

（2）储运注意：储存于阴凉、通风的库房。远离火种、热源。库温不宜超过30℃。保持容器密封。应与氧化剂分开存放，切忌混储。采用防爆型照明、通风设施。禁止使用易产生火花的机械设备和工具。储区应备有泄漏应急处理设备和合适的收容材料。

（3）采取个人防护措施。

呼吸系统防护：一般不需要特殊防护，高浓度接触时，佩戴自吸过滤式防毒面具（半面罩）。

眼睛防护：一般不需要特殊防护，高浓度接触时可戴化学安全防护眼镜。

身体防护：穿防静电工作服。

手 防 护：戴一般作业防护手套，必要时，戴隔冷手套。

其　　他：工作现场严禁吸烟。避免长期反复接触。进入罐、限制性空间或其他高浓度区作业，须有人监护。

职业接触限值

中　　国：OELs：　*PC－TWA*　500mg/m^3；*PC－STEL*　1000mg/m^3

美　　国：ACGIH TLVs：*TWA*　600ppm

OSHA PEL：　*TWA*　1000ppm（2950mg/m^3）

NIOSH REL：　*TWA*　120ppm（350mg/m^3）；*C*　610ppm（1800mg/m^3）（15min）

IDLH　1500ppm

【异戊烷】

英 文 名：*iso*－Pentane；2－Methylbutane

别　　名：2－甲基丁烷；乙基二甲基甲烷

分 子 式：C_5H_{12}

CAS　号：78－78－4

$$CH_3—CH(CH_3)—CH_2CH_3$$

理化性质

相对密度：0.6197（液体）
　　　　　2.48（气体）

熔　　点：－159.89℃

沸　　点：27.85℃

蒸 气 压：79.31kPa（21.1℃）

闪　　点：－57℃

爆炸极限：1.4%～7.6%（体积）

自 燃 点：420℃

无色透明的易挥发液体，有令人愉快的芳香气味。不溶于水，可混溶于乙醇、乙醚等多数有机溶剂。

接触机会

戊烷存在于石油和天然气中，工业上常作燃料使用，是汽油的主要成分。正戊烷及其同分异构体异戊烷可制造异戊二烯、戊醇和戊萘。

毒性

属低毒类。毒效应主要是麻醉和轻度刺激作用。侵入途径：吸入、误服。

异戊烷小鼠吸入5000ppm(0.5%)10min未引起黏膜刺激或其他反应；皮肤接触发生疼痛性烧灼感。长期接触对眼和呼吸道有轻度刺激，并可产生皮炎。戊烷对人最低中毒浓度为324000mg/m³，最低致死浓度为468000mg/m³。大鼠全天接触25.5mg/m³、116mg/m³、332mg/m³、800mg/m³四种浓度的戊烷，连续117天，体重和活动在各浓度组均无改变。等于和大于332mg/m³的两组4个月后血压降低。

职业危害

(1) 急性中毒：人类吸入0.5%的戊烷10min可无不适，浓度达217~2950mg/m³时可嗅出，接触高浓度的戊烷可出现眼和黏膜刺激和麻醉症状，浓度达324000mg/m³时可发生急性中毒，最低致死浓度为468000mg/m³。

(2) 慢性中毒：长期接触戊烷者眼和呼吸道可有刺激症状，皮肤反复接触戊烷可出现皮炎。

应急处理

立即脱离现场，将患者移到空气新鲜处，平卧、保暖、保持呼吸道畅通和吸氧等对症治疗；呼吸、心跳停止时应立即给予人工呼吸和心脏按摩。

防护措施

(1) 通过工程控制提高自动化和密闭化程度。采取通风排毒措施；加强设备维修保养，遵守操作规程。防止跑、冒、滴、漏。

(2) 储运注意：储存于阴凉、通风的库房。远离火种、热源。库温不宜超过30℃。保持容器密封。应与氧化剂分开存放，切忌混储。采用防爆型照明、通风设施。禁止使用易产生火花的机械设备和工具。储区应备有泄漏应急处理设备和合适的收容材料。

(3) 采取个人防护措施。

呼吸系统防护：一般不需要特殊防护，高浓度接触时，佩戴自吸过滤式防毒面具(半面罩)。

眼睛防护：一般不需要特殊防护，高浓度接触时可戴化学安全防护眼镜。

身体防护：穿防静电工作服。

手 防 护：戴一般作业防护手套，必要时，戴隔冷手套。

其　　他：工作现场严禁吸烟。避免长期反复接触。进入罐、限制性空间或其他高浓度区作业，须有人监护。

职业接触限值

中　　国：OELs：　*PC-TWA*　500mg/m³；*PC-STEL*　1000mg/m³

美　　国：ACGIH TLVs：*TWA*　600ppm

【新戊烷】

英 文 名：neopentane；2,2-Dimethylpropane

分 子 式：C_5H_{12}

CAS 号：463-82-1

$$CH_3-C(CH_3)_2-CH_3$$

理化性质

相对密度：0.591(液体)，2.48(气体)

熔　　点：-19.5℃

沸　　点：9.5℃

蒸 气 压：146.63kPa(21℃)

闪　　点：-6.5℃

爆炸极限：1.4%~7.5%(体积)

自 燃 点：450℃

无色气体或极易挥发的液体。不溶于水，溶于乙醇等。

接触机会

戊烷存在于石油和天然气中，工业上常作燃料使用，是汽油的主要成分。正戊烷及其同分异构体异戊烷可制造异戊二烯、戊醇和戊萘。从事上述戊烷的使用、储存和生产过程均可能接触到本品。

毒性

属低毒类。侵入途径：吸入、误服。毒效应主要是麻醉和轻度刺激作用。

职业危害

高浓度可引起眼与呼吸道黏膜轻度刺激症状和麻醉症状，重者意识丧失。长期接触可致轻度皮炎。

应急处理

皮肤接触：脱去被污染的衣着，用肥皂水和清水彻底冲洗皮肤。

眼睛接触：提起眼睑，用流动清水或生理盐水冲洗。就医。

吸　　入：迅速脱离现场至空气新鲜处。保持呼吸道通畅。如呼吸困难，给输氧。如呼吸停止，立即进行人工呼吸。就医。

食　　入：饮足量温水，催吐，就医。

防护措施

(1) 通过工程控制提高自动化和密闭化程度。采取通风排毒措施；加强设备维修保养，遵守操作规程。防止跑、冒、滴、漏。

(2) 储运注意：储存于阴凉、通风的库房。远离火种、热源。库温不宜超过 30℃。保持容器密封。应与氧化剂分开存放，切忌混储。采用防爆型照明、通风设施。禁止使用易产生火花的机械设备和工具。储区应备有泄漏应急处理设备和合适的收容材料。

(3) 采取个人防护措施

呼吸系统防护：一般不需要特殊防护，高浓度接触时，佩戴自吸过滤式防毒面具(半面罩)。

眼睛防护：一般不需要特殊防护，高浓度接触时可戴化学安全防护眼镜。

身体防护：穿防静电工作服。

手 防 护：戴一般作业防护手套，必要时，戴隔冷手套。

其　　他：工作现场严禁吸烟。避免长期反复接触。进入罐、限制性空间或其他高浓度区作业，须有人监护。

职业接触限值

中　　国：OELs：　*PC-TWA*　500mg/m^3；*PC-STEL*　1000mg/m^3

美　　国：ACGIH TLVs：*TWA*　600ppm

【正己烷】

英 文 名：*n*-Hexane；Dipropyl

$H_3C—CH_2—CH_2—CH_2—CH_2—CH_3$

别　　名：二丙基

分 子 式：C_6H_{14}

结 构 式：$CH_3(CH_2)_4CH_3$

CAS　号：110-54-3

理化性质

相对密度：0.6603（液体）
2.97（气体）
熔　　点：-95℃
沸　　点：68.74℃
蒸 气 压：13.33kPa（15.8℃）
闪　　点：-21.67
爆炸极限：1.2%～7.5%（体积）
自 燃 点：225℃

有微弱的特殊气味的无色挥发性液体。不溶于水，可与乙醚、氯仿混溶，溶于丙酮，在乙醇中的溶解度为100份乙醇溶解50份正己烷（33℃）。

接触机会

己烷为石油产品，是重要的工业用有机溶剂，广泛用于清洗去污、脱脂、油类萃取、制鞋、运动用球制造、黏胶制造、印刷、油漆及电子元件加工等，燃料汽油或溶剂汽油也含有正己烷，部分聚乙烯、聚丙烯、橡胶聚合装置使用正己烷做溶剂，此外在一些化学分析实验室也使用正己烷试剂。

毒性

属低毒类，其毒性较新己烷大，且具有高挥发性、高脂溶性，并有蓄积作用。侵入途径：吸入、误服。毒作用为对中枢神经系统的轻度抑制作用，对皮肤黏膜的刺激作用。长期接触可致多发性周围神经病变。

（1）急性毒性：正己烷小鼠吸入 LC 为 120～150g/m^3（2h），麻醉浓度为 100g/m^3（1h）。大鼠经口 LD_{50} 为 24～29mL/kg。兔涂皮 2～5mL/kg（4h），引起共济失调与躁动。人吸入单纯正己烷 1800mg/m^3，3～5min 无刺激；2880mg/m^3，15min 眼及上呼吸道有刺激；5040～7200mg/m^3，10min，有恶心、头痛、眼及咽刺激；18000mg/m^3，10min，出现眩晕、轻度麻醉。经口中毒可出现恶心、呕吐等消化道刺激症状及急性支气管炎，摄入50g 可致死。溅入眼内可引起结膜刺激症状。

（2）慢性毒性：正己烷慢性毒作用主要为多发性神经病。神经传导速度减慢，甚至肌肉萎缩。严重者可引起肝肾损害。大鼠每日入 2.76g/m^3，143 天，仅有夜间活动减少，但体重、血象、血清蛋白与对照组无明显差异，处死后组织学检查见网状内皮系统有轻度反应，末梢神经有髓鞘退行性变、轴突轻度变性，腓肠肌肌纤维轻度萎缩。18000mg/m^3，每周 16h，共 4 周，周围神经运动传导速度明显下降，肌力降低。小鼠吸入 360mg/m^3，每周 6 天，经 1 年，未引起神经病；900mg/m^3，引起轻度神经病；1800mg/m^3，出现步态不稳、肌萎缩。长期职业性低浓度接触正己烷的工人，可发生周围神经病，特点是隐匿性和进展缓慢。轻症者多为远端感觉型周围神经病；较重者出现运动型周围神经病；严重者可发生下肢瘫痪及肌肉萎缩，并可伴有自主神经功能障碍。正己烷可刺激皮肤，引起潮红、水肿、水疱、皮肤粗糙。正己烷无致癌活性，也未见致畸报告。

正己烷能经呼吸道、皮肤及胃肠道吸收。血中生物半减期为 1～2h。正己烷在体内的分布与器官的脂肪含量有关，主要分布于脑、神经、肾、肝、脾、睾丸等。正己烷的生物转代主要在肝脏，微粒体细胞色素 P450 及细胞素 C 参加其氧化代谢。代谢物有2-己醇、2-己酮、2,5-己二酮等，其中 2,5-己二酮是原发性神经毒物，正己烷引起多发性周围神经炎可能与之有关。正己烷的慢性作用主要是可引起多发性神经病、神经传导速度降低，甚至肌肉萎缩。严重时还可导致肝、肾损伤。正己烷可刺激皮肤，引起红斑、水肿、起疱及烧灼感。

职业危害

(1) 急性中毒：成人一次口服正己烷50mL可致急性中毒死亡。生产过程中，尤其是事故时，吸入高浓度正己烷蒸气可发生急性正己烷中毒，临床上主要表现为程度不同的急性中毒性脑病和黏膜刺激症状。吸入正己烷数分钟后，患者即有头胀、头痛、恶心、胸闷、四肢乏力以及球结膜和咽部充血等黏膜刺激征，严重中毒者可迅速出现昏迷，醒后曾有短时轻度谵妄和步态不稳。见下表。

人类对不同浓度正己烷的反应

浓度/(mg/m^3)	反应
3520	轻度中枢神经系统抑制
5280	眼、咽喉、呼吸道黏膜刺激
5280～17600	头痛、头昏，中枢神经系统抑制

(2) 慢性中毒：工人长期在空气中正己烷含量超过安全水平的生产环境中工作，或皮肤反复接触正己烷时，通过呼吸道和皮肤吸收，可出现慢性正己烷中毒。主要引起多发性周围神经病及神经衰弱综合征。

应急处理

立即脱离现场，将患者移到空气新鲜处，平卧、保暖、保持呼吸道畅通和吸氧等对症治疗；呼吸、心跳停止时应立即给予人工呼吸和心脏按摩。患有多发性神经炎时应尽早脱离有毒环境，并作对症治疗。

防护措施

(1) 通过工程控制提高自动化和密闭化程度。采取通风排毒措施；加强设备维修保养，遵守操作规程。防止跑、冒、滴、漏。现场安装安全淋浴和洗眼设备。

(2) 储运注意：储存于阴凉、通风的库房。远离火种、热源。库温不宜超过30℃。保持容器密封。应与氧化剂分开存放，切忌混储。采用防爆型照明、通风设施。禁止使用易产生火花的机械设备和工具。储区应备有泄漏应急处理设备和合适的收容材料。

(3) 采取个人防护措施。

呼吸系统防护：一般不需要特殊防护，高浓度接触时，佩戴自吸过滤式防毒面具(半面罩)。

眼睛防护：戴化学安全防护眼镜。

身体防护：穿防静电工作服。

手 防 护：戴橡胶耐油手套。

其 他：工作现场严禁吸烟。避免长期反复接触。进入罐、限制性空间或其他高浓度区作业，须有人监护。

职业接触限值

中 国：OELs： *PC－TWA* 100mg/m^3；*PC－STEL* 180mg/m^3；皮

美 国：ACGIH TLVs：*TWA* 50ppm；皮，BEI

OSHA PEL：*TWA* 500ppm (1800mg/m^3)

NIOSH REL：*TWA* 50ppm (180mg/m^3)

IDLH 1100ppm

【新己烷】

英 文 名：*neo* – Hexane；2，2 – dimethyl butane

别　　名：2，2 – 二甲基丁烷

分 子 式：C_6H_{14}

结 构 式：$C(CH_3)_3C_2H_5$

$$H_3C—\overset{CH_3}{\underset{CH_3}{C}}—CH_2—CH_3$$

CAS　号：75 – 83 – 2

理化性质

相对密度：0.6492（液体）
　　　　　3.00（气体）

熔　　点：–98.2℃

沸　　点：49.7℃

蒸 气 压：53.3kPa

闪　　点：–47.78℃

爆炸极限：1.2% ~7%（体积）

自 燃 点：425℃

常温下微有异臭的液体。不溶于水，溶于醇、醚，可混溶于苯。

接触机会

己烷为石油产品，是重要的工业用有机溶剂，广泛用于清洗去污、脱脂、油类萃取、制鞋、运动用球制造、黏胶制造、印刷、油漆及电子元件加工等。

毒性

属低毒类。侵入途径：吸入、误服。高浓度吸入出现呼吸道刺激、轻度恶心、头痛、头晕等；极高浓度吸入可致昏迷甚至死亡。液体对眼和皮肤有刺激性。皮肤长期接触可致皮炎。

职业危害

轻度中毒时出现眼和呼吸道刺激症状及头痛、头晕、恶心等。误服中毒可出现恶心、呕吐、支气管及胃肠道刺激，急性呼吸道损害，摄食50g可致死。

慢性中毒能引起多发性周围神经病。高浓度可引起肝和肾损害。

应急处理

皮肤接触：脱去被污染的衣着，用肥皂水和清水彻底冲洗皮肤。

眼睛接触：提起眼睑，用流动清水或生理盐水冲洗。就医。

吸　　入：迅速脱离现场至空气新鲜处。保持呼吸道通畅。如呼吸困难，给输氧。如呼吸停止，立即进行人工呼吸。就医。

食　　入：饮足量温水，催吐，就医。

防护措施

（1）通过工程控制提高自动化和密闭化程度。采取通风排毒措施；加强设备维修保养，遵守操作规程。防止跑、冒、滴、漏。现场安装安全淋浴和洗眼设备。

（2）储运注意：储存于阴凉、通风的库房。远离火种、热源。库温不宜超过30℃。保持容器密封。应与氧化剂分开存放，切忌混储。采用防爆型照明、通风设施。禁止使用易产生火花的机械设备和工具。储区应备有泄漏应急处理设备和合适的收容材料。

（3）采取个人防护措施。

呼吸系统防护：一般不需要特殊防护，高浓度接触时可佩戴自吸过滤式防毒面具（半面罩）。

眼睛防护：必要时，戴化学安全防护眼镜。

身体防护：穿防静电工作服。

手 防 护：戴防苯耐油手套。

其　他：工作现场严禁吸烟。避免长期反复接触。

职业接触限值

中国未制订职业接触限值。

美　国：ACGIH TLVs：*TWA*　500ppm；*STEL*　1000ppm

NIOSH REL：*TWA*　100ppm(350mg/m^3)；

C　510ppm(1800mg/m^3)(15min)

【正庚烷】

英 文 名：*n* – Heptane

$CH_3—CH_2—CH_2—CH_2—CH_2—CH_2—CH_3$

别　名：庚烷

相对分子质量：100.20

分 子 式：C_7H_{16}

结 构 式：$CH_3(CH_2)_5CH_3$

CAS 号：142 – 82 – 5

理化性质

相对密度：0.6837(液体)

3.45(气体)

熔　点：–90.595℃

沸　点：98.43℃

蒸 气 压：5.33kPa(22.3℃)

闪　点：3.89(闭杯)

爆炸极限：1.05% ~6.7%(体积)

自 燃 点：222℃

无色，具有挥发性的液体。溶于乙醇、乙醚和氯仿，不溶于水。馏程93.3~98.9℃。极易着火。蒸气与空气形成爆炸性混合物。

接触机会

庚烷是石油化工产品，常用作工业有机溶剂，亦可用作提高航空汽油辛烷值的添加剂，以及用作测定汽油辛烷值的标准物。

毒性

属低毒类。本品有麻醉作用和刺激性。侵入途径：吸入、误服。LD_{50}为222mg/kg(小鼠静脉)；LC_{50}为7500mg/m^3 ×2h(小鼠吸入)；*LC* 为75g/m^3 ×2h(小鼠吸入)；人吸入20.45 g/m^3 ×15min，恶心、厌食、步态不稳；人吸入20.45g/m^3 ×4min，明显眩晕；人吸入0.93 g/m^3，刺激。

职业危害

急性中毒：吸入本品蒸气可引起眩晕、恶心、厌食、欣快感和步态蹒跚，甚至出现意识丧失和木僵状态。对皮肤有轻度刺激性。

慢性影响：长期接触有头痛、头晕、乏力等表现，可引起神经衰弱综合征。少数人有轻度中性白细胞减少，消化不良。

应急处理

立即脱离现场，将患者移到空气新鲜处，平卧、保暖、保持呼吸道畅通和吸氧等，对症治疗。

皮肤接触：脱去被污染的衣着，用肥皂水和清水彻底冲洗皮肤。

眼睛接触：提起眼睑，用流动清水或生理盐水冲洗。就医。

吸　　入：迅速脱离现场至空气新鲜处。保持呼吸道通畅。如呼吸困难，给输氧。如呼吸停止，立即进行人工呼吸。就医。

食　　入：饮足量温水，催吐，就医。

防护措施

(1) 通过工程控制提高自动化和密闭化程度。采取通风排毒措施；加强设备维修保养，遵守操作规程。防止跑、冒、滴、漏。

(2) 储存于阴凉、通风的库房。远离火种、热源。防止阳光直射。库温不宜超过37℃，保持容器密封。应与氧化剂、食用化学品分开存放，切忌混储。采用防爆型照明、通风设施。禁止使用易产生火花的机械设备和工具。储区应备有泄漏应急处理设备和合适的收容材料。

(3) 采取个人防护措施。

呼吸系统防护：空气中浓度超标时，必须佩戴过滤式防毒面具(半面罩)。紧急事态抢救或撤离时，应该佩戴空气呼吸器。

眼睛防护：戴化学安全防护眼镜。

身体防护：穿防静电工作服。

手 防 护：戴橡胶手套。

其　　他：避免长期反复接触。进入罐、限制性空间或其他高浓度区作业，须有人监护。工作场所禁止吸烟、进食和饮水，饭前要洗手。工作完毕，淋浴更衣。保持良好的卫生习惯。

职业接触限值

中　　国：OELs：　*PC－TWA*　500mg/m^3；*PC－STEL*　1000mg/m^3

美　　国：ACGIH TLVs：*TWA*　400ppm (1640mg/m^3)；*STEL*　500ppm(2050mg/m^3)

OSHA PEL：*TWA*　500ppm (2000mg/m^3)

NIOSH REL：*TWA*　85ppm (350mg/m^3)；

C　440ppm(1800mg/m^3)(15min)

IDLH　750ppm

【三甲基丁烷】

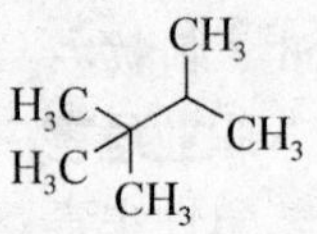

英 文 名：2,2,3－Trimethyl butane；Pentamethyl ethane

分 子 式：C_7H_{16}

结 构 式：$C(CH_3)_3CH(CH_3)_2$

CAS　号：464－06－2

理化性质

相对密度：0.6901(液体)　　　熔　　点：－24.9℃

3.46(气体)　　　沸　　点：80.9℃

蒸 气 压：23.24kPa(37.7℃) 爆炸极限：1.0% ~7.0%(体积)

闪 点：-6.67℃ 自 燃 点：215℃

无色液体，有刺激性气味。不溶于水，可混溶于多数有机溶剂。

接触机会

常用作工业有机溶剂，亦可用作提高航空汽油辛烷值的添加剂。

毒性

属低毒类。本品有麻醉作用和刺激性，毒性比正庚烷更低。

职业危害

急性中毒：可引起眩晕、共济失调；高浓度可致呼吸停止。对黏膜有刺激作用，皮肤接触可引起疼痛、灼伤。

慢性影响：引起神经衰弱综合征和轻度的血液学改变。

应急处理

皮肤接触：立即脱去污染的衣着，用大量流动清水冲洗。如有不适感，就医。

眼睛接触：提起眼睑，用流动清水或生理盐水冲洗。如有不适感，就医。

吸 入：迅速脱离现场至空气新鲜处。保持呼吸道通畅。如呼吸困难，给输氧。呼吸、心跳停止，立即进行心肺复苏术。就医。

食 入：饮足量温水，催吐。就医。

防护措施

(1) 通过工程控制提高自动化和密闭化程度。采取通风排毒措施；加强设备维修保养，遵守操作规程。防止跑、冒、滴、漏。

(2) 储存于阴凉、通风的库房。远离火种、热源。防止阳光直射。库温不宜超过37℃，保持容器密封。应与氧化剂、食用化学品分开存放，切忌混储。采用防爆型照明、通风设施。禁止使用易产生火花的机械设备和工具。储区应备有泄漏应急处理设备和合适的收容材料。

(3) 采取个人防护措施。

呼吸系统防护：空气中浓度超标时，必须佩戴过滤式防毒面具(半面罩)。紧急事态抢救或撤离时，应该佩戴空气呼吸器。

眼睛防护：戴化学安全防护眼镜。

身体防护：穿防静电工作服。

手 防 护：戴橡胶手套。

其 他：工作场所禁止吸烟、进食和饮水，饭前要洗手。工作完毕，淋浴更衣。保持良好的卫生习惯。

职业接触限值

中国未制订职业接触限值。

【正辛烷】

英 文 名：*n*-Octane；Octyl hydride

相对分子质量：114.23

分 子 式：C_8H_{18}

结 构 式：$CH_3(CH_2)_6CH_3$

CAS 号：111-65-9

理化性质

相对密度：0.7026(液体)

3.86(气体)

熔 点：-56.798℃

沸 点：125.6℃

蒸 气 压：1.33kPa(19.2℃)

闪 点：13.3℃

爆炸极限：1%~6.5%(体积)

自 燃 点：220℃

无色透明液体，不溶于水，溶于乙醇、乙醚、苯、丙酮等多数有机溶剂。

接触机会

是溶剂汽油、工业用汽油的成分，用作印刷油墨溶剂、涂料用溶剂稀释剂、丁基橡胶用溶剂、烯烃聚合反应等的有机溶剂，用作色谱分析标准物。

毒性

属低毒类。侵入途径主要是吸入。正辛烷经口毒性比其低碳同系物高，如吸入肺，可因心跳停止、呼吸麻痹而迅速死亡。其麻醉强度与庚烷相似，但不产生中枢神经系统损害。辛烷的代谢较迅速。小鼠在6600~13700ppm下30~90min产生麻醉，16000ppm下5min内1/4小鼠呼吸停止，在32000ppm下3min内全部动物呼吸停止。小鼠经口摄入0.2mL几秒即发生惊厥、呼吸麻痹或心脏停搏而死亡。尸检见肺泡及肺间质出血和水肿。

小鼠吸入异辛烷2h时，*LC*为$50g/m^3$，异辛烷毒性略大于正辛烷。异辛烷无烷烃的麻醉作用，而具有明显的致痉挛作用。

4个月连续接触正辛烷浓度每立方米数克，大鼠甲状腺和肾上腺皮质功能发生可逆性减退。

职业危害

急性中毒：正辛烷有麻醉作用，其麻醉强度和庚烷相似，但不造成中枢神经损害。肺吸入后可以引起窒息、呼吸麻痹和心跳停止而死亡。

应急处理

皮肤接触：脱去污染的衣着，用肥皂水和清水彻底冲洗皮肤。

眼睛接触：提起眼睑，用流动清水或生理盐水冲洗。就医。

吸 入：立即脱离现场，将患者移到空气新鲜处，平卧、保暖、保持呼吸道畅通和吸氧等，对症治疗；呼吸、心跳停止时应立即给予人工呼吸和心脏按摩。

食 入：饮足量温水，催吐。就医。

防护措施

(1) 应密闭操作，全面通风。

(2) 储运注意防火；与强氧化剂分开存放。保持阴凉；保存在通风良好的室内。

(3) 采取个人防护措施。

吸入防护：空气中浓度超标时，必须佩戴过滤式防毒面具，紧急事态抢救或撤离时应佩戴空气呼吸器。

皮肤防护：配备防护手套及防护服。

眼睛防护：配备安全护目镜。

摄食防护：工作时不得进食、饮水或吸烟。

职业接触限值

中　　国：OELs：　　　*PC－TWA*　500mg/m³

美　　国：ACGIH TLVs：*TWA*　300ppm

OSHA PEL：　*TWA*　500ppm（2350mg/m³）

NIOSH REL：*TWA*　75ppm（350mg/m³）；*C*　385ppm（1800mg/m³）（15min）

IDLH　1000ppm

【异辛烷】

英 文 名：*iso*－Octane；2，2，4－Trimethylpentane

别　　名：2，2，4－三甲基戊烷

分 子 式：C_8H_{18}

结 构 式：$(CH_3)_3CCH_2CH(CH_3)_2$

$$CH_3-\underset{CH_3}{\overset{CH_3}{\underset{|}{\overset{|}{C}}}}-CH_2-\underset{CH_3}{\underset{|}{CH}}-CH_3$$

CAS　号：540－84－1

理化性质

相对密度：0.6919（液体）

3.93（气体）

熔　　点：－107.4℃

沸　　点：99.2℃

蒸 气 压：5.41kPa（21℃）

闪　　点：－12.2℃

爆炸极限：1.1%～6.0%（体积）

自 燃 点：417℃

无色透明液体，不溶于水，溶于醚，易溶于醇、丙酮、苯、氯仿等。

接触机会

作为测定汽油抗震度的标准。用作车用汽油、航空汽油等的添加剂。

毒性

属低毒类。侵入途径为吸入、食入，也可经皮吸收。小鼠吸入异辛烷2h时，*LC*为50g/m³，异辛烷毒性略大于正辛烷。异辛烷无烷烃的麻醉作用，而具有明显的致痉挛作用。

吸入异辛烷20～30g/m³，2h可致40%小鼠死亡。兔在1～2g/m³浓度下，屈肌反射和中枢神经系统有功能性改变。人接触异辛烷1g/m³ 5min产生眼和呼吸道刺激症状。

职业危害

急性中毒：高浓度的异辛烷（1g/m³）对眼和呼吸道黏膜有刺激作用。

应急处理

皮肤接触：脱去被污染的衣着，用肥皂水和清水彻底冲洗皮肤。

眼睛接触：提起眼睑，用流动清水或生理盐水冲洗。就医。

吸　　入：迅速脱离现场至空气新鲜处。保持呼吸道通畅。如呼吸困难，给输氧。如呼吸停止，立即进行人工呼吸。就医。

食　　入：饮足量温水，催吐，就医。

防护措施

（1）应密闭操作，全面通风。

（2）储运注意防火；与强氧化剂分开存放。保持阴凉；保存在通风良好的室内。

（3）采取个人防护措施。

呼吸系统防护：空气中浓度较高时，佩戴过滤式防毒面具(半面罩)。

眼睛防护：戴化学安全防护眼镜。

身体防护：穿防静电工作服。

手 防 护：戴乳胶手套。

其　　他：工作现场严禁吸烟。避免长期反复接触。

职业接触限值

中国未制订职业接触限值。

【2,2,3－三甲基戊烷】

英 文 名：2,2,3－Trimethylpentane

分 子 式：C_8H_{18}

结 构 式：$CH_3C(CH_3)_2CH(CH_3)CH_2CH_3$

$$
\begin{array}{c}
\quad CH_3 \\
\quad | \\
H_3C - C - CH_3 \\
\quad | \\
H_3C - CH - CH_2 - CH_3
\end{array}
$$

CAS　号：564－02－3

理化性质

相对密度：0.723(液体)，3.93(气体)　　蒸 气 压：3.999kPa（23.69℃）

熔　　点：－109.43℃　　闪　　点：5℃

沸　　点：113℃　　爆炸极限：1.0%(体积，下限)

无色液体，不溶于水，微溶于乙醇，溶于乙醚。

接触机会

作溶剂用。

毒性

属低毒物质。侵入途径为吸入、误服。

职业危害

对眼、呼吸道和消化道黏膜有刺激作用。

应急处理

皮肤接触：脱去被污染的衣着，用肥皂水和清水彻底冲洗皮肤。

眼睛接触：提起眼睑，用流动清水或生理盐水冲洗。就医。

吸　　入：迅速脱离现场至空气新鲜处。保持呼吸道通畅。如呼吸困难，给输氧。如呼吸停止，立即进行人工呼吸。就医。

食　　入：饮足量温水，催吐，就医。

防护措施

(1) 应密闭操作，全面通风。

(2) 储运注意防火；与强氧化剂分开存放。保持阴凉；保存在通风良好的室内。

(3) 采取个人防护措施。

呼吸系统防护：空气中浓度较高时，佩戴过滤式防毒面具(半面罩)。

眼睛防护：戴化学安全防护眼镜。

身体防护：穿防静电工作服。

手 防 护：戴乳胶手套。

其　　他：工作现场严禁吸烟。避免长期反复接触。

职业接触限值

中国未制订职业接触限值。

【乙烯】

英 文 名：Ethylene

相对分子质量：28.05

分 子 式：C_2H_4

CAS 号：74-85-1

$$H_2C=CH_2$$

理化性质

相对密度：0.610（0℃，液体）
0.975（气体）

熔 点：-169℃

沸 点：-103.9℃

蒸 气 压：4028.7kPa（0℃）

闪 点：-135℃

爆炸极限：3.02%～34%（体积）

自 燃 点：543℃

最简单的烯烃。带有甜香味的无色气体。几乎不溶于水。化学性质活泼。燃烧时的火焰比甲烷光亮。与空气形成爆炸性混合物。

接触机会

乙烯是石油工业产品，存在于焦炉气和热裂解石油气中，用重质油裂解、焦炉气回收或乙炔加氢合成而制取，为工业上合成橡胶、聚乙烯树脂、纤维、塑料、炸药、乙醇、乙醛及环氧树脂等的原料，此外乙烯也用作水果和蔬菜的催熟剂，从事本品的生产、储存和使用均可接触到本品。

毒性

属低急性毒类。乙烯具有较强的麻醉作用，对皮肤无刺激性，但皮肤接触液态乙烯能发生冻伤。

乙烯主要从呼吸道吸入，经肺泡扩散后，极小部分溶解于血液中。由于组织中乙烯的含量很小，因此能迅速引起麻醉，苏醒也很快。

乙烯以物理性溶解于血液，很难被机体内存在的酶分解，吸收后绝大部分以原形随呼气排出。如停止麻醉2min后，即可在血液内消失，在组织中还能存在数小时。

职业危害

（1）急性中毒：人吸入37.5%浓度的乙烯15min即可出现明显记忆障碍；浓度达50%时，因空气中的氧含量降至10%，可引起意识丧失；如氧含量再降至8%则迅速造成缺氧窒息死亡。吸入含乙烯25%～45%的乙烯和氧气混合气有痛觉消失现象，但意识未受影响；当乙烯浓度增至70%～90%可出现麻醉，但停止吸入后迅速苏醒。乙烯对眼和呼吸道黏膜有轻微刺激作用，脱离接触后很快消失。皮肤接触液态乙烯时能发生冻伤。

（2）慢性中毒：长期接触乙烯可引起头晕、全身不适、乏力和注意力不集中等。个别人可有消化道症状。长期接触乙烯对白细胞数和肝功能有无影响的问题目前未有定论。

应急处理

立即脱离现场，将患者移到空气新鲜处，平卧、保暖、保持呼吸道畅通和吸氧等，对症治疗；呼吸、心跳停止时应立即给予人工呼吸和心脏按摩。皮肤接触液态乙烯时可立即用温水冲洗，冻伤的处理可参照外科冻伤的治疗。

防护措施

(1) 密闭操作，全面通风。

(2) 储运注意：储存于阴凉、通风的库房。远离火种、热源。库温不宜超过 30℃。应与氧化剂、卤素分开存放，切忌混储。采用防爆型照明、通风设施。禁止使用易产生火花的机械设备和工具。储区应备有泄漏应急处理设备。

(3) 采取个人防护措施。

呼吸系统防护：一般不需要特殊防护，高浓度接触时可佩戴自吸过滤式防毒面具(半面罩)。

眼睛防护：一般不需特殊防护。必要时，戴化学安全防护眼镜。

身体防护：穿防静电工作服。

手 防 护：戴隔冷手套。

其 他：工作现场严禁吸烟。避免长期反复接触。进入罐、限制性空间或其他高浓度区作业，须有人监护。

职业接触限值

中国未制订职业接触限值。

美 国：ACGIH TLVs：*TWA* 200ppm；A4

【丙烯】

英 文 名：Propylene；Propene　　$CH_3CH{=}CH_2$

相对分子质量：42.08

分 子 式：C_3H_6

CAS 号：115-07-1

理化性质

相对密度：0.5139(液体)　　闪 点：-108℃

1.46(0℃，气体)　　爆炸极限：2.0%~11.1%(体积)

熔 点：-185.2℃　　自 燃 点：497℃

沸 点：-47.7℃

无色气体，略带甜味，溶于乙醇和乙醚，微溶于水。化学性质活泼，与空气形成爆炸性混合物。

接触机会

丙烯存在于炼厂的催化裂化气中，经气体分馏可以得到聚合级丙烯；也是乙烯裂解装置的产品之一。丙烯是重要而常用的基本有机化工原料，用于生产异丙苯、丙酮、聚丙烯、丙烯腈、环氧丙烷、丙烯酸、塑料、合成橡胶、洗涤剂等，是生产聚乙烯的共聚单体。从事本品的生产、储存和使用防护不当，均可能接触到本品。

毒性

属低毒类。侵入途径：吸入。为单纯窒息剂及轻度麻醉剂，对皮肤无刺激，直接接触液态产品可引起灼伤。小鼠、大鼠、猫和狗吸入 40%~50% 丙烯，均能引起麻醉，并且麻醉作用的出现和消失都很迅速。

职业危害

丙烯属窒息性气体，但毒性较低，具有轻度的麻醉作用，极高浓度时方对人体有明显影响。浓度达 17.3mg/m^{3}时可以嗅出；1mg/m^{3}时对眼有轻微刺激；接触 6.4% 的丙烯约 2.25min 后可有注意力不集中和感觉异常；浓度达 12.8% 时 1min 即有同样症状；吸入浓度为 35% ~40% 的丙烯可出现呕吐、眩晕等；接触 40% ~70% 的丙烯数分钟，可发生眼睑及面潮红、流泪、咳嗽、恶心、胸闷、步态蹒跚和麻醉，但脱离接触后可完全恢复；曾有报道一例患者吸入浓度为 1100 ~1300mg/m^3 的丙烯仅 5min 即出现头痛、头晕、恶心、胸闷、四肢无力、步态蹒跚和倒地，但脱离现场 20min 后清醒，体检见表情淡漠、肌张力减低、肌力Ⅱ级、膝反射亢进等，给予皮质激素、护肝及高压氧治疗 20 天后好转，但出现食欲不振和 *ALT* 轻微增高等轻度中毒性肝损害迹象，对症处理 50 天后恢复。大量吸入丙烯可出现血压下降和心律异常。皮肤接触液态丙烯可造成冻伤。

应急处理

立即脱离现场，将患者移到空气新鲜处，平卧、保暖、保持呼吸道畅通和吸氧等，对症治疗；呼吸、心跳停止时应立即给予人工呼吸和心脏按摩。皮肤接触液态丙烯时可立即用温水冲洗，冻伤的处理可参照外科冻伤的治疗。

防护措施

（1）密闭操作，全面通风。

（2）储运注意：储存于阴凉、通风的库房。远离火种、热源。库温不宜超过 30℃。应与氧化剂、酸类分开存放，切忌混储。采用防爆型照明、通风设施。禁止使用易产生火花的机械设备和工具。储区应备有泄漏应急处理设备。

（3）采取个人防护措施。

吸入防护：一般不需要特殊防护，高浓度接触时可佩戴自吸过滤式防毒面具（半面罩）。

皮肤防护：配备防护手套及防护服。

眼睛防护：配备安全护目镜。

摄食防护：工作时不得进食、饮水或吸烟。

职业接触限值

中国未制订职业接触限值。

美　　国：ACGIH TLVs：*TWA*　500ppm；A4

【丙二烯】

英 文 名：Allene；Propadiene；Dimethylenemethane

相对分子质量：40.06

分 子 式：C_3H_4

结 构 式：$(H_2C)_2C$

CAS　号：463 -49 -0

理化性质

相对密度：1.79（水 =1）　　　　熔　　点：-136.5℃

　　　　　1.42（空气 =1）　　　沸　　点：-34.5℃

爆炸极限：1.7% ~12%（体积）

无色气体，不稳定，易液化。在蒸馏其硫酸溶液时生成丙酮。与溴作用生成1,2,2,3－四溴丙烷。加热时异构化成丙炔。最简单的含聚集双键的碳氢化合物。两端的氢原子位于相互垂直的两个平面内。

接触机会

丙二烯是作为石油化工重要的活性中间体，它来自石油的裂解或分馏制取。从事石油提炼生产可接触到本品。

毒性

属低毒类。侵入途径：吸入。小鼠吸入丙二烯浓度为20% 1min，出现不安、麻醉；吸入浓度为40%时，1~2min 出现麻醉。

职业危害

有单纯窒息、麻醉和刺激作用。吸入后引起头痛、头晕、倦睡、流涎、呕吐、神志不清。可因缺氧而窒息死亡。眼和皮肤接触液态本品，可致冻伤。但目前缺乏人类慢性中毒的临床资料。

应急处理

如高浓度吸入，迅速脱离现场至空气新鲜处。保持呼吸道通畅。如呼吸困难，给输氧。如呼吸停止，立即进行人工呼吸和心脏按摩。若有冻伤可参照外科冻伤的治疗。

防护措施

(1) 密闭操作，全面通风。

(2) 储运注意：储存于阴凉、通风的库房。远离火种、热源。库温不宜超过30℃。应与氧化剂、酸类分开存放，切忌混储。

(3) 采取个人防护措施。

呼吸系统防护：一般不需要特殊防护，高浓度接触时可佩戴自吸过滤式防毒面具（半面罩）。

眼睛防护：戴化学安全防护眼镜。

身体防护：穿防静电工作服。

手 防 护：戴一般作业防护手套。

其　　他：工作时不得进食、饮水或吸烟。工作现场严禁吸烟。避免长期反复接触。

职业接触限值

中国未制订职业接触限值。

【1－丁烯】

$CH_2{=}CHCH_2CH_3$

英 文 名：1－Butylene

相对分子质量：56.10

分 子 式：C_4H_8

CAS 号：106－98－9

理化性质

相对密度：0.5951（液体）

沸　　点：－6.3℃

熔　　点：－185℃

蒸 气 压：189.4kPa（10℃）

闪　　点：－80℃　　　　　　　　　　　　　自 燃 点：385℃

爆炸极限：1.6%～10%（体积）

常温常压下为无色气体。不溶于水，微溶于苯、乙醇、乙醚；在常温常压下化学性质稳定；与空气形成爆炸性混合物。

接触机会

用于制丁二烯、异戊二烯及合成橡胶等。

毒性

属低毒类。侵入途径主要为呼吸道吸入。小鼠吸入2h，LC_{50}为420g/m³；人吸入5min 25g/m³，上呼吸道刺激；人吸入2h 805～989mg/m³，黏膜刺激、嗜睡、血压稍升高。小鼠吸入20次6%，尸检见支气管、骨髓等呈刺激性病变。大鼠连续140天吸入100mg/m³，血胆碱酯酶活性下降，白细胞总数减少。

职业危害

主要作用是窒息、弱麻醉和弱刺激。

急性影响：出现黏膜刺激症状、嗜睡、血压稍升高，有时脉速。高浓度中毒可引起昏迷。

慢性影响：长期接触本品，工人有头痛、头晕、嗜睡或失眠、易兴奋、易疲倦、全身乏力、记忆力减退。有时有黏膜刺激症状。

应急处理

迅速脱离现场至空气新鲜处。保暖并休息。保持呼吸道通畅。呼吸困难时给输氧。呼吸停止时，立即进行人工呼吸。就医。

防护措施

工程控制：生产过程密闭，全面通风。

呼吸系统防护：高浓度环境中，佩戴供气式呼吸器。

眼睛防护：戴化学安全防护眼镜。

身体防护：穿防静电工作服。

手 防 护：戴防护手套。

其　　他：工作现场严禁吸烟。避免长期反复接触。进入罐或其他高浓度区作业，须由人监护。

职业接触限值

中　　国：OELs：*PC－TWA*　100mg/m³

【2－丁烯】（顺式）

英 文 名：2－Butylene；2－Butene；cis－Butene－2

相对分子质量：56.10

分 子 式：C_4H_8

结 构 式：$CH_3CHCHCH_3$

CAS　号：590－18－1

CH_3　CH_3 ＞C＝C＜ H　H

理化性质

相对密度：0.6213（液体）　　蒸 气 压：141.65kPa(10℃)

熔　　点：－139℃　　闪　　点：－72℃

沸　　点：1.0℃　　爆炸极限：1.7%～9.7%（体积）

常温常压下为无色气体。不溶于水，溶于多数有机溶剂；与空气混合形成爆炸性混合物。

接触机会

用于制丁二烯及合成 $C_4 \sim C_5$的衍生物等。

毒性

属低毒类。侵入途径主要为呼吸道吸入。小鼠吸入 2h 时，LC_{50}为 420g/m^3。

职业危害

主要作用是窒息、弱麻醉和弱刺激。

急性影响：出现黏膜刺激症状、嗜睡、血压稍升高，有时脉速。高浓度中毒可引起昏迷。

慢性影响：长期接触本品，工人有头痛、头晕、嗜睡或失眠、易兴奋、易疲倦、全身乏力、记忆力减退。有时有黏膜刺激症状。

应急处理

迅速脱离现场至空气新鲜处。保暖并休息。保持呼吸道通畅。呼吸困难时给输氧。呼吸停止时，立即进行人工呼吸。就医。

防护措施

工程控制：生产过程密闭，全面通风。

呼吸系统防护：高浓度环境中，佩戴供气式呼吸器。

眼睛防护：戴化学安全防护眼镜。

身体防护：穿防静电工作服。

手 防 护：戴防护手套。

其　　他：工作现场严禁吸烟。避免长期反复接触。进入罐或其他高浓度区作业，须由人监护。

职业接触限值

中　　国：OELs：*PC－TWA*　100mg/m^3

【2－丁烯】(反式)

英 文 名：Trans－Butene－2

相对分子质量：56.10

分 子 式：C_4H_8

结 构 式：$CH_3CHCHCH_3$

CAS　号：624－64－6

$$\begin{matrix} CH_3 & & H \\ & C=C & \\ H & & CH_3 \end{matrix}$$

理化性质

相对密度：0.6042（液体）　　熔　　点：－105.8℃

沸　　点：0.88℃　　　　自 燃 点：324℃

闪　　点：-72℃　　　　爆炸极限：1.7%~9.7%（体积）

常温常压下为无色气体。不溶于水，溶于多数有机溶剂；与空气混合形成爆炸性混合物。

接触机会

用于制丁二烯及合成 $C_4 \sim C_5$ 的衍生物等。

毒性

属低毒类。侵入途径主要为呼吸道吸入。小鼠吸入 2h，LC_{50} 为 420g/m³。

职业危害

主要作用是窒息、弱麻醉和弱刺激。

急性影响：出现黏膜刺激症状、嗜睡、血压稍升高，有时脉速。高浓度中毒可引起昏迷。

慢性影响：长期接触本品，工人有头痛、头晕、嗜睡或失眠、易兴奋、易疲倦、全身乏力、记忆力减退。有时有黏膜刺激症状。

应急处理

迅速脱离现场至空气新鲜处。保暖并休息。保持呼吸道通畅。呼吸困难时给输氧。呼吸停止时，立即进行人工呼吸。就医。

防护措施

工程控制：生产过程密闭，全面通风。

呼吸系统防护：高浓度环境中，佩戴空气呼吸器。

眼睛防护：戴化学安全防护眼镜。

身体防护：穿防静电工作服。

手 防 护：戴防护手套。

其　　他：工作现场严禁吸烟。避免长期反复接触。进入罐或其他高浓度区作业，须由人监护。

职业接触限值

中　　国：OELs：*PC-TWA*　100mg/m³

【异丁烯】

英 文 名：*iso*-Butene；2-Methylpropene

别　　名：2-甲基丙烯

分 子 式：C_4H_8

结 构 式：$(CH_3)_2C{=}CH_2$

$$\begin{array}{c} \quad CH_3 \\ \quad | \\ CH_3—C{=}CH_2 \end{array}$$

CAS 号：115-11-7

理化性质

相对密度：0.6（液体）　　　　蒸 气 压：258.3 kPa（20℃）

熔　　点：-139℃　　　　闪　　点：-76℃

沸　　点：-6.9℃　　　　自 燃 点：465℃

爆炸极限：1.8%～8.8%（体积）

一种液化石油气。无色易挥发(液化)气体。有煤气味，溶于有机溶剂，易聚合也易和许多物质反应。

接触机会

异丁烯主要用于制造丁烯橡胶、聚异丁烯橡胶等；此外还可用作芳烃的烷基化，制造合成树脂和润滑油添加剂等。

毒性

属低毒类。本品主要引起窒息、弱麻醉和弱刺激作用。

异丁烯 LC_{50} 小鼠吸入2h为415g/m^3；大鼠吸入4h为620g/m^3。麻醉作用与脑内浓度间呈线性关系。

职业危害

主要作用是窒息、弱麻醉和弱刺激。

急性影响：出现黏膜刺激症状、嗜睡、血压稍升高，有时脉速。高浓度中毒可引起昏迷。

慢性影响：长期接触本品，工人有头痛、头晕、嗜睡或失眠、易兴奋、易疲倦、全身乏力、记忆力减退。有时有黏膜刺激症状。

应急处理

迅速脱离现场至空气新鲜处。保暖并休息。保持呼吸道通畅。呼吸困难时给输氧。呼吸停止时，立即进行人工呼吸。就医。

防护措施

工程控制：生产过程密闭，全面通风。

呼吸系统防护：高浓度环境中，佩戴空气呼吸器。

眼睛防护：戴化学安全防护眼镜。

身体防护：穿防静电工作服。

手 防 护：戴防护手套。

其　　他：工作现场严禁吸烟。避免长期反复接触。进入罐或其他高浓度区作业，须由人监护。

职业接触限值

中　　国：OELs：$PC-TWA$　100mg/m^3

【1,3－丁二烯】

英 文 名：1,3－Butadiene

别　　名：丁间二烯；联乙烯

相对分子质量：54.09

分 子 式：C_4H_6

CAS 号：106－99－0

$HC{=}CH_2$ | $HC{=}CH_2$（结构式：两个 HC 以单键相连）

理化性质

相对密度：0.6211(液体)，1.84(气体)　　　熔　　点：－108.9℃

沸　　点：－4.41℃　　爆炸极限：1.4%～16.3%(体积)

蒸 气 压：245.27kPa（21℃）　　自 燃 点：414℃

闪　　点：－76℃

在常温常压下为无色无臭气体，易液化。与空气形成爆炸混合气体。溶于丙酮、苯、乙酸、酯等有机溶剂。在有氧存在下易聚合。

接触机会

1,3－丁二烯是生产顺丁橡胶、丁苯橡胶、丁腈橡胶、ABS树脂、补强剂与硬化剂、合成纤维、水性或油性涂料、己二腈和聚氯乙烯增塑剂癸二酸的原料。

毒性

属低毒类。具有麻醉和刺激作用。其麻醉作用比丙二烯强，但仅为丁烯的一半。侵入途径主要经呼吸道吸入，表现为对皮肤、呼吸道的刺激和对中枢神经系统的麻醉作用。动物实验急性毒性LC_{50}小鼠为270g/m^3(2h)，大鼠为285g/m^3(4h)。人吸入30%～35%浓度丁二烯时，引起头痛、全身乏力、恶心、胸闷、呼吸困难、意识丧失等症状。丁二烯化学性质活泼，在体内逐步被氧化。有人推测，在体内的氧化代谢中间产物为1,2－环氧丁烯－[3]和二环氧丁烷。这二者的毒性和刺激性均比丁二烯大。因此，环氧化中间产物可能是丁二烯慢性毒作用的主要原因。

职业危害

(1) 急性中毒：轻者有头痛、头晕、恶心、咽痛、耳鸣、全身乏力、嗜睡等。重者出现酒醉状态、呼吸困难、脉速等，后转入意识丧失和抽搐，有时也可有烦躁不安、到处乱跑等精神症状。脱离接触后，迅速恢复。头痛和嗜睡有时可持续一段时间。皮肤直接接触丁二烯可发生灼伤或冻伤。

(2) 慢性影响：长期接触一定浓度的丁二烯可出现头痛、头晕、全身乏力、易激动或表情淡漠、失眠、多梦、记忆力减退、注意力不集中、鼻咽喉不适、嗅觉减退、恶心、嗳气、胃部烧灼感和心悸等症状。也常有角膜反射迟钝、腱反射亢进及眼睑、舌和手震颤。

应急处理

皮肤接触：若有皮肤冻伤，先用温水洗浴，再涂抹冻伤软膏，用消毒纱布包扎。就医。

吸　　入：迅速脱离现场至空气新鲜处。保持呼吸道通畅。如呼吸困难，给输氧。如呼吸停止，立即进行人工呼吸和心脏按摩。

防护措施

(1) 通过工程控制提高自动化和密闭化程度。采取通风排毒措施；加强设备维修保养，遵守操作规程。防止跑、冒、滴、漏。

(2) 储运注意：储存于阴凉、通风的库房。远离火种、热源。库温不宜超过30℃。应与氧化剂、卤素等分开存放，切忌混储。采用防爆型照明、通风设施。

(3) 采取个人防护措施。

呼吸系统防护：一般不需要特殊防护，高浓度接触时可佩戴自吸过滤式防毒面具(半面罩)。

眼睛防护：必要时，戴化学安全防护眼镜。

身体防护：穿防静电工作服。

手 防 护：戴一般作业防护手套。

其　　他：工作现场严禁吸烟。避免长期反复接触。进入罐、限制性空间或其他高浓度区作业，须有人监护。

职业接触限值

中　　国：OELs：　　　*PC - TWA*　5mg/m³

美　　国：ACGIH TLVs：*TWA*　2ppm（4.4mg/m³）；A2

OSHA PEL：　*TWA*　1ppm(2.2mg/m³)；*STEL*　5ppm（11mg/m³）

IDLH　2000ppm

【异戊二烯】

英 文 名：Isoprene；2 - Methyl - 1，3 - butadiene

$CH_2=C(CH_3)-CH=CH_2$

别　　名：2 - 甲基 - 1，3 丁二烯

相对分子质量：68.12

分 子 式：C_5H_8

CAS　号：78 - 79 - 5

理化性质

相对密度：0.6808（液体）

2.35(气体)

熔　　点：-146℃

沸　　点：34.08℃

蒸 气 压：53.32kPa（15.4℃）

闪　　点：-48℃

爆炸极限：1.5% ~8.9%(体积)

自 燃 点：427℃

无色有挥发性、刺激性的液体，不溶于水，溶于乙醇、乙醚和烃类溶液剂。含有共轭双键，易发生聚合反应。储藏时容易氧化和聚合。通常须加0.05% ~0.06%稳定剂(如叔丁基邻苯二酚、对苯二酚等)。

接触机会

异戊二烯为石油化工产品，通过石油裂解、异戊烯催化脱氢、丙烯二聚和脱甲烷、丙酮与乙炔反应或乙烯与丙烯共聚合制取。本品是重要的有机合成原料，用于合成异戊二烯橡胶、丁基橡胶、合成树脂、香料、制药等。

毒性

属低毒类。主要经呼吸道进入机体，也可经完整皮肤吸收。具有麻醉和刺激作用。无明显蓄积毒性。大鼠吸入 LC_{50} 为180g/m³(2h)。人吸入2300mg/m³时，未发生急性中毒。

职业危害

(1) 急性中毒：异戊二烯具有刺激、窒息和麻醉作用。人接触浓度为5 ~10mg/m³的异戊二烯即可嗅出，浓度达160mg/m³时仅1min即出现眼、鼻和咽喉黏膜刺激，2300mg/m³时仍未引起急性中毒。短时间内大量吸入高浓度异戊二烯可迅速发生头晕、头痛、耳鸣、全身乏力、恶心、眼痛、流泪、喷嚏、喉痛、咳嗽、胸闷、甚至呼吸困难，随之有烦躁不安、抽搐、震颤等类似麻醉兴奋期的症状，严重者约于1h内发展成昏迷。中毒程度较轻者可于数小时后逐渐清醒和恢复。一般不造成肝肾损害，亦无后遗症。

(2) 慢性中毒：长期接触时有神经衰弱综合征表现。皮肤反复接触可出现充血和水

肿，可发生轻度剥脱。

应急处理

皮肤接触：脱去污染的衣着，用大量流动清水冲洗至少15min。就医。

眼睛接触：立即提起眼睑，用大量流动清水或生理盐水彻底冲洗至少15min。就医。

吸　　入：迅速脱离现场至空气新鲜处。保持呼吸道通畅。如呼吸困难，给输氧。如呼吸停止，立即进行人工呼吸和心脏按摩。

食　　入：饮足量温水，催吐。就医。

防护措施

(1) 通过工程控制提高自动化和密闭化程度。采取通风排毒措施；加强设备维修保养，遵守操作规程。防止跑、冒、滴、漏。

(2) 储运注意：储存于阴凉、通风的库房。远离火种、热源。库温不宜超过30℃。应与氧化剂、卤素等分开存放，切忌混储。采用防爆型照明、通风设施。

(3) 采取个人防护措施。

呼吸系统防护：高浓度接触时可佩戴自吸过滤式防毒面具(半面罩)。

眼睛防护：必要时，戴化学安全防护眼镜。

身体防护：穿防静电工作服。

手 防 护：戴一般作业防护手套。

其　　他：工作现场严禁吸烟。避免长期反复接触。进入罐、限制性空间或其他高浓度区作业，须有人监护。

职业接触限值

中国未制订职业接触限值。

【1－己烯】

英 文 名：1－Hexene；α－Hexene ；Butylethylene　　$CH_3(CH_2)_3CH{=}CH_2$

别　　名：丁基乙烯

相对分子质量：84. 16

分 子 式：C_6H_{12}

结 构 式：$CH_3(CH_2)_3CH{=}CH_2$

CAS　号：592－41－6

理化性质

相对密度：0. 67 (液体)，3. 0(气体)　　闪　　点：－20℃

熔　　点：－139. 9℃　　爆炸极限：1. 2% ~6. 9%(体积)

沸　　点：64. 5℃　　自 燃 点：253℃

蒸 气 压：41. 32kPa (38℃)

无色易挥发液体，不溶于水，溶于乙醇、醚等多数有机溶剂。

接触机会

1－己烯用于生产聚α－烯烃合成油，与乙烯共聚制造线型低密度聚乙烯(LLDPE)和高密度聚乙烯(HDPE)。作为羰基合成的原料生产庚醇，也是增塑剂、合成润滑油、洗涤剂、表面活性剂、乳化剂、脂肪酸的重要原料。

毒性

属微毒类。本品有刺激和麻醉作用。吸入后引起头痛、咳嗽、呼吸困难；大量吸入出现中枢神经系统抑制、精神错乱、神志丧失。主要经呼吸道或食入进入机体。大鼠经口 $LD>10000mg/kg$，兔经皮 $LD_{50}>10000mg/kg$。小鼠吸入较高浓度时，可引起中度呼吸道损害。对小鼠，最小麻醉浓度为 $100g/m^3$（2.9%），最小致死浓度为 $140g/m^3$（4.08%）。

职业危害

本品有刺激和麻醉作用。吸入后引起头痛、咳嗽、呼吸困难；大量吸入出现中枢神经系统抑制、精神错乱、神志丧失。

应急处理

将中毒者移离事故现场，对症处理。皮肤污染时脱去被污染的衣着，立即用肥皂水和清水彻底冲洗皮肤。眼睛接触，提起眼睑，用流动清水或生理盐水冲洗。如呼吸困难，给输氧；如呼吸停止，立即进行人工呼吸和心脏按摩。如食入中毒，饮足量温水，催吐，就医。

防护措施

（1）密闭操作，全面通风。

（2）储运注意：储存于阴凉、通风的库房。远离火种、热源，避免阳光直射。保持容器密闭。炎热季节早晚运输，应与氧化剂、硝酸等隔离。

（3）采取个人防护措施。

呼吸系统防护：高浓度接触时可佩戴自吸过滤式防毒面具（半面罩）。

眼睛防护：必要时，戴化学安全防护眼镜。

身体防护：穿防静电工作服。

手 防 护：戴橡胶耐油手套。

其　　他：工作现场严禁吸烟。避免长期反复接触。进入罐、限制性空间或其他高浓度区作业，须有人监护。

职业接触限值

中国未制订职业接触限值。

美　　国：ACGIH TLVs：*TWA*　50ppm

【乙炔】

H—C≡C—H

英 文 名：Acetylene

别　　名：电石气

相对分子质量：26.04

分 子 式：C_2H_2

CAS　号：74－86－2

理化性质

相对密度：0.91（液体）

熔　　点：－81.8℃

沸　　点：－84℃

蒸 气 压：4052kPa（16.8℃）

闪　　点：－17.7℃（闭杯）

爆炸极限：2.5%～81%（体积）

自 燃 点：305℃

无色气体。纯品无难闻气味。大多数市售商品含有磷化氢、硫化氢和氨等杂质而具有特殊的刺激性气味。在0℃、2178kPa条件下液化。稍溶于水，溶于乙酸、乙醇、乙醚和苯。于15℃及常压下，1体积丙酮可溶解25体积乙炔。

接触机会

乙炔通常由电石加水反应生成，也有用烃热裂解或甲烷部分燃烧的方法制造。乙炔是有机合成的重要原料，常用于制造合成橡胶、乙醛、乙烯、氯乙烯、氯乙烷、丙烯腈、异戊二烯、氯丁二烯、气焊切割、照明、水果催熟剂及燃料等。

毒性

属微毒类。高浓度可置换空气中的氧，引起单纯性窒息。空气中浓度为60%～80%时，几分钟动物出现麻醉；吸入浓度为20%时，发生嗜睡、呕吐、呼吸困难；长时间吸入可以致死。兔和大鼠吸入乙炔和氧混合气体时，开始兴奋，随后麻醉，但吸入含有磷化氢和硫化氢混合气体时，出现抽搐、麻醉，最后死亡。

动物长期吸入非致死浓度时，发现血红蛋白、网织细胞、淋巴细胞增加和中性粒细胞减少，尸检可见肝充血和脂肪浸润、支气管炎、肺炎、肺水肿。由此可见，乙炔中毒部分原因可能与其混入硫化氢、磷化氢有关。

职业危害

乙炔毒性较弱。具有轻麻醉和阻止细胞氧化的作用，吸入较高浓度乙炔时，因空气氧含量相对减低，实际上是导致缺氧。人接触100g/m^{3}时可耐受30～60min；20%浓度的乙炔可导致缺氧，浓度增至30%时有共济失调症状，35%时意识丧失。吸入高浓度乙炔后主要出现中枢神经受累和缺氧的临床表现，先有兴奋、多语、眩晕、头痛、恶心、呕吐、嗜睡和共济失调，后渐转为紫绀、瞳孔反射消失、昏迷和脉搏变弱与不齐，但脱离接触后可迅速恢复。需注意工业用的乙炔常混有磷化氢和硫化氢等有毒气体，应与这类气体的中毒相鉴别。

应急处理

人员迅速脱离现场，停止吸入后症状可很快消失，必要时对症治疗。如发生溢漏，迅速撤离泄漏污染区人员至上风处并进行隔离，严格限制出入。切断火源。建议应急处理人员戴自给正压式呼吸器，穿消防防护服。尽可能切断泄漏源。合理通风，加速扩散。喷雾状水稀释、溶解。

防护措施

(1) 密闭操作，全面通风。

(2) 储运注意：与不兼容物质(见化学稳定性)分开存放。保持阴凉。

(3) 采取个人防护措施。

吸入防护：进入高浓度场所时必须戴合适的防毒面具。

皮肤防护：使用隔冷手套。

眼睛防护：使用安全护目镜或面罩。

摄食防护：工作时不得进食、饮水或吸烟。

职业接触限值

中国未制订职业接触限值。

美　　国：NIOSH REL：*C*　2500ppm（$2662mg/m^3$）

【丙炔】

英 文 名：Propyne　　　　$CH_3C \equiv CH$

别　　名：甲基乙炔（Methyl acetylene）

相对分子质量：40.07

分 子 式：C_3H_4

CAS　号：74－99－7

理化性质

相对密度：0.6911（液体），1.38（气体）

蒸 气 压：516.67kPa

闪　　点：－151℃

熔　　点：－104℃

爆炸极限：1.7%（下限，体积）

沸　　点：－23.3℃

无色气体，易燃，与空气形成爆炸性混合物。当有二价汞盐存在时，在稀硫酸中可生成丙酮。可聚合为1，3，5－三甲基苯。

接触机会

存在于石油气中。工业上常用作焊接燃料。

毒性

属微毒类。急性毒性：LC_{50} $82g/m^3 \times 2h$（小鼠吸入）；大鼠吸入 $82mg/m^3 \times 2h$，呼吸停止。具有刺激性和对中枢神经系统的抑制作用。人急性吸入刺激呼吸道，引起支气管炎及肺炎，并有麻醉作用。

职业危害

急性吸入可刺激呼吸道，引起支气管炎及肺炎；并有麻醉作用。

应急处理

迅速撤离污染区人员至上风处，并隔离直至气体散尽，切断火源。应急处理人员戴自给式呼吸器，穿一般消防防护服。切断气源，喷雾状水稀释、溶解，抽排（室内）或强力通风（室外）。中毒人员可对症处理。

防护措施

（1）生产过程密闭，全面通风。

（2）采取个人防护措施。

吸入防护：设置局部排气或戴合适的防毒面具。

皮肤防护：使用隔冷手套。

眼睛防护：高浓度接触时可戴化学安全防护眼镜或使用面罩。

其　　他：工作现场严禁吸烟。避免长期反复接触。进入罐、限制性空间或其他高浓度区作业，须有人监护。

职业接触限值

中国未制订职业接触限值。

美　　国：ACGIH TLVs：*TWA*　1000ppm

OSHA PEL：*TWA*　1000ppm（$1650mg/m^3$）

NIOSH REL： *TWA* 1000ppm（$1650mg/m^3$）

IDLH 1700ppm

【1－丁炔】

英 文 名：1－Butyne；Ethylacetylene $C_2H_5C\equiv CH$

别 名：乙基乙炔

相对分子质量：54.09

分 子 式：C_4H_6

CAS 号：107－00－6

理化性质

相对密度：0.669（液体） 沸 点：8.1℃

熔 点：－130℃ 闪 点：<－6.6℃

无色易燃有恶臭气体或液体，不溶于水，溶于乙醇、乙醚等多数有机溶剂。用作有机合成的中间体及特殊燃料。禁配强氧化剂、卤素、氯代烃。

接触机会

用作有机合成的中间体及特殊燃料。

毒性

本品有强烈刺激神经的作用，麻醉作用小。大鼠吸入320mg/L(2h)，呼吸停止。

职业危害

有刺激和窒息作用。过量接触引起眩晕、定向障碍、头痛、兴奋、中枢神经系统抑制、麻醉等反应。

应急处理

吸 入：迅速脱离现场至空气新鲜处。保持呼吸道通畅。如呼吸困难，给吸氧。如呼吸停止，立即进行人工呼吸和心脏按摩。

防护措施

（1）生产过程密闭，全面通风。

（2）采取个人防护措施。

吸入防护：设置局部排气或戴合适的防毒面具。

皮肤防护：穿防静电工作服。戴一般作业防护手套。

眼睛防护：高浓度接触时可戴化学安全防护眼镜。或使用面罩。

其 他：工作现场严禁吸烟。避免长期反复接触。进入罐、限制性空间或其他高浓度区作业，须有人监护。

职业接触限值

中国未制订职业接触限值。

【丁二炔】

英 文 名：1,3－Butadiyne；Diacetylene $HC\equiv CC\equiv CH$

别 名：二乙炔

相对分子质量：50.6

分 子 式：C_4H_2

CAS 号：460－12－8

理化性质

相对密度：0.7364（液体） 沸 点：9.5～10℃

熔 点：－36～－35℃ 爆炸极限：1.5%～100%（体积）

无色气体。不溶于水，溶于乙醇，易溶于乙醚。禁配强氧化剂、卤素。

接触机会

工业上从烃类裂解制乙炔的裂解气中回收。用于有机合成。

毒性

目前尚无 LD_{50}、LC_{50}资料。

职业危害

具有单纯窒息和弱麻醉作用。

应急处理

迅速脱离现场至空气新鲜处，对症处理。保持呼吸道通畅。如呼吸困难，给吸氧。如呼吸停止，立即进行人工呼吸和心脏按摩。

防护措施

（1）生产过程密闭，全面通风。提供安全淋浴和洗眼设备。

（2）储运注意：防火；保持阴凉；沿地面和天花板通风。

（3）采取个人防护措施。

呼吸系统防护：一般不需要特殊防护，高浓度接触时可佩戴自吸过滤式防毒面具（半面罩）。紧急事态抢救或撤离时，建议佩戴空气呼吸器。

眼睛防护：一般不需特殊防护。

身体防护：穿一般作业防护服。

手 防 护：戴一般作业防护手套。

其 他：工作现场严禁吸烟。避免长期反复接触。

职业接触限值

中国未制订职业接触限值。

【乙烯基乙炔】

英 文 名：Vinyl acetylene；Buten－3－yne $H_2C{=}CHC{\equiv}CH$

相对分子质量：52.04

分 子 式：C_4H_4

CAS 号：689－97－4

理化性质

相对密度：0.6867（液体） 沸 点：5℃

熔 点：－118℃ 爆炸极限：1.7%～73.3%（体积）

在常温下是气体。与空气形成爆炸性混合物。在空气中非常容易氧化成爆炸性的过氧化物。易起加成反应和聚合反应。有硫酸汞存在时，在稀硫酸中可生成甲基乙烯基酮。

接触机会

在工业上是重要的烯炔烃化合物，用于制备合成橡胶的单体。

毒性

本品急性中毒有麻醉作用，对黏膜刺激性较强，LC_{50} 97.2mg/L(2h)。

职业危害

急性中毒的表现：头痛、眩晕、腿无力、合关节痛、出汗、咽喉干燥，有时有恶心、呕吐及腹泻。长时间接触后，可发生神经衰弱综合征，低血压等。

应急处理

吸入中毒时应迅速脱离现场至空气新鲜处，对症处理。保持呼吸道通畅。如呼吸困难，予吸氧。如呼吸停止，立即进行人工呼吸和心脏按摩。

防护措施

(1) 生产过程密闭，全面通风。提供安全淋浴和洗眼设备。

(2) 储运注意：防火；保持阴凉；沿地面和天花板通风。

(3) 采取个人防护措施。

呼吸系统防护：一般不需要特殊防护，高浓度接触时可佩戴自吸过滤式防毒面具(半面罩)。紧急事态抢救或撤离时，建议佩戴空气呼吸器。

眼睛防护：一般不需特殊防护。

身体防护：穿一般作业防护服。

手 防 护：戴一般作业防护手套。

其　　他：工作现场严禁吸烟。避免长期反复接触。

职业接触限值

中国未制订职业接触限值。

二、脂肪族卤代衍生物

【氯乙烷】

英 文 名：Chloroethane

别　　名：乙基氯（Ethyl chloride）

$$CH_3-CH_2Cl$$

相对分子质量：64.51

分 子 式：C_2H_5Cl

CAS　号：75-00-3

理化性质

相对密度：0.9214(液体)，2.22(气体)

熔　　点：-140.85℃

沸　　点：12.5℃

蒸 气 压：133.3kPa(20℃)

闪　　点：-50℃

爆炸极限：3.6%~14.8%(体积)

自 燃 点：518℃

无色气体，类似乙醚气味。挥发很快，会引起急骤冷却。微溶于水，溶于乙醇和乙醚。与空气形成爆炸性混合物，接触火焰产生光气。

接触机会

聚丙烯生产、制造四乙铅、乙基纤维素以及杀虫剂等过程均可有氯乙烷接触。

毒性

属中等毒类。具较弱而快速的麻醉作用，并可损害心、肝、肾。

急性毒性：LC_{50} 160000mg/m^3，2h（大鼠吸入）；人吸入 35mg/L×17min，有微弱作用；人吸入 50mg/L×1min，开始有麻醉作用；人吸入 90mg/L×7.5～8min，生理机能障碍，发绀。

亚急性和慢性毒性：大鼠吸入 5300ppm×2h/日×60 日，淋巴细胞吞噬能力降低，肺损害。

致突变性：微生物致突变：鼠伤寒沙门氏菌 10μg/皿。

致癌性：IARC 致癌性评论：动物为可疑阳性，人类无可靠数据。

职业危害

经呼吸道吸入。

有刺激和麻醉作用。高浓度损害心、肝、肾。吸入 2%～4% 浓度时可引起运动失调、轻度痛觉消失，并很快出现知觉消失，但其刺激作用非常轻微；高浓度接触引起麻醉，出现中枢抑制，可出现循环和呼吸抑制。皮肤接触后可因局部迅速降温，造成冻伤。

应急处理

皮肤接触：若有冻伤，就医治疗。

吸　　入：迅速脱离现场至空气新鲜处。保持呼吸道通畅。如呼吸困难，给吸氧。如呼吸停止，立即进行人工呼吸。对症处理，注意忌用肾上腺素。

防护措施

严加密闭，提供充分的局部通风和全面通风。

呼吸系统防护：空气中浓度较高时，建议选择自吸过滤式防毒面具。

眼睛防护：戴化学安全防护眼镜。

身体防护：穿防静电工作服。

手 防 护：戴防化学品手套。

其　　他：工作现场严禁吸烟。进入罐、容器等限制性空间或其他高浓度区作业，须有人监护。

职业接触限值

中国未制订职业接触限值。

美　　国：ACGIH TLVs：*TWA*　100ppm；皮，A3

OSHA PEL：　*TWA*　1000ppm（2600mg/m^3）

IDLH　3800ppm

【氯丙烷】

英 文 名：Propyl chloride

别　　名：1-氯丙烷(1-Chloropropane)；丙基氯(*n*-Propyl chloride)

相对分子质量：78.54

分 子 式：C_3H_7Cl

$CH_3—CH_2—CH_2$—Cl

CAS 号：540-54-5

理化性质

相对密度：0.8590（液体） 蒸 气 压：39.99kPa（25.51℃）

2.71（气体） 闪 点：-17.7℃

熔 点：-122.8℃ 爆炸极限：2.6%~11.1%（体积）

沸 点：46.6℃ 自 燃 点：520℃

无色液体，有氯仿气味。溶于甲醇、乙醇和乙醚，微溶于水。

接触机会

主要用作有机合成中间体及溶剂。石油化工行业作为溶剂用于丁基橡胶生产装置。

毒性

急性毒性：小鼠吸入 $81g/m^3 \times 4/3h$，侧倒，未死亡；大鼠经口 3g/kg，致死。

亚急性和慢性毒性：大鼠吸入 4000ppm，1 小时/天，4 天，肺充血，肝局部性坏死。

经呼吸道、消化道和皮肤吸收。

高浓度下抑制中枢神经系统。长期过量接触对肝、肾有损害。

应急处理

皮肤接触：脱去被污染的衣着，用肥皂水和清水彻底冲洗皮肤。

眼睛接触：提起眼睑，用流动清水或生理盐水冲洗。就医。

吸 入：迅速脱离现场至空气新鲜处。保持呼吸道通畅。如呼吸困难，给吸氧。如呼吸停止，立即进行人工呼吸。就医。

食 入：饮足量温水，催吐，就医。

防护措施

生产过程密闭化，加强通风，提供安全淋浴洗眼设备。

呼吸系统防护：空气中浓度较高时，佩戴自吸过滤式防毒面具。

眼睛防护：戴化学安全防护眼镜。

身体防护：穿防静电工作服。

手 防 护：戴橡胶手套。

其 他：工作现场禁止吸烟、进食和饮水。工作完毕，淋浴更衣。注意个人清洁卫生。

职业接触限值

中国未制订职业接触限值。

【氯乙烯】

英 文 名：Chloroethylene

别 名：乙烯基氯（Vinyl Chloride）

相对分子质量：62.50

分 子 式：C_2H_3Cl

CAS 号：75-01-4

理化性质

相对密度：0.9121（液体），2.15（气体） 熔 点：-195.7℃

沸　　点：-13.9℃　　爆炸极限：3.6%～31%（体积）

蒸 气 压：306.59kPa（20℃）　　自 燃 点：472℃

闪　　点：-77℃

无色气体，加压较易液化，微溶于水，溶于乙醇、乙醚、丙酮、四氯化碳和二氯乙烷等。易聚合，能与丁二烯、乙烯、丙烯腈等共聚，在直射阳光下聚合成黏稠的物质。与空气形成爆炸性混合物。高浓度时可闻到芳香味。

接触机会

作为生产制造聚氯乙烯的单体，氯乙烯合成过程中，以离心、干燥、清洗等工序或抢修聚合釜时，接触氯乙烯单体量最多。

毒性

属低毒类。对动物和人有致癌作用，为肝血管肉瘤。高浓度可产生不同程度的麻醉作用，主要取决于吸入剂量。长期少量吸入可引起慢性肝、肾功能异常。

急性毒性：LD_{50} 500mg/kg（大鼠经口）；人吸入 10.4g/m^3×5min，无感觉；人吸入 15.6g/m^3，略有不适；人吸入 31.2～41.6g/m^3，头昏、羞明、呕吐。

亚急性和慢性毒性：大鼠吸入 30～40mg/m^{3}蒸气，4 小时/天，5 个月，20 天后见心电图改变，心搏徐缓，心律不齐；4 个半月后出现房室传导障碍。7900mg/m^3，4 小时/天，5 天/周，12 个月，出现脑、肝、肺、肾病变及肿瘤。

致突变性：微生物致突变：鼠伤寒沙门氏菌 2000ppm（48h）。微粒体诱变：鼠伤寒沙门氏菌 1pph。细胞遗传学分析：人 Hela 细胞 10mmol/L。

生殖毒性：大鼠吸入最低中毒浓度（TCL_0）：500ppm（7h），孕 6～15 天，引起胚胎毒性。小鼠吸入最低中毒浓度（TCL_0）：500ppm（7h），孕 6～15 天，引起胚胎毒性和肌肉骨骼发育异常。

致 癌 性：IARC 致癌性评论：人类致癌物质。

职业危害

以吸入蒸气为主要吸收途径。皮肤受其液体污染也可部分吸收。急性毒性表现为麻醉作用；长期接触可引起肝血管瘤和致畸、致突变，并且出现明显的"剂量-反应"关系。

急性中毒：多由于抢修设备或意外事故，吸入高浓度本品所致。重症急性中毒通常见于清聚合釜操作者。轻度中毒时，病人出现眩晕、胸闷、嗜睡、步态蹒跚等；严重中毒可发生昏迷、抽搐，甚至造成死亡。皮肤接触氯乙烯液体可致红斑、水肿或坏死。

慢性中毒：表现为神经衰弱综合征、肝肿大、肝功能异常、消化功能障碍、雷诺氏现象及肢端溶骨症。皮肤可出现干燥、皲裂、脱屑、湿疹等。本品为致癌物，可致肝血管肉瘤。

氯乙烯是一种刺激物，短时接触低浓度，能刺激眼和皮肤，与其液体接触后由于快速蒸发能引起冻伤。对人体有麻醉作用，能抑制中枢神经系统，引起与轻度酒精中毒相似的症状。吸入量在 0.5% 以上时，可引起头晕、头痛、恶心、呕吐、心神不安、不辨方向，暴露于含量达 20%～40% 的浓度时，可使人产生急性中毒。

职业禁忌

（1）慢性肝炎；（2）类风湿关节炎。

应急处理

皮肤接触：立即脱去被污染的衣着，用肥皂水和清水彻底冲洗皮肤。就医。

眼睛接触：提起眼睑，用流动清水或生理盐水冲洗。

吸　　入：迅速脱离现场至空气新鲜处。保持呼吸道通畅。如呼吸困难，给吸氧。就医，并对症处理，维持生命体征，预防并发症发生。

防护措施

生产过程密闭化，自动化，并加强设备维护保养。聚合釜出料时，宜先做局部抽风；清釜前，釜内先放水，待剩余的氯乙烯气体排出、釜温下降后方可进入；并减少清釜次数；做好作业场所卫生检测工作。加强通风，应特别重视聚合釜出料中的清釜过程，加强监测。

呼吸系统防护：关键作业环节应佩戴过滤式防毒面具（半面罩）。紧急事态抢修或撤离时，建议佩戴空气呼吸器。

眼睛防护：戴化学安全防护眼镜。

身体防护：穿防静电工作服。

手 防 护：戴防化学品手套。

其　　他：工作现场严禁吸烟。实行就业前和定期的体检。进入罐、限制性空间或其他高浓度区作业，应戴防毒面具，并设监护人。

职业接触限值

中　　国：OELs：　*PC－TWA*　10mg/m³；G1

美　　国：ACGIH TLVs：*TWA*　1ppm（2.56mg/m³）；A1

OSHA PEL：*TWA*　1ppm（2.56mg/m³）；*C*　5ppm（15min）

【3－氯丙烯】

英 文 名：3－Chloropropene

别　　名：烯丙基氯（Allyl chloride）

相对分子质量：76.53

分 子 式：C_3H_5Cl

CAS　号：107－05－1

理化性质

相对密度：0.938（液体）　　蒸 气 压：39.32kPa（20℃）

2.64（气体）　　闪　　点：－31.67℃

冰　　点：－134.5℃　　爆炸极限：2.9%～11.2%（体积）

沸　　点：45.0℃　　自 燃 点：485℃

无色液体，有不愉快的气味。难溶于水。与乙醇、乙醚、氯仿和石油醚等各种有机溶剂混溶。化学性质活泼，双键处能发生加成反应，并能起聚合反应，水解成丙烯醇，易燃。

接触机会

用于制备环氧氯丙烷、丙烯醇、甘油和树脂等。因常温下易挥发，在密闭不严的生产条件下，操作工和检修人员都有机会接触。

毒性

是卤代脂肪烃类物质中刺激性较强的一种。是弱的麻醉剂，但属危险的肾脏毒物。

急性毒性：LD_{50} 700mg/kg（大鼠经口）；2066mg/kg（兔经皮）；LC_{50} 11000mg/m³，2h（大鼠吸入）；人吸入 783mg/m³，鼻和肺部不适；人吸入 156～313mg/m³，眼刺激浓度。

刺 激 性：家兔经眼：469mg，引起刺激。家兔经皮开放性刺激性试验：10mg（24h），引起刺激。

亚急性和慢性毒性：动物亚急性和慢性毒性实验见肝肾损害。

致突变性：微生物致突变：鼠伤寒沙门氏菌 938μL/皿。

生殖毒性：大鼠吸入最低中毒浓度（TCL_0）：300ppm（7h），孕前 6～15 天，引起肌肉骨骼发育异常。

职业危害

可经呼吸道、胃肠道和皮肤吸收，职业接触以呼吸道吸入为主。

高浓度对皮肤黏膜具有刺激性，并有轻度麻醉作用。接触者觉咽干、鼻子发呛、胸闷，可出现头晕、头沉、嗜睡、全身无力等。溅入眼内，出现流泪、疼痛等严重眼刺激症状。

慢性中毒：引起中毒性多发性神经炎。出现手足麻木，小腿酸痛力弱，四肢对称性手套袜套样分布痛觉、触觉、音叉振动觉障碍。跟腱反射减弱或消失。神经－肌电图显示神经原性损害。可致肝损害。

职业禁忌

（1）周围神经病；（2）糖尿病。

应急处理

皮肤接触：脱去被污染的衣着，用肥皂水和清水彻底冲洗皮肤。

眼睛接触：提起眼睑，用流动清水或生理盐水冲洗。就医。

吸　　入：迅速脱离现场至空气新鲜处。保持呼吸道通畅。如呼吸困难，给吸氧。如呼吸停止，立即进行人工呼吸。就医。

口　　服：饮足量温水，催吐，就医。

防护措施

生产过程应严格密闭，加强通风。使用防爆型的通风系统和设备。提供安全淋浴和洗眼设备，尽量避免生产现场温度过高，加强作业环境空气监测。

呼吸系统防护：操作人员在检维修等关键环节应佩戴自吸过滤式防毒面具（半面罩），浓度过高时必须佩戴空气呼吸器。

眼睛防护：戴化学安全防护眼镜。

身体防护：穿防静电工作服。

手 防 护：戴橡胶手套。

其　　他：工作现场禁止吸烟、进食和饮水。工作完毕，淋浴更衣。注意个人清洁卫生。

职业接触限值

中　　国：OELs：　　$PC-TWA$　2mg/m³；$PC-STEL$　4mg/m³

美　　国：ACGIH TLVs：TWA　1ppm（3.13mg/m³）；$STEL$　2ppm（6.26mg/m³）；皮，A3

OSHA PEL：*TWA* 1ppm（3.13mg/m^3）

NIOSH REL：*TWA* 1ppm（3.13mg/m^3）；*STEL* 2ppm（6.26mg/m^3）

IDLH 250ppm

【1，1－二氯乙烷】

英 文 名：1,1－Dichloroethane

别　　名：亚乙基二氯（Ethylidene chloride）

相对分子质量：98.97

分 子 式：$C_2H_4Cl_2$

CAS　 号：75－34－3

二氯乙烷有1,2－二氯乙烷及1,1－二氯乙烷两种异构体，1,1－二氯乙烷为不对称异构体，1,2－二氯乙烷为对称异构体。

理化性质

相对密度：1.17（液体），3.42（气体）

蒸 气 压：15.33kPa（10℃）

熔　　点：－96.7℃

闪　　点：－10℃

沸　　点：57.3℃

爆炸极限：5.6%～16.0%（体积）

无色、易挥发、带有醚味的油状液体，难溶于水，溶于多数有机溶剂，其蒸气与空气可形成爆炸性混合物，过度加热分解可产生光气和氯化氢。

接触机会

过去常用作麻醉剂、熏蒸剂、金属部件的清洗剂等。目前主要用作化学合成的原料、工业溶剂和黏合剂，乡镇企业如玩具厂使用含1,1－二氯乙烷作为黏胶剂（如“3435”胶和“ABS溶剂514”）较多，工人可大量接触。

毒性

属低毒类。

急性毒性：LD_{50} 为 725mg/kg（大鼠经口）；LC_{50} 为 17300ppm，2h（小鼠吸入）；16000ppm，8h（大鼠吸入）。

亚急性和慢性毒性：大鼠、豚鼠吸入1000ppm，6小时/天，5天/周，3个月，肾损害，尿素氮量增高。

职业危害

可经呼吸道、胃肠道及皮肤吸收，职业接触时主要经呼吸道吸收。

由不对称体所引起的中毒，尚未见报道。

应急处理

皮肤接触：脱去被污染的衣着，用肥皂水和清水彻底冲洗皮肤。

眼睛接触：提起眼睑，用流动清水或生理盐水冲洗。就医。

吸　　入：迅速脱离现场至空气新鲜处。保持呼吸道通畅。如呼吸困难，给吸氧。如呼吸停止，立即进行人工呼吸。就医。

口　　服：饮足量温水，催吐，就医。

防护措施

生产过程密闭化，加强通风，提供安全淋浴和洗眼设备。

呼吸系统防护：空气中浓度较高时，应该佩戴过滤式防毒面具。

眼睛防护：戴化学安全防护眼镜。

身体防护：穿防静电工作服。

手 防 护：戴橡胶手套。

其 他：工作现场禁止吸烟、进食和饮水。工作完毕，淋浴更衣。注意个人清洁卫生。

职业接触限值

中国未制订职业接触限值。

美 国：ACGIH TLVs：*TWA* 100ppm；A4

OSHA PEL： *TWA* 100ppm（400mg/m^3）

NIOSH REL： *TWA* 100ppm（400mg/m^3）

IDLH 3000ppm

【1，2－二氯乙烷】

英 文 名：1,2－Dichloroethane

别 名：二氯乙烷(对称)

相对分子质量：98.97

分 子 式：$C_2H_4Cl_2$

CAS 号：107－06－2

为二氯乙烷的同分异构体。

理化性质

相对密度：1.26(液体)，3.35(气体)　　闪 点：13℃

熔 点：－35.7℃　　爆炸极限：6.2%～16.0%(体积)

沸 点：83.5℃　　自 燃 点：413℃

蒸 气 压：13.33kPa(29.4℃)

无色或浅黄色透明液体，有类似氯仿的气味，易挥发，微溶于水，可混溶于醇、醚、氯仿，其蒸气与空气可形成爆炸性混合物。过度分解加热可产生光气和氯化氢。

接触机会

单体曾用作麻醉剂、熏蒸剂，目前1,2－二氯乙烷主要用于制造乙二醇、乙二胺、聚氯乙烯、尼龙、黏胶人造纤维、苯乙烯－丁二烯橡胶和各种塑料、香料、肥皂、黏合剂、润肤剂、药物；工业溶剂和黏胶剂等，特别是玩具厂中使用含1,2－二氯乙烷作为黏胶剂，在设备简陋、通风不良、卫生防护不足条件下，工人可大量接触。

毒性

属高毒类，具有刺激性。

急性毒性：LD_{50} 670mg/kg(大鼠经口)；2800mg/kg(兔经皮)；LC_{50} 4050mg/m^3，7h(大鼠吸入)。

刺 激 性：家兔经眼：63mg，重度刺激。家兔经皮开放性刺激试验：625mg，轻度刺激。

亚急性和慢性毒性：猴吸入0.22g/m^3，7h/d，5天/周，125次，无症状；4.11g/m^3，

7h/d，5 天/周，25～50 次，死亡率较高；大鼠吸入 4.11g/m^3 ×7h/d ×5 日/周 ×3～14 次，致死；豚鼠吸入 4.11g/m^3 ×7h/d ×2 次，致死。

致突变性：DNA 抑制：人淋巴细胞 5mL/L。哺乳动物体细胞突变：人淋巴细胞 100mg/L。

生殖毒性：大鼠吸入最低中毒浓度（TCL_0）：300ppm（7h，孕 6～15 天），引起植入死亡率增加。

致 癌 性：IARC 致癌性评论：动物阳性，人类可疑。小/大鼠吸入 250ppm ×7h/d ×18 月，终身未见肿瘤发病率增高；大鼠经口 25ppm ×5 天/周 ×78 周，致癌阳性。

职业危害

可经呼吸道、胃肠道和皮肤吸收。职业接触时，主要经呼吸道吸收。

由于对称体的用途较广，故临床报道的中毒事故，多数由于吸入对称体所致。经皮吸收的中毒则少见。

急性中毒：其表现有两种类型，一为头痛、恶心、兴奋、激动，严重者很快发生中枢神经系统抑制而死亡；另一类型以胃肠道症状为主，呕吐、腹痛、腹泻，严重者可发生肝坏死和肾病变。急性暴露能导致呼吸和循环衰竭而死亡。其尸体剖检呈现出大多数内脏损伤和广泛性出血。

慢性影响：长期吸入低浓度二氯乙烷可有头晕、头痛、乏力、睡眠障碍等神经衰弱综合征的表现，也有食欲减退、恶心、呕吐等消化道症状，中毒性肝病的表现，有的病人还可见到肌肉和眼球震颤，皮肤接触可引起干燥、皲裂和脱屑。

职业禁忌

（1）中枢神经系统器质性疾病；（2）慢性肝炎；（3）慢性肾炎；（4）心肌病。

应急处理

目前无特效解毒剂，急性中毒时，采取一般急救措施及对症治疗，以防治脑水肿为重点。要密切观察，早期发现，及时处理，注意反复。

皮肤接触：立即脱去被污染的衣着，用肥皂水和清水彻底冲洗皮肤。

眼睛接触：提起眼睑，用流动清水或生理盐水冲洗。就医。

吸　　入：迅速脱离现场至空气新鲜处。保持呼吸道通畅。如呼吸困难，给吸氧。如呼吸停止，立即进行人工呼吸。整个病程，要密切观察病情变化。

误　　服：饮足量温水，催吐，就医。

防护措施

生产中尽量寻找不含 1,2－二氯乙烷的低毒代用品，降低车间空气中的浓度，应在低温下操作，加强通风。提供安全淋浴和洗眼设备，加强对作业场所的监测。

呼吸系统防护：操作人员应佩戴过滤式防毒面具（半面罩）。紧急事态抢修或撤离时，佩戴隔离式空气呼吸器。

眼睛防护：戴化学安全防护眼镜。

身体防护：忌穿尼料工作服；不穿被油污染的工作服。

手 防 护：戴乳胶手套。

其　　他：工作现场禁止吸烟、进食和饮水。工作完毕，淋浴更衣。注意个人清洁卫生，严禁长时间连续加班，定期对作业场所 1,2－二氯乙烷的浓度进行监测，及时了解毒物浓度。

职业接触限值

中　国：OELs：　*PC－TWA*　7mg/m³；*PC－STEL*　15mg/m³，G2B

美　国：ACGIH TLVs：*TWA*　10ppm（40.5mg/m³）；A4

OSHA PEL：*TWA*　50ppm（200mg/m³）；

C　100ppm 或 200ppm（3h 内的 15min 最大值）

NIOSH REL：*TWA*　1ppm（4mg/m³）；*STEL*　2ppm（8mg/m³）

IDLH　50ppm

【1,2－二氯丙烷】

英 文 名：1,2－Dichloropropane

相对分子质量：112.99

分 子 式：$C_3H_6Cl_2$

CAS　号：78－87－5

理化性质

相对密度：1.1583（液体），3.9（气体）　　闪　点：16.1℃

熔　点：－80℃　　爆炸极限：3.4%～14.5%（体积）

沸　点：96.3℃　　自 燃 点：557℃

蒸 气 压：5.32kPa（19.4℃）

无色液体，有氯仿样气味，难溶于水，可与多数有机溶剂混溶。

接触机会

用作脂肪、油、蜡、树脂和树胶的工业上有机溶剂，用于清洗、去污和去斑。此外还可用作土壤烟熏剂、杀霉菌剂和杀虫剂等。

毒性

急性毒性：LD_{50}2196mg/kg（大鼠经口）；8750mg/kg（兔经皮）；小鼠吸入 4.6g/m³ × 3～4h，致死；小鼠经口 860mg/kg，致死。

亚急性和慢性毒性：小鼠吸入 1.85g/m³ ×4～7h/2～12 次，肝细胞轻度脂肪变性；大鼠吸入 4.4g/m³ ×7h ×6～32 次，半数动物死亡。

致突变性：Ames 试验沙门氏菌株 TA1535、TA1978、TA100，10～50mg/皿阳性。

职业危害

可经呼吸道、胃肠道、皮肤吸收。

吸入、摄入或经皮肤吸收后对身体有害。急性毒性主要表现为对中枢神经系统有抑制作用；眼和呼吸道刺激，并有肝功能损害，慢性作用主要表现为肝功能、血液系统、肾和肾上腺损害。

应急处理

皮肤接触：脱去污染的衣着，用肥皂水及清水彻底冲洗。

眼睛接触：立即提起眼睑，用流动清水冲洗。

吸　入：迅速脱离现场至空气新鲜处。保持呼吸道通畅。呼吸困难时给吸氧。呼吸停止，立即进行人工呼吸。就医。

口　　服：误服者给饮大量温水，催吐，洗胃，就医。

防护措施

生产过程密闭，加强通风。提供安全淋浴和洗眼设备，加强作业场所监测。

呼吸系统防护：操作人员应佩带有效的防毒面具。紧急事态抢修或逃生时，佩戴自给式空气呼吸器。

眼睛防护：戴化学安全防护眼镜。

身体防护：穿相应的工作服。

手 防 护：必要时戴防化学品手套。

其　　他：工作现场严禁吸烟、进食和饮水。工作完毕，淋浴更衣。注意个人清洁卫生。

职业接触限值

中　　国：OELs：　*PC - TWA*　350mg/m³；*PC - STEL*　500mg/m³

美　　国：OSHA PEL：*C*　75ppm（350mg/m³）

IDLH　400ppm

【1,1 - 二氯乙烯】

英 文 名：1,1 - Dichloroethylene

别　　名：偏二氯乙烯（Vinylidene chloride）

相对分子质量：96.94

分 子 式：$C_2H_2Cl_2$

CAS　号：75 - 35 - 4

理化性质

相对密度：1.213（液体），3.4（气体）　　闪　　点：-28℃

熔　　点：-122.53℃　　爆炸极限：6.5%～15.0%（体积）

沸　　点：31.6℃　　自 燃 点：457℃

蒸 气 压：65.98kPa（20℃）

1,1 - 二氯乙烯为无色、易挥发液体，带有芳香气味，不溶于水，溶于有机溶剂，易聚合，商品常添加少量阻聚剂。蒸气与空气形成爆炸性过氧化物，后者缓慢分解生成甲醛、光气、氧化氢，此时可嗅到强烈的酸味。

接触机会

用作辅聚剂、黏合剂和用于制造合成纤维，配制渍漆和橡胶溶液等。生产和使用过程中均有机会接触。

毒性

急性毒性：LD_{50} 200mg/kg（大鼠经口）；LC_{50} 25210mg/m³，4h（大鼠吸入）；人吸入 <5ppm，肝功能略有影响。

亚急性和慢性毒性：动物接触 0.397g/m³ 和 0.199g/m³，8h/d，5 天/周，数月后出现肝肾损害。接触低于 0.099g/m³，出现轻度肝肾病变。

致突变性：DNA 损伤：大鼠吸入 10ppm。

致癌性：IARC 致癌性评论：动物阳性，人类无可靠数据。大鼠吸入 55ppm × 6h/d ×

12 月，肝血管肉瘤。

致畸性：大鼠吸入 200ppm（妊娠）致畸胎作用。

职业危害

可经呼吸道、消化道、皮肤吸收。主要经呼吸道吸入，可迅速吸收。

主要影响中枢神经系统，表现为麻醉作用，并有眼及上呼吸道刺激症状。

急性中毒：短时间接触低浓度，眼及咽喉部烧灼感；浓度增高，有眩晕、恶心、呕吐甚至酩酊状；吸入高浓度还可致死。可致角膜损伤及皮肤灼伤。

慢性影响：长期接触，除黏膜刺激症状外，常伴有头晕、失眠等神经衰弱综合征。并可有肝功能损害及接触性皮炎发生。

应急处理

皮肤接触：立即脱去被污染的衣着，用大量流动清水冲洗，至少 15min。就医。

眼睛接触：立即提起眼睑，用大量流动清水或生理盐水彻底冲洗至少 15min。就医。

吸　　入：迅速脱离现场至空气新鲜处。保持呼吸道通畅。如呼吸困难，给吸氧。如呼吸停止，立即进行人工呼吸。就医。

口　　服：误服者用水漱口，催吐，给饮牛奶或蛋清。就医。

防护措施

密闭操作，局部通风，减少 1，1－二氯乙烯与空气、臭氧接触。提供安全淋浴和洗眼设备。

呼吸系统防护：当空气中浓度较高时，应该佩戴过滤式防毒面具（半面罩）。紧急事态抢修或撤离时，佩戴隔离式空气呼吸器。

眼睛防护：戴化学安全防护眼镜。

身体防护：穿防静电工作服。

手 防 护：戴橡胶手套。

其　　他：工作现场禁止吸烟、进食和饮水。工作完毕，淋浴更衣。注意个人清洁卫生。

职业接触限值

中国未制订职业接触限值。

美　　国：ACGIH TLVs：*TWA*　5ppm；A4

【1,2－二氯乙烯】

英 文 名：1,2－Dichloroethylene；*sym*－Dichloroethylene

别　　名：二氯化乙炔

相对分子质量：96.94

分 子 式：$C_2H_2Cl_2$

CAS　号：540－59－0

理化性质

相对密度：1.29（液体），3.4（气体）　　蒸 气 压：14.7kPa（10℃）

熔　　点：－80.5℃　　闪　　点：6℃

沸　　点：60.2℃　　爆炸极限：9.7%～12.8%（体积）

自 燃 点：460℃

无色或浅黄色透明液体，有类似氯仿的气味。微溶于水，溶于乙醇、乙醚。其蒸气与空气形成爆炸混合物。遇开放火焰或热金属表面分解出氯化氢、光气、一氧化碳、二氧化碳和碳氧氯化物。

接触机会

用于低温萃取剂、冷冻剂等。

毒性

属高毒类，蒸气有剧毒。

急性毒性：LD_{50} 670mg/kg（大鼠经口）；2800mg/kg（兔经皮）；LC_{50} 4050mg/m^3，7h（大鼠吸入）。

刺激性：家兔经眼：63mg，重度刺激。家兔经皮开放性刺激试验：625mg，轻度刺激。

亚急性和慢性毒性：猴吸入0.22g/m^3，7h/d，5天/周，125次，无症状；4.11g/m^3，7h/d，5天/周，25～50次，死亡率较高；大鼠吸入4.11g/m^3 ×7h/d ×5天/周 ×3～14次，致死；豚鼠吸入4.11g/m^3 ×7h/d ×2次，致死。

致突变性：DNA抑制：人淋巴细胞5mL/L。哺乳动物体细胞突变：人淋巴细胞100mg/L。

生殖毒性：大鼠吸入最低中毒浓度（TCL_0）：300ppm（7h，孕6～15天），引起植入死亡率增加。

致癌性：IARC致癌性评论：动物阳性，人类可疑。小/大鼠吸入250ppm ×7h/d ×18月，终身未见肿瘤发病率增高；大鼠经口25ppm ×5天/周 ×78周，致癌阳性。

职业危害

可经呼吸道、胃肠道、皮肤吸收。主要经呼吸道吸入，可迅速吸收。

较短时间低浓度接触，眼及咽喉部有烧灼感。浓度增高可有眩晕、恶心、呕吐、甚至呈酩酊状，国外文献有报道吸入高浓度致死亡。

应急处理

皮肤接触：脱去被污染的衣着，用肥皂水和清水彻底冲洗皮肤。

眼睛接触：提起眼睑，用流动清水或生理盐水冲洗。就医。

吸　　入：迅速脱离现场至空气新鲜处。保持呼吸道通畅，中毒症状给予对症治疗。如呼吸困难，给吸氧。如呼吸停止，立即进行人工呼吸。1,2－二氯乙烷中毒抢救时禁用肾上腺素类药物。吸入5%二氧化碳和氧的混合气体有助于毒物的排出。

食　　入：洗胃，就医。

防护措施

密闭操作，局部通风。提供安全淋浴和洗眼设备。本品与火或金属接触能分解出氯化氢、光气和一氧化碳等有害气体，应予以避免。并加强作业场所监测。

呼吸系统防护：操作人员应佩戴有效的过滤式防毒面具（半面罩）。紧急事态抢修或撤离时，佩戴隔离式空气呼吸器。

眼睛防护：戴化学安全防护眼镜。

身体防护：穿防静电工作服。

手 防 护：戴橡胶手套。

其 他：工作现场禁止吸烟、进食和饮水。工作完毕，淋浴更衣。注意个人清洁卫生。

职业接触限值

中 国：OELs： *PC－TWA* 800mg/m³

美 国：ACGIH TLVs：*TWA* 200ppm（790mg/m³）

OSHA PEL： *TWA* 200ppm（790mg/m³）

NIOSH REL： *TWA* 200ppm（790mg/m³）

IDLH 1000ppm

【三氯甲烷】

英 文 名：Trichloromethane

别 名：氯仿(Chloroform)

相对分子质量：119.39

分 子 式：$CHCl_3$

CAS 号：67－66－3

理化性质

相对密度：1.4916(液体)　　沸 点：61.2℃

4.12(气体)　　蒸 气 压：13.33kPa(10.4℃)

熔 点：－63.5℃

无色、透明、易挥发的液体，稍有甜味。不易燃烧。微溶于水，溶于乙醚、乙醇、苯和石油醚等。在光的作用下，能被空气氧化生成氯化氢和有毒的光气。

接触机会

三氯甲烷是有机合成的重要原料，用于制作氟里昂、脂类、树脂、橡胶、油漆、磷和碘的溶剂，也用于合成纤维、塑料、干洗剂、杀虫剂、地板蜡、氟代烃冷冻剂、氟代烃塑料等的制造。医药行业还用作溶剂和萃取剂提取抗生素。在从事相关行业的生产和使用的过程中可以接触本品。

毒性

属中等毒性。

急性毒性：LD_{50} 908mg/kg(大鼠经口)；LC_{50} 47702mg/m³，4h(大鼠吸入)；人吸入120g/m³，吸入5～10min死亡；人吸入30～40g/m³，呕吐，眩晕的感觉；人吸入10g/m³，15min后眩晕和轻度恶心；人吸入1.9g/m³，能耐受30min，无不适。

亚急性慢性毒性：动物慢性毒性主要表现为肝肾损害。人长期职业接触三氯甲烷的慢性中毒症状主要是呕吐、消化不良、食欲减退、神经过敏、失眠、抑郁，直到神经错乱。血液中三氯甲烷浓度增高是三氯甲烷中毒的确证。

致 癌 性：IARC致癌性评论：对人可能致癌。

致 畸：三氯甲烷对哺乳动物引起DNA损伤，对人淋巴姐妹染色体发生变化；三氯甲烷能引起肌肉、骨骼、肠胃系统及颅面部发育不正常；三氯甲烷有高度的胎毒性。

职业危害

可经消化道、呼吸道和皮肤接触进入机体。经消化道吸收快而完全。

主要作用于中枢神经系统，具有麻醉作用，对心、肝、肾有损害。急性中毒，初期有体表温度升高感、头痛、头晕、恶心、呕吐、兴奋，以后呈现精神紊乱、呼吸表浅、反向消失、昏迷等，重者发生呼吸麻痹、心室纤维性颤动、并可有肝、肾损害。误服中毒时，胃有烧灼感、伴恶心、呕吐、腹痛、腹泻以后出现麻醉症状。皮肤接触先呈烧灼感，继而发生红斑、水肿、水疱、甚至冻伤。

慢性影响：大量接触主要引起肝脏损害，伴有消化不良、乏力、头痛、失眠等症状，少数有肾损害。国际癌研究中心认为氯仿对人有潜在性致癌性。美国 ACGIH 已将氯仿列为人的可疑致癌物。

应急处理

皮肤接触：立即脱去被污染的衣着，用大量流动清水冲洗，至少冲洗 15min。就医。

眼睛接触：立即提起眼睑，用大量流动清水或生理盐水彻底冲洗至少 15min。就医。

吸　　入：迅速脱离现场至空气新鲜处。保持呼吸道通畅。如呼吸困难，给输氧。如呼吸停止，立即进行人工呼吸。就医。

食　　入：饮足量温水，催吐，就医。

防护措施

注意设备的密闭化，加强通风和个人防护，避免皮肤接触，氯仿遇紫外线和高热，可形成光气，要注意保护。改用汽油和煤油代替氯仿作清洁洗剂。氯仿储存中可加入 1% ~ 2% 乙醇，使形成的光气与乙醇生成碳酸乙酯以消除其毒性，定期监测。

呼吸系统防护：操作人员应佩戴直接式防毒面具（半面罩）。紧急事态抢修或撤离时，佩戴空气呼吸器。

眼睛防护：戴化学安全防护眼镜。

身体防护：穿防毒物渗透工作服。

手 防 护：戴防化学品手套。

其　　他：工作现场禁止吸烟、进食和饮水。工作完毕，沐浴更衣。单独存放被氯仿污染的衣服，洗后备用。禁止肝病患者接触氯仿。

职业接触限值

中　　国：OELs：　*PC－TWA*　20mg/m^3；*PC－STEL*　40mg/m^3

美　　国：ACGIH TLVs：*TWA*　10ppm（49mg/m^3）；A3

OSHA PEL：　*C*　50ppm（240mg/m^3）

NIOSH REL：　*STEL*　2ppm（9.78mg/m^3）(60min)；Ca

IDLH　500ppm；Ca

【三氯乙烯】

英 文 名：Trichloroethylene

相对分子质量：131.39

分 子 式：C_2HCl_3

CAS　号：79－01－6

理化性质

相对密度：1.46（液体），4.53（气体）　闪　点：32.22℃

熔　点：−87.1℃　爆炸极限：12.5%～90.0%（体积）

沸　点：87.1℃　自燃点：420℃

蒸气压：13.33kPa（32℃）

无色透明易挥发的液体，有似氯仿的微甜气味。难溶于水，溶于乙醇、乙醚，可混溶于多数有机溶剂。受紫外光照射或在燃烧或加热时分解产生有毒的光气和腐蚀性的盐酸烟雾。

接触机会

用作溶剂，用于金属部件去污和冷清洗、脱脂、冷冻、农药、香料、橡胶工业、洗涤织物等。过去医学上曾用作麻醉剂。在上述制造和应用行业的工人，均有可能职业接触。

毒性

有蓄积作用。

急性毒性：LD_{50} 2402mg/kg（小鼠经口）；LC_{50} 45292mg/m^3，4h（小鼠吸入）；137752 mg/m^3，1h（大鼠吸入）；人吸入6.89g/m^3 ×6min，黏膜刺激；人吸入5.38g/m^3 ×120min，视力减退；人吸入400ppm 嗅到有气味，轻微眼刺激；人吸入2000ppm，极强烈的气味，不能耐受。

亚急性和慢性毒性：大鼠吸入0.54g/m^3，5h/d，5天/周，3个月，神经传导速度减慢。

致突变性：DNA 抑制：人淋巴细胞 5mg/L。姊妹染色单体交换：人淋巴细胞 178mg/L。

生殖毒性：大鼠吸入最低中毒浓度（TCL_0）：1800ppm（24h）（孕1～20天），引起肌肉骨骼发育异常。小鼠吸入最低中毒浓度（TCL_0）：100ppm（7h）（5天，雄性），精子生成异常。

致癌性：IARC 致癌性评论：动物阳性，人类不明确。

职业危害

可经呼吸道、胃肠道和皮肤吸收。职业接触的主要途径是吸入三氯乙烯蒸气和皮肤沾污液态三氯乙烯。

本品主要对中枢神经系统有强烈的抑制作用，其麻醉作用仅次于氯仿。亦可引起肝、肾、心脏、三叉神经损害。

急性中毒：多由事故引起，短时间接触（吸入或口服）大量本品可引起急性中毒。吸入极高浓度可迅速昏迷。吸入高浓度后可有眼和上呼吸道刺激症状。接触数小时后出现头痛、头晕、酩酊感、嗜睡等，重者发生谵妄、抽搐、昏迷、呼吸麻痹、循环衰竭。可出现以三叉神经损害为主的颅神经损害，心脏损害主要为心律失常。可有肝肾损害突出。某些主要经皮肤吸收的工人，起病多呈亚急性经过，除有头痛、头晕、恶心等症状外，接触3～4周左右皮肤可出现红斑、丘疹、水疱等剥脱性皮炎。

慢性影响：出现头痛、头晕、乏力、睡眠障碍、肠胃功能紊乱、周围神经炎、心肌损害、三叉神经麻痹和肝损害。可致皮肤损害和过敏性变态反应。

职业禁忌

(1) 慢性肝炎；(2) 慢性肾炎；(3) 过敏性皮肤病；(4)中枢神经系统器质性疾病。

应急处理

皮肤接触：立即脱去被污染的衣着，用肥皂水和大量清水彻底冲洗皮肤。就医。

眼睛接触：提起眼睑，用流动清水或生理盐水冲洗 15min 以上，就医。

吸　　入：迅速脱离现场至空气新鲜处。保持呼吸道通畅。采取一般急救措施及对症治疗。

口　　服：饮足量温水，催吐。就医。

防护措施

生产过程密闭化，加强通风。防止本品接触火焰，降低温度以减少蒸发，定期检修设备，杜绝跑、冒、滴、漏，加强监测。

呼吸系统防护：可能接触其蒸气时，应佩戴自吸过滤式防毒面具(半面罩)。

眼睛防护：戴化学安全防护眼镜。

身体防护：穿防毒物渗透工作服。

手 防 护：戴防化学品手套。

其　　他：工作现场禁止吸烟、进食和饮水。工作完毕，沐浴更衣。做好个体防护和安全卫生教育培训，做好就业前体检和工人定期体检。

职业接触限值

中　　国：OELs：　*PC－TWA*　30mg/m³；G2A

美　　国：ACGIH TLVs：*TWA*　10ppm（54mg/m³）；*STEL*　25ppm（135mg/m³）；A2

OSHA PEL：　*TWA*　100ppm（538mg/m³）

C　200ppm 或 300ppm（任意 2h 内 5min 最大值）

IDLH：1000ppm；Ca

【四氯化碳】

英 文 名：Carbon tetrachloride

别　　名：四氯甲烷(Tetrachloromethane)

相对分子质量：153. 82

分 子 式：CCl_4

CAS　号：56－23－5

理化性质

相对密度：1. 60(液体)　　沸　　点：76. 8℃

熔　　点：－22. 6℃　　蒸 气 压：13. 33kPa(23℃)

无色有特臭的透明液体，极易挥发。微溶于水，易溶于多数有机溶剂。稳定，不易燃。遇火或炽热物可分解为二氧化碳、氯化氢、光气和氯气等。

接触机会

生产四氯化碳的有机化工厂、石油化工厂等企业都可能产生四氯化碳污染。四氯化碳用作油类、脂肪、真漆、假漆、硫磺、橡胶、蜡和树脂的溶剂、冷冻剂、灭火剂、熏蒸剂、织物的干洗剂、金属洗净剂、杀虫剂。也用于电子工业用清洗剂、油质、香料的浸出剂、萃取剂等行业。四氯化碳常用于合成碳氟化合物，生产氯化有机化合物，半导体生产，制造氟里昂等行业。在其生产制造及使用过程中均有机会接触。

毒性

四氯化碳属高蓄积性物质，在哺乳动物的肝部可产生蓄积，是典型的肝脏毒物，乙醇可促进四氯化碳的吸收。

急性毒性：LD_{50} 2350mg/kg（大鼠经口）；5070mg/kg（大鼠经皮）；LC_{50} 50400mg/m^3，4h（大鼠吸入）；人经口 29.5mL，死亡；人吸入 320g/m^3，5～10min 后死亡；人吸入 150～200g/m^3，0.5～1h 有生命危险；人吸入 15g/m^3，5min 后眩晕、头痛、失眠，脉率快；人吸入 1～2g/m^3，30min 后轻度恶心、头痛，脉率和呼吸加快；人吸入 0.6～0.7g/m^3，可耐受 3h。

亚急性和慢性毒性：动物吸入 400ppm，7 小时/天，5 天/周，173 天，部分动物 127 天后全部死亡，肝肾肿大，肝脂肪变性，肝硬化，肾小管上皮退行性病变。

致突变性：微生物致突变：鼠伤寒沙门氏菌 20μL/L。DMA 损伤：小鼠经口 335μmol/kg。

生殖毒性：大鼠经口最低中毒剂量（TDL_0）：2g/kg（孕 7～8 天），引起植入后死亡率增加。大鼠经口最低中毒剂量（TDL_0）3619mg/kg（雄性，10 天），引起睾丸、附睾和输精管异常。

致癌性：IARC 致癌性评论：动物阳性，人类可疑。小鼠经口 1250mg/kg/日 ×78 周，肝细胞癌发病率增高。有资料表明，四氯化碳长期作用可以引起啮齿动物的肝癌，被列为“对人类有致癌可能”一类的化学物。

致畸性：目前认为四氯化碳无致畸和致突变作用，但具有胚胎毒性。

职业危害

可经呼吸道、皮肤和胃肠道吸收，乙醇可促进本品吸收。

高浓度本品蒸气黏膜有轻度刺激作用，对中枢神经系统有麻醉作用，对肝肾有严重损害。

吸入高浓度本品蒸气，最初出现眼和上呼吸道刺激症状。随后可出现中枢神经系统抑制和胃肠道症状，较严重病例数小时或数天后出现中毒性肝肾损伤，重者甚至发生肝坏死、肝昏迷或急性肾功能衰竭。吸入极高浓度可迅速出现昏迷、抽搐，可因室颤和呼吸中枢麻痹而猝死。口服中毒肝肾损害明显。少数病例发生周围神经炎、球后视神经炎。皮肤直接接触可致损害。

慢性中毒：慢性中毒的报道极为少见，长期接触可有头晕、乏力失眠等神经衰弱综合征和肝肾损害，皮肤长期接触可出现干燥、脱屑、和皲裂。

职业禁忌

（1）慢性肝炎；（2）慢性肾炎。

应急处理

皮肤接触：脱去被污染的衣着，用肥皂水和清水彻底冲洗皮肤。就医。

眼睛接触：提起眼睑，用流动清水或生理盐水或 2% 碳酸氢钠溶液冲洗至少 15min 以上。

吸　入：迅速脱离现场至空气新鲜处。保持呼吸道通畅。如呼吸困难，给吸氧。如呼吸停止，立即进行人工呼吸。就医。

口　　服：口服中毒者必须及早洗胃，洗胃前先用液体石蜡或植物油以溶解四氯化碳。

防护措施

生产过程密闭化，加强通风。避免本品接触明火或高温而产生剧毒的光气和氯化氢烟雾，避免接触潮湿的空气而逐渐分解成光气和氯化氢。使用四氯化碳灭火器，应戴防毒面具，注意发生光气中毒的危险。普及预防知识，宣传接触者不要饮酒，禁用四氯化碳洗手或洗工作服。加强作业场所监测。

眼睛防护：戴安全护目镜。

身体防护：穿防毒物渗透工作服。

手 防 护：戴防化学品手套。

其　　他：工作现场禁止吸烟、进食和饮水。工作完毕，沐浴更衣。单独存放被四氯化碳污染的衣服，洗后备用。实行就业前体检和定期的体检。

职业接触限值

中　　国：OELs：　*PC－TWA*　15mg/m³；*PC－STEL*　25mg/m³；皮，G2B

美　　国：ACGIH TLVs：*TWA*　5ppm（31mg/m³）；*STEL*　10ppm（62mg/m³）；皮，A2

OSHA PEL：*TWA*　10ppm；*C*　25ppm 或 200ppm（4h 内 5min 最大值）

NIOSH REL：*STEL*　2ppm（12.6mg/m³）（60min）；Ca

IDLH　200ppm；Ca

【1,1,2,2－四氯乙烷】

英 文 名：1,1,2,2－Tetrachloroethane

别　　名：四氯化乙炔（Acetylene tetrachloride）

相对分子质量：167.86

分 子 式：$C_2H_2Cl_4$

CAS　号：79－34－5

理化性质

相对密度：1.60（液体）　　沸　　点：146.4℃

熔　　点：－43.8℃　　蒸 气 压：1.33kPa（32℃）

无色液体，有氯仿样的气味。微溶于水，溶于乙醇、乙醚等。不燃，受高热分解产生有毒的腐蚀性气体。

接触机会

用作制造药物、虫胶、树脂、蜡和醋酸纤维等的；溶剂有机合成原料；油脂和生物碱的萃取剂；也用作杀虫剂、除草剂、干洗剂和灭火剂等，在生产和使用过程中均有机会接触。

毒性

是氯代烃类中毒性较大的一种，其毒性约为氯仿的3.5倍，四氯化碳的9倍。。

急性毒性：LD_{50} 800mg/kg（大鼠经口）；LC_{50} 4500mg/m³，2h（小鼠吸入）；人吸入1g/m³，30min，呼吸道黏膜刺激，倦怠，眩晕，头沉；人吸入2～3g/m³×10min，呼吸道

黏膜刺激，倦怠，眩晕，头沉。

亚急性和慢性毒性：小鼠吸入 47.9g/m^3 ×2h/d×5 日，死亡，肝脏损害；小鼠吸入 3.0g/m^3 ×5～6h/d×4 日，死亡，心肌损害；大鼠吸入 47.9g/m^3 ×2h/d×5 日，兴奋，肝损害，后期死亡。

致突变性：微生物致突变：鼠伤寒沙门氏菌 200μL/皿微粒体致突变：鼠伤寒沙门氏菌 200μL/皿。

致 癌 性：IARC 致癌性评论：动物为可疑性反应。大鼠(osborne－mendel)经口 43～108mg/kg/日×78 周，出现肝癌及肿瘤结节。

职业危害

可经呼吸道、胃肠道和皮肤吸收。

对中枢神经系统有麻醉作用和抑制作用，可引起肝、肾和心肌损害。严重者发生肺水肿。短期吸入主要出现黏膜刺激症状。急性及亚急性中毒时以消化和神经系统症状为主。可有食欲减退、呕吐、腹痛、肝大、腹水。长期吸入可引起无力、头痛、失眠、便秘或腹泻、肝功损害和多发性周围神经炎。

应急处理

皮肤接触：脱去被污染的衣着，用肥皂水和清水彻底冲洗皮肤。

眼睛接触：提起眼睑，用流动清水或生理盐水冲洗。就医。

吸　　入：迅速脱离现场至空气新鲜处。保持呼吸道通畅。如呼吸困难，给吸氧。如呼吸停止，立即进行人工呼吸。就医。

口　　服：饮足量温水，催吐，就医。

防护措施

严加密闭，提供充分的局部排风和全面通风，加强作业场所监测。

呼吸系统防护：操作人员应佩戴有效的防毒面具(半面罩)。紧急事态抢修或撤离时，佩戴空气呼吸器。

眼睛防护：戴安全防护眼镜。

身体防护：穿防毒物渗透工作服。

手 防 护：戴防化学品手套。

其　　他：工作现场禁止吸烟、进食和饮水。工作完毕，沐浴更衣。单独存放被毒物污染的衣服，洗后备用。注意个人清洁卫生。

职业接触限值

中国未制订职业接触限值。

美　　国：ACGIH TLVs：*TWA*　1ppm (6.9mg/m^3)；皮，A3

OSHA PEL：*TWA*　5ppm (35mg/m^3)；皮

NIOSH REL：*TWA*　1ppm (6.9mg/m^3)；皮，Ca

IDLH　100ppm；Ca

【1,1,1,2－四氯乙烷】

英 文 名：Tetrachloroethane

别　　名：偏四氯乙烷

相对分子质量：167.86

分 子 式：$C_2H_2Cl_4$

CAS 号：630-20-6

理化性质

相对密度：1.60(液体)，5.79(空气)　　沸 点：129.2℃

熔 点：-68.1℃　　蒸 气 压：1.33kPa(32℃)

无色、有似氯仿的气味液体。不溶于水，溶于乙醇、乙醚等。受高热分解放出有毒的气体。

接触机会

用作制造药物、虫胶、树脂、蜡和醋酸纤维等的溶剂及有机合成原料、油脂和生物碱的萃取剂，也用作杀虫剂、除草剂、干洗剂、灭火剂。

毒性

对口枢神经系统有麻醉和抑制作用，可引起肺、肝、肾等损害。

急性毒性：LD_{50} 0.57mg/kg(大鼠经口)；LC_{50} 6.86g/m^3，4h(大鼠吸入)。

职业危害

可经呼吸道、胃肠道和皮肤吸收。

主要对中枢神经系统有麻醉和抑制作用，可对实质器官造成广泛损害。急性中毒主要为消化道和神经系统症状，可有食欲减退、呕吐、腹痛、黄疸、肝大，腹水，对心、脑、肺、肾均有损害。长期吸入，可引起乏力、头痛、失眠、便秘或腹泻。肝功能损害和多发性周围神经病。有轻度贫血倾向。

应急处理

皮肤接触：脱去污染的衣着，用流动清水冲洗。

眼睛接触：立即翻开上下眼睑，用流动清水冲洗15min。就医。

吸 入：迅速脱离现场至空气新鲜处。呼吸困难者给吸氧。呼吸停止，立即进行人工呼吸。就医。注意防治肺水肿。

口 服：误服者漱口，给饮牛奶或蛋清，就医。

防护措施

严加密闭，提供充分的局部排风和全面通风。

呼吸系统防护：空气中浓度较高时，佩戴防毒面具。紧急事态抢修或撤离时，佩戴自给式空气呼吸器。

眼睛防护：戴化学安全防护眼镜。

身体防护：穿聚乙烯薄膜防毒服。

手 防 护：戴橡皮胶手套。

其 他：工作前后不饮酒，用温水洗澡。

职业接触限值

中国未制订职业接触限值。

【四氯乙烯】

英 文 名：Tetrachloroethylene

别 名：全氯乙烯（Perchloroethylene）

相对分子质量：165.82

分 子 式：C_2Cl_4

CAS 号：127-18-4

理化性质

相对密度：1.63（液体），5.83（空气）　　沸 点：129.2℃

熔 点：-68.1℃　　蒸 气 压：2.11kPa（20℃）

无色液体，有类似乙醚样气味。微溶于水，可混溶于乙醇、乙醚等多数有机溶剂。在紫外线作用下可产生光气。

接触机会

工业上用作有机溶剂，特别用于服装干洗、去油剂等，也用作化工合成的中间体。在医疗上也用于驱虫。

毒性

属低毒类。

急性毒性：LD_{50} 3005mg/kg（大鼠经口）；LC_{50} 50427mg/m³ 4h（大鼠吸入）；人吸入13.6g/m³，数分钟内轻度麻醉；人吸入0.7～0.8g/m³，喉部轻度刺激和干燥感；人吸入0.5～0.54g/m³，轻度眼刺激和烧灼感，数分钟适应；人吸入0.34g/m³，可嗅到气味。

刺 激 性：家兔经眼：500mg（24h），轻度刺激。家兔经皮：4mg，轻度刺激。

致突变性：微生物致突变：鼠伤寒沙门氏菌50μL/皿/微粒体致突变：鼠伤寒沙门氏菌200μL/皿。

生殖毒性：大鼠吸入最低中毒（TCL_0）：1000ppm（24h，孕后1～22天用药），有胚胎毒性。小鼠吸入最低中毒（TCL_0）：300ppm（7h，孕后6～15天用药），有胚胎毒性。

致 癌 性：IARC致癌性评论：动物为可疑性反应。

职业危害

可经呼吸道、胃肠道和皮肤吸收，经消化道吸收极微。

本品主要抑制中枢神经系统，但毒性较三氯乙烯为小。吸入急性中毒者有上呼吸道刺激症状、流泪、口干、咽痛、流涎等。随之出现头晕、头痛、恶心、呕吐、腹痛、视力模糊、四肢麻木，甚至出现兴奋不安、抽搐、喉头水肿、昏迷、呼吸困难乃至死亡。

慢性中毒：长期接触的慢性中毒者有乏力、眩晕、恶心、酩酊感等。可有肝损害。皮肤反复接触，可致皮炎和湿疹。

应急处理

皮肤接触：脱去污染的衣着，用肥皂水及清水彻底冲洗。

眼睛接触：立即翻开上下眼睑，用流动清水或生理盐水冲洗至少15min，就医。

吸　　入：迅速脱离现场至空气新鲜处。保持呼吸道通畅。注意保暖和休息。呼吸困难者给吸氧。

口　　服：误服者立即漱口，及早洗胃、催吐及导泻，但忌用油类。

防护措施

生产过程密闭化，加强通风，定期监测。

呼吸系统防护：可能接触其蒸气时，应该佩戴自吸过滤式防毒面具（半面罩）。紧急事态抢修或撤离时，佩戴空气呼吸器。

眼睛防护：戴化学安全防护眼镜。

身体防护：穿透气型防毒服。

手 防 护：戴防化学品手套。

其 他：工作现场禁止吸烟、进食和饮水。工作完毕，淋浴更衣。单独存放被毒物污染的衣服，洗后备用。个人防护，减少皮肤接触。

职业接触限值

中 国：OELs：*PC－TWA* 200mg/m^3；

美 国：ACGIH TLVs：*TWA* 25ppm（170mg/m^3）；*STEL* 100ppm（685mg/m^3）；A3，BEI

OSHA PEL：*TWA* 100ppm；*C* 200ppm（3小时内5分钟最大值），最大峰值300ppm

IDLH 150ppm；Ca

【四氯丙烯】

英 文 名：Tetrachloropropene

相对分子质量：179.86

分 子 式：$C_3H_2Cl_4$

CAS 号：10436－39－2

理化性质

相对密度：1.51（液体） 沸 点：167.1℃

熔 点：无资料

常态下为无色透明液体，工业品常呈棕黄色，有辛辣味，微溶于水，可溶于各种有机溶剂，化学性质活泼，易挥发。

接触机会

用于合成耐热塑料，制备环氧氯丙烷，生产环氧树脂、甘油，为制造1，2－二氯丙烯的中间产物。因其常温下易于挥发，在密闭不严的生产条件下，操作工或检修人员都有机会接触。

毒性

急性毒性：LD_{50} 3.73mL/kg（兔经皮）；LC_{50} 1500mg/m^3（大鼠吸入）；LC_{50} 3000mg/m^3（小鼠吸入）。

职业危害

可经呼吸道、消化道及皮肤吸收。

本品高浓度下急性作用主要是对眼及呼吸道黏膜的刺激作用，对人和动物的呼吸道黏膜刺激，引起流泪、喷嚏及流涎等表现，继而出现头晕、全身无力、共济失调、软瘫等。

慢性中毒：长期接触主要出现以多发神经为主的临床表现，不伴有肝、肾或其他脏器异常。突出表现为对称性远端运动及感觉障碍。

应急处理

皮肤接触：脱去污染的衣着，用肥皂水及清水彻底冲洗。就医。

眼睛接触：立即提起眼睑，用大量流动清水或生理盐水彻底冲洗至少15min。就医。

吸入：迅速脱离现场至空气新鲜处。保持呼吸道通畅。保暖并休息。一般可迅速缓解。

口服：误服者应饮足量温水，催吐，洗胃、导泻，加速毒物排出。

防护措施

严加密闭，加强车间通风排毒。力求实行自控和遥控密闭化生产。

呼吸系统防护：可能接触其蒸气时，应该佩戴自吸过滤式防毒面具。紧急事态抢修或撤离时，佩戴空气呼吸器。

眼睛防护：呼吸系统防护中已作防护。

身体防护：穿透气型防毒服。

手 防 护：戴防化学品手套。

其　　他：工作前后不饮酒，用温水洗澡。

职业接触限值

中国未制订职业接触限值。

【五氯丙烷】

英 文 名：Pentachloropropane

相对分子质量：216.32

分 子 式：$C_3H_3Cl_5$

CAS　号：16714－68－4

理化性质

相对密度：1.61（液体）　　沸　　点：198～200℃

无色透明液体，有很强的刺激性味，难溶于水，易溶于乙醚，与大多数有机溶剂混溶，易燃。

接触机会

用作防治农作物害虫的有效薰蒸剂，工业用途较少。

毒性

属于中等毒性。能严重损害肝脏。动物经口一次染毒后导致不安、胆怯，运动共济失调，后肢轻瘫，并在呼吸障碍加剧的情况下死亡。

动物实验证实对肝脏有损害作用。

职业危害

可经呼吸道、消化道、皮肤吸收。

接触者如有症状出现，除对症治疗外，需定期观察肝功能情况至少3个月，对长期接触者亦需定期检查肝功能。

应急处理

皮肤接触：脱去污染的衣着，用流动清水冲洗。

眼睛接触：提起眼睑，用流动清水或生理盐水冲洗。就医。

吸入：脱离现场至空气新鲜处。就医。

口服：误服者饮足量温水，催吐。就医。

防护措施

严加密闭，提供充分的局部排风和全面通风，注意防水。

呼吸系统防护：空气中浓度较高时，应该佩戴过滤式防毒面具。紧急事态抢修或逃生时，建议佩戴空气呼吸器。

眼睛防护：戴化学安全防护眼镜。

身体防护：穿防毒物渗透工作服。

手 防 护：戴橡胶耐油手套。

其　　他：工作前后不饮酒，用温水洗澡。

职业接触限值

中国未制订职业接触限值。

【六氯乙烷】

英 文 名：Hexachloroethane

别　　名：六氯化碳（Carbon hexachloride）

相对分子质量：236.76

分 子 式：C_2Cl_6

CAS 号：67－72－1

理化性质

相对密度：2.09（液体）　　蒸 气 压：0.13kPa（32.7℃）

熔　　点：186℃（升华）

无色结晶，有樟脑样气味。不溶于水，溶于乙醇、乙醚、苯、氯仿、油类等。

接触机会

主要用作有机溶剂、樟脑代用品和橡胶硫化促进剂，也可用作防腐杀虫剂、兽医用驱虫剂及塑料制造等。在上述生产使用过程中均可接触。

毒性

属低毒类。

急性毒性：LD_{50}　4460mg/kg（大鼠经口）；大鼠吸入57mg/L×8h，致死。

亚急性和慢性毒性：大鼠经口1.5mg/（kg·d）×110日，肾功能异常；大鼠经口80mg/（kg·d）×110日，肝、肾细胞坏死，功能异常。

致突变性：Ames试验沙门氏菌株（五个菌种）+S9阴性。

致癌性：大鼠经口致肝瘤。

职业危害

可经呼吸道、胃肠道和皮肤吸收，但都不易吸收，中毒机率少。

本品对中枢神经系统有麻醉作用，对肝、肾有损害；对皮肤黏膜有轻度刺激作用。误服出现眩晕、呕吐、肝区痛、血中胆红素增高、心率减慢、肾炎及无尿。作兽用驱虫时出现软弱无力、嗜睡、步态不稳、后肢轻瘫；亦可见痉挛、心率加快、昏睡、腹泻、食欲减退、体温降低等。

应急处理

因本品为固体，且蒸气压较低，故由吸入所致中枢神经系统抑制较为少见，但工人接触热的烟气时，可发生眼及黏膜刺激症状。另外，由于本品水溶性差，不易在胃肠道中溶解，故口服不易吸收中毒。

防护措施

密闭操作，局部排风；尽量减少工人接触加热后的六氯乙烷烟或粉尘；提供安全淋浴和洗眼设备；定期监测。

呼吸系统防护：可能接触其粉尘时，应该佩戴自吸过滤式防尘口罩。紧急事态抢修或撤离时，建议佩戴空气呼吸器。

眼睛防护：一般不需要特殊防护，高浓度接触时可戴安全防护眼镜。

身体防护：穿透气型防护服。

手 防 护：戴防化学品手套。

其　　他：工作现场禁止吸烟、进食和饮水。工作完毕，沐浴更衣。单独存放被毒物污染的衣服，洗后备用。注意个人清洁卫生。

职业接触限值

中　　国：OELs：　*PC - TWA*　10mg/m³；皮，G2B

美　　国：*ACGIH TLVs*：　*TWA*　1ppm（10mg/m³）；皮，A3

OSHA PEL：　*TWA*　1 ppm（10 mg/m³）；皮

NIOSH REL：　*TWA*　1 ppm（10mg/m³）；皮，Ca

IDLH　300ppm；Ca

【1,1,2,2 - 四溴乙烷】

英 文 名：1，1，2，2 - Tetrabromoethane

别　　名：四溴化乙炔（Acetylene tetrabromide）

相对分子质量：345.65

分 子 式：$C_2H_2Br_4$

CAS　号：79 - 27 - 6

理化性质

相对密度：2.96（液体）　　沸　　点：243.5℃

熔　　点：-1 ~ 1℃　　蒸 气 压：2.00kPa（119℃）

黄色液体，带有樟脑及氯仿臭味。不溶于水，溶于乙醇、氯仿等多数有机溶剂。加热至239 ~ 242℃则可分解产生溴、溴化氢等。

接触机会

作为仪表流体（主要用作汞的代用品）用于量具及光学仪器制造；也用于萃取某些矿物和蜡类，有时用作特殊溶剂。

毒性

急性毒性：LD_{50}　1200mg/kg（大鼠经口）；5250mg/kg（大鼠经皮）；LC_{50}　549mg/m³，4h（大鼠吸入）；大鼠吸入0.5g/m³ ×3h，眼、鼻黏膜刺激，2 ~ 3h 麻醉，1 ~ 5d 内死亡；狗吸入9 ~ 36g/m³ 呼吸困难，呕吐，运动失调5天死亡，尸检肺和其他内脏出血。

亚急性和慢性毒性：大/豚鼠吸入0.056g/m³ ×7h/d ×5 日/周 ×100 ~ 106 日，肝有轻度病变。

致突变性：Ames 试验鼠伤寒沙门氏菌 +S9 阴性。

职业危害

可经呼吸道、消化道及皮肤吸收。

对中枢神经系统有抑制作用，对呼吸道有刺激作用，可引起严重肝损害，轻度肾小管损害及血单核细胞增多(>12%)，可引起皮炎，麻醉作用较弱。

应急处理

皮肤接触：立即脱去污染的衣着，用肥皂水及清水彻底冲洗。

眼睛接触：立即提起眼睑，用大量流动清水彻底冲洗。

吸入：迅速脱离现场至空气新鲜处。呼吸困难给吸氧。呼吸停止，立即进行人工呼吸。就医。

口服：误服者饮大量温水，催吐，洗胃、导泻。

防护措施

密闭操作，提供充分的局部排风和全面通风。

呼吸系统防护：空气中浓度过高时，应佩戴防毒面具。紧急事态抢修或逃生时，佩戴空气呼吸器。

眼睛防护：一般不需特殊防护，高浓度接触时可戴安全防护眼镜。

身体防护：穿透气型防护服。

手 防 护：必要时戴防化学品手套。

其 他：工作现场禁止吸烟、进食和饮水。工作完毕，淋浴更衣。单独存放被毒物污染的衣服，洗后再用。注意个人清洁卫生，定期体检。

职业接触限值

中国未制订职业接触限值。

美 国：ACGIH TLVs：*TWA* 0.1ppm(IFV)

OSHA PEL：*TWA* 1ppm（14mg/m^3）

IDLH 8ppm

【六氟丙烯】

英 文 名：Hexafluoropropylene

别 名：全氟丙烯(Perfluoropropylene)

相对分子质量：150.02

分 子 式：$CF_3CF=CF_2$

CAS 号：116-15-4

理化性质

相对密度：1.583　　饱和蒸气压：788.16 kPa（27℃）

熔 点：-152.6℃　　临界温度：85℃

沸 点：-29.4℃　　临界压力：3.25 MPa

气体，微溶于乙醇、乙醚。

接触机会

作为制备氟磺酸离子交换膜、氟碳油和全氟环氧丙烷等的原料。

生产和使用六氟丙烯(全氟丙烯)的作业。

毒性

属中等毒类。急性毒性以对呼吸道刺激作用为主，兼有肾毒作用。高浓度时，引起肝脏损害。六氟丙烯在体内代谢后，可能与线粒体和内质网的某些酶结合，抑制线粒体的氧化磷酸化功能，使能量生成受到障碍。大鼠吸入 2 ~4h 的 LC_{50} 为 16. 47 ~ 18. 3g/m^3。

职业危害

工业生产中未见有职业中毒报道。

应急处理

人体吸入较多量六氟丙烯气体后，如有症状出现，可对症处理。

防护措施

加强通风。操作时注意个人防护。

职业接触限值

中　国：OELs：*PC - TWA*　4mg/m^3

美　国：ACGIH TLVs：*TWA*　0. 1ppm

【四氟乙烯】

英 文 名：Tetrafluoroethylene（TFE）

别　名：全氟乙烯（Perfluoroethylene）

相对分子质量：100. 02

分 子 式：$F_2C=CF_2$

CAS　号：116 - 14 - 3

理化性质

熔　点：-142℃　　相对蒸气密度：3. 0(空气 =1)

沸　点：-78. 4℃　　引燃温度：187. 8℃

无色气体，不溶于水，比空气重，易爆炸、易聚合。

接触机会

用作制造新型的热塑料、工程塑料、新型灭火剂和抑雾剂的原料。

毒性

属低毒类。大鼠 2h 的 LC_{100} 为 25000ppm。尸检有肺充血，肝、肾细胞变性。大鼠暴露于 1000 ~4000ppm，每天 5h，计 49 天，肝糖元降低，或肝功能不全。

职业危害

在生产中，主要经呼吸道侵入机体，一部分以原形经呼吸道和泌尿道排出，大部分肝微粒体代谢后，随尿排出。四氟乙烯在体内分布有选择性，以肺、肝和肾为主，中性脂肪内有大量蓄积。

曾发现引起对人泌尿系统的反应，主要表现为膀胱刺激症状，尿常规检查有红细胞、白细胞及蛋白。

本品虽急性毒性很低，但在加热和压力作用，可生成小量高毒性气体，如八氟异丁烯可引起肺水肿。

应急处理

出现症状时对症处理。

防护措施

注意密闭、通风等防毒措施。做好个人防护。

职业接触限值

中国未制订职业接触限值。

美　　国：ACGIH TLVs：*TWA*　2ppm；A3

【八氟异丁烯】

英 文 名：Octafluoro－2－butene

别　　名：全氟异丁烯（Perfluoro－2－butene）

相对分子质量：200.03

分 子 式：C_4F_8

CAS　号：382－21－8

理化性质

相对密度：1.53（0℃）　　　　沸　　点：6.5～7.0℃

熔　　点：－136～134℃

无色不燃气体或液体，具有腐草臭味。溶于乙醚及苯，难溶于水，遇水缓慢分解生成双三氟甲基乙酸。

接触机会

用作制备耐腐蚀性聚合物的原料。

毒性

属剧毒类。为塑料工业中所遇到的毒性最大的毒物。急性毒性为光气的10倍，大鼠4h吸入LC_{50}为6.21mg/m^3（0.76ppm）。毒作用带窄，危险性大，主要作用为引起急性肺水肿，但中毒机理尚不十分清楚。

职业危害

八氟异丁烯对上呼吸道刺激症状不明显，不易引起警觉。吸入后先有胸闷、胸痛或咳嗽，但无黏膜刺激刺激症状。一般在数小时后发生急性肺水肿。

应急处理

急性中毒者应立即移离现场。暴露在较高浓度下，有中毒可能者送医院观察48h。积极防治肺水肿，改善呼吸循环功能，抗感染和全身支持疗法。

防护措施

（1）采用隔离操作，加强密闭和通风。

（2）在不影响产品质量的前提下，尽量控制某些氟烃单体和氟烃聚合物的烧结加工和热裂解的温度不超过450℃。

（3）对本品的生产残液应妥善处理。残液储槽应密封、耐压，并应防止烈日曝晒，未经无害化处理不应随便开启排放。

（4）化害为利、综合利用。某研究所利用高锰酸钾氧化法，将四氟乙烯裂解残液中的全氟异丁烯氧化生成毒性较低的全氟丙酮，供作它用。

(5) 注意个人防护。有可能遇到本品时应戴适合的防毒面具，并同时有人在现场进行监护。

职业接触限值

中　　国：OELs：*MAC*　0.08mg/m^3

美　　国：ACGIH TLVs：*C*　0.01ppm (0.082mg/m^3)

【磷酸O,O-二甲基-O-2,2二氯乙烯基酯】

英 文 名：DDVP(O,O-dimethyl-O-2,2-dichlorovinyl phosphate)

$$(CH_3O)_2P(=O)-O-CH=CCl_2$$

别　　名：敌敌畏[O,O-二甲基-O-(2,2-二氯乙烯基)磷酸酯]

相对分子质量:220.98

分 子 式：$C_4H_7C_{l2}O_4P$,$(CH_3O)_2POOCH=CCl_2$

CAS　号：62-73-7

理化性质

相对密度：1.415(液体，25℃)　　　　蒸 气 压：19.99Pa

沸　　点：120℃(1.87kPa),74℃(133.3Pa)

纯品为无色液体。微溶于水和甘油，与芳香烃、氯化烃、乙醇混溶。有挥发性，不易燃烧。

接触机会

(1) 化学农药制造业：敌敌畏合成。

(2) 农田生产：喷洒农药 。

(3) 其　他：包装 、敌敌畏的运输、仓库储存。

毒性

雌性大鼠经口毒性 LD_{50} 为 50mg/kg，经皮大鼠 LD_{50} 为 75~107 mg/kg。

可经呼吸道、消化道和皮肤进入人体，生产性中毒主要是经皮肤进入体内所致。敌敌畏的降解作用主要是肝内酶的作用，同时也存在无酶的水解作用，因而吸入所致的危害较经口者为大。其代谢产物主要由肾脏排出。

有机磷酸酯类迅速的与体内胆碱酯酶结合，形成较稳定的磷酰胆碱酯酶，从而阻碍了胆碱酯酶对乙酰胆碱的分解，造成乙酰胆碱的大量蓄积，这种蓄积的乙酰胆碱作用于器官组织，发生与胆碱能神经过度兴奋相似的症状，表现为毒蕈碱样症状、烟碱样症状和中枢神经系统症状。一般血内胆碱酯酶下降 30% ~40% 时可出现症状。敌敌畏为胆碱酯酶的直接抑制剂，毒性发生迅速，在体内代谢也快，严重中毒者如在几小时内不发生死亡，处理得当可能会恢复。

职业危害

(1) 急性中毒

①毒蕈碱样症状 主要是胆碱能神经全部节后纤维所产生的兴奋作用所致。抑制心血管、兴奋平滑肌、增加腺体分泌、收缩虹膜括约肌及睫状肌等。表现为食欲减退、恶心、呕吐、腹痛、腹泻、流涎、多汗、视力模糊、瞳孔缩小、支气管痉挛、呼吸道分泌增加、

呼吸困难、肺水肿、大小便失禁等。

②烟碱样症状 为乙酰胆碱作用于植物神经、肾上腺髓质和运动神经所致，表现为肌束震颤、肌肉痉挛、肌力减退、肌肉麻痹(包括呼吸肌麻痹)等。

③中枢神经系统症状 是由于脑内乙酰胆碱含量增高，影响中枢神经系统细胞突触间冲动的传导，出现头痛、头晕、失眠或嗜睡、乏力、烦燥不安、发热、意识障碍、精神恍惚、惊厥、昏迷等症状。严重者还可发生脑水肿，出现癫痫样抽搐、瞳孔不等大等，有的甚至出现呼吸中枢麻痹而死亡。

④循环系统症状 多数表现为心率加快、血压升高，重者出现心肌炎、心力衰竭、休克等症状。血压上升往往是病情恶化的早期表现。心电图可见窦性心律不齐、心动过速或过慢，Q～T 间期延长，ST 段下降，T 波低平或倒置。也有的出现低血压等。

以临床表现为主，参考血液胆碱酯酶下降程度将病情分为轻、中、重三级，便于指导抢救。

①轻度中毒 头痛、头晕、恶心、呕吐、疲倦、乏力、食欲减退、视物模多汗等。瞳孔可轻度缩小，胆碱酯酶下降至 70%～50%。

②中度中毒 除上述症状加重外，出现肌束震颤、瞳孔缩小、胸闷、轻度呼吸困难、流涎、大汗、腹痛、腹泻、精神恍惚、步态蹒跚等，血压和体温可升高，血液胆碱酯酶活力降至 30%～50%。

③重度中毒 除上述症状外，心律可加快、血压升高、瞳孔高度缩小、肌束震颤明显、呼吸困难、紫绀、肺水肿、大小便失禁、惊厥、昏迷、呼吸麻痹、循环衰竭等。少数病人可出现脑水肿、胆碱酯酶活力下降至 30% 以下。

(2) 慢性中毒 表现出为头痛、头晕、乏力、食欲不振、恶心、胸闷、气短、消瘦等，部分病人可有肌束震颤及瞳孔缩小等，血中胆碱酯酶活力持久而明显下降，常降至 50% 以下。可引起皮炎。如污染眼睛，局部有疼痛感，瞳孔缩小。

职业禁忌

神经系统器质性疾病；全血胆碱酯酶活性明显低于正常者。

应急处理

经口服中毒者洗胃操作宜小心谨慎，皮肤污染用清水或肥皂水冲洗，眼污染用 2% 苏打水冲洗。中毒治疗参见有机磷农药。对肟类药物使用效果报道不一，轻症者以阿托品和胆碱酯酶复能剂合用，可以发挥协同作用。阿托品用量轻症者 1～2mg 皮下或肌注，必要时 1～2h 重复一次。中、重症者，2～5mg 一次肌注或静注，每 10～15min 重复一次，至阿托品化后可减少为时剂量和延长间隔时间。急性中毒抢救好转后尚有反复者，应给以足够重视。

防护措施

应注意到 DDVP 易蒸发和经皮侵入的特点，在生产上应力求密闭完善及通风良好，使用时应注意个人防护。严格保管制度，以免滥用和误服。做好上岗前和定期职业健康检查，有职业禁忌证者不得从事 DDVP 作业；定期职业健康检查两年一次。

职业接触限值

中国未制订职业接触限值。

美 国：ACGIH TLVs：*TWA* 0.1 mg/m^3；皮，SEN，A4，BEI

OSHA PEL：　*TWA*　1mg/m^3；皮

NIOSH REL：*TWA*　1mg/m^3；皮

IDLH　100 mg/m^3

三、脂肪族醇、醚及其衍生物

【甲醇】

英 文 名：Methyl alcohol

别　　名：木醇；木精(Methanol；Wood alcohol)

相对分子质量：32.04

分 子 式：CH_3OH

CAS　号：67-56-1

理化性质

相对密度：0.79(液体)，1.11(气体)　　闪　点：15.6℃(开杯)

熔　点：-97.8℃　　12.2℃(闭杯)

沸　点：64.5℃　　爆炸极限：5.5%～44%(体积)

蒸 气 压：12.3kPa(20℃)　　自 燃 点：464℃

无色澄清易流动高极性的液体。可与水、乙醇、乙醚、苯、酮、酯及卤代烷等相混溶。燃烧时生成蓝色火焰。易氧化或脱氢而生成甲醛。

接触机会

甲醇的接触机会主要有甲醇的制造和以甲醇为原料的制造业、作为溶剂、提纯等生产人员及其辅助生产人员和有关储运、采样、分析人员接触。

毒性

甲醇在水及体液中溶解度极高，可经呼吸道、胃肠道和皮肤吸收，吸收后可迅速分布于机体组织，主要作用于神经系统，对视神经和视网膜有特殊选择作用。

甲醇的毒性与其代谢产物甲醛、甲酸和其本身性质有关。甲醛抑制氧的利用和产生二氧化碳的活力很强，能抑制视网膜的氧化磷酸化过程，不能合成三磷酸腺苷。使膜内细胞发生退行性变化，最后导致视神经萎缩，重者还可致失明。甲醇使机体代谢障碍，可造成乳酸等有机酸积聚，与甲醇的体内转化物甲酸一起，引起酸中毒。

本品在体内氧化缓慢，仅为乙醇的1/7，排泄也慢，故有明显的蓄积作用。其蒸气对呼吸道和黏膜有强烈的刺激作用。有经皮肤吸收中毒引起视觉障碍和失明的报道。

大鼠经口 LD_{50}：5628 mg/kg；吸入 LC_{50}：64000ppm/4h。

职业危害

(1) 急性中毒：一般先有中枢神经系统麻醉，继之出现代谢性酸中毒及视神经、视网膜损害，伴有黏膜刺激症状。口服中毒者，症状出现较快、较严重，胃肠道症状也较突出。

轻者有头痛、头晕、乏力、视力模糊、步态蹒跚和失眠，二氧化碳结合力可低于正常。

重者上述症状加剧，并有复视、眼球疼痛、胸闷、共济失调。体检可见瞳孔扩大或缩小，对光反射迟钝，有手指和舌震颤，闭目站立试验和指鼻试验阳性。个别病例有过度兴奋或半昏迷。二氧化碳结合力小于30%，伴有酸中毒症状。有些病例出现精神失常，并有幻视、幻觉或忧郁症状表现。

经口中毒，一般误服5～10mL，可严重中毒，15mL可致视网膜炎、失明，30～100mL可致死，潜伏期为8～36h，有饮酒史者更长。也有立即发病者，症状为倦态、头痛、眩晕、肌无力、恶心、呕吐、上腹痛和腹泻，或迅速转入半昏迷、谵忘或昏迷状态。口服后48h内可有眼球疼痛、视力模糊，重者可失明，抢救不及时者可因中枢神经系统严重损害和呼吸衰竭而死亡。

(2) 慢性中毒：长期吸入高浓度的甲醇蒸气，可产生神经衰弱和植物神经功能失调症状，也可有黏膜刺激和视力减退。

皮肤接触会引起发痒、湿疹和皮炎，其程度与甲醇中不饱和醇、醛等杂质含量有关。

体检可发现色觉视野呈同心性缩小、视神经苍白或萎缩、视网膜水肿、眼底动脉狭窄和静脉扩张、瞳孔对光反应减弱，肝功能、胆固醇含量及血小板可有变化。

浙江大学医学院附属第一医院娄域峰等对112名长期接触甲苯、甲醇、二甲基甲酰胺(DMF)的男性工人，其中41名平均年龄(33.6±6.9)岁，平均接触时间(4.48±2.43)年，长期主要接触低浓度甲醇(1.78～1.93mg/m^3)的男工进行了氧化功能的测定，结论为：长期接触低浓度甲苯、甲醇、DMF，可使接触工人体内脂质过氧化反应增强，在氧化指标中，以超氧化物歧化酶(SOD)活力和对氧磷酯酶1(PON1)改变尤为明显，可将这两项指标作为甲苯、甲醇及DMF作业工人机体适用性改变和代偿性反应的生物监测指标，可为职业性有害因素的评价或健康评价提供重要参考。慢性甲醇等中毒造成的机体内抗氧化物浓度和抗氧化酶活力的明显降低，必然促使体内氧化和抗氧化的平衡严重失调及氧自由基和一系列自由基反应的病理性加剧，就会引起体内生理生化反应和新陈代谢发生紊乱及系列自由基过度反应加剧。

职业禁忌

视网膜及视神经病。

应急处理

皮肤接触：除去被污染的衣服，用大量水冲洗皮肤或淋浴，给予医疗护理。

眼睛接触：先用大量水冲洗几分钟(如可能易行，摘除隐形眼镜)，然后就医。

吸入：患者应迅速脱离现场，尽快将患者移至空气流通、新鲜处，休息，给予医疗护理。

食入：催吐(只对清醒病人)，给予医疗护理。

防护措施

制造和应用甲醇的生产过程应做到密闭化，定期进行设备检修，杜绝跑、冒、滴、漏。在包装和运输时，要加强个体防护，防止容器破裂或物品泄漏。

可能接触其蒸汽时，应该佩戴过滤式防毒面罩(半面罩)。遇紧急事态抢救或撤离时，佩戴空气呼吸器。戴化学安全防护眼镜。对长期接触者，应定期进行医学检查，包括眼科检查。戴橡胶手套、穿防静电工作服。工作场所禁止吸烟、进食和饮水。

职业接触限值

中　国：OELs：*PC－TWA*　25mg/m^3；*PC－STEL*　50mg/m^3；皮

美　国：ACGIH TLVs：*TWA*　200ppm（$260mg/m^3$）；*STEL*　250ppm（$328mg/m^3$）；皮，BEI

OSHA PEL：*TWA*　200ppm（$260mg/m^3$）

NIOSH REL：*TWA*　200ppm（$260mg/m^3$）；*STEL*　250ppm($328mg/m^3$)；［皮］

IDLH　6000ppm

【乙醇】

英 文 名：Ethyl alcohol

别　名：酒精

相对分子质量：46.07

分 子 式：C_2H_5OH

CAS　号：64－17－5

理化性质

相对密度：0.79(液体)，1.59(气体)　　闪　点：13℃(闭杯)

熔　点：－114.1℃　　爆炸极限：3.3%～19%(体积)

沸　点：78.3℃　　自 燃 点：363℃

蒸 气 压：5.85kPa(20℃)

无色、透明，易挥发和易燃的液体，有酒的气味和刺激辛辣味。能以任何比例与水混溶，并形成共沸物。溶于甲醇、乙醚和氯仿等。有吸湿性。普通酒精含乙醇95.57%(以质量计)在78.1℃时馏出。能溶解许多有机物和若干无机化合物。乙醇蒸气和空气形成爆炸性混合物。

接触机会

乙醇广泛用于制酒工业、有机合成、消毒，可用作工业溶剂、防冻剂和燃料，亦用于化工、制药、合成纤维、合成树脂、合成橡胶、塑料等工业。日常酒类饮料均含有不同浓度的乙醇。

毒性

属微毒类。由消化道进入的乙醇80%由十二指肠、空肠，20%由胃吸收。能透过皮肤吸收，但不足以引起严重反应。在含有高浓度乙醇的空气中工作，能通过呼吸道吸收而中毒。

乙醇吸收后，随血液分布全身，首先作用于大脑皮质的活动，表现为兴奋，进一步影响到皮质下中枢和小脑时，出现步态蹒跚、共济失调等运动障碍，最后血管运动中枢和呼吸中枢受抑制时，则有虚脱、呼吸浅表等症状，重症者可致死。

长期口服中毒量乙醇，可有肝、心肌脂肪浸润，慢性软脑膜炎和慢性胃炎。乙醇可影响血红蛋白和血小板的生成，慢性中毒可见肾上腺萎缩、硬化，急性中毒有肾上腺皮质机能减退。人饮酒后对许多毒物感受性增加。

兔经口 LD_{50}：7060 mg/kg；大鼠吸入 LC_{50}：$37620mg/m^3$，10h 。

职业危害

(1) 急性中毒：主要经口引起，饮用中毒量为75～80g，其过程可分为兴奋—共济失调—昏睡期，严重者呈深度昏迷，呼吸浅表或陈－施氏呼吸，血中乙醇浓度达

0.4% ~0.5%时可致死亡。致死剂量为250~500g。

(2) 慢性影响：长期接触含高浓度乙醇空气，可出现头痛、头晕、易激动、乏力、震颤、恶心、轻度黏膜刺激症状，甚者有肝功能损害。皮肤反复接触可引起干燥、脱屑、皲裂和皮炎。

长期酗酒者可有皮肤营养障碍、多发性神经炎、慢性胃炎、脂肪肝、肝功能减退、肝硬化、心肌损害、器质性精神病等表现，肌电图可描记到缓慢的腿部肌肉颤抖。

应急处理

同甲醇。

防护措施

同甲醇。

职业接触限值

中国未制订职业接触限值。

美　国：ACGIH TLVs：*STEL* 1000ppm ($1900mg/m^3$)；A3
OSHA PEL：*TWA* 1000ppm ($1900mg/m^3$)
NIOSH REL：*TWA* 1000ppm ($1900mg/m^3$)
IDLH 3300ppm

【正丁醇】

英 文 名：*n*－Butyl alcohol
别　名：异丙基甲醇；丁醇；第一丁醇；2－甲－2－丙醇
相对分子质量：74.12
分 子 式：$CH_3(CH_2)_2CH_2OH$
CAS 号：71－36－3

理化性质

相对密度：0.81 (液体)　　蒸 气 压：0.82kPa(25℃)
2.55(气体)　　爆炸极限：1.4% ~11.2%(体积)
熔　点：－90.0℃　　自 燃 点：365℃
沸　点：117.5℃　　闪　点：35℃(闭口)，40℃(开口)

无色液体，有葡萄酒味。溶于水，与乙醇和乙醚混溶。其蒸汽与空气形成爆炸性混合物。

接触机会

作为溶剂，用于油漆、涂料、燃料、人造纤维、树脂、橡胶、香料等，也用于制取酯类、塑料增塑剂、医药、喷漆。

毒性

属低毒类。可经呼吸道、消化道及皮肤吸收。大鼠经口 LD_{50} 790mg/kg；小鼠经口 LD_{50} 2.68mg/kg；兔经皮 LD_{50} 3.4g/kg；大鼠吸入4h LC_{50} 26.36g/kg。吸入蒸气后可出现黏膜刺激和麻醉现象，皮肤多次接触可导致出血和坏死。

职业危害

对眼镜、皮肤、黏膜和上呼吸道有刺激作用。主要症状为眼、鼻、喉部刺激，头痛、眩晕、嗜睡和胃肠功能紊乱。在较高浓度吸入可能对听力和听神经损害。

应急处理

对症处理。皮肤接触者应脱去被污染的衣服，用肥皂水和清水彻底冲洗皮肤。眼睛接触者立即提起眼睑，用大量流动清水或生理盐水彻底冲洗至少15min。口服中毒者立即就医彻底洗胃。吸入者迅速脱离现场至空气新鲜处，保持呼吸道通畅。如呼吸困难，给予输氧。如果呼吸停止，立即进行人工呼吸。

防护措施

制造和应用正丁醇的生产过程应密闭，定期进行设备检修，杜绝跑、冒、滴、漏。在包装盒运输时，要防止容器破裂或物品泄漏。在生产中尽量使用低毒、无毒的溶剂替代正丁醇。加强个体防护，在高浓度环境中佩戴自吸过滤式防毒面具（半面罩），戴安全防护眼镜，穿防静电工作服，戴一般作业防护手套。

职业接触限值

中　　国：OELs：　　*PC*－*TWA*　100 mg/m³
美　　国：ACGIH TLVs：　*TWA*　20ppm（60mg/m³）
　　　　　OSHA PEL：　*TWA*　100ppm（300mg/m³）
　　　　　NIOSH REL：　*C*　50ppm（150mg/m³）；皮
　　　　　IDLH　1400ppm

【仲丁醇】

英 文 名：*sec*－Butyl alcohol
别　　名：第二丁醇；甲基乙基甲醇
分 子 式：$CH_3CH_2OHCH_2CH_3$
CAS　号：78－92－2

理化性质

相对密度：0.81（液体），2.55（气体）　　闪　　点：24℃（闭杯）
熔　　点：－114.7℃　　爆炸极限：1.7%～9.8%（体积）
沸　　点：100℃　　自 燃 点：406℃
饱和蒸气压：1.33kPa（20℃）

无色液体，有较强酒味。适度溶于水，与乙醇、乙醚混溶。其蒸气与空气形成爆炸性混合物。

接触机会

用于制造甲乙酮，合成香精、染料等的原料，也用作溶剂。

毒性

属低毒类。LD_{50}为6480mg/kg（大鼠经口）。

职业危害

其蒸气或烟雾对眼睛、皮肤、黏膜和上呼吸道有刺激作用。主要表现可有眼睛损伤、头痛、恶心、眩晕。

应急处理

同正丁醇。

防护措施

生产过程密闭，全面通风，提供安全淋浴和洗眼设备。空气中浓度过高时，应佩戴防毒面具，戴安全防护眼镜，穿工作服，戴防护手套。工作现场严禁吸烟。保持良好的卫生习惯。

职业接触限值

中国未制订职业接触限值。

美　国：ACGIH TLVs：　*TWA*　100ppm（305mg/m³）
　　　　OSHA PEL：　*TWA*　150ppm（450mg/m³）
　　　　NIOSH REL：　*TWA*　100ppm（305mg/m³）；*STEL*　150ppm（450mg/m³）
　　　　IDLH　2000ppm

【叔丁醇】

英 文 名：tert - Butyl alcohol

别　　名：第三丁醇

分 子 式：$(CH_3)_3COH$

CAS 号：75 - 65 - 0

理化性质

相对密度：0.8（液体），2.55（气体）　　闪　　点：11℃（闭杯）

熔　　点：25.3℃　　爆炸极限：2.3%～8.0%（体积）

沸　　点：82.8℃　　自 燃 点：470℃

蒸 气 压：4.1kPa（20℃）

无色液体或结晶，有樟脑味。有少量水存在时变为液体。能与水按任何比例混溶，与水形成恒沸点混和物（21.76%），难以脱水，与乙醇和乙醚混溶。

接触机会

用作提高汽油辛烷值的添加剂，同时也是防冻剂。用于制造变性酒精、香料、果子精，也用作涂料溶剂等。

毒性

属低毒类。大鼠 LD_{50} 为 2734mg/kg（经口）；大鼠 LC_{50} > 10000ppm（4h，吸入）；家兔 LD_{50} > 2g/kg（经皮）。

职业危害

吸入较高浓度蒸气后，可引起不同程度的眼、鼻、咽喉刺激症状和头痛、眩晕、嗜睡等中枢神经系统抑制症状。皮肤接触后，局部出现轻度充血和红斑。

应急处理

吸入时，迅速脱离现场至空气新鲜处。保持呼吸道通畅。如呼吸困难，给吸氧。呼吸、心跳停止，立即进行心肺复苏术。就医。皮肤污染时，应立即脱去污染衣物，用流动清水彻底冲洗。眼睛接触时，立即提起眼睑，用流动清水或生理盐水彻底冲洗。误服后，尽量饮水，给服活性炭悬液，忌药物催吐。

防护措施

同正丁醇。

职业接触限值

中国未制订职业接触限值。

美　国：ACGIH TLVs：*TWA*　100ppm（300mg/m^3）；A4

OSHA PEL：*TWA*　100ppm（300mg/m^3）

NIOSH REL：*TWA*　100ppm（300mg/m^3）；*STEL*　150ppm（455mg/m^3）

IDLH　1600ppm

【异丁醇】

英 文 名：Isobutyl alcohol

分 子 式：$(CH_3)_2CHCH_2OH$

CAS　号：78－83－1

理化性质

相对密度：0.82　　沸　点：108.3℃

熔　点：－108℃

接触机会

用作酯类的溶剂，也用于香料和香精的制备、成型剂、清洁剂、调味品和作防腐剂等。

毒性

属低毒类。可经消化道、呼吸道以及皮肤吸收。大鼠经口 LD_{50} 为2.46g/kg；兔经皮 LD_{50} 为3.4g/kg。对眼睛和咽喉有刺激作用，大量时可有麻醉作用。

职业危害

接触较高浓度后，对黏膜、上呼吸道、眼睛和皮肤有强烈的刺激性，角膜表层形成空泡。吸入后，可因喉及支气管的痉挛、炎症、水肿、化学性肺炎或肺水肿而致死。接触后引起灼感、咳嗽、喘息、喉炎、气短、头疼、恶心、呕吐。污染皮肤后，局部出现轻度充血和红斑。口服后可出现中枢神经系统抑制和胃肠道症状。

应急处理

对症处理。皮肤接触者应立即脱去被污染的衣服，用肥皂水和清水彻底冲洗皮肤。眼睛接触者立即提起眼睑，用大量流动清水或生理盐水彻底冲洗至少15min。吸入者迅速脱离现场至空气新鲜处，保持呼吸道通畅。呼吸困难者给予吸氧。如呼吸停止，立即进行人工呼吸。口服中毒者，立即就医，彻底洗胃。

防护措施

可能接触其蒸气时，建议佩戴过滤式防毒面具(半面罩)，戴化学安全防护眼镜，穿防酸碱工作服，戴橡胶手套。

职业接触限值

中国未制订职业接触限值。

美　国：ACGIH TLVs：*TWA*　50ppm（150mg/m^3）

OSHA PEL：*TWA*　100ppm（300mg/m^3）

NIOSH REL：*TWA*　50ppm（150mg/m^3）

IDLH　1600ppm

【正辛醇】

英 文 名：*n* – Octyl alcohol；primary

相对分子质量：130.23

分 子 式：$CH_3(CH_2)_6CH_2OH$

CAS 号：111 – 87 – 5

理化性质

相对密度：0.83(液体)，4.48(气体)　　闪　点：81℃(闭杯)

熔　点：–16.7℃　　爆炸极限：0.2% ~30%(体积)

沸　点：196℃　　自 燃 点：253℃

蒸 气 压：0.13kPa(54℃)

无色液体，带有强烈芳香气味。能与乙醇、氯仿和矿物油混溶，不与水、丙三醇混溶。易燃。

接触机会

用于制作香精、化妆品，并用作溶剂、增塑剂、防冻剂、润滑剂添加剂等。

毒性

属低毒类。LD_{50}为1790mg/kg(小鼠经口)。

职业危害

对眼睛、黏膜、皮肤和上呼吸道有刺激作用，并能引起皮肤过敏反应。

应急处理

对症处理。皮肤接触，脱去污染的衣着，用肥皂水及清水彻底冲洗；眼睛接触时，立即翻开眼睑，用流动清水冲洗。就医。吸入时，应迅速脱离现场至空气新鲜处，必要时就医。误服者应立即漱口，饮足量水，催吐，就医。

防护措施

正辛醇的生产应密闭操作，需提供良好的自然通风条件。在高浓度环境中佩戴供气式呼吸器或自给式呼吸器。一般不需要特殊防护，穿工作服。在工作现场严禁吸烟。避免高浓度吸入。进入罐区或其他高浓度区作业，须有人监护。

职业接触限值

中国未制订职业接触限值。

【仲辛醇】

英 文 名：*sec* – *n* – Octyl alcohol

别　名：2 – 辛醇(2 – *n* – Octanol；Methyl hexyl carbinol)

分 子 式：$CH_3(CH_2)_5CHOHCH_3$

CAS 号：6169 – 06 – 8

理化性质

相对密度：0.825(液体)　　熔　点：–38.℃

4.48(气体)　　沸　点：178 ~179℃

蒸 气 压：0.133kPa(32.8℃)　　闪　点：71℃

无色油状液体，有特殊的气味。能与乙醇、乙醚和氯仿混溶，微溶于水。易燃。

接触机会

用于制漆、搪瓷、香料、有机合成和抗泡沫剂。

毒性

属低毒类。LD_{50}为4000 mg/kg(小鼠经口)；LC_{50} >3200 mg/kg(大鼠经口)。

职业危害

对眼睛有强烈刺激作用，对皮肤有刺激作用。长时间接触，可引起头痛、头晕、恶心。

应急处理

皮肤接触时，脱去污染的衣着，用大量流动清水冲洗。眼睛接触，立即提起眼睑，用大量流动清水或生理盐水彻底冲洗至少15min。就医。吸入后脱离现场至空气新鲜处。如呼吸困难，给输氧。就医。误服者，饮足量温水，催吐。就医。

防护措施

密闭操作。提供良好的自然通风条件。

呼吸系统防护：空气中浓度较高时，必须佩戴自吸过滤式防毒面具(全面罩)。紧急事态抢救或撤离时，应该佩戴空气呼吸器。

眼睛防护：呼吸系统防护中已作防护。

身体防护：穿胶布防毒衣。

手 防 护：戴橡胶手套。

其　　他：工作现场严禁吸烟。

职业接触限值

中国未制订职业接触限值。

【异辛醇】

英 文 名：*iso* – Octyl alcohol

别　　名：2 – 乙基已醇；2 – 乙基 – 1 – 已醇(*iso* – Octanol；2 – Ethyl – 1 – hexanol)

分 子 式：$C_7H_{15}CH_2OH$

CAS　号：26952 – 21 – 6

理化性质

相对密度：0.83(液体)　　闪　点：82.2℃(开杯)

熔　　点：–76℃　　爆炸极限：0.9% ~5.7%(体积)

沸　　点：185 ~189℃　　自 燃 点：277℃

蒸 气 压：6.21kPa(20℃)

澄清液体，易燃，碳八醇的混合物。

接触机会

主要用于聚氯乙烯增塑剂的原料。

毒性

属低毒类。大鼠吸入饱和蒸气1g/m^3，每日6h，历时13日，未见毒性反应。大鼠经

口 LD_{50} 为 1.48g/kg。

职业危害

摄入、吸入或经皮肤吸收后对身体有害。对眼睛有强烈刺激作用，可致眼睛损害；可引起皮肤的过敏反应。

应急处理

眼睛接触，提起眼睑，用流动清水或生理盐水冲洗。就医。皮肤接触，脱去污染的衣着，用肥皂水及清水彻底冲洗。吸入时，迅速脱离现场至空气新鲜处，保持呼吸道通畅。保暖并休息。呼吸困难时给输氧。呼吸停止时，立即进行人工呼吸。就医。误服者立即漱口，饮足量温水，催吐。

防护措施

呼吸系统防护：空气中浓度较高时，必须佩戴自吸过滤式防毒面具。紧急事态抢救或撤离时，应该佩戴空气呼吸器。

眼睛防护：呼吸系统防护中已作防护。

身体防护：穿胶布防毒衣。

手 防 护：戴橡胶手套。

其　 他：工作现场严禁吸烟。

职业接触限值

中国未制订职业接触限值。

美　 国：ACGIH TLVs：*TWA*　50ppm

【乙二醇】

英 文 名：Ethylene glycol(EG)

别　 名：甘醇

相对分子质量：62.07

分 子 式：CH_2OHCH_2OH

CAS 号：107－21－1

理化性质

相对密度：1.11(液体)，2.14(气体)　　闪　 点：111.11℃(闭杯)

熔　 点：－13.2℃　　爆炸极限：3.2%～15.3%(体积)

沸　 点：197.5℃　　自 燃 点：405℃

蒸 气 压：6.21kPa (20℃)

无色、无臭具有甜味的黏稠液体。吸湿性强，挥发度低，能与水、乙醇和醚混溶，能降低水的冰点。

接触机会

乙二醇是重要的石油化工基础有机原料，在有机化合物合成、制造某些食品、化妆品、药物及在纺织、橡胶及塑料等工业中生产或使用这些物质的现场可接触乙二醇。另外，可用作色素、油漆、树脂、墨水、塑料等的溶剂及作切削油及抗冻液。因此，染料生产者、染工和印刷工人接触的机会较大。

毒性

属低毒类。大剂量乙二醇早期引起中枢神经系统抑制，后期影响肾脏。

乙二醇通过呼吸道和消化道吸收，经体内氧化，大部分形成水和二氧化碳排出体外。剂量增大时，大部分以原形由尿排出。有人认为乙二醇的毒性是乙二醇本身和其中间代谢产物乙醇醛、乙醇酸等共同引起的，并有人认为主要是草酸引起的。大鼠经口 LD_{50} 为 5.5～8.54 mL/kg，而人类最敏感，人的一次口服致死量约为 1.4mL/kg，总量为 80～100g。乙二醇挥发不大，吸入中毒不多见。乙二醇(EG)、对苯二甲酸(TPA)能对大鼠肾脏功能产生影响，不但影响肾小管功能，而且影响肾小球功能，在一定剂量下两者对肾脏毒性存在联合作用，表现为联合增强作用。EG 的代谢物草酸钙结晶阻塞肾小管以及其他酸类代谢产物对肾小管上皮细胞的直接毒性导致了肾小管结构和功能的改变，并进一步发展到肾间质和肾小球结构病变，而联合染毒引起肾组织草酸钙结晶沉积增多，提示 TPA 可能影响 EG 体内代谢，生成过多毒性更大的代谢物，与两者联合肾脏毒性机制有关。

职业危害

吸入中毒时表现为反复发作性昏厥，每次发作 5～10min 后很快恢复。可有眼球震颤，淋巴细胞增多现象。

口服在临床上可分三期：(1)酩酊期，表现如酒精中毒；(2)第二期，除酩酊外，伴有草酸早期中毒表现，尿比重低，常含蛋白和草酸盐结晶，低血钙所致肌肉抽搐、痉挛等；(3)终末期，呈现精神障碍、括约肌失禁、昏迷、肺水肿、明显青紫、蛋白尿、血尿、尿中有草酸盐结晶、少尿，出现肾功能衰竭等，恢复后可能残留中枢神经系统的损害。

应急处理

皮肤接触：脱去被污染的衣服，用大量流动的清水充分冲洗。

眼睛接触：用流动清水或生理盐水冲洗眼睑。

吸入：迅速脱离现场至空气新鲜处，保持呼吸道通畅。如呼吸困难，及时输氧。如呼吸停止，立即进行人工呼吸并立即送入医院抢救。

误服者饮足量温水，并催吐。及时就医洗胃和导泻。

防护措施

密闭操作，提供良好的自然通风条件。操作人员必须经过专门培训，并严格遵守操作规程；操作人员佩戴防化学品手套、自吸过滤防毒面具和化学安全防护眼镜；操作后或下班前彻底清洗全身；勿在操作环境中饮食和吸烟；加强健康教育，操作现场悬挂毒物信息周知卡；定期检测生产环境中乙二醇的浓度并对接触人员进行健康监护。

职业接触限值

中　国：OELs：*PC－TWA*　20mg/m³；*PC－STEL*　40mg/m³

美　国：ACGH TLVs：*C*　100mg/m³

【丙二醇】

英 文 名：1，2－Propylene glycol

别　　名：α－丙二醇（1，2－Dihydroxypropane；1，2－Propanediol；Methylene glycol；Methylglycol）

相对分子质量：76.09

分 子 式：$CH_3CHOHCH_2OH$

CAS 号：57－55－6

理化性质

相对密度：1.04（液体），2.62（气体）　闪 点：99℃

熔 点：－59℃　爆炸极限：2.6%～12.6%（体积）

沸 点：187.3℃　自 燃 点：415℃

蒸 气 压：20Pa（25℃）

无色黏稠、稳定、吸湿的液体，几乎无臭无味。与水、乙醇和许多有机溶剂混溶。易燃。与酸反应能生成酯，与烷基硫酸酯或卤代烃反应能生成醚，是油脂、石蜡、树脂、染料和香料的溶剂。

接触机会

在作防冻剂、溶剂、增塑剂和树脂生产过程中可接触本品。

毒性

属微毒类。主要经消化道吸收，也可经呼吸道和皮肤吸收。大鼠经口 LD_{50} 20mg/kg；小鼠经口 LD_{50} 22mg/kg；兔经皮 LD_{50} 20800mg/kg。在动物中可能有生殖毒性与致畸胎作用，但未见致突变与致癌作用。

职业危害

皮肤接触可引起脱水和刺激症状。静脉内快速注射引起溶血，出现血红蛋白尿，并有中枢神经系统抑制症状。

应急处理

同乙二醇。

防护措施

密闭操作，提供良好的自然通风条件。操作人员必须经过专门培训，并严格遵守操作规程；操作人员佩戴防化学品手套、自吸过滤防毒面具和化学安全防护眼镜；操作后或下班前彻底清洗全身；勿在操作环境中饮食和吸烟；加强健康教育，操作现场悬挂毒物信息周知卡；定期检测生产环境中丙二醇的浓度并对接触人员进行健康监护。

职业接触限值

中国未制订职业接触限值。

【1,3－丙二醇】

英 文 名：1，3－Propanediol；Trimethylene glycol；1，3－Propylene glycol

分 子 式：$CH_2OHCH_2CH_2OH$

CAS 号：504－63－2

理化性质

相对密度：1.0537（液体），2.6（气体）　闪 点：79℃

熔 点：－32℃　自 燃 点：400℃

沸 点：210～211℃，214℃分解

无色无臭液体。溶于水、乙醇和乙醚。可燃。

接触机会

在用作溶剂以及在有机合成中可接触本品。

毒性

属微毒类。1，3－丙二醇的毒性约为1，2－丙二醇的2倍。在体内氧化生成丙二酸等，再形成不溶性钙盐，抑制丁二醇脱氢酶，毒性较大，可能与此作用有关。但应用中未见对人有不良作用。经口 LD_{50} 大鼠为16.08g/kg，小鼠为6.5g/kg。

应急处理

同乙二醇。

防护措施

同乙二醇。

职业接触限值

中国未制订职业接触限值。

【1,2－丁二醇】

英 文 名：1，2－Butylene glycol

相对分子质量：90.12

分 子 式：$HOCH_2CH(OH)CH_2CH_3$

CAS 号：584－03－2

理化性质

相对密度：1.01（液体），3.1（气体）　　蒸 气 压：10Pa（20℃）

熔　　点：－114℃　　闪　　点：90℃（开杯）

沸　　点：194℃

无色、黏胶状液体。易溶于水和乙醇。

接触机会

在聚酯树脂合成的过程中可接触本品。

毒性

属微毒类。主要经消化道吸收。大鼠经口 LD_{50} 为16g/kg。目前未见人类中毒病例报道。

应急处理

同乙二醇。

防护措施

同乙二醇。

职业接触限值

中国未制订职业接触限值。

【1,3－丁二醇】

英 文 名：1，3－Butylene glycol

分 子 式：$HOCH_2CH_2CH(OH)CH_3$

CAS 号：107－88－0

理化性质

相对密度：1.0（液体），3.2（气体）　闪　点：121.11℃（开杯）

熔　点：<－50℃　爆炸极限：1.9%（下限，体积）

沸　点：207.5℃　自燃点：394℃

蒸气压：8Pa（20℃）

无色黏稠性液体，有吸湿性，溶于水和乙醇，微溶于乙醚。脱水生成丁二烯。

接触机会

在聚酯树脂合成过程中可接触到本品。

毒性

属微毒类。主要经消化道吸收。大鼠经口 LD_{50} 为 18.61g/kg；小鼠经口 LD_{50} 为 12.98g/kg；兔经皮 LD_{50} >20mg/kg。目前未见人类中毒病例报道。

职业危害

对人和皮肤无刺激作用。在生产环境中的蒸气实际上没有危险。

应急处理

同乙二醇。

防护措施

同乙二醇。

职业接触限值

中国未制订职业接触限值。

【1,4－丁二醇】

英文名：1，4－Butylene glycol

分子式：$HOCH_2CH_2CH_2CH_2OH$

CAS 号：110－63－4

理化性质

相对密度：1.02（液体），3.1（气体）　蒸气压：133Pa（38℃）

熔　点：16℃　闪　点：121℃（开杯）

沸　点：230℃　自燃点：370℃

无色油状液体。有吸湿性，与水混溶，溶于乙醇，微溶于乙醚。

接触机会

在聚酯树脂合成过程中接触本品。

毒性

属低毒类。主要经消化道吸收。大鼠经口 LD_{50} 为 1.525g/kg；小鼠经口 LD_{50} 为 2.062g/kg。

职业危害

未稀释的本品对人的皮肤微有刺激作用。误服1，4－丁二醇15g 及30g 灌肠而发生严重中毒，10～30min 后意识丧失、瞳孔收缩、反射消失而死亡。1，4－丁二醇中毒尚可引起肾脏损害。

应急处理

同乙二醇。

防护措施

同乙二醇。

职业接触限值

中国未制订职业接触限值。

【2,3－丁二醇】

英 文 名：2，3－Butylene glycol

别　　名：丁二仲醇（2，3－Butanediol）

分 子 式：$CH_3CHOHCHOHCH_3$

CAS　号：513－85－9

理化性质

相对密度：1.045（液体），3.1（气体）　蒸 气 压：0.0226kPa（20℃）

熔　　点：23～27℃　闪　　点：85℃

沸　　点：179～182℃　自 燃 点：402.2℃

无色液体。溶于乙醇和乙醚，与水混溶。

接触机会

在树脂制备和溶剂使用过程中接触本品。

毒性

属微毒类。主要为消化道吸收。大鼠经口 LD_{50} 为 9.08g/kg；小鼠腹腔注射 LD_{50} 为 6.075g/kg。

职业危害

在生产环境中，本品蒸气对人没有危险。

应急处理

同乙二醇。

防护措施

同乙二醇。

职业接触限值

中国未制订职业接触限值。

【异丙醇】

英 文 名：Propyl alcohol

别　　名：二甲基原醇（IPA，Dimethylcarbinol；*sec*－Propyl alcohol；Isopropanol；2－Propanol）

相对分子质量：60.10

分 子 式：$(CH_3)_2CHOH$

CAS　号：67－63－0

理化性质

相对密度：0.79（液体），2.07（气体） 闪 点：11.7℃

熔 点：-86℃ 爆炸极限：2%～12%（体积）

沸 点：82.4℃ 自 燃 点：453℃

蒸 气 压：4.40kPa（20℃）

无色液体。有乙醇气味，溶于水、乙醇和乙醚。其蒸气与空气形成爆炸性混合物，与水能形成共沸物。

接触机会

异丙醇是重要的化工产品和原料，主要用于制药、化妆品、塑料、香料、涂料及电子工业上用作脱水剂及清洗剂。

毒性

属微毒类。毒性及麻醉作用较乙醇大，对眼及呼吸道黏膜有刺激作用。动物吸入蒸气后有运动失调、衰竭、深度麻醉。有人认为可损伤视网膜及视神经。

本品在脂肪中溶解度大于乙醇，但氧化速度为乙醇的1/2，所以体内含量也高。

大鼠经口LD_{50}为5.84g/kg，LC_{50}为29.4g/m^3（8h）。兔经皮LD_{50}为12.9g/kg（24h）。

职业危害

环境中浓度980mg/m^{3}时，3～5min引起眼、鼻、喉轻度刺激，自述眼痛、流泪、畏光，偶有严重者见结膜炎及视神经炎征象。

皮肤接触，少数人可产生接触性皮炎。有因涂擦以异丙醇为基质的软膏而引起异丙醇致死性中毒和以本品擦身而致病儿吸入性急性中毒的报道。

误服后可引起流涎、面红、胃黏膜刺激、呕吐、头痛、低血压、昏迷和休克等症状，有饮用0.4L而引起死亡的病例。生产条件下中毒事例未见报道。本品的嗅觉阈为490mg/m^3。

应急处理

同甲醇。

防护措施

同甲醇。

职业接触限值

中 国：OELs： *PC-TWA* 350mg/m^3；*PC-STEL* 700mg/m^3

美 国：ACGIH TLVs：*TWA* 200ppm；*STEL* 400ppm；A4

OSHA PEL： *TWA* 400ppm（980mg/m^3）

NIOSH REL： *TWA* 400ppm（980mg/m^3）；*STEL* 500ppm（1225mg/m^3）

IDLH 2000ppm

【丙烯醇】

英 文 名：Allyl alcohol

别 名：烯丙醇；乙烯甲醇；蒜醇（2-Propen-1-ol；Propenyl alcohol）

相对分子质量：58.08

分 子 式：$H_2C=CHCH_2OH$

CAS　号：107－18－6

理化性质

相对密度：0.85（液体），2.0（气体）　闪　　点：21℃（闭杯）

熔　　点：－129℃　爆炸极限：2.5%～18%（体积）

沸　　点：96.9℃　自 燃 点：375℃

蒸 气 压：2.5kPa（20℃）

无色具有像芥子气味的液体。与水、乙醇、氯仿、乙醚混溶。

接触机会

丙烯醇主要用于制作甘油、中间体、增塑剂、树脂、农药、医药、香料等。

毒性

属中等毒类。对鼻、眼黏膜有强烈的刺激作用，有较强的全身毒性，麻醉作用微弱，容易经皮肤吸收引起全身中毒，而皮肤仅呈轻度变化。可引起中枢神经系统和肝脏的损害。较大剂量可抑制动物血清中过氧化氢酶、过氧化物酶及转氨酶的活性，血清中各种蛋白正常比例失调，糖代谢紊乱，肝中有营养障碍性变化。实验动物主要死亡原因可能是呼吸和血管运动中枢受抑制及血压降低引致的心血管功能衰竭。大鼠经口 LD_{50} 为 99 mg/kg，吸入 LC_{50} 为 0.39g/m^3 ×4h。

职业危害

空气中浓度较低时，眼刺激症状可有一定潜伏期，严重时可致急性结膜炎、明显羞明和眼调节障碍，同时伴全身不适；可发生浅表性点状角膜炎，角膜迟发性坏死。眼沾染本品后可引起严重化学灼伤。

皮肤接触丙烯醇后，经 1h 或更长潜伏期后感觉疼痛，1 天后发生水泡。接触丙烯树脂的工人可患皮炎，为完全聚合好的树脂作用更甚。

饮入 30mL，1.5h 后出现窒息，肺充血水肿、胃黏膜发绀、出血死亡。本品嗅觉阈为 3mg/m^3，鼻刺激阈 <1.85mg/m^3，轻度眼刺激为 14.81mg/m^3。

应急处理

同甲醇。

防护措施

(1)本品的使用及丙烯树脂的制造、卸料、包装，要注意密闭和用有效的局部抽风装置。

(2)加强个人防护，使用不透性手套、袖套、围裙，戴有紧贴边框的防护眼镜，浓度高时使用过滤式防毒面具。

其他同甲醇。

职业接触限值

中　　国：OELs：　*PC－TWA*　2mg/m^3；*PC－STEL*　3mg/m^3；皮

美　　国：ACGIH TLVs：TWA　0.5ppm；皮，A4

OSHA PEL：　*TWA*　2ppm（5mg/m^3）；皮

NIOSH REL：*TWA*　2ppm（5mg/m^3）；STEL：4ppm（10mg/m^3）；皮

IDLH　20ppm

【2－乙基丁醇】

英 文 名：2－Ethylbutyl alcohol

别　　名：异己醇

相对分子质量：102.18

分 子 式：$CH_3CH_2CH(C_2H_5)CH_2OH$

CAS　号：97－95－0

理化性质

相对密度：0.8328（液体），3.4（气体）　　蒸 气 压：0.12kPa

熔　　点：－114℃　　闪　　点：58.3℃

沸　　点：148.9℃

无色液体。能与大多数有机溶剂混溶，微溶于水。

接触机会

2－乙基丁醇主要用作硝基喷漆和合成树脂清漆的助溶剂和稀释剂，以及印刷油墨的溶剂，还用于香料、表面活性剂、增塑剂和润滑油添加剂的合成。

毒性

属低毒类。本品经口给兔，其中40%以葡萄糖醛酸甙的形式，另有少量以甲基正丙酮形式从兔尿中排出。大鼠浓蒸气吸入8h，全部存活。兔经皮 LD_{50} 为1.26ml/kg，24h，可见毛细血管充血。大鼠经口 LD_{50} 为1.85g/kg。

职业危害

吸入、摄入或经皮肤吸收，对机体可能有害。对皮肤有刺激性。对眼有强烈刺激作用，接触后引起眼损害。未见职业性中毒报道。

应急处理

同甲醇。

防护措施

完善、严格执行保管制度，制造和应用2－乙基丁醇的生产过程应密闭，定期进行设备检修，杜绝跑、冒、滴、漏。在包装盒运输时，要防止容器破裂或物品泄漏。加强个体防护，完善防护措施，提高防护意识。高浓度环境中，应该佩戴防毒面具，戴安全防护眼镜，穿工作服，保持良好的卫生习惯。

职业接触限值

中国未制订职业接触限值。

【季戊四醇】

英 文 名：Pentacrythritol；PE；Tetramethylolmethane；Monopentacrythritol

$$HOH_2C-\underset{CH_2OH}{\overset{CH_2OH}{C}}-CH_2OH$$

相对分子质量：136.15

分 子 式：$C_5H_{12}O_4$

CAS　号：115－77－5

理化性质

相对密度：1.399　　沸　　点：276℃（3.999kPa）

熔　　点：262℃

白色或淡黄色结晶粉末。溶于水（1g/18mL，15℃），微溶于乙醇，不溶于苯、石油醚和乙醇，在稀碱溶液中稳定，与有机酸反应生成酯。易燃。

接触机会

季戊四醇主要用于制涂料、聚季戊四醇树脂和太安炸药等。

毒性

属微毒类。有麻醉作用，可使肝脏发生营养障碍性变化。经口剂量稍高时能引起腹泻。人服用后多以原形排出，在体内代谢的少于15%。无吸入毒性资料。对皮肤未见刺激。

小鼠经口LD_{50}为25.5g/kg，大鼠为5g/kg。兔以饱和水溶液经皮试验，10日未见明显刺激。

职业危害

人服用本品后，血糖随剂量增加而轻度增高，服用停止，恢复正常。大剂量摄入可引起腹泻。未见有皮肤刺激作用；对眼基本无刺激性。

应急处理

同甲醇。

防护措施

同甲醇。

职业接触限值

中国未制订职业接触限值。

美　国：ACGIH TLVs：　*TWA*　10mg/m^3

OSHA PEL：　*TWA*　15 mg/m^3（总计）；5 mg/m^3（可吸入部分）

NIOSH REL：　*TWA*　10mg/m^3（总计）；5 mg/m^3（可吸入部分）

【二甘醇】

英 文 名：Diglycol

别　　名：DEG 双甘醇；一缩二乙二醇（Diethylene glycol）

相对分子质量：106.12

分 子 式：$CH_2OHCH_2OCH_2CH_2OH$

CAS　号：111-46-6

理化性质

相对密度：1.12（液体），3.66（气体）　　闪　点：124℃（闭杯）

熔　点：-8.0℃　　爆炸极限：1.8%~12.2%（体积）

沸　点：245℃　　自 燃 点：229℃

蒸 气 压：1.33Pa（20℃）

无色、无臭、黏稠液体。有吸湿性，无腐蚀性。与酸酐作用时生成酯，与烷基硫酸酯或卤代烃作用时生成醚。能与乙醇、乙醚、丙酮混溶，易溶于苯及四氯化碳。

接触机会

二甘醇主要可用作各种用途的溶剂、天然气脱水干燥剂、芳烃分离萃取剂、纺织品润滑剂、软化剂、整理剂，以及硝酸纤维素、树脂、油脂和印刷油墨等溶剂，也用作刹车液、压缩机润滑油中的防冻剂组分，还可用于配制清洗剂，并在油墨等其他日用化学品中作分散性溶剂。

毒性

属微毒类。二甘醇毒性与乙二醇相似，但较弱。对中枢神经系统有抑制作用，可引起肝、肾损害及尿路结石等。经口进入，对胃和小肠有刺激作用。慢性中毒时可见肝肿大及病理改变。兔可经皮吸收中毒，但对皮肤无明显刺激。

有人认为部分二甘醇在体内代谢产生草酸，动物长期喂饲，膀胱中有草酸盐结石，尿中出现透明管型。经口 LD_{50}大鼠为14.8mL/kg，小鼠为23.7mL/kg。

职业危害

因室温下蒸发量较小，未见生产性中毒报道。与芳香烃可能有联合作用。对人的皮肤黏膜稍有刺激。

口服后24h发生胃肠道症状，如恶心、呕吐、腹痛、腹泻等。重者有头痛、肾区疼痛、一时性多尿，然后少尿、轻度面部浮肿等。部分患者有轻度黄疸。尿含蛋白、管型，偶见白细胞。主要损害在肝、肾。一次口服致死量为1mL/kg。

应急处理

食入：漱口，用水冲服活性炭，给予医疗护理。如果无医务人员且病人清醒，饮用含酒精饮料可以防止肾衰竭。

其他见甲醇。

防护措施

同甲醇。

职业接触限值

中国未制订职业接触限值。

【三甘醇】

英 文 名：Triethylene glycol

别　　名：三乙二醇(TEG)

相对分子质量：150.17

分 子 式：$HO(C_2H_4O)_3H$

CAS 号：112-27-6

理化性质

相对密度：1.1(液体)，5.2(气体)　　闪　　点：165℃

熔　　点：-7℃　　爆炸极限：0.9%~9.2%(体积)

沸　　点：285℃　　自 燃 点：371℃

蒸 气 压：1.33Pa(20℃)

无色、无臭、有吸湿性的黏稠液体。溶于水，难溶于苯、甲苯和汽油。易燃。

接触机会

三甘醇主要用作天然气、油田伴生气和二氧化碳的优良脱水剂；用作硝酸纤维素、橡胶、树脂、油脂、油漆、农药等的溶剂；聚氯乙烯、聚醋酸乙烯树脂、玻璃纤维和石棉压制板的三甘醇脂类增塑剂等；烟草防干剂、纤维润滑剂和天然气的干燥剂等。

毒性

本品属微毒类。对皮肤刺激性小。小鼠经口 LD_{50} 为 20913mg/kg，大鼠为22060mg/kg，兔经口 LD_{50} 为 8.4mL/kg。蒸气吸入中毒可能性小。如出现症状可对症处理。

职业危害

长时间或反复接触可引起皮肤刺激和神经系统损伤。

应急处理

同甲醇。

防护措施

同甲醇

职业接触限值

中国未制订职业接触限值。

【氯乙醇】

英 文 名：Ethylene chlorohydrin

别　　名：2－氯乙醇(2－Chloroethyl alcohol；Glycol chlorohydrin)

相对分子质量：80.51

分 子 式：$ClCH_2CH_2OH$

CAS　 号：107－07－3

理化性质

相对密度：1.2(液体)，2.78(气体)

熔　　点：－67℃

沸　　点：128.7℃

蒸 气 压：0.65kPa(20℃)

闪　　点：60℃(闭杯)

爆炸极限：4.9%～15.9%(体积)

自 燃 点：425℃

无色、带有轻微醚样气味的液体。溶于多数有机溶剂，与水混溶。不易溶于烃类。

接触机会

氯乙醇在医药工业上用于合成磷酸、呋喃唑酮、维脑路通、咳必清、四咪唑、普鲁卡因等；在农药中用作 1059 杀虫剂的原料；可合成二氯乙烷缩架醛，是生产聚硫弹性体的原料之一；与乙炔反应可生成氯乙基乙烯基醚，是生成聚丙烯弹性体的原料等。

毒性

属中等毒类。可经呼吸道、皮肤、消化道进入机体。氯乙醇在肝内由于辅酶的作用转变为氯乙醛，故氯乙醇的毒作用主要是氯乙醛所致，可引起中毒性肝炎。大鼠吸入 LC_{50} 为 0.11g/ m^3(4h)。人吸入 1.0g/ m^3(2h)，感恶心、乏力，5h 后紫绀，9h 后死于呼吸衰竭。

职业危害

接触高浓度蒸气对眼和上呼吸道黏膜有刺激作用，吸入可致急性中毒，开始为头痛、头晕和消化道症状，以后可转入狂躁兴奋状态随即进入抑制及循环、呼吸衰竭而死亡。长期接触本品可有头痛、乏力、食欲不振、消瘦等症状。皮肤污染时，可出现红斑。

应急处理

同甲醇。

防护措施

同甲醇。

职业接触限值

中　　国：OELs：　MAC　$2mg/m^3$；皮

美　　国：ACGIH TLVs：　C　1ppm；皮

OSHA PEL：　TWA　5ppm（$16mg/m^3$）；皮

NIOSH REL：　C　1ppm（$3mg/m^3$）；皮

IDLH　7ppm

【甲醚】

英 文 名：Dimethyl ether；Methyl ether

别　　名：二甲醚

相对分子质量：46.07

分 子 式：CH_3OCH_3

CAS　号：115－10－6

理化性质

相对密度：1.617（气体）

0.661（液体，20℃）

熔　　点：－141.5℃

沸　　点：－23.7℃

饱和蒸气压：533.2 Pa（20℃）

闪　　点：－41.4℃

自 燃 点：350℃

无色可燃性气体或压缩液体，有乙醚气味。溶于水和乙醇，溶于有机溶剂。

接触机会

主要用作冷冻剂溶剂、气溶胶弥散剂和引擎发动剂。

毒性

易经呼吸道吸入，有轻度麻醉作用。对皮肤和呼吸道有轻微刺激作用。小鼠的麻醉浓度为$225.72g/m^3$，此时瞳孔散大，呼吸徐缓并逐渐停止。

人吸入$154.24g/m^3$（8.2%）30min后有轻度麻醉，$263.3g/m^3$（14%）23min后共济失调、感觉缺失，26min后麻醉。

职业危害

对中枢神经系统有抑制作用，麻醉作用弱。吸入后可引起麻醉、窒息感。对皮肤有刺激作用，引起发红、水肿、起疱。长期反复接触，可使皮肤敏感性增加。

应急处理

短时间大量接触发生中毒症状时，迅速脱离现场至空气新鲜处。经休息和对症处理后可恢复。如呼吸困难，给输氧。如呼吸停止，立即进行人工呼吸，就医。如皮肤接触，立即用大量清水冲洗。

泄漏时：迅速撤离泄漏污染区，至上风处。合理通风，加速扩散。

防护措施

在使用时，生产过程密闭，应有通风排气装置。

呼吸系统防护：空气中浓度较高时，可佩戴自吸过滤式防毒面具。

手 防 护：戴防化学品手套。

职业接触限值

中国未制订职业接触限值。

【乙醚】

英 文 名：Ethyl ether；Diethyl ether

别　　名：二乙醚

相对分子质量：74.12

分 子 式：$C_4H_{10}O$

CAS　号：60-29-7

理化性质

相对密度：0.7135(液体)　　　　闪　　点：-41℃，-45℃(闭式)

熔　　点：-116.2℃　　　　自 燃 点：180℃

沸　　点：34.5℃　　　　折 射 率：1.3526

饱和蒸气压：58.9kPa(20℃)

无色、极易挥发流动透明液体。难溶于水，易溶于乙醇、氯仿、苯等。能溶解脂肪、脂肪酸、蜡和大多数树脂。

接触机会

主要见于用乙醚作为蜡、脂肪、油、香料、生物碱和橡胶等溶剂的操作人员，以及用其作吸入性麻醉剂的麻醉医师和手术室医务人员。

毒性

乙醚主要作用于中枢神经系统，引起全身麻醉。对呼吸道有轻微刺激。经呼吸道吸入本品时，很快进入脑和脂肪组织中，各器官分布均匀，以脂肪及内分泌腺中含量最大，大部分乙醚(87%)未经变化从呼气中排出，部分形成 CO_2，尿中排出仅1%~2%。停止接触后，血中含量很快下降，但脂肪组织中仍保持较高的浓度。

人的麻醉浓度：3.6%~6.5%体积，约(109.08~196.5g/m^3)。7%~10%(体积)，约(212.1~303g/m^3)时可引起呼吸抑制；超过303g/m^3 就有生命危险。人嗅觉阈1mg/m^3。0.6g/m^3 时，3~5min后有鼻黏膜刺激。

职业危害

(1)急性毒性。早期有兴奋、欣快感，然后嗜眠、呕吐、脸色苍白、脉缓、体温下降、呼吸不规则。急性接触后的作用有头痛、恶心、食欲丧失、腰痛、全身疲乏、明显多汗、流涎等。可能会有支气管炎和肺炎。工业生产中急性中毒极为罕见。

(2)慢性长期吸入低浓度乙醚有食欲下降、恶心、偶有呕吐、便秘等消化道功能紊乱表现及头痛、眩晕、嗜睡，偶见失眠。检查可见有蛋白尿，红白细胞增多，但也有相反结果。反复接触，可产生耐受性。极少数病例可发生过敏。

(3)皮肤长期接触，可因脱脂而干燥以至皲裂。

应急处理

短时间大量接触发生中毒症状时，迅速脱离现场至空气新鲜处。一般经脱离接触现场，静卧休息和对症处理后可恢复。昏迷较深的病人，给予人工呼吸或机械辅助呼吸，吸氧，并可用中枢兴奋剂洛贝林或可拉明等。

防护措施

生产过程密闭，应有通风排气装置。大量乙醚逸出时，防毒同时还应注意防火、防爆。

职业接触限值

中　　国：OELs：　*PC－TWA*　300mg/m³；*PC－STEL*　500mg/m³

美　　国：ACGIH TLVs：*TWA*　400ppm；*STEL*　500ppm

OSHA PEL：*TWA*　400ppm（1200mg/m³）

IDLH　1900ppm

【异丙醚】

英 文 名：Isopropylether；Disopropy－1－ether；Diisopropyl oxide

别　　名：二异丙醚

相对分子质量：102.18

分 子 式：$C_6H_{14}O$

CAS 号：108－20－3

理化性质

相对密度：0.723(液体)，3.52(气体)　　闪　　点：－12℃

熔　　点：－85.9℃　　自 燃 点：443℃

沸　　点：68.5℃　　折 射 率：1.3678(23℃)

饱和蒸气压：19.99kPa(25℃)　　爆炸极限：1.1%～4.5%(体积)

16.00 kPa (20℃)

无色挥发液体，有乙醚气味，易燃，蒸气与空气形成爆炸性混合物，是动植物油脂、矿物油、蜡、树脂的良好溶剂。微溶于水，与许多有机溶剂混溶。

接触机会

见于制造异丙醚和用其作为矿物油、动植物脂肪、树胶和乙基纤维素的溶剂，烷化反应的中间体及航空汽油的添加剂等工业部门。

毒性

属微毒类。作用与乙醚相似，但麻醉作用与毒性比乙醚稍大。豚鼠、兔、猴在250g/m³ 浓度时，均因呼吸衰竭而死亡。125g/m³(3%)暴露1h时，表现为麻醉症状。41.66g/m³(1%)浓度反复吸入(20次)时，豚鼠、兔、猴体重减轻、血液发生变化。大鼠经口 LD_{50}为8.47g/kg。

异丙醚涂敷兔皮肤1h，无明显毒害，连续接触10日则引起皮炎，对兔的眼睛有刺激和轻度损害。兔经皮 LD_{50}为20g/kg。

本品在体内不代谢，吸入后大部分以未变化形式随呼气排出。

职业危害

蒸气或雾对眼睛、黏膜、皮肤和上呼吸道有刺激性。接触后能引起恶心、头痛、呕吐和麻醉作用。皮肤反复接触，可引起接触性皮炎。

因吸入异丙醚而产生中毒或死亡的危险要远小于其可燃性和爆炸性危险。人接触

1. 25g/m^3 时有不愉快味觉，可能与本品自唾液排出有关。高于此浓度时，3 ~ 5min 内，多数人有眼、鼻、喉刺激。

应急处理

皮肤接触：脱去污染的衣着，用肥皂水和清水彻底冲洗皮肤。

眼睛接触：提起眼睑，用流动清水或生理盐水冲洗。就医。

吸　　入：迅速脱离现场至空气新鲜处。保持呼吸道通畅。如呼吸困难，给输氧。如呼吸停止，立即进行人工呼吸。就医。

食　　入：饮足量温水，催吐。就医。

迅速撤离泄漏污染区人员至安全区，并进行隔离，严格限制出入。切断火源。建议应急处理人员戴自给正压式呼吸器，穿防静电工作服。尽可能切断泄漏源。防止流入下水道、排洪沟等限制性空间。

小量泄漏：用砂土或其他不燃材料吸附或吸收。也可以用不燃性分散剂制成的乳液刷洗，洗液稀释后放入废水系统。

大量泄漏：构筑围堤或挖坑收容。用泡沫覆盖，降低蒸气灾害。用防爆泵转移至槽车或专用收集器内，回收或运至废物处理场所处置。

防护措施

生产过程密闭，全面通风。提供安全淋浴和洗眼设备。

呼吸系统防护：应急处理时，佩戴自供正压式空气呼吸器。

眼睛防护：戴化学安全防护眼镜。

身体防护：穿防静电工作服。

手 防 护：戴橡胶耐油手套。

其　　他：工作现场禁止吸烟、进食和饮水。工作完毕，淋浴更衣。注意个人清洁卫生。

职业接触限值

中国未制订职业接触限值。

美　　国：ACGIH TLVs：　*TWA*　250ppm（1040mg/m^3）；*STEL*　310ppm（1300mg/m^3）
OSHA PEL：　*TWA*　500ppm（2100mg/m^3）
NIOSH REL：　*TWA*　500ppm（2100mg/m^3）
IDLH　1400ppm

【甲基丁基醚】

英 文 名：Methylbutylether

别　　名：甲丁醚；甲氧基丁烷

相对分子质量：88. 15

分 子 式：$CH_3OC_4H_9$

CAS 号：628 - 28 - 4

理化性质

相对密度：0. 744(液体)　　　　沸　　点：71℃

熔　　点：-115. 5℃　　　　闪　　点：-10℃

无色液体，不溶于水，能与乙醇、乙醚混合。

接触机会

用作溶剂、麻醉剂，并用于有机合成。

职业危害

吸入、摄入后对身体有害，可引起刺激作用。

应急处理

皮肤接触：脱去污染的衣着，用肥皂水及清水彻底冲洗；眼睛接触：立即翻开上下眼睑，用流动水冲洗，就医；吸入后，迅速脱离现场至空气新鲜处，必要时就医；误服者立即漱口，饮足量温水，催吐，就医。

防护措施

生产过程密闭，全面通风。环境中浓度高时，佩戴防毒面具，戴化学安全防护眼镜，穿防静电工作服，必要时戴防化学手套。工作现场严禁吸烟。工作后，淋浴更衣。

职业接触限值

中国未制订职业接触限值。

【甲基特丁基醚】

英 文 名：Methyl－tertbutyl－ether

别　　名：甲基叔丁基醚；叔丁基甲醚；MTBE

相对分子质量：88.15

分 子 式：$C_5H_{12}O$

CAS　号：1634－04－4

$$H_3C-\underset{CH_3}{\overset{CH_3}{\underset{|}{\overset{|}{C}}}}-O-CH_3$$

理化性质

相对密度：0.74(液体)　　沸　　点：55℃

熔　　点：－110℃　　饱和蒸气压：32.66kPa(25℃)

无色液体，可用作汽油添加剂代替四乙基铅。微溶于水。

接触机会

用作汽油添加剂。

毒性

属低毒类。吸入和经皮属微毒类。大鼠经口 LD_{50} 为 4mL/kg，经呼吸道吸入 4h LC_{50} 为 85mg/L。兔经皮 LD_{50} >10mL/kg。

职业危害

人过量接触后有头痛、恶心、呕吐、眩晕、麻醉、呼吸急促、血压降低及神经系统抑制等症状。对眼和呼吸道黏膜有轻度刺激作用。误服后可产生胃肠道刺激症状和中枢神经系统抑制。

应急处理

脱离中毒现场，吸氧。呼吸停止时人工呼吸；皮肤污染时立即脱去污染衣服，用大量清水冲洗，至少 15min；眼睛污染同样用水冲洗 15min。全身症状可对症处理。

防护措施

工作场所如通风度良好，则不需防毒口罩。环境浓度高时，应佩戴合适的护毒面具和丁基橡胶手套。

盛本品容器应密闭，储存在低温、干燥和通风良好、远离热源的场所。

呼吸系统防护：可能接触其蒸气时，佩戴过滤式防毒面具(半面罩)。

眼睛防护：戴化学安全防护眼镜。

身体防护：穿防静电工作服。

手 防 护：戴橡胶手套。

其　　他：工作现场严禁吸烟。工作完毕，淋浴更衣。

职业接触限值

中国未制订职业接触限值。

美　　国：ACGIH TLVs：*TWA*　40ppm（144mg/m^3）

【乙烯基正丁醚】

英 文 名：Vinylbutylether

别　　名：正丁基乙烯基醚

相对分子质量：100.16

分 子 式：$C_6H_{12}O$

CAS 号：111－34－2

理化性质

相对密度：0.7803(液体)，3.45(气体)　　闪　　点：－9.4℃

熔　　点：－112.7℃　　凝 固 点：－92℃

沸　　点：94.1℃　　折 射 率：1.4026(20℃)

饱和蒸气压：5.60 kPa（20℃）

无色易燃液体。微溶于水，溶于乙醇和乙醚。

接触机会

主要用作有机合成原料和共聚单体。

毒性

属微毒类。LD_{50}：10000mg/kg(大鼠经口)，4240mg/kg(兔经皮)；LC_{50}：62000mg/m^3，2h(小鼠吸入)。小鼠吸入10～20mg/L，2h时呈运动性兴奋及上呼吸道刺激，浓度增高时(30～60mg/L)先兴奋、后抑制，2～6h后恢复。

职业危害

蒸气或雾对眼、黏膜和上呼吸道有刺激性。对皮肤有刺激性。长时间接触本品有麻醉作用。

生产工人有头痛、乏力、失眠、易怒等神经衰弱表现。体检有低血压、白细胞减少、淋巴球和单核细胞增多；醣、蛋白代谢紊乱，上述改变均可恢复。

应急处理

皮肤接触：脱去污染的衣着，用大量流动清水冲洗。

眼睛接触：提起眼睑，用流动清水或生理盐水冲洗。就医。

吸入：迅速脱离现场至空气新鲜处。保持呼吸道通畅。如呼吸困难，给输氧。如呼吸停止，立即进行人工呼吸。就医。

食入：饮足量温水，催吐。就医。

泄漏时：迅速撤离泄漏污染区人员至安全区，并进行隔离，严格限制出入。切断火源。建议应急处理人员戴自给正压式呼吸器，穿防静电工作服。尽可能切断泄漏源。防止流入下水道、排洪沟等限制性空间。小量泄漏：用活性炭或其他惰性材料吸收。也可以用不燃性分散剂制成的乳液刷洗，洗液稀释后放入废水系统。大量泄漏：构筑围堤或挖坑收容。用泵转移至槽车或专用收集器内，回收或运至废物处理场所处置。

防护措施

生产过程密闭，全面通风。提供安全淋浴和洗眼设备。

呼吸系统防护：空气中浓度超标时，必须佩戴自吸过滤式防毒面具(半面罩)。紧急事态抢救或撤离时，应该佩戴空气呼吸器。

眼睛防护：戴化学安全防护眼镜。

身体防护：穿防静电工作服。

手 防 护：戴橡胶耐油手套。

其　　他：工作现场禁止吸烟、进食和饮水。工作完毕，淋浴更衣。注意个人清洁卫生。

职业接触限值

中国未制订职业接触限值。

【一缩二丙二醇】

英 文 名：Dipropylene glycol

别　　名：1，2－丙二醇醚

相对分子质量：134.18

分 子 式：$C_6H_{14}O$

CAS 号：110－98－5

OH, O, OH

理化性质

相对密度：1.0224　　折 射 率：1.439(25℃)

沸　　点：231.8℃

无色而微黏的液体，能溶于水和甲苯等，与酸酐作用生成酯，与烷基硫酸酯和卤代烃作用生成醚。能溶于水和甲苯等。

接触机会

主要用作硝酸纤维素、虫胶、乙酸纤维素等的溶剂，也用作制增朔剂、熏蒸剂、合成洗涤剂等。

毒性

丙二醇的单甲基醚吸入为低毒类，经口和皮属微毒类。单乙基醚属微毒类，单异丙基醚和单正丁基醚属低毒类。

引起鼻、眼黏膜刺激，神经系统抑制和不完全麻醉。对皮肤刺激不明显，但可经皮吸收中毒剂量。反复接触可致肝、肾损害。大鼠吸入 *MLC*(4h)为 7000ppm，经口 LD_{50} 为 7.51g/kg。兔经皮 LD_{50} 为 14.1g/kg。

中毒表现为中枢神经抑制、眼、鼻及上呼吸道刺激，肾损害。可经皮吸收中毒。大鼠

经口 LD_{50} 为 7.0 ~7.11g/kg。兔经皮 LD_{50} 为 2.83g/kg。

可引起中枢神经系统抑制和肾脏损害。皮肤刺激轻微，可经皮吸收。大鼠经口 LD_{50} 为 4g/kg。

对眼及皮肤的刺激作用较丙二醇异丙基醚稍强，可引起黏膜显著刺激和角膜混浊，可经皮吸收。大量吸入可引起神经系统兴奋和实质器官损害。大鼠经口 LD_{50} 为 2.2mL/kg，兔经皮 LD_{50} 为 3mL/kg。

职业危害

吸入丙二醇单甲基醚，0.8 ~1.1g/m^3，5 ~30min 时有刺激作用，3.5 ~11g/m^3 时对眼、鼻、喉黏膜剧烈刺激，全身无力，嗅觉阈 30mg/m^3。

应急处理

皮肤接触：脱去污染的衣着，用流动清水冲洗。

眼睛接触：提起眼睑，用流动清水或生理盐水冲洗。

吸　　入：脱离现场至空气新鲜处。就医。

食　　入：饮足量温水，催吐。就医。

防护措施

生产过程密闭，全面通风。

呼吸系统防护：一般不需要特殊防护，高浓度接触时可佩戴自吸过滤式防毒面具(半面罩)。

眼睛防护：空气中浓度较高时，佩戴化学安全防护眼镜。

身体防护：穿一般作业防护服。

手 防 护：戴防化学品手套。

其　　他：工作现场严禁吸烟。避免长期反复接触。定期体检。

职业接触限值

中国未制订职业接触限值。

【环氧乙烷】

英 文 名：Ethylene oxide

CH_2—CH_2 \\O/

别名：氧化乙烯(Epoxyethane；Oxirane)

相对分子质量：44.05

分 子 式：C_2H_4O

CAS 号：75 -21 -8

理化性质

相对密度：0.8711(液体)
　　　　　1.52(气体)

熔　　点：-112.2℃

沸　　点：10.4℃

蒸 气 压：145.88kPa(20℃)

闪　　点：-17.7℃

爆炸极限：3.0% ~100%(体积)

自 燃 点：429℃

常温下为气态，4℃以下为无色液体。低浓度时有醚样气味，高浓度时有甜味感。本品气态时具高度化学活性，但液态时比较稳定。易溶于水和乙醇、乙醚、苯、丙酮、二硫化碳、四氯化碳等一般有机溶剂。

接触机会

本品由乙烯催化和氧化反应而成，主要用于制造其他各种溶剂、稀释剂和作为生产乙二醇及其衍生物、乙醇胺、丙烯腈和表面活性剂等的化工原料，与二氧化碳混合用作熏蒸剂或杀虫剂，并可用作医用消毒。

毒性

属中等毒类。在正常生产环境中多以气态形式经呼吸道吸收，液态可经皮肤和消化道吸收。在体内分布和转化情况目前不完全明了。可能通过血液循环被细胞吸收，而后转化成甲醛或乙二醇。再氧化为草酸从尿中排出。

（1）急性毒性：以1%水溶液灌胃的大鼠LD_{50}为0.33g/kg，豚鼠为0.27g/kg。高浓度吸入，对黏膜有明显刺激性，并对中枢神经系统产生抑制作用。初期动物出现流泪、流涕、流涎，随后可发生气喘和呼吸困难，多因肺水肿、呼吸衰竭或并发肺部感染而死亡。豚鼠除黏膜刺激外，可发生角膜混浊，随之出现恶心、呕吐、腹泻、肺水肿、瘫痪、惊厥而死亡。延期死亡者多发生肺部感染和全身衰竭。大鼠在1.35g/m^{3}浓度下吸入50min后，动物出现躁动、爬笼、张口呼吸和呼吸不规则。70min后肺部出现湿啰音。个别动物出现后肢瘫痪。2h后已处于濒死状态。病理可见心、肺、肝、脾、肾、肾上腺和脑的血管明显扩张和瘀血，个别可伴有血管周围炎和肺气肿。血象、肝功能均无异常。用2%～5%的环氧乙烷水溶液给狗作静脉注射，其LD_{50}约为125mg/kg，在30mg/kg或以上者约2h出现呕吐，随后发生后肢松弛。

（2）慢性毒性：5只刚成年雌性大鼠，用本品橄榄油溶液灌胃，每周5次，30天内共22次，剂量分别为0.003g/kg、0.03g/kg、0.01g/kg及0.18g/kg，以体重、血尿素氮、血象、器官重量和组织病理学为指标，发现0.1g/kg可导致体重减轻、胃刺激和轻度肝脏损害，0.03g/kg对动物无影响。用6只兔置于生产现场，每次15～30min，6个月内共58次，现场浓度平均为(0.31±0.06)g/m^3，病理检查未见异常。动物反复吸入0.63～0.72g/m^{3}蒸气浓度时，可见有生长抑制或体重减轻、流涕、腹泻及呼吸道刺激症状。降低吸入浓度，动物反复吸入88mg/m^{3}未见任何影响。动物死亡原因，大多由于原发性肺刺激，或由于继发感染。

（3）细胞遗传学和生殖毒性：环氧乙烷对实验动物有致癌、致突变、致畸和生殖毒性。大鼠吸入浓度分别为18.54mg/m^{3}和180mg/m^3，每天6h，历时2年，可出现单核细胞白血病和胸膜间皮瘤，并使脑瘤发生率增高。环氧乙烷能与DNA发生共价结合，在植物、微生物、昆虫、亚哺乳动物和哺乳动物等不同种属测试系统中诱变试验阳性。多项细胞遗传学试验显示外围淋巴细胞SCE、微核、染色体畸变率增高。这表明环氧乙烷能引起多种基因损伤。钟先玖等报道环氧乙烷对睾丸具有毒作用，能引起实验动物生精功能障碍，睾丸萎缩而不育。低浓度组(195mg/m^3)睾丸出现轻度病变，曲细精管局部出现空泡，而高浓度组(1439mg/m^3)大部分曲细精管管腔出现空泡，细胞数目明显减少，排列紊乱，部分管腔缩小，生精细胞变性脱落或出现核溶解、消失。病变程度呈剂量-效应关系。

职业危害

环氧乙烷在体内可与蛋白质的氨基作用，或与三甲胺结合形成乙酰胆碱，从而干扰神经功能出现神经系统抑制；其代谢产物乙二醇在体内可抑制氧化磷酸化，影响葡萄糖代谢和蛋白质合成，从而引起细胞功能失调。代谢产物中甲醛和甲酸能凝固蛋白质产生细胞原浆毒作用，并对皮肤黏膜产生强烈刺激作用。环氧乙烷的活性基团环氧基（－C－O－C－）是直接烷化剂，无需代谢活化即可引起遗传损伤。据研究在 Ames 试验中可引起碱基互换型突变，亦可诱导动物肿瘤形成及细胞形态学改变。其机制是通过直接与 DNA 大分子上的碱基共价结合产生遗传损伤并降低某些遗传修复酶的活性所致。

（1）急性影响

①呼吸系统　初期主要表现为上呼吸道刺激症状，出现流泪、流涕、咳嗽、胸闷、气急、眼结膜及咽部充血，X 线胸片显示肺纹理增强，临床酷似感冒表现，故早期易误诊。病情进一步发展，出现呼吸困难和紫绀，肺部湿啰音，X 线胸片显示支气管炎、支气管周围炎或肺炎。严重时也可出现肺水肿。血气分析可有低氧血症、呼吸性酸或碱中毒。国外曾报道一例铁路危险品搬运工接触环氧乙烷后引起哮喘发作。另一例 33 岁女性患者长期从事环氧乙烷工作，在 10 年中反复发生吸入性、阻塞性变态反应。

②神经系统　初期头晕、搏动性头痛、乏力、萎靡不振。随后出现全身肌束震颤、出汗、手足无力、步态不稳、四肢感觉减退、跟腱反射减弱或消失。严重时出现语言障碍、谵妄、共济失调、意识障碍，乃至昏迷不醒。个别病例于意识清醒后 72～96h 出现中枢性肢体瘫痪、膝反射亢进、锥体束征阳性、脑电图轻度异常，或出现暂时性精神失常。

③循环系统　初期心动过速或过缓，以后可出现各种心律失常。心电图可有 T 波、ST 段改变、QT 间期延长，或提示心肌损害。

④消化系统　常出现恶心、频繁呕吐、腹痛、腹泻、腹部压迫感或沉重感，重症病例可出现肝损害或一过性肝功能障碍。

⑤皮肤损害　皮肤直接接触可出现红肿、水疱或渗出，自觉疼痛。反复接触可致皮肤过敏反应。蒸气对眼结膜有强烈刺激，高浓度可引起结膜和角膜损害，严重时可发生角膜灼伤。

（2）慢性影响

①神经系统　长期接触可引起神经衰弱综合征和自主神经功能紊乱。有报道环氧乙烷消毒工，低浓度长期接触后发生手足活动不灵、共济失调和震颤等周围神经病表现。

②晶体混浊和白内障　据法国巴黎 41 年间 16 家医院对 55 名从事环氧乙烷消毒的工人调查资料表明，接触组与对照组比较，前者晶体混浊和白内障发生率明显上升。

③细胞遗传学和血液学影响　Parera 以某大学医院从事环氧乙烷消毒工 34 名为观察组，23 名该大学图书馆工作人员为对照组，分别对其外周血细胞中环氧乙烷血红蛋白加合物（Eto～Hb）、姊妹染色体交换（SCEs）、尾核（MN）、染色体畸变、DNA 单链断裂及 DNA 修复指数等指标进行 8 年监测。结果发现接触组在 TWA 接近或低于 1.97mg/m^3 状态下，调整吸烟影响因素后，Eto～Hb 和 SCE 的变化与环氧乙烷接触水平明显相关（$P<0.01$），而 SCEs 改变与吸烟和环氧乙烷接触有相互促进作用。此外，接触者 DAN 修复能力受到明显抑制。其他指标未见明显变化。

④接触者肿瘤流行病学调查有关资料　Aogstedt 等对瑞士一些医院环氧乙烷接触者和生产者前瞻性调查结果表明，接触人群白血病发病率比预测的高出 10 倍。此外 Cordmer 等调查发现环氧乙烷接触人群非霍奇金病的发病率也有明显升高。有报告对生产工人进行 2 次肿瘤流行病学调查，发现工龄 1～10 年者，总肿瘤、胃癌和白血病发生率明显升高。

⑤生殖系统　有报道接触环氧乙烷女工自然流产率升高，可能因胚胎毒性，导致早期

胚胎死亡而流产。

应急处理

目前尚无特效解毒剂，主要是对症治疗。吸入中毒者，脱离环境后应绝对卧床休息，密切观察病情变化，就医。皮肤接触者以大量清水冲洗后，外涂地塞米松霜、苯海拉明霜、紫草油或其他灼伤油。

防护措施

建立事故应急预案并定期进行演练，生产环境应有防火、防爆措施。严格控制火源，完善灭火装备，本品储存器应远离热源和强氧化剂。应定期检修生产管道和容器，以免泄漏发生意外事故。生产车间应设有效通风排气设备。环氧乙烷残液、残气不准倒入下水道。操作者应佩戴有效个人防护用品。用环氧乙烷作熏蒸杀虫剂时，应在充分通风排气后，方可进入库内操作。对长期接触工人应实行定期健康监护。

职业接触限值

中　国：OELs：*PC－TWA*　2 mg/m^3；G1
美　国：ACGIH TLVs：*TWA*　1ppm；A2
OSHA PEL：*TWA*　1ppm；5ppm（15min 波动）
NIOSH REL：*TWA*　＜0.1ppm（0.18mg/m^3）；*C*　5ppm（9mg/m^3）（每天10min）；Ca
IDLH　800ppm；Ca

【1,2－环氧丙烷】

英 文 名：Propylene oxide
别　　名：氧化丙烯（Popylene oxide）
相对分子质量：58.08
分 子 式：C_3H_6O
CAS　号：75－56－9

CH_2—CH—CH_3（O 桥接 CH_2 与 CH）

理化性质

相对密度：0.8304（液体）
2.0（气体，25℃）
熔　　点：－104.4℃
沸　　点：33.9℃
蒸 气 压：53.32kPa（17.8℃），75.86
闪　　点：－37.22℃
爆炸极限：2.8%～37%（体积）

无色液体，有醚样气味。化学活性活泼。液体较稳定。易挥发、易燃、易爆、易溶于水。水中溶解度 40.5%（20℃）。可与苯、乙醚、丙酮、四氯化硫、乙醇等有机溶液混溶无色液体，有乙醚气味，极易燃烧。溶于乙醇和乙醚，与水作用生成丙二醇。在磷酸锂催化剂作用下，能异构化成丙烯醇。遇高温、明火、氧化剂有引起燃烧爆炸的危险；遇氨水、氯磺酸、盐酸、氟化氢、硝酸、硫酸、发烟硫酸反应猛烈。

接触机会

环氧丙烷工业应用广泛。主要用于生产丙二醇及其衍生物中间体，也用于生产羟丙基类纤维素、糖、表面活性剂、异丙醇胺和聚醚多元醇等。还可用作熏蒸剂、除莠剂、防腐剂和工业溶剂。

毒性

属低毒类。在工业生产过程中主要经呼吸道吸收。液态也可通过皮肤吸收。有关环氧丙烷在体内代谢与分布研究甚少，Tachizawa 等的体外实验研究，指出环氧丙烷在体内代谢经过两种途径：其一是通过谷胱甘肽环氧化物转移酶作用转化为 S－(2－羟基－1－丙基)谷胱甘肽，然后生成半胱氨酸衍生物及硫醚氨酸，而后排出体外。其二是通过环氧化物脱氢酶的催化作用和非酶促作用将环氧丙烷转化为丙二醇而排出体外，或进一步氧化成乳酸和丙酮酸参与体内代谢。但这一反应率较低。

(1) 急性毒性：大鼠、小鼠吸入 4h 的 LC_{50} 分别为 9500mg/m³ 和 4100mg/m³，最小致死浓度分别为 5250mg/m³ 和 900mg/m³，绝对致死浓度可达 1700mg/m³。染毒动物主要表现眼、鼻和呼吸道刺激、流泪、流涕、呼吸困难和中枢神经抑制，并随染毒剂量增加和染毒时间延长而加重。死亡动物可见气管、肺充血、肺水肿及支气管上皮细胞坏死等病理组织学改变。

(2) 亚急性和慢性毒性：环氧丙烷的亚急性毒作用主要表现为原发性肺刺激，慢性毒作用主要为原发性肺刺激和致癌作用。对大鼠、豚鼠以 100mg/m³ 浓度染毒 37～39 天后出现生长速度减慢、肺充血、肺水肿及轻度肺泡出血。据 NTP 报道，以 470、490mg/m³ 浓度对 Fischer 大鼠染毒，于第 20 周雄鼠出现生长缓慢、睾丸和胰腺萎缩；雌性鼠出现肾上腺皮质细胞肥大及囊性子宫内膜增生。Lynch 等以 237、717mg/m³ 的环氧丙烷浓度对 Fischer 大鼠染毒 2 年后，除观察到上述改变外，还观察到血红蛋白量增加，血清 AST 和山梨醇脱氢酶活性升高。

①神经毒性：有关环氧丙烷神经毒性的临床报道很少，仅有动物实验资料。Spfinz 等以 247、717mg/m³ 对猴进行了 2 年慢性毒性实验，结果发现大脑和脊髓轴索薄束核有萎缩的病理改变。Ohnishi 等以 3560mg/m³ 浓度做 Wistar 大鼠染毒实验 7 周，结果发现大鼠后肢运动失调，后肢胫腓神经有髓纤维和脊髓轴索薄束核退行性变，符合中枢－远端周围神经病变。

②生殖毒性：Lynch 等用环氧丙烷浓度 240、710mg/m³ 做猴吸入染毒实验 2 年，结果发现精子数量减少，精子活力下降。另一组致畸实验，用大鼠交配前至受孕后 16 天(共 3 周)，以 1190mg/m³ 环氧丙烷吸入染毒，结果出现黄体数、着床数及活胎数减少，胎鼠重量及身长有明显下降，但也有近似剂量的实验，结果生育力、仔数、新生鼠生长和存活与对照组无明显差异，因而认为对生殖无影响。接触者流行病学调查尚无肯定结论，因此，对人的生殖影响问题尚无定论。

③致突变作用：环氧丙烷对细菌、真菌、昆虫都有致突变作用，还可引起哺乳动物细胞染色体畸变，姊妹染色单体互换率及尾核率增加。环氧丙烷可与 DNA 直接反应形成 DNA 加合物。

④致癌作用：环氧丙烷对人的致癌作用未见报道，但对啮齿类动物的致癌作用已有报告。Dunkelberg 以 15mg/kg、60mg/kg 环氧丙烷对大鼠进行灌胃实验，每周 2 次，共 112 周，可观察到胃前部鳞状细胞癌，并有剂量－反应关系。还有引起动物鼻腔血管瘤、血管内皮瘤、肾上腺嗜铬细胞瘤、乳腺瘤等的实验研究报告。但接触工人的流行病学调查尚无类似报告。

职业危害

环氧丙烷属原浆毒，是一种原发性刺激剂，可直接作用于皮肤黏膜产生刺激反应和细胞原浆毒作用。本品有较弱的麻醉作用，吸入浓度79.5g/m^3 对中枢神经可发生抑制作用。它还是一种直接化学反应剂，可与DNA共价结合，在鸟嘌呤N^7－、N^3－位和腺嘌呤N^6－位联接上一个羟丙基，改变DNA结构，产生细胞突变性遗传性效应。也可与蛋白质结合形成蛋白加合物而产生毒作用。

(1) 急性中毒

①呼吸系统：轻者出现上呼吸道刺激症状，表现为眼痛、流泪、眼结膜及咽部充血、胸闷、气急。严重者呼吸困难、肺部干湿性啰音。X线胸片显示支气管炎或肺炎改变。

②神经系统：轻者头痛、头晕、头胀。重者步态不稳、共济失调、烦躁不安、谵妄、多语或昏迷。

③循环系统：可能出现血压升高、心率不齐或心肌损害。

④消化系统：可出现恶心、频繁呕吐、中毒性肠麻痹、消化道出血和肝损害。

⑤泌尿系统：重度中毒者可出现肾功能损害，甚至肾功能衰竭。

⑥皮肤黏膜损害：皮肤直接接触可发生局部刺激、疼痛和红肿，严重者出现水疱和坏死。眼直接接触，可引起角膜和结膜不同程度灼伤。长期低浓度环氧丙烷接触工人的暴露部位皮肤粗糙，个别可发生皮炎，双手皮肤干燥、皲裂。

(2) 慢性影响

据Rero等流行病学调查报道，工人在环氧丙烷浓度低于28mg/m^3、短时间接触浓度超过2370ms/m^3 的环境浓度下工作1～20年，可抑制DNA程序外合成。近年来已有人在环氧丙烷接触工人的体内，检测到血红蛋白加合物。其血红蛋白加合物水平呈时间剂量－效应关系，可望作为健康监护的接触指标。

应急处理

对症处理。急性中毒者立即脱离现场，吸氧，就医。皮肤灼伤时，用大量清水冲洗，局部涂以紫草油或其他灼伤油膏。眼灼伤者，用大量清水充分冲洗15min以上，以0.5%氢化可的松眼药水及抗生素眼药水交替滴眼，必要时请眼科进一步处理。

防护措施

建立事故应急预案并定期进行演练，因此要求生产管道密闭化，避免发生跑、冒、滴、漏，加强车间的通风排气设备，降低车间内毒物浓度。在投料和灌装时穿防护服、戴防护眼镜、防护手套和口罩，以免发生眼和皮肤灼伤。

职业接触限值

中　国：OELs：　*PC－TWA*　5mg/m^3；敏，G2B

美　国：ACGIH TLVs：*TWA*　2ppm；SEN，A3

OSHA PEL：　*TWA*　100 ppm（240mg/m^3）

IDLH　400ppm；Ca

【环氧氯丙烷】

英 文 名：Epichlorohydrin

别　　名：3－氯－1，2－环氧丙烷(3－Chloro－1，2－epoxypropane)

相对分子质量：92.52

分 子 式：C_3H_5OCl

CAS 号：106－89－8

$$\begin{array}{l} CH_2 \\ | \quad \rangle O \\ CH \\ | \\ CH_2Cl \end{array}$$

理化性质

相对密度：1.1761（液体）

3.29（气体，20℃）

熔 点：－25.6℃

沸 点：117.9℃

蒸 气 压：1.33kPa（16.6℃）

闪 点：33.9（开杯）

爆炸极限：3.8%～21%（体积）

无色不稳定液体，有氯仿样气味。水中溶解度6.48%，可与醇、醚、苯、四氯化碳等有机溶剂混溶。化学性质活泼，水解时先生成α－氯甘油，随后再生成甘油。

接触机会

本品由丙烯高温氯化而得，在生产环境中常同时接触氯丙烯、二氯丙醇和二氯丙烷。环氧氯丙烷主要用于合成甘油、环氧树脂、表面活性剂、杀虫剂和溶剂，也是含氯物质的稳定剂和化学中间体。环氧氯丙烷的生产、使用人员及有关储运、采样、分析人员均可接触。

毒性

属中等毒类。可经呼吸道、皮肤和消化道吸收。在体内的生物转化过程不详。

（1）急性毒性：小鼠、大鼠、豚鼠的经口LD_{50}分别为2120和950mg/m^3。豚鼠和兔吸入4h LC_{50}分别为2120和1680mg/m^3。本品对皮肤有强烈刺激和腐蚀作用，以原液涂于动物皮肤可引起红肿、坏死和溃疡。本品液态挥发后蒸气对眼及上呼吸道有强烈刺激作用。小鼠灌胃后表现为活动减少、行动缓慢、不愿进食，继之出现共济失调、四肢肌肉松弛、后肢瘫痪、呼吸困难和紫绀，有的动物失明。1～2天后出现痉挛、角弓反张而死亡。死亡时间多在中毒后24h。主要死亡原因是中枢性呼吸抑制。动物中毒时可出现血糖升高，并呈剂量－效应关系。

（2）慢性毒性：兔皮下注射环氧氯丙烷花生油溶液，分阶段增加给药剂量，隔日给药。第1阶段为10.2mg/kg，以后逐渐加大，至第4阶段时达51.4mg/kg。全程4周，总剂量达918.7mg/kg。结果第2周开始体重明显下降，至第六周体重降低13.9%。血清巯基含量第2周开始下降，至第4周较前下降42%。染毒过程中可见动物肌肉松弛，四肢无力；肌电图检查显示周围神经损害。大鼠昼夜吸入200mg/m^3，连续98天，见动物生长缓慢、运动防卫潜伏期延长。大鼠吸入120mg/m^3，每日7h，历时90天，体重不增。吸入60mg/m^{3}浓度可出现肾脏体积肿大，尿棕色素增加。本品在微生物致突变试验系统中测试结果有致突变性作用，在动物实验中也可诱发肿瘤，可发生肉瘤、腺瘤、鼻腔乳突状瘤和鳞状细胞癌。

本品的神经毒作用主要由于神经纤维轴突微管内线粒体损伤，使轴浆运输发生障碍，导致轴突和髓鞘发生病变，因而实验动物表现为肌肉松弛无力和后肢瘫痪。以5%环氧氯丙烷用50mg/kg剂量对家兔进行腹腔注射，每周1次，连续11天，于染毒后第6天和第11天观察其视网膜电图有明显变化，进一步观察发现视网膜线粒体和细胞核有严重损伤。因此某些实验动物可在中毒后出现失明。本品还是细胞原浆毒，其原液直接接触皮肤、黏膜可引起细胞变性和坏死。在动物急性中毒实验过程中发现环氧氯丙烷可使血糖有明显升高，且呈剂量－效应关系。其作用机制可能是兴奋肾上腺髓质释放肾上腺素或兴奋胰岛Q－细胞释放胰高血糖素，使肝糖原分解和产生异化所致。

职业危害

（1）急性刺激反应

由于本品沸点高、挥发性低，故很少引起吸入性急性中毒。有报道在本品75.68mg/m^{3}浓度下可出现暂时性鼻腔烧灼感。151.37mg/m^3 停留 1h 可出现眼和咽喉刺激症状。

（2）皮肤灼伤

皮肤直接接触本品几天后出现红斑、水肿和丘疹，严重者出现水疱和溃疡。

（3）慢性影响

①神经系统：单纯环氧氯丙烷引起人的周围神经病尚无确切的病例报告。山东省人民医院等曾对 126 例环氧氯丙烷生产工人进行查体及劳动卫生学和流行病学调查。查体结果 27 例确诊为周围神经病，另 17 例仅有肌电改变者 1 年后又有 8 例被确诊。总检出率为27.77%。鉴于：一，其中高温氯化的氯丙烯岗位发病率高达 66.66%（22/33），而环氧氯丙烷精馏岗位的发病率仅为 37.50%（3/8）。二，3 例已出现肌萎缩的较重病例都在氯丙烯岗位。三，氯丙烯系低沸点（44.6℃）、易挥发气体而环氧氯丙烷为高沸点（116.1℃）液态产品。四，氯丙烯和环氧丙烷两个岗位近邻，空间彼此相通。故而从劳动卫生学、流行病学和临床病情角度分析，本组周围神经病乃是氯丙烯而不是环氧氯丙烷中毒所致。

②细胞遗传学和血液学：有人对环氧氯丙烷生产工人进行外周淋巴细胞染色体畸变的检查，结果发现畸变率明显升高，总畸变率为（7.5±5.3）/100 细胞。主要表现为染色体断裂、缺失、无着丝点、环着丝点等。据报道生产工人的呼吸道肿瘤危险度和肿瘤死亡率明显升高有统计学意义。然而也有不同的调查结论，故目前对环氧氯丙烷致癌作用尚无明确定论。

③生物化学：有人对环氧氯丙烷生产工人进行了血清 NPN、AKP、ALT、钾、钠、钙、巯基、半胱氨酸等指标进行抽样测定，结果除半胱氨酸在正常低限外，其他指标都正常。

应急处理

对症处理。皮肤接触时，应立即用大量清水冲洗，出现红斑者可涂以紫草油，已出现水疱或溃疡者就医处理，也可用 *o*－糜蛋白酶以生理盐水稀释后湿敷，而后再以凡士林或紫草油纱布换药处理可迅速治愈。呼吸道损害者，就医处理。

防护措施

建立事故应急预案并定期进行演练，防止跑、冒、滴、漏造成皮肤直接接触或短暂性高浓度呼吸道接触。因此，在生产过程中应尽可能实现管道化、密闭化和自动化生产，在灌装、运输过程中要戴好橡胶手套，避免皮肤直接接触。

职业接触限值

中　国：OELs：　*PC－TWA*　1mg/m^3；*PC－STEL*　2mg/m^3；皮，G2A

美　国：ACGIH TLVs：*TWA*　0.5ppm；皮，A3

OSHA PEL：*TWA*　5ppm（19mg/m^3）；皮

IDLH　75ppm；Ca

【高级脂肪醇】

英 文 名：Higher fatty alcohol

别　　名：高级醇

理化性质

高碳数脂肪醇包括 $C_6 \sim C_{10}$，主要有以下几种：

（1）己醇

英 文 名：1 – Hexanol

别　　名：1 – 己醇

相对分子质量：102.17

分 子 式：$CH_3(CH_2)_4CH_2OH$

CAS　号：111 – 27 – 3

（2）甲基戊醇

英 文 名：Methyl isobutylcarbinol

别　　名：甲基异丁基甲醇

相对分子质量：102.17

分 子 式：$(CH_3)_2CHCH_2CHOHCH_3$

CAS　号：108 – 11 – 2

（3）2 – 乙基丁醇

英 文 名：2 – Ethylbuthl alcohol

相对分子质量：102.17

分 子 式：$CH_3CH(C_2H_5)CH_2CH_2OH$

CAS　号：97 – 95 – 0

（4）庚醇

英 文 名：*n* – Heptanol

别　　名：1 – 庚醇

相对分子质量：116.2

分 子 式：$CH_3(CH_2)_5CH_2OH$

CAS　号：111 – 70 – 6

（5）2 – 乙基己醇

英 文 名：2 – Ethyl hexanol

别　　名：5 – 乙基 – 1 – 己醇

相对分子质量：130.23

分 子 式：

$CH_3CH(C_2H_5)(CH_2)_3CH_2OH$

CAS　号：104 – 76 – 7

（6）壬醇

英 文 名：1 – Nonanol

别　　名：1 – 壬醇

相对分子质量：144.26

分 子 式：$CH_3(CH_2)_7CH_2OH$

CAS　号：143 – 08 – 8

（7）癸醇

英 文 名：*n* – decylal cohol

别　　名：正癸醇

相对分子质量：158.28

分 子 式：$CH_3(CH_2)_8CH_2OH$

CAS　号：112 – 30 – 1

空气中最大蒸气浓度 mg/L

高级醇名称	10℃	30℃	40℃	备注
C_6 醇	9.28	45		
C_7 及 C_8 仲醇	2.4	7.9	13.6	
C_9 醇	1.1	4.1	7.2	
C_{10} 醇	0.63	2.26	4.13	存在于杂醇油中

毒性

属低 – 微毒类（2 – 乙基己醇、甲基戊醇和壬醇属低毒类，癸醇属微毒）。

本类物质有麻醉和刺激作用，损害视力及实质性器官。对皮肤刺激作用较弱，能经皮肤吸收。因挥发性很小，故由蒸气引起麻醉作用的可能性不大。长期接触己醇、庚醇、壬醇、癸醇时可使眼损害。毒性见下表。

壬醇中有三甲基己醇时，对皮肤有明显刺激。在动物中能导致神经元、肝、肾组织的退行性变化。从 C_9 醇起随碳原子数增加，使小鼠皮肤发生增生性变化的作用增强。

高碳数脂肪醇的毒性

物质	动物	剂量或浓度/[g/kg或mL(g)/m³]	中毒途径	作用时间/h	反应	毒物等级	备注
甲基戊醇	大鼠	2.59	经口		LD_{50}	低毒	
		8.34	吸入	8	5/6 死亡		
	兔	2.88	经皮	24	LD_{50}		皮肤接触毛细管充血
2-乙基丁醇	大鼠	1.85	经口		LD_{50}	低毒	
		0.8	腹腔		LD_{50}		
		浓蒸气	吸入	8	存活		
	豚鼠	<4.16	经皮		LD_{50} 中度刺激		
	兔	1.05	经皮	24	LD_{50} 毛细管充血		
2-乙基己醇	鼠		3.2~6.4	经口		LD_{50}	低毒
		1.25	吸入	6	全部存活		
	豚鼠	>10mL	经皮		LD_{50} 中度刺激		
壬醇	大鼠	3.56	经口		LD_{50}	低毒	含2异丁基甲醇
	兔	0.148		67日	正常生长		含3甲基己醇
	大鼠	饱和蒸气	吸入	8	存活		
	豚鼠	>8.1	经皮		LD_{50} 中度刺激		
癸醇	大鼠	12.8~25.6	经口		LD_{50}	微毒	（正、仲混合）
		饱和蒸气	吸入	8	存活		
	豚鼠	>8.29	经皮		LD_{50} 中度刺激		（正、仲混合）

职业危害

本类物质挥发性很小，吸入中毒可能性不大。高级饱和伯醇的慢性影响表现为视野周界缩小，色觉及视敏度变化。多见的改变为上呼吸道黏膜、肝脏、神经和植物神经功能的变化及多发性神经炎引起的感觉障碍。皮肤沾染可引起急性皮炎。

(1) 1-己醇：吸入、摄入或经皮肤吸收对身体有害，引起眼睛、黏膜和呼吸道的刺激症状可致眼损害。

(2) 甲基异丁基甲醇：高浓度蒸气对眼、鼻、喉和肺有刺激性，并抑制中枢神经系统而呈现麻醉作用，如长时间麻醉可因呼吸衰竭而致死。对眼有强烈刺激性，可导致永久性失明。液体对皮肤有轻度刺激性，可经皮肤吸收引起中毒。摄入有轻度毒性。

(3) 2-乙基丁醇：吸入、摄入或经皮肤吸收，对机体有害。对皮肤有刺激性。对眼有强烈刺激作用，接触后引起眼损害。

(4) 正庚醇：吸入、摄入或经皮肤吸收后对身体有害。对眼睛、皮肤有刺激作用。

(5) 壬醇：本品对黏膜有刺激作用，经口有轻度毒性。

(6) 癸醇：吸入、摄入或经皮肤吸收后对身体有害。有强烈刺激作用，接触后可引起烧灼感、咳嗽、喉炎、气短、头痛、恶心和呕吐。接触时间长能引起麻醉作用。

应急处理

同甲醇。

防护措施

同甲醇。

职业接触限值

中国未制订职业接触限值。

四、脂肪族醛、酮及其衍生物

【甲醛】

英 文 名：Formaldehyde

别　　名：福尔马林；蚁醛(Formalin；Methanal solution)

相对分子质量：30.03

分 子 式：HCHO

CAS　号：50－00－0

理化性质

熔　　点：－92.22℃(100%)

沸　　点：－19.44℃

蒸 气 压：437.75 kPa (20℃)

相对密度：0.815(液体)，1.067(气体)

自 燃 点：430℃

闪　　点：50℃(闭杯)

爆炸极限：7%～73 %(体积)

易燃易爆性：易燃

是一种无色、有强烈刺激性气味的气体。易溶于水和乙醇。在常温下是气态，通常以水溶液形式出现。水溶液的浓度可高达55%，其40%的水溶液称甲醛水，俗称福尔马林，是有刺激性无色液体。在室温时极易挥发，随着温度的上升挥发速度加快。保藏于冷处生成聚甲醛而浑浊，蒸发时也生成仲甲醛。有强还原作用，特别在碱性溶液中。

接触机会

甲醛是一种重要的有机原料，也是炸药、染料、医药、农药的原料，也用作杀菌剂、消毒剂等。在石油化工生产中的甲醇氧化、甲醛精制过程中接触，化纤生产中用做催化剂及各种化学助剂，接触密切。另外在纺织业、皮革、毛皮制造、木材加工、化学农药制造及造纸及纸制品等行业中也会直接接触。

毒性

(1) 刺激作用：甲醛为原浆毒，能凝固蛋白质，具有强烈的刺激性，使实质性器官发生变性。吸入其气体，可致眼和咽喉充血、水肿，以及支气管和肺部炎症、水肿、组织损害；皮肤接触甲醛溶液引起接触性皮炎；误服甲醛溶液，可致口腔、食管、胃肠损伤，致消化道穿孔，或致休克、昏迷及肝、肾损害。

(2) 致敏作用：皮肤接触甲醛溶液，可引起过敏，出现皮炎、湿疹等反应，嗜酸粒细胞增多。甲醛气体引起呼吸道过敏反应则罕见。

(3) 麻醉作用：甲醛在体内可被分解为甲醇。对中枢神经系统，尤其是视丘有强烈作用。因此高浓度吸入可引起一定的中枢神经系统麻醉作用。

(4) 诱变性：在数种细菌、霉菌和果蝇的诱变短期测试中，甲醛是诱变剂，可导致 Hela 细胞非程序性 DNA 合成。在细菌和哺乳动物细胞中可见与 DNA 结合。对仓鼠和人淋巴细胞，可使姊妹染色单体交换率增高。

(5) 致癌性：当大鼠吸入一定甲醛蒸气浓度及适量时间，有引起鼻腔肿瘤之报导，即 114 只受试大鼠中发生鼻腔鳞形细胞癌 52 只，鼻腔其他肿瘤 2 只。对人的致癌危害尚需要人群流行病学资料证实。

(6) 体内转归：甲醛的化学性质和生物活性都很活泼，甲酸进入机体后可迅速被吸收，甲醛可与蛋白质、氨基酸之氨基、甲基反应。在肝脏被氧化为甲酸、甲醇。经呼吸道吸入，有 60% ~80% 由肺部吸收，小部分以原形从呼吸道排出，大部分在体内迅速代谢，转变成甲醇，进而氧化成甲酸，以甲酸盐形式从尿中排出，或氧化成二氧化碳和水。尿中亦可找到甲醛原形。甲醛进入人体 12h 内随呼出气排出 40%，肾排出 10%，肠道排出 1%，相当数量以 CO_2 形式呼出。

大鼠经口 LD_{50} 为 0.8g/kg，豚鼠为 0.26 g/kg，大鼠吸入 LC_{50} 为 0.3(4h) ~1.0(1/2h) g/m^3。

职业危害

(1)急性中毒：甲醛蒸气急性作用特征为眼及上呼吸道黏膜刺激，流泪、眼痛、结膜炎、眼睑水肿、角膜炎、鼻炎、嗅觉丧失、咳嗽、咽喉炎、支气管炎；同时有多汗、头痛、时有眩晕、颜面及皮肤充血；眼鼻黏膜、会厌、声带充血，严重者发生喉痉挛、声门水肿、肺水肿、呼吸困难、窒息。

人的嗅觉阈为 0.06 ~1.2mg/m^3，眼刺激阈可低至 0.01 ~1.9mg/m^3，4.8 ~6.0mg/m^3 即出现轻度流泪，一般可耐受 30min，12 ~24mg/m^3 时，鼻与咽喉严重灼伤、流涕、呼吸困难；60 ~120mg/m^3 吸入 5 ~10min 后即发生支气管和肺部严重损害。误服甲醛溶液的经口致死量约为 10 ~20mL。

(2) 慢性中毒：可有头痛、软弱无力。部分人员有消化障碍、兴奋、震颤、视力障碍。浓度 20 ~70 mg/m^3 时长时间接触时有食欲丧失、体重下降、无力、头痛、心悸、失眠等。据报告，甲醛还可引起触觉、痛觉和温觉障碍，身体一侧(常为右侧)排汗过盛，身体两侧温度不等。皮肤接触能抑制汗腺分泌，长期接触可使皮肤干燥、易皲裂。手掌角化过度。其溶液引起接触性皮炎(白斑、丘疹、瘙痒)，严重时有甲沟炎、指甲软化。长期低浓度接触可提高机体对甲醛的敏感性。

职业皮损主要表现为急性接触性皮炎，少数表现为广泛性皮炎。慢性皮损有慢性湿疹、皮肤呈鞣革状、色素沉着、手部过度角化。

经口进入时，口、咽、食道、胃部立即呈烧灼感、口腔黏膜溃烂，上腹痛，带血性呕吐物，严重时可发生胃肠道糜烂、溃疡和穿孔、休克、昏迷。

职业禁忌

(1) 慢性阻塞性肺病；(2)支气管哮喘；(3)慢性间质性肺病；(4)支气管扩张。

应急处理

(1) 立即脱离中毒环境，脱去污染衣物，卧床休息，保持安静并保暖。皮肤接触处用清水或肥皂水冲洗。口服者应尽快用清水洗胃，并予口服豆浆、牛奶、蛋清保护胃黏膜。

(2) 给予吸氧，就医。

防护措施

工作场所设置警示标识、喷淋洗护及气防报警设施，重点装置及部位设置泄险排毒区及应急处理设备。

定期体检，工作完毕，淋浴更衣。单独存放和清洗被污染衣物。注意个人清洁卫生，保持良好的卫生习惯。

职业接触限值

中　国：OELs：　*MAC*　0.5 mg/m³；敏，G1

美　国：ACGIH TLVs：*C*　0.3ppm；SEN，A2

OSHA PEL：*TWA*　0.75ppm；*STEL*　2ppm

NIOSH REL：*TWA*　0.016ppm；*C*　0.1ppm（15min）；Ca

IDLH　20ppm；Ca

【乙醛】

英 文 名：Acetaldehyde

别　　名：醋醛

$$CH_3-\overset{\overset{\displaystyle O}{\|}}{C}-H$$

相对分子质量：44.05

分 子 式：CH_3CHO

CAS　号：75-07-0

理化性质

熔　　点：-123.5℃

沸　　点：20.2℃

蒸 气 压：98.6 kPa (20℃)

相对密度：0.783(液体)

1.52(气体)

自 燃 点：175℃

闪　　点：-38℃(闭杯)

爆炸极限：4.1%～57%(体积)

易燃易爆性：极易燃

常温常压下为具有刺鼻水果气味的无色液体。能放出刺激性蒸气。极易挥发和燃烧。蒸气能与空气形成爆炸性混合物和不稳定的过氧化物。蒸气比空气重，能扩散极远，遇火源会着火回燃。化学性质很活泼，容易氧化或还原，能与卤素和胺类化合，并能与醇、酮、酐、酚等形成缩合物。氰化氢、硫化氢、氨、磷、强碱等也都容易与乙醛进行猛烈反应。乙醛在空气中放置，能自行氧化生成不稳定的过氧化物，以致爆炸。乙醛也在浓硫酸的影响下容易进行聚合反应而放热。能与水、乙醇、乙醚以任意比例相溶。市售乙醛一般是40%的溶液。

接触机会

乙醛是有机合成化工原料的主要中间体。主要接触机会在其生产制造业。

毒性

属微毒类。主要毒作用是刺激皮肤和上呼吸道黏膜。浓度高时有麻醉作用。动物吸入时主要中毒表现为呼吸障碍，黏膜刺激。高浓度时有明显的兴奋症状，继之出现麻醉。可死于肺水肿或呼吸麻痹。

大鼠吸入 LC_{50} 为 $36g/m^3$(20000ppm)30min，小鼠吸入 LC_{50} 约 $21.8g/m^3$。

大鼠经口 LD_{50} 为 1.93g/kg 人嗅觉阈：0.13～$0.38mg/m^3$。$4mg/m^3$ 时有强烈刺激臭味。

职业危害

高浓度有头痛、嗜睡、神志不清、支气管炎、肺水肿、腹泻、窒息、蛋白尿、肝和心肌脂肪性变等。吸入低浓度蒸气可引起眼、鼻、上呼吸道的刺激，以及支气管炎、皮肤过敏、皮炎等。

误服时出现胃肠道刺激症状，恶心、呕吐、腹泻、麻醉、呼吸衰竭等。

长期反复接触低浓度蒸气可引起皮炎、结膜炎。慢性中毒还出现体重减轻、贫血、谵妄、视听幻觉、智力丧失和精神障碍。

应急处理

皮肤接触：脱去污染的衣着，用肥皂水和清水彻底冲洗皮肤。

眼睛接触：提起眼睑，用流动清水或生理盐水冲洗。就医。

吸　　入：迅速脱离现场至空气新鲜处。保持呼吸道通畅。如呼吸困难，给输氧。如呼吸停止，立即进行人工呼吸。就医。

食　　入：饮足量温水，2%碳酸氢钠溶液或3%药用碳洗胃催吐。就医。

防护措施

参见“甲醛”。

职业接触限值

中　　国：OELs：　*MAC*　$45mg/m^3$；G2B

美　　国：ACGIH TLVs：*C*　25ppm；A3

OSHA PEL：　*TWA*　200ppm（$360mg/m^3$）

IDLH　2000ppm；Ca

【丙醛】

英 文 名：Propionaldehyde

别　　名：甲基乙醛（Propanal；Propyl aldehyde；Propionic aldehyde）

H H O
| | ‖
H—C—C—C—H
| |
H H

相对分子质量：58.08

分 子 式：C_2H_5CHO

CAS 号：123－38－6

理化性质

熔　　点：－81℃

沸　　点：48.8℃

蒸 气 压：39.99 kPa（25℃）

相对密度：0.807(液体)，2.0(气体)

自 燃 点：207℃　　爆炸极限：2.9% ~17%（体积）

闪　点：-9.4℃　　易燃易爆性：极易燃

无色易燃液体，有刺激性气味，溶于水，可混溶于乙醇、乙醚等多数有机溶剂。在紫外光、碘或热的影响下，分解而成二氧化碳和乙烷等。能聚合。用空气、次氯酸盐、重铬酸盐氧化时生成丙酸。用氢还原时生成正丙醇。与过量甲醇作用生成甲基丙烯醛。与水、二氯乙烯、三氯乙烯、二硫化碳形成共沸混合物。

接触机会

丙醛主要用于制作合成树脂、橡胶促进剂和防老剂。本品的生产、使用、运输、采样分析等过程中均可有接触机会。

毒性

丙醛属高分子脂肪醛。经口全身毒作用较低，对皮肤和眼刺激作用较明显，但吸入尚可耐受。致敏作用较甲醛轻。无蓄积作用。本品易经皮肤吸收，对皮肤有剧烈刺激作用，长期接触可致组织坏死。对眼结膜有较强刺激。可致角膜灼伤。

大鼠吸入高浓度丙醛可发生麻痹、支气管及肺泡炎症。小鼠、豚鼠、兔可产生肺水肿而死亡。

小鼠长期吸入低浓度（$39mg/m^3$，4h/d，3 个月），仅见体重稍减轻，肺组织刺激征象。

大鼠经口 LD_{50} 为 0.8 ~1.6g/kg，吸入 LC_{50} 为 $59.8g/m^3$（5h）。小鼠 LC_{50} 为 $218g/m^3$，兔经皮 LD_{50} 为 5.0g/kg。

人嗅觉阈 $0.5mg/m^3$，刺激作用阈 $16mg/m^3$。

职业危害

高浓度接触有麻醉作用，以及引起支气管炎、肺炎、肺水肿。可致眼、皮肤灼伤。易经完整皮肤吸收。

长期反复低浓度接触对眼、鼻有刺激性，可引起皮炎、结膜炎。

应急处理

食入：误服者用水漱口，给饮牛奶或蛋清。就医。

其他同乙醛。

防护措施

参见“甲醛”。

职业接触限值

中国未制订职业接触限值。

美　国：ACGIH TLVs：*TWA*　20ppm

【正丁醛】

英 文 名：*n* - Butyraldehyde

分 子 式：$CH_3(CH_2)_2CHO$

相对分子质量：72.11

CAS　号：123 -72 -8

理化性质

熔　　点：－99℃
自 燃 点：230℃
沸　　点：75.7℃
闪　　点：－6.6℃（闭杯）
蒸 气 压：12.20 kPa（20℃）
爆炸极限：2.5%～12.5%（体积）
相对密度：0.8048（液体）
　　　　　2.5（气体）
易燃易爆性：极易燃

无色透明液体，有窒息性气味，有催泪性，微溶于水，与乙醇乙醚混溶，易被空气氧化为丁酸，与水形成共沸混合物。保存于不见空气的环境中，即自动聚合生成三聚丁醛。在0℃时则生成四聚丁醛。加入正丁醇可以阻滞自动聚合的进行。

接触机会

主要用于合成树脂、橡胶等工业生产，也用作塑料增塑剂、硫化促进剂和杀虫剂等的中间体。在相关生产和使用过程中可接触本品。

毒性

属低毒类。大鼠经口 LD_{50} 5.9g/kg，吸入 30min LC_{50} 174g/m^3，豚鼠经皮 LD_{50} >20g/kg。主要为刺激作用和麻醉作用。

职业危害

接触低浓度丁醛蒸汽可引起眼睛、呼吸道刺激症状；吸入高浓度时可出现支气管炎、肺炎，甚或肺水肿，并伴有麻醉症状。

应急处理

短期内吸入高浓度丁醛气体者应注意休息，并观察48h，就医。

防护措施

加强生产设备的维修保养，严格遵守操作规程，防止跑、冒、滴、漏污染作业环境；注意通风排毒。

职业接触限值

中　　国：OELs：*PC－TWA*　5mg/m^3；*PC－STEL*　10mg/m^3

【异丁醛】

英 文 名：*iso*－Butyraldehyde
别　　名：二甲基乙醛；2－甲基丙醛
分 子 式：$(CH_2)_2CHCHO$
CAS　号：78－84－2

理化性质

熔　　点：－66℃
闪　　点：－40℃（闭杯）
沸　　点：65℃
爆炸极限：1.6%～10.6%（体积）
相对密度：0.794（液体），2.5（气体）
易燃易爆性：极易燃
自 燃 点：254℃

无色、透明、有刺激性的液体，不溶于水，溶于苯、氯仿、乙醇和乙醚。

接触机会

异丁醛用于制造硫化促进剂和防老剂、异丁酸等。

毒性

属微毒类。经口全身毒作用较低，吸入尚可耐受，对眼、呼吸道黏膜及皮肤有强烈刺激性，致敏作用较甲醛为轻，高浓度时有麻醉作用。

可经皮吸收发生中毒症状，皮肤污染可有刺激作用。

刺激阈为 $10mg/m^3$。LD_{50} 2810mg/kg（大鼠经口），吸入 $23.2g/m^3$ 4h 有 1/6 死亡；7130mg/kg（兔经皮）；LC_{50} $39500mg/m^3$，2h（小鼠吸入）。

职业危害

吸入可引起喉、支气管的炎症、水肿和痉挛、化学性肺炎、肺水肿等疾病。吸入异丁醛高浓度有麻醉作用，脱离接触后，迅速恢复正常。

有报道长期吸入异丁醛时可见红血球、血红蛋白含量波动，胆碱脂酶活性增高。低浓度接触可引起眼及呼吸道刺激，脱离后可恢复。长期或反复接触对个别敏感者可引起变态反应。

应急处理

食入：饮足量温水，催吐，用清水或1%硫代硫酸钠溶液洗胃。就医。

防护措施

参见“正丁醛”。

职业接触限值

中　国：OELs：*PC－TWA*　$5mg/m^3$；*PC－STEL*　$10mg/m^3$

【丙烯醛】

英 文 名：Acrolein

别　　名：2－丙烯醛（2－ Propanal；Acrylaldehyde；Allyl aldehyde）

$HC(=O)-CH=CH_2$

相对分子质量：56.06

分 子 式：CH_2CHCHO

CAS　号：107－02－8

理化性质

熔　　点：－87.0℃

自 燃 点：277℃

沸　　点：52.7℃

闪　　点：<－17℃（开杯）

蒸 气 压：13.3 kPa（22.8℃）

爆炸极限：2.8%～31%（体积）

相对密度：0.843（液体）

1.94（气体）

无色或淡黄色、易燃易挥发的液体，有强烈的刺激性气味。曾作为战争气使用，特别对于眼睛有刺激作用。溶于乙醇、乙醚和水。化学性质不稳定，在光照或在碱及强酸存在下容易聚合。易氧化成丙烯酸。

接触机会

为合成树脂工业的重要原料之一，也大量用于有机合成与药物合成。石油化工生产中主要接触机会为化工树脂生产全过程、石油生产废水处理过程。

毒性

属高毒类。对眼及上呼吸道黏膜有强烈刺激作用，有全身毒性。麻醉作用微弱。人对本品的感受性可能较高。可损害神经系统。主要病变为肺水肿和支气管上皮细胞的损害。

经口进入(0.5mg/kg，6个月)导致肾机能障碍，肺炎性变化，肝和心肌营养障碍性变化。

小鼠经口 LD_{50}(26.14±2.9)mg/kg(废水量)。动物有肝细胞坏死，坏死区网状内皮细胞增生，少量炎症细胞浸润。小剂量长期经口喂饲时，有同样变化。大鼠经口 LD_{50} 46mg/kg，LC_{50}为 299mg/m^3，1/2h，*MLC* 为 8ppm(4h)。兔经皮 LD_{50}为 562mg/kg。

人吸入 *MLC* 为 2.3mg/m^3(5min)，不能忍受；153ppm(10min)，最小致死浓度；人经口最小致死剂量 5mg/kg。

亚急性和慢性毒性：大鼠持续接触本品浓度低至 4.8mg/m^3，40h 后，其肝脏的碱性磷酸酶活性升高。

致突变性：微生物致突变性：鼠伤寒沙门氏菌 20μL/皿。微粒体致突变：鼠伤寒沙门氏菌 50μL/皿。

生殖毒性：大鼠静脉最低中毒剂量(TDL_0)：6mg/kg(孕后用药 9 天)，胚泡植入后死亡率升高。

职业危害

急性危害：口服引起口腔及胃刺激或灼伤。吸入可致支气管痉挛、气喘，喉部、气管和支气管黏膜水肿。大量吸入可致肺炎、肺水肿，尚可出现休克、肾炎及心力衰竭，有眩晕、嗜睡、腹痛、恶心、呕吐，可见有口唇及手足指端发绀、四肢发冷、瞳孔扩大、脉搏减缓、血糖降低甚至失去知觉。可致死。

有时可见到兴奋状态。中毒者不能辩明时间和地点。轻者 1~2 日、重者 4~5 日后恢复健康。

慢性危害：短时间吸入低浓度蒸气损害呼吸道，出现咽喉炎、胸部压迫感、支气管炎；液体及蒸气损害眼睛，出现眼灼痛、流泪、结膜炎、眼睑水肿和痉挛；皮肤接触可致灼伤。

应急处理

皮肤接触：脱去污染衣着，用肥皂水及清水彻底冲洗。若有灼伤，就医。眼睛接触；立即翻开眼睑，用流动清水或生理盐水冲洗至少 15min。就医。吸入后，迅速脱离现场至空气新鲜处。保持呼吸道通畅。保暖并休息。呼吸困难时给输氧。呼吸停止时，立即进行人工呼吸。误服者用水漱口，给饮牛奶或蛋清。就医。

防护措施

严加密闭，提供充分的局部通风。提供安全的淋浴和洗眼设备。可接触其蒸气时，佩戴防毒面具。紧急事态抢救或撤离时，佩戴自给式呼吸器。戴安全防护眼镜。穿紧袖工作服，长筒胶鞋。戴橡胶手套。

工作现场禁止吸烟、进食和饮水。及时换洗工作服。工作前后不饮酒，用温水洗澡。注意监测毒物。实行就业前和定期的体检。

职业接触限值

中　　国：OELs：　　　　*MAC*　0.3mg/m^3；皮

美　　国：ACGIH TLVs：　*C*　0.1ppm；皮，A4
OSHA PEL：　*TWA*　0.1ppm（0.25mg/m^3）
NIOSH REL：　*TWA*　0.1 ppm（0.25mg/m^3）；*STEL*　0.3 ppm（0.75mg/m^3）
IDLH　2ppm

【丁烯醛】

英 文 名：Methactolein
别　　名：巴豆醛；β－甲基丙烯醛（Methacrylaldehyde；2－Butenal；Crotonaldehyde）
相对分子质量：70.09
分 子 式：$CH_2{=}C(CH_3)CHO$
CAS　号：4170－30－3

理化性质

熔　　点：－76.5℃　　　自 燃 点：232℃
沸　　点：68℃　　　闪　　点：1.7℃（开杯）
蒸 气 压：16.0 kPa（20℃）　　　爆炸极限：2.95%～15.5%（体积）
相对密度：0.8474（液体）　　　易燃易爆性：易燃
2.42（气体）

无色可燃液体，有催泪性，在空气或阳光中放置时逐渐变成淡黄色，稍溶于水，溶于乙醇、乙醚、苯、甲苯和汽油等有机溶剂，化学性活泼。纯巴豆醛容易树脂化。在空气中逐渐氧化生成巴豆酸。

接触机会

主要用于制正丁醇、正丁醛、硫化促进剂。

毒性

对人的眼结膜和上呼吸道有强烈的刺激性和催泪性。毒性较丙烯醛低，比相似的饱和化合物高。

急性毒性：LD_{50} 240mg/kg（小鼠经口）；380mg/kg（兔经皮）；LC_{50} 4000mg/m^3，1/2h（大鼠吸入）；人吸入40～100mg/m^3×10s，轻度刺激；人吸入12mg/m^3×10min，为最小中毒浓度（刺激）。

刺激性：人经眼：45ppm，引起刺激。家兔经皮开放性刺激试验：500mg，轻度刺激。嗅觉阈：约0.15～15 mg/m^3。

致突变性：微生物致突变性：鼠伤寒沙门氏菌100μL/L。

职业危害

急性危害：对眼结膜及上呼吸道黏膜有强烈刺激作用和催泪性。

慢性危害：长期接触引起慢性鼻炎、神经系统机能障碍。接触一定浓度的患者，部分经潜伏期（24h）可缓慢发展为肺水肿。无蓄积毒性，恢复迅速、完全。

应急处理

同丁醛。

防护措施

同甲醛。

职业接触限值

中　　国：OELs：*MAC*　12 mg/m^3

美　　国：ACGIH TLVs：*C*　0.3ppm；皮，A3

OSHA PEL：*TWA*　2ppm（6mg/m^3）

NIOSH REL：*TWA*　2ppm（6mg/m^3）

IDLH　50ppm

【丙酮】

英 文 名：Acetone

别　　名：2－甲酮；阿西通（2－Propanone）

$$CH_3CCH_3 \quad (C{=}O)$$

相对分子质量：58.08

分 子 式：$CH_3CO\ CH_3$

CAS　号：67－64－1

理化性质

熔　　点：－94.6℃　　闪　　点：－9.4℃（开杯）

－17.8℃（闭杯）

沸　　点：56.5℃

蒸 气 压：30.17kPa（25℃）　　相对密度：0.792（液体），2.0（气体）

黏　　度：0.316 mPa·s（25℃）　　自 燃 点：537℃

爆炸极限：2.6%～12.8%（体积）　　折 射 率：1.359（20℃）

无色具有挥发性的易燃液体。具有刺激性特殊气味，略带甜味。能与水、甲醇、乙醇、乙醚、氯仿、乙炔、苯、吡啶等混溶。能溶解油、油脂、树脂和橡胶。

接触机会

是制造醋酐、双丙酮醇、氯仿、碘仿、环氧树脂、聚异戊二烯橡胶、甲基丙烯酸甲酯等的重要原料。在无烟火药、赛璐珞、醋酯纤维、喷漆等工业中作溶剂。

毒性

属低毒类。丙酮极易挥发，在生产使用中主要以蒸气形式由呼吸道吸入，皮肤很少吸收。丙酮吸入血后迅速弥散至全身。在人体的代谢大多数是分解为乙酰醋酸和转变为糖原的三羧酸循环中间体。

动物实验表明：LD_{50}　5800 mg/kg（大鼠经口）；20000 mg/kg（兔经皮）。小鼠腹腔注射 *MLD* 为 1297mg/kg，家兔经口 LD_{50} 为 5.3mg/kg。丙酮的主要毒作用是对中枢神经系统的麻醉作用，其蒸气对黏膜有中等程度的刺激。

职业危害

急性中毒：较少见。初期有乏力、恶心、头痛、头晕，严重时可出现呕吐、痉挛，甚至昏迷。有些病例尿中出现蛋白、红细胞和白细胞，尿胆素增高，血胆红素增加，表明肝、肾损害的可能。

口服丙酮后，口唇、咽喉有烧灼感，经数小时的潜伏期后，发生口干、呕吐、昏睡、酸中毒和酮症。

慢性影响：长期接触低浓度丙酮蒸气一般为头痛、眩晕、嗜睡、喉部刺激和咳嗽、咽炎、支气管炎和乏力，易激动。对眼的刺激为流泪、畏光和角膜上皮浸润。

应急处理

皮肤接触：脱去污染的衣着，用肥皂水和清水彻底冲洗皮肤。

眼睛接触：提起眼睑，用流动清水或生理盐水冲洗。就医。

吸　　入：迅速脱离现场至空气新鲜处。保持呼吸道通畅。如呼吸困难，给输氧。如呼吸停止，立即进行人工呼吸。就医。

食　　入：口服后应洗胃并灌以浓茶等以减缓吸收，因丙酮脂溶性很强，应忌油。

急性中毒：应迅速脱离中毒现场，使中毒者静卧保暖，吸入氧气，对症处理。

防护措施

操作现场要保持良好的通风，做好个体防护；生产现场应装备安全信号指示器；人员上岗前和在岗期间应定期进行职业健康检查。

职业接触限值

中　　国：OELs：　*PC - TWA*　300mg/m³；*PC - STEL*　450mg/m³

美　　国：ACGIH TLVs：　*TWA*　500ppm (1200 mg/m³)；*STEL*　750ppm (1800 mg/m³)；A4, BEI

OSHA PEL：*TWA*　1000ppm（2400mg/m³）

NIOSH REL：*TWA*　250ppm（600 mg/m³）

IDLH　2500ppm

【2 - 丁酮】

英 文 名：2 - Butanone

别　　名：甲基乙基甲酮(Methyl ethyl ketone；MEK)

相对分子质量：72.11

分 子 式：$CH_3CO\ CH_2CH_3$

CAS　号：78 - 93 - 3

理化性质

闪　　点：-4.4℃(闭式)　　自 燃 点：515℃

熔　　点：-86.4℃　　饱和蒸气压：9.493k Pa(20℃)

沸　　点：79.6℃　　相对密度：0.805(液体)

爆炸极限：1.8% ~10% (体积)　　2.52(气体)

无色易挥发、易燃液体，有丙酮的气味。溶于约四倍的水中，溶于苯、乙醇和乙醚，与油混溶。与水形成恒沸点混合物。蒸气与空气形成爆炸性混合物。

接触机会

主要作为硝酸纤维素、乙烯基树脂和涂料等溶剂，也用于制润滑油的脱蜡剂、多种有机合成，及作为合成香料和医药的原料等。

毒性

属低毒类。体内摄取丁酮后，约 1/3 未变化而经呼吸道排出，其他部分在体内还原成丁醇与葡萄糖醛酸结合，由尿排出。

大鼠经口 LD_{50} 为 3.4g/kg，兔经皮肤 LD_{50} 为 6480mg/kg，液体滴入眼造成角膜水肿程度比丙酮严重。

职业危害

空气中高浓度丁酮刺激眼、鼻、咽，长时间接触能抑制中枢神经系统。人接触丁酮时，感到有眼结膜和鼻、咽、喉刺激。偶发生手指和臂部麻木。严重时可发生头痛、恶心、呕吐，丁酮与2－己酮混合应用时，曾有发生周围神经炎的报道，可能两者有协同作用。浓度高时，呈现麻醉作用。

长期接触丁酮液或蒸气可致皮炎。

人对本品的嗅阈为25ppm(73.5mg/m^3)。

应急处理

食　入：饮足量温水，催吐。就医。

其他同丙酮。

防护措施

加强生产设备的维修保养，严格遵守操作规程，防止跑、冒、滴、漏污染作业环境；注意通风排毒。

职业接触限值

中　国：OELs：　*PC－TWA*　300 mg/m^3；*PC－STEL*　600 mg/m^3

美　国：ACGIH TLVs：*TWA* 200ppm；*STEL*　300ppm

OSHA PEL：*TWA* 200ppm（590mg/m^3）

NIOSH REL：*TWA* 200ppm（590mg/m^3）；*STEL* 300ppm（885mg/m^3）

IDLH　3000ppm

【乙基丁酮】

英 文 名：Ethyl butyl ketone

别　　名：3－庚酮；乙基丁基甲酮；乙基正丁基甲酮；甲基乙基丙酮(3－heptanone)

相对分子质量：114.18

分 子 式：$CH_3CH_2CH_2CH_2COCH_2CH_3$

CAS　号：106－35－4

理化性质

相对密度：0.8198(液体)

3.93(气体)

熔　　点：－36.7℃

沸　　点：148℃

饱和蒸汽压：0.52kPa(20℃)

闪　　点：46.11℃(开杯)

爆炸极限：1.4%～8%(体积)

无色液体，不溶于水，能溶于乙醇。

接触机会

用于制混合溶剂及有机溶胶的分散剂。

毒性

属低毒类。大鼠经口 LD_{50} 为2.76g/kg，LC_{100} 为18.64g/m^3。大鼠在饱和蒸气下30min还可生存，未见死亡。液体可对眼及皮肤造成明显刺激。

职业危害

未见人中毒的报道。其蒸气对眼睛、皮肤、黏膜和上呼吸道有刺激性；对皮肤有脱脂作用，长期接触导致皮炎，须重视作业防护。

应急处理

同2－丁酮。

防护措施

生产现场应通风良好，且安装安全信号指示器，局部排气顺畅，生产设备要密闭。从业人员应采取呼吸防护措施。接触人员应穿戴防护服装、手套、口罩、防护眼镜等；工作服如被弄湿或受到污染时，应立即脱去，以避免燃烧危险；工作时不得饮水、进食或吸烟等。

职业接触限值

中国未制订职业接触限值。

美　国：ACGIH TLVs：　*TWA*　50ppm（230mg/m^3）；*STEL*　75ppm（345mg/m^3）
　　　OSHA PEL：　*TWA*　50ppm（230mg/m^3）
　　　NIOSH REL：　*TWA*　50ppm（230mg/m^3）
　　　IDLH　1000ppm

【3，3－二甲基－2－丁酮】

英 文 名：3，3－Dimethyl－2－butanone

别　　名：甲基叔丁基甲酮；甲基特丁基酮；频哪酮（Methyl－t－butyl ketone；Pinacolone；Pinacoline；Tert－butyl methyl ketone）

$$CH_3-C(CH_3)_2-C(=O)-CH_3$$

相对分子质量：100.16

分 子 式：$CH_3COC(CH_3)_3$

CAS 号：75－97－8

理化性质

相对密度：0.801（液体）　　沸　点：106.2℃

熔　点：－52.5℃　　闪　点：23℃

无色液体，有薄荷和类似樟脑味，易挥发。微溶于水，溶于乙醇、乙醚和丙酮。

接触机会

用作溶剂。

毒性

未见毒性资料。

职业危害

吸入、口服或经皮肤吸收对身体有害。具有刺激性。

应急处理

同2－丁酮。

防护措施

同丙酮。

职业接触限值

中国未制订职业接触限值。

【甲基丁基甲酮】

英 文 名：Methyl butyl ketone

别　　名：2－己酮(2－Hexanone)

相对分子质量：100.16

分 子 式：$CH_3COC_4H_9$

CAS　号：591－78－6

理化性质

相对密度：0.830(液体)

3.45(气体)

熔　　点：－56.9℃

沸　　点：127.2℃

蒸 气 压：1.33kPa(20℃)

闪　　点：35℃

爆炸极限：1.22%～8%(体积)

自 燃 点：533℃

无色液体，溶于乙醇和乙醚。

接触机会

用作溶剂。

毒性

主要经呼吸道吸入，皮肤吸收很少。有较强的黏膜刺激和麻醉作用。中毒动物有眼、鼻的刺激，其后体温降低，呼吸率和心率减慢，角膜和咽反射消失，最后死亡。慢性中毒时表现为神经毒性，如大鼠吸入5.33g/m^3 每天6h、每周5天，4个月后出现严重的对称性下肢无力，形态学检查证实周围神经及中枢神经系统(主要在延髓及小脑脚)引起病变。由于代谢产物使神经组织中的三磷酸腺苷下降，使轴浆运输和纤维复极化受阻，从而引起周围及中枢神经系统的损害。是广泛的灶性轴索肥大，以及轴索逆向死亡性退行性变。还发现丁酮对2－己酮的神经毒性具有协同作用。

职业危害

急性毒性：可以发生眼和上呼吸道刺激症状，如眼刺痛、畏光、流泪、异物感、鼻及咽喉痒痛，可能有干咳及胸部不适。浓度更高可致麻醉。由于2－己酮在低浓度时其气味已能被人查觉，所以急性中毒很少见。

慢性毒性：长期低浓度接触，引起多发性末梢神经炎。发病时多感肢端麻木及刺痛。下肢腓肠肌发凉感或痉挛样疼痛。随之，上下肢呈进行性无力，症状明显时有不同程度的运动障碍。多表现为双下肢对称性肌麻痹，较少累及上肢，严重者呈肌肉萎缩，甚至腕或足下垂。神经系统检查可发现四肢对称性感觉障碍，以远端为甚，多限于痛触及温度觉的减退；麻痹肢跟腱反射减弱或消失。肌电图检查可见到插入性电位、正锐波及纤颤波，神经传导的潜伏期延长，传导速度变慢。停止接触本品后大多数病例的神经机能可逐渐好转和恢复。

应急处理

同2－丁酮。

防护措施

同丙酮。

职业接触限值

中　国：OELs：　*PC－TWA*　20mg/m³；*PC－STEL*　40mg/m³；皮

美　国：ACGIH TLVs：*TWA*　5ppm（20 mg/m³）

OSHA PEL：*TWA*　100ppm（410 mg/m³）

NIOSH REL：*TWA*　1ppm（4 mg/m³）

IDLH　1600ppm

【3－丁烯－2－酮】

英 文 名：3－Buten－2－one

别　　名：甲基乙烯基甲酮（Methyl vinyl ketone）

$H_3C—C(=O)—CH=CH_2$

相对分子质量：70.09

分 子 式：$CH_3COCH=CH_2$

CAS　号：78－94－4

理化性质

相对密度：0.8636（液体），1.3（气体）　饱和蒸气压：41.23（55℃）

沸　　点：80.4℃　爆炸极限：2.1%～15.6%（体积）

闪　　点：－6℃　折 射 率：1.4086

有强烈刺激性气味的无色可燃有毒液体。易溶于水、甲醇、乙醇、乙醚、丙酮、冰醋酸，微溶于烃类。

接触机会

用作烷基化试剂、聚合反应单体，制造离子交换树脂和药物，在合成甾族化合物和维生素A中用作中间体，也可用于制取毒气。

毒性

属剧毒类。毒性远比饱和酮强。如在短时间内与皮肤接触，可使皮肤明显变性产生很深斑痕，极微量如进入兔眼内，可引起视力障碍，在背部滴上数滴也会经皮肤吸收中毒。丁烯酮不仅在液态，即使是蒸气状态下，也同样可经皮肤吸收。吸入浓度极低的气体，也会刺激气管黏膜而使之变性，引起喘息性支气管炎、肺水肿。在动物实验中，吸入0.1%（容量）的气体时，数分钟内可致死。

小啮齿动物皮下注射和经口LD_{50}为15～30mg/kg。对家兔给予10mg/kg时，就能引起血尿及严重的肾损伤。

丁烯酮多次中毒时就会形成致敏作用。

职业危害

本品对眼睛、皮肤、黏膜及上呼吸道有强烈刺激性。吸入后可因喉部及支气管的痉挛、水肿，炎症，化学性肺炎，肺水肿而致死，接触后可引起烧灼感、咳嗽、哮喘、喉炎、气短、头痛、恶心和呕吐。吸入、口服或经皮吸收后，严重中毒者均可能死亡。

应急处理

食入：用水漱口，给饮牛奶或蛋清。就医。静卧保暖，吸氧，就医，预防肺水肿，其他对症处理。

其他同2－丁酮。

防护措施

同丙酮。

职业接触限值

中国未制订职业接触限值。

【甲基异丁基甲酮】

英 文 名：Methyl isobutyl ketone

别　　名：2－甲基－4－戊酮（Hexone；4－Methyl－2－pentanone；Isopropylacetone）

相对分子质量：100.16

分 子 式：$(CH_3)_2CHCH_2COCH_3$

CAS　号：108－10－1

理化性质

相对密度：0.8042（液体），3.5（气体）　自 燃 点：460℃

熔　　点：－84.7℃　闪　　点：22.7℃（闭杯）

沸　　点：115.8℃　凝 固 点：－84.7℃

饱和蒸汽压：2.09kPa（20℃）　折 射 率：1.3960

爆炸极限：1.2%～8%（体积）

无色稳定液体，有愉快气味。微溶于水。与多数有机溶剂混溶。

接触机会

是硝酸纤维素、某些纤维素醚、樟脑、油脂、石蜡、树脂和喷漆等的溶剂，也用于有机合成。

毒性

属低毒类。甲基异丁酮主要经呼吸道吸入，很易从体内排出，主要是麻醉作用和局部刺激作用，大鼠经口 LD_{50} 为2.08g/kg，吸入16.2g/m^3 可致死。小鼠吸入67.1g/m^3，30min发生麻醉，转入新鲜空气中，意识很快恢复。眼接触能产生刺激和肿胀，兔皮肤长期接触可能引起红斑，干燥和脱屑。

职业危害

本品具有麻醉和刺激作用。人吸入4.1g/m^3 时引起中枢神经系统的抑制和麻醉；吸入0.41～2.05g/m^3 时，可引起胃肠道反应，如恶心、呕吐、食欲不振、腹泻，以及呼吸道刺激症状；低于84mg/m^{3}时没有不适感。

应急处理

同2－丁酮。

防护措施

同丙酮。

职业接触限值

中国未制订职业接触限值。

美　　国：ACGIH TLVs：　*TWA*　20ppm；*STEL*　75ppm；A3，BEI

OSHA PEL： *TWA* 100ppm（410 mg/m^3）

NIOSH REL： *TWA* 50ppm（205mg/m^3）；*STEL* 75ppm（300 mg/m^3）

IDLH 500ppm

【丙酮氰醇】

英 文 名：Acetone cyanohydrin

别　　名：2 - 羟基异丁腈；氰丙醇；2 - 甲基 - 2 - 羟基丙腈

相对分子质量：16.04

分 子 式：$(CH_3)_2C(OH)CN$

CAF　号：75 - 86 - 5

理化性质

相对密度：0.932(20℃/4℃)

熔　　点：-19℃

沸　　点：95℃

闪　　点：63℃

爆炸极限：2.2% ~12%(体积)

自 燃 点：685℃

无色液体。易溶于水、乙醇、乙醚、能溶于丙酮和苯，不溶于石油醚。加热时分解为丙酮和氢氰酸。

接触机会

用于制甲基丙烯酸甲酯，偶氮二异丁腈等，还用作合成农药。

毒性

属高毒类。毒性作用与氰化氢相似，其蒸气和液体对皮肤、黏膜与刺激作用，可经呼吸道、皮肤、消化道吸收。

丙酮氰醇的羟基在 α 位置上，极易水解出氰基，所以毒性大。

小鼠经口 LD_{50} 为 15mg/kg，大鼠为 17mg/kg。豚鼠经皮 LD_{50} 为 140mg/kg，滴入兔眼1 滴立即死亡。

小鼠吸入 LC_{50} 为 575ppm × 2h，大鼠为 330mg/m^3。

职业危害

急性中毒潜伏期与接触量有关，一般于接触 4 ~ 5min 后出现症状。初起为头痛、心悸、无力、头昏、胸闷、恶心、呕吐和食欲减退。据国外文献报道多起急性中毒病例，有因用唧筒汲取本品时吸入人体而丧失意识；有因皮肤接触而中毒；有衣服淋湿 40mL 本品而中毒；有因手套、衣服上沾染本品，虽然摘下手套，但衣服上仍留有本品，经 5min 出现恶心，10min 后意识丧失，发生抽搐、牙关紧闭、呼吸减弱、虚脱，严重者可致死亡。

皮肤接触本品可引起皮炎。

本品的急性中毒病例，即使在自我感觉良好、健康状态恢复后，仍须密切观察。也有中毒者发生昏迷后，经转移到新鲜空气处，清洗污染的皮肤，并进行相应的治疗后，得到完全恢复无后遗症。

应急处理

皮肤接触：脱去污染的衣着，用肥皂水及清水彻底冲洗，提供安全淋浴和吸烟设备。

眼睛接触：立即翻开眼睑，用流动水或生理盐水冲洗至少 15min。就医。

吸入后，迅速脱离现场至空气新鲜处。保暖并休息。呼吸困难时给输氧。呼吸停止者，立即进行人工呼吸(勿用口对口)。给吸入亚硝酸异戊酯，就医。误服者立即漱口，立即就医。

防护措施

(1)本品在储存和运输中防止受热日晒，因本品受热可产生大量氢氰酸而造成爆炸和人员中毒事故。

(2)在本品中加入少量硫酸，可呈酸性或中性，能减少其分解。

(3)仔细保护呼吸器官和皮肤，防止皮肤直接接触。棉毛织品易透过本品的液体和蒸气，无保护作用。

(4)妇女不宜参加本品的生产和使用。

严加密闭，提供充分的局部排风和全面排风。可能接触毒物时，应佩戴防毒面具。紧急事态抢救或撤离时，佩戴正压自给式呼吸器。戴化学安全防护眼镜。穿防静电工作服。戴防化学品手套。工作现场禁止吸烟、进食和饮水。工作后，彻底清洗。单独存放被毒物污染的衣服，洗后再用。

职业接触限值

中　国：OELs：　*MAC*　3mg[CN]/m^3；皮，G2B

美　国：ACGIH TLVs：*C*　5 mg/m^3，皮

NIOSH REL：　*C*　1ppm (4mg/m^3) (15min)

五、脂肪族羧酸及其衍生物

【甲酸】

英 文 名：Formic acid；Methanoic acid

别　　名：蚁酸

相对分子质量：46.03

分 子 式：CH_2O_2

CAS 号：64－18－6

$$H-\overset{\displaystyle O}{\overset{\|}{C}}-OH$$

理化性质

相对密度：1.23(液体)，1.59(气体)　　闪　点：68.89℃(开杯)

熔　点：8.2℃　　爆炸极限：18%～57%(体积)

沸　点：100.8℃　　自 燃 点：600℃

蒸 气 压：5.33 kPa (24℃)

无色透明发烟液体，有强烈刺激性酸味。有腐蚀性。易溶于水和甲醇、乙醇、乙醚等极性溶剂，微溶于苯等非极性烃类溶剂。有还原性，易被氧化成水和二氧化碳。

接触机会

用于制化学药品、橡胶凝固剂及纺织、印染、电镀等。甲酸是有机化工基础原料之一，广泛用于农药、皮革、医药、橡胶、印染及化工原料等行业。

毒性

属低毒类。可经过呼吸道、消化道和皮肤吸收。进入体内后，部分被氧化，约18%

~25%以原形排出体外。人口服约30g，可引起肾功能衰竭或呼吸功能衰竭而死亡。

急性毒性：大鼠经口 LD_{50} 1100 mg/kg；大鼠吸入 LC_{50} 15000 mg/m³，（15min）。

亚急性和慢性毒性：小鼠饮水中含0.01% ~0.25%游离甲酸，2~4个月内无任何影响；0.5%则影响食欲并使其生长缓慢。小鼠吸入10g/m³以上时，1~4天后死亡。

刺激性：人经眼：1ppm(6min)，非标准接触，轻度刺激。人经皮：150μg(3天)，间歇，轻度刺激。家兔经眼：122mg，重度刺激。家兔经皮开放性刺激试验：610mg，轻度刺激。

致突变性：微生物致突变：大肠杆菌70ppm(3h)。姊妹染色体单体交换：人淋巴细胞10mmol/L。

职业危害

主要引起皮肤、黏膜的刺激症状。吸入甲酸蒸气可引起结膜炎、眼睑水肿、鼻炎、支气管炎，重者可引起急性化学性肺炎。浓甲酸口服后可腐蚀口腔及消化道黏膜，引起呕吐、腹泻及胃肠出血，甚至因急性肾功能衰竭或呼吸功能衰竭而致死。皮肤接触轻者表现为接触部位皮肤发红，重者可致皮肤灼伤，起水疱，甚至发生溃疡。偶有过敏反应。

应急处理

吸入中毒者应迅速脱离现场至空气新鲜处，可吸入5%碳酸氢钠雾化剂并对症处理。甲酸灼伤先用流动清水冲洗，再用2%碳酸氢钠溶液中和，盖以消毒敷料。误服者催吐、洗胃、导泻。洗胃可用温水或2.5%氧化多镁溶液，不可用碳酸氢钠溶液，以免产生二氧化碳而引起胃穿孔。可口服牛奶、蛋清、豆浆等黏膜保护剂。

防护措施

生产过程密闭，加强通风。提供安全淋浴和洗眼设备。

呼吸系统防护：可能接触其蒸气时，必须佩戴自吸过滤式防毒面具(全面罩)或自吸式长管面具。紧急事态抢救或撤离时，建议佩戴空气呼吸器。

眼睛防护：呼吸系统防护中已作防护。

身体防护：穿橡胶耐酸碱服。

手 防 护：戴橡胶耐酸碱手套。

其　　他：工作现场禁止吸烟、进食和饮水。工作完毕，淋浴更衣。注意个人清洁卫生。

职业接触限值

中　国：OELs：　*PC-TWA*　10mg/m³；*PC-STEL*　20mg/m³

美　国：ACGIH TLVs：*TWA*　5ppm（9mg/m³）；*STEL*　10ppm（18 mg/m³）

OSHA PEL：　*TWA*　5ppm（9mg/m³）

NIOSH REL：　*TWA*　5ppm（9mg/m³）

IDLH　30ppm

【乙酸】

英 文 名：Acetic acid；Ethanoic acid

别　　名：醋酸；冰醋酸

$$CH_3-\overset{\overset{\large O}{\|}}{C}-OH$$

相对分子质量：60.05

分 子 式：$C_2H_4O_2$

CAS 号：64－19－7

理化性质

相对密度：1.04（液体）

2.07（气体）

熔 点：16.7℃

沸 点：118.1℃

蒸 气 压：1.52kPa（20℃）

闪 点：39℃

爆炸极限：4%～17%（体积）

自 燃 点：463℃

无色透明液体或结晶，有刺激性气体。溶于水、甲醇、乙醚、乙醇和苯，不溶于二硫化碳。

接触机会

用于制造醋酸盐、醋酸纤维素、医药、颜料、酯类、塑料、香料等。

毒性

属低毒类。

急性毒性：大鼠经口 LD_{50}：3530mg/kg；兔经皮 LD_{50}：1060mg/kg；小鼠吸入 LC_{50} 5620ppm；人经口 1.47mg/kg，最低中毒量，出现消化道症状；人经口 20～50g，致死剂量。

亚急性和慢性毒性：人吸入 200～490mg/m^3 ×7～12 年，有眼睑水肿，结膜充血，慢性咽炎，支气管炎。

致突变性：微生物致突变：大肠杆菌 300ppm（3h）。姊妹染色单体交换：人淋巴细胞 5mmol/L。

生殖毒性：大鼠经口最低中毒剂量（TDL_0）：700mg/kg（18 天，产后），对新生鼠行为有影响。大鼠睾丸内最低中毒剂量（TDL_0）：400mg/kg（1 天，雄性），对雄性生育指数有影响。

职业危害

急性中毒：吸入蒸气对鼻、喉和呼吸道有刺激性，吸入极高浓度，可引起迟发性肾水肿。对眼有强烈刺激作用。皮肤接触，轻者出现红斑，重者引起化学灼伤。误服浓乙酸，口腔和消化道可产生糜烂，重者可因休克而致死。

慢性影响：长期接触乙酸蒸气，可引起睑水肿、结膜充血、慢性鼻炎、咽炎、支气管炎。长期反复接触，可致皮肤干燥、脱脂和皮炎。个别接触者可发生哮喘，肺功能检查提示有阻塞性通气功能障碍。还有部分接触者局部皮肤发黑和角化，牙齿腐蚀斑和贫血等。

应急处理

吸入中毒者应迅速脱离现场至空气新鲜处，可吸入 5% 碳酸氢钠雾化剂并对症处理，防治肺水肿。误服者用清水洗胃，洗胃时防止胃穿孔和出血。眼和皮肤受乙酸污染时，立即用流动清水冲洗，然后对症处理。

防护措施

工程控制：生产过程密闭，加强通风。提供安全淋浴和洗眼设备。

呼吸系统防护：空气中深度浓度超标时，应佩戴防毒面具。

身体防护：穿橡胶耐酸碱服。

眼睛防护：戴化学安全防护眼镜。

手 防 护：戴橡皮手套。

其　　他：工作现场禁止吸烟。工作后，淋浴更衣。注意个人清洁卫生。

职业接触限值

中　　国：OELs：　*PC-TWA*　$10mg/m^3$；*PC-STEL*　$20mg/m^3$

美　　国：ACGIH TLVs：*TWA*　10ppm($25mg/m^3$)；*STEL*　15ppm($37mg/m^3$)

OSHA PEL：*TWA*　10ppm（25 mg/m^3）

NIOSH REL：*TWA*　10ppm（$25mg/m^3$）；*STEL* 15ppm（37 mg/m^3）

IDLH　50ppm

【正戊酸】

英 文 名：Valeric acid；*n*-Pentanoic acid

别　　名：正穿心排草酸

$$CH_3—CH_2—CH_2—CH_2—\overset{O}{\overset{\|}{C}}—CH_3$$

相对分子质量：102.13

分 子 式：$CH_3(CH_2)_3COOH$

CAS　号：109-52-4

理化性质

相对密度：0.9394(液体)　　蒸 气 压：0.019kPa（25℃）

熔　　点：-34℃　　闪　　点：96℃(开杯)

沸　　点：185.4℃

无色有刺激性气味的气体。溶于水，溶于乙醇和乙醚。易燃。

接触机会

用作香精、调味品、医药和增塑剂等的制造。相关生产和使用过程中接触本品。

毒性

属低毒类。小鼠经口 LD_{50} 0.6g/kg。大鼠吸入中毒时可引起结膜炎和运动兴奋等表现。浓度较高时，戊酸对皮肤和眼睛有强烈的刺激作用。

应急处理

给予中毒者对症和支持治疗。

防护措施

加强工作场所的通风排毒，加强个人防护。工作场所禁用明火，以免引起燃烧爆炸。

职业接触限值

中国未制订职业接触限值。

【异戊酸】

英 文 名：*iso*-Valeric acid

$$CH_3—\underset{}{\overset{CH_3}{\overset{|}{C}H}}—CH_2—CH_2—\overset{O}{\overset{\|}{C}}—OH$$

相对分子质量：102.13

分 子 式：$(CH_3)CHCH_2COOH$

CAS　号：503-74-2

理化性质

相对密度：0.931(液体)　　　沸　　点：176℃

熔　　点：-37℃　　　蒸 气 压：0.133kPa (34.5℃)

无色液体。具有不愉快气味。微溶于水，溶于乙醇和乙醚。易燃。

接触机会

主要用于生产戊酸酯，作香料的原料。雌激素药雌二醇戊酸酯及消毒剂的原料。

毒性

属低毒类。大鼠经口 LD_{50} 2g/kg。浓异戊酸对眼睛、皮肤和呼吸道黏膜有强刺激作用，可引起结膜炎、运动兴奋和血管扩张等反应。

职业危害

接触原液对皮肤具有强烈刺激性。吸入、摄入或经皮肤吸收后对身体有害。可引起灼伤。对眼睛、皮肤、黏膜和上呼吸道具有强烈刺激作用。吸入后，可引起喉、支气管的炎症、水肿、痉挛，化学性肺炎或肺水肿。接触后可引起烧灼感、咳嗽、喘息、气短、头痛、恶心和呕吐等。

应急处理

皮肤接触：皮肤接触先用水冲洗，再用肥皂彻底洗涤。

眼睛接触：眼睛受刺激用水冲洗，严重的须送医院诊治。

吸　　入：若吸入蒸气得使患者脱离污染区，安置休息并保暖。

食　　入：误服立即漱口，给予催吐剂催吐，急送医院诊治。

防护措施

工程控制：生产过程密闭，加强通风。提供安全淋浴和洗眼设备。

呼吸系统防护：空气中深度浓度超标时，应佩戴防毒面具。

身体防护：穿橡胶耐酸碱服。

眼睛防护：戴化学安全防护眼镜。

手 防 护：戴橡皮手套。

其　　他：工作现场禁止吸烟。工作后，淋浴更衣。注意个人清洁卫生。

职业接触限值

中国未制订职业接触限值。

【丙烯酸】

英 文 名：Acylic acid；Propenoic acid

相对分子质量：72.06

分 子 式：$C_3H_4O_2$

CAS　号：79-10-7

$$H_2C{=}CH{-}\overset{\displaystyle O}{\overset{\|}{C}}{-}OH$$

理化性质

相对密度：10.52(液体)　　　蒸 气 压：1.33kPa(39.9℃)

　　　　　2.45(气体)　　　闪　　点：50℃

熔　　点：12.3℃　　　爆炸极限：2.4%～8%(体积)

沸　　点：141℃　　　自 燃 点：438℃

无色液体，有刺激气味。易聚合。与水、乙醇混溶。酸性强，有腐蚀性。化学性质活泼，还原时生成丙酸，与盐酸加成时生成2－氯丙酸。

接触机会

与丙烯酰胺共聚合成有机絮凝剂。用于制备丙烯酸树脂等，也用于其他有机合成。

毒性

大鼠经口 LD_{50}：33.5mg/kg；小鼠经口 LD_{50}：2400mg/kg；小鼠吸入 LC_{50} 5300mg/m^3。

本品属低毒类。无蓄积作用。其溶剂对眼睛、皮肤和呼吸道有强烈刺激作用。大鼠吸入其饱和蒸气(19g/m^3)，5h，可见眼、鼻刺激，呼吸困难，个别死亡，尸检见肝和肾小管有退行性变；吸入浓度882mg/m^3，6h，20次，可见鼻刺激症状、困倦、体重减轻，解剖未见器官异常；吸入浓度235mg/m^3，6h，20次，无中毒表现，也无病理改变。

职业危害

侵入途径：吸入、食入、经皮吸收。

健康危害：本品对鼻、喉有刺激性；高浓度接触可能引起肺部改变。对皮肤有刺激性，可致灼伤。眼接触可致灼伤，造成永久性损害。

慢性影响：可能引起肺、肝、肾损害。对皮肤有致敏性，致敏后，即使接触极低水平的本品，也能引起皮肤刺痒和皮疹。

工业生产中，未见职业中毒病例报告。

应急处理

皮肤接触：立即脱去污染的衣着，用大量流动清水冲洗至少15min。就医。

眼睛接触：立即提起眼睑，用大量流动清水或生理盐水彻底冲洗至少15min。就医。

吸　　入：迅速脱离现场至空气新鲜处。保持呼吸道通畅。如呼吸困难，给输氧。如呼吸停止，立即进行人工呼吸。就医。

食　　入：用水漱口，给饮牛奶或蛋清。就医。

防护措施

工程控制：生产过程密闭，加强通风。

呼吸系统防护：空气中浓度超标时，必须佩戴自吸过滤式防毒面具(全面罩)或直接式防毒面具(半面罩)。紧急事态抢救或撤离时，佩戴自给式呼吸器。

眼睛防护：呼吸系统防护中已作防护。

身体防护：穿橡胶耐酸碱服。

手 防 护：戴橡胶耐酸碱手套。

其他防护：工作场所禁止吸烟、进食和饮水，饭前要洗手。

职业接触限值

中　　国：OELs：*PC－TWA*　6mg/m^3；皮

美　　国：ACGIH　TLVs：*TWA*　2ppm(6mg/m^3)；皮，A4

NIOSH　REL：*TWA*　2ppm(6mg/m^3)；皮

【丁二酸】

英 文 名：Succinic acid

别　　名：琥珀酸

相对分子质量：118.09

分 子 式：$C_4H_6O_4$

CAS　号：110－15－6

$$HOOC-CH_2-CH_2-COOH$$

理化性质

相对密度：1.552（液体）　　沸　　点：235℃（部分转化为酸酐）

熔　　点：185℃

无色晶体，有酸味，微溶于水，溶于乙醇和乙醚、丙酮，不溶于苯、四氯化碳、石油醚等。

接触机会

主要用于制备琥珀酸酐等五杂环化合物。也用于制备醇酸树脂（由丁二酸生产的醇酸树脂具有良好的曲挠性、弹性和抗水性）、油漆、染料（丁二酸的二苯基酯是染料的中间体，与氨基蒽醌反应后生成蒽醌染料）、食品调味剂（丁二酸还可作食品酸味剂用于酒、饲料、糖果等的调味。）、照相材料等。医药工业中可用它生产磺胺药、维生素 A、维生素 B 等抗痉挛剂、松痰剂、利尿剂和止血药物。作为化学试剂，用作碱量法标准试剂、缓冲剂、气相色谱对比样品。还可用作润滑剂和表面活性剂的原料。

毒性

毒性较小，对眼睛、皮肤、黏膜有一定的刺激作用，对全身不产生毒害作用。大剂量口服可引起非特异性呕吐和腹泻。大鼠口服 LD_{50} 8530mg/kg。

职业危害

目前，未见职业性损害的报告。出现症状，对症处理。

应急处理

皮肤接触：立即脱去污染的衣着，用大量流动清水冲洗至少 15min。就医。

眼睛接触：立即提起眼睑，用大量流动清水或生理盐水彻底冲洗至少 15min。就医。

吸　　入：迅速脱离现场至空气新鲜处。保持呼吸道通畅。如呼吸困难，给输氧。如呼吸停止，立即进行人工呼吸。就医。

食　　入：用水漱口，给饮牛奶或蛋清。就医。

防护措施

生产过程密闭，加强通风。可能接触其蒸气时，必须佩戴自吸过滤式防毒面具（全面罩）或直接式防毒面具（半面罩）。紧急事态抢救或撤离时，佩戴自给式呼吸器。

职业接触限值

中国未制订职业接触限值。

【己二酸】

英 文 名：Adipic acid；Hexanedioic acid；
1,4－Butanedicarboxylic acid

别　　名：肥酸

相对分子质量：146.14

分 子 式：$C_6H_{10}O_4$

$$HOOC-CH_2-CH_2-CH_2-CH_2-COOH$$

CAS 号：124-04-9

理化性质

相对密度：1.360　　闪　点：196℃（闭杯）

熔　点：153℃　　爆炸极限：10～15mg/L（粉尘）

沸　点：337.5℃（101.325kPa，分解）　　自燃点：420℃

蒸气压：0.0728Pa（18.5℃）

白色结晶固体。微溶于水，易溶于酒精、乙醚等有机溶剂，易燃。

接触机会

主要用作尼龙66和工程塑料的原料，也用于生产各种酯类产品。用作增塑剂和高效润滑剂，还用作聚氨基甲酸酯弹性体的原料，以及食品和饮料的酸化剂。

毒性

大鼠经口 LD_{50}：>11g/kg；小鼠经口 LD_{50}：1900mg/kg。

职业危害

对眼睛、皮肤、黏膜和上呼吸道有刺激作用。目前，未见职业性损害的报告。出现症状，对症处理。

应急处理

皮肤接触：脱去污染的衣着，用大量流动清水冲洗。就医。

眼睛接触：提起眼睑，用流动清水或生理盐水冲洗。就医。

吸　入：脱离现场至空气新鲜处。如呼吸困难，给输氧。就医。

食　入：饮足量温水，催吐。就医。

防护措施

生产过程密闭，加强通风；空气中粉尘浓度超标时，必须佩戴自吸过滤式防尘口罩。紧急事态抢救或撤离时，应该佩戴空气呼吸器。

眼睛防护：戴化学安全防护眼镜。

身体防护：穿防毒物渗透工作服。

手防护：戴橡胶手套。

其他防护：工作现场严禁吸烟。注意个人清洁卫生。

职业接触限值

中国未制订职业接触限值。

美　国：ACGIH TLVs：*TWA* 5mg/m³

【氨三乙酸】

英文名：Nitrilotriacetic acid；NTA；Triglycine；TGA；Triglycolamic acid

别　名：氨羧络合剂Ⅰ；氨基三乙酸；特立隆A

相对分子质量：191.14

分子式：$C_6H_9O_6N$

CAS 号：139-13-9

理化性质

熔　点：240℃（分解）

白色晶体粉末，不溶于水和多数有机溶剂，微溶于热水，溶于碱溶液，能与各种金属离子形成络合物。

接触机会

NTA 是一种相当重要的氨羧络合剂，可以广泛应用于精细化工领域，在国外，它被广泛的应用于各个工业领域，尤其是洗涤剂、阻垢剂和除垢剂、无氰电镀、聚氨酯泡沫发泡催化剂等。

毒性

大鼠经口 LD_{50}：1.47g/kg。

职业危害

未见职业中毒报道。

应急处理

皮肤接触：脱去污染的衣着，用大量流动清水冲洗。就医。

眼睛接触：提起眼睑，用流动清水或生理盐水冲洗。就医。

吸　　入：脱离现场至空气新鲜处。如呼吸困难，给输氧。就医。

食　　入：饮足量温水，催吐。就医。

防护措施

生产过程密闭，加强通风。空气中粉尘浓度超标时，必须佩戴自吸过滤式防尘口罩。紧急事态抢救或撤离时，应该佩戴空气呼吸器。

职业接触限值

中国未制订职业接触限值。

【顺丁烯二酸酐】

英 文 名：Maleic anhydride；2,5 – Furandione

别　　名：顺酐；马来酸酐；2,5 – 呋喃二酮；失水苹果酸酐

相对分子质量：98.06

分 子 式：$C_4H_2O_3$

CAS　号：108 – 31 – 6

HC—C(=O)—O—C(=O)—CH（HC=CH，环状结构式）

理化性质

相对密度：1.48　　闪　　点：103℃

熔　　点：52.8℃　　爆炸极限：1.4% ~7.1%(体积)

沸　　点：200℃　　自 燃 点：476℃

无色针状结晶，有强烈刺激气味，易升华，溶于乙醇、乙醚和丙酮，难溶于石油醚和四氯化碳，部分溶于氯仿和苯。

接触机会

制造聚合物、共聚物，也用于合成树脂、涂料、农药、医药、食品、及润滑油添加剂等，遇有机胺类物质容易变成紫红色，且用水稀释后颜色没有变化。

毒性

属低毒类。大鼠经口 LD_{50} 为 481mg/kg。动物实验有致癌作用。人在 >10mg/m^3 环境中感到明显的刺激作用。

职业危害

直接接触其蒸气或粉尘，对眼和皮肤有明显刺激作用，引起灼伤和皮肤过敏。吸入后引起咽炎，喉炎和支气管炎。

侵入途径：吸入、食入、经皮吸收。

健康危害：本品粉尘和蒸气具有刺激性。吸入后可引起咽炎、喉炎和支气管炎。可伴有腹痛。眼和皮肤直接接触有明显刺激作用，并引起灼伤。

慢性影响：慢性结膜炎，鼻黏膜溃疡和炎症。有致敏性，可引起皮疹和哮喘。

应急处理

皮肤接触：脱去污染的衣着，立即用水冲洗至少15min。若有灼伤，就医治疗。

眼睛接触：立即提起眼睑，用流动清水或生理盐水冲洗至少15min。就医。

吸　　入：迅速脱离现场至空气新鲜处。保持呼吸道通畅。必要时进行人工呼吸。就医。

食　　入：误服者立即漱口，给饮牛奶或蛋清。就医。

防护措施

呼吸系统防护：空气中浓度超标时，应该佩戴防毒口罩。

眼睛防护：戴安全防护眼镜。

防 护 服：穿工作服(防腐材料制作)。

手 防 护：戴橡皮手套。

其　　他：工作后，淋浴更衣。注意个人清洁卫生。

职业接触限值

中　　国：OELs：*PC－TWA*　1mg/m^3；*PC－STEL*：2mg/m^3；敏

美　　国：ACGIH TLVs：*TWA*　0.1ppm(0.4mg/m^3)；SEN，A4

OSHA　PEL：*TWA*　0.25ppm(1mg/m^3)

NIOSH　REL：*TWA*　0.25ppm(1mg/m^3)

IDLH　10mg/m^3

【乙酸甲酯】

$$CH_3-\overset{\overset{\displaystyle O}{\|}}{C}-OCH_3$$

英 文 名：Methyl acetate；Acetic acid methyl ester

别　　名：醋酸甲酯

相对分子质量：74.08

分 子 式：$C_3H_6O_2$

CAS 号：79－20－9

理化性质

相对密度：0.93(液体)，2.8(气体)

熔　　点：－98.7℃

沸　　点：56.3℃

蒸 气 压：53.32kPa(40℃)

闪　　点：－9℃

爆炸极限：3.1%～16%(体积)

自 燃 点：454℃

无色透明液体，有辛辣味。易挥发、易燃烧，微溶于水，能与乙醇、乙醚等混溶。蒸气与空气星城爆炸性混合物。

接触机会

用作溶剂、香精、人造革、试剂等。在香精应用方面，可用于日化香精中，但主要用于食用香精的调配。

毒性

属低毒类。大鼠经口 LD_{50} >5g/kg；兔经皮 LD_{50} >5g/kg，本品可经呼吸道和消化道侵入人体，皮肤吸收甚微，具有麻醉和刺激作用。为弱麻醉剂，麻醉作用较乙酸戊酯弱。有轻度黏膜刺激作用。本品在体内代谢生成甲醇和醋酸，但其麻醉效应主要由酯本身引起。

职业危害

侵入途径：吸入、食入、经皮吸收。

具有麻醉和刺激作用。接触本品蒸气引起眼灼热感、流泪、进行性呼吸困难、头痛、头晕、心悸、忧郁、中枢神经系统抑制。由其分解产生的甲醇可引起视力减退、视野缩小和视神经萎缩等。

应急处理

皮肤接触：立即脱去污染的衣着，用大量流动清水冲洗至少15min。

眼睛接触：立即提起眼睑，用大量流动清水或生理盐水彻底冲洗至少15min。就医。

吸　　入：迅速脱离现场至空气新鲜处。保持呼吸道通畅。如呼吸困难，给输氧。如呼吸停止，立即进行人工呼吸。就医。

食　　入：用水漱口，给饮牛奶或蛋清。就医。

防护措施

生产过程密闭，局部通风。提供安全淋浴和洗眼设备。

呼吸系统防护：可能接触其蒸气时，应该佩戴自吸过滤式防毒面具（半面罩）。紧急事态抢救或撤离时，建议佩戴空气呼吸器。

眼睛防护：戴化学安全防护眼镜。

身体防护：穿防静电工作服。

手 防 护：戴橡胶手套。

其　　他：工作现场严禁吸烟。工作毕，淋浴更衣。注意个人清洁卫生。

职业接触限值

中　　国：OELs：*PC－TWA*　200mg/m^3；*PC－STEL*　500mg/m^3

美　　国：ACGIH　TLVs：*TWA*　200ppm（610mg/m^3）；*STEL*　250ppm（760mg/m^3）

OSHA　PEL：*TWA*　200ppm（610mg/m^3）

NIOSH　REL：*TWA*　200ppm（610mg/m^3）；*STEL*　250ppm（760mg/m^3）

IDLH　3100ppm

【乙酸乙酯】

英 文 名：Ethyl acetate；Acetic acid；Ethyl ester

别　　名：醋酸乙酯

相对分子质量：88.11

$$CH_3-\overset{\overset{\displaystyle O}{\|}}{C}-OCH_2CH_3$$

分 子 式：$C_4H_8O_2$

CAS 号：141-78-6

理化性质

相对密度：0.89(液体)，3.0(气体)　　闪　点：-4℃

熔　点：-83.6℃　　爆炸极限：2.2%~11.5%(体积)

沸　点：77.2℃　　自 燃 点：426℃

蒸 气 压：13.33kPa(27℃)

无色透明液体，有芳香气味。易着火。易挥发。微溶于水，溶于乙醇、丙酮、乙醚、氯仿等有机溶剂，易起水解和皂化作用。蒸气与空气形成爆炸性混合物。

接触机会

是一种快干性的、极好的工业溶剂，广泛用于醋酸纤维、乙基纤维、氯化橡胶、乙烯树脂、乙酸纤维树酯、合成橡胶、涂料及油漆等的生产。用作黏合剂的溶剂、油漆的稀释剂以及制造药物、燃料的原料。也可用于生产复印机用液体硝基纤维墨水。在纺织工业中用作清洗剂。

毒性

属低毒类。大鼠经口 LD_{50}：5620mg/kg；大鼠吸入 LC_{50}：200mg/m^3；小鼠经口 LD_{50}：4100mg/kg；小鼠吸入 LC_{50}：45g/m^3(2h)；兔经口 LD_{50} >20mL/kg。

本品对黏膜有中度的刺激作用和中等的麻醉作用。在体内分解为乙醇和乙酸，但麻醉作用主要由乙酸乙酯整个分子引起。

职业危害

(1) 急性中毒：接触高浓度可引起眼、呼吸道刺激症状，有时可致角膜混浊。重复长时间接触，中枢神经系统出现进行性麻醉作用。持续高浓度吸入，可致肺水肿和呼吸麻痹及肝、肾充血。误服者可引起恶心、呕吐、腹痛、腹泻等。有致敏作用，因血管神经障碍而致牙龈出血；可致湿疹样皮炎。

(2) 慢性影响：长期接触本品有时可致继发性贫血、白细胞增多等。

应急处理

皮肤接触：立即脱去污染的衣着，用大量流动清水冲洗至少15min。

眼睛接触：立即提起眼睑，用大量流动清水或生理盐水彻底冲洗至少15min。就医。

吸　入：迅速脱离现场至空气新鲜处。保持呼吸道通畅。如呼吸困难，给输氧。如呼吸停止，立即进行人工呼吸。就医。

食　入：用水漱口，给饮牛奶或蛋清。就医。

防护措施

生产过程密闭，局部通风。提供安全淋浴和洗眼设备。呼吸系统防护：可能接触其蒸气时，应该佩戴自吸过滤式防毒面具(半面罩)。紧急事态抢救或撤离时，建议佩戴空气呼吸器。眼睛防护：戴化学安全防护眼镜。身体防护：穿防静电工作服。手防护：戴橡胶手套。其他：工作现场严禁吸烟。工作毕，淋浴更衣。注意个人清洁卫生。

职业接触限值

中　国：OELs：*PC-TWA*　200mg/m^3；*PC-STEL*　300mg/m^3

美　国：ACGIH　TLVs：*TWA*　400ppm(1400mg/m^3)

OSHA PEL: *TWA* 400ppm(1400mg/m^3)
NIOSH REL: *TWA* 400ppm(1400mg/m^3)
IDLH 2000ppm

【乙酸正丁酯】

英 文 名：*n* - Butyl acetate；*n* - Butyl ethanate
别 名：醋酸丁酯
相对分子质量：116.16
分 子 式：$CH_3COO(CH_2)_3CH_3$
CAS 号：123 - 86 - 4

$$CH_3-\overset{\overset{O}{\|}}{C}-O-CH_2-CH_2-CH_2-CH_3$$

理化性质

相对密度：0.8826(液体)，4.1(气体)
熔 点：-77.9℃
沸 点：126.1℃
蒸 气 压：2.00kPa(25℃)
闪 点：22℃
爆炸极限：1.2% ~7.5%(体积)
自 燃 点：370℃

无色透明可燃性液体，有水果香味。微溶于水，与乙醇、丙酮、乙醚等有机溶剂混溶。易起水解和皂化作用。蒸气与空气形成爆炸性混合物。

接触机会

广泛应用于硝化纤维清漆中，在人造革、织物及塑料加工过程中用作溶剂，在石油加工和制药过程中用作萃取剂，也用于香料工业等。

毒性

大鼠经口 LD_{50}：10768mg/kg；小鼠经口 LD_{50}：6g/kg；小鼠吸入 LC_{50}：6g/m^3(2h)；兔经口 LD_{50} >17600mg/kg。

职业危害

侵入途径：吸入、食入、经皮吸收。

对眼及上呼吸道均有强烈的刺激作用，有麻醉作用。吸入高浓度本品出现流泪、咽痛、咳嗽、胸闷、气短等，严重者出现心血管和神经系统的症状。可引起结膜炎、角膜炎，角膜上皮有空泡形成。皮肤接触可引起皮肤干燥。

应急处理

皮肤接触：立即脱去污染的衣着，用大量流动清水冲洗至少15min。

眼睛接触：立即提起眼睑，用大量流动清水或生理盐水彻底冲洗至少15min。就医。

吸 入：迅速脱离现场至空气新鲜处。保持呼吸道通畅。如呼吸困难，给输氧。如呼吸停止，立即进行人工呼吸。就医。

食 入：用水漱口，给饮牛奶或蛋清。就医。

防护措施

工程控制：生产过程密闭，局部通风。提供安全淋浴和洗眼设备。

呼吸系统防护：可能接触其蒸气时，应该佩戴自吸过滤式防毒面具(半面罩)。紧急事态抢救或撤离时，建议佩戴空气呼吸器。

眼睛防护：戴化学安全防护眼镜。

身体防护：穿防静电工作服。

手 防 护：戴橡胶手套。

其　　他：工作现场严禁吸烟。工作完毕，淋浴更衣。注意个人清洁卫生。

职业接触限值

中　　国：OELs：*PC－TWA*　200mg/m³；*PC－STEL*　300mg/m³

美　　国：ACGIH　TLVs：*TWA*　150ppm；*STEL*　200ppm

OSHA　PEL：　*TWA*　150ppm(710mg/m³)

NIOSH　REL：*TWA*　150ppm(710mg/m³)；*STEL*　200ppm(950mg/m³)

IDLH　1700ppm

【乙酸异丁酯】

英 文 名：*iso*－Butyl acetate

别　　名：醋酸异丁酯

相对分子质量：116.16

分 子 式：$CH_3COOCH_2CH(CH_3)_2$

$CH_3-C(=O)-O-CH_2-CH(CH_3)-CH_3$

CAS　号：110－19－0

理化性质

相对密度：0.87(液体)，4.0(气体)

熔　　点：－98.9℃

沸　　点：118℃

蒸 气 压：1.33kPa(12.8℃)

闪　　点：18℃

爆炸极限：2.4%～10.5%(体积)

自 燃 点：423℃

无色透明液体，有水果香味。微溶于水，可与乙醇混溶。易燃，其蒸气与空气可形成爆炸性混合物。

接触机会

广泛应用于硝化纤维清漆中，在人造革、织物及塑料加工过程中用作溶剂，在石油加工和制药过程中用作萃取剂，也用于香料工业等。

毒性

大鼠经口 LD_{50} 15400mg/kg；兔经口 LD_{50} 4763mg/kg。

职业危害

侵入途径：吸入、食入、经皮吸收。

对眼及上呼吸道均有强烈的刺激作用，有麻醉作用。吸入高浓度本品出现流泪、咽痛、咳嗽、胸闷、气短等，严重者出现心血管和神经系统的症状。可引起结膜炎、角膜炎，角膜上皮有空泡形成。皮肤接触可引起皮肤干燥。

应急处理

皮肤接触：脱去被污染的衣着，用肥皂水和清水彻底冲洗皮肤。

眼睛接触：提起眼睑，用流动清水或生理盐水冲洗。就医。

吸　　入：迅速脱离现场至空气新鲜处。保持呼吸道通畅。如呼吸困难，给输氧。如呼吸停止，立即进行人工呼吸。就医。

食　　入：饮足量温水，催吐。就医。

防护措施

工程控制：生产过程密闭，局部通风。提供安全淋浴和洗眼设备。

呼吸系统防护：可能接触其蒸气时，应该佩戴自吸过滤式防毒面具(半面罩)。紧急事态抢救或撤离时，建议佩戴空气呼吸器。

眼睛防护：戴化学安全防护眼镜。

身体防护：穿防静电工作服。

手 防 护：戴防苯耐油手套。

其 他：工作现场严禁吸烟。工作完毕，淋浴更衣。注意个人清洁卫生。

职业接触限值

中国未制订职业接触限值。

美 国：ACGIH TLVs：*TWA* 150ppm(700mg/m^3)
OSHA PEL：*TWA* 150ppm(700mg/m^3)
NIOSH REL：*TWA* 150ppm(700mg/m^3)
IDLH 1300ppm

【乙酸仲丁酯】

英 文 名：*sec* - Butyl acetate；2 - Butanol acetate

别 名：醋酸另丁酯；醋酸第二丁酯

$$CH_3-\overset{\overset{O}{\|}}{C}-O-\underset{\underset{CH_3}{|}}{CH}-CH_2-CH_3$$

相对分子质量：116.16

分 子 式：$CH_3COOCH(CH_3)(C_2H_5)$

CAS 号：105 - 46 - 4

理化性质

相对密度：0.8905(液体)，4.0(气体)　　蒸 气 压：1.33kPa(20℃)

熔 点：-98.9℃　　闪 点：19℃

沸 点：112.3℃　　爆炸极限：1.7%～9.8%(体积)

无色液体。不溶于水，与乙醇、乙醚混溶。易燃，其蒸气与空气可形成爆炸性混合物。

接触机会

用作溶剂，化学试剂，调制香料。

职业危害

侵入途径：吸入、食入、经皮吸收。

健康危害：本品对眼及上呼吸道黏膜有刺激性。有麻醉作用。可引起皮肤干燥并可通过完整的皮肤吸收。

应急处理

皮肤接触：脱去被污染的衣着，用肥皂水和清水彻底冲洗皮肤。

眼睛接触：提起眼睑，用流动清水或生理盐水冲洗。就医。

吸 入：迅速脱离现场至空气新鲜处。保持呼吸道通畅。如呼吸困难，给输氧。如呼吸停止，立即进行人工呼吸。就医。

食 入：饮足量温水，催吐。就医。

防护措施

工程控制：生产过程密闭，局部通风。提供安全淋浴和洗眼设备。

呼吸系统防护：可能接触其蒸气时，应该佩戴自吸过滤式防毒面具(半面罩)。紧急事态抢救或撤离时，建议佩戴空气呼吸器。

眼睛防护：戴化学安全防护眼镜。

身体防护：穿防静电工作服。

手 防 护：戴防苯耐油手套。

其　　他：工作现场严禁吸烟。工作完毕，淋浴更衣。注意个人清洁卫生。

职业接触限值

中国未制订职业接触限值。

美　　国：ACGIH　TLVs：*TWA*　200ppm(950mg/m^3)

OSHA　PEL：　*TWA*　200ppm(950mg/m^3)

NIOSH　REL：*TWA*　200ppm(950mg/m^3)

IDLH　1500ppm

【乙酸叔丁酯】

英 文 名：*tert* – Butyl acetate

别　　名：醋酸叔丁酯；乙酸第三丁酯；乙酸特丁酯

$$CH_3-\overset{\overset{\displaystyle O}{\|}}{C}-O-\underset{\underset{\displaystyle CH_3}{|}}{\overset{\overset{\displaystyle CH_3}{|}}{C}}-CH_3$$

相对分子质量：116.16

分 子 式：$CH_3COOC(CH_3)_3$

CAS　号：540 – 88 – 5

理化性质

相对密度：0.896(液体)　　闪　　点：22℃

沸　　点：96℃　　爆炸极限：1.5%(体积)

无色液体。不溶于水，与乙醇、乙醚混溶。易燃，其蒸气与空气可形成爆炸性混合物。

接触机会

用作硝化纤维素等的溶剂及作为汽油添加剂。

毒性

人经眼：300ppm，引起刺激。大鼠经口 LD_{50} 14000mg/kg；小鼠经口 LD_{50} 7056mg/kg；兔经皮 LD_{50} > 20mL/kg。

急性中毒死亡时动物有肝、肾、脑的细胞损伤，慢性作用死亡则以肺部改变为主，同时内脏、器官有淤血现象和变性改变。

职业危害

侵入途径：吸入、食入、经皮吸收。

健康危害：本品蒸气刺激鼻、喉、支气管，吸入后引起鼻出血、声嘶、咳嗽、胸部紧束感。可出现头痛、头晕等症状。眼及皮肤接触有刺激性。皮肤长期反复接触可发生皮疹。

应急处理

皮肤接触：脱去被污染的衣着，用肥皂水和清水彻底冲洗皮肤。

眼睛接触：提起眼睑，用流动清水或生理盐水冲洗。就医。

吸　　入：迅速脱离现场至空气新鲜处。保持呼吸道通畅。如呼吸困难，给输氧。如呼吸停止，立即进行人工呼吸。就医。

食　　入：饮足量温水，催吐。就医。

防护措施

工程控制：生产过程密闭，局部通风。提供安全淋浴和洗眼设备。

呼吸系统防护：可能接触其蒸气时，应该佩戴自吸过滤式防毒面具(半面罩)。紧急事态抢救或撤离时，建议佩戴空气呼吸器。

眼睛防护：戴化学安全防护眼镜。

身体防护：穿防静电工作服。

手 防 护：戴防苯耐油手套。

其　　他：工作现场严禁吸烟。工作完毕，淋浴更衣。注意个人清洁卫生。

职业接触限值

中国未制订职业接触限值。

美　　国：ACGIH　TLVs：*TWA*　200ppm($950mg/m^3$)
OSHA　PEL：　*TWA*　200ppm($950mg/m^3$)
NIOSH　REL：　*TWA*　200ppm($950mg/m^3$)
IDLH　1500ppm

【乙酸戊酯】

英 文 名：Amyl acetate

别　　名：醋酸戊酯；香蕉水

$$CH_3-\overset{\overset{\displaystyle O}{\|}}{C}-O-CH_2-CH_2-CH_2-CH_2-CH_3$$

相对分子质量：130.19

分 子 式：$CH_3COO(CH_2)_4CH_3$

CAS　号：628-63-7

理化性质

相对密度：0.879(液体)，4.5(气体)

熔　　点：-78.5℃

沸　　点：149.3℃

蒸 气 压：98.24kPa(148℃)

闪　　点：25℃

爆炸极限：1.1%~7.5%(体积)

自 燃 点：360℃

具有香蕉气味的无色液体，易燃，微溶于水，溶于乙醇、乙醚和苯等有机溶剂混溶。

接触机会

乙酸戊酯用作溶剂、稀释剂，制造香精、化妆品、人造革、胶卷、火药等。

毒性

大鼠经口 LD_{50}：16600mg/kg。家兔经眼：20mg，中毒刺激。家兔经皮：500mg(24h)，中度刺激。亚慢性动物实验中，见暂时不明显的血液变化。

职业危害

侵入途径：吸入、食入、经皮吸收。

健康危害：对眼及上呼吸道黏膜有刺激作用，可引起结膜炎、鼻炎、咽喉炎等，重者伴有头痛、嗜睡、胸闷、心悸、食欲不振、恶心、呕吐等症状。皮肤长期接触可致、皮炎或湿疹。有的可发生贫血和嗜酸性粒细胞增多。

应急处理

皮肤接触：脱去被污染的衣着，用肥皂水和清水彻底冲洗皮肤。

眼睛接触：提起眼睑，用流动清水或生理盐水冲洗。就医。

吸　　入：迅速脱离现场至空气新鲜处。保持呼吸道通畅。如呼吸困难，给输氧。如呼吸停止，立即进行人工呼吸。就医。

食　　入：饮足量温水，催吐。就医。

防护措施

生产过程密闭，局部通风。提供安全淋浴和洗眼设备。呼吸系统防护：可能接触其蒸气时，应该佩戴自吸过滤式防毒面具（半面罩）。紧急事态抢救或撤离时，建议佩戴空气呼吸器。眼睛防护：戴化学安全防护眼镜。身体防护：穿防静电工作服。手防护：戴防苯耐油手套。其他：工作现场严禁吸烟。工作毕，淋浴更衣。注意个人清洁卫生。

职业接触限值

中　　国：OELs：*PC－TWA*　100mg/m^3；*PC－STEL*　200mg/m^3

美　　国：ACGIH　TLVs：*TWA*　50ppm（260mg/m^3）；*STEL*　100ppm（525mg/m^3）

OSHA　PEL：　*TWA*　100ppm（525mg/m^3）

NIOSH　REL：　*TWA*　100ppm（525mg/m^3）

IDLH　1000ppm

【乙酸异戊酯】

英 文 名：*iso*－Amyl acetate

别　　名：醋酸异戊酯；香蕉水

$$CH_3-\overset{\overset{\displaystyle O}{\|}}{C}-O-CH_2-CH_2-\overset{\overset{\displaystyle CH_3}{|}}{CH}-CH_3$$

相对分子质量：130.19

分 子 式：$CH_3COO(CH_2)_2CH(CH_3)_2$

CAS　号：123－92－2

理化性质

相对密度：0.876（液体），4.5（气体）

熔　　点：－78.5℃

沸　　点：143℃

蒸 气 压：0.7kPa（25℃）

闪　　点：25℃（闭杯），27℃（开杯）

爆炸极限：1%～7.5%（体积）

自 燃 点：360℃

无色液体，有香蕉和梨的气味，微溶于水，溶于乙醇、乙酸乙酯混溶。易燃，其蒸气与空气可形成爆炸性混合物。具有腐蚀性。

接触机会

用作溶剂，及用于调味、制革、人造丝、胶片和纺织品等加工工业。可用于香皂、合成洗涤剂等日化香精配方中，但主要用于食用香精配方中，可调配香蕉、苹果、草莓等多种果香型香精。

毒性

属低毒类。急性毒性：LD_{50}：16600mg/kg（大鼠经口）；人吸入27000～53000mg/m^3，短暂时间，眼、鼻轻度到明显刺激；人吸入5000mg/m^3×30min，鼻喉刺激，衰弱，头痛，胸闷。刺激性：家兔经眼：500mg(24h)，中度刺激。家兔经皮开放性刺激试验：500mg，轻度刺激。亚急性和慢性毒性：兔吸入26000mg/m^3，4h/d，40天，贫血，血糖升高。猫吸入10000mg/m^3，6h/d，6天，呼吸频数，尿蛋白阳性。

职业危害

侵入途径：吸入、食入、经皮吸收。

健康危害：蒸气对眼及上呼吸道黏膜有刺激作用。有麻醉作用。接触后出现咳嗽、胸闷、疲乏、眼烧灼感。高浓度时，则有头晕、发热感、脉速、心悸、头痛、耳鸣、震颤、恶心、食欲丧失。可引起皮肤干燥、皮炎、湿疹。

应急处理

皮肤接触：脱去被污染的衣着，用肥皂水和清水彻底冲洗皮肤。

眼睛接触：提起眼睑，用流动清水或生理盐水冲洗。就医。

吸　　入：迅速脱离现场至空气新鲜处。保持呼吸道通畅。如呼吸困难，给输氧。如呼吸停止，立即进行人工呼吸。就医。

食　　入：饮足量温水，催吐，就医。

防护措施

呼吸系统防护：空气中浓度较高时，应该佩戴自吸过滤式防毒面具。必要时，佩戴空气呼吸器。眼睛防护：戴化学安全防护眼镜。身体防护：穿防静电工作服。手防护：戴防苯耐油手套。其他：工作现场严禁吸烟、进食和饮水。工作完毕，淋浴更衣。注意个人清洁卫生。

职业接触限值

中　　国：OELs：*PC-TWA*　100mg/m^3；*PC-STEL*　200mg/m^3

美　　国：ACGIH　TLVs：*TWA*　50ppm(260mg/m^3)；*STEL*　100ppm(525mg/m^3)

OSHA　PEL：　*TWA*　100ppm(525mg/m^3)

NIOSH　REL：　*TWA*　100ppm(525mg/m^3)

IDLH　1000ppm

【乙酸乙烯酯】

英 文 名：Vinylacctate

别　　名：乙酸乙烯；乙烯基醋酸酯；醋酸乙烯酯

$$CH_3-\overset{O}{\overset{\|}{C}}-OCH=CH_2$$

相对分子质量：86.09

分 子 式：$C_4H_6O_2$

CAS　号：108-05-4

理化性质

相对密度：0.9335(液体)，3.0(气体)

闪　　点：-7.78℃

熔　　点：-100.2℃

爆炸极限：2.6%~13.4%(体积)

沸　　点：71~72℃

自 燃 点：426.67℃

蒸 气 压：13.3kPa(21.5℃)

无色可燃液体，有强烈气味，不溶于水，溶于大多数有机溶剂，遇氯、溴、臭氧迅速起加成反应。

接触机会

用于有机合成，主要用于合成维尼纶，也用于黏结剂和涂料工业等。

毒性

属低毒类。有麻醉和全身毒性作用，对眼和上呼吸道有强烈刺激作用，可经皮吸收。

兔在40g/m^3 时有严重窒息，肺水肿。慢性作用(18g/m^{3}4～7h/d，4个月)，家兔有支气管炎、肺气肿、肺不张及衰竭。本品与乙醚有相加作用。

吸入后，在体内迅速分解为醋酸和乙烯醇，后者立即异构化成乙醛。对皮肤有强刺激，高浓度可致坏死。蒸气可引起角膜灼伤。

大鼠经口 LD_{50} 为 2920mg/kg，兔经皮 LD_{50} 为 2500mg/kg，小鼠吸入 LC_{50} 为 10.6g/m^3 (2h)。

职业危害

急性中毒：急性吸入时，对眼、上呼吸道有不同程度的刺激。生产条件下，76mg/m^3 即引起刺激、咳嗽和嘶哑。1g/m^3 时，喉部强烈刺激、咳嗽，可持续一段时间。嗅觉阈 1.4～17.5mg/m^3。

慢性中毒：工人主诉头痛、头晕、乏力、易激动、衰弱、睡眠障碍。工龄长者植物神经功能紊乱、神经衰弱、多发性神经炎者较多。个别病例有中毒性脑病表现。17.5～35.5mg/m^3 时长期工作无中毒征象。

应急处理

皮肤接触：脱去污染的衣着，用肥皂水及清水彻底冲洗。

眼镜接触：立即翻开上下眼睑，用流动清水冲洗 15min。就医。

吸　　入：脱离现场至空气新鲜处。呼吸困难时给输氧。呼吸停止时，立即进行人工呼吸。就医。

食　　入：误服者给饮足量温水，催吐，就医。

防护措施

建立、健全职业卫生档案和劳动者健康监护档案；建立、健全工作场所职业病危害因素监测及评价制度；定期进行职业卫生知识培训。建立、健全职业病危害事故应急救援预案。

密闭操作，注意通风。

吸入防护：空气浓度超标时，戴面具式呼吸器。紧急事态抢救或撤离时，佩戴自给式呼吸器。

眼睛防护：戴化学安全防护眼镜。

身体防护：穿防静电工作服。

手 防 护：戴防护手套。

其　　他：工作现场严禁吸烟。工作完毕，淋浴更衣。特别注意眼和呼吸道的防护。

职业接触限值

中　　国：OELs：*PC－TWA*　10mg/m^3；*PC－STEL*　15mg/m^3；G2B

美　　国：ACGIH　TLVs：*TWA*　10ppm(35mg/m^3)；*STEL*　15ppm(52mg/m^3)

NIOSH　REL：*C*　4ppm(15mg/m^3)(15min)

【三乙磷酸酯】

$$CH_3CH_2O-\overset{\overset{\large O}{\|}}{P}-OCH_2CH_3$$
$$\quad\;\; | $$
$$\quad OCH_2CH_3$$

英 文 名：Triethyl phosphate

别　 名：己基磷酸酯；TEP

相对分子质量：182.15

分 子 式：$C_5H_{15}O_4P$

CAS　号：78－40－0

理化性质

相对密度：1.0686(液体)，6.28(气体)　　闪　　点：115.5℃

熔　　点：－56.4℃　　爆炸极限：1.7%～10%(体积)

沸　　点：216℃　　自 燃 点：468℃

蒸 气 压：0.133kPa(39℃)

无色高沸点、具有适度香味的液体，易燃，常温很稳定，能与许多树胶和树脂共溶，溶于多数有机溶剂，与水混溶，室温下与水混溶十分稳定，提高温度水解很慢。

接触机会

用作高沸点溶剂、橡胶及塑料的增塑剂，也用作制备农药杀虫剂的原料、乙基化试剂等。

毒性

小鼠经口 LD_{50} 为1.5g/kg，大鼠＞0.8g/kg。大鼠吸入0.208mg/m³，3/3死亡。

职业危害

有局部刺激作用。高浓度时产生麻醉样现象和显著的肌肉松弛。似无蓄积作用。

目前尚无慢性中毒方面的临床资料。

应急处理

立即脱离现场，对症处理。若为皮肤污染，即用大量流动清水冲洗15～20min；若为眼污染，用流动清水缓慢冲洗5～15min。

防护措施

避免高浓度接触本品，必要时注意加强个人防护。

职业接触限值

中国未制订职业接触限值。

【丙酸甲酯】

$$CH_3CH_2-\overset{\overset{\large O}{\|}}{C}-OCH_3$$

英 文 名：Methyl propionate

相对分子质量：88.11

分 子 式：$C_4H_9O_2$

CAS　号：554－12－1

理化性质

相对密度：0.937(液体)，3.03(气体)　　沸　　点：78～79.5℃

熔　　点：－87.5℃　　蒸 气 压：5.33kPa(11℃)

闪　　点：-2.2℃　　　　自 燃 点：468℃

爆炸极限：2.5%～13%（体积）

无色液体，稍溶于水，溶于多数有机溶剂，与醇、醚、烃类等多种有机溶剂混溶，易燃。

接触机会

硝酸纤维素的溶剂，用于硝基喷漆、涂料生产，也可用作香料及调味品的溶剂。还用作有机合成中间体。

毒性

本品易水解转化成饮食中正常物质，在体内无蓄积作用。大鼠经口最低致死量2550mg/kg。

职业危害

在正常生产中未发现对人的危害。本品有刺激性和麻醉作用。

目前尚无慢性中毒方面的临床资料。

应急处理

同乙酸戊酯。

防护措施

同乙酸戊酯。

职业接触限值

中国未制订职业接触限值。

【丙烯酸甲酯】

英 文 名：Methyl acrylate

相对分子质量：86.09

分 子 式：$C_4H_6O_2$

CAS　号：96-33-3

$$H_2C{=}CH{-}\overset{\displaystyle O}{\overset{\|}{C}}{-}OCH_3$$

理化性质

相对密度：0.9574（液体），2.97（气体）　　闪　　点：-3.8℃

熔　　点：-76.5℃　　爆炸极限：2.8%～25%（体积）

沸　　点：80.5℃　　自 燃 点：468℃

蒸 气 压：8.66kPa（20℃）

无色透明挥发性液体，有强烈水果香味。微溶于水，易溶于乙醇、乙醚、丙酮、苯等溶剂。容易聚合。

接触机会

涂料工业中用于制造丙烯酸甲酯-醋酸乙烯-苯乙烯三元共聚物、丙烯酸酯涂料和地板上光剂。橡胶工业用于制造耐高温、耐油性橡胶。有机工业用作有机合成中间体和用于制造活化剂、黏合剂。塑料工业用作合成树脂单体。化纤工业中与丙烯腈共聚可改善丙烯腈的可纺性、热塑性及染色性能。

毒性

有强烈的刺激和催泪作用，具麻醉性和全身毒性。毒性比相应的饱和酯-丙酸甲酯大

10～13倍。

动物急性吸入后有显著的刺激症状，流涎、流泪、眼结膜炎和呼吸道刺激，进行性衰弱、呼吸不规则、发绀。高浓度时发生肺水肿、肺充血或出血、肝和肾细胞浑浊肿胀。食入后的症状有虚脱、严重呼吸困难、中枢神经兴奋等。

大鼠慢性吸入(20～50mg/m^3，4h，7个月)显示氧化还原过程下降。

皮肤和眼长期接触可造成严重损害。能经皮透入。兔经口 LD_{50} 为 280mg/kg、经皮 LD_{50} 1.3mL/kg；大鼠经口 LD_{50} 277mg/kg；大鼠吸入 3.52g/m^3，4h后3/6死亡。

丙烯酸甲酯具有强烈刺激作用。对人的最低刺激浓度为263.25mg/m^3。

职业危害

急性中毒：高浓度接触，引起流涎、眼和呼吸道的刺激症状，严重者口唇发白、呼吸困难、痉挛，因肺水肿而死亡。误服急性中毒者，出现口腔、胃、食管腐蚀症状，伴有虚脱、呼吸困难、躁动等。

慢性中毒：长期接触可致皮肤损害，亦可至肺、肝、肾病变。

应急处理

皮肤接触：立即脱去被污染的衣着，用肥皂水和清水彻底冲洗皮肤。就医。

眼睛接触：立即提起眼睑，用大量流动清水或生理盐水彻底冲洗至少15min。就医。

吸　　入：迅速脱离现场至空气新鲜处。保持呼吸道通畅。如呼吸困难，给输氧。如呼吸停止，立即进行人工呼吸。就医。

食　　入：误服者用水漱口，给饮牛奶或蛋清。就医。

防护措施

建立、健全职业卫生档案和劳动者健康监护档案；建立、健全工作场所职业病危害因素监测及评价制度；定期进行职业卫生知识培训。建立、健全职业病危害事故应急救援预案。

生产过程密闭，全面通风。提供安全淋浴和洗眼设备。

呼吸系统防护：空气浓度超标时，应该佩戴自吸过滤式防毒面具(半面罩)。必要时，佩戴自给式呼吸器。

眼睛防护：戴化学安全防护眼镜。

身体防护：穿防静电工作服。

手 防 护：戴橡胶手套。

其　　他：工作现场严禁吸烟。工作完毕，淋浴更衣。注意个人清洁卫生。

职业接触限值

中　　国：OELs：*PC－TWA*　20mg/m^3；皮，敏

美　　国：ACGIH　TLVs：*TWA*　2ppm；皮，敏，A4

OSHA　PEL：　*TWA*　10ppm(35mg/m^3)；皮

NIOSH　REL：　*TWA*　10ppm(35mg/m^3)；皮

IDLH　250ppm

【磷酸三甲酯】

英 文 名：Trimethyl phosphate

别　　名：磷酸甲酯

相对分子质量：140.07

分 子 式：$C_3H_9O_4P$

CAS 号：512-56-1

$$CH_3O-\overset{\overset{O}{\|}}{\underset{\underset{OCH_3}{|}}{P}}-OCH_3$$

理化性质

相对密度：1.210(液体)　　闪　　点：148℃

熔　　点：-46℃　　爆炸极限：0.003%(体积，下限)

沸　　点：193℃　　自 燃 点：570℃

蒸 气 压：8.66kPa(20℃)

无色液体，磷含量22.1%，溶于汽油和水，易燃。

接触机会

主要用作医药和农药的溶剂及萃取剂。农药中间体。在日本，主要用作纺织油剂和聚合物的防着色剂。

毒性

是唯一的简单的烷基磷酸酯，有报道能引起肌肉弛缓或痉挛性瘫痪。对皮肤无刺激作用。作用原理不明。本品对动物可产生驰缓性瘫痪，无致畸作用。

急性毒性：LD_{50} 1.65mL/kg(大鼠经口)；700mg/kg(小鼠腹腔内)。

亚急性和慢性毒性：兔经口 0.3mL/(kg/日)×6 日弛缓或痉挛性瘫痪；猫皮下 0.1mL/(kg/d)×79 日体重减轻，衰弱。

特殊毒性：体外转化哺乳动物细胞小鼠淋巴肉瘤细胞阳性；体外细胞遗传损伤中国仓鼠细胞染色体畸变阳性；整体动物小鼠腹腔最小中毒剂量700mg/kg诱变阳性。

职业危害

高浓度接触，引起流涎、眼和呼吸道的刺激症状，严重者口唇发白、呼吸困难、痉挛，因肺水肿而死亡。误服急性中毒者，出现口腔、胃、食管腐蚀症状，伴有虚脱、呼吸困难、躁动等。

长期接触可致皮肤损害，亦可至肺、肝、肾病变。

应急处理

皮肤接触：脱去污染的衣着，用肥皂水及清水彻底冲洗。眼睛接触：立即翻开眼睑，用流动水冲洗，就医。吸入时迅速撤离现场至空气新鲜处。必要时就医。误服者立即漱口，饮足量温水，催吐，就医。

防护措施

工程过程密闭，加强通风。空气中浓度高时，佩戴防毒口罩。必要时戴化学安全防护眼镜。穿防静电工作服。必要时戴防化学品手套。工作现场严禁吸烟。工作后，淋浴更衣。定期体检。

职业接触限值

中国未制订职业接触限值。

美　　国：ACGIH　TLVs：*TWA*　2ppm

【烷基磷酸酯】

英 文 名：Mannich base EP/AW additive

别　　名：305 极压/抗磨添加剂

相对分子质量：368.37

分 子 式：$C_{21}H_{21}O_4P$

$$\begin{matrix} RO \\ (\\ R'O \end{matrix} \Big\rangle \overset{S}{\overset{\|}{P}} — S—CH_2)_2—N—R'' \quad (P—OCH_3)$$

理化性质

相对密度：1.162（液体），12.7（气体）　　闪　　点：130℃（开杯）

熔　　点：-33℃　　爆炸极限：0.003%（体积，下限）

沸　　点：420℃　　自 燃 点：410℃

蒸 气 压：1.33kPa（265℃）

本品在25℃以上时为棕红色油状液体。硫含量为10.5%，磷为6.0%，氮为1.1%，水为0.15%。黏度为58mm^2/s（50℃）。

接触机会

作为纤维的抗静电剂和其他助剂。

毒性

属低毒类。LD_{50}为（5.2±1.2）g/kg（未说明实验动物种类）。

应急处理

皮肤接触：脱去污染的衣着，用肥皂水及清水彻底冲洗。眼睛接触：立即翻开上下眼睑，用流动清水冲洗。就医。迅速脱离现场至空气新鲜处，对症治疗。误服者立即漱口，就医。

防护措施

生产过程密闭，加强通风。空气中浓度高时，佩戴防毒口罩，必要时戴化学安全防护眼镜，穿防静电工作服，戴防化学品手套。工作现场严禁吸烟。工作后，淋浴更衣。定期体检。

职业接触限值

中国未制订职业接触限值。

【硫酸二甲酯】

英 文 名：Dimethyl sulfate

别　　名：硫酸甲酯

相对分子质量：126.13

分 子 式：$C_2H_6O_4S$

CAS 号：77-78-1

$$CH_3O—\overset{O}{\overset{\|}{\underset{\|}{\underset{O}{S}}}}—OCH_3$$

理化性质

相对密度：1.3322（液体），4.35（气体）　　闪　　点：83.3℃（开杯）

熔　　点：-26.8℃　　爆炸极限：0.003%（体积，下限）

沸　　点：188.3℃（分解）　　自 燃 点：190.78℃

蒸 气 压：2.00kPa（76℃）

无色油状液体。稍溶于水，在室温下在水中易分解，生成硫酸及甲醇。溶于乙醚、1，4-二氧六环、丙酮及芳香烃。微溶于二硫化碳。它是一个重要的甲基化试剂。在碱性溶剂中将羟基化合物用其处理，即得甲氧基化合物。因蒸汽无特殊气味，不易被发觉。

可燃。

接触机会

用于制造染料及作为胺类和醇类的甲基化剂。

毒性

本品属高毒性，是强烈的皮肤黏膜刺激性。可造成接触部位严重炎症和继发性坏死。有全身毒作用。在高浓度时和潜伏期后，对中枢神经系统作用明显，有肝脏损害。对实验动物有致癌作用。

主要由呼吸道和皮肤进入。对眼、上呼吸道黏膜有强烈的刺激作用，可引起结膜充血、角膜水肿、气管及支气管损害，并出现上皮脱落，支气管上皮细胞部分坏死，肺泡炎性渗出，甚至引致中毒性肺水肿。

皮肤接触液态硫酸二甲酯可引起深度坏死和愈合缓慢的溃疡。

动物染毒后 18min，血中发现甲醇，随尿排出，可持续三昼夜。潜伏期的存在于硫酸二甲酯水解缓慢有关。

本品的作用机理有以下几种解释：

(1)硫酸二甲酯水解，生成甲醇和硫酸，引起毒性作用。

(2)影响氧化还原酶系统中的甲基化作用。

(3)变态反应性损害。

(4)致癌效应可能与本品的非特异性 DNA 烷基化作用和致突变作用有关。

小鼠 LC_{50} 为 386mg/m^3（26min），大鼠为 386mg/m^3（18min），大鼠经口 LD 为 440mg/kg。

职业危害

(1)急性中毒：多因吸入蒸气所致。除少数在数分钟内发作，引起窒息外，一般均有潜伏期，由 2h 到 15h 不等，通常在 24h 以内。潜伏期越短，症状越重。轻度中毒时为 15～24h，中度达 5h，重度者约 2～3h。潜伏期间有轻度眼和喉刺激症状。

呼吸系统：轻者以上呼吸道刺激为主，有流涕、声音嘶哑、咽喉部灼烧感。检查可见咽喉和声带充血肿胀。重者数小时后出现呼吸困难、喉头水肿和中毒性肺水肿，气管可因坏死黏膜脱落而致窒息。可继发支气管肺炎、肺气肿，偶见支气管瘘引起的皮下气肿。严重者可发生休克，血压下降，肝、肾和心肌损害，伴有消化功能紊乱、排尿困难。肺部病变的病程有时迁延较久。如继发感染或原有呼吸道疾患，症状可更加严重。

眼：轻者仅有眼睛结膜刺激症状；重者可有眼疼痛、羞明、流泪、异物感及眼睑痉挛和水肿，视物模糊、结膜充血、角膜上皮弥漫性点状浸润，甚至大片脱落，造成视力减退或色觉障碍。眼部症状可持续数天，但视力减退等功能性症状和结膜炎将持续一段时间。严重中毒时可有角膜混浊和永久性视力障碍。

皮　肤：本品经皮肤吸收，但因此而引致中毒者较少。接触处可见皮肤红肿、点状出血，一小时左右可发展为大泡，12h 后大泡明显增多，24h 内尚有进展。疼痛在数小时内最剧。严重时，患处可有坏死，结缔组织疏松部位可因间接接触而致损害。皮损痊愈较缓慢，可留有疤痕。

中毒不严重且持续时间短时，可恢复且无后遗症。

(2)慢性中毒：少见，有争议。以眼、呼吸道慢性炎症为多见。可有手、眼睑和皮肤刺激。视力障碍少见。

(3)致癌风险：有报道接触者呼吸系统肿瘤发病率较高。

职业禁忌

慢性阻塞性肺病；支气管哮喘；慢性间质性肺病。

应急处理

(1)迅速离开现场，更换衣服，用大量5%碳酸氢钠溶液或清水冲洗污染皮肤。冲洗越早越彻底越好。静卧，注意潜伏期监护。

(2)皮肤大泡按烧伤处理。

(3)眼部污染，及时就医。

(4)全身症状可对症处理，采用支持疗法，吸氧、静卧，及时就医。

防护措施

生产、使用本品时，所用作业必须密闭，确保通风良好。泄漏物必须及时清除。

注意个体防护。根据工作需要选用有效的防毒面具，用不渗透材料制作的手套、围裙、鞋靴等防护用具。有气溶胶存在时戴用密闭性好的防护眼镜。

工作地点附近应有冲洗眼镜和皮肤的设备及碱性液体雾化吸入装置。

定期医学检查时，有耳鼻喉科、眼科、内科医师参与。必要时拍摄胸片。

职业接触限值

中　国：OELs：*PC - TWA*　0.5mg/m³；皮，G2A

美　国：ACGIH　TLVs：*TWA*　0.1ppm；皮，A3

OSHA　PEL：　*TWA*　1ppm(5mg/m³)；皮，

NIOSH　REL：　*TWA*　0.1ppm(0.5mg/m³)；皮，Ca

IDLH　7ppm；Ca

【硫代二丙酸双十二烷酯】

$S(CH_2-CH_2COOC_{12}H_{25})_2$

英 文 名：Dilauryl thiodipropionate

相对分子质量：514.9

分 子 式：$C_{30}H_{58}O_4S$

CAS 号：123-28-4

理化性质

相对密度：0.918(50℃)，0.904(70℃)，0.883(100℃)

蒸 气 压：0.13kPa(240℃)

闪　点：148℃

熔　点：39.5~42℃

爆炸极限：0.003%(体积，下限)

沸　点：240℃(0.13kPa)

自 燃 点：190.78℃

白色结晶状粉末，稍有臭味。不溶于水，溶于丙酮、四氯化碳、苯、石油醚等有机溶剂。

接触机会

用作辅助抗氧剂，广泛用于聚丙烯、聚乙烯及ABS树脂中，也可用于橡胶加工润滑油脂中。

毒性

毒性较低，经口 $LD_{50}>2g/kg$。粉末对眼睛、呼吸道黏膜有刺激性。

职业危害

未见职业性中毒报道。

慢性中毒少见，有争议。以眼、呼吸道慢性炎症为多见。可有手、眼睑和皮肤刺激。视力障碍少见。有报道接触者呼吸系统肿瘤发病率较高。

应急处理

皮肤接触：脱去污染衣物，用肥皂水和清水彻底冲洗。眼睛接触：立即翻开上下眼睑，用流动清水冲洗，就医。吸入后迅速脱离现场至空气新鲜处，必要时就医。误服者立即漱口，饮足量温水，催吐，就医。

防护措施

生产过程密闭，加强通风。空气中浓度过高时，戴防尘口罩；浓度较高时，戴化学安全防护眼镜。穿防静电工作服。必要时戴防化学品手套。工作后，淋浴更衣。注意个人清洁卫生。

职业接触限值

中国未制订职业接触限值。

【双乙基己基过氧化二碳酸酯(LB)】

相对分子质量：346.46

分 子 式：$C_{18}H_{34}O_6$

CAS 号：16111-62-9

理化性质

相对密度：0.918(50℃)

熔　　点：39.5～42℃

沸　　点：188.3℃

蒸 气 压：2.00kPa

闪　　点：83.3℃

爆炸极限：0.003%(体积，下限)

自 燃 点：190.78℃

透明易燃易爆液体。在近0℃时也能分解产热。分解物可燃易爆。具有强反应能力，尤其在金属、强酸、胺类存在时。

接触机会

游离基型引发剂，可作氯乙烯、高压聚乙烯及其他共聚物的引发剂，亦可用于聚异戊二烯橡胶中提高其强度。

毒性

本品对眼和皮肤黏膜有刺激作用。眼接触时，立即大量清水冲洗，再用5%抗坏血酸水溶液重复冲洗，最后用碳酸氢钠水溶液洗眼。现场处置后应即送眼科查治。皮肤沾染应迅速用丙酮洗净，然后用肥皂和水冲洗净，也可直接用肥皂和水。误服者可服用牛奶后催吐，再送医疗机构处治。

应急处理

同硫代二丙酸双十二烷酯。

防护措施

同硫代二丙酸双十二烷酯。

职业接触限值

中国未制订职业接触限值。

【司班】

别　　名：山梨糖醇甘油酸酯

理化性质

是非离子型乳化剂、由山梨糖醇酐与高级脂肪酸缩合而成。常用的有月桂酸酯、硬脂酸酯、软脂酸酯和油酸酯等。一般不溶于水、也不易在水中分散，但溶于许多有机溶剂。性稳定，都是油包水型乳化剂。能发挥较大的乳化作用。可用作氯化锌、硫磺、秘鲁香胶、水杨酸(6%以下)、鱼石脂、酚等药物的基质。它的命名数字(如司班80)是它所含酸的百分数。

毒性

属微毒类。经口给予司班和吐温，出现动物生长缓慢、动脉压降低、口渴、进食减少、腹泻、贫血，泌尿生殖器官出血，死亡率增多。对皮肤和眼黏膜无刺激作用。

6种司班的经口 LD_{50} 为16~40g/kg。

给人口服司班60，6g/d，未发现异常结果。

应急处理

吸入后，脱离接触，如有不适感，就医。眼睛接触，分开眼睑，用流动清水或生理盐水冲洗。就医。皮肤接触，脱去污染衣着，用肥皂水和清水冲洗。就医。误服者，漱口，饮水。就医。

防护措施

生产过程密闭，加强通风。注意个人清洁卫生。

职业接触限值

中国未制订职业接触限值。

六、脂肪族含氮化合物

【一甲胺(无水)】

英 文 名：Monomethylamine；Aminomethane

别　　名：氨基甲烷

相对分子质量：31.06

分 子 式：CH_5N；CH_3NH_2

CAS　号：74-89-5

理化性质

相对密度：0.662(液体)，1.07(气体)

熔　　点：－93.5℃

沸　　点：－6.79℃

蒸 气 压：202.62kPa(25℃)

闪　　点：1.1℃(30%溶液)

－10℃(气体)

爆炸极限：4.95%～20.75%(体积)

自 燃 点：430℃

在常温下为无色有氨臭的气体，或液体。易溶于水，溶于乙醇、乙醚。易燃，与空气形成爆炸性混合物。显弱碱性，与无机酸生成易溶于水的盐类。

接触机会

是制造农药、医药、染料、离子交换树脂等重要的有机化工原料，如制造一甲胺和三甲胺，还用作石油、脱漆剂、涂料和添加剂。

毒性

属中等毒类。对皮肤、眼、上呼吸道、肺有强烈的刺激作用。小鼠在本品蒸气浓度2300mg/m^3 条件下染毒，表现骚动不安、眼紧闭、鼻孔有血性分泌物、呼吸缓慢困难、发绀、反射增强、头部震颤、四肢抽搐、最后呼吸停止死亡。尸检镜下见内脏充血、肺充血、淤血、有坏死性支气管炎。较迟死亡的动物，肝、肾有营养不良现象。40%一甲胺水溶液0.1mL使兔皮坏死，40%水溶液滴入兔眼致角膜损害。

本品嗅觉阈为0.5～1mg/m^3，刺激阈为10mg/m^3。

职业危害

接触本品蒸气可出现眼、鼻、咽喉的刺激症状。眼内溅入40%的水溶液能引起畏光、流泪、眼睑红肿、结膜充血等，症状持续一周左右。长期接触者感到眼、鼻、咽喉干燥不适。

职业禁忌

(1)慢性阻塞性肺病；(2)支气管哮喘；(3)支气管扩张；(4)慢性间质性肺病。

应急处理

皮肤和眼沾污时，可用2.5%～3%硼酸溶液或生理盐水，亦可用自来水与其他清洁水冲洗，越彻底越好，其他对症处理。

防护措施

本品易燃易爆且有毒，生产中必须注意安全。作业人员应穿戴好防护用品(防护服、手套、防护镜等)，厂房宜有通风设备。

职业接触限值

中　　国：OELs：*PC－TWA*　5mg/m^3；*PC－STEL*　10mg/m^3

美　　国：ACGIH　TLVs：*TWA*　5ppm(6.4mg/m^3)；*STEL*　15ppm(18mg/m^3)

OSHA　PEL：　*TWA*　10ppm(12mg/m^3)

NIOSH　REL：　*TWA*　10ppm(12mg/m^3)

IDLH　100ppm

【乙胺】

英 文 名：Ethylamine；Aminoethane

别　　名：氨基乙烷

相对分子质量：45.08

分 子 式：C_2H_7N；$CH_3CH_2NH_2$

CAS 号：75－04－7

理化性质

相对密度：0.689(液体)，1.56(气体)

熔 点：－81.2℃

沸 点：16.6℃

蒸 气 压：53.3kPa(20℃)

闪 点：<－17.7℃

爆炸极限：3.5%～14%(体积)

自 燃 点：383℃

极易挥发的无色液体。有氨的气味。能与水、乙醇和乙醚混溶。显强碱性，与无机酸作用生成易溶于水的盐类。燃烧时火焰呈浅蓝色。

接触机会

主要用于制造药品、橡胶硫化剂、染料、杀菌剂等。也用于石油精炼。工业生产是由乙醇、氨、氢气三者作用，或由氯乙烷与氨反应生成。

毒性

一乙胺属中等毒类。二乙胺和三乙胺属低毒类。对皮肤、黏膜有刺激作用。可通过呼吸道和皮肤进入体内，在人体内以原形式排出。一乙胺大鼠经口 LD_{50} 为400～800mg/kg；二乙胺大鼠经口 LD_{50} 为 540mg/kg；三乙胺大鼠经口 LD_{50} 为 460mg/kg，小鼠吸入 2hLC_{50}1900mg/m^3。

职业危害

尚未见乙胺类引起严重中毒的报道。二乙胺对皮肤、黏膜有刺激。液体溅入眼内可致严重灼伤、角膜水肿；污染皮肤可致水疱、坏死。

应急处理

乙胺类物料不慎沾染皮肤或溅入眼内，应立即用清水冲洗，其他对症处理。

防护措施

生产中各系统管道密闭，防止物料外溢。加强车间通风。成品包装人员灌装时应戴手套、防护镜，防止污染皮肤和眼睛。

职业接触限值

中 国：OELs：*PC－TWA* 9mg/m^3；*PC－STEL* 18mg/m^3；皮

美 国：ACGIH TLVs：*TWA* 5ppm(9mg/m^3)；*STEL* 15ppm(27mg/m^3)；皮
OSHA PEL：*TWA* 10ppm(18mg/m^3)
NIOSH REL：*TWA* 10ppm(18mg/m^3)
IDLH 600ppm

【二甲胺(无水)】

英 文 名：Dimethylamine

相对分子质量：45.08

分 子 式：C_2H_7N

CAS 号：124－40－3

理化性质

相对密度：0.6865(－6℃)，1.55(气体)

熔 点：－92.22℃

沸　　点：6.88℃　　闪　　点：-17.78℃

蒸 气 压：202.62kPa(25℃)　　爆炸极限：2.8% ~14.4%(体积)

室温下是气体。有氨的气味。易溶于水，溶于乙醇和乙醚。易燃烧。有弱碱性。与无机酸生成易溶于水的盐类。

毒性

属中等毒类。对眼、皮肤、黏膜有较强的刺激作用。高浓度吸入可损伤肺部。液态甲胺类(包括一甲胺、二甲胺和三甲胺)化合物有强刺激及腐蚀作用，可引起眼及皮肤化学性灼伤。本品气态可经呼吸道吸入，溶液可经皮肤吸收，盐类可因误服发生中毒。大鼠经口 LD_{50} 为698mg/kg，吸入二甲胺蒸气2h的 LC_{50} 为70mg/m^3。

职业危害

眼内溅入40%甲胺水溶液可引起眼灼伤，畏光、流泪、眼睑红肿、结膜充血、角膜水肿及浅层溃疡，症状可持续1~2周。长期接触低浓度甲胺类化合物，可感到眼、鼻、咽喉干燥和不适。

应急处理

急救时可用1% ~2%醋酸、0.5%柠檬酸冲洗皮肤、黏膜及漱口。眼用生理盐水冲洗后进行荧光染色检查，如有角膜损伤，应请眼科医师诊治。

防护措施

甲胺类生产中，必须注意防爆、防燃。产品直接制成30% ~40%水溶液，在操作时要穿工作服、戴手套和防护镜等。厂房要有完善的通风设备。

职业接触限值

中　　国：OELs：*PC-TWA*　5mg/m^3；*PC-STEL*　10mg/m^3

美　　国：ACGIH　TLVs：*TWA*　5ppm(9mg/m^3)；*STEL*　15ppm(27mg/m^3)；A4

OSHA　PEL：　*TWA*　10ppm(18mg/m^3)

NIOSH　REL：*TWA*　10ppm(18mg/m^3)

IDLH　500ppm

【乙二胺】

英 文 名：Ethylene diamine

别　　名：二氨基乙烷

相对分子质量：60.10

分 子 式：$C_2H_8N_2$

CAS　号：107-15-3

理化性质

相对密度：0.8994(液体)，2.07(气体)　　蒸 气 压：1.33kPa(20℃)

熔　　点：8.5℃　　闪　　点：43.3℃(闭杯)

沸　　点：117.2℃　　自 燃 点：385℃

无色或微黄色黏稠液体，有氨的气味。具有吸湿性和强碱性。溶于水和乙醇，微溶于乙醚，不溶于苯。能与水蒸气一同挥发。在空气中会发烟，并能吸收空气中的二氧化碳。与无机酸生成溶于水的盐类。

接触机会

用于制造染料、橡胶硫化促进剂、药物等；也用作纤维蛋白等的溶剂、乳化剂、环氧树脂固化剂，以及制造高级绝缘漆、涂料、农药的中间体。

毒性

属低毒类。对皮肤黏膜有刺激作用和致敏作用，损害眼、皮肤和呼吸道。高浓度时可发生肝、肾损害。环氧树脂加热产生的环氧氯丙烷与乙二胺可同时对眼产生刺激。本品气态可经呼吸道吸收，液体可经皮肤吸收。大鼠经口 LD_{50} 为 1160mg/kg，大鼠吸入 9840mg/m^3 乙二胺蒸气 8h，6 只全部死亡。主要死于肾损害。大鼠在 1281mg/m^3 浓度下染毒 30 次，每次 7h，产生脱毛及肝、肾、肺损害，30 只大鼠全部死亡。兔经皮 LD_{50} 为 O. 73mL/kg。

职业危害

乙二胺蒸气对呼吸道黏膜有明显的刺激作用。在 480mg/m^3 的浓度下 5～10s，面部及鼻黏膜均有刺激感，960mg/m^3 时刺激作用极为明显，可出现咳嗽、咯痰、胸闷等症状。接触高浓度时可出现头晕、头痛、恶心、呕吐等全身症状。

乙二胺溅于眼结膜、角膜或皮肤上，可引起局部充血、起泡、溃疡或坏死。本品有明显的致敏性，可出现过敏性哮喘。接触性皮炎的发生率较高，多见于面部鼻唇沟附近及手部发生湿疹样病变，脱离接触后可逐渐好转。用 1% 乙二胺二盐酸盐溶液作斑贴试验，往往显阳性反应。

应急处理

急性中毒应脱离现场，吸氧，皮肤污染用清水冲洗后用弱碱性溶液冲洗。可给予地塞米松，能量合剂，抗感染及对症治疗等。此外，尚可给予脱敏疗法。

防护措施

密闭操作，加强排风。提供安全淋浴和洗眼设施。

呼吸系统防护：空气中浓度较高时，应该佩带防毒面具。紧急事态抢修或逃生时，佩戴空气呼吸器。

眼睛防护：一般不需要特殊防护。

身体防护：穿防腐工作服。

手 防 护：戴橡胶手套。

其　　他：工作现场严禁吸烟。工作完毕，淋浴更衣。

职业接触限值

中　　国：OELs：*PC－TWA*　4mg/m^3；*PC－STEL*　10mg/m^3

美　　国：ACGIH　TLVs：*TWA*　10ppm；皮，A4

OSHA　PEL：　*TWA*　10ppm(25mg/m^3)

NIOSH　REL：　*TWA*　10ppm(25mg/m^3)

IDLH　1000ppm

【1,6－己二胺】

英 文 名：1,6－hexylenediamine；1,6－diaminohexane

别　　名：1,6－二氨基己烷

相对分子质量：116.20

分 子 式：$C_6H_{16}N_2$

CAS　号：124－09－4

理化性质

相对密度：0.85（水＝1）　　闪　　点：81℃

熔　　点：42℃　　爆炸极限：0.7%～6.3%（体积）

沸　　点：205℃

具有氨味的无色片状结晶。易溶于水，溶于乙醇、乙醚。

接触机会

用于有机合成，高分子化合物的聚合，也做环氧树脂固化剂、化学试剂。

毒性

LD_{50}为750mg/kg（大鼠经口）；1110mg/m^3（兔经皮）。

家兔经眼：675μg，重度刺激。家兔经皮开放性刺激试验：450mg，中度刺激。大鼠接触1～10mg/m^3，4小时/天，6个月，见体重增长缓慢，神经系统兴奋性低下，血红蛋白降低，胆碱酯酶活力轻度抑制。7mg/m^3，三个半月，见肺、肝、肾血管有组织学改变。

大鼠经口最低中毒剂量（TDL_0）：3g/kg（孕6～16天用药），致胚胎毒性，致肝胆系统发育异常。大鼠经口最低中毒剂量（TDL_0）：1840mg/kg（孕6～16天用药），致泌尿生殖系统发育异常。

职业危害

本品对黏膜有明显刺激作用，可引起结膜炎、上呼吸道炎症等。皮肤接触可引起变态反应，出现湿疹样皮炎，多发于手及面部。溅于眼部可引起眼灼伤，眼睑红肿、充血，处理不当可引起失明。吸入高浓度时产生头晕、头痛、失眠。

应急处理

皮肤接触：脱去被污染的衣着，用大量流动清水冲洗。就医。

眼睛接触：立即提起眼睑，用大量流动清水或生理盐水彻底冲洗至少15min，就医。

吸　　入：迅速脱离现场至空气新鲜处。保持呼吸道通畅。如呼吸困难，给输氧。如呼吸停止，立即进行人工呼吸。就医。

食　　入：误服者用水漱口，给饮牛奶或蛋清。就医。

防护措施

密闭操作，加强排风。提供安全淋浴和洗眼设施。

呼吸系统防护：空气中浓度较高时，应该佩戴防毒面具。紧急事态抢修或逃生时，佩戴空气呼吸器。

眼睛防护：一般不需要特殊防护。

身体防护：穿防腐工作服。

手 防 护：戴橡胶手套。

其　　他：工作现场严禁吸烟。工作完毕，淋浴更衣。

职业接触限值。

中国未制订职业接触限值。

【二亚乙基三氨】

英 文 名：Diethylenetriamine

别　　名：二乙烯三氨

相对分子质量：103.17

分 子 式：$C_4H_{13}N_3$

CAS　号：111－40－0

理化性质

相对密度：0.9542(液体)，3.48(气体)　　蒸 气 压：0.049kPa(20℃)

熔　　点：－39℃　　闪　　点：101.6℃(开杯)

沸　　点：259.1℃　　自 燃 点：398.89℃

黄色液体。具有氨味，显强碱性。有吸湿性。能溶于水和乙醇，不溶于乙醚。能吸收空气中的二氧化碳和水分。

接触机会

用作氨羧络合指示剂、气体净化剂、环氧树脂固化剂，也用于合成橡胶。

毒性

属低毒类。对眼、呼吸道黏膜和皮肤有刺激作用。15%～100%溶液引起角膜严重损害，5%溶液轻度损害。浓溶液可致兔局部皮肤较明显的坏死。本品对大鼠的经口 LD_{50} 为2330mg/kg。大鼠暴露在1266mg/m³ 浓度蒸气下未见毒性损害。兔经皮 LD_{50} 为1046mg/kg。本品对皮肤有致敏作用，因此应尽可能减少操作者与本品直接接触的机会。在发生皮炎时，用一般的测定方法并不一定能测出车间空气中的胺类。如嗅出厂房中有明显的本品气味，说明控制不严或生产设备漏气，应加以检查、修理。治疗为对症处理。

职业危害

蒸气或雾对鼻、喉和黏膜有腐蚀性，可引起支气管炎、化学性肺炎或肺水肿。蒸气、雾或液体对眼有强烈腐蚀性，重者可导致失明。皮肤接触可造成灼伤；对皮肤有致敏性。口服灼伤空腔和消化道，出现剧烈腹痛、恶心、呕吐和虚脱。

慢性影响：本品有明显的致敏作用。

应急处理

皮肤接触：脱去污染的衣着，立即用水冲洗至少15min。若有灼伤，就医治疗。

眼睛接触：立即提起眼睑，用流动清水或生理盐水冲洗至少15min。就医。

吸　　入：迅速脱离现场至空气新鲜处。保持呼吸道通常。必要时进行人工呼吸。就医。

食　　入：误服者立即漱口，给饮牛奶或蛋清。就医。

防护措施

密闭操作，注意通风。提供安全淋浴和洗眼设备。

呼吸系统防护：可能接触其蒸气时，佩戴防毒面具或供气式头盔。紧急事态抢救或逃生时，建议佩戴空气呼吸器。

眼睛防护：戴化学安全防护眼镜。

防 护 服：穿工作服(防腐材料制作)。

手 防 护：戴橡皮手套。

其　　他：工作现场禁止吸烟、进食和饮水。工作后，淋浴更衣。进行就业前和定期的体检。

职业接触限值

中　　国：OELs：*PC－TWA*　4mg/m³；皮

美　　国：ACGIH　TLVs：*TWA*　1ppm(4mg/m³)

NIOSH　REL：*TWA*　1ppm(4mg/m³)；皮

【二异丙胺】

英 文 名：Diisopropylamine

相对分子质量：101.19

分 子 式：$C_6H_{15}N$

CAS　号：108－18－9

理化性质

相对密度：0.7178(液体)，3.5(气体)　　蒸 气 压：8kPa(20℃)

熔　　点：－96.3℃　　闪　　点：－1.11℃

沸　　点：84.1℃　　自 燃 点：402.2℃

折 射 率：1.3924(20℃)　　爆炸极限：1.1%～7.1%(体积)

无色易挥发的液体。有氨味。微溶于水，溶于多数有机溶剂。

接触机会

用作橡胶促进剂、医药中间体农药除草剂、表面活性剂等。

毒性

属低毒类。大鼠吸入本品蒸气2h的 LC_{50} 为4800mg/m³。高浓度本品引起动物呼吸道强烈刺激，引起脏器凝固性坏死和变性。工人在60～120mg/m³ 本品蒸气下操作，感到恶心和暂时性视力减退；在200～500mg/m³ 浓度下2～3h，除恶心、视力减退外，还觉头痛。离开现场后症状很快消失，必要时对症治疗。工作场所加强通风。

职业危害

吸入、食入、经皮吸收。

本品对呼吸道有刺激性，吸入蒸气可引起肺水肿。蒸气对眼有刺激性；液体可引起眼灼伤。皮肤接触可致灼伤。口服引起恶心、呕吐、腹泻、腹痛、虚弱和虚脱。反复皮肤接触可引起变应性皮炎。

应急处理

皮肤接触：立即脱去被污染的衣着，用大量流动清水冲洗至少15min。就医。

眼睛接触：立即提起眼睑，用大量流动清水或生理盐水彻底冲洗至少15min。就医。

吸　　入：迅速脱离现场至空气新鲜处。保持呼吸道通畅。如呼吸困难，给输氧。如呼吸停止时，立即进行人工呼吸。就医。

食　　入：误服者用水漱口，给饮牛奶或蛋清。就医。

防护措施

密闭操作，加强排风。提供安全淋浴和洗眼设施。

呼吸系统防护：可能接触其蒸气时，佩戴自吸过滤式防毒面具(半面罩)。紧急事态抢救或撤离时，应该佩戴空气呼吸器。

眼睛防护：戴化学安全防护眼镜。

身体防护：穿防毒物渗透工作服。

手 防 护：戴橡胶手套。

其 他：工作现场禁止吸烟、进食和饮水。工作完毕，淋浴更衣。实行就业前和定期的体检。

职业接触限值

中国未制订职业接触限值。

美 国：ACGIH TLVs：*TWA* 5ppm(20mg/m^3)；皮
OSHA PEL： *TWA* 5ppm(20mg/m^3)；皮
NIOSH REL： *TWA* 5ppm(20mg/m^3)；皮
IDLH 200ppm

【三乙胺】

英 文 名：Triethylamine；*N*,*N* - Diethylethanamine

别 名：*N*,*N* - 二乙基乙胺

相对分子质量：101.19

分 子 式：$C_6H_{15}N$

CAS 号：121 - 44 - 8

理化性质

相对密度：0.7293(液体)，3.48(气体)
熔 点：-115.3℃
沸 点：89.7℃
蒸 气 压：8.80kPa(20℃)
闪 点：-6.67℃
爆炸极限：1.2% ~8%(体积)

无色液体，有强烈氨味，微溶于水，溶于乙醇、乙醚等多数有机溶剂。

接触机会

用作有机溶剂、有机合成原料；也用作高能燃料、橡胶硫化剂、润湿剂及杀菌剂。

毒性

小鼠经口 LD_{50} 为 546mg/kg，大鼠为 460mg/kg。兔经皮 LD_{50} 为 570mg/kg。家兔经眼：250μg(24h)，重度刺激。兔吸入 420mg/m^3，7h/次，每周 5 次，6 周，见肺充血、出血，支气管周围炎，心肌变性，肝肾充血、变性、坏死。家兔经口最低中毒剂量(TDL_0)为 6900μg/kg(孕 1 ~3 天)，对发育有影响。

职业危害

吸入、食入、经皮吸收。

本品对呼吸道有强烈的刺激性，吸入后可引起肺水肿甚至死亡。口服腐蚀口腔、食道及胃。眼及皮肤接触可引起化学性灼伤。

应急处理

皮肤接触：立即脱去被污染的衣着，用大量流动清水冲洗至少 15min。就医。

眼睛接触：立即提起眼睑，用大量流动清水或生理盐水彻底冲洗至少 15min。就医。

吸　　入：迅速脱离现场至空气新鲜处。保持呼吸道通畅。如呼吸困难，给输氧。如呼吸停止时，立即进行人工呼吸。就医。

食　　入：误服者用水漱口，给饮牛奶或蛋清。就医。

防护措施

本品为一级易燃液体，与空气接触能形成爆炸性混合物。采用镀锌铁桶包装，每桶重200kg，体积不得超过桶容积的85%，桶口衬聚乙烯垫圈，以防泄漏。储存时严禁烟火。放置于阴凉通风处，应与氧化剂隔离储存。运输时防止碰撞，按易燃易爆物规定储运。

呼吸系统防护：可能接触其蒸气时，佩戴导管式防毒面具。紧急事态抢救或撤离时，应该佩戴空气呼吸器。

眼睛防护：呼吸系统防护中已作防护。

身体防护：穿防毒物渗透工作服。

手 防 护：戴橡胶手套。

其　　他：工作现场禁止吸烟、进食和饮水。工作完毕，淋浴更衣。

职业接触限值

中国未制订职业接触限值。

美　　国：ACGIH　TLVs：*TWA*　1ppm(4mg/m^3)；*STEL*　3ppm(12mg/m^3)；皮，A4
OSHA　PEL：*TWA*　25ppm(100mg/m^3)
IDLH　200ppm

【三乙四胺】

英 文 名：Triethylenetetramine

别　　名：三缩三乙二氨；三亚乙基四氨；三乙烯四氨

相对分子质量：146.24

分 子 式：$C_6H_{18}N_4$

CAS　号：112－24－3

理化性质

相对密度：0.9818(液体)　　闪　　点：135℃

熔　　点：12℃　　自 燃 点：337.7℃

沸　　点：277.5℃

中等黏度黄色液体。易燃。有氨气味。溶于水和乙醇，不溶于乙醚。显碱性，在空气中易吸收水分和二氧化碳。与酸作用生成相应的盐。

接触机会

用作合成树脂固化剂、添加剂、织物整理剂等；除作溶剂外，还用于制造环氧树脂固化剂、橡胶助剂、乳化剂、表面活性剂、润滑油添加剂、燃料油清净分散剂、气体净化剂、无氰电镀扩散剂、光亮剂、去垢剂、软化剂、金属螯合剂以及合成聚酰胺树脂和离子交换树脂等。

毒性

急性毒性：LD_{50}为4340mg/kg(大鼠经口)；805mg/m^3(兔经皮)。

职业危害

吸入本品蒸气或雾对鼻、喉和呼吸道有刺激作用。高浓度吸入可引起头痛、恶心、呕吐和昏迷。极高浓度或长时间吸入可引起意识丧失，甚至死亡。蒸气、液体或雾对眼有强烈腐蚀作用，重者可致失明。皮肤接触可发生灼伤；对皮肤有强致敏作用；可经皮肤吸收引起中毒。口服液体灼伤消化道。

慢性影响：本品有显著的致敏作用。

应急处理

皮肤接触：立即脱去污染的衣着，用肥皂水和清水彻底冲洗皮肤。

眼睛接触：立即提起眼睑，用大量流动清水或生理盐水彻底冲洗至少15min。就医。

吸　　入：迅速脱离现场至空气新鲜处。保持呼吸道通畅。如呼吸困难，给输氧。如呼吸停止，立即进行人工呼吸。就医。

食　　入：饮足量温水，催吐，就医。

防护措施

操作人员必须经过专门培训，严格遵守操作规程。远离火种、热源，工作场所严禁吸烟。使用防爆型的通风系统和设备。

密闭操作，注意通风。提供安全淋浴和洗眼设备。

储存于阴凉、通风的库房。储区应备有泄漏应急处理设备和合适的收容材料。铁路运输时应严格按照铁道部《危险货物运输规则》中的危险货物配装表进行配装。公路运输时要按规定路线行驶，勿在居民区和人口稠密区停留。

呼吸系统防护：空气中浓度较高时，佩戴直接式防毒面具。紧急事态抢救或撤离时，建议佩戴空气呼吸器。

眼睛防护：戴化学安全防护眼镜。

身体防护：穿防腐工作服。

手 防 护：戴橡胶耐油手套。

其他防护：工作现场禁止进食和饮水。工作完毕，淋浴更衣。

职业接触限值

中国未制订职业接触限值。

【四亚乙基五胺】

英 文 名：Tetraethylenepentamine

别　　名：四乙烯五胺；三缩四乙二胺

相对分子质量：189.30

分 子 式：$C_8H_{23}N_5$

CAS　号：112－57－2

理化性质

相对密度：0.9980（液体）　　　　蒸 气 压：1.33Pa（20℃）

熔　　点：－30℃　　　　闪　　点：162.7℃

沸　　点：333℃

黄或橙红色黏稠液体。溶于水和多数有机溶剂。易燃。呈碱性，与酸作用生成相应的盐。

接触机会

用于合成聚酰胺树脂、阳离子交换树脂、润滑油添加剂、燃料油添加剂等，也可用作环氧树脂固化剂、橡胶硫化促进剂等。

毒性

属低毒类。大鼠经口 LD_{50} 为 3990mg/kg，兔经皮 LD_{50} 为 660mg/kg。因其沸点高，通常情况下蒸气吸入的可能性小。接触本品可引起过敏反应，作业人员可发生皮炎和支气管哮喘。一般对症处理。由于有致敏作用，应尽可能减少操作者直接接触的机会。防止生产设备泄漏。

职业危害

吸入、食入、经皮吸收。

吸入本品蒸气对呼吸道有刺激作用和致敏作用。眼接触可致角膜损害。皮肤接触可致灼伤，有致敏作用。摄入灼伤消化道，引起腹痛、恶心、呕吐和腹泻。

应急处理

皮肤接触：立即脱去污染的衣着，用大量流动清水冲洗至少 15min。就医。

眼睛接触：立即提起眼睑，用大量流动清水或生理盐水彻底冲洗至少 15min。就医。

吸　　入：迅速脱离现场至空气新鲜处。保持呼吸道通畅。如呼吸困难，给输氧。如呼吸停止，立即进行人工呼吸。就医。

食　　入：用水漱口，给饮牛奶或蛋清。就医。

防护措施

密闭操作，全面通风。操作人员必须经过专门培训，严格遵守操作规程。远离火种、热源。使用防爆型的通风系统和设备。防止蒸气泄漏到工作场所空气中。避免与氧化剂、酸类、碱类接触。配备相应品种和数量的消防器材及泄漏应急处理设备。

呼吸系统防护：空气中浓度较高时，必须佩戴自吸过滤式防毒面具。紧急事态抢救或撤离时，应该佩戴空气呼吸器。

眼睛防护：戴化学安全防护眼镜。

身体防护：穿橡胶耐酸碱服。

手 防 护：戴橡胶耐酸碱手套。

其　　他：工作现场禁止吸烟、进食和饮水。工作完毕，淋浴更衣。

职业接触限值

中国未制订职业接触限值。

【*N*,*N* – 双水杨醛缩丙二胺】

英 文 名：*N*,*N* – Disalicylidene – 1,2 – diaminopropane；Disalicylaminopropame

别　　名：T1201 金属钝化剂；*N*，*N* – 二亚水杨 – 1,2 – 丙二胺

相对分子质量：282.33

分 子 式：$C_{17}H_{18}N_2O_2$

CAS　号：94 – 91 – 7

理化性质

相对密度：≥1.05（水 = 1）　　　　熔　　点：46℃

闪　　点：21℃（开杯）

不溶于水，与苯、二甲苯混溶。

接触机会

用作荧光法测定镁和金属离子的抑制剂。

毒性

属低毒类。LD_{50} 4560mg/kg（大鼠经口）。侵入途径：吸入、误服。

职业危害

对眼睛、皮肤、黏膜及上呼吸道有刺激作用。可发生皮炎。

应急处理

皮肤接触：脱去污染的衣着，用肥皂水及清水彻底冲洗。

眼睛接触：立即翻开上下眼睑，用流动清水冲洗15min。就医。

吸　　入：脱离现场至空气新鲜处。就医。

食　　入：误服者给饮足量温水，催吐，就医。

防护措施

工程控制：密闭操作，局部排风。

呼吸系统防护：佩戴防毒口罩。紧急事态抢救或撤离时，佩戴自给式呼吸器。

眼睛防护：戴安全防护眼镜。

身体防护：穿紧袖工作服，长筒胶鞋。

手 防 护：戴橡皮手套。

其　　他：工作现场禁止吸烟、进食和饮水。工作前后不饮酒，用温水洗澡。

职业接触限值

中国未制订职业接触限值。

【乙醇胺】

英 文 名：Monoethanolamine；2 - Aminoethanol；MEA

别　　名：2 - 氨基乙醇；单乙醇胺

相对分子质量：61.08

分 子 式：C_2H_7NO

CAS 号：141 - 43 - 5

理化性质

相对密度：1.0117（液体）　　闪　　点：90.56℃

熔　　点：10.3℃　　饱和蒸气压：0.80kPa（60℃）

沸　　点：170.8℃

具有吸湿性的黏稠液体。纯品无色，在空气中易变成深色。有氨的气味。溶于水、甲醇、和丙酮等，几乎不溶于乙醚和四氯化碳。能与酸酐、酰氯、卤代烷等反应。

接触机会

用作二氧化碳提取剂、碱调节剂，用于祛除天然气和石油气中的酸性气体，也是制造洗涤剂、乳化剂、织物精整剂的中间体。

毒性

属低毒类。大鼠急性经口 LD_{50} 为 2140～2740mg/kg。大鼠吸入乙醇胺蒸气 4h，LC_{50} 为 2120mg/m^3。人的乙醇胺的嗅觉阈为 5.0～7.5mg/m^3。

职业危害

较高浓度引起呼吸道刺激。反复大量接触可致肝、肾损害。15%一乙醇胺溶液对人皮肤无作用，用纱布浸原液置皮肤上 1.5h，引起发红浸润。对人的毒作用尚缺更多记载。

应急处理

皮肤接触：脱去污染的衣着，立即用流动清水彻底冲洗。

眼睛接触：立即提起眼睑，用流动水或生理盐水冲洗至少 15min。就医。

吸　　入：迅速脱离现场至空气新鲜处。保持呼吸道通畅。如果呼吸困难，给予吸氧。如呼吸停止，立即进行人工呼吸。就医。

食　　入：误服者立即漱口，给饮牛奶或蛋清。就医。

防护措施

密闭操作，注意通风。提供安全淋浴和设备。

呼吸系统防护：空气中浓度超标时，必须佩戴自吸过滤式防毒面具。紧急事态抢救或逃生时，建议佩戴空气呼吸器。

眼睛防护：戴化学安全防护眼镜。

防 护 服：穿橡胶耐酸碱服。

手 防 护：戴橡胶耐酸碱手套。

其　　他：工作现场禁止吸烟、进食和饮水。工作后，淋浴更衣。

职业接触限值

中　　国：OELs：*PC－TWA*　8mg/m^3；*PC－STEL*　15mg/m^3

美　　国：ACGIH　TLVs：*TWA*　3ppm(8mg/m^3)；*STEL*　6ppm(15mg/m^3)

OSHA　PEL：　*TWA*　3ppm(8mg/m^3)

NIOSH　REL：　*TWA*　3ppm(8mg/m^3)；*STEL*　6ppm(15mg/m^3)

IDLH　30ppm

【二乙醇胺】

英 文 名：Diethanolamine；2,2－Iminodiethanol；2,2－Dihydroydiethylamine

别　　名：2,2－亚氨基二乙醇；2,2－二羟基二乙醇

相对分子质量：105.14

分 子 式：$C_4H_{11}NO_2$

CAS　号：111－42－2

理化性质

相对密度：1.092(液体)，3.65(气体)

熔　　点：28℃

沸　　点：269℃

蒸 气 压：0.66kPa(138℃)

闪　　点：152℃(开杯)

自 燃 点：622.22℃

爆炸极限：1.6%～9.8%(体积)

无色黏性液体或结晶略有氨味的气体。易溶于水和乙醇，不溶于乙醚和苯。

接触机会

用作分析试剂、酸性气体吸收剂，用于焦煤气等工业的净化，并可循环使用。也用于制洗涤剂、擦光剂、润滑剂、软化剂、表面活性剂等，也可用于有机合成。

毒性

属中等毒类。对人体皮肤有刺激作用。可经呼吸道和皮肤进入人体。大鼠的急性经口 LD_{50} 为 710mg/kg，对兔的经皮 LD_{50} 为 11.89mL/kg。

职业危害

人对本品的嗅觉阈为 5.0～7.5mg/m^3，低于此浓度不至引起中毒。本品浓度高于15%时，对人体皮肤有刺激作用。蒸气吸入中毒的危害性很少。

应急处理

皮肤接触：脱去污染的衣着，立即用流动清水彻底冲洗至少15min。就医

眼睛接触：立即提起眼睑，用流动清水或生理盐水冲洗至少15min。就医。

吸　　入：迅速脱离现场至空气新鲜处。保持呼吸道通畅。如呼吸困难，给输氧。如呼吸停止，立即进行人工呼吸。就医。

食　　入：误服者立即漱口，给饮牛奶或蛋清。就医。

防护措施

密闭操作，注意通风。提供安全淋浴和洗眼设备。

呼吸系统防护：可能接触其蒸气时，佩戴防毒面具。紧急事态抢救或撤离时，建议佩戴自给式呼吸器。

眼睛防护：戴化学安全防护眼睛。

防 护 服：穿防腐材料制作的工作服。

手 防 护：戴防化学品手套。

其　　他：工作现场禁止吸烟、进食和饮水。工作后，淋浴更衣。

职业接触限值

中国未制订职业接触限值。

美　　国：ACGIH　TLVs：*TWA*　1mg/m^3；皮，A3

　　　　　NIOSH　REL：*TWA*　3ppm(15mg/m^3)

【*N,N*－二甲基甲酰胺】

英 文 名：*N,N*－Dimethylformamide；DMF

相对分子质量：73.09

分 子 式：C_3H_7NO

CAS　号：68－12－2

$HC(=O)—N(—CH_3)—CH_3$

理化性质

相对密度：0.953～0.954(液体)

　　　　　2.51(气体)

熔　　点：－61℃

沸　　点：152.8℃

蒸 气 压：0.493kPa(25℃)

闪　　点：57.7℃

爆炸极限：2.2%～15.2%（体积）　　　　　　　　自 燃 点：445℃

无色液体，有轻微的特殊臭味。与水和大多数有机溶剂混溶。为非质子极性高介电常数的有机溶剂。溶解能力很强，被称为万能有机溶剂，可以溶解许多有机物和无机物。

接触机会

用作萃取乙炔和制造腈纶的溶剂，丁二烯抽提溶剂，也用于有机合成、染料、制药、石油提炼和树脂等。

毒性

属低毒类。对皮肤、黏膜有刺激作用，能引起肝、肾及胃损害。本品可以蒸气形式由呼吸道吸入，液体污染体表可经完整皮肤进入体内。本品部分以原形从呼气及尿中排出，部分在体内脱去一个甲基，形成甲基甲酰胺经尿排出。大鼠经口 LD_{50} 为 4.0g/kg。

职业危害

高浓度吸入可引起急性中毒，主要是眼和上呼吸道严重刺激症状，头痛挛、恶心、呕吐、腹痛及便秘等。肝损害在中毒后数日内出现，肝脏肿大，肝区痛，可出现黄疸。经皮肤吸收中毒者，皮肤出现水泡、水肿，局部麻木、瘙痒、灼痛。

慢性中毒症状有恶心、呕吐、胸闷、头痛、胃胀、食欲减退、便秘、躯干疼痛、黄疸、肝大和肝功能的改变（血清转氨酶升高），尿中尿胆原和尿胆素增高，尿蛋白阳性。在生产现场空气中，平均浓度 16.1mg/m^3（最高达 62.1mg/m^3）时，经 10 年观察，大多数工人未见有器质性病变发生；部分工人有喉干、咽喉慢性充血等上呼吸道刺激症状，以及神衰征候群；少数有血压偏低以及皮肤干燥、粗糙和过敏现象。溶液溅入眼内可损害角膜。

职业禁忌

慢性肝炎。

应急处理

皮肤接触：立即脱去污染的衣着，用大量流动清水冲洗 20～30min。如有不适感，就医。如有不适感，就医。

眼睛接触：立即提起眼睑，用大量流动清水或生理盐水彻底冲洗 10～15min。如有不适感，就医。

吸　　入：迅速脱离现场至空气新鲜处。保持呼吸道通畅。如呼吸困难，给输氧。呼吸、心跳停止，立即进行心肺复苏术。就医。

食　　入：饮足量温水，催吐。就医。

防护措施

生产过程密闭，全面通风。提供安全淋浴和洗眼设备。

呼吸系统防护：空气中浓度超标时，佩戴过滤式防毒面具（半面罩）。

眼睛防护：戴化学安全防护眼镜。

身体防护：穿化学防护服。

手 防 护：戴橡胶手套。

其　　他：工作现场严禁吸烟。工作完毕，淋浴更衣。

职业接触限值

中　　国：OELs：*PC－TWA*　20mg/m^3；皮

美　　国：ACGIH　TLVs：*TWA*　10ppm(30mg/m^3)；皮
　　　　　OSHA　PEL：　*TWA*　10ppm(30mg/m^3)；皮
　　　　　NIOSH　REL：　*TWA*　10ppm(30mg/m^3)；皮
　　　　　IDLH　500ppm

【丙烯酰胺】

英 文 名：Acrylamide
相对分子质量：71.08
分 子 式：C_3H_5NO
CAS　号：79－06－1

理化性质

相对密度：1.122(液体)，2.45(气体)　　蒸 气 压：0.93Pa(25℃)
熔　　点：84.5℃　　闪　　点：138℃
沸　　点：125℃

无色无嗅结晶固体。溶于水、乙醇、丙酮，不溶于苯、庚烷。室温下稳定，但当熔融时，聚合迅速并释放热量。

接触机会

人类接触丙烯酰胺主要是通过食物。此外，人体还可能通过吸烟等途径接触丙烯酰胺。

丙烯酰胺单体主要用于生产聚丙烯酰胺，后者稳定、无毒，广泛用于石油和矿山开采、隧道建筑、造纸、污水处理，生产油漆、金属涂料和黏合剂。中毒患者主要见于生产和使用丙烯酰胺单体的作业。

毒性

属中等毒类。对眼和皮肤有一定的刺激，水溶液很容易通过皮肤吸收。大鼠经口 LD_{50} 约为150～180mg/kg。猫经口染毒，每周5天，持续1年，剂量为0.3mg/kg，未发现明显中毒症状，3～10mg/kg则出现明显中毒症状。

本品对各类动物能产生周围神经损害，其中毒机理认为丙烯酰胺很可能干扰轴浆运输系统，使远离胞体的轴突末稍营养供应受阻而发生变性。

职业危害

急性中毒：有报道，由于管道不严密，室内通风不良，在工作3～4天后出现双手脱皮、手汗成滴、手足发麻、颤抖、持物不稳、上肢活动受限；继之有持续性头痛、头晕、乏力、食欲不振、视物模糊等症状。有的主要表现为多发性神经炎和震颤，齿轮样肌张力增高及单足不能站立的锥体外系和小脑病变的临床征象，亦有出现明显的上肢和肩胛部运动障碍，部分肌肉萎缩和肌束颤动，呈脊髓前角细胞病变的临床表现。但在一般生产条件下，急性中毒极少发生。

慢性中毒：在生产条件下，可经皮肤、呼吸道吸收，接触数月至数年后，逐渐出现头痛、头晕、疲劳、嗜睡、手指刺痛、麻木感，往往伴有两手掌发红、脱屑、手掌和足心多汗，进一步出现四肢无力、肌肉疼痛、步态蹒跚、易向前倾倒。神经系统检查可见深反射减弱或消失，呈手套、袜子型感觉过敏、深感觉减退、闭目难立试验阳性等，这些变化均为双侧性。工龄较长的病人可见脑电图轻度异常，血、尿常规及肝、肾功能一般无异常改变。如早期发现症状，及时停止接触，症状一般都可逐步恢复。1%水溶液对人皮肤有刺激作用。

职业禁忌

(1)神经系统器质性疾病；(2)糖尿病；(3)过敏性皮肤病。

应急处理

皮肤接触：脱去污染的衣着，用肥皂水及清水彻底冲洗。

眼睛接触：立刻提起眼睑，用流动清水冲洗。

吸　　入：脱离现场至空气新鲜处。必要时进行人工呼吸。就医。

食　　入：误服者给饮大量温水，催吐，就医。

防护措施

严加密闭，提供充分的局部排风。提供安全淋浴和洗眼设备

呼吸系统防护：空气中粉尘浓度超标时，应该佩戴头罩型电动送风过滤式防尘呼吸器。紧急事态抢救或逃生时，佩戴空气呼吸器。

眼睛防护：必要时戴安全防护眼镜。

身体防护：穿相应的防护服。

手 防 护：戴防化学品手套。

其　　他：工作现场禁止吸烟、进食和饮水。工作后，彻底清洗。单独存放被毒物污染的衣服，洗后再用。

职业接触限值

中　　国：OELs：*PC－TWA*　0.3mg/m^3；皮

美　　国：ACGIH　TLVs：*TWA*　0.03mg/m^3；皮，A3

OSHA　PEL：　*TWA*　0.3mg/m^3；皮

NIOSH　REL：　*TWA*　0.03mg/m^3；皮，Ca

IDLH　60ppm

【芥酸酰胺】

英 文 名：Erueamide；Erucylamide

相对分子质量：337.59

分 子 式：$C_{22}H_{43}NO$

CAS　号：112－84－5

理化性质

相对密度：0.888(液体)　　　　碘　　值：70～80

熔　　点：75～80℃

气味柔和的固体。溶于异丙醇，微溶于乙醇和丙酮。易燃。

接触机会

各种塑料制品的润滑剂、脱膜剂、能改变树脂的流动性能，提高注塑成型正品率。乙烯、聚丙烯、尼龙等各种色母粒的高效分散剂。CPP、BOPP、LDPE、LLDPE、EVA、PVC、PVDF、PVDC、PU和茂金属聚乙烯、聚丙烯树脂加工稳定剂、爽滑剂、防黏剂。在橡胶(SBE、SBP、SBR、PP)中添加本品，可提高橡胶制品的光泽、抗污损和伸长率，

增强硫化促进性和耐磨性，特别具有防止日晒龟裂的效果。用作热塑性弹性体(TPE、TEO、TPU)和氟橡胶的脱模剂和表面爽滑与光亮剂，工程塑料的润滑剂和脱模剂，LDPE压延人造革的润滑剂，纤维料、无纺布和娱乐筹码的爽滑剂。用作油墨的抗黏剂和防沉淀剂、金属的防锈剂。

毒性

本品无明显毒性。

职业危害

目前，未见职业中毒的报道资料。

应急处理

皮肤接触：立即用大量流动清水冲洗或就医。

眼睛接触：立即提起眼睑，用大量流动清水或生理盐水彻底冲洗并送医诊治。

吸　　入：脱离现场至空气新鲜处。

食　　入：误服者用水漱口，给饮牛奶或蛋清，就医。

防护措施

提供良好的自然通风条件。

呼吸系统防护：空气中粉尘浓度较高时，建议佩戴自吸过滤式防尘口罩。

眼睛防护：戴化学安全防护眼镜。

身体防护：穿防毒物渗透工作服。

手 防 护：戴防化学品手套。

其　　他：及时换洗工作服。保持良好的卫生习惯。

职业接触限值

中国未制订职业接触限值。

【尿素】

英 文 名：Urea

别　　名：碳酰二胺；碳酰胺；脲

$$O=C(NH_2)_2$$

相对分子质量：60.06

分 子 式：$CO(NH_2)_2$

CAS　号：57－13－6

理化性质

相对密度：1.335　　熔　　点：132.7℃

白色晶体或粉末。几乎无臭、有盐味。沸点前分解.溶于水、乙醇和苯，微溶于乙醚，几乎不溶于氯仿。不燃。大量存在于人类及哺乳动物尿中。水溶液呈中性反应。

接触机会

用作肥料、动物饲料、炸药、稳定剂和制脲醛树脂的原料等。尿素合成及使用中都可接触。

毒性

属低毒类。对人体健康一般无明显影响。豚鼠和狗皮下注射的致死剂量分别为16g/kg和3g/kg。兔静脉注射致死剂最为4.8g/kg。未见职业中毒报道。

职业危害

吸入、食入、经皮吸收。对眼睛、皮肤和黏膜有刺激作用。

应急处理

皮肤接触：脱去污染的衣着，用大量流动清水冲洗。

眼睛接触：提起眼睑，用流动清水或生理盐水冲洗。就医。

吸　　入：迅速脱离现场至空气新鲜处。保持呼吸道通畅。如呼吸困难，给输氧。如呼吸停止，立即进行人工呼吸。就医。

食　　入：饮足量温水，催吐。就医。

防护措施

严加密闭，提供充分的局部排风。

呼吸系统防护：可能接触其粉尘时，应佩戴防尘面具(全面罩)。紧急事态抢救或撤离时，应该佩戴空气呼吸器。

眼睛防护：呼吸系统防护中已作防护。

身体防护：穿防毒物渗透工作服。

手 防 护：戴橡胶手套。

其　　他：工作现场禁止吸烟、进食和饮水。工作完毕，淋浴更衣。保持良好的卫生习惯。

职业接触限值

中　　国：OELs：*PC－TWA*　$5mg/m^3$；*PC－STEL*　$10mg/m^3$

【己二酸己二胺盐】

英 文 名：Polyamide resin

别　　名：尼龙－66 盐 Nylon；酰胺－66 纤维

分 子 式：$\text{+}CO(CH_2)_4CO(CH_2)_6NH\text{+}_n$

理化性质

相对密度：1.14

熔　　点：264℃(尼龙－66)，223℃(尼龙－6)

一种热塑性树脂，白色固体。不溶于一般溶剂，只溶于间甲苯酚。机械强度和硬度很高，刚性很大。可用作工程塑料。

接触机会

广泛用于制造机械、汽车、化学与电气装置的零件，亦可制成薄膜用作包装材料。此外，还可用于制作医疗器械、体育用品、日用品等。

【过氧化(双)3,5,5－三甲基己酰】

$$(CH_3)_2CH—CH_2—\underset{}{CH}(CH_3)—CH_2—CH_2—\overset{O}{\overset{\|}{C}}—O—O—\overset{O}{\overset{\|}{C}}—CH_2—CH(CH_3)—CH_2—CH_2—O—C(NH_2)_2$$

英 文 名：3,5,5－Trimethyl eaproyl peroxide

别　　名：催化剂 K

相对分子质量：314.46

分 子 式：$C_{18}H_{34}O_4$

CAS 号：3851-87-4

理化性质

相对密度：0.8900~0.9100(液体) 熔 点：<-70℃

无色液体，具有刺激性气味。不溶于水，易溶于丙酮、氯仿等有机溶剂。常温下稳定。80℃以上急剧分解。未见毒性资料。

接触机会

用作乙烯基单体自由基聚合反应的引发剂。

毒性

未见毒性资料。

职业危害

未见人体危害资料。

应急处理

皮肤接触：脱去污染的衣着，用流动清水冲洗。

眼睛接触：立即翻开上下眼睑，用流动清水冲洗15min。

吸 入：脱离现场至空气新鲜处。就医。

食 入：误服者用水漱口，就医。

防护措施

生产过程密闭，加强通风。

呼吸系统防护：空气中浓度较高时，佩戴防毒面具。紧急事态抢救或撤离时，佩带自给式呼吸器。

眼睛防护：戴化学安全防护眼镜。

身体防护：穿防腐工作服。

手 防 护：必要时戴防化学品手套。

其 他：工作完毕，淋浴更衣。注意个人清洁卫生。

职业接触限值

中国未制订职业接触限值。

【乙腈】

英 文 名：Acetonitrile；Methyl cyanide

别 名：甲基氰

相对分子质量：41.05

分 子 式：C_2H_3N

CAS 号：75-05-8

理化性质

相对密度：0.7868(液体)，1.42(气体) 蒸 气 压：13.3kPa(27℃)

熔 点：-45℃ 闪 点：5.56℃(开杯)

沸 点：81.1℃ 爆炸极限：3.0%~16%(体积)

自 燃 点：525℃

无色液体，有芳香气味，能聚合成二聚物和三聚物，溶于水及醇，与空气混合形成爆炸性混合物。遇高温、明火、强氧化剂有燃烧爆炸危险，与硫酸、发烟硫酸、氯磺酸、过氯酸盐等反应强烈。

接触机会

乙腈最主要的用途是作溶剂。如作为抽提丁二烯的溶剂，合成纤维的溶剂和某些特殊涂料的溶剂。

毒性

属中等毒类。乙腈的蒸气有刺激性。较大量吸入，隔一定潜伏期后出现氰化物中毒症状。给家兔经口投入时的毒性相当于 HCN 的 1/5，动物试验中有痉挛、甲状腺机能障碍、肺水肿等特征性症状。

可通过呼吸道、皮肤及消化道吸收，在体内无明显的蓄积作用。

脂肪族腈的毒性主要取决于它们在体内释放出的游离氰基(CN)而定，但乙腈的毒性不能排除其整个分子本身及其代谢产物硫氰酸盐的作用。

小鼠 LC_{50} 为 3860～9651mg/m^3(2h)，大鼠 LC_{50} 为 2680mg/m^3(4h)。

小鼠经口 LD_{50} 为 200～453.2mg/kg，大鼠为 3800mg/kg。

工业纯的本品毒性较大，可能因其中含有 HCN 和腈。

职业危害

吸入 80ppm 时未见明显不适，160ppm 4h 后，约半数人略感胸闷，部分人面部轻度充血。吸入大量后可引起急性中毒，潜伏期长短依接触量多少面异，一般为 4～12h。

主要症状为头痛、衰弱无力、面色苍白、恶心、呕吐、腹痛、腹泻、胸闷、胸痛，严重者有呼吸及循环系统紊乱，呼吸浅慢而不规则，血压下降，脉博细而慢，体温下降，阵发性抽搐、昏迷，可见尿频、蛋白尿等。恢复后一段时间内(不到 3 周)尚可有抑制、头痛、心悸、上肢肌肉无力等症状。血液中氰化物含量及尿中硫氰酸盐含量均有增加。

嗅觉阈浓度：68mg/m^3。

职业禁忌

(1)慢性肝炎；(2)中枢神经系统器质性疾病。

应急处理

(1)脱去污染衣服，用温水和肥皂洗擦全身，保暖、静卧，注意观察血压。

(2)氧气吸入，静脉给葡萄糖及大量维生素 C。

(3)可试用氰化物解毒剂：亚硝酸异戊酯、硫代硫酸钠等，但效果不肯定。

(4)经口中毒，如病人清醒时可引吐、用高锰酸钾溶液洗胃。

(5)眼睛沾染用清水洗 10～15min，再滴 1～2 滴 2% 奴佛卡因溶液或 0.5% 的卡因(加肾上腺素 1∶1000)

(6)对症处治，预防肺水肿及肾功能损害。

防护措施

(1)因本品挥发性大，要加强密闭操作。结合具体情况，采用局部抽风或全面通风措施。

(2)个人防护措施。

吸入防护：应通风。如浓度高使用呼吸防护器。

皮肤防护：配备隔冷手套。

眼睛防护：配备安全护目镜。

工作时不得进食、吸烟，工作后必须洗澡更衣。

职业接触限值

中　国：OELs：*PC－TWA*　30mg/m^3；皮

美　国：ACGIH　TLVs：*TWA*　20ppm；皮，A4

OSHA　PEL：　*TWA*　40ppm(70mg/m^3)

NIOSH　REL：　*TWA*　20ppm(34mg/m^3)

IDLH　500ppm

【丙烯腈】

英 文 名：Acrylonitrile；Cyanoethylene

别　　名：氰基乙烯；乙烯基氰

相对分子质量：53.06

分 子 式：C_3H_3N　　$H_2C{=}CHCN$

CAS　号：107－13－1

理化性质

相对密度：0.81(液体)，1.83(气体)　　闪　　点：－5℃

熔　　点：－83℃　　爆炸极限：2.8%～28.0%(体积)

沸　　点：77.3～77.4℃　　自 燃 点：481℃

蒸 气 压：13.3kPa(22.8℃)

无色易流动液体，微溶于水，可以任何比例与乙醇、乙醚混溶，易溶于一般有机溶液剂。其蒸气与空气形成爆炸性混合物。水解时生成丙烯酸，还原时生成丙腈。易聚合，也能与醋酸乙烯、氯乙烯等单体共聚。

接触机会

丙烯腈主要用作生产合成纤维、合成树脂、合成橡胶、染料、医药等行业的重要原料。在生产、储运和使用过程中防护不当，则有职业接触或中毒的可能。

毒性

属高毒类(剧毒类)。毒作用类似氢氰酸，为窒息性化学物，对眼和上呼吸道黏膜有刺激作用，对呼吸中枢有麻醉作用，但抑制呼吸酶活性的作用和症状出现的速度较氰化氢中毒为低。

本品可呼吸道、皮肤和胃肠吸收，进入人体后，部分以原形随呼气及尿排出，部分以硫氰酸盐形式排出。吸入本品蒸气(54.2～216.8mg/m^3)后，动物血中可测等得氰化物、氰化高铁血红蛋白，提示丙烯腈可能在体内分解出氰离子。其水解产物可能还有丙烯酰胺和丙烯酸，蓄积作用不明显。

本品与其他氰化物相似，其毒性及作用特征很大程度上取决于代谢中析出氰离子的速度和数量，其中毒机制与氰化氢相似。此外，丙烯腈分子对呼吸中枢有直接的麻醉作用。本品还可与含巯基的酶相作用，其代谢产物如硫氰酸盐、丙烯酰胺、丙烯酸等的作用尚待研究。

小鼠经口 LD_{50} 为 20 ~ 102mg/kg、大鼠为 78 ~ 93mg/kg，小鼠吸入 LC_{50} 为 350 ~ 571mg/m³，大鼠为 470mg/m³。

小鼠经皮 LD_{50} 为 30 ~ 70mg/kg、兔为 225 ~ 250mg/kg。

职业危害

(1)急性中毒：表现为黏膜刺激、头晕、头痛、四肢无力、呼吸因难、恶心、呕吐、手足麻木、喉部烧灼感，严重者沿有胸闷、烦躁不安、心悸、紫绀、呼吸不规则、痉挛，如不及时抢救可发生呼吸停止。

体征多见意识朦胧、颜面潮红、结膜充血、脉快、口唇及四肢末端紫外绀、呼吸减慢。

经抢救治疗 4 ~ 5 天后，除头痛、头晕、时有上腹不适和恶心等外，大部分症状可消失，部分有肝功能的改变。

也有报道，在中毒后出现神经系统弥漫性损害，伴有脊髓前角损害引起的肌萎缩和肌震颤及感觉型多发性神经炎，运动障碍较感受觉神经和颅神经损害出现早。

人的嗅觉阈为 46. 4mg/m³，在 35 ~ 220mg/m³ 浓度下 20 ~ 45min，出现黏膜刺激症状，1000mg/m³ 下 1 ~ 2h 死亡。

(2)慢性中毒：尚无定论。部分较长期接触丙烯腈的工人中有神经衰弱症候群，表现有头晕、头痛、乏力、失眠、多梦、心悸、食欲不振等。

体征可见血压下降、咽反射低下、腱反射亢进等表现，部分可见白细胞减少，长期接触较高浓度的工人可出现肝脏损害。

(3)皮肤接触：本品可致接触性皮炎，表现为红斑、疱疹及脱屑，愈后可残留色素沉着，有的可无全身中毒症状。

皮肤沾染后如不及时清除可引致发红、灼痛以至程度不等的烧伤。

接触本品蒸气较长时间，可使皮肤搔痒。

职业禁忌

(1)慢性肝炎；(2)中枢神经系统器质性疾病。

应急处理

(1)发生急性中毒时，立即脱离现场，严重者吸入亚硝酸异戊酯 15 ~ 30s，静注亚硝酸钠，但剂量宜较抢救氢氰酸中毒时为小，有循环障碍者慎用。

(2)皮肤沾染时用大量清水和肥皂清洗。皮肤烧伤时用 0. 01% 高锰酸钾冲洗。

(3)口服中毒者用 0. 1% 高锰酸钾或 5% 硫代硫酸钠洗胃。

防护措施

(1)生产和使用本品的操作过程应尽量密闭或采用通风排气，防止蒸气逸出扩散到工作场所空气中；尽量减少人体接触。

(2)进入容器清釜或进行其他操作前必须充分通风，使用有效防护用品，并有专人在容器外监护。禁区止单人在危险地区操作。

(3)呼吸道保护可用活性炭滤料的防毒口罩，注意适用的浓度和有效使用时间，浓度高时应使用正压型呼吸保护器，或在进入有毒环境前 20min，口服 85 号抗氰片 1 片。

(4)有皮肤接触高毒浓度气体或液体本品可能时，应穿戴由不渗透性材料制作的防护用品。

(5)工作时严禁进食、吸烟。工作后洗澡并脱去工作服。严格遵守个人卫生措施。

职业接触限值

中　国：OELs：*PC－TWA*　1mg/m^3；*PC－STEL*　2mg/m^3；皮

美　国：ACGIH　TLVs：*TWA*　2ppm；皮，A3

OSHA　PEL：　*TWA*　2ppm；*C*　10ppm(15min)；皮

NIOSH　REL：*TWA*　1ppm；*C*　10ppm(15min)；皮，Ca

IDLH　85ppm；Ca

【偶氮二异丁腈】

英 文 名：Azobisisobu－tyronitrile

别　　名：发泡剂 N

相对分子质量：164.21

分 子 式：$C_8H_{12}N_4$；$(CH_3)_2C(CN)NNC(CN)(CH_3)_2$

CAS　号：78－67－1

理化性质

熔　　点：102℃(分解)

自然温度：64℃

无色或白色粉末。不溶于水，溶于许多有机试剂和乙烯。易燃。

接触机会

偶氮二异丁腈是油溶性的偶氮引发剂，偶氮类引发剂反应稳定，是一级反应，没有副反应，比较好控制，所以广泛应用在高分子的研究和生产。比如氯乙烯、醋酸乙烯、丙烯腈等单体聚合引发剂，也可用作聚氯乙烯、聚烯烃、聚氨脂、聚乙烯醇、丙烯腈与丁二烯和苯乙共聚物、聚异氰酸酯、聚醋酸乙烯酯、聚。酰胺和聚酯等的发泡剂。此外，也可用于其他有机合成。

毒性

属高毒类。在体内释出氰化氢，达到足够的浓度时就发生作用。但本品加热时产生四甲基丁二腈、氰化氢和氮，前者亦属高毒，因此生产条件下加热本品引起的毒性表现不能排除综合作用所致。

长期接触本品，低浓度时可引起神经衰弱症候群和呼吸道刺激症状，严重时有肺出血水肿和肝、肾损害。

小鼠经口 LD_{50} 为 17.2～25mg/kg，大鼠为 25～30mg/kg。大鼠 *LC* 为 32mg/m^3(30h)。

职业危害

大量接触本品及其遇热产生的气体时，可感到头痛、头胀、咽喉部刺激、口苦并导致昏厥和抽搐。

长期接触者有头痛、额部压迫感、头晕、恶心、发热感、多汗、呼吸困难及全身酸痛、睡眠及食欲欠佳、注意力不集中、皮肤有泡疹及丘疹性皮炎、搔痒。

职业禁忌

(1)慢性肝炎；(2)中枢神经系统器质性疾病。

应急处理

(1)发生急性中毒时，立即脱离现场，严重者吸入亚硝酸异戊酯15~30s，静注亚硝酸钠，但剂量宜较抢救氢氰酸中毒时为小，有循环障碍者慎用。

(2)皮肤沾染时用大量清水和肥皂清洗。皮肤烧伤时用0.01%高锰酸钾冲洗。

(3)口服中毒者用0.1%高锰酸钾或5%硫代硫酸钠洗胃。

防护措施

呼吸系统防护：可能接触毒物时，必须佩戴防毒面具。紧急事态抢救或逃生时，建议佩带正压自给式呼吸器。

眼睛防护：戴化学安全防护眼镜。

防 护 服：穿相应的防护服。

手 防 护：戴防化学品手套。

其　　他：工作现场禁止吸烟、进食和饮水。工作后，彻底清洗。单独存放被毒物污染的衣服，洗后再用。

职业接触限值

中　　国：OELs：*PC*－*TWA*　1mg/m^3；(氰化物)皮

美　　国：ACGIH　TLVs：*TWA*　5ppm；(以氰化物计)皮(上限值)

【己二腈】

英 文 名：Adiponitrile；Hexanedinitrile；1,4－Dicyanobutane

别　　名：1,4－二氰基丁烷

相对分子质量：108.14

分 子 式：$C_6H_8N_2$；$C_6H_8N_2NC(CH_2)_4CN$

CAS 号：111－69－3

理化性质

相对密度：0.96(液体)，3.37(气体)　　燃烧热：4368.8kJ/mol

熔　　点：1~3℃　　临界温度：507℃

沸　　点：295℃　　临界压力：2.80MPa

闪　　点：93.3℃(开杯)　　引燃温度：550℃

饱和蒸气压：266.6Pa(100℃)　　爆炸极限：1.7%~5.0%(体积)

无色、无臭、油状液体，稍带甜味，可燃，微溶于水，溶于甲醇、乙醇、氯仿和乙醚，稍溶于四氯化碳。水解时生成己二酸，还原时生成己二胺。

接触机会

是制造聚酰胺的中间体，也用作洗涤剂的添加剂。

毒性

属中等毒类。进入人体内能水解释出氰离子。中毒症状有黏膜刺激、运动性兴奋，以后则产生阵挛－强直性痉挛、呼吸困难，很快死亡。

对皮肤有刺激作用，易经皮肤吸收，可使局部皮肤充血。兔无损皮肤可吸收涂药量的1%~4.1%，经表皮脱落的皮肤可及收21.2%~22%。

大鼠经口LD_{50}为300(154.8~960)mg/kg。吸入120~150mg/kg×6日/周40~70日，

有蛋白尿，血中尿素氮增高。

职业危害

有报道口服数毫升后立即发生急性中毒，出现头痛、眩晕、呕吐、乏力、呼吸急促、心动过速。意识模糊和抽搐。

接触己二腈粗制品的工人，可出现溶血性贫血、白细胞减少和单核细胞增多症。但不能排除己二胺的作用。

在空气浓度为 1 ~ 15mg/m^3 条件下工作 8 年的工人，体检未发现明显变化。

有皮肤接触本品致中毒的报道。

职业禁忌

(1)慢性肝炎；(2)中枢神经系统器质性疾病。

应急处理

(1)室温下主要防止皮肤接触。皮肤沾染时立即用温水和肥皂洗擦全身。

(2)眼睛沾染时，立即用清水冲洗至少 15min，滴 0.5% 的卡因 - 肾上腺素(1: 1000)溶液或 1% ~2% 奴佛卡因溶液。

防护措施

呼吸系统防护：可能接触毒物时，必须佩戴防毒面具。紧急事态抢救或逃生时，建议佩戴正压自给式呼吸器。

眼睛防护：戴化学安全防护眼镜。

防 护 服：穿相应的防护服。

手 防 护：戴防化学品手套。

其 他：工作现场禁止吸烟、进食和饮水。工作后，彻底清洗。单独存放被毒物污染的衣服，洗后再用。

职业接触限值

中国未制订职业接触限值。

美 国：ACGIH TLVs：*TWA* 2ppm；皮
NIOSH REL：*TWA* 4ppm(18mg/m^3)

【联氨】

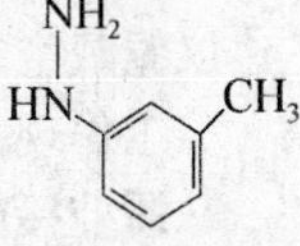

英 文 名：Hydrazine；Diamine

别 名：肼

相对分子质量：32.05

分 子 式：$NH_2 - NH_2$

CAS 号：302 - 01 - 2

理化性质

密 度：1.008g/cm^3(20℃)　　沸 点：113.5℃

熔 点：2.0℃　　蒸气密度：1.11g/L

为无色透明液体，呈弱碱性和还原性，具有鱼腥样气味。易燃、易爆，与酸形成稳定的盐。能混溶于水、乙醇，不溶于氯仿及醚，与水结合称水合肼($NH_2NH_2H_2O$)。

接触机会

肼用于塑料、纺织、照相、冶金、染料、医药、农药和橡胶等工业。并用作火箭推进剂、聚合反应的催化剂、发泡剂、还原剂、抗氧化剂及净化剂等。部分热电锅炉使用联氨做锅炉水除氧剂。

毒性

属中等毒性。大鼠经口 LD_{50} 为 60mg/kg，吸入 4h LC_{50} 为 750mg/m³。狗静脉注射 LD_{50} 为 25mg/kg，豚鼠经皮 LD_{50} 为 190mg/kg。肼的主要药毒作用有呼吸道、消化道刺激，肝、肾、血液、中枢神经系统和皮肤损害等。动物肼中毒表现为食欲减退、软弱无力、呕吐，极度兴奋，强直性痉挛和抽搐等。尸检可见肝脂肪变性、坏死，肾轻度炎症，吸入中毒时还可见肺损伤的病理改变。

本品主要干扰体内维生素 B6 代谢，抑制以 5－磷酸吡哆醛为辅酶的酶系统，如转氨酶及脱羧酶。当脑内谷氨酸脱羧酶被抑制时，因谷氨酸脱羧酶生成 γ－氨基丁酸的过程受抑制，脑内 γ－氨基丁酸含量减少，特别是突触小体内 γ－氨基丁酸含量下降，中枢神经系统兴奋性增强，导致惊厥、痉挛发作。

职业危害

吸入肼气体，经过几小时潜伏期后，出现头痛、头昏、乏力、恶心、呕吐及眼和上呼吸道黏膜刺激症状，如眼痛、眼胀、双眼异物感，咽痛、咳嗽，伴呼吸困难，严重时可引起肺水肿。有时发生肝功能异常和贫血。

误服中毒时出现恶心、呕吐，持续数小时以后，出现暂时性中枢性呼吸抑制，心律失常及中枢系统症状，如嗜睡、意识朦胧、大小便失禁、运动障碍、共济失调、麻木等。

皮肤接触可引起接触性皮炎和过敏性湿疹样皮损等。

肼对人的慢性毒作用主要表现为类神经症以及贫血和肝功能障碍等。

应急处理

中毒后迅速脱离污染区，至空气新鲜处。保持呼吸道通畅，如呼吸困难，给输氧。如呼吸停止，立即进行人工呼吸。就医。皮肤及眼污染可用大量清水或生理盐水冲洗，至少 15min，就医。误服者用水漱口，给饮牛奶或蛋清。就医。

防护措施

生产设备应密闭，加强通风。提供安全淋浴和洗眼设备。

空气中浓度超标时，建议佩戴过滤式防毒面具(全面罩)。紧急事态抢救或撤离时，建议佩戴空气呼吸器，戴化学安全防护眼镜，穿连衣式胶布防毒衣，戴橡胶手套。

工作现场禁止吸烟、进食和饮水。工作完毕，淋浴更衣。注意个人清洁卫生。

职业接触限值

中　国：OELs：*PC－TWA*　0.06mg/m³；*PC－STEL*　0.13mg/m³；皮

美　国：ACGIH　TLVs：*TWA*　0.01ppm；皮，A3

OSHA　PEL：　*TWA*　1ppm(1.3mg/m³)；皮

NIOSH　REL：C：0.03ppm(0.04mg/m³)(2h)；皮，Ca

IDLH　50ppm；Ca

【水合肼】

英 文 名：Hydrazinehydrate；Diamidehydrate

别　　名：水合联氨

相对分子质量：50.06

分 子 式：$N_2H_4 \cdot H_2O$

CAS　号：10217－52－4

理化性质

相对密度：1.03　　闪　　电：72.8℃

熔　　点：－40℃　　自然温度：270℃

沸　　点：119℃　　爆炸极限：3.5%（体积，下限）

无色发烟液体，微有特殊的氨臭味。与水混溶，不溶于氯仿、乙醚，可混溶于乙醇。

接触机会

用作还原剂、溶剂、抗氧剂，用于制取医药、发泡剂N等。

毒性

中等毒性。大鼠经口 LD_{50}为129mg/kg。

职业危害

吸入本品蒸气，刺激鼻和上呼吸道。此外，尚可出现头晕、恶心、呕吐和中枢神经系统症状。液体或蒸气对眼有刺激作用，可致眼的永久性损害。对皮肤有刺激性，可造成严重灼伤。经皮肤吸收引起中毒，可致皮炎。口服引起头晕、恶心，以后出现暂时性中枢性呼吸抑制、心律紊乱，以及中枢神经系统症状，如嗜睡、运动障碍、共济失调、麻木等。肝功能可出现异常。

慢性影响：长期接触可出现神经衰弱综合征，肝大及肝功能异常。

应急处理

中毒后迅速脱离现场至空气新鲜处。保持呼吸道通畅，如呼吸困难，给输氧。如呼吸停止，立即进行人工呼吸。脱去被污染的衣着，用大量流动清水冲洗，至少15min，就医。皮肤及眼污染可用大量清水或生理盐水彻底冲洗，至少15min，就医。误服者饮足量温水，催吐，洗胃。

防护措施

密闭操作，局部排风。提供安全淋浴和洗眼设备。

可能接触其蒸气时，必须佩戴自吸过滤式防毒面具（全面罩）。紧急事态抢救或撤离时，建议佩戴空气呼吸器，戴化学安全防护眼镜，穿橡胶耐酸碱服，戴橡胶手套。

工作现场禁止吸烟、进食和饮水。工作完毕，淋浴更衣。单独存放被毒物污染的衣服，洗后备用。注意个人清洁卫生。

职业接触限值

中国未制订职业接触限值。

七、脂肪族含硫化合物

【硫脲】

英 文 名：Thiourea；Thiocarbamide

别　　名：硫代尿素

相对分子质量：76.12

分 子 式：CH_4N_2S

CAS　号：62－56－6

理化性质

相对密度：1.41　　　　熔　　点：176～178℃

白色光亮苦味晶体，溶于冷水、乙醇，微溶于乙醚。遇明火、高热可燃。受热分解，放出氮、硫的氧化物等毒性气体。与氧化剂能发生强烈反应。

接触机会

用于有机合成，也用做药品、橡胶添加剂、镀金材料等。

毒性

属低毒类。

刺 激 性：家兔经眼：2mg，重度刺激。家兔经皮开放性刺激试验：10mg/(24h)，重度刺激。

致突变性：微生物致突变：鼠伤寒沙门氏菌150μg/皿；制酒酵母菌52600μmol/L。

生殖毒性：大鼠经口最低中毒剂量(TDL_0)：40mg/kg(孕后用药1天)，对胎鼠中枢神经系统、肌肉、骨骼系统有影响。

职业危害

吸入、食入、经皮吸收。

一次作用时毒性小，反复作用时可抑制甲状腺和造血器官的机能。可引起变态反应。可经皮肤吸收。本品粉尘对眼和上呼吸道有刺激性，吸入后引起咳嗽、胸部不适。口服刺激胃肠道。

慢性影响：长期接触出现头痛、嗜睡、无力、面色苍白、面部虚肿、基础代谢率低、血压下降、脉搏变慢、白细胞减少等。对皮肤有损害，出现皮肤瘙痒、手掌出汗、皮炎、皲裂等。

应急处理

皮肤接触：脱去被污染的衣着，用肥皂水和清水彻底冲洗皮肤。

眼睛接触：提起眼睑，用流动清水或生理盐水冲洗。就医。

吸　　入：迅速脱离现场至空气新鲜处。保持呼吸道通畅。如呼吸困难，给输氧。如呼吸停止，立即进行人工呼吸。就医。

食　　入：饮足量温水，催吐。就医。

防护措施

密闭操作，局部排风。提供安全淋浴和洗眼设备。

呼吸系统防护：空气中粉尘浓度较高时，应该佩戴自吸过滤式防尘口罩。

眼睛防护：一般不需特殊防护。必要时，戴化学安全防护眼镜。

身体防护：穿一般作业防护服。

手 防 护：戴橡胶手套。

其　　他：工作完毕，淋浴更衣。单独存放被毒物污染的衣服，洗后备用。保持良好的卫生习惯。

职业接触限值

中国未制订职业接触限值。

【乙烯硫脲】

英 文 名：Ethylene thiourea

别　　名：硫醇基咪唑啉；亚乙烯硫脲；2－巯基咪唑啉；咪唑烷－2－硫酮；*N*,*N'*－乙烯硫脲

相对分子质量：102.15

分 子 式：$C_3H_6N_2S$

CAS　号：96－45－7

理化性质

相对密度：1.41～1.45　　闪　　点：252℃

熔　　点：196～200℃(液体)

白色至浅绿色晶体，有微弱氨味。熔点199～204℃。微溶于冷水，易溶于热水，在室温下微溶于甲醇、乙醇、乙酸和石脑油。

接触机会

用作合成橡胶的促进剂，用作氯丁胶、氯磺化聚乙烯橡胶、氯乙醇橡胶、聚丙烯酸酯橡胶的促进剂。

【1,3－二乙基硫脲】

英 文 名：1,3－Diethylthiourea

相对分子质量：132.22

分 子 式：$C_2H_5NHCSNHC_2H_5$

CAS　号：105－55－5

理化性质

熔　　点：68～71℃

浅黄色固体。微溶于水，溶于甲醇、乙醚、丙酮、苯和乙酸乙酯，不溶于汽油。

接触机会

用作氯丁橡胶的硫化促进剂。

毒性

小鼠经口LD_{50}为1200mg/kg，大鼠为2150mg/kg。大鼠急性中毒表现为无力、衰弱，对声音刺激反应消失。亚急性中毒试验表明有蓄积作用，可见中枢神经系统机能抑制，血液系统亦有改变。皮肤和黏膜接触可引起炎症反应。未见职业中毒报道。

职业危害

一次作用时毒性小，反复作用时可抑制甲状腺和造血器官的机能。可引起变态反应。可经皮肤吸收。本品粉尘对眼和上呼吸道有刺激性，吸入后引起咳嗽、胸部不适。口服刺激胃肠道。慢性影响：长期接触出现头痛、嗜睡、无力、面色苍白、面部虚肿、基础代谢降低、血压下降、脉搏变慢、白细胞减少等。对皮肤有损害，出现皮肤瘙痒、手掌出汗、皮炎、皲裂等。

应急处理

皮肤接触：脱去污染的衣着，用肥皂水和清水彻底冲洗皮肤。

眼睛接触：提起眼睑，用流动清水或生理盐水冲洗。就医。

吸　　入：迅速脱离现场至空气新鲜处。保持呼吸道通畅。如呼吸困难，给输氧。如呼吸停止，立即进行人工呼吸。就医。

食　　入：饮足量温水，催吐。就医。

防护措施

密闭操作，局部排风。提供安全淋浴和洗眼设备。

呼吸系统防护：空气中粉尘浓度较高时，应该佩戴自吸过滤式防尘口罩。

眼睛防护：一般不需特殊防护。必要时，戴化学安全防护眼镜。

身体防护：穿一般作业防护服。

手 防 护：戴橡胶手套。

其　　他：工作完毕，淋浴更衣。单独存放被毒物污染的衣服，洗后备用。保持良好的卫生习惯。

职业接触限值

中国未制订职业接触限值。

【甲硫醇】

英 文 名：Methanethiol；Methyl mercaptan

别　　名：硫氢甲烷

相对分子质量：48.10

分 子 式：CH_3SH

CAS　号：74－93－1

理化性质

相对密度：0.87(液体)，1.66(气体)　　蒸 气 压：202kPa(26.1℃)

熔　　点：－123℃　　闪　　点：－17℃

沸　　点：6℃　　爆炸极限：3.9%～21.8%(体积)

有不愉快的无色气体。不溶于水，溶于乙醇、乙醚等。与异丁烷可形成沸点为－13℃的恒沸点混合物(甲硫醇含量14.9%)。

接触机会

甲硫醇主要用于有机合成、农药、医药、饲料等合成。

毒性

属中等毒性。大鼠吸入 LC_{50} 675ppm(4h)。

职业危害

本类物质有恶臭。主要作用于中枢神经系统，吸入低浓度蒸气即可反射性地引起恶心及头痛。浓度较高时有不同程度麻醉作用，表现为活动受限。可引起呼吸麻痹死亡。

应急处理

皮肤接触：脱去污染的衣着，用流动清水冲洗。就医。

眼睛接触：立即翻开上下眼睑，用流动清水冲洗15min。就医。

吸　　入：迅速脱离现场至空气新鲜处。保暖并休息。呼吸困难时给输氧。呼吸停止时，立即进行人工呼吸。就医。

防护措施

工程控制：生产过程密闭，全面通风，提供安全淋浴和洗眼设备。

呼吸系统：防护空气中浓度过高时，应该佩戴防毒口罩。必要时佩戴自给式呼吸器。

眼睛防护：高浓度接触时，戴安全防护眼镜。

防 护 服：穿工作服。

手 防 护：一般不需要特殊防护。

其　　他：工作现场严禁吸烟。进入罐或其他高浓度区作业，须有人监护。

职业接触限值

中　　国：OELs：*PC－TWA*　1mg/m³

美　　国：ACGIH　TLVs：*TWA*　0.5ppm(0.98mg/m³)

OSHA　PEL：*C*　10ppm(20mg/m³)

NIOSH　REL：*C*　0.5ppm(1mg/m³)(15min)

IDLH　150ppm

【乙硫醇】

英 文 名：Ethyl mercaptan；Ethanethiol

别　　名：硫氢乙烷

相对分子质量：62.13

分 子 式：C_2H_5SH

CAS　号：75－08－1

理化性质

相对密度：0.839(液体)

闪　　点：－45℃

熔　　点：－144.4℃

爆炸极限：2.8%～18.2%(体积)

沸　　点：36℃

自 燃 点：298℃

蒸 气 压：58.9kPa(20℃)

无色液体，有强烈的大蒜气味。微溶于水，溶于乙醇、乙醚、石油精。

毒性

属中等毒性。大鼠经口 LD_{50} 682mg/kg。大鼠吸入 LC_{50} 4420ppm(4h)。

接触机会

乙硫醇主要用作黏合剂的稳定剂和化学合成的中间体。

职业危害

本品有麻醉作用。中毒者可发生呕吐、腹泻，尿中出现蛋白、管型及血尿。吸入高浓度蒸气可因呼吸麻痹死亡。

应急处理

皮肤接触：脱去污染的衣着，用流动清水冲洗。就医。

眼睛接触：立即翻开上下眼睑，用流动清水冲洗15min。就医。

吸　　入：迅速脱离现场至空气新鲜处。保暖并休息。呼吸困难时给输氧。呼吸停止时，立即进行人工呼吸。就医。

食　　入：误服者立即漱口，引足量温水，催吐，就医。

防护措施

工程控制：生产过程密闭，全面通风，提供安全淋浴和洗眼设备。

呼吸系统：防护空气中浓度过高时，应该佩戴防毒口罩。必要时佩戴自给式呼吸器。

眼睛防护：必要时戴化学安全防护眼镜。

防 护 服：穿工作服。

手 防 护：一般不需要特殊防护。

其　　他：工作现场严禁吸烟。进入罐或其他高浓度区作业，须有人监护。

职业接触限值

中　　国：OELs：*PC－TWA*　1mg/m^3

美　　国：ACGIH　TLVs：*TWA*　0.5ppm(1.3mg/m^3)

OSHA　PEL：*C*　10ppm(25mg/m^3)

NIOSH　REL：*C*　0.5ppm(1.3mg/m^3)

IDLH　500ppm

【十二硫醇】

英 文 名：Dodecyl mercaptan；Lauryl mercaptan

别　　名：月桂硫醇

相对分子质量：202.40

分 子 式：$C_{12}H_{25}SH$；$CH_3(CH_2)_{10}CH_2SH$

CAS　号：112－55－0

理化性质

相对密度：0.85(液体)　　蒸 气 压：0.33kPa(25℃)

熔　　点：－7.5℃　　闪　　点：88℃(开杯)

沸　　点：266～283℃

无色或灰黄色黏稠液体，有特殊气味。不溶于水，溶于甲醇、乙醚、丙酮、苯、汽油、乙酸乙酯。易燃。

接触机会

用于合成塑料、橡胶及药品、杀虫剂、防霉剂、去污剂等。

毒性

LD_{50}：2000mg/kg(兔经皮)。

职业危害

本品蒸气或雾对鼻、喉有刺激性。高浓度吸入引起头痛、恶心、呕吐，甚至昏迷。极高浓度或长时间吸入可引起神志不清，甚至死亡。液体或雾对眼睛有刺激性。大量口服引起头痛、恶心、呕吐、神志丧失。

慢性影响：反复接触可致哮喘。皮肤长期反复接触，可引起皮炎。

应急处理

皮肤接触：脱去污染的衣着，用流动清水冲洗。就医。

眼睛接触：立即翻开上下眼睑，用流动清水冲洗15min。就医。

吸　　入：迅速脱离现场至空气新鲜处。保暖并休息。呼吸困难时给输氧。呼吸停止时，立即进行人工呼吸。就医。

食　　入：误服者立即漱口，引足量温水，催吐，就医。

防护措施

呼吸系统防护：可能接触其蒸气时，应该佩戴过滤式防毒面具(半面罩)。紧急事态抢救或撤离时，建议佩戴自给式呼吸器。

眼睛防护：戴化学安全防护眼镜。

身体防护：穿透气型防毒服。

手 防 护：戴防化学品手套。

其　　他：工作现场禁止吸烟、进食和饮水。工作完毕，彻底清洗。单独存放被毒物污染的衣服，洗后备用。

职业接触限值

中国未制订职业接触限值。

【二甲基硫醚】

英 文 名：Dimethyl sulfide

别　　名：二甲基硫

相对分子质量：62.13

分 子 式：C_2H_6S

CAS 号：75-18-3

理化性质

相对密度：0.85　　饱和蒸气压 64.64Pa(25℃)

熔　　点：-83.2℃　　闪　　点：-36℃

沸　　点：38℃

无色液体，有不愉快的气味。不溶于水，溶于乙醇、乙醚等多数有机溶剂。

接触机会

用作多数无机物的溶剂、催化剂。

毒性

LD_{50}：535mg/kg(大鼠经口)。LC_{50}：40250mg/m^3(大鼠吸入)。蒸气的刺激作用较弱，有时能引起恶心。可使动物产生共济失调、麻醉、呼吸障碍；能刺激皮肤，并经皮吸收引起中毒。

职业危害

蒸气对鼻、喉有刺激性，引起咳嗽和胸部不适。持续或高浓度吸入出现头痛、恶心和呕吐。液体或雾对眼有刺激性。可引起皮炎。

应急处理

皮肤接触：脱去污染的衣着，用肥皂水和清水彻底冲洗皮肤。

眼睛接触：提起眼睑，用流动清水或生理盐水冲洗。就医。

吸　　入：迅速脱离现场至空气新鲜处。保持呼吸道通畅。如呼吸困难，给输氧。如呼吸停止，立即进行人工呼吸。就医。

食　　入：饮足量温水，催吐。就医。

防护措施

工程控制：生产过程密闭，全面通风。提供安全淋浴和洗眼设备。

呼吸系统防护：空气中浓度较高时，建议佩戴自吸过滤式防毒面具(半面罩)。紧急事态抢救或撤离时，必须佩戴空气呼吸器。

眼睛防护：戴化学安全防护眼镜。

身体防护：穿防静电工作服。

手 防 护：戴橡胶耐油手套。

其　　他：工作现场严禁吸烟。工作完毕，淋浴更衣。注意个人清洁卫生。

职业接触限值

中国未制订职业接触限值。

【二甲基亚砜】

英 文 名：Dimethyl sulfoxide

别　　名：二甲亚砜

相对分子质量：78.13

分 子 式：C_2H_6OS

CAS　号：67－68－5

理化性质

相对密度：1.100　　闪　　点：95℃

熔　　点：18.45℃　　黏　　度：2.2mPa·s(20℃)

沸　　点：189℃　　折 射 率：1.4783

饱和蒸汽压：0.05kPa(20℃)　　爆炸极限：0.6%～42%(体积)

无色吸湿性液体。能与金属生成稳定的化合物。溶于水、乙醇、丙酮、乙醚、苯和三氯甲烷等。

接触机会

用作乙炔、芳烃、二氧化硫及其他气体的溶剂以及腈纶纤维纺丝溶剂。是一种既溶于水又溶于有机溶剂的极为重要的非质子极性溶剂。在石油化学工业上用作重整有芳烃抽提的溶剂，也可作为合成纤维的染色载体和纺丝溶剂。

毒性

属微毒类。LD_{50}：17800～28300mg/kg(大鼠经口)；16500～24000mg/kg(小鼠经口)。

职业危害

对眼睛、皮肤、黏膜和上呼吸道有刺激作用。可引起肺和皮肤的过敏反应。

应急处理

皮肤接触：脱去污染的衣着，用肥皂水和清水彻底冲洗皮肤。

眼睛接触：提起眼睑，用流动清水或生理盐水冲洗。就医。

吸　　入：迅速脱离现场至空气新鲜处。保持呼吸道通畅。如呼吸困难，给输氧。如呼吸停止，立即进行人工呼吸。就医。

食　　入：饮足量温水，催吐。就医。

防护措施

工程控制：密闭操作，全面排风。

呼吸系统防护：空气中浓度超标时，必须佩戴自吸过滤式防毒面具(半面罩)。紧急事态抢救或撤离时，应该佩戴空气呼吸器。

眼睛防护：戴化学安全防护眼镜。

身体防护：穿防毒物渗透工作服。

手 防 护：戴橡胶耐油手套。

其　　他：工作现场禁止吸烟、进食和饮水。工作完毕，淋浴更衣。

职业接触限值

中国未制订职业接触限值。

【氯化亚砜】

英 文 名：Thionyl chloride；Sulfurous oxychloride

别　　名：亚硫酰氯；二氯亚砜

相对分子质量：118.96

分 子 式：Cl_2OS

CAS　号：7719 - 09 - 7

理化性质

相对密度：1.638(液体)　　饱和蒸气压：13.3kPa(21.4℃)

熔　　点：-105℃　　分解温度：140℃

沸　　点：78.8℃

淡黄色至红色液体，能与苯、氯仿、四氯化碳等混溶。在水中分解生成亚硫酸和盐酸。受热分解生成二氧化硫、氯和一氯化硫。可混溶于苯、氯仿、四氯化碳等。

接触机会

用于有机合成，农药及医药。

毒性

LC_{50}：2435mg/m^3(大鼠吸入)。

职业危害

吸入、口服或经皮吸收后对身体有害。对眼睛、黏膜、皮肤和上呼吸道有强烈的刺激作用，可引起灼伤。吸入后，可能因喉、支气管痉挛、炎症和水肿而致死。中毒表现可有烧灼感、咳嗽、头晕、喉炎、气短、头痛、恶心和呕吐。

应急处理

皮肤接触：立即脱去污染的衣着，用大量流动清水冲洗至少15min。就医。

眼睛接触：立即提起眼睑，用大量流动清水或生理盐水彻底冲洗至少15min。就医。

吸　　入：迅速脱离现场至空气新鲜处。保持呼吸道通畅。如呼吸困难，给输氧。如呼吸停止，立即进行人工呼吸。就医。

食　　入：用水漱口，给饮牛奶或蛋清。就医。

防护措施

工程控制：作业场所密闭操作，局部排风。

呼吸系统防护：空气中浓度超标时，必须佩戴自吸过滤式防毒面具（全面罩）或隔离式呼吸器。紧急事态抢救或撤离时，佩戴自给式呼吸器。

眼睛防护：必要时戴化学安全防护眼镜。

身体防护：穿橡胶耐酸碱服。

手 防 护：戴橡胶耐酸碱手套。

其　　他：工作现场禁止吸烟、进食和饮水。工作现场禁止吸烟、进食和饮水。工作完毕，淋浴更衣。

职业接触限值

中国未制订职业接触限值。

美　　国：ACGIH　TLVs：上限值1ppm（4.9mg/m^3）

NIOSH　REL：*C*　1ppm（5mg/m^3）

【二硫化碳】

英 文 名：Carbondisulfide

相对分子质量：76.14

分 子 式：CS_2

CAS　号：75－15－0

理化性质

相对密度：1.260（液体），2.64（气体）

熔　　点：－111℃

沸　　点：46.3℃

蒸 气 压：47.99kPa（25℃）

53.32kPa（28℃）

闪　　点：－30℃（闭杯）

爆炸极限：1.0%～60%（体积）

自 燃 点：90℃

无色透明或微黄色液体，纯品几乎无味，工业品具有恶臭气味。溶于乙醇、苯、乙醚，微溶于水，溶于苛性碱和硫化碱。

接触机会

用于制造人造丝、杀虫剂、促进剂M、D，也用作溶剂。用作航煤添加剂。

毒性

国家卫生部2003年6月10日以卫法监发[2003]142号文将二硫化碳列入《高毒物品目录》。小鼠吸入2h，观察2周的LC_{50}为28.38g/m^3。生产中以呼吸道吸入人体为主，经皮肤也能吸收。二硫化碳吸收后进入血循环，继而散布到全身脏器，其中以肝、肾组织内含量最高，脑组织和心脏吸收二硫化碳较慢，但储留时间却较长。成人经口最小致死量为10ml。工人接触不同浓度二硫化碳的反应见下表。

表　工人接触不同浓度二硫化碳的反应

浓度/（g/m^3）	反　应	浓度/（g/m^3）	反　应
15	半小时后致死	1.5～1.6	半小时后产生症状
10～12	半小时后危险症状	1～1.2	几小时后产生轻度作用
3.6	半小时后严重症状	0.5～0.7	无作用或轻微作用

近年认为二硫化碳或其代谢产物抑制某些酶的活性，使儿茶酚胺代谢紊乱，引起精神障碍和脂肪代谢障碍、多发性神经炎、锥体外系损害等各种症状。

职业危害

（1）急性中毒：发生于生产事故中，人体轻度中毒有眩晕、头痛、恶心、步态蹒跚及精神症状，并有感觉异常、四肢软弱等神经系统症状。重度中毒先呈强烈兴奋状态，以后出现谵妄、意识丧失、痉挛性震颤、瞳孔反射消失，最后昏迷而死亡。急性中毒严重者可引起脑水肿，严重急性中毒后，部分患者可能在一段时间内留下头痛、失眠、多梦、乏力等神经衰弱症候群，个别伴有精神障碍。

（2）二硫化碳对皮肤有刺激作用，沾到皮肤上有烧灼、麻木感觉，严重者发生水疱，类似二度烧伤，并可能出现局部末梢神经病变。

（3）慢性中毒

①神经系统：轻度中毒者性格改变较为突出，易激动，并有神经衰弱以及心悸、手足多汗、血压波动等植物神经功能紊乱。多数有不同程度的多发性神经炎，早期表现为四肢麻木，“手套”或“袜子”型的感觉障碍，上、下肢肌减退。少数病例早期出现肌肉及沿神经干径路的疼痛，随后骨间肌和鱼际肌萎缩，甚至步态不稳，跟腱反射消失。严重中毒时极度激动，记忆力明显减退。

长期在高浓度二硫化碳环境中工作，缺乏必要的防护，会发生中毒性脑病，如二硫化碳精神病，出现听、视、触方面的幻觉，躁狂谵妄，偶有抑郁，或带有意识丧失或不丧失的癫痫发作。病变主要是中枢神经系统抑制。

②血管方面：二硫化碳引起高胆固醇血症，可导致早期动脉粥样硬化症。

③其他可有听力异常、嗅觉功能减退和视觉障碍，以及肝脂肪变、肾小球性肾炎、肾上腺变化。

职业禁忌

（1）周围神经病；（2）糖尿病；（3）视网膜病变。

应急处理

（1）对急性中毒患者采取一般急救措施、对症治疗和支持疗法。立即转移到新鲜空气处，皮肤污染应立即清洗，24h 内多次饮茶水或用高渗葡萄糖滴注，增加二硫化碳从尿中排出的机会。重症用甘露醇、山梨醇促进毒物排出和防止脑水肿。深度昏迷可用冬眠疗法。

（2）慢性中毒以对症处理综合性治疗为主，对神经系统损害，可给 B 族维生素口服或注射，也可配合针灸或理疗。在辨证基础上运用利尿、解毒、活血的中药。

防护措施

工程控制：作业场所密闭操作，局部排风，提供安全淋浴和洗眼设备。

呼吸系统防护：应该佩戴防毒口罩。必要时佩戴自给式呼吸器。

眼睛防护：必要时戴化学安全防护眼镜。

身体防护：穿防静电工作服。

手 防 护：戴橡胶耐酸碱手套。

其　　他：工作现场禁止吸烟、进食和饮水。工作现场禁止吸烟、进食和饮水。工作完毕，淋浴更衣。

职业接触限值

中　国：OELs：*PC－TWA*　5mg/m³；*PC－STEL*　10mg/m³；皮

美　国：ACGIH　TLVs：*TWA*　1ppm(3mg/m³)；皮，A4，BEI

OSHA　PEL：*TWA*　20ppm；*C*　30ppm；100ppm(100min 最大值)

NIOSH　REL：*TWA*　1ppm(3mg/m³)；*STEL*　10ppm(30mg/m³)；皮

IDLH　500ppm

【二硫化二甲基】

英 文 名：Dimethyl disulfide；Methyl disulfide

别　　名：二甲基二硫醚化合物；二甲基二硫；DMDS

相对分子质量：94.19

分 子 式：CH_3SSCH_3

CAS　号：624－92－0

理化性质

相对密度：1.057(液体)，3.24(气体)　　蒸 气 压：3.81kPa(25℃)

熔　　点：－84.72℃　　闪　　点：24.44℃

沸　　点：117℃　　爆炸极限：1.1%～16.0%(体积)

无色或微黄色液体，不溶于水，溶于乙醇和乙醚。有恶臭。

接触机会

用作溶剂和农药中间体，也是甲基磺酰氯及甲基磺酸产品的主要原料。常用做炼油加氢装置开工时催化剂的硫化剂。

毒性

大鼠在浓度0.96g/m³ 时，每次吸入6h，共13次，出现嗑睡、呼吸困难、体重增长迟缓，尸检见器官充血。在0.38g/m³ 浓度中吸入共13次，每次6h，未见中毒反应，尸检器官正常。

职业危害

本品遇高热或接触酸或酸雾能分解产生有毒的气体。误服或吸入本品可引起中毒。接触后可引起头痛、恶心和呕吐。未见职业性中毒的报道。

应急处理

眼睛接触：提起眼睑，用流动清水或生理盐水冲洗。就医。

吸　　入：迅速脱离现场至空气新鲜处。保持呼吸道通畅。如呼吸困难，给输氧。如呼吸停止，立即进行人工呼吸。就医。

食　　入：饮足量温水，催吐。洗胃，导泄。就医。

防护措施

严加密闭，提供充分的局部排风和全面通风。

呼吸系统防护：空气中浓度超标时，必须佩戴自吸过滤式防毒面具(全面罩)。紧急事态抢救或撤离时，应该佩戴空气呼吸器。

眼睛防护：呼吸系统防护中已作防护。

身体防护：穿胶布防毒衣。

手 防 护：戴橡胶耐油手套。

其 他：工作现场禁止吸烟、进食和饮水。工作完毕，淋浴更衣。实行就业前和定期的体检。

职业接触限值

中国未制订职业接触限值。

【氧硫化碳】

英 文 名：Carbonyl sulfide；Carbon oxysulfide

别 名：羰基硫

相对分子质量：60.07

分 子 式：COS

CAS 号：463－58－1

理化性质

相对密度：2.1（气体） 沸 点：－50.2℃

熔 点：－138.8℃ 爆炸极限：12%～28.5%（体积）

无色、具有典型的硫化氢气味（纯品除外）的气体。溶于水和乙醇，与空气形成爆炸性混合物。易燃。

接触机会

合成含硫的有机化合物中间体。用于合成除草剂、杀草丹、燕麦敌等。

毒性

小鼠在2.25g/m^3 浓度中60min无明显中毒反应，在3g/m^3 浓度中35min死亡。本品对肺有轻度刺激作用，主要作用于中枢神经系统，严重中毒可引起抽搐，

乃至发生呼吸麻痹而死亡。常与硫化氢和二硫化碳并存，故多系混合性中毒。在体内分解较快，中毒后积极抢救非常重要。

职业危害

本品对肺有轻微刺激性，主要作用于中枢神经系统，严重中毒时可引起抽搐，乃至发生呼吸麻痹而死亡。

应急处理

眼睛接触：立即翻开上下眼睑，用流动清水冲洗15min。就医。

吸 入：迅速脱离现场至空气新鲜处。保持呼吸道通畅。呼吸困难时给输氧。呼吸停止时，立即进行人工呼吸。就医。

防护措施

工程防护：生产过程密闭，加强通风。

呼吸系统防护：空气中浓度较高时，必须佩戴防毒面具。紧急事态抢救或撤离时，佩带自给式呼吸器。

眼睛防护：必要时戴安全防护眼镜。

身体防护：穿工作服。

手 防 护：戴防护手套。

其 他：工作现场严禁吸烟。保持良好的卫生习惯。

职业接触限值

中国未制订职业接触限值。

【甲基磺酸】

英 文 名：Methanesulfonic acid；Methylsulfonic acid

别　　名：甲烷磺酸

相对分子质量：96.10

分 子 式：CH_4O_3S

CAS　号：75-75-2

理化性质

相对密度：1.4812(液体)，3.3(气体)　　饱和蒸气压：0.13kPa(20℃)

熔　　点：17~20℃　　闪　　点：>110℃

沸　　点：167℃

无色液体或固体。溶于水、乙醇、乙醚，微溶于苯、甲苯。

接触机会

用作酯化催化剂、烷化剂，以及用于氧化反应。

毒性

属中等毒类。LD_{50} 100~200mg/kg(豚鼠经口)。

职业危害

本品对黏膜、上呼吸道、眼和皮肤有强烈的刺激性。吸入后，可因喉及支气管的痉挛、炎症、水肿，化学性肺炎或肺水肿而致死。接触后出现烧灼感、咳嗽、喘息、喉炎、气短、头痛、恶心和呕吐。可致灼伤。

应急处理

皮肤接触：脱去污染的衣着，立即用水冲洗至少15min。注意患者保暖并且保持安静。吸入、食入或皮肤接触该物质可引起迟发反映。确保医务人员了解该物质相关的个体防护知识，注意自身防护。

眼睛接触：立即提起眼睑，用流动清水或生理盐水冲洗至少15min。

吸　　入：迅速脱离现场至空气新鲜处。保持呼吸道畅通。必要时进行人工呼吸。就医。如果呼吸困难，给予吸氧。

食　　入：误服者立即漱口，给饮牛奶或者蛋清。就医。

防护措施

密闭操作，局部排风。

呼吸系统防护：高浓度环境中，应该佩戴防毒面具。紧急事态抢救或逃生时，佩戴自给式呼吸器。

眼睛防护：戴化学安全防护眼镜

防护服：穿工作服(防腐材料制作)。

手 防 护：戴橡皮手套。

其　　他：工作后，淋浴更衣。注意个人清洁卫生。

职业接触限值

中国未制订职业接触限值。

【硫化异丁烯】

```
      CH3           CH3
      |             |
H3C—C — S ——— C —CH3
      |             |
    H2C — S — S—CH2
```

英 文 名：Sulfurized isobutylene

别　　名：T321 极压剂；硫烯

相对分子质量：208.39

分 子 式：$C_8H_{16}S_3$

理化性质

相对密度：1.05～1.2(液体)　　闪　　点：>95℃(开杯)

桔黄色或琥珀色油状透明液体。

接触机会

用作金属加工油、凿岩机油、工业齿轮油、极压润滑脂等。

毒性

属低毒类。LD_{50}为5.9g/kg。

职业危害

未见相关报道。

应急处理

皮肤接触：脱去污染的衣着，用流动清水冲洗。

眼睛接触：提起眼睑，用流动清水或生理盐水冲洗。就医。

吸　　入：脱离现场至空气新鲜处。如呼吸困难，给输氧。就医。

食　　入：饮足量温水，催吐。就医。

防护措施

生产过程密闭，全面通风。

采取个人防护措施如下：

呼吸系统防护：空气中浓度超标时，佩戴自吸过滤式防毒面具。

眼睛防护：戴化学安全防护眼镜。

身体防护：穿防毒物渗透工作服。

手 防 护：戴防化学品手套。

其　　他：工作现场禁止吸烟、进食和饮水。避免高浓度吸入。定期体检。

职业接触限值

中国未制订职业接触限值。

B 脂环族化合物及其衍生物

【双环戊二烯】

英 文 名：Dicyclopentadiene

别　　名：二聚环戊二烯

相对分子质量：132.20

分 子 式：$C_{10}H_{12}$

CAS　号：77-73-6

理化性质

相对密度：0.979（液体）　　沸　点：172℃

　　　　　4.55（气体）　　闪　点：32.2℃

熔　　点：33.6℃

无色结晶或透明液体，有类似樟脑气味。溶于乙醇、乙醚，不溶于水。

接触机会

主要用于制乙丙橡胶的第三单体乙叉降冰片烯、多聚环戊二烯农药、聚酯、树脂、塑料的阻燃剂、药物、香料等。在其生产、储存和使用过程中均可能接触到。

毒性

属低毒类。大鼠经口 LD_{50} 为820mg/kg，兔经皮 LD_{50} 为0.72 mL/kg。对皮肤有刺激性。吸入体内后大部分与葡萄糖醛酸结合，由尿排出，小部分以原形由肺呼出。动物实验发现肺、肾损害。

职业危害

接触高浓度本品蒸气有刺激和麻醉作用，引起眼、鼻、喉和肺刺激，头痛、头晕及其他中枢神经系统症状。有可能引起肝、肾损害。长期反复皮肤接触可致皮肤损害。

应急处理

将中毒者移离事故现场，对症处理。

眼睛接触，提起眼睑冲洗，立即大量清水冲洗，立即就医。

皮肤接触，如污染浸湿衣物，脱去衣物，立即用肥皂水及大量清水冲洗，如冲洗后皮肤持续有刺激症状，就医。

吸入，如停止呼吸施行人工呼吸，保暖并休息，尽快就医。

食入，立即就医。

防护措施

（1）通过工程控制提高自动化和密闭化程度，采取通风排毒措施；加强设备维修保养，遵守操作规程。防止跑、冒、滴、漏。

（2）储运注意事项：防火；保持阴凉；沿地面和天花板通风。

（3）采取个人防护措施。

呼吸系统防护：空气中粉尘浓度超标时，必须佩戴自吸过滤式防尘口罩。紧急事态抢救或撤离时，应该佩戴空气呼吸器。

眼睛防护：戴化学安全防护眼镜。

身体防护：穿防毒物渗透工作服。

手 防 护：戴橡胶手套。

其 他：工作现场严禁吸烟。工作完毕，淋浴更衣。保持良好的卫生习惯。

职业接触限值

中 国：OELs：*PC－TWA* 25mg/m^3

美 国：ACGIH TLVs：*TWA* 5ppm（30mg/m^3）

NIOSH REL：*TWA* 5ppm（30mg/m^3）

【环丙烷】

英 文 名：Cyclopropane

别 名：三亚甲基（Trimethylene）

$$\begin{array}{c} CH_2 \\ H_2C\text{——}CH_2 \end{array}$$

相对分子质量：42.08

分 子 式：C_3H_6；$(CH_2)_3$

CAS 号：75－19－4

理化性质

相对密度：0.72～0.79（液体）

熔 点：－126.6℃

沸 点：－32.9℃

爆炸极限：2.41%～10.3%（体积）

自 燃 点：497℃

无色易燃气体。具有类似石油醚的特殊气味。标准状况下密度为1.879g/L。405～608kPa压力下可以液化。稍溶于水，溶于乙醇、乙醚等有机溶剂，溶于动植物油。与空气形成爆炸性混合物。不稳定，易变为开链化合物，易为浓硫酸吸收。加氢生成丙烷。与溴作用得1,3－二溴丙烷。热解后生成丙烯。

接触机会

环丙烷为石油产品之一，可由1,3－二溴丙烷或1,3－二氯丙烷与钠或锌作用而制取。工业上用作溶剂或有机合成的生产原料；医疗上曾用作吸入麻醉剂。从事石油的提炼等环丙烷制取、储存及使用时，可接触到本品。

毒性

属微毒类。有轻度麻醉作用。动物实验时吸入高浓度后（超过430～516g/m^3），动物血压骤降，可因呼吸麻痹而死。一般情况下对血压、呼吸无明显影响。

职业危害

急性中毒：具有麻醉作用。在工业生产和使用中，本品一般对人体无明显危害。近来国外首例报道一青年因吸入环丙烷而死于一间仓库内。尸解见肺充血和出血性水肿，气管充血，并较早发生细胞自溶现象。

慢性中毒：目前缺乏长期接触环丙烷后对人体影响的资料。

应急处理

迅速脱离现场至空气新鲜处，对症处理。保持呼吸道通畅。如呼吸困难，予吸氧。如呼吸停止，立即进行人工呼吸和心脏按摩。

防护措施

（1）生产过程密闭，全面通风。

（2）储运注意事项：储存在阴凉、通风的室内。密闭。与氧化剂分开存放。

（3）采取个人防护措施。

吸入防护：设置通风与局部排气。一般不需要特殊防护，高浓度接触时可佩戴自吸过滤式防毒面具(半面罩）。

皮肤防护：使用防护手套与防护服。

眼睛防护：必要时，戴化学安全防护眼镜。

摄食防护：工作时不得进食、饮水或吸烟。

职业接触限值

中国未制订职业接触限值。

【环己烷】

英 文 名：Cyclohexane

别　　名：六氢化苯(Hexamethyl ene；Hexanaphthene；Hexahydrobenzene)

相对分子质量：84.16

分 子 式：C_6H_{12}；$CH_2(CH_2)_4CH_2$

CAS　号：110－82－7

CH_2 / H_2C CH_2 / H_2C CH_2 / CH_2

理化性质

相对密度：0.779(液体)；2.90(气体)

熔　　点：6.3℃

沸　　点：80.7℃

闪　　点：－18.3℃

爆炸极限：1.3%～8.4%(体积)

无色易流动液体，有汽油味，存在于石油内。不溶于水，溶于乙醇、乙醚、丙酮、四氯化碳等多数有机溶剂。易挥发，易燃，毒性小于苯。蒸气与空气形成爆炸性混合物。

接触机会

主要用于制备环己醇和环己酮，也用于合成尼龙6和尼龙66。在部分聚乙烯、合成橡胶生产中用作溶剂。在涂料工业中广泛用作溶剂。是树脂、脂肪、石蜡油类、丁基橡胶等的溶剂。

毒性

属低毒类。自呼吸道吸入后，小部分仍从呼吸道呼出，部分以原形态从尿排出，大部分在血液中代谢，以环己醇形式也从尿排出。环己烷对中枢神经系统有抑制作用，对皮肤、黏膜有刺激性。小剂量多次进入体内未见蓄积作用。小鼠经口 LD_{50} 813mg/kg。

职业危害

对眼和上呼吸道有轻度刺激作用。持续吸入可引起头晕、恶心、倦睡和其他一些麻醉症状。液体污染皮肤可引起痒感。尚未见纯品环己烷引起职业中毒报道。如环己烷中含有少量苯时可引起血液系统损害。

应急处理

皮肤接触：脱去污染的衣着，用清水彻底冲洗皮肤。

眼睛接触：提起眼睑，用流动清水或生理盐水冲洗。就医。

吸　　入：迅速脱离现场至空气新鲜处。保持呼吸道通畅。如呼吸困难，给输氧。如呼吸停止，立即进行人工呼吸。就医。

食　　入：饮足量温水，催吐。就医。

防护措施

(1) 生产过程密闭，全面通风。提供安全淋浴和洗眼设备。

(2) 储运注意事项：防火；保持阴凉；沿地面和天花板通风。

(3) 采取个人防护措施。

呼吸系统防护：一般不需要特殊防护，高浓度接触时可佩戴自吸过滤式防毒面具(半面罩)。

眼睛防护：空气中浓度超标时，戴安全防护眼镜。

身体防护：穿防静电工作服。

手 防 护：戴橡胶耐油手套。

其　　他：工作现场严禁吸烟。避免长期反复接触。

职业接触限值

中　　国：OELs：*PC-TWA*　250mg/m^3

美　　国：ACGIH TLVs：*TWA*　100ppm (350mg/m^3)

OSHA PEL：*TWA*　300ppm (1050 mg/m^3)

NIOSH REL：*TWA*　300ppm (1050 mg/m^3)

IDLH　1300ppm

【甲基环己烷】

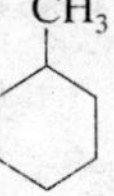

英 文 名：Methylcyclohexane

别　　名：六氢甲苯(Hexahydrololuene)

相对分子质量：98.19

分 子 式：C_7H_{14}；$CH_3CH(CH_2)_4CH_2$

CAS 号：108-87-2

理化性质

相对密度：0.769 (液体)，3.39(气体)

熔　　点：-126.9℃

沸　　点：100.8℃

蒸 气 压：5.33kPa(22℃)

闪　　点：-3.89℃(闭杯)

爆炸极限：1.2%~6.7%(体积)

自 燃 点：285℃

无色液体。不溶于水，溶于乙醇、乙醚、丙酮、苯、石油醚和四氯化炭等。

接触机会

主要用作溶剂、色谱分析标准物质，及作为校正温度计的标准，也用于有机合成。在生产、使用或储存中均有可能接触本品。

毒性

属低毒类。急性毒性：LD_{50} 2250mg/kg(豚鼠经口)；LC_{50} 41500mg/m^3，2h(豚鼠吸

入）。亚急性和慢性毒性：兔暴露于 $40g/m^3$，6h/天，每周 5 天，2 周后全部死亡；$13.3g/m^3$，10 周共 300h，出现肝肾轻微损害。

职业危害

皮肤接触可引起发红、干燥皲裂、溃疡等。对中枢神经系统有抑制作用。对上呼吸道有刺激作用。对至今未见引起职业中毒的报道。

应急处理

皮肤接触：立即脱去污染的衣着，用肥皂水和清水彻底冲洗皮肤。就医。

眼睛接触：提起眼睑，用流动清水或生理盐水冲洗。就医。

吸　　入：迅速脱离现场至空气新鲜处。保持呼吸道通畅。如呼吸困难，给输氧。如呼吸停止，立即进行人工呼吸。就医。

食　　入：饮足量温水，催吐。就医。

防护措施

（1）生产过程密闭，全面通风。提供安全淋浴和洗眼设备。

（2）储运注意事项 防火。保持阴凉。与食品和饲料分开存放。不得与食品和饲料一起运输。

（3）采取个人防护措施。

呼吸系统防护：高浓度接触时，佩戴过滤式防毒面具（半面罩）。

眼睛防护：一般不需要特殊防护，高浓度接触时可戴化学安全防护眼镜。

身体防护：穿防静电工作服。

手 防 护：戴橡胶耐油手套。

其　　他：工作现场严禁吸烟。避免长期反复接触。

职业接触限值

中国未制订职业接触限值。

美　　国：ACGIH TLVs：*TWA*　400ppm（$1600mg/m^3$）

OSHA PEL：*TWA*　500ppm（$2000 mg/m^3$）

NIOSH REL：*TWA*　400ppm（$1600 mg/m^3$）

IDLH　1200ppm

【环己胺】

英 文 名：Cyclohexylamine

别　　名：六氢苯胺氨基环己烷（Hexahydroaniline）

相对分子质量：99.19

分 子 式：$C_6H_{13}N$；$(CH_2)_5CHNH_2$

CAS　号：108－91－8

理化性质

相对密度：0.8647（液体），3.42（气体）　　蒸 气 压：1.17kPa（25℃）

熔　　点：－18℃　　闪　　点：32.2℃（开杯）

沸　　点：134.5℃　　自 燃 点：293℃

无色液体。有鱼腥味。显强碱性。极易与水及普通有机试剂（如乙醇、乙醚、丙酮、酯、烃等）相混溶。能随水蒸气挥发，并与水形成共沸混合物［其中环己胺质量分数为44.2%］，其沸点为96.4℃。受高热分解，放出有毒气体。与氧化剂反应剧烈。

接触机会

主要用于制造医药、染料、橡胶、聚氨酯塑料、杀虫剂、增塑剂、金属防腐剂等，也是制造己内酰胺和合成塑料的中间产物。在环己胺生产、使用、储存及己内酰胺生产中均有可能接触本品。

毒性

本品经口毒性属中等毒类，吸入毒性属低毒类。吸入环己胺蒸气对动物的眼和呼吸道黏膜产生刺激症状，中枢神经系统的兴奋性增加。动物表现为躁动，躯干和四肢阵发性痉挛。

人体斑贴试验，25%环己胺溶液引起严重的皮肤刺激并可有过敏反应。

职业危害

现场调查表明，操作者处于环己胺浓度16.2～40.6mg/m³下无症状。据三例全身中毒意外事故报道，患者表现眩晕、烦躁、忧虑、恶心，其中一例言语不清、呕吐、瞳孔扩大。

应急处理

如遇意外事故沾染皮肤与眼睛时，应立即进行冲洗，可用2.5%～3%硼酸溶液或生理盐水，亦可用自来水及其他清洁水冲洗。

呼吸道吸入中毒者应立即搬离现场，呼吸新鲜空气，及时进行对症处理。

防护措施

生产过程中加强密闭，车间内加强通风。提供安全淋浴和洗眼设备。

穿戴相应的防护用品（工作服、手套、眼镜等）。工作现场禁止吸烟、进食和饮水。工作完毕，淋浴更衣。

职业接触限值

中　国：OELs：*PC－TWA*　10mg/m³；*PC－STEL*　20mg/m³

美　国：ACGIH TLVs：*TWA*　10ppm（40mg/m³）；A4

NIOSH REL：*TWA*　10ppm（40mg/m³）

【ε－己内酰胺】

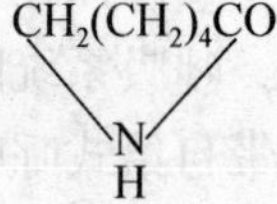

英 文 名：ε－Caprolactam

别　　名：己内酰胺（Caprolactam）

相对分子质量：113.16

分 子 式：$C_6H_{11}NO$

CAS　号：105－60－2

理化性质

相对密度：1.05（70%的水溶液）　　沸　　点：140～142℃

熔　　点：68～70℃　　爆炸极限：1.4%～8.0%（体积）

白色片状固体或结晶形粉末。手触有润滑感。工业品有微弱的叔胺气味。易溶于水、无水乙醇、乙醚、氯仿和苯等。受热时起聚合反应。

接触机会

用于制备己内酰胺树脂，聚己内酰胺纤维和人造皮革。在己内酰胺合成及上述生产过程中，及分析化验和储存中均可接触本品。

毒性

属低毒类。大鼠经口 LD_{50} 为 1.16g/kg。动物大剂量中毒时出现强直性阵挛性抽搐，低血压、鼻出血，因呼吸麻痹而死亡。豚鼠吸入 51 mg/m^3，每天 5～8h，共 26 ～30 天，除发现轻度鼻黏膜刺激症状外，未见明显损害。5% 和 10% 本品水溶液涂于小鼠和豚鼠皮肤，并滴入兔眼，均未引起刺激，而25% ～50% 溶液滴眼可致角膜灼伤。

职业危害

急性中毒：很少见报道。1981 年 Tuma 等报告 1 名工人短期内接触大剂量己内酰胺后发生全身强直－痉挛性癫痫、皮炎、发热及血白细胞增多。

慢性中毒：经常接触己内酰胺蒸气或粉尘，可出现头痛、头晕、乏力、全身不适、记忆力减退、睡眠障碍、焦虑、易怒等神经衰弱综合症，并伴有眼部刺激感、鼻干、鼻出血、上呼吸道刺激症、胸闷、心悸、食欲减退、恶心、上腹部不适、胃灼热感。少数患者出现支气管炎、支气管哮喘。也有报告接触本品女工月经异常，先兆流产、紫癜及产后大出血发病率较高。心电图出现窦性心动过速、窦性心律失常、PR 间期延长等改变。

皮肤经常接触本品可出现皮肤发红、干燥、脱屑、角层增厚和皲裂。指甲变脆、变形。有时候皮肤出现水疱、灼伤及过敏反应。

有报告 90 名志愿者每日服用 3～6g 己内酰胺，3～5 年，未出现中毒表现，仅 1 例有变态反应。

应急处理

接触本品后到出现皮肤损害需经一定时间，一般在接触后 3h 内彻底清洗，可避免皮肤受损。其他对症处理。

皮肤接触：脱去污染的衣着，用大量流动清水彻底冲洗。

眼睛接触：立即翻开上下眼睑，用大量流动清水或生理盐水冲洗。就医。

吸　　入：脱离现场至空气新鲜处。就医。

食　　入：误服者漱口，给饮牛奶或蛋清，就医。

防护措施

密闭操作，局部通风。

呼吸系统防护：空气中浓度超标时，戴面具式呼吸器。紧急事态抢救或逃生时，应该佩带自给式呼吸器。

眼睛防护：戴化学安全防护眼镜。

防护服：穿工作服。

手 防 护：戴橡皮胶手套。

其　　他：工作后，淋浴更衣。注意个人清洁卫生。

职业接触限值

中　　国：OELs：*PC－TWA*　5mg/m^3

美　　国：ACGIH TLVs：*TWA*　5mg/m^3；A5

NIOSH REL：尘 *TWA*　1 mg/m^3；*STEL*　3 mg/m^3

蒸气 *TWA*　0.22ppm(1 mg/m^3)；*STEL*　0.66ppm (3 mg/m^3)

【丁二酰亚胺】

英 文 名：Succinimide

别　　名：琥珀酸二酰亚胺(2,5 – Diketopyrrolidine)

相对分子质量：99.09

分 子 式：$C_4H_5NO_2$；$H_2CCONHCOCH_2$

CAS　号：123 – 56 – 8

$$\begin{array}{l} CH_2-C(=O) \\ | \qquad\qquad\quad \rangle NH \\ CH_2-C(=O) \end{array}$$

理化性质

相对密度：1.41　　沸　　点：287 ~ 289℃(稍有分解)

熔　　点：125 ~ 127℃

白色单斜晶体，遇光变成棕色小片。(几乎)无臭，味甜。溶于冷水、热水、氢氧化钠溶液，微溶于乙醇，不溶于乙醚和氯仿。亚胺基上的氢因受邻位两个羰基影响，具有微酸性，可以形成“盐”类化合物。

接触机会

用于有机合成、制药、化学分析等。

毒性

属微毒类。对皮肤及黏膜有一定刺激性。经呼吸道及消化道均能侵入人体。

职业危害

对眼睛、皮肤、黏膜和上呼吸道有刺激性。当吸入高浓度的热蒸气及烟雾时，感到头晕、目眩、头痛。经消化道进入时，除上述症状外，尚有恶心、呕吐、腹泻等症状。

应急处理

皮肤接触：脱去污染的衣着，用流动清水冲洗。

眼睛接触：提起眼睑，用流动清水或生理盐水冲洗。就医。

吸　　入：迅速脱离现场至空气新鲜处。保持呼吸道通畅。如呼吸困难，给输氧。如呼吸停止，立即进行人工呼吸。就医。

食　　入：饮足量温水，催吐。洗胃，导泄。就医。

防护措施

提供良好的自然通风条件。

呼吸系统防护：空气中粉尘浓度超标时，必须佩戴自吸过滤式防尘口罩。紧急事态抢救或撤离时，应该佩戴空气呼吸器。

眼睛防护：戴化学安全防护眼镜。

身体防护：穿防毒物渗透工作服。

手 防 护：戴橡胶手套。

其　　他：及时换洗工作服。保持良好的卫生习惯。

职业接触限值

中国未制订职业接触限值。

【环己醇】

英 文 名：Cyclohexanol

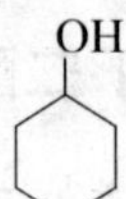

别　　名：六氢苯酚（Hexahydrophenol）

相对分子质量：100.16

分 子 式：$C_6H_{12}O$；$(CH_2)_5CHOH$

CAS　号：108－93－0

理化性质

相对密度：0.96（液体），3.45（气体）

熔　　点：23℃

沸　　点：160.9℃

蒸 气 压：0.133kPa（21℃）

闪　　点：67.7℃（闭杯）

爆炸极限：2.4%～12%（体积）

自 燃 点：300℃

无色具有吸湿性的晶体或液体，易燃。有樟脑气味。微溶于水，可混溶于乙醇、乙醚、苯、乙酸乙酯、二硫化碳、油类等。

接触机会

环已醇是重要的化工原料，主要用于生产已二酸、已二胺、环已酮、已内酰胺，也可用作肥皂的稳定剂，制造消毒药皂和去垢乳剂，用作橡胶、树脂、硝基纤维、金属皂、油类、酯类、醚类的溶剂，涂料的掺合剂，皮革的脱脂剂、脱膜剂、干洗剂、擦亮剂。环已醇也是纤维整理剂、杀虫剂、增塑剂的原料。接触机会主要有其直接及辅助生产人员和有关储运、采样、分析人员接触。

毒性

属低毒类。对中枢神经系统有抑制作用。接近致死量或高浓度时，对中枢神经系统和皮肤黏膜有刺激作用。易经皮吸收。

大鼠经口 LD_{50} 为2.06 g/kg。兔吸入4.93g/m^3（6h/d，5日/周，5周）时出现麻醉及刺激症状，脑、心、肝、肾呈中毒性退行性变。以本品12.4～22.7 g/kg（MLD）敷在兔皮肤上，引起震颤、麻醉、体温过低以至死亡。10mL/次，每日1h，连续10日，皮肤上出现坏死、渗出性溃疡、皮肤增厚。0.005mg进入眼角膜可引起严重坏死。

职业危害

正常生产条件下，由蒸气吸入引起急性中毒可能性很小。环已醇中毒时，尿中无机硫与总硫比值下降，葡萄糖醛酸量增多。人嗅觉阈0.24～3.26 mg/m^3。400mg/m^3，3～5min后，产生鼻、喉、眼刺激症状。皮肤接触可引起皮炎。

应急处理

眼睛接触：提起眼睑冲洗，立即用大量清水冲洗，立即就医。

皮肤接触：脱去污染衣物，立即用大量清水冲洗，如冲洗后皮肤持续有刺激症状，就医。

吸　　入：将中毒者移离事故现场至空气新鲜处，如停止呼吸施行人工呼吸，保暖并休息，尽快就医。

防护措施

生产工艺密闭化，提供良好的自然通风。

呼吸系统防护：空气中粉尘浓度超标时，必须佩戴自吸过滤式防尘口罩；可能接触其蒸气时，应该佩戴自吸过滤式防毒面具（半面罩）。

眼睛防护：戴化学安全防护眼镜。

身体防护：穿防毒物渗透工作服。

手 防 护：戴橡胶手套。

职业接触限值

中　　国：OELs：*PC - TWA*　100mg/m^3

美　　国：ACGIH TLVs：*TWA*　50ppm（200 mg/m^3）

OSHA PEL：*TWA*　50ppm（200 mg/m^3）

NIOSH REL：*TWA*　50ppm(200 mg/m^3)；皮

IDLH　400ppm

【环己酮】

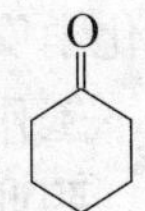

英 文 名：Cyclohexanone；Pimelic ketone；Ketohexamethylene

相对分子质量：98.14

分 子 式：$C_6H_{10}O$；$(CH_2)_5CO$

CAS　号：108 - 94 - 1

理化性质

相对密度：0.948(液体)，3.4(气体)

熔　　点：-32℃

沸　　点：156.7℃

爆炸极限：1.10% ~8.10%(体积)

自 燃 点：420℃

饱和蒸气压：1.33kPa(38.7℃)

18kPa(100℃)

闪　　点：43.9℃

折 射 率：1.4507

有类似丙酮气味的无色油状液体，蒸气有毒，易燃，蒸气与空气形成爆炸性混合物，有酮的各种化学性质。微溶于水，可混溶于乙醇、乙醚等多数有机溶剂。

接触机会

主要用于制造己内酰胺、己二酸、树脂和合成纤维等，并用作溶剂和稀释剂等。本品的生产、使用、运输、采样分析等过程中，均可有接触机会。

毒性

属低毒类。环己酮对中枢神经系统抑制而起麻醉作用。

大鼠经口 LD_{50} 为 1620mg/kg。吸入 4000ppm，4h 无死亡。吸入 8000ppm，4h 则因麻醉而死亡。可经皮吸收，兔经皮 LD_{50} 为 1000 mg/kg，中毒表现为震颤、麻醉、体温降低、最后死亡。

液体在较长时间作用时，引起皮肤刺激，造成皮炎和眼黏膜的明显刺激和角膜损害。

环已酮进入体内被还原成环已醇并主要(约 50% ~86%)以环已基葡萄糖醛酸经尿排出。经口给动物环已酮后，尿中葡萄糖醛酸和有机硫酸酯呈一时性增加。在体内基本无蓄积性。

职业危害

本品具有麻醉和刺激作用。

急性中毒：主要表现有眼、鼻、喉黏膜刺激症状和头晕、胸闷、全身无力等症状。重者可出现休克、昏迷、四肢抽搐、肺水肿，最后因呼吸衰竭而死亡。脱离接触后能较快恢复正常。液体对皮肤有刺激性；眼接触有可能造成角膜损害。

慢性影响：长期反复接触可致皮炎。

应急处理

皮肤接触：脱去污染的衣着，用肥皂水和清水彻底冲洗皮肤。

眼睛接触：立即提起眼睑，用大量流动清水或生理盐水彻底冲洗至少15min。就医。

吸　　入：迅速脱离现场至空气新鲜处。保持呼吸道通畅。如呼吸困难，给输氧。如呼吸停止，立即进行人工呼吸。就医。

食　　入：饮足量温水，催吐。就医。

防护措施

（1）工程措施：密闭操作，注意通风。

（2）个体防护：可能接触其蒸气时，操作人员佩戴自吸过滤式防毒面具（半面罩），戴化学安全防护眼镜，穿防静电工作服，戴橡胶耐油手套。

工作现场严禁吸烟。注意个人清洁卫生。避免长期反复接触。

职业接触限值

中　　国：OELs：*PC－TWA*　$50mg/m^3$；皮

美　　国：ACGIH TLVs：*TWA*　20ppm；*STEL*　50 ppm；皮，A3

OSHA PEL：*TWA*　50ppm（$200\ mg/m^3$）

NIOSH REL：*TWA*　25ppm（$100\ mg/m^3$）；皮

IDLH　700ppm

【过氧化环己酮】

英 文 名：Cyclohexanone peroxide；1－Hydroperoxycyclohexyl；1－Hydroxycyclohexyl －peroxide

相对分子质量：246.30

分 子 式：$C_5H_{10}C(OOH)OOC(OH)C_5H_{10}$；$C_2H_{22}O_5$

CAS　号：78－18－2

理化性质

熔　　点：76～80℃　　　　闪　　点：78℃

纯品是白色或浅黄色针状结晶或粉末，受到冲击后易分解爆炸。遇高温、阳光曝晒、撞击、还原剂以及硫、磷时，有爆炸危险。不溶于水，溶于乙酸、石油醚、醇、丙酮等。

接触机会

用作橡胶、塑料合成中的交联剂和引发剂。在生产及使用中，本品多以粉尘形式经呼吸道或污染的皮肤侵入机体。本品的生产、使用、运输、采样分析等过程中，均可有接触机会。

毒性

属低毒类。大鼠一次灌胃时，神经肌肉兴奋阈、过氧化物酶及过氧化氢酶活性、血液中血红蛋白及巯基含量发生改变的剂量介于14～280mg/kg，同时见精子发生障碍。大鼠每星期以3mg/kg的剂量灌胃6次，历时4个月，导致中枢神经系统机能性障碍，以及肝和肾机能，精子发生及免疫生物学反应性障碍。LD_{50}：880mg/kg（小鼠经口）。

本品对皮肤、眼和黏膜有强烈刺激作用。可导致角膜混浊，眼内有渗出物及视力完全丧失。大鼠吸入本品时导致上呼吸道黏膜刺激症。敷贴于动物皮肤上时，导致长期不愈合的溃疡形成，直到遍及全腹壁的溃疡，愈后留下瘢痕。个别大鼠在涂皮7~8次后有死亡，有的血中含24%~35%正铁血红蛋白，无人的中毒资料。

职业危害

吸入、口服或经皮肤吸收后对身体有害。对眼睛、皮肤、黏膜和上呼吸道有强烈刺激作用。吸入后，可引起喉、支气管的炎症，水肿、痉挛、化学性肺炎、肺水肿。接触后可引起烧灼感、咳嗽、喘息、气短、头痛、恶心与呕吐等。

应急处理

皮肤接触：立即脱去污染的衣着，用大量流动清水冲洗至少15min。就医。

眼睛接触：立即提起眼睑，用大量流动清水或生理盐水彻底冲洗至少15min。就医。

吸　　入：迅速脱离现场至空气新鲜处。保持呼吸道通畅。如呼吸困难，给输氧。如呼吸停止，立即进行人工呼吸。就医。

食　　入：用水漱口，给饮牛奶或蛋清。就医。

防护措施

(1) 工程措施：密闭操作，局部排风。

(2) 个体防护措施：可能接触其粉尘时，应该佩戴头罩型电动送风过滤式防尘呼吸器，穿聚乙烯防毒服，戴橡胶手套。

工作现场禁止吸烟、进食和饮水。避免长期反复接触。注意个人清洁卫生。

职业接触限值

中国未制订职业接触限值。

【环烷酸】

英 文 名：Naphthenic acid；Cyclohexane carboxylic acid；Hexahydrobenzoic acid

$$\begin{array}{l} CH_2—CH_2 \\ | \qquad\qquad\quad \rangle CH—(CH_2)_n—COOH \\ CH_2—CH_2 \end{array}$$

别　　名：环己烷羧酸；六氢苯甲酸；萘酸；环己基甲酸

相对分子质量：分子量范围180~350

分 子 式：$C_7H_{12}O_2$

CAS 号：98-89-5

理化性质

相对密度：1.048(液体)　　沸　　点：232.5℃

熔　　点：29℃

一般是以五碳为基础组成的羧酸衍生物。石油产品精制时所分出的酸。有些是液态油状的，有些是固态的。工业品是深色油状混合物，有特殊的气味。几乎不溶于水，溶于烃类。对某些金属有腐蚀作用，特别是铅和锌。环烷酸分脱脂和未脱脂的两种。

接触机会

用于制环烷酸金属盐，作为催化剂、油漆催干剂和木材防腐剂等。也用于制合成洗涤剂、杀虫剂等，并可作溶剂。

毒性

大鼠经口 LD_{50}：3.0g/kg。

职业危害

未见职业中毒报道。

应急处理

皮肤接触：脱去污染的衣着，用大量流动清水冲洗。就医。

眼睛接触：提起眼睑，用流动清水或生理盐水冲洗。就医。

吸　　入：脱离现场至空气新鲜处。如呼吸困难，给输氧。就医。

食　　入：饮足量温水，催吐。

防护措施

生产过程密闭，加强通风；空气中粉尘浓度过高时，必须佩戴自吸过滤式防尘口罩。紧急事态抢救或撤离时，应该佩戴空气呼吸器。

职业接触限值

中国未制订职业接触限值。

【环丁砜】

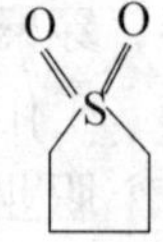

英 文 名：Sulfolane

别　　名：四亚甲基砜（Tetramethylene sulfane）

相对分子质量：120.16

分 子 式：$C_4H_8O_2S$；$(CH_2)_4SO_2$

CAS 号：126－33－0

理化性质

相对密度：	1.2606（水＝1）	沸　　点：	285℃
	4.2（空气＝1）	闪　　点：	166℃
熔　　点：	27.4～27.8℃		

黄至浅褐色固状物，28℃以上熔化后呈黄至浅褐色液体。在30℃时能与水、丙酮、甲苯等相混溶，与辛烷、烯烃和萘部分混溶。是一种溶解性能强，选择性能好的极性溶剂，220℃时部分分解，放出二氧化硫。

接触机会

主要用作液－汽萃取的选择性溶剂，在石化工业上用作萃取苯等芳烃的溶剂，在合成氨工业上用于脱除原料气中硫化氢、有机硫和二氧化碳。上述生产过程中、环丁砜合成、储运及采样分析中可接触本品。

毒性

对中枢神经系统有兴奋作用，动物先是烦躁不安，继之发生阵挛性张力性抽搐。小鼠静脉注射 LD_{50} 为1.08g/kg；大鼠经口 LD_{50} 为2.1g/kg。大鼠吸入其饱和蒸气8h，无死亡发生。在11g/m^3 浓度下，平均存活19.4h，能存活24h的浓度估计为4.7g/m^3。在反复亚急性中毒时，动物表现有抽搐、呕吐、白细胞减少、血清转氨酶升高、出血及肺部炎症。

职业危害

目前尚未见环丁砜引起职业中毒的报道。

应急处理

对症处理。皮肤接触时，应立即用大量清水冲洗。

防护措施

保持设备密闭性，全面排风。处理故障时，先进行吹扫，经分析合格后再处理。若可能接触到皮肤时，需佩戴橡胶手套和防护镜。

职业接触限值

中国未制订职业接触限值。

C 芳香族化合物

一、芳香族烃类

【苯】

英 文 名：Benzene

相对分子质量：78.11

分 子 式：C_6H_6

CAS 号：71-43-2

理化性质

相对密度：0.8790(液体)　　蒸 气 压：9.99kPa(20℃)

2.770(气体)　　闪 点：-11℃

熔 点：5.5℃　　爆炸极限：1.3%~7.1%(体积)

沸 点：80.1℃　　自 燃 点：562℃

无色至浅黄色易燃非极性液体，有特殊气味，易挥发。常温下会产生大量蒸气。与乙醇、乙醚、丙酮、四氯化碳、二硫化碳和醋酸混溶。微溶于水。其蒸气和空气形成爆炸性混合物。燃烧时产生浓烟。

接触机会

苯由石油裂解重整或煤焦油提炼所得。用途极广，主要用作蜡、油、橡胶、树脂、油漆的溶剂和稀释剂；合成化学制品和制药的中间体。苯用于制造苯乙烯、苯酚、合成洗涤剂、染料、化肥、炸药、农药以及其他有机物等。在上述生产、使用过程中均有机会接触到苯 。

毒性

属高毒类。急性毒作用主要对中枢神经系统，慢性毒作用主要作用于造血组织及神经系统。在生产环境空气中以蒸气状态存在，主要经呼吸道吸入。皮肤也有少量吸收。消化道虽然能吸收，但实际意义不大。

苯吸收后约50%以原形重新由呼吸道排出，40%左右在体内氧化，氧化所形成的酚和对苯二酚、邻苯二酚等与硫酸根及葡萄糖醛酸结合（约30%）随尿排出，故测定尿酚可反映苯的接触水平。

苯主要分布在含类脂质较多的组织和器官中，如以血液中苯为1，骨髓18，腹腔脂肪10，心脏5，脑2.5，红细胞内的苯比血浆中的大2倍，尤其苯蒸气极易溶于脂肪，约为血液的30～50倍。

职业危害

（1）急性中毒

在短时内吸入大量苯蒸气可引起急性中毒。轻症起初有黏膜刺激症状，随后出现兴奋或酒醉状态，并伴有头痛、头晕、恶心、呕吐等现象。重症还可出现震颤、谵妄、昏迷、阵发性或强直性抽搐、脉细、呼吸浅表、血压下降，严重时可因呼吸和循环衰竭而死亡。急性期血清谷丙转氨酶活性增高，白细胞数轻度增加，血苯、尿酚升高。

（2）慢性中毒

①神经系统：最常见的为神经衰弱症候群，主诉头痛、头晕、记忆力减退、失眠、乏力等，有的出现神经紊乱现象，如心动过速或过缓，皮肤划纹阳性。个别的晚期病例有四肢末端麻木和痛觉减退的现象，一般无运动功能障碍。

②造血系统：早期中毒以白细胞持续下降为主要表现，常有中性颗粒细胞绝对数减少，但百分数仍在50%以上。有些病例粒细胞中可见毒性颗粒或空泡，中性粒细胞碱性磷酸酶活性明显升高。与此同时或稍晚，血小板也出现降低，皮下及黏膜有出血倾向，患者可出现牙龈出血、鼻衄、紫癜以及月经过多等。这除与血小板降低有关外，也受纤维蛋白原减少、凝血因子缺乏以及血管渗透性改变等因素的影响。中毒早期红细胞由于补偿作用及其寿命较长，故数量未见明显减少。中毒晚期出现全血细胞减少即所谓再生障碍性贫血，极少数患者可引起不同类型的白血病，以粒细胞型为多。

轻度中毒以正常骨髓象和局灶性病态性增生骨髓象较多见，而晚期则以再生不良性骨髓象较多见。在各类骨髓象中，有些在粒细胞系列中，可见到毒性颗粒、空泡以及破碎细胞过多等；在红细胞系列中见到嗜碱颗粒、核染色质疏松等。

③皮肤：经常接触苯，皮肤可因脱脂而变为干燥、脱屑以至皲裂，有的发生过敏性湿疹和毛囊炎等。

职业禁忌

（1）血常规异常：白细胞计数低于4.5×10^9/L；血小板计数低于8×10^9/L；红细胞计数男性低于4×10^{12}/L，女性低于3.5×10^{12}/L或血红蛋白定量男性低于120g/L，女性低于110g/L。

（2）造血系统疾病如各种类型的贫血、白细胞减少症和粒细胞缺乏症、血红蛋白病、血液肿瘤以及凝血障碍疾病等。

（3）脾功能亢进。

应急处理

皮肤接触：脱去被污染的衣着，用肥皂水和清水彻底冲洗皮肤。

眼睛接触：提起眼睑，用流动清水或生理盐水冲洗。

吸入中毒：迅速脱离现场至空气新鲜处。保持呼吸道通畅。如呼吸困难，给输氧。如呼吸停止，立即进行心肺脑复苏术。就医，忌用肾上腺素。

食　　入：饮足量温水，催吐，对症治疗。

防护措施

（1）可用低毒、无毒的化学物代替苯做原料或溶剂，如用甲苯、环已烷代替苯做溶剂。

（2）改革工艺，防止跑、冒、滴、漏，做好通风排毒，使作业场所空气中苯浓度达到国家卫生标准。

（3）在易于产生眼和皮肤污染的工作场所，应安装淋浴和冲洗眼睛设备。

（4）个人防护

呼吸系统防护：空气中浓度超标时，应该佩戴自吸过滤式防毒面罩。紧急事态抢救或撤离时，应该佩戴空气呼吸器。

眼睛防护：戴化学安全防护眼镜。

身体防护：穿防毒渗透工作服。

手 防 护：戴橡胶手套。

其　　他：工作现场禁止吸烟、进食和饮水。工作毕，淋浴更衣。

（5）生产和使用苯的用人单位必须建立职业卫生管理制度，健全职业卫生档案，做好职业危害建设项目申报和评价工作，完善职业危害防护设施，配备合格有效的个人防护用品：防毒面罩、空气呼吸器和手套等。对作业现场必须按高毒物品作业场所管理条例要求进行每个月一次苯的浓度检测，如超过职业接触限值应及时进行整改，保证苯的浓度低于接触限值。同时对苯岗位作业的职工进行上岗前职业卫生培训，使其了解本岗位存在的职业危害，掌握防护设施和个人防护用品的操作使用方法。坚持做好就业前体检和定期健康检查，以便及时发现职业禁忌证者、观察对象及中毒患者。一经发现上述人员，应及时给以妥善处理。

职业接触限值

中　　国：OELs：*PC－TWA*　6mg/m^3；*PC－STEL*　10mg/m^3；皮，G1

美　　国：ACGIH TLVs：*TWA*　0.5ppm；*STEL*　2.5ppm；皮，A1，BEI

OSHA PEL：*TWA*　1ppm；*STEL*　5ppm

NIOSH REL：*TWA*　0.1ppm（0.319mg/m^3）；*STEL*　1ppm（3.19mg/m^3）；Ca

IDLH　500ppm

【甲苯】

英 文 名：Toluene；Methylbenzene；Phenylmethane

相对分子质量：92.1

分 子 式：C_7H_8；$CH_3C_6H_5$

CAS　号：108－88－3

理化性质

相对密度：0.866（液体）　　　沸　　点：110.7℃

3.9（气体）　　　蒸 气 压：2.93kPa（20℃）

熔　　点：－94.5℃　　　闪　　点：4.4℃（闭杯）

爆炸极限：1.2% ~7.0%（体积） 自 燃 点：536℃

无色透明液体，有芳香气味。溶于乙醇、苯和乙醚等多数有机溶剂，不溶于水。易燃，与空气形成爆炸性混合物。

接触机会

甲苯多从石油和石化产品生产过程中衍生而成，主要用作油漆、涂料和胶水等的有机溶剂。还用于制苯、甲酚、苯甲酸、苯甲醛、混合二硝基甲苯、邻甲苯、磺酰胺等，这些中间体是合成纤维、药物、染料、农药、炸药等的原料。此外，可用作汽油添加剂、苯甲酸和苯甲醛萃取剂。工业用途广泛，生产工人接触机会也多。工业甲苯中往往含有苯的成分（苯为1.5%左右），应予以注意。

毒性

属低毒类。甲苯可经呼吸道、皮肤和消化道吸收。在生产环境中甲苯主要以蒸气状态经呼吸道吸入。甲苯进入人体主要吸附于血中红细胞膜及血浆蛋白上，后蓄积于含脂肪多的组织，如肾上腺、脑、骨髓和肝。可通过血脑屏障进入脑组织，存留时间较长。

甲苯进入机体后，20%左右以原形从呼吸道排出，80%左右在辅酶Ⅱ（NADP）存在下被氧化成苯甲醇，再在辅酶Ⅰ（NAO）存在下继续被氧化成苯甲醛和苯甲酸，再与甘氨酸结合形成马尿酸随尿排出。

大鼠经口LD_{50}为1g/kg，小鼠吸入2h LC_{50}为25g/m^3。吸入高浓度甲苯蒸气对中枢神经的麻醉作用较为强烈，对皮肤黏膜有刺激作用，长期作用可影响肝、肾功能。对血液无明显影响。

职业危害

（1）急性中毒：主要表现中枢神经系统的麻醉作用和植物神经功能紊乱的症状：眩晕、乏力、酒醉状、步态不稳、血压偏低、面色苍白，及咳嗽、流泪、结膜充血等黏膜刺激症状。重者恶心、呕吐、幻觉、谵妄、抽搐，甚至神志不清，有的出现癔病样症状。

（2）慢性中毒：长期吸入较高浓度的甲苯蒸气有头晕、头痛、乏力、失眠、记忆力减退等神经衰弱综合症。有报道长期接触甲苯可引起脑病及肝、肾损害；女工有月经异常现象；皮肤干燥、皲裂，甚至引起皮炎。甲苯对血液系统作用不明显。

职业禁忌

工业甲苯中含有苯，请参见“苯”。

应急处理

皮肤接触：脱去被污染的衣着，用肥皂水和清水彻底冲洗皮肤。

眼睛接触：提起眼睑，用流动清水或生理盐水冲洗。

急性吸入甲苯中毒：迅速脱离现场至空气新鲜处。保持呼吸道通畅。立即脱去被污染的衣物，清洗皮肤，注意安静和保暖。如呼吸困难，给输氧。如呼吸停止，立即进行心肺复苏术。就医，急救原则为对症处理。可给葡萄糖醛酸以增加与甲苯的代谢产物的结合和排出。

食 入：饮足量温水，催吐，对症治疗。

慢性中毒的治疗应给予一些调节中枢神经系统功能的药物。如有肝、肾损害，治疗同内科。

防护措施

（1）改革工艺，防止跑、冒、滴、漏，做好通风排毒，使作业场所空气中甲苯浓度达到国家卫生标准。在易于产生眼和皮肤污染的工作场所，应安装淋浴和冲洗眼睛设备。

(2) 采取个人防护措施。

呼吸系统防护：空气中浓度超标时，应该佩戴自吸过滤式防毒面罩。紧急事态抢救或撤离时，应该佩戴空气呼吸器。

眼睛防护：戴化学安全防护眼镜。

身体防护：穿防毒渗透工作服。

手 防 护：戴橡胶耐油手套。

其　他：工作现场禁止吸烟、进食和饮水。工作完毕，淋浴更衣。

(3) 对作业现场甲苯的浓度进行定期检测，如超过职业接触限值应及时进行整改。同时对甲苯岗位作业的职工进行上岗前职业卫生培训，使其了解本岗位存在的职业危害，掌握防护设施和个人防护用品的操作使用方法。坚持做好就业前体检和定期健康检查。

职业接触限值

中　国：OELs：*PC－TWA*　50mg/m^3；*PC－STEL*　100mg/m^3 皮

美　国：ACGIH TLVs：*TWA*　20ppm；A4，BEI

OSHA PEL：*TWA*　200ppm；*C*　300ppm

NIOSH REL：*TWA*　100ppm(375mg/m^3)；*STEL*　150ppm(560mg/m^3)

IDLH　500ppm

【乙基苯】

英 文 名：Ethyl benzene

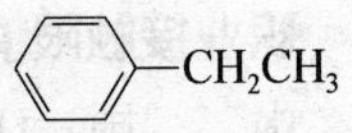

别　　名：乙苯；苯乙烷

相对分子质量：106.16

分 子 式：C_8H_{10}；$C_6H_5CH_2CH_3$

CAS　号：100－41－4

理化性质

相对密度：0.8669(液体)　　蒸 气 压：1.33kPa(25.9℃)

3.66(气体)　　闪　　点：15℃

熔　　点：－94.9℃　　爆炸极限：1.0%～6.7%(体积)

沸　　点：136.2℃　　自 燃 点：432.22℃

无色液体，不溶于水，溶于乙醇、苯、乙醚和四氯化碳。带有强烈的刺激味。

接触机会

用作有机合成原料或中间体，尤其用于生产苯乙烯和合成橡胶。常用作溶剂和稀释剂，也是汽车和飞机燃料的一种成分。上述企业和场所中均接触到本品。

毒性

属低毒类。大鼠经口 LD_{50} 为 3.5～5.4g/kg，吸入 2h，50% 动物麻醉的浓度为 35 g/m^3。

猴吸入 2.6 g/m^3，3h/d，历时 130 天发生肝和肾、睾丸的轻微病理改变；兔吸入 1.74 g/m^3，7h/d，历时 103～138 天，无影响。兔经皮 LD_{50} 为 17.8g/kg，嗅阈为 2～2.6 mg/m^3。人接触 4.3 g/m^3 引起眼灼痛、流泪。

本品可经呼吸道、消化道和皮肤吸入、吸收后，部分经呼气排出，大部分在体内氧化成为苯基乳酸随尿排出。测定尿中苯基乳酸量可做为接触指标。

职业危害

(1) 急性中毒：轻者引起鼻、咽、喉和气管的刺激症状，并有胸闷、头晕；严重者有恶心、呕吐、步态蹒跚、昏迷，醒后可有脑病和中毒性肝炎。直接吸入本品液体可致肺水肿、出血和化学性肺炎。

(2) 慢性影响：长期接触主要为神经衰弱症候群，亦可引起呼吸道刺激症状。血白细胞的影响尚无定论，一般认为本品对造血系统无损害。皮肤经常接触可发生水肿、脱皮、粗糙及皲裂。

应急处理

皮肤接触：脱去被污染的衣着，用肥皂水和清水彻底冲洗皮肤。

眼睛接触：提起眼睑，用流动清水或生理盐水冲洗。

急性吸入中毒：迅速脱离现场至空气新鲜处。保持呼吸道通畅。立即脱去被污染的衣物，清洗皮肤，注意安静和保暖。如呼吸困难，给输氧。如呼吸停止，立即进行人工呼吸和胸外心脏按摩术，治疗为对症处理。

食　　入：饮足量温水，催吐，对症治疗。

防护措施

(1) 生产设备要密闭，加强通风排毒。在易于产生眼和皮肤污染的工作场所，应安装淋浴和冲洗眼睛设备。

(2) 个人防护：参见“甲苯”。

职业接触限值

中　　国：OELs：*PC－TWA*　100mg/m^3；*PC－STEL*　150mg/m^3；G2B

美　　国：ACGIH TLVs：*TWA*　20ppm；A3，BEI(2010年推荐值)

OSHA PEL：*TWA*　100ppm(435mg/m^3)

NIOSH REL：*TWA*　100ppm(435mg/m^3)；*STEL*　125ppm(545mg/m^3)

IDLH　800ppm

【邻二甲苯】

英 文 名：*o*－Xylene；1，2－Dimethylbenzene

相对分子质量：106.17

CAS 号：95－47－6

CH_3 / $-CH_3$

理化性质

相对密度：0.880(液体)　　折 射 率：1.505(20℃)

熔　　点：－25℃　　闪　　点：46.1℃

沸　　点：144℃　　自 燃 点：463.8℃

无色透明，具有芳香气味的挥发性液体。溶于乙醇和乙醚，不溶于水。易燃。

接触机会

用于生产邻基二甲酸；也可用作溶剂和合成油漆、涂料、杀虫剂、燃料和药物等。

毒性

属低毒类。LD_{50}　1364mg/kg(小鼠静脉注射)。

职业危害

对皮肤、黏膜有刺激作用，对中枢神经系统有麻醉作用；长期作用可影响肝、肾功能。急性中毒的重症者有幻觉、谵妄、神志不清，有的有癔病样发作。慢性中毒出现神经系统衰弱综合症；女工有月经异常；反复接触后，常发生皮肤干燥、皲裂、皮炎。

应急处理

皮肤接触：脱去污染的衣着，用肥皂水及清水彻底冲洗。就医。

眼睛接触：立即翻开上下眼睑，用流动清水或生理盐水冲洗至少15min。就医。

吸　　入：迅速脱离现场至空气新鲜处。保持呼吸道通畅。保暖并休息。呼吸困难时给输氧。呼吸停止时，立即进行人工呼吸。就医。

食　　入：误服者立即漱口，饮足量温水，尽快洗胃。就医。

防护措施

生产过程密闭，加强通风。

呼吸系统防护：空气中浓度超标时，佩戴防毒面具。紧急事态抢救或撤离时，建议佩戴自给式呼吸器。

眼睛防护：高浓度蒸气接触可戴化学安全防护眼镜。

身体防护：穿防静电工作服。

手 防 护：戴防化学品手套。也可使用皮肤防护膜。

其　　他：工作场所严禁吸烟、进食和饮水。工作后，淋浴更衣。保持良好的卫生习惯。

职业接触限值

中　　国：OELs：*PC-TWA*　50mg/m^3；*PC-STEL*　100mg/m^3

美　　国：ACGIH TLVs：*TWA*　100ppm(434mg/m^3) *STEL*　150ppm(655 mg/m^3)

OSHA PEL：*TWA*　100ppm(434 mg/m^3)

NIOSH REL：*TWA*　100ppm(434mg/m^3)；*STEL*　150ppm(655 mg/m^3)

IDLH　900ppm

【间二甲苯】

英 文 名：*m*-Xylene；1,3-Dimethybenzene

CAS 号：108-38-3

CH_3　CH_3

理化性质

相对密度：0.8684(液体)　　折 射 率：1.4973(20℃)

熔　　点：-47.4℃　　闪　　点：29.4℃

沸　　点：138.8℃　　自 燃 点：527.7℃

无色透明液体。溶于乙醇和乙醚，不溶于水。易燃。

接触机会

用于生产间苯二甲酸、间苯二甲腈；也可用作溶剂、医药、燃料中间体、香料等。

毒性

属低毒类。LD_{50} 5000mg/kg(大鼠经口)，LD_{50} 14100mg/kg(兔经皮)。

职业危害

对皮肤、黏膜有刺激作用，对中枢神经系统有麻醉作用；长期作用可影响肝、肾功能。急性中毒的重症者有幻觉、谵妄、神志不清，有的有癔病样发作。慢性中毒出现神经系统衰弱综合症；女工有月经异常；反复接触后，常发生皮肤干燥、皲裂、皮炎。

应急处理

皮肤接触：脱去污染的衣着，用肥皂水及清水彻底冲洗。就医。

眼睛接触：立即翻开上下眼睑，用流动清水或生理盐水冲洗至少15min。就医。

吸　　入：迅速脱离现场至空气新鲜处。保持呼吸道通畅。保暖并休息。呼吸困难时给输氧。呼吸停止时，立即进行人工呼吸。就医。

食　　入：误服者立即漱口，饮足量温水，尽快洗胃。就医。

防护措施

生产过程密闭，加强通风。

呼吸系统防护：空气中浓度超标时，佩戴防毒面具。紧急事态抢救或撤离时，建议佩戴自给式呼吸器。

眼睛防护：高浓度蒸气接触可戴化学安全防护眼镜。

身体防护：穿防静电工作服。

手 防 护：戴防化学品手套。也可使用皮肤防护膜。

其　　他：工作场所严禁吸烟、进食和饮水。工作后，淋浴更衣。保持良好的卫生习惯。

职业接触限值

中　　国：OELs：*PC－TWA* 50mg/m^3；*PC－STEL* 100mg/m^3

美　　国：ACGIH TLVs：*TWA* 100ppm(434mg/m^3)；*STEL* 150ppm(655 mg/m^3)

OSHA PEL：*TWA* 100ppm(434 mg/m^3)

NIOSH REL：*TWA* 100ppm(434mg/m^3)；*STEL* 150ppm(655 mg/m^3)

IDLH 900ppm

【对二甲苯】

CH_3–C_6H_4–CH_3

英 文 名：*p*－Xylene；1，4－Dimethylbenzene

CAS 号：106－42－3

理化性质

相对密度：0.8611(液体)　　折 射 率：1.5004(21℃)

熔　　点：13.2℃　　闪　　点：27.2℃

沸　　点：138.5℃

无色液体。低温结晶，溶于乙醇和乙醚，不溶于水。

接触机会

是生产对苯二甲酸、对苯二甲酸二甲酯的主要原料，也可作为合成聚酯纤维、树脂、涂料、染料和农药等的原料。

毒性

属低毒类。LD_{50}　5000mg/kg(大鼠经口)，LC_{50}　4550ppm(4h，大鼠吸入)。

职业危害

对皮肤、黏膜有刺激作用，对中枢神经系统有麻醉作用；长期作用可影响肝、肾功能。急性中毒的重症者有幻觉、谵妄、神志不清，有的有癔病样发作。慢性中毒出现神经系统衰弱综合症；女工有月经异常；反复接触后，常发生皮肤干燥、皲裂、皮炎。

应急处理

皮肤接触：脱去污染的衣着，用肥皂水及清水彻底冲洗。

眼睛接触：立即提起眼睑，用流动清水或生理盐水冲洗。

吸　　入：迅速脱离现场至空气新鲜处。保持呼吸道通畅。呼吸困难时给输氧。呼吸停止时，立即进行人工呼吸。对症治疗处理。

食　　入：误服者给充分漱口、饮水，尽快洗胃，对症治疗。

防护措施

(1) 生产设备要密闭，加强通风排毒。在易于产生眼和皮肤污染的工作场所，应安装淋浴和冲洗眼睛设备。

(2) 采取个人防护措施

呼吸系统防护：空气中浓度超标时，应该佩戴自吸过滤式防毒面罩。紧急事态抢救或撤离时，应该佩戴空气呼吸器。

眼睛防护：戴化学安全防护眼镜。

身体防护：穿防毒渗透工作服。

手 防 护：戴橡胶耐油手套。

其　　他：工作现场禁止吸烟、进食和饮水。工作完毕，淋浴更衣。

职业接触限值

中　　国：OELs：*PC－TWA*　50mg/m^3；*PC*－STEL　100mg/m^3

美　　国：ACGIH TLVs：*TWA*　100ppm(434mg/m^3)；*STEL*　150ppm(655 mg/m^3)

OSHA PEL：*TWA*　100ppm(434 mg/m^3)

NIOSH REL：*TWA*　100ppm(434mg/m^3)；*STEL*　150ppm(655 mg/m^3)

IDLH　900ppm

【三甲苯】

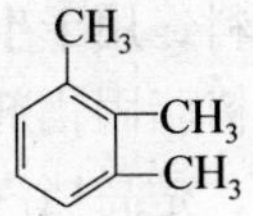

英 文 名：Trimethylbenzene

相对分子质量：120.19

分 子 式：C_9H_{13}

异 构 体：连三甲苯，偏三甲苯和均三甲苯三种。

(1) 连三甲苯

英 文 名：Hemimellitene

别　　名：1，2，3－三甲苯(1，2，3－Trimethylbenzene)

CAS　号：526－73－8

理化性质

相对密度：0.8944（液体）　　沸　　点：176.1℃

　　　　　4.15（气体）　　闪　　点：53℃

熔　　点：-25.5℃　　自 燃 点：470℃

无色液体。不溶于水，能溶于乙醇和乙醚。存在于一些石油产品中。易燃，遇明火、高温或氧化剂有发生燃烧的危险。

（2）偏三甲苯

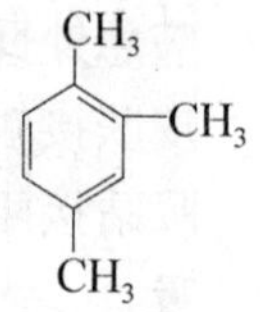

英 文 名：Pseudocumene

别　　名：假枯烯；1,2,4-三甲苯（1,2,4-Trimethylbenzene）

CAS　号：95-63-6

理化性质

相对密度：0.8758（液体）　　闪　　点：54.4℃

熔　　点：-43.91℃　　自 燃 点：515℃

沸　　点：168.89℃

液体。不溶于水，溶于乙醇、苯和乙醚，易燃，遇明火、高温或与氧化剂接触有引起燃烧的危险。

（3）均三甲苯

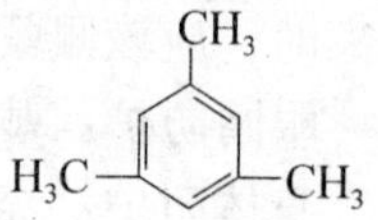

英 文 名：Mesitylene

别　　名：莱；1,3,5-三甲苯（1,3,5-Trimethylbenzene）

CAS　号：108-67-8

理化性质

相对密度 0.863（液体）　　蒸 气 压：1.33kPa（48.82℃）

熔　　点：-52.7℃　　闪　　点：43℃

沸　　点：164.6℃　　自 燃 点：550℃

液体。不溶于水，溶于乙醇和乙醚，易燃。有特殊气味。遇高温、明火或氧化剂有发生燃烧的危险。

接触机会

三甲苯是以催化重整重芳烃为原料经精密分馏而制得。本产品主要用于基本有机化工原料，用于生产合成树脂、染料、医药（维生素 E）、高效麦田除草剂等。还可用于作环氧树脂固化剂、聚脂树脂稳定剂、醇酸树脂增塑剂等。本品是蒽醌法生产双氧水的理想溶剂，是高档汽车漆、特种漆的优良溶剂。在上述生产和使用过程中均可接触到本品。

毒性

属中等毒类。对中枢神经系统有很弱的抑制作用，可能对造血器官亦有轻微的抑制作用，但不具苯的毒性，比甲苯的毒性低。大鼠经口 LD_{50} >5mL/kg。

本品经消化道和呼吸道吸收，并可经皮肤缓慢吸收。在体内氧化成酚类和甲酸类，前者主要与硫酸根结合，少量与葡萄糖醛酸结合；后者主要与甘氨酸结合，部分以非结合形式随尿排出。

职业危害

主要是慢性影响。作业场所空气中三甲苯混合物浓度为50～300 mg/m^3 时，工人常有乏力、头痛、头晕等症状，有的伴有血小板和红细胞减少。可引起皮炎。接触高浓度的工人可有哮喘性支气管炎、头痛、疲劳和眩晕。

应急处理

皮肤接触：脱去污染的衣着，用肥皂水及清水彻底冲洗。

眼睛接触：立即提起眼睑，用流动清水或生理盐水冲洗。

吸　　入：迅速脱离现场至空气新鲜处。保持呼吸道通畅。呼吸困难时给输氧。呼吸停止时，立即进行人工呼吸。对症治疗处理。

食　　入：误服者给充分漱口、饮水，尽快洗胃，对症治疗。

防护措施

(1) 生产设备应密闭，加强通风排毒。在易于产生皮肤污染的工作场所，应安装淋浴和冲洗眼睛设备。

(2) 采取个人防护措施。

呼吸系统防护：空气中浓度超标时，佩戴过滤式防毒面具。

眼睛防护：戴化学安全防护眼镜。

身体防护：穿防毒物渗透工作服。

手 防 护：戴橡胶手套。

其　　他：工作现场禁止吸烟、进食和饮水。工作完毕，淋浴更衣。保持良好的卫生习惯。

职业接触限值

中国未制订职业接触限值。

美　　国：ACGIH TLVs：*TWA*　25ppm

NIOSH REL：*TWA*　25ppm（125mg/m^3）

【二乙基苯】

英 文 名：Diethylbenzene

相对分子质量：134.22

分 子 式：$C_{10}H_{14}$；$C_6H_4(CH_2CH_3)_2$

异 构 体：邻二乙基苯，间二乙基苯和对二乙基苯三种。

(1) 邻二乙基苯

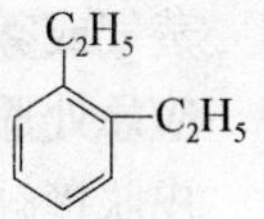

英 文 名：*o*－Diethylbenzene

别　　名：1,2－二乙基苯（1,2－Diethylbenzene）

CAS　号：135－01－3

理化性质

相对密度：0.8759（液体）　　沸　　点：183.42℃

熔　　点：－31.24℃　　蒸 气 压：1.33kPa（62.86℃）

闪　　点：57.2℃　　　　自 燃 点：395℃

无色液体。不溶于水。能溶于乙醇、苯和乙醚。

(2) 间二乙基苯

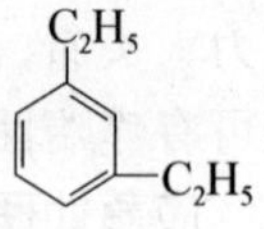

英 文 名：*m* – Diethylbenzene

别　　名：1,3 – 二乙基苯(1,3 – Diethylbenzene)

CAS　号：141 – 93 – 5

理化性质

相对密度：0.8599(液体)　　　　蒸 气 压：1.33kPa(61.44℃)

熔　　点：–83.92℃　　　　闪　　点：56.1℃(闭杯)

沸　　点：181.1℃　　　　自 燃 点：450℃

无色液体。不溶于水。能溶于乙醇、苯、四氯化碳和乙醚。

(3) 对二乙基苯

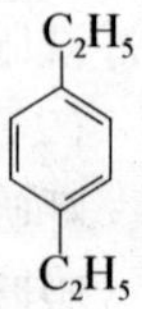

英 文 名：*p* – Diethylbenzene

别　　名：1,4 – 二乙基苯(1,4 – Diethylbenzene)

CAS　号：105 – 05 – 5

理化性质

相对密度：0.8579(液体)　　　　闪　　点：56.7℃(闭杯)

熔　　点：–42.85℃　　　　爆炸极限：0.8%(下限，体积)

沸　　点：183.75℃　　　　自 燃 点：430℃

蒸 气 压：1.33kPa(62.84℃)

无色液体。不溶于水。能溶于乙醇、苯、四氯化碳和乙醚。

接触机会

主要用于芳烃装置对二甲苯解吸剂和用作溶剂。在其生产、储运和使用过程中均有接触机会。

毒性

属微毒类。可引起肝、胃、脾、肾等脏器出血及营养不良，肝蛋白、糖原降低 。大鼠经口最小致死量为5.0g/kg，动物实验观察到急性中毒有麻醉作用和神经肌肉兴奋性增强。

职业危害

蒸气或雾对眼、黏膜和上呼吸道有刺激性。对皮肤有刺激性。

应急处理

皮肤接触：脱去污染的衣着，用肥皂水及清水彻底冲洗。

眼睛接触：立即提起眼睑，用流动清水冲洗。

吸　　入：迅速脱离现场至空气新鲜处。保持呼吸道通畅。呼吸困难时给输氧。呼吸停止时，立即进行人工呼吸。对症治疗处理。

食　　入：误服者给充分漱口、饮水，尽快洗胃，对症治疗。

防护措施

(1) 生产设备应密闭，加强通风排毒。在易于产生皮肤污染的工作场所，应安装淋浴和冲洗眼睛设备。

(2) 采取个人防护措施。

呼吸系统防护：空气中浓度超标时，佩戴过滤式防毒面具。

眼睛防护：戴化学安全防护眼镜。

身体防护：穿防毒物渗透工作服。

手 防 护：戴橡胶手套。

其　　他：工作现场禁止吸烟、进食和饮水。工作完毕，淋浴更衣。保持良好的卫生习惯。

职业接触限值

中国未制订职业接触限值。

【异丙苯】

英 文 名：Isopropyl benzene

别　　名：枯烯(Cumene)

相对分子质量：120.19

分 子 式：C_9H_{12}；$(CH_3)_2CHC_6H_5$

CAS 号：98-82-8

H_3C　CH_3 / CH / 苯环

理化性质

相对密度：0.8620(液体)
　　　　　4.1(气体)

熔　　点：-96℃

沸　　点：152.7℃

蒸 气 压：1.33kPa(38.3℃)

闪　　点：46℃

爆炸极限：1.0%~8.0%(体积)

自 燃 点：424℃

无色液体，溶于乙醇、苯、四氯化碳和乙醚，不溶于水。存在于许多粗油中，有挥发性。在35℃时易燃，有芳香味。空气中长期放置会被氧化成过氧化物($C_6H_5CH(CH_3)_2OOH$)，在140℃以上会迅速分解而爆炸。

接触机会

异丙苯是合成苯酚、丙酮的中间产物，亦用于合成其他有机化工产品。还用作提高发动机燃料辛烷值的添加剂。在其生产、使用、采样分析和储运过程中均有接触机会。

毒性

属低毒类。可经呼吸道、皮肤和消化道吸收，在体内主要转化成二甲基苯甲醇(约40%)、甲基苄基甲醇(约25%)及2-苯基丙酸(约占25%)。大部分与与葡萄糖醛酸结合随尿排出。故吸收后尿中葡萄糖醛酸酯排出量增加。

对皮肤及黏膜有轻的刺激作用，麻醉作用与苯和甲苯相比有较慢的诱导时间和较长的延续时间。急性中毒远比苯和甲苯为强。动物实验可见肝和肾损害的报道。在8000ppm浓度作用下，大鼠吸入4h，6只中有4只死亡。大鼠500ppm浓度下，每日8h，每周6天，150天后解剖检查，除肝、肾、肺淤血外，末梢血象及骨髓未见异常。用2000ppm反复吸入，则有嗜睡、运动障碍及平衡失调。

职业危害

由于其沸点高，挥发性小，工业上一般不易遇到这样的危险浓度。未见人有肝、肾损害的报道，但皮肤吸收的危险性较大，排泄缓慢，可产生蓄积作用。急性中毒表现与苯、甲苯相似，但麻醉作用出现较慢而持久。表现有黏膜刺激症状以及头晕、头痛、恶心、呕吐、步态蹒跚等。严重中毒可发生昏迷、抽搐等。本品对造血系统影响不明显。

应急处理

皮肤接触：脱去污染的衣着，用肥皂水和清水彻底冲洗皮肤。

眼睛接触：提起眼睑，用流动清水或生理盐水冲洗。

吸　　入：迅速脱离现场至空气新鲜处。保持呼吸道通畅。如呼吸困难，给输氧。如呼吸停止，立即进行人工呼吸。对症处理。

食　　入：饮足量温水，催吐。对症处理。

防护措施

工程控制：生产过程密闭，全面通风。设置喷淋洗眼设施。

呼吸系统防护：空气中浓度超标时，必须佩戴自吸过滤式防毒面具。紧急事态抢救或撤离时，应该佩戴空气呼吸器。

眼睛防护：戴化学安全防护眼镜。

身体防护：穿防毒物渗透工作服。

手 防 护：戴橡胶耐油手套。

其　　他：工作现场禁止吸烟、进食和饮水。工作完毕，淋浴更衣。避免长期反复接触。

职业接触限值

中国未制订职业接触限值。

美　　国：ACGIH TLVs：*TWA*　50ppm

OSHA PEL：*TWA*　50ppm(245mg/m^3)；皮

NIOSH REL：*TWA*　50ppm(245mg/m^3)；皮

IDLH　900ppm

【烷基苯】

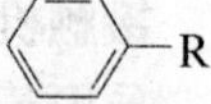

英 文 名：LAB（Alkyl benzene）

相对分子质量：平均237～245

分 子 式：C_6H_5R($R=C_9\sim C_{15}$)

CAS　号：74－82－8

理化性质

熔　　点：－48℃　　　　沸　　点：245℃

无色或微黄色透明液体。

接触机会

本品用于制造合成洗涤剂。在其生产、储运和使用过程中均有接触机会。

毒性

基本无毒。大白鼠口饲西班牙生产的P550烷基苯，最小致死量>5000 mg/kg。急性皮肤致死剂量>2000 mg/kg。兔皮肤涂抹(0.5mL/2.5cm^2)4h后仅有轻微皮肤刺激。

烷基苯经过磺化、中和成烷基苯磺酸钠(LAS)后，对大白鼠的经口毒性为0.650～2.480g/kg。未见生产过程中本品中毒报道。

职业危害

长期接触对皮肤、眼及上呼吸道黏膜有刺激作用。

应急处理

皮肤接触：脱去污染的衣着，用流动清水冲洗。

眼睛接触：提起眼睑，用流动清水或生理盐水冲洗。

吸　　入：脱离现场至空气新鲜处。如呼吸困难，给输氧。对症处理。

食　　入：饮足量温水，催吐。对症处理。

防护措施

（1）工程控制，提供良好的自然通风条件。

（2）采取个人防护措施。

呼吸系统防护：空气中浓度较高时，佩戴防毒面具。紧急事态抢救或撤离时，应该佩戴空气呼吸器。

眼睛防护：戴化学安全防护眼镜。

身体防护：穿工作服。

手 防 护：戴防护手套。

其　　他：及时换洗工作服。注意个人清洁卫生。

职业接触限值

中国未制订职业接触限值。

【联苯】

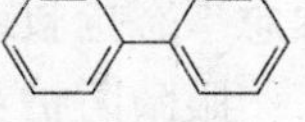

英 文 名：Diphenyl

别　　名：苯基苯（Biphenyl；Phenylbenzene）

相对分子质量：154.21

分 子 式：$C_{12}H_{10}$；$C_6H_5C_6H_5$

CAS　号：92-52-4

理化性质

相对密度：1.041（液体）
　　　　　5.31（气体）

熔　　点：69.71℃

沸　　点：254.25℃

蒸 气 压：0.66kPa（101.8℃）

闪　　点：112.78℃

爆炸极限：0.6%～5.8%（体积）

自 燃 点：540℃

无色或淡黄色片状晶体。不溶于水，溶于乙醇、乙醚等。化学性质与苯相似，可被氯化、硝化、磺化和氢化。

接触机会

本品在石化工业上主要用作热交换剂，并用于制造联苯醚等有机合成。联苯是重要的有机原料，广泛用于医药、农药、染料、液晶材料等领域。可以用来合成增塑剂、防腐剂，还可以用于制造燃料、工程塑料和高能燃料等。联苯存在于煤焦油、原油和天然气中。联苯的制备方法有通过苯热解制联苯等的化学合成法和通过各种煤焦油馏分制联苯的分离提取法。联苯在煤焦油中的质量分数为0.20%～0.40%。

毒性

属低毒类。可经呼吸道、皮肤和消化道吸收，在体内可能和羟基及葡萄糖醛酸结合由肾排出。

大鼠经口(25%橄榄油溶液)LD_{50}为3.28g/kg。

职业危害

(1) 急性毒性：临床资料较少。由于生产设备故障而大量蒸气逸出，可引起急性中毒。较高浓度可引起眼及上呼吸道明显刺激症状。更高浓度则有神经系统症状，如头晕、头痛甚至眩晕或嗜睡等，极少数人也可能发生恶心及呕吐。

(2) 慢性毒性：主要引起神经衰弱症状，其次为皮肤脱屑及过敏现象，喉干和咽部充血；血象和肝功能未见异常。工龄长者症状和体征有增多的趋势。

应急处理

皮肤接触：脱去污染的衣着，用大量流动清水冲洗。

眼睛接触：提起眼睑，用流动清水或生理盐水冲洗。

吸　　入：脱离现场至空气新鲜处。保持呼吸道通畅。如呼吸困难，给输氧。如呼吸停止，立即进行人工呼吸。对症处理。

食　　入：饮足量温水，催吐。就医，对症处理。

防护措施

(1) 密闭操作，局部排风。设置喷淋洗眼器。

(2) 采取个人防护措施。

呼吸系统防护：空气中毒物浓度超标时，必须佩戴自吸过滤式防尘口罩或防毒面具。紧急事态抢救或撤离时，应该佩戴空气呼吸器。

眼睛防护：戴化学安全防护眼镜。

身体防护：穿防毒物渗透工作服。

手 防 护：戴防化学品手套。

其　　他：工作现场严禁吸烟。工作完毕，淋浴更衣。注意个人清洁卫生。

职业接触限值

中　　国：OELs：*PC－TWA*　1.5mg/m^3

美　　国：ACGIH TLVs：*TWA*　0.2ppm

OSHA PEL：*TWA*　1mg/m^3(0.2ppm)

NIOSH REL：*TWA*　1mg/m^3(0.2ppm)

IDLH　100mg/m^3

【联苯－联苯醚】

英 文 名：Diphenyl and diphenylether

别　　名：二尼尔；导生A(Dowtherm A)

理化性质

熔　　点：12.3℃　　闪　　点：123.9℃

沸　　点：258℃

联苯－联苯醚是联苯（26.5%）和联苯醚（73.5%）的共熔共沸混合物。为无色液体，有特殊的刺激性气味。不溶于水，易溶于乙醚、乙醇等有机溶剂。

接触机会

本品在工业上主要用于低压高温的热载体。并用于制造联苯醚等有机合成。

毒性

属低毒类。对眼睛、黏膜有刺激作用。

职业危害

急性中毒常无潜伏期，一般在数分钟到半小时内发病。主要症状有眼和上呼吸道刺激、头痛、头晕、恶心、呕吐、嗜睡等，甚至有短暂的意识丧失。对皮肤有轻度刺激性，有致敏性。

应急处理

皮肤接触：脱去污染的衣着，用大量流动清水冲洗。

眼睛接触：提起眼睑，用流动清水或生理盐水冲洗。

吸　　入：脱离现场至空气新鲜处。保持呼吸道通畅。如呼吸困难，给输氧。如呼吸停止，立即进行人工呼吸。对症处理。

食　　入：饮足量温水，催吐。对症处理。

防护措施

(1) 生产过程密闭，全面通风。设置喷淋洗眼设施。

(2) 采取个人防护措施。

呼吸系统防护：空气中浓度超标时，必须佩戴自吸过滤式防毒面具。紧急事态抢救或撤离时，应该佩戴空气呼吸器。

眼睛防护：戴化学安全防护眼镜。

身体防护：穿防毒物渗透工作服。

手 防 护：戴橡胶耐油手套。

其　　他：工作现场严禁吸烟。工作完毕，淋浴更衣。注意个人清洁卫生。

职业接触限值

中国未制订职业接触限值。

【联三苯】

英 文 名：Terphenyl

相对分子质量：230.3

分 子 式：$C_{18}H_{14}$；$(C_6H_5)_2C_6H_4$

有三种异构体：

(1) 邻联三苯

C_6H_5 C_6H_5

英 文 名：*o*－Terphenyl

别　　名：1，2－二苯基苯（1，2－Diphenybenzene；1，2－Terphenyl）

CAS 号：84－15－1

理化性质

相对密度：1.1　　　　　　　　熔　　点：58℃

沸　　点：332℃　　　　闪　　点：123℃

无色或淡黄色固体。易燃。不溶于水，溶于有机溶剂。

(2) 间联三苯

C_6H_5 / C_6H_5

英 文 名：*m* – Terphenyl

别　　名：1，3 – 二苯基苯，间二苯基苯（1，3 – Diphenybenzene；1，3 – Terphenyl）

CAS　号：92 – 06 – 8

理化性质

相对密度 1.23　　　　沸　　点：379℃

熔　　点：84 ~ 88℃　　　　闪　　点：191℃

黄色针状固体。易燃。不溶于水，溶于有机溶剂。

(3) 对联三苯

H_5C_6 – C_6H_5

英 文 名：*p* – Terphenyl

别　　名：二苯基苯；苯基联苯（1，4 – Diphenybenzene）

CAS　号：92 – 94 – 4

理化性质

相对密度 1.23　　　　沸　　点：389℃

熔　　点：213℃　　　　闪　　点：207℃

白色片状结晶。溶于热苯，微溶于醚和二硫化碳，极难溶于乙醇和乙酸。427℃升华。

接触机会

本品用作导热体及原子反应堆冷却液。

毒性

属低毒类。LD_{50}：2000 mg/kg（大鼠经口）[邻位]；2500mg/kg（大鼠经口）[间位]；10000 mg/kg（大鼠经口）[对位]。

职业危害

毒性小，蒸气压低。引起职业中毒的可能性极小。对眼睛、皮肤、黏膜和上呼吸道有刺激作用。

应急处理

皮肤接触：脱去污染的衣着，用大量流动清水冲洗。

眼睛接触：提起眼睑，用流动清水或生理盐水冲洗。

防护措施

(1) 密闭操作，局部排风。设置喷淋洗眼器。

(2) 采取个人防护措施。

呼吸系统防护：空气中粉尘浓度很高时，必须佩戴自吸过滤式防尘口罩。

眼睛防护：戴化学安全防护眼镜。

职业接触限值

中国未制订职业接触限值。

美　　国：ACGIH TLVs；*C*　5mg/m^3

OSHA PEL：*C* 9mg/m^3（1ppm）

NIOSH REL：*C* 5mg/m^3（0.5ppm）

IDLH 500mg/m^3

【苯乙烯】

英 文 名：Styrene monomer

别　　名：苯基乙烯；

乙烯基苯（Vinylbenzene；Phenylethylene；Cinnamene）

C_6H_5—CH＝CH_2

相对分子质量：104.15

分 子 式：C_9H_8；$C_6H_5CHCH_2$

CAS　号：100－42－5

理化性质

相对密度：0.9045（液体）

3.6（气体）

熔　　点：－30.63℃

沸　　点：145.2℃

蒸 气 压：1.33kPa（30.8℃）

闪　　点：31.1℃

爆炸极限：1.1%～6.1%（体积）

自 燃 点：490℃

无色油状液体，具有芳香气味。不溶于水，溶于乙醇和乙醚。当加热、光照、过氧化催化剂存在时很快聚合。在空气中易聚合，易被氧化为过氧化物，能发生氢化和卤化反应。

接触机会

由苯与乙烯反应并脱氢后得到苯乙烯，苯乙烯是生产聚苯乙烯、合成橡胶、离子交换树脂等的原料。

毒性

属低毒类。可经呼吸道、皮肤和胃肠道吸收。急性毒性低于苯，刺激作用略高于苯。

大鼠经口 LD_{50} 为5g/kg。人对苯乙烯的敏感性大于动物。

大多数的慢性动物实验报道均无明显的病理改变。有的报道少数动物有死于肺炎的，有发现肝糖原降低的，血清球蛋白升高，肝重增加以及血压偏低的倾向。

职业危害

（1）急性中毒：生产条件下的急性中毒主要是经呼吸道和皮肤吸收而造成的。当浓度达25 mg/m^3 时，即可嗅得气味；在3400 mg/m^3 的浓度下，立即引起眼及呼吸道黏膜的刺激。患者先有眼部刺痛、流泪、结膜充血、流涕、喷嚏、咽疼、咳嗽等，继之有头昏、头痛、全血疲乏，亦有出现恶心、呕吐、食欲减退等胃肠道症状，严重者可有眩晕、步态蹒跚。眼部受到苯乙烯液体污染可致灼伤。

（2）慢性影响：长期接触本品的工人，部分出现头痛、健忘、乏力、忧郁、手指震颤、恶心、食欲减退、腹痛、腹胀等神经衰弱及植物神经功能紊乱等症状，少部分工人则出现神经传导速度减慢的现象。

苯乙烯有脱脂作用，长期低浓度接触本品亦可引起皮肤粗糙、皲裂和增厚等改变。

应急处理

皮肤接触：脱去污染的衣着，用肥皂水和大量流动清水彻底冲洗皮肤。

眼睛接触：立即提起眼睑，用大量流动清水或生理盐水彻底冲洗至少15min。就医

吸　　入：脱离现场至空气新鲜处。保持呼吸道通畅。如呼吸困难，给输氧。如呼吸停止，立即进行人工呼吸。就医，按刺激性气体中毒原则治疗，主要为对症和支持疗法。

食　　入：饮足量温水，催吐。对症处理。

防护措施

(1) 生产过程密闭，全面通风。设置喷淋洗眼设施。

(2) 采取个人防护措施。

呼吸系统防护：空气中浓度超标时，必须佩戴自吸过滤式防毒面具(半面罩)。紧急事态抢救或撤离时，应该佩戴空气呼吸器。

眼睛防护：戴化学安全防护眼镜。

身体防护：穿防毒物渗透工作服。

手 防 护：戴橡胶耐油手套。

其　　他：工作现场严禁吸烟。工作完毕，淋浴更衣。注意个人清洁卫生。

职业接触限值

中　　国：OELs：*PC-TWA*　50mg/m^3；*PC-STEL*　100mg/m^3；皮，G2B

美　　国：ACGIH TLVs：*TWA*　20ppm；*STEL*　40ppm；A4，BEI

OSHA PEL：*TWA*　100ppm；*C*　200ppm

NIOSH REL：*TWA*　50ppm (215mg/m^3)；*STEL*　100ppm(425mg/m^3)

IDLH　700ppm

【异丙基甲苯】

英 文 名：*iso*-Propyltoluene

别　　名：1-甲基-4-异丙基苯；异丙基对甲苯；对聚伞花烃；异丙基苯甲烷；甲苯异丙烷

(1-Methyl-4-isopropylbenzene；Cymene；Cymol；Methylisopropyl benzene)

相对分子质量：134.22

分 子 式：$C_{10}H_{14}$；$(CH_3)_2CHC_6H_5CH_3$

有邻、间、对三种异构体。对异丙基甲苯结构式如右式。

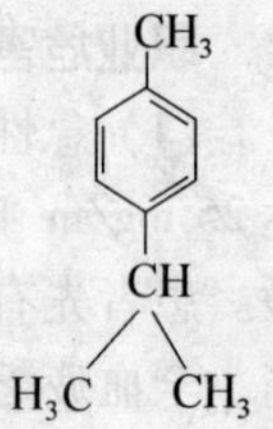

英 文 名：*p*-Isopropyltoluene

CAS 号：99-87-6

理化性质

相对密度：邻0.8748(液体)，间0.862(液体)

对0.8551(液体)、4.62(气体)

熔　　点：邻：-71℃，间：-64℃，对：-68℃

沸　　点：邻：177℃，间：175.6℃，对：176.5℃

蒸 气 压：0.133kPa (17.3℃) (对)

闪　　点：51℃ (对)

爆炸极限：0.7%~5.6% (工业品，体积) (对)

自 燃 点：436.1℃（对）

无色，具有芳香气味的液体。溶于乙醇、氯仿和乙醚，不溶于水。易燃。

接触机会

本品广泛用作溶剂，也用于制金属搽光剂、合成树脂、对苯二甲酸、甲苯酚、丙酮，用作生产染料、医药、香料的中间体。亦可作祛痰止咳的药物。在上述生产、储存和使用过程中均会接触到本品。

毒性

属低等毒类。大鼠经口 LD_{50}：4750 mg/kg，未见有致癌作用的报告。

职业危害

对眼及上呼吸道有刺激作用。由于它的低的表面张力和低的黏度，不慎吸入可引起化学性肺炎。误服可引起胃肠道刺激症状，还可引起头痛，恶心及腹泻。对皮肤有原发性刺激作用，与皮肤接触可以引起红斑，长期接触可致皮肤干燥脱脂等。

应急处理

皮肤接触：脱去污染的衣着，用肥皂水和大量流动清水彻底冲洗皮肤。

眼睛接触：立即提起眼睑，用大量流动清水或生理盐水彻底冲洗至少15min。

吸　　入：脱离现场至空气新鲜处。保持呼吸道通畅。如呼吸困难，给输氧。如呼吸停止，立即进行人工呼吸。对症处理。

食入如误服：饮足量温水，催吐。应慎重洗胃，对症处理。

防护措施

工程控制：生产过程密闭，全面通风。

呼吸系统防护：空气中浓度较高时，必须佩戴自吸过滤式防毒面具（半面罩）。紧急事态抢救或撤离时，应该佩戴空气呼吸器。

眼睛防护：戴化学安全防护眼镜。

身体防护：穿防毒物渗透工作服。

手 防 护：戴橡胶耐油手套。

其　　他：工作现场严禁吸烟。工作完毕，淋浴更衣。

职业接触限值

中国未制订职业接触限值。

【二苯甲烷】

英 文 名：Diphenylmethane

别　　名：烷基联苯；双苯甲烷；人造香叶油

相对分子质量：168.24

分 子 式：$C_{13}H_{12}$；$(C_6H_5)_2CH_2$

CAS　号：101－81－5

理化性质

相对密度：1.0056（固体）　　沸　点：264.7℃
　　　　　5.79（气体）　　蒸 气 压：133.3kPa
熔　点：26.5℃　　闪　点：130℃

无色针状结晶。溶于乙醇、氯仿、己烷、苯和乙醚，不溶于水、液氨。有香叶油和甜橙油香气。较为粗糙，稀释后香气较为宜人。

接触机会

本品用作有机合成中间体，医药工业用于生产苯海拉明盐酸盐。二苯甲烷可作香叶油的代用品，适于配制皂用香精和香水等。也用于染料生产。

毒性

属低毒类。大鼠实验可引起中枢神经系统和肝脏损害。大鼠经口 *MLD* 为 5g/kg。

职业危害

高浓度时引起刺激作用、肌无力、食欲丧失。未见工业生产中发生中毒的报道。

应急处理

皮肤接触：脱去污染的衣着，用流动清水冲洗。
眼睛接触：提起眼睑，用流动清水或生理盐水冲洗。
吸　　入：脱离现场至空气新鲜处。如呼吸困难，给输氧。对症处理。
食　　入：饮足量温水，催吐。对症处理。

防护措施

（1）密闭操作，局部排风。
（2）采取个人防护措施。
呼吸系统防护：空气中浓度较高时，必须佩戴自吸过滤式防尘口罩或防毒面具。
眼睛防护：戴化学安全防护眼镜。
身体防护：穿防毒物渗透工作服。
手 防 护：戴橡胶手套。
其　　他：工作现场严禁吸烟。工作完毕，淋浴更衣。

职业接触限值

中国未制订职业接触限值。

【过氧化氢异丙苯】

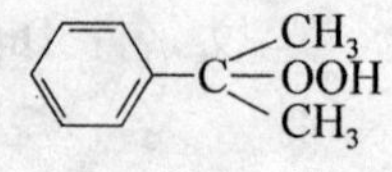

英 文 名：Cumene hydroperoxide
别　　名：过氧化羟基异丙苯；过氧化羟基茴香素；过氧化羟基萝素
（a,a－Dimethylbenzyl hydroperoxide）
相对分子质量：152.19
分 子 式：$C_9H_{12}O_2$；$C_6H_5C(CH_3)_2OOH$
CAS　号：80－15－9

理化性质

相对密度：1.038　　熔　点：－30 ℃

沸　　点：153 ℃　　　　　　　　　　　　　　闪　　点：83 ℃

无色至浅黄色液体。微溶于水，易溶于乙醇、丙酮、脂、烃类、氯化烃。易燃。

接触机会

本品在工业上由异丙苯经与空气或氧气进行氧化反应制得，是生产苯酚丙酮的中间产物。可用于制取α-甲基苯乙烯。它还可用于原油、乙烯中脱砷，丁苯橡胶、塑料ABS、丙烯酸酯AB胶聚合反应引发剂，也可用作其他有机过氧化物及高聚物反应中的助剂。在上述生产和使用过程中均会接触到本品。

毒性

大鼠经口LD_{50}为382mg/kg，吸入4h LC_{50}为220ppm。

职业危害

对眼睛、皮肤有刺激性。皮肤直接接触会导致灼伤。吸入、摄入或经皮吸收后对人体有害。高浓度时，对眼睛、皮肤、黏膜和上呼吸道有强烈刺激作用。接触后可引起烧灼感、咳嗽、喉炎、头痛、恶心和呕吐。

应急处理

皮肤接触：脱去污染的衣着，用肥皂水和流动清水彻底冲洗皮肤。

眼睛接触：立即提起眼睑，用大量流动清水或生理盐水彻底冲洗。

吸　　入：脱离现场至空气新鲜处。保持呼吸道通畅。如呼吸困难，给输氧。如呼吸停止，立即进行人工呼吸。对症处理。

食　　入：饮足量温水，催吐。对症处理。

防护措施

(1) 生产过程密闭，全面通风。设置喷淋洗眼器。

(2) 个人防护措施

呼吸系统防护：高浓度时，必须佩戴自吸过滤式防毒面具。紧急事态抢救或撤离时，应该佩戴空气呼吸器。

眼睛防护：戴化学安全防护眼镜。

身体防护：穿防毒物渗透工作服。

手 防 护：戴橡胶耐油手套。

其　　他：工作现场严禁吸烟。工作完毕，淋浴更衣。

职业接触限值

中国未制订职业接触限值。

【过氧化氢二异丙苯】

英 文 名：Diisopropylbenzene hydroperoxide

别　　名：过氧化羟基二异丙苯

相对分子质量：194. 27

分 子 式：$C_{12}H_{18}O_2$；$(CH_3)_2CHC_6H_4(CH_3)_2COOH$

CAS 号：98-49-7

(structural formula: CH_3 / HC / CH_3 — benzene ring — CH_3 / C—OOH / CH_3)

理化性质

通常为52%的不挥发液体。无色至浅黄色。属强氧化剂，遇强酸、强碱或还原剂时，能引起较剧烈的化学反应，有燃烧爆炸的危险，高温下可发生热分解反应，并放出大量的热，也有发生火灾爆炸的危险。

接触机会

本品用作苯乙烯、丙烯腈、丙烯酸和甲基丙烯酸的共聚合引发剂。还用作氧化剂。在上述生产和使用过程中均会接触到本品。

毒性

属低毒类。小鼠经口：最低中毒量(TDL_0)为 391 mg/kg。

职业危害

皮肤接触可引起灼伤，对黏膜有强烈刺激作用。

应急处理

皮肤接触：脱去污染的衣着，用肥皂水和流动清水彻底冲洗皮肤。

眼睛接触：立即提起眼睑，用大量流动清水或生理盐水彻底冲洗至少 15min。

吸　　入：迅速脱离现场至空气新鲜处。保持呼吸道通畅。如呼吸困难，给输氧。如呼吸停止，立即进行人工呼吸。对症处理。

食　　入：用水漱口，给饮牛奶或蛋清。对症处理。

防护措施

(1) 生产过程密闭，通风。设置喷淋洗眼器。

(2) 个人防护措施

呼吸系统防护：空气中有其液雾时，必须佩戴自吸过滤式防毒面具。

眼睛防护：戴化学安全防护眼镜。

身体防护：穿防毒物渗透工作服。

手 防 护：戴橡胶耐油手套。

其　　他：工作现场严禁吸烟。工作完毕，淋浴更衣。

职业接触限值

中国未制订职业接触限值。

【苯并(a)芘】

英 文 名：Benzo(a)pyrene

别　　名：3,4-苯并芘(3,4-Benzypyrene；Bap)

相对分子质量：252.31

分 子 式：$C_{20}H_{12}$

CAS　号：50-32-8

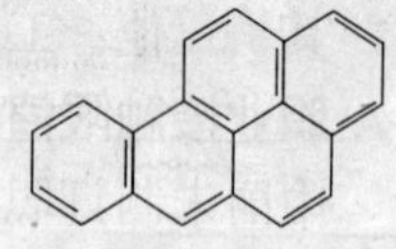

理化性质

相对密度：1.351　　沸　　点：475℃

熔　　点：179℃

苯并(a)芘是多环芳香烃类化合物。纯品为无色或微黄色针状晶体。不溶于水，微溶于乙醇，溶于苯、甲苯、二甲苯、氯仿、乙醚、丙酮和环己烷等有机溶剂。溶于苯呈蓝色或紫色荧光。在浓硫酸中呈桔红色并伴有绿色荧光。

接触机会

煤炭、石油等在无氧加热裂解过程中产生的烷烃、烯烃，经过脱氢、聚合，常产生一定数量的苯并(a)芘。炼焦、化工、石油、染料等工厂排出工业废水中以及薰制食品、香烟烟雾中均含有苯并(a)芘。苯并(a)芘主要以烟尘的形式由空气进入人的呼吸道而对人造成危害。

毒性

本品为强致癌物质，小鼠皮下注射最低致癌剂量为1.95μg，大鼠气管注入最低致癌剂量为100μg。随着给药剂量的增大，实验动物诱发肿瘤的潜伏期可以明显缩短，肿瘤中癌的比例明显升高。

动物经呼吸道吸入的苯并(a)芘，首先肺组织中受到羟基化酶的作用，先成单羟基及双羟基化合物，再吸收入血经肝脏解毒，通过胆道及肾脏排出体外；阻留在气管及支气管部分的苯并(a)芘，则经过呼吸道上皮纤毛运动，呼吸道表面的黏液流动，和尘粒一起，被咽入胃肠道或咳出体外。

苯并(a)芘经羟化后，即失去致癌作用。由此可见，在羟基化酶参与下的羟化反应是机体对苯并(a)芘的主要解毒途径。

羟基化酶存在于肝脏微粒体中，在还原型辅酶Ⅱ(NADPH)的参与下形成，凡对肝脏实质细胞有损害的毒物(如四氯化碳、酒精)及吸入空气中对肺组织羟基化酶活性有直接抑制作用的毒物(如臭氧、金属镍、三氧化铁、放线菌素D、硫氮杂蒽等)，现已证明能增强苯并(a)芘的致癌活性，具有促癌作用。

职业危害

苯并(a)芘主要以烟尘的形式由空气进入人的呼吸道而对人造成危害。本品是人类的强致癌物。对眼睛、皮肤有刺激作用。还是诱变剂，并有胚胎毒性。

应急处理

皮肤接触：脱去污染的衣着，用肥皂水和流动清水彻底冲洗皮肤。

眼睛接触：立即提起眼睑，用大量流动清水或生理盐水彻底冲洗至少15min。

吸　　入：脱离污染环境，用水漱洗鼻咽部的粉尘。对症处理。

食　　入：用水充分漱口、饮水，催吐。

防护措施

(1) 预防苯并(a)芘对人类环境的污染，主要有下列措施：

① 用煤气代煤，用油代煤作工业和生活的燃料。

② 改善锅炉的燃烧条件，保证有充足的氧，使充分燃烧以减少苯并(a)芘的产生。

③ 加强烟道除尘，小烟囱放出的飘尘可以吸附着苯并(a)芘而散布到环境，所以烟道除尘不仅减少了大气中飘尘的污染，还能同时减少苯并(a)芘的污染。

④ 控制用沥青作燃料和其他用途。使用沥青时，控制温度以减少沥青烟尘。

⑤ 戒烟，特别在公共场所禁止吸烟，也是重要的预防措施。

⑥ 接触焦油或沥青的操作人员须佩戴自给式呼吸器或防尘面具(全面罩)，穿连衣式胶布防毒衣，戴橡胶手套。工作完毕，淋浴更衣。避免长期反复接触。

(2) 密闭操作。提供良好的的自然通风条件。

(3) 采取个人防护措施。

呼吸系统防护：一般不需要特殊防护，但建议特殊情况下，佩戴自给式呼吸器。

眼睛防护：戴安全防护眼镜。

防护服：穿聚乙烯薄膜防毒服。

手 防 护：必要时戴防化学品手套。

其　　他：工作后，淋浴更衣。避免长期反复接触。谨防其致癌性。

职业接触限值

中国未制订职业接触限值。

美　　国：ACGIH TLVs：A2，BEI

【芘】

英 文 名：Pyrene

相对分子质量：202. 26

分 子 式：$C_{16}H_{10}$

CAS　号：129－00－0

理化性质

相对密度：1. 271　　　　沸　　点：404℃

熔　　点：156℃

无色固体(不纯物为黄色)，不溶于水，溶于乙醇、乙醚等。

接触机会

本品在工业上无生产和使用价值，一般只作为生产过程中形成的副产物随废气排放。

毒性

属低毒类。大鼠经口 LD_{50} 为 2750mg/kg，小鼠经口 LD_{50} 为 800mg/kg，大鼠吸入 LC_{50} 为 170mg/m^3。

动物急性中毒表现为先兴奋、后抑制、运动协调障碍、痉挛、不全瘫痪以及眼和呼吸道刺激症状。本品具有蓄积作用，可经皮肤吸收。用 50mg 每日涂兔皮肤一次，30 天后发生皮炎。

职业危害

未见急性中毒报道。长期接触 3～5mg/m^3，可出现头痛、乏力、睡眠不佳、易兴奋、食欲减退、白细胞增加、血沉增速等。低于 0. 1mg/m^3，未见不良影响。

应急处理

皮肤接触：脱去污染的衣着，用肥皂水和流动清水彻底冲洗皮肤。

眼睛接触：立即提起眼睑，用大量流动清水或生理盐水彻底冲洗。

吸　　入：脱离污染环境，用水漱洗鼻咽部的粉尘。对症处理。

食　　入：用水充分漱口、饮水，催吐。

防护措施

加强通风与提倡湿式作业，其他参见苯并(a)芘的防护措施。

接触芘尘的操作人员须佩戴防尘口罩或面具(半面罩)，戴橡胶手套。工作完毕，淋浴更衣。

职业接触限值

中国未制订职业接触限值。

【菲】

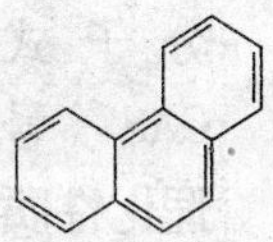

英 文 名：Phenanthrene

相对分子质量：178.23

分 子 式：$C_{14}H_{10}$

CAS 号：85-01-8

理化性质

相对密度：1.063　　沸　点：340℃

熔　点：100.35℃

蒽的异构体。无色有荧光的单斜形片状晶体。在真空中可升华。溶于乙醇、乙醚、苯、二硫化碳和醋酸，不溶于水。溴化反应易于在9位上进行。氧化时B环易开裂而得到联苯酸。

接触机会

焦油蒸馏可产生。可用于合成树脂、植物生长激素、还原染料、鞣料等方面，菲经氢化制得全氢菲可用于生产喷气飞机的燃料。上述生产使用环境中均可接触到本品。

毒性

属微毒类。在工业条件下与蒽共同存在。大鼠经口 LD_{50} 为1800~2000mg/kg，大鼠吸入12mg/m^3 4个月，血液中红细胞及血红蛋白减少，网状红细胞和白细胞增多。小鼠经皮 TDL_0 为71mg/kg。对皮肤有刺激和致敏作用。本品在体内氧化，形成2-羟基菲及9-羟基菲，这两种化合物以葡萄糖醛酸化物形式与硫醇尿酸的反应产物一同随尿排出。

职业危害

未见本品职业中毒的报道，但有致敏作用。有人对焦油蒸馏厂89名工人进行检查时，发现40%的人白细胞增多。嗅觉阈浓度为1000mg/m^3。

应急处理

皮肤接触：脱去污染的衣着，用肥皂水和清水彻底冲洗皮肤。

眼睛接触：立即翻开上下眼睑，用流动清水冲洗15min。

吸　入：脱离污染环境，用水漱洗鼻咽部的粉尘。对症处理。

食　入：用水充分漱口、饮水，催吐。

防护措施

加强通风与提倡湿式作业。

呼吸系统防护：一般不需特殊防护：但建议特殊情况下，佩戴防毒面具。

眼睛防护：可采用安全面罩。

防护服：穿工作服。

手 防 护：必要时戴防化学品手套。

其　他：工作后，淋浴更衣。避免长期反复接触。

职业接触限值

中国未制订职业接触限值。

【苊】

英 文 名：Acenaphthene

别　　名：萘乙环（1，8－Dihydroacena－phthalene；Ethylenenaphthalene）

相对分子质量：154.21

分 子 式：$C_{12}H_{10}$

CAS　号：83－32－9

理化性质

相对密度：1.024（固体），5.32(气体)　　沸　　点：277.5℃

熔　　点：93.6℃　　蒸 气 压：1.33kPa（131.2℃）

白色针状晶体。易燃。稍溶于乙醇，溶于热乙醇，不溶于水。溶于氯仿、苯、甲苯、冰醋酸和石油醚。能被氧化成苊醌。

接触机会

用作染料中间体，也可用作杀虫剂、杀菌剂等。

毒性

属低毒类。LD_{50} 10g/kg(大鼠经口)；2.1g/kg(小鼠经口)。受热分解产生有毒气体。对皮肤和眼睛有刺激性。

职业危害

本品对眼睛、皮肤、黏膜和上呼吸道有刺激性。

应急处理

皮肤接触：脱去污染的衣着，用肥皂水和清水彻底冲洗皮肤。

眼睛接触：提起眼睑，用流动清水或生理盐水冲洗。

吸　　入：脱离污染环境，用水漱洗鼻咽部的粉尘。对症处理。

食　　入：饮足量温水，催吐。

防护措施

(1) 密闭操作，局部排风。

(2) 采取个人防护措施。

呼吸系统防护：粉尘浓度高时，需佩戴自吸过滤式防尘口罩或防毒面具。

眼睛防护：戴化学安全防护眼镜。

身体防护：穿防毒物渗透工作服。

手 防 护：戴一般作业防护手套。

其　　他：工作现场严禁吸烟。工作完毕，淋浴更衣。

职业接触限值

中国未制订职业接触限值。

【蒽】

英 文 名：Anthracene

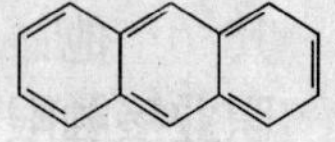

相对分子质量：178.23

分 子 式：$C_{14}H_{10}$

CAS　号：120－12－7

理化性质

相对密度 1.25(固体),6.15(气体)　　闪　　点:121℃

熔　　点:217℃　　爆炸极限:0.6%（下限，体积）

沸　　点:340℃　　自 燃 点:540℃

蒸 气 压:0.133kPa(145℃)

带有淡蓝色荧光的白色片状晶体。溶于乙醇和乙醚，不溶于水。在日光下逐渐变黑，与硝基化合物可生成分子加成物。

接触机会

炼焦过程中焦化产品之一。蒽主要用于制取重要的染料中间体——蒽醌。也用作杀虫剂、杀菌剂、汽油阻凝剂等。上述生产使用过程中均可接触到蒽。

毒性

属中等毒类。含有菲和咔唑等杂质时，毒性明显增大。纯蒽，小鼠经口17g/kg 无死亡；一天两次经口 23g/kg 也无死亡。工业品(含蒽 30%，其他为菲和咔唑等化合物)，小鼠经口 LD_{50}为 4.88g/kg。

纯品蒽尚未证实有致癌作用。工业品常含有蒽的衍生物，有不同程度的致癌性。

纯蒽有轻度刺激作用和弱的光感作用，工业品尚有致敏作用。

本品可经皮肤缓慢吸收，涂皮动物尸检，可见心、肝退行性改变，但较轻。工业品较上述病变严重，如肝、脑、肺和心有充血，脂肪变性，心和肝有细胞浸润，肺有泡壁增厚和细胞浸润，偶有肺炎病变。

在动物体内，蒽主要经肝转化为 1,2－二羟基－1,2－二氢蒽，然后再与葡萄糖醛酸或巯基尿酸结合，经尿排出。

职业危害

本品蒸气压很低，经吸入中毒可能性很小。对皮肤、黏膜有刺激性；易引起光感性皮炎。

应急处理

皮肤接触：脱去污染的衣着，用肥皂水和清水彻底冲洗皮肤。

眼睛接触：立即翻开上下眼睑，用流动清水冲洗 15min。

吸　　入：脱离污染环境，用水漱洗鼻咽部的粉尘。对症处理。

食　　入：用水充分漱口、饮水，催吐。

防护措施

(1) 密闭操作，局部排风。

(2) 采取个人防护措施。

个人防护：应避免直接接触，尤应防止日光照射下的接触。

呼吸系统防护：空气中有其粉尘时，须佩戴自吸过滤式防尘口罩或防毒面具。

眼睛防护：戴化学安全防护眼镜。

身体防护：穿防毒物渗透工作服。

手 防 护：戴一般作业防护手套。

其　　他：工作现场严禁吸烟。工作完毕，淋浴更衣。

职业接触限值

中国未制订职业接触限值。

【萘】

英 文 名：Naphthalene；Tar camphor

相对分子质量：128.17

分 子 式：$C_{10}H_8$

CAS 号：91-20-3

理化性质

相对密度：1.145（固体）

4.42（气体）

熔 点：80.2℃

沸 点：217.96℃

蒸 气 压：0.133kPa（52.6℃）

闪 点：80℃

爆炸极限：粉尘 2.5g/m³（下限，体积）

蒸气 0.9%～5.9%（体积）

自 燃 点：526℃

最简单的稠环化合物。白色易挥发晶体。有温和芳香气味，粗萘有煤焦油臭味。溶于苯、无水乙醇和乙醚，不溶于水。乙醚溶液在汞灯下显紫色荧光。易燃，燃烧时光弱烟多。萘粉尘在空气中易产生爆炸。取代作用比加成反应容易进行。在适当条件下，分子中的氢能被氯、溴、硝基、磺基等取代，也能与氯和氢起加成反应。

接触机会

在制造某些燃料、染料、润滑剂、合成树脂、苯酐、农药及其他有机机合成的主要原料和用作消毒剂、杀虫剂、防蛀剂及防腐剂中，以及用于毛织品、皮货和木材等保存过程中均可接触到本品。

另外，在生活中还可因吸烟或被动吸烟而接触萘。

毒性

属低毒类。萘主要以蒸气或粉尘形态经呼吸道吸收，皮肤吸收量少。误服可经胃肠吸收。吸收后大部分以萘硫醇尿酸排出。

萘水溶性小，且不易被吸收，故其毒性不太强。大鼠经口 LD_{50} 为 1780mg/kg。动物实验证明萘具有刺激作用。高浓度可致溶血性贫血、血红蛋白尿、肾和肝脏损害及视神经炎和白内障。

职业危害

（1）急性中毒：吸入高浓度萘蒸气或粉尘，可致急性中毒，患者恶心、呕吐、腹痛、腹泻、头痛，继之出现寒颤、发热、黄疸、尿呈酱油色，尿痛、尿少、甚至无尿和尿毒症，往往伴有肝大、肝功异常，甚至急性肝坏死，严重者还有躁动、惊厥、昏迷等。其蒸气和粉尘可致呼吸道及眼结膜刺激症状，引起视神经炎。

患有先天性红细胞葡萄糖-6-磷酸脱氢酶缺乏症者，对萘尤为敏感。

成人致死剂量约为 5～10g。儿童 2g。

（2）慢性中毒：长期吸入萘蒸气或粉尘，常见头痛、头晕、无力、咳嗽、胸闷、食欲减退、恶心、呕吐和红细胞减少，红细胞出现多染性及嗜碱性颗粒等。长期接触还可以引起角膜溃疡，晶体混浊、白内障、视神经炎和视网膜脉络膜炎等眼部病变。

皮肤长期接触本品蒸气或粉尘可引起皮炎湿疹样变化，少数人出现过敏反应。

应急处理

皮肤接触：迅速喷淋冲洗，脱去污染的衣着，用肥皂水和清水彻底冲洗皮肤。

眼睛接触：立即翻开上下眼睑，用流动清水冲洗 15min。

吸　　入：脱离污染环境，用水漱洗鼻咽部的粉尘。对症处理。

食　　入：用水充分漱口、饮水，催吐。

防护措施

(1) 生产装置密闭，工作场所全面通风，并安装局部下抽式通风设备。在易于产生眼和皮肤污染的工作场所，应安装淋浴和冲洗眼睛设备。

(2) 采取个人防护措施

呼吸系统防护：接触高浓度萘时，须佩戴自吸过滤式防尘口罩或防毒面具（半面罩）。

眼睛防护：戴化学安全防护眼镜或塑料护目镜。

身体防护：穿防毒物渗透工作服。

手脚防护：穿塑料套鞋和戴一般作业防护手套。

其　　他：处置液体萘的工人要使用防护衣，包括围裙和面部防护罩，以防液体萘与水接触时的喷溅。工作现场严禁吸烟。工作完毕，淋浴更衣。

职业接触限值

中　　国：OELs：*PC－TWA*　50mg/m^3；*PC－STEL*　75mg/m^3

美　　国：ACGIH TLVs：*TWA*　10ppm；*STEL*　15ppm；皮，A4

OSHA PEL：*TWA*　10ppm（50mg/m^3）

NIOSH REL：*TWA*　10ppm（50mg/m^3）；*STEL*　15ppm(75mg/m^3)

IDLH　250ppm

【十氢化萘】

英 文 名：Decahydronaphthalene

别　　名：萘烷(Naphthane)

相对分子质量：138.25

分 子 式：$C_{10}H_{18}$

CAS　号：91－17－8

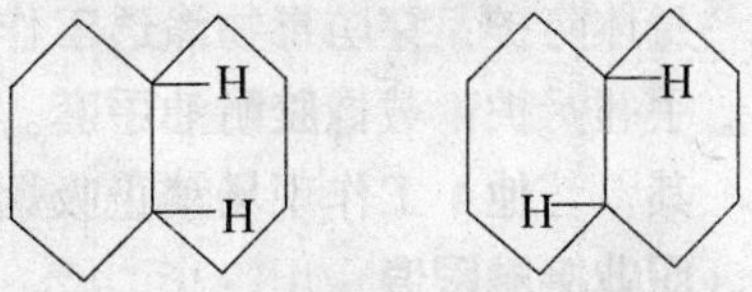

顺式　　反式

有顺式、反式两种异构体。

理化性质

	顺式	反式
相对密度：	0.8927(液体)	0.8700(液体) 4.8(气体)
熔　　点：	－43.2℃	－31.5℃
沸　　点：	194.6℃	185.5℃
蒸 气 压：	0.133kPa(22.5℃)	0.133kPa(47.2℃)
闪　　点：	57.7℃(闭杯)	57.7℃(闭杯)
爆炸极限：	0.7%～4.9%(体积)	0.7%～4.9%(体积)
自 燃 点：	250℃	250℃

无色液体，有芳香气味。不溶于水，溶于乙醇、乙醚、丙酮和苯等有机溶剂。商品是二种异构体的混合物。易燃。

接触机会

在油漆和鞋油中作为松节油的代用品，在工业上用作油、脂、树脂、橡胶等的溶剂和除漆剂，润滑剂，在生产或使用萘烷，或使用含有的萘烷化学品过程中可接触到本品。

毒性

属低毒类。大鼠经口致死量为4.2g/kg。动物实验可见肺、肝、肾损害。据报道本品有潜在的致基因毒作用。

职业危害

本品对皮肤黏膜有刺激性，有麻醉作用。吸入后可引起呼吸道刺激、头痛、头晕。液体或高浓度蒸气对眼有刺激性。慢性影响：长期接触可引起周围神经病。对胃肠道有影响。皮肤接触可引起小水疱、湿疹、皮肤脱脂。对肾脏可能有影响。

应急处理

皮肤接触：脱去污染的衣着，用肥皂水和清水彻底冲洗皮肤。

眼睛接触：提起眼睑，用流动清水或生理盐水冲洗。

吸　　入：迅速脱离现场至空气新鲜处。保持呼吸道通畅。如呼吸困难，给输氧。如呼吸停止，立即进行人工呼吸。对症处理。

食　　入：饮足量温水，催吐。对症处理。

防护措施

(1) 生产过程密闭，全面通风。提供安全淋浴和洗眼设备。

(2) 采取个人防护措施。

呼吸系统防护：高浓度环境中，应该佩戴自吸过滤式防毒面具。

眼睛防护：戴化学安全防护眼镜。

身体防护：穿防毒物渗透工作服。

手 防 护：戴橡胶耐油手套。

其　　他：工作现场禁止吸烟、进食和饮水。工作完毕，淋浴更衣。

职业接触限值

中　　国：OELs：*PC－TWA*　60mg/m³

【α－甲基萘】

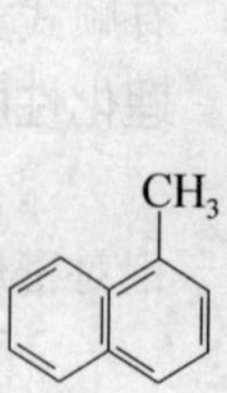

英 文 名：α－Methylnaphthalene

别　　名：1－甲基萘

相对分子质量：142.2

分 子 式：$C_{11}H_{10}$；$CH_3C_{10}H_7$

CAS　号：90－12－0

理化性质

相对密度：1.025(液体)　　　　沸　　点：240～243℃

熔　　点：－32℃　　　　自 燃 点：529℃

无色油状液体。不溶于水，溶于乙醇和乙醚等多数有机溶剂。易燃。

接触机会

在用于有机合成、印染载体、热载体、增塑剂等过程中可接触到本品。

毒性

属低毒类。大鼠经口 *MLD* 为 5000 mg/kg，LD_{50} 为 1630mg/kg。在空气中实际能达到的浓度，未产生急性中毒效应。腹腔注射时，大鼠急性中毒征象为：软弱、共济失调、呼吸困难、体温下降。动物慢性中毒时，见到发育缓慢、呼吸加速、耗氧量增大，高级神经活动及血液动力学障碍。

职业危害

未见有关人员中毒报道。

应急处理

皮肤接触：脱去污染的衣着，用肥皂水和清水彻底冲洗皮肤。

眼睛接触：提起眼睑，用流动清水或生理盐水冲洗。

吸　　入：迅速脱离现场至空气新鲜处。保持呼吸道通畅。如呼吸困难，给输氧。如呼吸停止，立即进行人工呼吸。对症处理。

食　　入：饮足量温水，催吐。对症处理。

防护措施

（1）密闭操作，注意通风。

（2）采取个人防护措施。

呼吸系统防护：高浓度接触时可佩戴自吸过滤式防毒面具(半面罩）。

眼睛防护：必要时，戴安全防护眼镜。

身体防护：穿一般作业防护服。

手 防 护：戴一般作业防护手套。

其　　他：工作现场禁止吸烟、进食和饮水。工作完毕，淋浴更衣。

职业接触限值

中国未制订职业接触限值。

美　　国：ACGIH TLVs：*TWA*　0.5ppm；皮，A4

二、酚、芳香醇及其衍生物

【苯甲醇】

英 文 名：Benzyl alcohol；Phenylcarbinol

C_6H_5—CH_2—OH

别　　名：苄醇

相对分子质量：108.14

分 子 式：C_7H_8O；$C_6H_5CH_2OH$

CAS　号：100－51－6

理化性质

相对密度：1.04(液体)，3.7(气体)　　闪　　点：105℃

熔　　点：−15.19℃　　爆炸极限：1.3%～13%(体积)

沸　　点：206℃　　自 燃 点：436℃

蒸 气 压：13.2Pa(20℃)

无色液体，略带芳香气味。微溶于水，能与乙醇、乙醚、苯和氯仿混溶。易燃。在空气中易被氧化成苯甲醛，因而有苦杏仁味。

接触机会

苯甲醇用于制作香料和调味剂(多数为脂肪酸酯)，还可用作明胶、虫胶、酪蛋白及醋酸纤维等的溶剂。接触机会主要有其直接及辅助生产人员和有关储运、采样、分析人员接触。

毒性

属低毒类。作用于中枢神经系统，具有麻醉作用。对眼、咽喉、上呼吸道黏膜有刺激作用。大鼠经口 LD_{50} 为 3100 mg/kg，大鼠一次持续吸入 8h 的 LC_{100} 介于880～1310mg/m^3 之间。

本品主要以蒸气形态经呼吸道吸收，或经污染的皮肤吸收。误服可经消化道吸收。进入人体后氧化成苯甲酸，最后以马尿酸形式自尿排出。苯甲醇在体内代谢迅速，故蓄积作用不明显。

职业危害

(1) 急性中毒：由于苯甲醇低挥发性，未见吸入蒸气而引起急性中毒的病例。其液体大量附着皮肤上时，则会出现急性中毒的危险，主要症状为头痛、眩晕、乏力、呕吐和腹泻。

本品对黏膜有刺激作用，可引起眼及上呼吸道黏膜的刺激症状。

(2) 慢性中毒：尚无职业性慢性中毒报道。

应急处理

皮肤接触：脱去被污染的衣着，用肥皂水和清水彻底冲洗皮肤。

眼睛接触：提起眼睑，用流动清水或生理盐水冲洗。就医。

吸　　入：迅速脱离现场至空气新鲜处。保持呼吸道通畅。如呼吸困难，给输氧。如呼吸停止，立即进行人工呼吸。就医。

食　　入：饮足量温水，催吐。就医。

防护措施

工程控制：密闭操作。提供良好的自然通风条件。

呼吸系统防护：高浓度环境中，佩戴供气式呼吸器或携气式呼吸器。

眼睛防护：一般不需特殊防护。

身体防护：穿一般作业防护服。

手 防 护：戴橡胶手套。

其　　他：工作现场严禁吸烟。避免高浓度吸入。进入罐或其他高浓度区作业，须有人监护。

职业接触限值

中国未制订职业接触限值。

【苯酚】

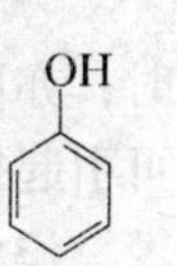

英 文 名：Phenol；Carbolic acid

别　　名：石炭酸；羟基苯

相对分子质量：94.11

分 子 式：C_6H_6O；C_6H_5OH

CAS　号：108－95－2

理化性质

相对密度：1.07(液体)，3.24(气体)　　闪　　点：79℃

熔　　点：40.6℃　　自 燃 点：715℃

沸　　点：181.9℃　　爆炸极限：1.7%～8.6%(体积)

苯酚是一种白色结晶或吸湿后半透明针状结晶物质。有特殊的芳香气味，略带令人作呕的辛辣气味和强烈的烧灼味。在空气中或光照下易变红。碱性条件下变色更快，具有腐蚀性。易溶于乙醇、乙醚、氯仿、甘油、二硫化碳和碱溶液。室温条件稍溶于水，65℃以上与水混溶。微溶于苯，几乎不溶于石油醚。与三氧化铁溶液发生特殊的紫色反应。

接触机会

苯酚主要用于生产酚醛树脂、卡普隆、己二酸、炸药、肥料、油漆、除漆剂、橡胶和木材防腐剂等。也用于石油、制革、造纸、肥皂、玩具、香料、染料等工业。医药上用作止痒剂、消毒剂和防腐剂等。苯酚的生产、储运、采样分析过程，以及以苯酚为原料的生产过程均可接触本品。

毒性

属高毒类。为细胞原浆毒，低浓度能使蛋白变性，高浓度使蛋白沉淀。对各种细胞有直接损害。经呼吸道和消化道及皮肤均可侵入人体，因吸入蒸气而中毒则较少见。

大部分以游离酚及与硫酸、葡萄糖醛酸或其他酸结合而呈“结合”酚的形态排出体外。部分在体内被氧化成二氧化碳和水及少量的对苯二酚及邻苯二酚随尿排出，使尿呈棕黑色，称为“酚尿”。

本品侵入人体后，分布到全身组织，透入细胞，引起周身性中毒症状。主要对血管舒缩中枢及呼吸、体温中枢有明显抑制作用。酚直接损害心肌和毛细血管，使心肌变性和坏死。酚对中枢神经系统的作用部位主要在脊髓，由于前角细胞受到刺激而出现肌肉震颤及阵挛性抽搐。

2%～7%酚的水溶液，兔经口 LD_{50} 为0.4～0.6g/kg，大鼠经皮下 LD_{50} 为0.45g/kg，人口服酚的致死量约为2～15g。纯酚毒性更大。LD_{50}：317 mg/kg(大鼠经口)；850 mg/kg(兔经皮)，LC_{50}：316 mg/m^3(大鼠吸入)。

职业危害

(1) 急性中毒：吸入高浓度酚蒸气后，可发生头痛、头昏、乏力、视力模糊，体温、血压、脉博均见降低。严重者很快出现神志不清，抽搐及肺水肿症状，最后出现呼吸衰竭。中毒后常并发肝、肾损害。

(2) 溅入眼内立即引起结膜和角膜的灼伤坏死。污染皮肤可造成灼伤，局部麻木感，呈无痛性苍白、起皱，软化后转为红色、棕色甚至黑色，最后形成坏死。大面积污染皮肤时，亦可吸收而引起全身中毒。酚对皮肤是原发性刺激物，也是致敏物质。接触酚的工人可引起接触性皮炎或湿疹。

(3) 慢性影响：呈头痛、头晕、晕厥发作、失眠、易激动、恶心、呕吐、吞咽困难、食欲不振、流涎和腹泻，甚至发生精神障碍，少数病人伴有贫血，严重者合并肝、肾损害。尿和血苯酚测定有助于诊断。

职业禁忌

(1) 慢性肾炎；(2) 血液系统疾病。

应急处理

皮肤接触：立即脱去污染的衣着，用甘油、聚乙烯乙二醇或聚乙烯乙二醇和酒精混合液（7∶3）抹洗，然后用水彻底清洗。或用大量流动清水冲洗至少15min。就医。

眼睛接触：立即提起眼睑，用大量流动清水或生理盐水彻底冲洗至少15min。就医。

吸　　入：迅速脱离现场至空气新鲜处。保持呼吸道通畅。如呼吸困难，给输氧。如呼吸停止，立即进行人工呼吸。就医。

食　　入：立即给饮植物油15～30mL。催吐。就医。

防护措施

工程控制：严加密闭，提供充分的局部排风。提供安全淋浴和洗眼设备。

呼吸系统防护：可能接触其粉尘时，佩戴自吸过滤式防尘口罩。紧急事态抢救或撤离时，应该佩戴自给式呼吸器。

眼睛防护：戴化学安全防护眼镜。

身体防护：穿透气型防毒服。

手 防 护：戴防化学品手套。

工作现场禁止吸烟、进食和饮水。工作完毕，彻底清洗。单独存放被毒物污染的衣服，洗后备用。

职业接触限值

中　　国：OELs：*PC-TWA*　10 mg/m^3；皮

美　　国：OSHA PEL：*TWA*　5ppm（19mg/m^3）；皮 *C*　15.6ppm（60mg/m^3）（15min）

NIOSH REL：*TWA*　5ppm（19 mg/m^3）；皮

IDLH　250ppm

【2-甲酚】

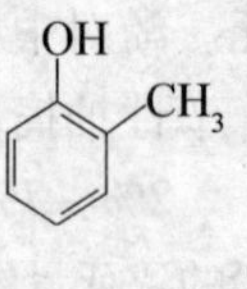

英 文 名：*o*-Cresol；2-Methylphenol

别　　名：邻甲酚；邻甲基苯酚

相对分子质量：108.13

分 子 式：C_7H_8O；$HOC_6H_4CH_3$

CAS　号：95-48-7

理化性质

相对密度：1.0465（液体）　　熔　点：30.8℃

3.72（气体）　　沸　点：190.8℃

饱和蒸汽压：0.13kPa(38.2℃)　　自　燃　点：555℃

闪　　点：81℃　　爆炸极限：1.4%(下限，体积)

白色晶体，有芳香气味。微溶于水，溶于乙醇、乙醚、氯仿等。

接触机会

农药和除草剂的中间体。也可用作消毒剂、防腐剂，稀释剂等。用作分析试剂，并用于有机合成。

毒性

属中等毒类。LD_{50}：121mg/kg(大鼠经口)；890mg/kg(兔经皮)。

职业危害

通过破坏皮肤、消化道及呼吸道吸收。对皮肤、黏膜有强烈刺激和腐蚀作用。

急性中毒：引起肌肉无力、胃肠道症状、中枢神经抑制、虚脱、体温下降和昏迷，并可引起肺水肿和肝、肾、胰等脏器损害，最终发生呼吸衰竭。

慢性影响：可引起消化道功能障碍，肝、肾损害和皮疹。

职业禁忌

参照苯酚执行：(1) 慢性肾炎；(2) 血液系统疾病。

应急处理

皮肤接触：脱去被污染的衣着，用肥皂水和清水彻底冲洗皮肤。若有灼伤，就医。

眼睛接触：提起眼睑，用流动清水或生理盐水冲洗。就医。

吸　　入：迅速脱离现场至空气新鲜处。保持呼吸道通畅。如呼吸困难，给输氧。如呼吸停止，立即进行人工呼吸。就医。

食　　入：误服者立即漱口，饮牛奶或蛋清。就医。

防护措施

工程控制：严加密闭，提供充分的局部排风。提供安全淋浴和洗眼设备。

呼吸系统防护：空气中浓度过高时，佩戴防毒面具。紧急事态抢救或撤离时，应该佩戴自给式呼吸器。

眼睛防护：戴化学安全防护眼镜。

身体防护：穿紧袖工作服，长筒胶鞋。

手 防 护：戴橡胶手套。

其　　他：工作现场禁止吸烟、进食和饮水。及时换洗工作服。工作前后不饮酒，用温水洗澡。

职业接触限值

中　　国：OELs：*PC－TWA*　10 mg/m^3；皮

美　　国：ACGIH TLVs：*TWA*　20 mg/m^3；皮，A4

OSHA PEL：*TWA*　5ppm(22 mg/m^3)；皮

NIOSH REL：*TWA*　2.3ppm (10 mg/m^3)

IDLH　250ppm

【3－甲酚】

英 文 名：*m*－Cresol；3－Methylphenol

别　　名：间甲酚

相对分子质量：108.13

分 子 式：C_7H_8O；$HOC_6H_4CH_3$

CAS　号：108－39－4

OH

CH_3

理化性质

相对密度：1.03

熔　　点：10.9℃

沸　　点：202.8℃

闪　　点：86℃

自 燃 点：558℃

饱和蒸气压：0.13kPa(52℃)

爆 炸 极 限：1.1% ～ 1.4%（体积，150℃）

无色或淡黄色液体，有芳香气味。微溶于水，溶于热水、乙醇、乙醚、丙酮、苯、四氯化碳、氢氧化钠水溶液等.

接触机会

用作生产高效低毒农药、燃料中间体、医药、香料和树脂等。

毒性

属中等毒类。LD_{50}：242mg/kg(大鼠经口)；620mg/kg(大鼠经皮)。

职业危害

通过破坏皮肤、消化道及呼吸道吸收。对皮肤、黏膜有强烈刺激和腐蚀作用。

急性中毒：引起肌肉无力、胃肠道症状、中枢神经抑制、虚脱、体温下降和昏迷，并可引起肺水肿和肝、肾、胰等脏器损害，最终发生呼吸衰竭。

慢性影响：可引起消化道功能障碍，肝、肾损害和皮疹。

职业禁忌

参照苯酚执行：(1) 慢性肾炎；(2) 血液系统疾病。

应急处理

皮肤接触：脱去被污染的衣着，用肥皂水和清水彻底冲洗皮肤。若有灼伤，就医。

眼睛接触：提起眼睑，用流动清水或生理盐水冲洗。就医。

吸　　入：迅速脱离现场至空气新鲜处。保持呼吸道通畅。如呼吸困难，给输氧。如呼吸停止，立即进行人工呼吸。就医。

食　　入：误服者立即漱口，饮牛奶或蛋清。就医。

防护措施

工程控制：严加密闭，提供充分的局部排风。提供安全淋浴和洗眼设备。

呼吸系统防护：空气中浓度过高时，佩戴防毒面具。紧急事态抢救或撤离时，应该佩戴自给式呼吸器。

眼睛防护：戴化学安全防护眼镜。

身体防护：穿紧袖工作服，长筒胶鞋。

手 防 护：戴橡胶手套。

其　　他：工作现场禁止吸烟、进食和饮水。及时换洗工作服。工作前后不饮酒，用温水洗澡。

职业接触限值

中国 OELs：*PC－TWA*　10 mg/m³ 皮

美　　国：ACGIH TLVs：*TWA*　20 mg/m^3；皮，A4
OSHA PEL：*TWA*　5ppm（22mg/m^3）皮
NIOSH REL：*TWA*　2.3ppm（10mg/m^3）
IDLH　250ppm

【4－甲酚】

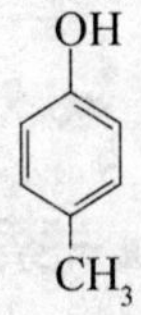

英 文 名：*p*－Cresol；4－Methylphenol

别　　名：对甲酚

相对分子质量：108.13

分 子 式：C_7H_8O；$HOC_6H_4CH_3$

CAS　号：106－44－5

理化性质

相对密度：1.039（液体），3.72（气体）　　闪　　点：94.4℃

熔　　点：35.5℃　　自 燃 点：559℃

沸　　点：202 ℃　　爆 炸 极 限：1.1%（下限，体积，150℃）

饱和蒸气压：0.13 kPa（53℃）

无色晶体，有芳香气味。微溶于水，溶于热水、乙醇、乙醚、氯仿等。

接触机会

用于制抗氧化剂和橡胶防老剂，制取树脂、增塑剂和消毒剂。也可用作农药和燃料的原料。

毒性

属中等毒类。LD_{50}：207mg/kg（大鼠经口）；750mg/kg（大鼠经皮）。

职业禁忌

参照苯酚执行：（1）慢性肾炎；（2）血液系统疾病。

应急处理

皮肤接触：脱去被污染的衣着，用肥皂水和清水彻底冲洗皮肤。若有灼伤，就医。

眼睛接触：提起眼睑，用流动清水或生理盐水冲洗。就医。

吸　　入：迅速脱离现场至空气新鲜处。保持呼吸道通畅。如呼吸困难，给输氧。如呼吸停止，立即进行人工呼吸。就医。

食　　入：误服者立即漱口，饮牛奶或蛋清。就医。

防护措施

工程控制：严加密闭，提供充分的局部排风。提供安全淋浴和洗眼设备。

呼吸系统防护：空气中浓度过高时，佩戴防毒面具。紧急事态抢救或撤离时，应该佩戴自给式呼吸器。

眼睛防护：戴化学安全防护眼镜。

身体防护：穿紧袖工作服，长筒胶鞋。

手 防 护：戴橡胶手套。

其　　他：工作现场禁止吸烟、进食和饮水。及时换洗工作服。工作前后不饮酒，用温水洗澡。

职业接触限值

中　　国：OELs：*PC－TWA*　10 mg/m³；皮

美　　国：ACGIH TLVs：*TWA*　20 mg/m³；皮，A4

OSHA PEL：*TWA*　5ppm（22mg/m³）；皮

NIOSH REL：*TWA*　2.3ppm（10 mg/m³）

IDLH　250ppm

【α－萘酚】

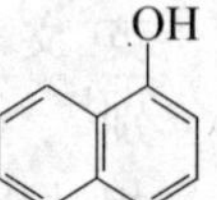

英 文 名：α－Naphtho；1－Naphtho

别　　名：1－萘酚

相对分子质量：144.17

分 子 式：$C_{10}H_8O$；$C_{10}H_7OH$

CAS　号：90－15－3

理化性质

相对密度：1.22（液体），4.5（气体）　　饱和蒸气压：0.13 kPa（94℃）

熔　　点：96℃　　引 燃 温 度：541.7℃

沸　　点：278～280℃　　爆 炸 极 限：0.8%～5.0%（体积）

无色或黄色、有苯酚气味、晶体或粉末状。微溶于水，易溶于苯、乙醇、乙醚等。在光照下变玫瑰色。能升华，能与水蒸气一同挥发。水溶液与三氯化铁作用，生成紫色沉淀。

接触机会

用于制燃料和香料等，也用于其他有机合成。

毒性

属低毒性。对皮肤黏膜有强的刺激。LD_{50}大鼠经口 2.59g/kg，兔经皮 880mg/kg。

职业危害

对眼睛、皮肤、黏膜有强烈刺激作用。可引起出血性肾炎。误服后，能引起呕吐、腹泻、腹痛、痉挛、贫血、虚脱。有报道，还可引起溶血性贫血。

职业禁忌

参照苯酚执行：（1）慢性肾炎；（2）血液系统疾病。

应急处理

皮肤接触：脱去被污染的衣着，用肥皂水和清水彻底冲洗皮肤。若有灼伤，就医。

眼睛接触：提起眼睑，用流动清水或生理盐水冲洗。就医。

吸　　入：迅速脱离现场至空气新鲜处。保持呼吸道通畅。如呼吸困难，给输氧。如呼吸停止，立即进行人工呼吸。就医。

食　　入：误服者立即漱口，饮牛奶或蛋清。就医。

防护措施

工程控制：严加密闭，提供充分的局部排风，现场应备有喷淋洗眼器。

呼吸系统防护：空气中浓度过高时，佩戴防毒面具。紧急事态抢救或撤离时，应该佩戴自给式呼吸器。

眼睛防护：戴化学安全防护眼镜。

身体防护：穿紧袖工作服，长筒胶鞋。

手 防 护：戴橡胶手套。

其　　他：工作现场禁止吸烟、进食和饮水。及时换洗工作服。

职业接触限值

中国未制订职业接触限值。

【β－萘酚】

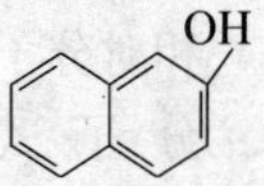

英 文 名：β－Naphtho；2－Naphtho

别　　名：2－萘酚

相对分子质量：144.17

分 子 式：$C_{10}H_8O$；$C_{10}H_7OH$

CAS　号：135－19－3

理化性质

相对密度：1.217(液体)　　沸　点：285℃

熔　点：121.6℃　　闪　点：152.7℃

白色至淡红色片状晶体或粉末。有酚的气味。溶于乙醇、乙醚、氯仿、甘油、油和碱溶液，几乎不溶于水。易燃。

接触机会

用于制燃料、颜料、香料、杀菌剂、抗氧剂等。

毒性

属低毒性。对皮肤黏膜有强的刺激。大鼠经口 LD_{50} 2.42g/kg。

职业危害

对眼睛、皮肤、黏膜有强烈刺激作用。可引起出血性肾炎。误服后，能引起呕吐、腹泻、腹痛、痉挛、贫血、虚脱。有报道，还可引起溶血性贫血。

职业禁忌

参照苯酚执行：(1) 慢性肾炎；(2) 血液系统疾病。

应急处理

皮肤接触：脱去被污染的衣着，用肥皂水和清水彻底冲洗皮肤。若有灼伤，就医。

眼睛接触：提起眼睑，用流动清水或生理盐水冲洗。就医。

吸　　入：迅速脱离现场至空气新鲜处。保持呼吸道通畅。如呼吸困难，给输氧。如呼吸停止，立即进行人工呼吸。就医。

食　　入：误服者立即漱口，饮牛奶或蛋清。就医。

防护措施

工程控制：严加密闭，提供充分的局部排风，现场应备有喷淋洗眼器。

呼吸系统防护：空气中本品粉尘浓度过高时，佩戴防尘口罩。紧急事态抢救或撤离时，应该佩戴自给式呼吸器。

眼睛防护：戴化学安全防护眼镜。

身体防护：穿紧袖工作服，长筒胶鞋。

手 防 护：戴橡胶手套。

其　　他：工作现场禁止吸烟、进食和饮水。及时换洗工作服。

职业接触限值

中　　国：OELs：*PC－TWA*　0.25mg/m³；*PC－STEL*　0.5mg/m³

【对叔丁基苯酚】

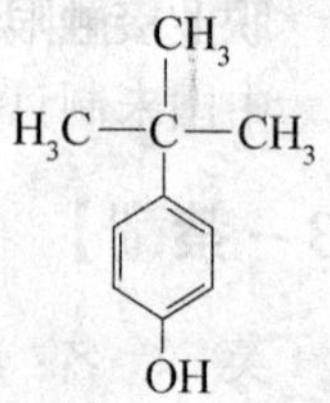

英 文 名：*p－tert*－Butylphenol；4－Hydroxy－tert－butylphenzene

别　　名：4－羟基－1－叔丁基苯

相对分子质量：150.22

分 子 式：$C_{10}H_{14}O$；$(CH_3)_3CC_6H_4OH$

CAS　号：98－54－4

理化性质

相对密度：1.03（液体）　　闪　　点：97℃

熔　　点：98.0～99.0℃　　饱和蒸气压：0.133kPa（70℃）

沸　　点：237～239℃

白色晶体，有轻微的苯酚气味。易燃。溶于微溶于水，溶于甲醇、丙酮、苯、四氯化碳、乙醇和乙醚。

接触机会

用于合成油溶性酚系树脂、增塑剂等，还可用作合成橡胶的龟裂防止剂、耐腐蚀漆的组分等。生产、使用、储运、采样分析时可接触本品。

毒性

属低毒类。大鼠经口 LD_{50} 为5.66g/kg；兔经皮 LD_{50} 为2.5 g /kg。

职业危害

对人的眼、皮肤及黏膜有轻微刺激作用。生产工人迅速出现瘙痒及荨麻疹。多次接触本品，可导致头痛、皮疹等。

应急处理

皮肤接触：脱去被污染的衣着，用肥皂水和清水彻底冲洗皮肤。若有灼伤，就医。

眼睛接触：提起眼睑，用流动清水或生理盐水冲洗。就医。

吸　　入：迅速脱离现场至空气新鲜处。保持呼吸道通畅。如呼吸困难，给输氧。如呼吸停止，立即进行人工呼吸。就医。

食　　入：误服者立即漱口，饮牛奶或蛋清。就医。

防护措施

工程控制：严加密闭，提供充分的局部排风，现场应备有喷淋洗眼器。

呼吸系统防护：空气中粉尘浓度过高时，佩戴防尘口罩。紧急事态抢救或撤离时，应该佩戴自给式呼吸器。

眼睛防护：戴化学安全防护眼镜。

身体防护：穿紧袖工作服，长筒胶鞋。

手 防 护：戴橡胶手套。

其　　他：工作现场禁止吸烟、进食和饮水。及时换洗工作服。

职业接触限值

中国未制订职业接触限值。

【2,6－二叔丁基对甲酚】

英 文 名：2，6－*di*－*tert*－Butyl－*p*－cresol；Antioxidant 264；Butylated Rydroxytoluene

$(CH_3)_3C$ OH $C(CH_3)_3$ CH_3

别　　名：防老剂264；抗氧剂；HT

相对分子质量：220.36

分 子 式：$C_{14}H_{22}O$；$[C(CH_3)_3]_2CH_3C_6H_2OH$

CAS　号：128－37－0

理化性质

相对密度：1.048（液体），7.6（气体）　饱和蒸气压：0.0013 kPa（20℃）

熔　　点：68～70℃　闪　　点：126.7℃

沸　　点：265℃（分解）　引 燃 温 度：470℃

白色或微黄色晶体。不溶于水和10%氢氧化钠溶液；溶于甲醇、乙醇、异丙醇、苯、石油醚、丁酮等有机溶剂。易燃。

接触机会

用作石油制品、燃料、橡胶、塑料、食品、饲料、药品等的抗氧剂。

毒性

属低毒类。经口大鼠 LD_{50} 为1700～1970mg/kg，兔 LD_{50} 为2100～3200mg/kg。

职业危害

本品对眼睛、皮肤、黏膜和上呼吸道有刺激作用。未见职业性中毒的报道。

应急处理

皮肤接触：脱去被污染的衣着，用肥皂水和清水彻底冲洗皮肤。若有灼伤，就医。

眼睛接触：提起眼睑，用流动清水或生理盐水冲洗。就医。

吸　　入：迅速脱离现场至空气新鲜处。保持呼吸道通畅。如呼吸困难，给输氧。如呼吸停止，立即进行人工呼吸。就医。

食　　入：误服者立即漱口，饮牛奶或蛋清。就医。

防护措施

工程控制：严加密闭，提供充分的局部排风，现场应备有冲洗眼及皮肤的设备。

呼吸系统防护：空气中粉尘浓度过高时，佩戴防尘口罩。紧急事态抢救或撤离时，应该佩戴自给式呼吸器。

眼睛防护：戴化学安全防护眼镜。

身体防护：穿紧袖工作服，长筒胶鞋。

手 防 护：戴橡胶手套。

其　　他：工作现场禁止吸烟、进食和饮水。及时换洗工作服。

职业接触限值

中国未制订职业接触限值。

美　　国：ACGIH TLVs：*TWA*　2mg/m^3

NIOSH REL: *TWA*　10 mg/m^3

【苯乙烯化苯酚】

英 文 名:Styrenated phenols(SP)

别　　名:防老剂 SP;抗氧化剂－SP(Antioxidant SP)

分 子 式:$C_{22}H_{22}O$

CAS　号:61788－44－1

理化性质

相对密度: 1.06～1.10(液体)　　闪　点: 182℃(开杯)

沸　　点: >250℃

浅黄色或琥珀色透明黏稠液体。有特殊气味。溶于乙醇、丙酮、脂肪烃、芳烃、三氯乙烷和醚类等有机溶剂。难溶于汽油,不溶于水。

接触机会

中等强度防老剂,适用于天然橡胶、顺丁橡胶、丁苯橡胶及各种合成橡胶。在塑料工业中用作聚烯烃、聚甲醛的抗氧剂。在苯乙烯基苯酚的生产、使用、运输、采样分析等过程中,均可有接触机会。

毒性

未见毒性资料。

职业接触限值

中国未制定职业接触限值。

【2,4－二硝基苯酚】

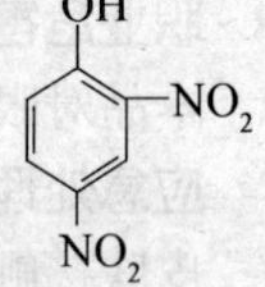

英 文 名:2,4－Dinitrophenol;1－Hydroxy－dinitrobenzene

别　　名:二硝酚;1－羟基－2,4－二硝基苯

相对分子质量:184.11

分 子 式:$(O_2N)_2C_6H_3OH$

CAS　号:51－28－5

理化性质

相对密度: 1.683(液体),6.4(气体)　　熔　点: 114～115℃

黄色晶体或粉末,易燃。微溶于水,溶于乙醇、乙醚、丙酮、苯和氯仿。

接触机会

用于制染料(特别是硫化染料)、有机合成、炸药、苦味酸和显影剂等。

毒性

属剧毒类。在生产环境中,二硝基苯酚以蒸气、粉尘或雾滴形态经呼吸道吸入,亦可经完整的皮肤吸收,且迅速而完全。被吸收到体内的二硝基苯酚,迅速降解为氨基酚,经尿排出体外。本品主要直接作用于能量代谢,刺激氧化过程,抑制磷酸化过程,以致出现高热及代谢亢进,进一步可造成肝、肾及中枢神经系统损害和白内障。六种异构体中以2,4－二硝基苯酚毒性最大。经口 LD_{50} 大鼠为30mg/kg。成人口服 *LD* 约1g。

职业危害

本品直接作用于能量代射过程，可使细胞氧化过程增强，磷酰化过程抑制。

急性中毒：表现为皮肤潮红、口渴、大汗、烦躁不安、全身无力、胸闷、心率和呼吸加快、体温升高（可达40℃以上）、抽搐、肌肉强直，以致昏迷。最后可因血压下降、肺及脑水肿而死亡。

慢性中毒：有肝、肾损害，白内障及周围神经炎。可使皮肤黄染，引起湿疹样皮炎，偶见剥脱性皮炎。

应急处理

皮肤接触：脱去被污染的衣着，用肥皂水和清水彻底冲洗皮肤。若有灼伤，就医。

眼睛接触：提起眼睑，用流动清水或生理盐水冲洗。就医。

吸　　入：迅速脱离现场至空气新鲜处。保持呼吸道通畅。如呼吸困难，给输氧。如呼吸停止，立即进行人工呼吸。就医。

食　　入：误服者立即漱口，饮牛奶或蛋清。就医。

防护措施

工程控制：严加密闭，提供充分的局部排风，现场应备有冲洗眼及皮肤的设备。

呼吸系统防护：可能接触其粉尘时，必须佩戴自吸过滤式防尘口罩。紧急事态抢救或撤离时，应该佩戴自给式呼吸器。

眼睛防护：戴化学安全防护眼镜。

身体防护：穿紧袖工作服，长筒胶鞋。

手 防 护：戴橡胶手套。

其　　他：工作现场禁止吸烟、进食和饮水。及时换洗工作服。

职业接触限值

中国未制订职业接触限值。

【2,4－二氯苯酚】

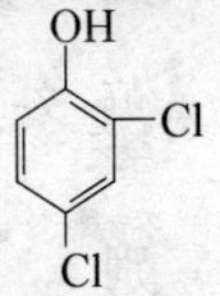

英 文 名：2,4－Dichlorophenol

别　　名：2,4－二氯酚

相对分子质量：163.00

分 子 式：$C_6H_4Cl_2O$；$Cl_2C_6H_3OH$

CAS　号：120－83－2

理化性质

相对密度：1.38（液体），5.62（气体）　饱和蒸气压：0.13kPa（53℃）

熔　　点：45℃　闪　　点：113℃

沸　　点：210℃

白色低熔点固体，易燃。溶于乙醇、乙醚、苯和四氯化碳，微溶于水。

接触机会

用于有机合成，用作农药、医药中间体，用于合成除草醚、2，4－D等产品。

毒性

属低毒类。2,4－二氯苯酚大鼠经口LD_{50}为0.5g/kg，皮下LD_{50}为1.78g/kg，腹腔

MLD 0.43g/kg；2,6－二氯苯酚经口 LD_{50} 为 2.94g/kg。

给动物 2,4－二氯苯酚和 2,6－二氯苯酚几分钟后，即可出现不安和呼吸加速，并迅速发展为无力、震颤、阵挛性抽搐（声响和碰触即可诱发）、气急、昏迷，直至死亡。

职业危害

吸入、摄入或经皮肤吸收对身体有害。对眼睛、黏膜、呼吸道及皮肤有刺激作用，重者可引起灼伤。

应急处理

皮肤接触：脱去被污染的衣着，用肥皂水和清水彻底冲洗皮肤。若有灼伤，就医。

眼睛接触：提起眼睑，用流动清水或生理盐水冲洗。就医。

吸　　入：迅速脱离现场至空气新鲜处。保持呼吸道通畅。如呼吸困难，给输氧。如呼吸停止，立即进行人工呼吸。就医。

食　　入：误服者立即漱口，饮牛奶或蛋清。就医。

防护措施

工程控制：严加密闭，提供充分的局部排风，现场应备有冲洗眼及皮肤的设备。

呼吸系统防护：空气中浓度过高时，佩戴防毒面具。紧急事态抢救或撤离时，应该佩戴自给式呼吸器。

眼睛防护：戴化学安全防护眼镜。

身体防护：穿紧袖工作服，长筒胶鞋。

手 防 护：戴橡胶手套。

其　　他：工作现场禁止吸烟、进食和饮水。及时换洗工作服。

职业接触限值

中国未制订职业接触限值。

【双酚 A】

英 文 名：2，2－bis(4′－Hydroxyphenyl)propane；Bisphenol A

$$HO-C_6H_4-C(CH_3)_2-C_6H_4-OH$$

别　　名：2，2－双(4′－羟基苯基)丙烷

相对分子质量：228.29

分 子 式：$C_{15}H_{16}O_2$；$(CH_3)_2C(C_6H_4OH)_2$

CAS　号：80－05－7

理化性质

相对密度：1.195　　沸　　点：220 ℃

熔　　点：纯品 155～156 ℃　　闪　　点：79.4℃

工业品 150～152℃　　爆炸下限：20g/m^3

白色片状晶体，带有柔和的酚味。不溶于水，溶于乙醇和稀碱液，微溶于四氯化碳。易燃。

接触机会

用于制环氧树脂、聚碳酸酯、聚酚氧等。双酚 A 生产、使用、储存过程中可接触本品。

毒性

属低毒类。LD_{50}：3250 mg/kg（大鼠经口）；3000 mg/kg（兔经皮）。

职业危害

本品对眼睛、皮肤、黏膜及上呼吸道有刺激作用。接触者有口苦感、恶心及头痛并伴有上呼吸道刺激症状。有报道可引起皮肤过敏反应。

应急处理

皮肤接触：脱去被污染的衣着，用肥皂水和清水彻底冲洗皮肤。若有灼伤，就医。

眼睛接触：提起眼睑，用流动清水或生理盐水冲洗。就医。

吸　　入：迅速脱离现场至空气新鲜处。保持呼吸道通畅。如呼吸困难，给输氧。如呼吸停止，立即进行人工呼吸。就医。

食　　入：误服者立即漱口，饮牛奶或蛋清。就医。

防护措施

工程控制：严加密闭，提供充分的局部排风，现场应备有冲洗眼及皮肤的设备。

呼吸系统防护：可能接触其粉尘时，必须佩戴自吸过滤式防尘口罩。紧急事态抢救或撤离时，应该佩戴自给式呼吸器。

眼睛防护：戴化学安全防护眼镜。

身体防护：穿紧袖工作服，长筒胶鞋。

手 防 护：戴橡胶手套。

其　　他：工作现场禁止吸烟、进食和饮水。及时换洗工作服。

职业接触限值

中国未制订职业接触限值。

【对苯二酚】

英 文 名：Hydroquinone；Quinol；Hydroquinol；*p* - Dihydroxybenzene；1,4 - Dihydroxybenzene；*p* - Benzenediol

别　　名：氢醌；二羟基苯；几奴尼

相对分子质量：110.11

分 子 式：$C_6H_4(OH)_2$；$C_6H_6O_2$；HOC_6H_4OH

CAS　号：123 - 31 - 9

理化性质

相对密度：1.33（液体），5.62（气体）　　饱和蒸气压：0.133k Pa（132.4℃）

熔　　点：17.5℃　　闪　　点：165℃

沸　　点：285℃　　自 燃 点：515.5℃

白色结晶，易燃。稍低于其熔点时加热能升华而不分解。其水溶液在空气中易被氧化而呈褐色。应密封和避光保存。与氧化剂发生反应，与氢氧化钠反应剧烈。溶于水，易溶于乙醇和乙醚，微溶于苯。

接触机会

用作显影剂，也用于制染料、橡胶防老剂、稳定剂、抗氧剂和药物等。

毒性

属中等毒类。大鼠在胃肠道吸收比酚快。大鼠经口 LD_{50} 为0.32g/kg。

人皮肤可因原发性刺激或变态反应而引起皮炎。皮肤毛发被染成红色或色素反而缺失。接触本品蒸气或粉尘 10~30mg/m^3 时，可致角膜炎和结膜变色。

成人进食1g(小儿量小些)后，可出现头痛，有"窒息"感，呼吸困难及增速，心动过速、震颤、肌肉抽搐、惊厥、谵妄和虚脱，严重者可出现呕血、血尿和溶血性黄疸，尿呈青色或棕绿色，服入5~12g可致命。

职业危害

本品毒性比酚大。成人误服1g，即可出现头痛、头晕、耳鸣、面色苍白、紫绀、恶心、呕吐、腹痛、窒息感、呼吸困难、心动过速、震颤、肌肉抽搐、惊厥、谵妄和虚脱。严重者可出现呕血、血尿和溶血性黄疸。尿呈青色或棕绿色。皮肤可因原发性刺激和变态反应而致皮炎，可引起皮肤色素脱失。眼部接触本品粉尘或蒸气，可有结膜和角膜炎。

职业禁忌

参照苯酚执行：(1) 慢性肾炎；(2) 血液系统疾病。

应急处理

皮肤接触：脱去被污染的衣着，用肥皂水和清水彻底冲洗皮肤。若有灼伤，就医。

眼睛接触：提起眼睑，用流动清水或生理盐水冲洗。就医。

吸　　入：迅速脱离现场至空气新鲜处。保持呼吸道通畅。如呼吸困难，给输氧。如呼吸停止，立即进行人工呼吸。就医。

食　　入：误服者立即漱口，饮牛奶或蛋清。就医。

防护措施

工程控制：严加密闭，提供充分的局部排风，现场应备有冲洗眼及皮肤的设备。

呼吸系统防护：空气中浓度过高时，佩戴防毒面具。紧急事态抢救或撤离时，应该佩戴自给式呼吸器。

眼睛防护：戴化学安全防护眼镜。

身体防护：穿紧袖工作服，长筒胶鞋。

手 防 护：戴橡胶手套。

其　　他：工作现场禁止吸烟、进食和饮水。及时换洗工作服。

职业接触限值

中　　国：OELs：PC－*TWA*　1mg/m^3；*PC－STEL*　2mg/m^3

美　　国：OSHA PEL：*TWA*　2mg/m^3

NIOSH REL：*C*　2 mg/m^3(15min)

IDLH　50mg/m^3

【邻苯二酚】

英 文 名：*o*－Dihydroxybenzene

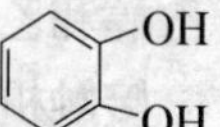

别　　名：儿茶酚；焦儿茶酚；二羟基苯；

1,2－苯二酚(Catechol；Pyrocatechol)

相对分子质量：110.11

分 子 式，$C_6H_6O_2$；$C_6H_4(OH)_2$

CAS 号：120－80－9

理化性质

相对密度：1.371(液体) 饱和蒸气压：1.33kPa(118.3℃)

3.79(气体) 闪 点：137℃；127.2℃(闭杯)

熔 点：105℃ 爆炸极限：1.9%(下限，体积)

沸 点：245.5℃ 折 射 率：1.604

单斜晶系片状结晶。能升华，可随水蒸气挥发。溶于水、乙醇、乙醚、苯和氯仿，也溶于吡啶、碱溶液。在空气中或光照下，易被氧化而变色，是强还原剂。

接触机会

用作收敛剂、抗氧剂、光稳定剂，并用于照相、染料、制药物等。

毒性

属中等毒类。LD_{50} 大鼠经口 300mg/kg，豚鼠经口 550mg/kg，兔经皮 800mg/kg。

职业危害

在生产中发生急性中毒较少见。

急性中毒：吸入高浓度蒸气可致头痛。头昏、乏力、视物模糊、肺水肿等，但较少见。误服引起消化道灼伤，出现烧灼感，有胃肠穿孔的可能。可能出现休克、肺水肿、肝或肾损害。

慢性影响：长期低浓度吸入可致头痛。头昏。咳嗽。食欲减退等。皮肤接触可引起湿疹样皮炎。

职业禁忌

参照苯酚执行：(1)慢性肾炎；(2)血液系统疾病。

应急处理

皮肤接触：脱去被污染的衣着，用肥皂水和清水彻底冲洗皮肤。若有灼伤，就医。

眼睛接触：提起眼睑，用流动清水或生理盐水冲洗。就医。

吸 入：迅速脱离现场至空气新鲜处。保持呼吸道通畅。如呼吸困难，给输氧。如呼吸停止，立即进行人工呼吸。就医。

食 入：误服者立即漱口，饮牛奶或蛋清。就医。

防护措施

工程控制：严加密闭，提供充分的局部排风，现场应备有冲洗眼及皮肤的设备。

呼吸系统防护：空气中浓度过高时，佩戴防毒面具。紧急事态抢救或撤离时，应该佩戴自给式呼吸器。

眼睛防护：戴化学安全防护眼镜。

身体防护：穿紧袖工作服，长筒胶鞋。

手 防 护：戴橡胶手套。

其 他：工作现场禁止吸烟、进食和饮水。及时换洗工作服。

职业接触限值

中国未制订职业接触限值。

美 国：ACGIH TLVs：*TWA* 5ppm；皮，A3

NIOSH REL：*TWA* 5ppm（$20mg/m^3$）；皮

【对叔丁基邻苯二酚】

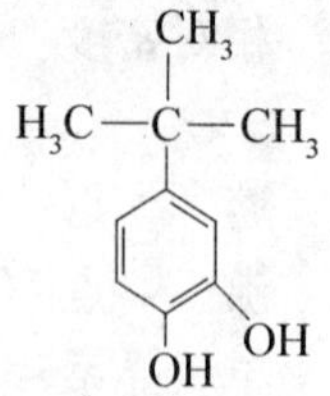

英 文 名：*p* – *tert* – Butylcatechol；

4 – *tert* – Butyl – 1,2 – dihydroxybenzene

别　　名：对叔丁基焦儿茶酚；4 – 叔丁基 – 1,2 – 二羟基苯；TBC

相对分子质量：166.22

分 子 式：$C_{10}H_{14}O_2$；$(CH_3)_3CC_6H_3(OH)_2$

CAS　号：98 – 29 – 3

理化性质

相对密度：1.049（液体）　　沸　　点：285℃

熔　　点：56 ~ 57℃　　闪　　点：151℃，130℃（闭式）

无色晶体。易燃。溶于甲醇、四氯化碳、苯、乙醚、乙醇、丙酮，微溶于80℃的水。

接触机会

用作聚合抑制及抗氧化剂。

毒性

属低毒类。本品大鼠经口 LD_{50} 为2820mg/kg，兔经皮 LD_{50} 为630mg/kg。

职业危害

本品对眼睛、皮肤、黏膜和上呼吸道有刺激作用，可引起呼吸道和皮肤的过敏反应。中毒表现有烧灼感、咳嗽、喘息、喉炎、气短、头痛、恶心、呕吐等。

应急处理

皮肤接触：脱去被污染的衣着，用肥皂水和清水彻底冲洗皮肤。若有灼伤，就医。

眼睛接触：提起眼睑，用流动清水或生理盐水冲洗。就医。

吸　　入：迅速脱离现场至空气新鲜处。保持呼吸道通畅。如呼吸困难，给输氧。如呼吸停止，立即进行人工呼吸。就医。

食　　入：误服者立即漱口，饮牛奶或蛋清。就医。

防护措施

工程控制：严加密闭，提供充分的局部排风，现场应备有冲洗眼及皮肤的设备。

呼吸系统防护：可能接触其粉尘时，佩戴自吸过滤式防尘口罩。紧急事态抢救或撤离时，应该佩戴自给式呼吸器。

眼睛防护：戴化学安全防护眼镜。

身体防护：穿紧袖工作服，长筒胶鞋。

手 防 护：戴橡胶手套。

其　　他：工作现场禁止吸烟、进食和饮水。及时换洗工作服。

职业接触限值

中国未制订职业接触限值。

【对苯醌】

英 文 名：*p* – Quinone；1,4 – Benzoquinone

别　　名：1,4－苯醌

相对分子质量：108.09

分 子 式：$C_6H_4O_2$；OC_6H_4O

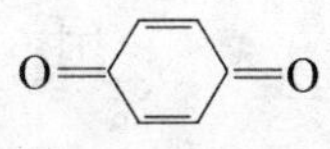

CAS 号：106－51－4

理化性质

相对密度：1.307（液体），3.73(气体)　　闪　　点：38 ℃

熔　　点：115.7 ℃　　饱和蒸气压：0.01kPa(25 ℃)

自然温度：435℃

金黄色棱柱状结晶，有刺激性气味。溶于乙醇、乙醚、热石油醚和碱。

接触机会

用于制对苯二酚，用作染料和医药中间体、橡胶防老剂、阻聚剂、抗氧化剂、显影剂等；用作氧化剂，也用于有机合成；染料和医药的中间体。制造对苯二酚和橡胶防老剂，丙烯腈和醋酸乙烯聚合引发剂以及氧化剂等；用于石油化工产品阻聚以及染料、医药中间体的制造等领域；用作毒芹碱、吡啶、氮杂茂、酪氨酸和对苯二酚的定性检定。分析中用于氨基酸的测定。染料和医药的中间体。制造对苯二酚和橡胶防老剂，丙烯腈和醋酸乙烯聚合引发剂以及氧化剂等。

毒性

属中等毒类。大鼠经口 LD_{50}：130mg/kg。

动物体内大量进入醌，可出现喊叫、阵挛性抽搐、呼吸困难，甚至血压下降等。由于醌排泄到肺泡损害肺和影响血红蛋白的携氧能力，导致动物窒息，亦可因延髓麻痹而死亡。中毒动物尿中可出现蛋白、红细胞及管型。

职业危害

对人可引起皮肤色素减退、红斑、肿胀、丘疹和水泡，长时间接触可引起坏死。当人接触高浓度蒸气时，角膜可暂时被染成棕绿色或绿白色混浊，影响视力；有的出现角膜溃疡，停止接触后可恢复，无明显全身性作用。口服可致死。

应急处理

皮肤接触：脱去被污染的衣着，用肥皂水和清水彻底冲洗皮肤。若有灼伤，就医。

眼睛接触：提起眼睑，用流动清水或生理盐水冲洗。就医。

吸　　入：迅速脱离现场至空气新鲜处。保持呼吸道通畅。如呼吸困难，给输氧。如呼吸停止，立即进行人工呼吸。就医。

食　　入：误服者立即漱口，饮牛奶或蛋清。就医。

防护措施

工程控制：严加密闭，提供充分的局部排风，现场应备有冲洗眼及皮肤的设备。

呼吸系统防护：空气中浓度过高时，佩戴防毒面具。紧急事态抢救或撤离时，应该佩戴自给式呼吸器。

眼睛防护：戴化学安全防护眼镜。

身体防护：穿紧袖工作服，长筒胶鞋。

手 防 护：戴橡胶手套。

其　　他：工作现场禁止吸烟、进食和饮水。及时换洗工作服。

职业接触限值

中国未制订职业接触限制。

美　　国：ACGIH TLVs：*TWA*　0.1ppm

OSHA PEL：　*TWA*　0.4mg/m^3(0.1ppm)

NIOSH REL：*TWA*　0.4mg/m^3(0.1ppm)

IDLH　100mg/m^3

【联苯醚】

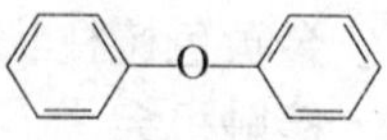

英 文 名：Phenyl ether

别　　名：二苯醚(Diphenyl oxide；Diphenyl ether)

相对分子质量：170.21

分 子 式：$C_{12}H_{10}O$；$(C_6H_5)_2O$

CAS　号：101-84-8

理化性质

相对密度：1.072~1.075　　闪　　点：115℃

熔　　点：27℃　　自 燃 点：618℃

沸　　点：259℃

无色结晶或液体，类似天竺葵气味。溶于乙醇和乙醚，不溶于水、无机酸和碱溶液。化学性质稳定，常用做传热介质。

接触机会

本品用作传热介质，并用作香皂等的香料，也用作制造表面活性剂和高温润滑剂。在其生产、储运和使用过程中均有接触机会。

毒性

属低毒类。对黏膜和皮肤有刺激作用。以25%橄榄油溶液给大鼠灌胃其 LD_{50} 为5.66±1.28g/kg，在存活动物的肝、肾中可见充血性改变。给大鼠连续灌胃0.5g/kg剂量组，每周5天，共132次，大鼠的生长稍有抑制，肝、肾重量略增，但无组织学改变。1.0g/kg组，生长中度抑制，肾脏有轻度到中度的组织学改变，肾小管有退行性变，形成透明管型；肝、脾的改变很轻，肝脏增大；血液细胞无改变，也无胃肠道刺激症状。1.5g/kg组，4周即发生死亡。

用于敷兔耳时，发现有轻度刺激：充血、水肿、脱屑、脱毛、毛孔变大。包敷于兔腹3天，产生充血、水泡。与兔眼接触可引起疼痛和结膜刺激，但无溃疡。

大鼠、豚鼠和猴在180mg/m^{3}浓度下，每天接触8h，大多数动物都有中毒表现。接触到22~34次时，多数动物已死亡。大鼠的血象没发现明显的变化。

职业危害

引起人的皮肤轻度刺激和气味不适感。人接触50~70mg/m^{3}时，可引起恶心、眼结膜和上呼吸道疼痛。个别人有皮肤过敏。大量蒸气漏出，可引起急性中毒，主要表现为头痛、头晕、恶心、呕吐、嗜睡等，甚至有短暂的意识丧失。

应急处理

皮肤接触：脱去污染的衣着，用大量流动清水冲洗。

眼睛接触：提起眼睑，用流动清水或生理盐水冲洗。

吸　　入：脱离现场至空气新鲜处。保持呼吸道通畅。如呼吸困难，给输氧。如呼吸停止，立即进行人工呼吸。对症处理。

食　　入：饮足量温水，催吐。对症处理。

防护措施

（1）密闭操作，局部排风。设置喷淋洗眼设施。

（2）个人防护措施

呼吸系统防护：空气中浓度较高时，佩戴防毒面具。紧急事态抢救或撤离时，应该佩戴空气呼吸器。

眼睛防护：戴化学安全防护眼镜。

身体防护：穿防毒物渗透工作服。

手 防 护：戴防化学品手套。

其　　他：工作现场严禁吸烟。工作完毕，淋浴更衣。注意个人清洁卫生。

职业接触限值

中　　国：OELs：　*PC-TWA*　7mg/m^3；PC-STEL　14mg/m^3

美　　国：ACGIH TLVs：　*TWA*　1ppm；STEL　2ppm（蒸气）

OSHA PEL：　*TWA*　1ppm（7mg/m^3）（蒸气）

NIOSH REL：　*TWA*　1ppm（7mg/m^3）（蒸气）

IDLH　100ppm

【氯化苯醚类】

英文名：Chlorinatedphenylether；Hexachlorodiphenyloxide

分子式：通式为 $C_6H_{5n}Cl_nOC_6H_{5m}Cl_m$

理化性质

包括一氯氧化二苯、二氯氧化二苯直至六氯氧化二苯，共计有六种化合物。

无色澄清至浅黄色液体，易挥发，带有淡而特别的气味，极易溶于多数有机溶剂，易燃。微溶于水，溶于甲醇，可混溶于乙醚、芳烃。

接触机会

用作化工生产的中间体，高度氯化的物质是电机工业上高压油脂的成分和增塑剂。

毒性

本品毒性随氯化程度而增大，从四氯起尤其明显。表现为皮炎及全身中毒。有蓄积作用。饱和浓度的蒸气吸人有呼吸道黏膜刺激作用：脏器损害主要在肝脏。皮肤反复大量接触可引起痤疮样变，严重者有坏死、腐蚀，慢性轻度接触则有上皮增生反应。皮肤反应以四氯为最大，氯原子数再增加，作用就下降。六氯苯醚可产生明显刺激，但不发生坏死。经皮吸收慢，但长期反复接触也可表现出肝脏损害等毒作用。

职业危害

人皮肤接触少量六氯苯醚，可发生痤疮样皮损，并可伴有奇痒。至今未见全身中毒的病例报道。受热分解放出氯烟雾。

应急处理

皮肤接触：脱去污染的衣着，用大量流动清水冲洗。

眼睛接触：提起眼睑，用流动清水或生理盐水冲洗。就医。

吸　　入：迅速脱离现场至空气新鲜处。保持呼吸道通畅。如呼吸困难，给输氧。如呼吸停止，立即进行人工呼吸。就医。

食　　入：饮足量温水，催吐。就医。

防护措施

（1）工程防护

工作场所密闭操作，局部排风。对四氯以上的化合物尤其要注意防护，避免可能的接触，特别是反复长期的接触。

（2）个体防护

呼吸系统防护：空气中浓度较高时，应该佩戴过滤式防毒面具（半面罩）。紧急事态抢救或逃生时，建议佩戴空气呼吸器。

眼睛防护：戴化学安全防护眼镜。

身体防护：穿防毒物渗透工作服。

手 防 护：戴乳胶手套。

其　　他：工作场所禁止吸烟、进食和饮水，饭前要洗手。工作完毕，淋浴更衣。保持良好的卫生习惯。

职业接触限值

中国未制订职业接触限值。

三、芳香族羧酸及其衍生物

【苯乙酸】

英 文 名：Phenylacetic acid；α－Toluic acid

相对分子质量：136.14

分 子 式：$C_8H_8O_2$；$C_6H_5CH_2COOH$

CAS　号：103－82－2

$C_6H_5—CH_2—C(=O)—OH$

理化性质

相对密度：1.0809　　　　沸　　点：262℃

熔　　点：76～78℃

真空蒸馏得小叶状晶体，以石油醚重结晶得片状晶体。稍溶于冷水，易溶于热水，溶于乙醇、乙醚等。以稀铬酸可氧化成苯甲酸，以二氧化锰和稀硫酸可氧化成苯甲醛和甲酸及二氧化碳。

接触机会

苯乙酸是医药、农药、香料等有机合成的中间体。在医药工业中用于青霉素、地巴唑等药物的生产。苯乙酸经氯化、酯化得到α－氯代苯乙酸乙酯，用于稻丰散和乙基稻丰散的生产，这两种农药是广谱性有机磷杀虫剂。苯乙酸本身也是农药植物生长刺激素。苯乙酸广泛存在于葡萄、草莓、可可、绿茶、蜂蜜等中。在其生产、储运和使用过程中均有接触机会。

毒性

属低毒类。对皮肤有刺激作用。大鼠经口 LD_{50} 为 1.68g/kg。未见急性中毒报道。

职业危害

对眼睛、皮肤、黏膜和上呼吸道有刺激作用。吸入、摄入或经皮肤吸收后对身体有害。

应急处理

皮肤接触：脱去污染的衣着，用流动清水冲洗。

眼睛接触：提起眼睑，用流动清水或生理盐水冲洗。

吸　　入：脱离现场至空气新鲜处。如呼吸困难，给输氧。对症处理。

食　　入：饮足量温水，催吐。对症处理。

防护措施

（1）密闭操作，局部排风。作业场所设置喷淋洗眼设施。

（2）采取个人防护措施。

呼吸系统防护：空气中粉尘浓度较高时，必须佩戴自吸过滤式防尘口罩或防毒面具。紧急事态抢救或撤离时，应该佩戴空气呼吸器。

眼睛防护：戴化学安全防护眼镜。

身体防护：穿防毒物渗透工作服。

手 防 护：戴橡胶手套。

其　　他：工作现场严禁吸烟。工作完毕，淋浴更衣。注意个人清洁卫生。

职业接触限值

中国未制订职业接触限值。

【过氧化二苯甲酰】

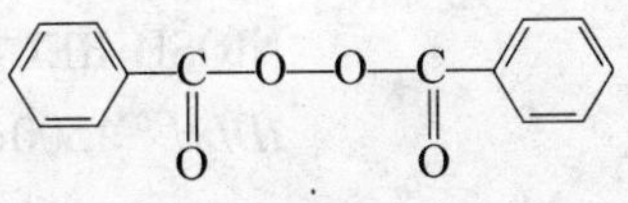

英 文 名：Benzoyl peroxide

别　　名：过氧化苯酰（Dibenzoyl peroxide）

相对分子质量：242.23

分 子 式：$C_{14}H_{10}O_4$；$(C_6H_5CO)_2O_2$

CAS　号：94-36-0

理化性质

相对密度：1.334　　　　自 燃 点：80℃

熔　　点：103～105℃

白色颗粒结晶体。稍有臭味。几乎溶于全部有机溶剂，微溶于乙醇、水、植物油。高于熔点易分解爆炸。

接触机会

主要用作 PVC、聚丙烯腈的聚合引发剂和不饱和聚酯、丙烯酸酯的交联剂。在橡胶工业中用作硅橡胶和氟橡胶的交联剂。还可作为漂白剂、氧化剂，用于化工生产。

毒性

小鼠经口 LD_{50}为 1.2g/kg，大鼠经口为 6.4g/kg。长期接触后，对皮肤、黏膜和眼有刺激。配成 5% ~10% 的药物外用时，少数人会产生接触性皮炎。吸入中毒可能性极小，但制造本品的工人、血液中单核白细胞可有增多。

职业危害

本品对上呼吸道有刺激性。对皮肤有强烈刺激及致敏作用。进入眼内可造成损害。

应急处理

皮肤接触：立即脱去污染的衣着，用大量流动清水冲洗至少 15min。就医。

眼睛接触：立即提起眼睑，用大量流动清水或生理盐水彻底冲洗至少 15min。就医。

吸　　入：迅速脱离现场至空气新鲜处。保持呼吸道通畅。如呼吸困难，给输氧。如呼吸停止，立即进行人工呼吸。就医。

食　　入：用水漱口，给饮牛奶或蛋清。就医。

防护措施

（1）密闭操作，局部排风。

（2）个体防护

呼吸系统防护：可能接触其粉尘时，应该佩戴头罩型电动送风过滤式防尘呼吸器。

眼睛防护：呼吸系统防护中已作防护。

身体防护：穿聚乙烯防毒服。

手 防 护：戴橡胶手套。

其　　他：工作现场严禁吸烟。工作完毕，淋浴更衣。注意个人清洁卫生。

对本品过敏者避免再次接触。

职业接触限值

中　　国：OELs：　*PC-TWA*　$5mg/m^3$

美　　国：ACGIH TLVs：　*TWA*　$5mg/m^3$；A4

OSHA PEL：　*TWA*　$5mg/m^3$

NIOSH REL：　*TWA*　$5mg/m^3$

IDLH　$1500mg/m^3$

【对苯二甲酸】

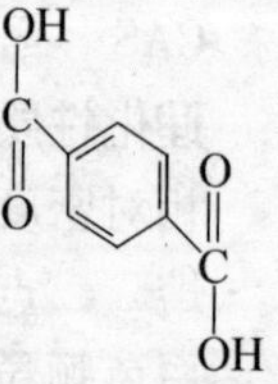

英 文 名：*p*-Phthalic acid；Terephthalic acid；TPA；1，4-Benzenedicarboxylic acid

别　　名：1，4-苯二甲酸；松油苯二甲酸；对酞酸

相对分子质量：166.13

分子式：$C_8H_6O_4$；$HOOCC_6H_4COOH$

CAS 号：100-21-0

理化性质

相对密度：1.51　　自 燃 点：496℃

闪　　点：260℃

白色粉末。几乎不溶于水、氯仿、醚和乙酸，微溶于乙醇，溶于碱类。

接触机会

用于生产聚酯切片、长短涤纶纤维等化纤产品。在医药领域用于生产对苯二甲酸乙酯等。还用作燃料中间体。生产、使用、包装储运、分析化验过程中可接触本品。

毒性

大鼠经口 $LD_{50}>6400mg/kg$；小鼠经口 $LD_{50}3200mg/kg$。

本品对皮肤有轻度刺激作用。

职业危害

属低毒类物质。对皮肤和黏膜有一定的刺激作用。对过敏症者，接触本品可引起皮疹和支气管炎。目前，未见职业性损害的报告。出现症状，对症处理。

应急处理

皮肤接触：脱去污染的衣着，用大量流动清水冲洗。就医。

眼睛接触：提起眼睑，用流动清水或生理盐水冲洗。就医。

吸　　入：脱离现场至空气新鲜处。如呼吸困难，给输氧。就医。

食　　入：饮足量温水，催吐。就医。

防护措施

生产过程密闭，加强通风。

呼吸系统防护：空气中粉尘浓度超标时，必须佩戴自吸过滤式防尘口罩。紧急事态抢救或撤离时，应该佩戴空气呼吸器。

眼睛防护：戴化学安全防护眼镜。

身体防护：穿防毒物渗透工作服。

手 防 护：戴橡胶手套。

其他防护：工作现场严禁吸烟。注意个人清洁卫生。

职业接触限值

中　国：OELs：　*PC－TWA*　$8mg/m^3$

PC－STEL　$15mg/m^3$

美　国：ACGIH TLVs：　*TWA*　$10mg/m^3$

【2，4－二氯苯氧乙酸】

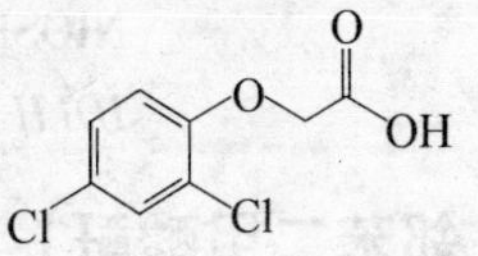

英文名：2，4－Dichlorophenoxyacetic acid

别　　名：2，4－滴(2，4－D)

相对分子质量：221.04

分 子 式：$C_8H_6O_3Cl_2$；$Cl_2C_6H_3OCH_2COOH$

CAS　号：94－75－7

理化性质

熔　　点：138℃　　蒸 气 压：0.053kPa（160℃）

沸　　点：160℃

白至黄色晶体粉末，难溶于水及油，溶于乙醇、醚、酮等有机溶剂。

接触机会

植物生长调节剂和除草剂。保鲜剂。

毒性

属中等毒类。对哺乳动物毒性较低，对皮肤有轻度刺激作用。

大鼠经口 LD_{50}：666 ~ 1313mg/kg，腹腔注射 LD_{50}：666mg/kg；豚鼠经口 LD_{50}：599.4 ~ 1000mg/kg，腹腔注射 LD_{50}：666mg/kg；兔经口 LD_{50}：800mg/kg，腹腔注射 LD_{50}：400mg/kg；小鼠经口 LD_{50}：375mg/kg，腹腔注射 LD_{50}：375mg/kg；狗经口 LD_{50}：100mg/kg。

主要是经尿和粪便排出体外，尿中测得是原物质，甲状腺和膀胱中含量较高，本品不经转化，所以是以整个分子对机体产生作用。其全身作用只要是刺激胆碱能体统，减少胰岛素的分泌，抑制肾上腺皮质激素的形成，减少肝、肾、脑和肌肉的耗氧量，降低平滑肌张力，提高恒温肌张力。小剂量可提高血中过氧化氢酶活性，白细胞、红细胞数量增加，骨骼增生活跃，大剂量是上述改变相反。

职业危害

急性健康损害主要是对眼有刺激作用。

可能慢性健康损害，对肾、神经系统、上呼吸道、胃肠系统、肝等有毒害作用。

未见职业性中毒报道。

应急处理

皮肤接触：脱去污染的衣着，用大量流动清水冲洗。就医。

眼睛接触：提起眼睑，用流动清水或生理盐水冲洗。就医。

吸　　入：脱离现场至空气新鲜处。如呼吸困难，给输氧。就医。

食　　入：就医。口服中毒除洗胃、催吐外，用 10% 硫酸亚铁溶液每隔 15 ~ 30min 口服 10mL，连续 3 ~ 4 次。可部分地破坏 2，4 – 滴类化合物，同时作对症处理。

防护措施

生产过程密闭，加强通风；空气中粉尘浓度超标时，必须佩戴自吸过滤式防尘口罩。紧急事态抢救或撤离时，应该佩戴空气呼吸器。工作现场严禁吸烟。注意个人清洁卫生。

职业接触限值

中国未制订职业接触限值。

美　　国：ACGIH TLVs：*TWA*　$10mg/m^3$；A4
OSHA PEL：*TWA*　$10mg/m^3$
NIOSH REL：*TWA*　$10mg/m^3$
IDLH　$100mg/m^3$

【邻苯二甲酸酐】

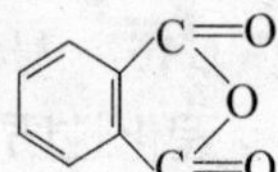

英 文 名：Phthalic anhydride；*o* – Phthalic anhydride；
1，3 – Isobenzofurandione

别　　名：苯酐；酞酐

相对分子质量：148.11

分 子 式：$C_8H_4O_3$；$C_6H_4(CO)_2O$

CAS　号：85 – 44 – 9

理化性质

相对密度：1.53　　闪　　点：152℃

熔　　点：131.2℃　　爆炸极限：1.7%～10.4%(体积)

沸　　点：295℃　　自 燃 点：570℃

蒸 气 压：0.13kPa(96.5℃)

白色鳞片状固体及粉末，或白色针状晶体。沸点以前升华，稍有气味。易溶于热水并水解为邻苯二甲酸，溶于乙醇、苯和吡啶，微溶于乙醚。易燃。

接触机会

用于生产增塑剂、不饱和聚酯、醇酸树脂等。也是燃料及颜料、涂料等生产的重要原料。

毒性

属低毒类。大鼠经口 LD_{50}　1500mg/kg；大鼠吸入 LC_{50} >210mg/m^3(1h)；小鼠经口 LD_{50} 1500mg/kg；兔经口 LD_{50} >10g/kg。大鼠长期在 1mg/m^3 及 0.2mg/m^3 环境中，睾丸内抗体血酸及脱氢抗坏血酸含量减少，精子存活时间缩短；在 0.02mg/m^3 环境中，则无上述改变。

苯酐在生产环境中以粉尘或蒸气形态主要经呼吸道吸入。皮肤吸入少量。本品直接接触对皮肤、眼和上呼吸道有明显刺激作用，对皮肤和肺可产生过敏反应。

职业危害

侵入途径：吸入、食入、经皮吸收。

急性中毒：短时间吸入大量粉尘可引起急性中毒，潜伏期约 8～12h，有咽部异物感、刺痛，手指末端粗糙感，咳嗽，痰多而黏稠，血性鼻涕，脐周阵发性疼痛，并伴有头晕、乏力、嗜睡等全身症状；可有胸闷、胸痛，腹泻或便秘，视力模糊等症状。

眼和皮肤损害：可引起结膜刺激，浓度过高时，可引起角膜化学性灼伤。对皮肤有刺激性，可致湿疹，个别发生荨麻疹。可致皮肤灼伤。

慢性影响：长期接触可有眼和上呼吸道慢性刺激症状，支气管炎和肺气肿改变。个别人有支气管哮喘发作。血压可稍降低，常有头痛、乏力、腹痛、食欲减退、眼刺痛、干咳和胸痛等。

职业禁忌

(1) 致喘物过敏和支气管哮喘；(2)伴肺功能损害的心血管及呼吸系统疾病。

应急处理

皮肤接触：立即脱去污染的衣着，用大量流动清水冲洗至少 15min。

眼睛接触：立即提起眼睑，用大量流动清水或生理盐水彻底冲洗至少 15min。

吸　　入：迅速脱离现场至空气新鲜处。保持呼吸道通畅。如呼吸困难，给输氧。如呼吸停止，立即进行人工呼吸。就医。

食　　入：用水漱口，给饮牛奶或蛋清。就医。

防护措施

(1) 生产过程密闭，局部通风。提供安全淋浴和洗眼设备。

(2) 个体防护

呼吸系统防护：可能接触其蒸气时，必须佩戴自吸过滤式防毒面具(全面罩)或自吸式长管面具。紧急事态抢救或撤离时，建议佩戴空气呼吸器。

眼睛防护：呼吸系统防护中已作防护。

身体防护：穿橡胶耐酸碱服。

手 防 护：戴橡胶耐酸碱手套。

其 他：工作现场禁止吸烟、进食和饮水。工作完毕，淋浴更衣。注意个人清洁卫生。

职业接触限值

中 国：OELs： *MAC* 1mg/m³；敏

美 国：ACGIH TLVs： *TWA* 1ppm；SEN，A4

OSHA PEL： *TWA* 12mg/m³(2ppm)

NIOSH REL： *TWA* 6mg/m³(1ppm)

IDLH 60mg/m³

【对苯二甲酸二甲酯】

英 文 名：Dimethyl－p－phthalate

$H_3COOC-C_6H_4-COOCH_3$

相对分子质量：194.19

分 子 式：$C_{10}H_{10}O_4$；$CH_3OOCC_6H_4COOCH_3$

CAS 号：120－61－6

理化性质

相对密度：1.1905　　闪　点：146.6℃(开杯)

熔　点：140℃　　爆炸极限：0.003%(下限，体积)

沸　点：282℃　　自 燃 点：570℃

蒸 气 压：8.66kPa(20℃)

无色结晶，不溶于水，溶于热乙醇和乙醚，300℃以上升华，可燃，遇明火、高热、氧化剂有发生燃烧的危险。

接触机会

用作合成高相对分子质量的聚对苯二甲酸乙二酯(涤纶)和高强度的聚酯绝缘漆的主要原料。作为化学试剂，主要用作气相色谱固定液(最高使用温度100℃，溶剂为氯仿、丙酮)。

毒性

本品对眼及上呼吸道有刺激，具有全身毒作用。本品加热到100～110℃所产生的蒸气和雾，对大鼠可出现兴奋，眼及上呼吸道有刺激症状并使呼吸抑制。动物长时间低浓度吸入(40～70mg/m³，2h/d，5个月)，引起体重减轻、贫血、肝解毒功能受损、肾及肺的病理改变。浓度为1～4mg/m³时则有血压降低、白细胞减少、神经系统抑制、呼吸道炎症、肺气肿等表现。

大鼠经口 LD_{50} >4390mg/kg，豚鼠经皮 LD_{50} >500mg/kg。

一次敷用，无皮肤刺激现象，反复涂敷可引起皮炎。

职业危害

生产工人有皮肤搔痒、无力、心前区痛、血压升高或降低、胃肠道症状、中度贫血、白细胞减少、淋巴细胞增多、蛋白质正常值变化等症状。

高浓度接触，引起流涎、眼和呼吸道的刺激症状，严重者口唇发白、呼吸困难、痉挛，因肺水肿而死亡。误服急性中毒者，出现口腔、胃、食管腐蚀症状，伴有虚脱、呼吸困难、躁动等。

长期接触可致皮肤损害，亦可至肺、肝、肾病变。

应急处理

皮肤接触：脱去污染的衣着，用流动清水冲洗。确保医务人员了解该物质相关的个体防护知识，注意自身防护。

眼睛接触：立即翻开上下眼睑，用流动清水冲洗。

吸　　入：脱离现场至空气新鲜处。呼吸困难时给输氧。呼吸停止时，立即进行人工呼吸。就医。

食　　入：误服者给饮足量温水，催吐，就医。

防护措施

（1）提供良好的自然通风条件。

（2）个体防护

呼吸系统防护：一般不需要特殊防护，但建议特殊情况下，佩戴防毒面具。

眼睛防护：必要时戴安全防护眼镜。

身体防护：穿工作服。

手 防 护：一般不需要特殊防护。

其　　他：工作现场严禁吸烟，保持良好的卫生习惯。

职业接触限值

中国未制订职业接触限值。

【邻苯二甲酸二甲酯】

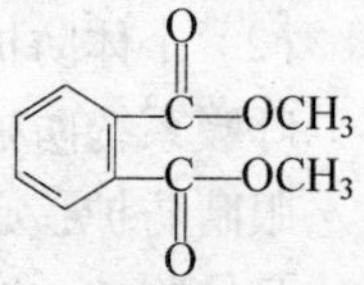

英 文 名：Dimethyl－o－phthalate（DMP）

相对分子质量：194.19

分 子 式：$C_{10}H_{10}O_4$；$C_6H_4(COOCH_3)_2$

CAS 号：131－11－3

理化性质

相对密度：1.189（液体），6.69（气体）

闪　　点：146.11℃（闭杯）

熔　　点：2℃

爆炸极限：0.94%（下限，体积）

沸　　点：282℃

自 燃 点：555.56℃

蒸 气 压：0.13kPa（100.3℃）

无色无臭液体，耐光稳定，几乎不溶于水，溶于乙醇、乙醚、氯仿和丙酮等有机溶剂，易燃。

接触机会

本品是一种与多种树脂都有很强溶解力的增塑剂，能与多种纤维素树脂、橡胶、乙烯基树脂相溶，有良好的成膜性、黏着性和防水性。常与邻苯二甲酸二乙酯配合用于醋酸纤维素的薄膜、清漆、透明纸和模塑粉等制作中。少量用于硝基纤维素的制作中。亦可用作丁腈胶的增塑剂。本品还可用作驱蚊油(原油)、聚氟乙烯涂料、过氧化甲乙酮以及滴滴涕的溶剂。

毒性

属低毒类。急性毒性很轻，剂量大时产生麻醉作用。经口 LD_{50} 小鼠为 7200mg/kg，大鼠为 6900mg/kg，兔经皮 LD_{50} >10mL/kg。

本品属芳香族二羧酸酯。该类物质是工业化合物中惰性最大的物质之一，很少造成皮肤损害。蒸汽压低，吸入量不足以致毒。

口服后易在肠胃中迅速吸收，在体内分解为醇和邻苯二甲酸，可致胃肠刺激症状，有时有中枢神经系统抑制、麻痹及低血压。

职业危害

对呼吸道黏膜仅有轻度刺激，人接触有时会引起多发神经炎。如有症状可对症处理。

高浓度接触，引起流涎、眼和呼吸道的刺激症状，严重者口唇发白、呼吸困难、痉挛，因肺水肿而死亡。误服急性中毒者，出现口腔、胃、食管腐蚀症状，伴有虚脱、呼吸困难、躁动等。

长期接触可致皮肤损害，亦可至肺、肝、肾病变。

应急处理

皮肤接触：脱去污染的衣着，用流动清水冲洗。确保医务人员了解该物质相关的个体防护知识，注意自身防护。

眼睛接触：立即翻开上下眼睑，用流动清水冲洗。

吸　　入：脱离现场至空气新鲜处。呼吸困难时给输氧。呼吸停止时，立即进行人工呼吸。就医。

食　　入：误服者给饮足量温水，催吐，就医。

防护措施

(1) 提供良好的自然通风条件。

(2) 个体防护

呼吸系统防护：一般不需要特殊防护，但建议特殊情况下，佩戴防毒面具。

眼睛防护：必要时戴安全防护眼镜。

身体防护：穿工作服。

手 防 护：一般不需要特殊防护。

其　　他：工作现场严禁吸烟，保持良好的卫生习惯。

职业接触限值

中国未制订职业接触限值。

美　　国：ACGIH TLVs：*TWA*　5mg/m^3

OSHA PEL：*TWA*　5mg/m^3

NIOSH REL：*TWA*　5mg/m^3

IDLH　2000mg/m^3

【邻苯二甲酸二丁酯】

英 文 名：Dibutyl phthalate；Dibutyl - o - phthalate

相对分子质量：278.35

分 子 式：$C_{16}H_{22}O_4$；$C_6H_4[COO(CH_2)_3CH_3]_2$

CAS 号：84 - 74 - 2

（结构式：苯环邻位各连一个 C(=O)—$OCH_2CH_2CH_2CH_3$）

理化性质

相对密度：1.0484(液体)，9.58(气体)　　闪　点：171℃

熔　点：-35℃　　爆炸极限：0.5%(下限，体积)

沸　点：340℃　　自 燃 点：398.8℃

蒸 气 压：0.148kPa(150℃)

无色无臭稳定的油状液体。馏程 227~235℃(4.93kPa)。与一般有机溶剂混溶，不溶于水，易燃。

接触机会

该品为增塑剂。对多种树脂具有很强溶解力。主要用于聚氯乙烯加工，可使制品具有良好的柔软性。该品是硝酸纤维素的优良增塑性，凝胶能力强。用于硝酸纤维素涂料，有很好的软化作用。稳定性、耐挠曲性、黏着性和防水性皆优。此外，该品还可用作聚乙酸乙烯、醇酸树脂、乙基纤维素以及氯丁橡胶的增塑剂；还可用于制造油漆、黏接剂、人造革、印刷油墨、安全玻璃、赛璐珞、染料、杀虫剂、香料溶剂、织物润滑剂等。

毒性

属低毒类。但对于个别人可能会对皮肤产生刺激作用。大鼠经口 LD_{50}　7499mg/kg；小鼠经口 LD_{50}　3484mg/kg。

职业危害

高浓度接触，引起流涎、眼和呼吸道的刺激症状，严重者口唇发白、呼吸困难、痉挛，因肺水肿而死亡。误服急性中毒者，出现口腔、胃、食管腐蚀症状，伴有虚脱、呼吸困难、躁动等。

长期接触可致皮肤损害，亦可至肺、肝、肾病变。

应急处理

皮肤接触：脱去污染的衣着，用水冲洗受污染的皮肤。

眼睛接触：立即翻开上下眼睑，用流动水冲洗 15min。

吸　　入：脱离现场至空气新鲜处。就医。

食　　入：误服者饮适量水，催吐。就医。

防护措施

(1) 生产过程密闭，加强通风。

(2) 个体防护

呼吸系统防护：空气浓度超标时，佩戴防毒面具。紧急事态抢救或撤离时，佩戴携气式呼吸器。

眼睛防护：戴安全防护眼镜。

身体防护：穿工作服。

手 防 护：必要时戴防护手套。

其　　他：工作现场严禁吸烟、进食和饮水。工作后，淋浴更衣。

职业接触限值

中　　国：OELs：　　*PC - TWA*　2.5mg/m³

美　　国：ACGIH TLVs：*TWA*　5mg/m³

OSHA PEL：*TWA*　5mg/m³

NIOSH REL：*TWA*　5mg/m³

IDLH　4000mg/m³

【过氧化苯甲酸叔丁酯】

英 文 名：tert - Butyl peroxybenzoate

别　　名：过氧化苯甲酸特丁酯；引发剂 CP - 01；引发剂 C

相对分子质量：194.23

分 子 式：$C_{11}H_{14}O_3$；$(CH_3)_3COOOCC_6H_5$

CAS 号：614 - 45 - 9

$C_6H_5-C(=O)-OOC_4H_9$

理化性质

相对密度：1.04（液体）

熔　　点：8.5℃

沸　　点：112℃（分解）

蒸 气 压：0.044kPa（50℃）

闪　　点：93.3℃

爆炸极限：0.003%（下限，体积）

自 燃 点：555.56℃

无色略带芳香气味的液体。溶于乙醇、醚、酯、酮，不溶于水。与硫、磷及还原剂混合有成为爆炸性混合物的危险。

接触机会

过氧化苯甲酸叔丁酯被广泛应用在诸如乙烯、苯乙烯、丙烯、醋酸乙烯、邻苯二甲酸二烯丙酯和异丁烯等聚合过程中用作引发剂。在不饱和聚酯固化过程中，被广泛应用在如 SMC、BMC、DMC 拉剂等成型工艺中，同时，也可以同一些活性更高的如 MEPK、BPO 或 TBPO 等组成双组分固化体系应用。在合成和使用时可接触本品，

毒性

本品在空气中饱和浓度很低，吸入蒸气 4h 也未见小鼠死亡。经口 LD_{50} 小鼠为 914mg/kg，大鼠为 1012mg/kg。

职业危害

高浓度接触，引起流涎、眼和呼吸道的刺激症状，严重者口唇发白、呼吸困难、痉挛，因肺水肿而死亡。误服急性中毒者，出现口腔、胃、食管腐蚀症状，伴有虚脱、呼吸困难、躁动等。

长期接触可致皮肤损害，亦可至肺、肝、肾病变。

应急处理

皮肤接触：脱去污染的衣着，用大量清水冲洗受污染的皮肤。

眼睛接触：立即翻开上下眼睑，用流动清水或生理盐水冲洗 1min。就医。

吸　　入：脱离现场至空气新鲜处。如呼吸困难，给输氧。就医。

食　　入：饮足量温水，催吐。就医。

防护措施

（1）生产过程密闭，加强通风。

（2）个体防护

呼吸系统防护：可能接触其蒸气时，应该佩戴自吸过滤式防毒面具（半面罩）。紧急事态抢救或撤离时，应该佩戴空气呼吸器。

眼睛防护：戴化学安全防护眼镜。

身体防护：穿胶布防毒物渗透工作服。

手 防 护：戴橡胶耐油手套。

其　　他：工作现场严禁吸烟、进食和饮水。工作后，淋浴更衣。特别注意眼和呼吸道的防护。

职业接触限值

中国未制订职业接触限值。

【亚磷酸三苯酯】

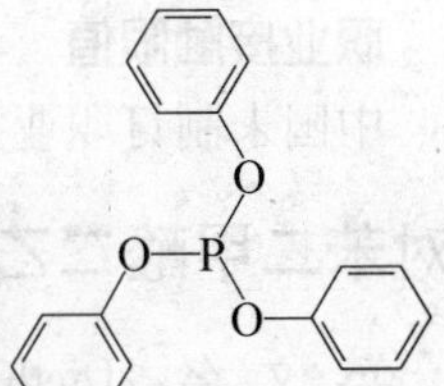

英 文 名：Triphenyl phosphite

相对分子质量：310.29

分 子 式：$C_{18}H_{15}O_3P$；$(C_6H_5O)_3P$

CAS 号：101-02-0

理化性质

相对密度：1.184（液体）

熔　　点：22～25℃

沸　　点：360℃，155～160℃（13.3Pa）

蒸 气 压：8.66kPa（20℃）

闪　　点：218.3℃

爆炸极限：0.003%（下限，体积）

自 燃 点：570℃

无色至淡黄色固体或油状液体，具有芳香气味，易燃。不溶于水，易溶于多数有机溶剂。

接触机会

用作合成橡胶和树脂的稳定剂、聚氯乙烯塑料的抗氧剂及醇酸树脂和农药中间体的原料。辅助抗氧剂，具有光稳定效果，适用于聚氯乙烯、聚丙烯、聚苯乙烯、聚酯、ABS树脂、环氧树脂等。在聚氯乙烯制品中作螯合剂，能使制品保持透明度，并能抑制颜色变化。也可用于亚磷酸三甲酯的生产。在生产和使用本品时可接触。

毒性

本品是皮肤及眼的刺激物，可使动物抽搐或中枢神经兴奋、腹泻、血管扩张，对胆碱酯酶有弱抑制作用。各种途径均可使动物产生典型弛缓或痉挛瘫痪。易经豚鼠皮肤吸收。在机体内易被水解。在中枢神经系统仅有少量。

大鼠经口 LD_{50} 为 1600～3200mg/kg，50～100mg/kg（小鼠腹腔），皮下 *MLD* 为 2000mg/kg。

职业危害

未见生产性中毒报道。

长期接触可致皮肤损害，亦可至肺、肝、肾病变。

应急处理

皮肤接触：脱去污染的衣着，用大量清水冲洗受污染的皮肤。

眼睛接触：立即翻开上下眼睑，用流动清水或生理盐水冲洗。就医。

吸　　入：脱离现场至空气新鲜处。如呼吸困难，给输氧。就医。

食　　入：饮适量水，催吐。就医。洗胃，导泻。

防护措施

（1）生产过程密闭，加强通风。

（2）采取个体防护措施。

呼吸系统防护：空气中粉尘浓度超标时，必须佩戴自吸过滤式防尘口罩；可能接触其蒸气时，应该佩戴自吸过滤式防毒面具(半面罩)。

眼睛防护：戴化学安全防护眼镜。

身体防护：穿防毒物渗透工作服。

手 防 护：必要时戴防护手套。

其　　他：工作现场严禁吸烟、进食和饮水。工作后，淋浴更衣。

职业接触限值

中国未制订职业接触限值。

【对苯二甲酸二乙酯】

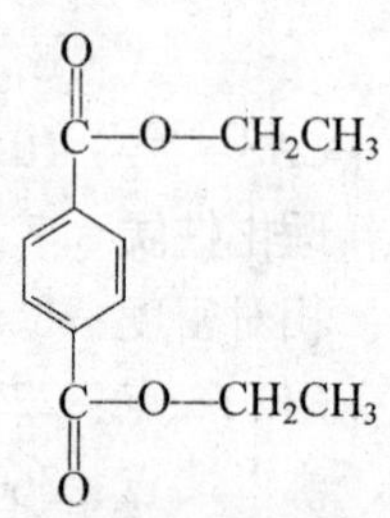

英 文 名：Diethyl phthalate

别　　名：DEP；对苯二甲酸乙二酯

相对分子质量：222.24

分 子 式：$C_{12}H_{14}O_4$；$(CH_3CH_2OOC)_2C_6H_4$

CAS　号：636-09-9

理化性质

相对密度：1.120(液体)，7.66(气体)

熔　　点：-40.5℃

沸　　点：298℃

蒸 气 压：1.87kPa(163℃)
4.00kPa(182℃)
97.8kPa(295℃)

闪　　点：162.7℃(开杯)
117.22℃(闭杯)

爆炸极限：0.003%(下限，体积)

自 燃 点：570℃

水白色稳定的无臭、味苦的液体，与乙醇、丙酮、酯、芳香烃等混溶，部分溶于脂肪族溶剂，不溶于水，易燃。

接触机会

本品为合成聚酯树脂的单体。在对苯二甲酸二乙酯的生产过程中，以及使用其生产聚酯的过程中可接触本品。本品还用做气相色谱固定液。

职业危害

对苯二甲酸二乙酯是由对苯二甲酸二甲酯与乙二醇交换反应生成。对苯二甲酸二乙酯再经缩聚反应而制得聚对苯二甲酸二乙酯，即聚酯树脂，经熔融纺丝而得涤纶纤维。对苯二甲酸二乙酯为聚酯树脂聚合前的单体，基本无毒。但在此过程中，有甲醇和乙二醇的回收和使用，如不注意防护，对机体可能产生有害作用。

应急处理

皮肤接触：脱去污染的衣着，用大量清水冲洗。

眼睛接触：立即翻开上下眼睑，用流动清水或生理盐水冲洗。就医。

吸　　入：脱离现场至空气新鲜处。就医。

食　　入：饮适量水，催吐。就医。

防护措施

(1) 生产过程密闭，全面通风。

(2) 采取个体防护措施。

呼吸系统防护：一般不需要特殊防护，高浓度接触时可佩戴自吸过滤式防毒面具(半面罩)。

眼睛防护：戴化学安全防护眼镜。

身体防护：穿一般工作服。

手 防 护：必要时戴防护手套。

其　　他：工作现场严禁吸烟、进食和饮水。工作后，淋浴更衣。

职业接触限值

中国未制订职业接触限值。

【磷酸三甲酚酯】

英 文 名：Tricresyl phosphate

别　　名：磷酸三甲苯酯；三甲酚磷酸酯；T306 极压抗磨剂；增塑剂 TCP

相对分子质量：368.37

分 子 式：$C_{21}H_{21}O_4P$；$(CH_3C_6H_4O)_3PO$

CAS　号：1330-78-5

三种异构体：

(1)磷酸三邻甲苯酯

英 文 名：*tri*-*o*-Tolylphosphate；Triorthocresyl phosphate (TOCP；TCP)

CAS　号：78-30-8

(2)磷酸三间甲苯酯

英 文 名：*tri*-*m*-tolylphosphate

CAS　号：563-04-2

(3)磷酸三对甲苯酯

英 文 名：*tri*-*p*-tolylphosphate

CAS　号：78-32-0

理化性质

相对密度：1.162(液体)，12.7(气体)

沸　　点：420℃

结晶温度：-35℃

蒸 气 压：1.33kPa(265℃)

熔　　点：-33℃

闪　　点：225℃

爆炸极限：0.003%（下限，体积） 自 燃 点：410℃

无色或浅黄色不挥发的油状液体；能与普通有机溶剂、稀释剂、植物油等混溶，是各种异构体的混合物。其中邻位异构体的毒性比其他异构体大10倍；不溶于水，易燃。

接触机会

用作塑料增塑剂、喷漆增塑剂。

毒性

对皮肤无刺激，能经消化道、皮肤和呼吸道进入人体。

本品是迟发性神经毒物。对位和同位异构体毒性较小，中毒多数由邻位异构体（TOCP）所致。TOCP经口中毒后有一般胃肠症状，并可选择性地作用于神经系统，使周围神经脱髓鞘变性和神经细胞急性肿胀，引起多发性神经炎，产生瘫痪症状。

TOCP能抑制体内假性胆碱酯酶活性，对真性胆碱酯酶作用很小。本品的中毒可能是原发作用于神经细胞本身，脱髓鞘过程则是继发的。另一可能作用是影响神经组织中酶类生物合成。大鼠经口 LD_{50} 3～10mL/kg，*MLD* 4680mg/kg，小鼠 LC_{50} 34g/m^3（2h）。

职业危害

急性中毒：生产条件下，因挥发性低，极少发生吸入急性中毒。经口中毒早期有短暂的恶心、呕吐、腹痛、腹泻等胃肠症状，1～2天内消失，此后5～10天无症状。然后出现膝下酸痛、足趾及手指麻木以至足趾无力、两足下垂。再隔10天左右，发生手指无力及腕下垂，但较下肢为轻。瘫痪很少见于肘、膝以下部位。严重者有咽喉肌肉、眼肌和呼吸肌瘫痪，可导致死亡。损害以运动神经为主，可累及锥体束和脊髓小脑，偶伴有神经症状。瘫痪发生后恢复缓慢，可长达5～6年。

慢性中毒：在特殊生产条件下，如在通风不良的小室中加热含邻位异构体的三甲酚磷酸酯时，其蒸汽可引起中毒。

应急处理

皮肤接触：立即脱去被污染的衣着，用肥皂水和清水彻底冲洗，至少15min，就医。

眼睛接触：提起眼睑，用大量流动清水或生理盐水冲洗15min以上，就医。

吸　　入：迅速脱离现场至空气新鲜处。保持呼吸道通畅。如呼吸困难，给输氧。如呼吸停止，立即进行人工呼吸。就医。

食　　入：饮足量温水，催吐。就医。

防护措施

建立、健全职业卫生档案和劳动者健康监护档案；建立、健全工作场所职业病危害因素监测及评价制度；定期进行职业卫生知识培训。建立、健全职业病危害事故应急救援预案。

严加密闭，提供充分的局部通风。尽可能机械化、自动化。

呼吸系统防护：可能接触其蒸气时，应该佩戴自吸过滤式防毒面具（半面罩）。紧急事态抢救或撤离时，佩戴循环式氧气呼吸器。

眼睛防护：戴化学安全防护眼镜。

身体防护：穿胶布防毒服。

手 防 护：戴防化学品手套。

其　　他：工作现场禁止吸烟、进食和饮水。工作毕，彻底清洗。单独存放被毒物污染的衣服，洗后备用。实行就业前和定期的体检。

职业接触限值

中国未制订职业接触限值。

美　　国：磷酸三邻甲苯酯ACGIH TLVs：*TWA*　0.1mg/m^3；皮，A4，BEI_A

OSHA PEL：*TWA*　0.1mg/m^3；

NIOSH REL：*TWA*　0.1mg/m^3；皮

IDLH　40mg/m^3

四、芳香族含氮化合物及其衍生物

【苯胺】

英 文 名：Aniline

别　　名：氨基苯（Anilineoil；Aminobenzene）

相对分子质量：93.13

分 子 式：C_6H_7N；$C_6H_5NH_2$

CAS　号：62－53－3

理化性质

相对密度：1.0235（液体）　　闪　　点：70℃

熔　　点：－6.2℃　　爆炸极限：1.3%～11%（体积）

沸　　点：184.4℃　　自 燃 点：615℃

无色油状液体，具有特殊气味，易燃。在空气中或光照下颜色变深，最后成棕色。密封避光保存。能随水蒸气挥发，溶于水，溶于乙醇、乙醚和苯。与酸能形成盐。在强碱或碱土金属中能放出氢气并形成苯胺化合物。

接触机会

主要用于制造染料、染料中间体、橡胶促进剂和抗氧剂等；也用于药物合成、照相显影剂、塑料和离子交换树脂制造中作为中间体。在生产中直接或间接污染皮肤是引起中毒的主要原因，毒物可渗透衣服鞋袜而沾染皮肤，工作服上沾染的毒物可使家庭成员或洗涤工作服者被染中毒。当本类物质挥发或加热时，其蒸气可经呼吸道吸入而中毒。开放式生产和设备维护不善而引起的跑、冒、滴、漏，使毒物污染地面而再挥发。搬运工人，从渗漏的苯胺桶或坐在种桶上而中毒。

毒性

属于《高毒物品目录》中物质。本品 *LD* 为500mg/kg（狗，经口）和100mg/kg（狗，皮下），LC_{50}为1.12g/m^3（小鼠），大鼠经口 LD_{50}为442mg/kg。可经呼吸道、皮肤和消化道侵入人体。皮肤吸收是工业中毒的主要原因，随温度升高而增加其吸收率。经呼吸道吸收的苯胺，90%在体内滞留，主要氧化形成苯胲，然后再氧化生成对氨基酚经尿排出。接触苯胺者尿中对氨基酚量常与血中高铁血红蛋白量呈平行关系。

苯胺的毒作用特点主要形成高铁血红蛋白，造成机体各种组织缺氧，引起中枢神经系统、心血管系统以及其他脏器的一系列损害。苯胺能使红细胞内的球蛋白变性，形成赫恩小体，使红细胞脆性增加，易破坏而产生溶血性贫血。

职业危害

临床表现与血液中高铁血红蛋白的量有关。

急性中毒：早期表现为发绀，先见于口唇、指端及耳垂等部位，呈蓝灰色，当血中高铁血红蛋白占血红蛋白总量的15%时，即可出现明显紫绀，此时可无自觉症状；当高铁血红蛋白增加达30%以上时，则出现头昏、头痛、乏力、恶心、手指麻木及视力模糊等症状，血液呈棕褐色；高铁血红蛋白升至50%以上时，血呈棕色或黑色，出现心悸、胸闷、呼吸困难，精神恍惚、恶心、呕吐、抽搐等，严重者可发生休克、心律紊乱以至昏迷、瞳孔散大、反应消失。中毒者血中均可见到赫恩小体，严重中毒时，赫恩小体可达50%以上，可出现溶血性黄疸、贫血、中毒性肝炎和膀胱刺激症状等。肾脏受损时，出现少尿、蛋白尿、血尿等，严重者甚至无尿，发生急性肾功能衰竭。

慢性中毒：患者表现神经衰弱综合症，往往伴有轻度发绀、贫血和肝、脾肿大，红细胞可见赫恩小体。

皮肤经常接触苯胺可产生湿疹和皮炎等。

职业禁忌

(1)贫血；(2)慢性肝炎；(3)慢性肾炎；(4)血清G-6-磷酸脱氢酶缺乏症。

应急处理

皮肤接触：将患者移至空气洁净的的地点，保持安静。立即脱去污染的衣服，用大量5%醋酸清洗皮肤上的毒物，再用肥皂水和微温水冲洗。应特别主意手、足和指甲等部位。

眼睛接触：立即提起眼睑，用大量流动清水或生理盐水彻底冲洗至少15min。就医。

吸　　入：迅速脱离现场至空气新鲜处。保持呼吸道通畅。如呼吸困难，给输氧。如呼吸停止，立即进行人工呼吸。就医。

治疗高铁血红蛋白血症可用特殊解毒剂美兰。必须注意剂量。

防护措施

(1) 生产密闭化、自动化，建筑要有充分的通风和便于清洗的条件，地面选用不吸附毒物的材料。加强通风排毒并安装密闭排毒设备，降低车间空气苯胺浓度。提供安全淋浴和洗眼设备。

(2) 注意个人防护，尽量避免皮肤接触。

呼吸系统防护：可能接触其蒸气时，佩戴过滤式防毒面具(半面罩)。紧急事态抢救或撤离时，佩戴空气呼吸器。

眼镜防护：戴安全防护眼镜。

身体防护：穿防毒物渗透工作服。

手 防 护：戴橡胶耐油手套。

其　　他：工作现场禁止吸烟、进食和饮水。及时换洗被毒物污染工作服。工作前后不饮酒，用温水洗澡。

(3) 定期做好工作场所浓度检测。做好上岗前、在岗期间及离岗职业健康体检工作。

职业接触限值

中　国：OELs：　*PC-TWA*　$3mg/m^3$；皮

美　国：ACGIH TLVs：　*TWA*　2ppm；皮，A3，BEI

OSHA PEL：　*TWA*　5ppm($19mg/m^3$)；皮

NIOSH REL：Ca

IDLH　100ppm；Ca

【二苯胺】

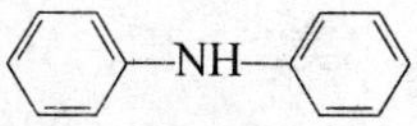

英 文 名：Diphenylamine

别　　名：DPA；N－Phenylamiline

相对分子质量：169.22

分 子 式：$C_{12}H_{11}N$；$(C_6H_5)_2NH$

CAS　号：122－39－4

理化性质

相对密度：1.159　　闪　　点：152.7℃

熔　　点：52.85℃　　自 燃 点：633℃

沸　　点：302℃

无色至灰色结晶。溶于二硫化碳、苯、乙醇、乙醚，不溶于水。易燃。

接触机会

主要用于染料、抗氧剂、药品炸药和农药的合成。生产和使用过称中可接触本品。

毒性

属于《高毒物品目录》中物质。大鼠经口 LD_{50} 为 11500mg/kg，小鼠经口 LD_{50} 为 2900mg/kg。

职业危害

本品主要经呼吸道和皮肤进入人体。接触者可有头痛、头晕、恶心、呕吐、腹泻、销售等症状。长期接触后皮肤黏膜出现刺激现象，也可引起膀胱肿瘤，出现尿频或尿血等症状。

本品生产过程中可含有 4－氨基联苯，应注意后者的致癌性。

职业禁忌

(1) 贫血；(2)慢性肝炎；(3)慢性肾炎；(4)血清 G－6－磷酸脱氢酶缺乏症。

应急处理

皮肤接触：脱去污染的衣着，用流动清水冲洗。

眼睛接触：提起眼睑，用流动清水或生理盐水冲洗。就医。

吸　　入：脱离现场至空气新鲜处。就医。

食　　入：饮足量温水，催吐。就医。

防护措施

(1) 操作人员必须经过专门培训，严格遵守操作规程。远离火种、热源，密闭操作，局部排风。使用防爆型的通风系统和设备。避免产生粉尘。避免与氧化剂、酸类接触。

(2) 采取个体防护措施。

呼吸系统防护：可能接触其粉尘时，必须佩戴防尘面具(全面罩)。紧急事态抢救或撤离时，应该佩戴空气呼吸器。

眼睛防护：呼吸系统防护中已作防护。

身体防护：穿连衣式胶布防毒衣。

手 防 护：戴橡胶手套。

其　　他：工作现场禁止吸烟、进食和饮水。工作前后不饮酒，用温水洗澡。

(3) 定期做好工作场所浓度检测。做好上岗前、在岗期间及离岗职业健康体检工作。

职业接触限值

中　　国：OELs：　　　　*PC－TWA*　10mg/m³

美　　国：ACGIH TLVs：　*TWA*　10mg/m³；A4

NIOSH REL：　*TWA*　10mg/m³

【苯二胺】

英 文 名：Phenylenediamine

相对分子质量：108.14

分 子 式：$C_6H_8N_2$

有三种异构体：

(1) 间苯二胺

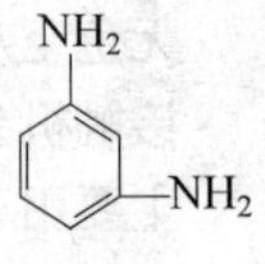

英 文 名：*m*－Phenylenediamine

CAS　号：108－45－2

理化性质

相对密度：1.1389

熔　　点：63℃

沸　　点：282～287℃

无色针状晶体。在空气中变为红色。溶于乙醇、乙醚和水。

(2) 邻苯二胺

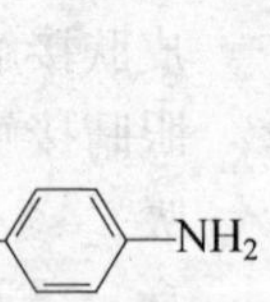

英 文 名：*o*－Phenylenediamine

CAS　号：95－54－5

理化性质

熔　　点：102～104℃　　沸　　点：252～258℃

无色单斜晶体。溶于乙醇、乙醚和氯仿。在空气中变暗。微溶于冷水，在热水中溶解较多。

(3) 对苯二胺

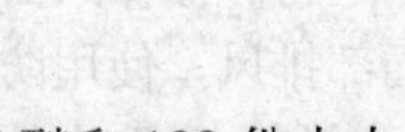

英 文 名：*p*－Phenylenediamine

CAS　号：106－50－3

理化性质

熔　　点：147℃　　闪　　点：155℃

沸　　点：267℃

白色至亮紫色结晶（置于空气中氧化成紫色和黑色）。溶于乙醇、乙醚和100份水中。

接触机会

间位用于染料及其中间体合成，也用作塑料的固化剂。对位用于染料合成，也用作皮毛染料。在生产及使用本品中可接触。

毒性

属中等毒类。在生产及使用中，以蒸气或粉尘形式可经呼吸道吸入，但经污染的皮肤吸收而中毒者多见。本品为皮肤和呼吸道致敏源，能引起过敏性皮炎及支气管哮喘。本品的三种异构体中，对苯二胺的致敏性大于间苯二胺和邻苯二胺。大鼠皮下注射的最低致死剂量，邻苯二胺及间苯二胺均为600mg/kg，对苯胺为170mg/kg。

职业危害

本品因无强烈的刺激性，往往使人受到显著损害，中毒程度因人而异，但都能成致敏反应。经皮肤侵入中毒时，起初仅表现为局部性皮炎，然后逐渐地扩展到深部，严重的皮肤损害可达到背部、面部和腹部，并且有类似丹毒的痂皮。呼吸道过敏者，表现为过敏性鼻炎或支气管哮喘，常伴有发烧。误服本品，可引起头晕、流泪、气短、眼花等症状。在亚急性对苯二胺中毒的患者血中亦发现赫恩氏小体。

应急处理

皮肤接触：脱去污染的衣着，用肥皂水和清水彻底冲洗皮肤。就医。

眼睛接触：提起眼睑，用流动清水或生理盐水冲洗。就医。

吸　　入：迅速脱离现场至空气新鲜处。保持呼吸道通畅。如呼吸困难，给输氧。如呼吸停止，立即进行人工呼吸。就医。

食　　入：饮足量温水，催吐。就医。

防护措施

(1) 严加密闭，提供充分的局部排风。提供安全淋浴和洗眼设备。

(2) 采取个体防护措施。

呼吸系统防护：空气中粉尘浓度超标时，佩戴自吸过滤式防尘口罩。紧急事态抢救或撤离时，应该佩戴自给式呼吸器。

眼睛防护：戴安全防护眼镜。

身体防护：穿防毒物渗透工作服。

手 防 护：戴橡胶手套。

其　　他：工作现场禁止吸烟、进食和饮水。及时换洗工作服。工作前后不饮酒，用温水洗澡。

职业接触限值

中国未制订职业接触限值。

美　　国：　ACGIH TLVs：间苯二胺 *TWA*　0.1mg/m³；A4
　　　　　邻苯二胺 *TWA*　0.1mg/m³；A3
　　　　　对苯二胺 *TWA*　0.1mg/m³；A4
　　OSHA PEL：　对苯二胺 *TWA*　0.1mg/m³；皮
　　NIOSH REL：对苯二胺 *TWA*　0.1mg/m³；皮
　　IDLH　25mg/m³

【氟乐灵】

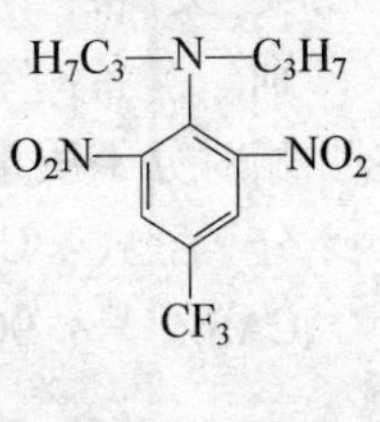

英 文 名：Trifluralin

别　　名：2,6-二硝基-*N*,*N*-二正丙基-4-三氟甲基苯胺

相对分子质量：335.29

H_7C_3—N—C_3H_7
O_2N—(苯环)—NO_2
CF_3

分 子 式：$C_{13}H_{16}F_3N_3O_4$

CAS　号：1582－09－8

理化性质

熔　　点：48.5～49℃　　　　蒸 气 压：0.0133Pa

沸　　点：139～140℃（0.56kPa）

淡黄橙色固体。不溶于水，溶于二甲苯、丙酮和乙醇。

接触机会

属芽前除草剂，用于防除棉花、饲用豆类田一年生杂草；用作水果、棉花、大豆等多种作物的除草剂。生产及使用时可接触本品。

毒性

属微毒类。大鼠经口 LD_{50} >10000mg/kg，经皮对兔无害剂量为2000mg/kg。本品有低蓄积毒性，可引起实验动物贫血及肝、心肌、肾的病变，氟乐灵蒸气或粉尘对皮肤和黏膜有轻微刺激。

职业危害

未见接触本品而引起中毒的病例。有报道，经常与本品接触的工人，可引起接触性皮炎和光感性皮炎。可对症治疗。

应急处理

皮肤接触：脱去污染的衣着，用大量流动清水冲洗。

眼睛接触：提起眼睑，用流动清水或生理盐水冲洗。就医。

吸　　入：脱离现场至空气新鲜处。如呼吸困难，给输氧。就医。

食　　入：饮足量温水，催吐。就医。

防护措施

（1）生产过程密闭，全面通风。

（2）采取个体防护措施。

呼吸系统防护：空气中粉尘浓度超标时，建议佩戴自吸过滤式防尘口罩。

眼睛防护：戴化学安全防护眼镜。

身体防护：穿透气型防毒服。

手 防 护：戴防化学品手套。

其　　他：工作现场禁止吸烟、进食和饮水。工作完毕，彻底清洗。工作服不准带至非作业场所。

职业接触限值

中国未制订职业接触限值。

【N－苯基－α－萘胺】

英 文 名：N－phenyl－α－naphthylamine

别　　名：苯基甲萘胺；尼奥棕A；防老剂甲

相对分子质量：219.29

分 子 式：$C_{16}H_{13}N$；$C_{10}H_7NHC_6H_5$

CAS　号：90－30－2

理化性质

相对密度：1.16～1.17　　沸　点：335℃(34.66kPa)

熔　点：62℃(纯品)，>50℃(商品)

白色至淡黄色晶体。遇日光逐渐变紫色。溶于乙醇、乙醚和苯，不溶于水。

接触机会

是橡胶防老剂中的一种，可与其他防老剂混合使用。对空气、热和屈挠老化都有防护作用，但制品遇光变色。

毒性

属低毒类。小鼠经口 LD_{50} 为1.2g/kg。纯品毒性不大，可引起接触性皮炎。工业品因含 α－萘胺和苯胺，有毒性。α－萘胺是人类可疑致癌物。出现皮炎时可对症治疗。对含有 α－萘胺的本品应注意防止吸入体内。

职业危害

皮肤接触可引起接触性皮炎；对皮肤有致敏性。工业品含有可疑人类致癌物 α－萘胺。未见职业中毒的报道。

应急处理

皮肤接触：脱去污染的衣着，用大量流动清水冲洗。

眼睛接触：提起眼睑，用流动清水或生理盐水冲洗。就医。

吸　入：脱离现场至空气新鲜处。如呼吸困难，给输氧。就医。

食　入：饮足量温水，催吐。就医。

防护措施

(1) 密闭操作，局部排风。

(2) 个体防护

呼吸系统防护：可能接触其粉尘时，必须佩戴防尘面具(全面罩)。紧急事态抢救或撤离时，应该佩戴空气呼吸器。

眼睛防护：呼吸系统防护中已作防护。

身体防护：穿连衣式胶布防毒衣。

手 防 护：戴橡胶手套。

其　他：工作现场禁止吸烟、进食和饮水。工作前后不饮酒，用温水洗澡。

职业接触限值

中国未制订职业接触限值。

【*N*－苯基－*β*－萘胺】

英 文 名：*N*－Phenyl－*β*－naphthylamine

别　名：苯基乙萘胺；尼奥棕D；防老剂D

相对分子质量：219.29

分 子 式：$C_{16}H_{13}N$；$C_6H_5NHC_{10}H_7$

CAS 号：135－88－6

理化性质

相对密度：1.24　　　　沸　　点：395℃

熔　　点：107℃

浅灰色针状晶体或粉末。不溶于水，溶于乙醇、丙酮和苯。易燃，能与氧化剂发生反应。

接触机会

该品是天然橡胶、二烯类合成橡胶、氯丁橡胶及基胶乳用通用型防老剂。主要用于制造轮胎、胶管、胶带、胶辊、胶鞋、电线电缆绝缘层等工业制品。

毒性

属低毒类。小鼠经口 LD_{50} 为1.45g/kg，大鼠为8.73g/kg。兔经口给予1g/kg可见动物体重减轻，出现蛋白尿。亚急性毒性试验发现本品有轻微蓄积作用，末稍血网织红细胞及白细胞减少，变性血红蛋白增加，肝功能障碍。小鼠慢性经口喂饲可致癌，最小致癌总剂量为135g/kg(78周)。

人接触可引起皮肤黏膜刺激作用。本品可在人体内转化为已知的膀胱致癌剂 β－萘胺，故必须加强防护。皮肤黏膜的刺激症状可对症处理。

职业危害

对眼睛、皮肤、黏膜和上呼吸道有刺激性。对皮肤有致敏作用。

应急处理

皮肤接触：立即脱掉污染衣物，用肥皂水冲洗；就医。

眼睛接触：用清水冲洗15min以上。

吸　　入：将患者移至新鲜空气处，呼吸停止时，施行呼吸复苏术；心跳停止时，施行心肺复苏术；就医。

防护措施

密闭操作，提供充分的局部排风。提供安全淋浴和洗眼设备。

呼吸系统防护：可能接触其粉尘时，必须佩戴防尘面具(全面罩)。紧急事态抢救或撤离时，应该佩戴空气呼吸器。

眼睛防护：戴安全防护眼镜。

身体防护：穿一般作业防护服。

手 防 护：戴橡胶手套。

其　　他：工作现场禁止吸烟、进食和饮水。及时换洗工作服。工作前后不饮酒，用温水洗澡。

职业接触限值

中国未制订职业接触限值。

【氯化十二烷基二甲基苄胺】

英 文 名：Chlorinated dodecyl dimethyl benzyl amine

相对分子质量：339.99

分 子 式：$C_{21}H_{38}NCl$

$$\left[C_{12}H_{25}-\overset{\displaystyle CH_3}{\underset{\displaystyle CH_3}{N}}-CH_2-C_6H_5\right]Cl$$

CAS 号：139－07－1

理化性质

微黄色的蜡状物。

接触机会

杀菌灭藻剂、循环水场水处理剂；纺织印染行业的杀菌防霉剂及柔软剂、抗静电剂、乳化剂、调理剂等。在生产过程中，以及循环水加药剂、纺织印染加药剂等使用过程中可能接触本品。

毒性

本品有轻微脱脂作用。

职业危害

在水处理的使用浓度范围内对人体无害。禁止直接消毒食品。

防护措施

储运注意事项：通风低温干燥；

灭火剂：干粉、泡沫、沙土、二氧化碳和雾状水

职业接触限值

中国未制订职业接触限值。

【*N*－环己基－2－苯并噻唑次磺酰胺】

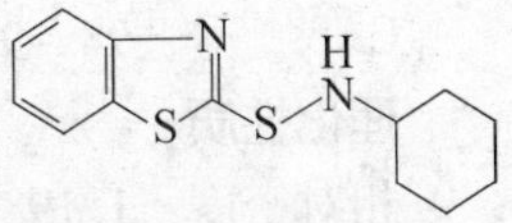

英 文 名：*N*－Cyelohexyl－2－ benzothiazolesulfenamide

别　　名：促进剂；CZ(Benzothiazyl－2－cyclohexylsulfenamide)

相对分子质量：264.40

分 子 式：$C_{13}H_{16}N_2S_2$；$C_6H_4SNCSNHC_6H_{11}$

CAS 号：95－33－0

理化性质

相对密度：1.27　　熔点范围：93～100℃

较纯的工业品为白色或浅灰色粉末。溶于苯、二氯甲烷、四氯化碳、醋酸乙酯、丙酮，微溶于乙醇和汽油，不溶于水。易结团，但不影响性能。长时间受热能逐渐分解。

接触机会

橡胶的优良促进剂。可使用于天然橡胶、再生橡胶、二烯类合成橡胶，尤其适合于丁苯橡胶。在橡胶合成生产中可接触本品。

毒性

本品为橡胶硫化促进剂之一，简称促进剂 CZ。其经口毒性低。给小白鼠灌胃，剂量为400mg/kg，10 只动物中只有 1 只死亡。小鼠经腹腔 LD_{50} 为 36mg/kg。大鼠吸入浓度为 350～380mg/m^3(2h 内 15 次)的粉末时，肺脏仅有轻度形态学改变。

职业危害

对人可产生应变性改变，主要在皮肤的裸露部分出现皮炎。呼吸道黏膜也可受损。

应急处理

皮肤接触：脱去污染的衣着，用肥皂水及清水彻底冲洗。

眼睛接触：立即翻开上下眼睑，立即用流动清水彻底冲洗。就医。

吸　　入：脱离现场至空气新鲜处。就医。

食　　入：误服者给饮足量温水，催吐，就医。

防护措施

（1）产品生产和使用过程中应尽量采用机械化、密闭化，加强局部排风。

（2）采取个体防护措施。

呼吸系统防护：空气中粉尘浓度较高时，应佩戴自吸过滤式防尘口罩。

眼睛防护：戴化学安全防护眼镜。

身体防护：穿紧袖工作服，长筒胶鞋。穿连衣式胶布防毒衣。

手 防 护：必要时戴防化学品手套。戴橡胶手套。

其　　他：工作完毕，淋浴更衣。注意个人清洁卫生。

职业接触限值

中国未制定职业接触限值。

【硝基苯】

$C_6H_5-NO_2$

英 文 名：Nitrobenzene

别　　名：密斑油(Nitrobenzene)；人造苦杏仁油

相对分子质量：123.11

分 子 式：$C_6H_5NO_2$

CAS　号：98－95－3

理化性质

相对密度：1.19867(液体)
　　　　　4.25(气体)

熔　　点：5.70℃

沸　　点：210.85℃

蒸 气 压　0.133kPa(44.4℃)

闪　　点：87.7℃(闭杯)

爆炸极限：1.8%(下限，体积)

自 燃 点：482℃

浅绿黄色结晶或黄色油状液体。溶于乙醇、苯和乙醚，微溶于水。有苦杏仁味。

接触机会

用于制备苯胺、偶氮苯、染料、香料、炸药等。生产、使用、采样分析、储运本品时可接触。

毒性

属高毒类。经呼吸道、消化道及皮肤均可吸收。与苯胺一样由于生成高铁血红蛋白而引起紫绀症，但比苯胺慢，恢复也慢，其毒性比苯胺大。极易经皮肤吸收，吸收率为2mg/(cm^2·h)。

大鼠经口 LD_{50} 为489mg/kg。大鼠经皮 LD_{50} 为2100mg/kg。家兔经眼：500mg/24h，轻度刺激。家兔经皮：500mg/24h，轻度刺激。

职业危害

急性中毒：主要产生高铁血红蛋白血症。可有头痛、头昏、乏力、皮肤黏膜紫绀、手指麻木等症状。严重中毒时，可出现胸闷、呼吸困难、心悸，甚至发生心律紊乱、昏迷、抽搐、呼吸麻痹。有时中毒后，可引起溶血性贫血、黄疸、肝脏肿大、压痛、肝功能异常等。血液应检查高铁血红蛋白和赫恩氏小体，尿中应检查对氨基酚，这样有助于诊断。

离开中毒现场一天后仍有发绀者，个别的数月后也常有再发的情况。愈后可仍有贫血，心脏衰弱、精力减退、神经性疼痛和过敏症者。

慢性中毒：可有神经系统功能性改变，如头痛、头昏、无力、失眠、多梦、记忆力减退等，有慢性溶血时，可出现贫血、黄疸。硝基苯也可引起中毒性肝炎。

职业禁忌

(1)贫血；(2)慢性肝炎；(3)慢性肾炎；(4)血清 G－6－磷酸脱氢酶缺乏症。

应急处理

迅速脱离现场至新鲜空气处，立即脱去污染衣服。

皮肤污染时，用肥皂水和清水彻底清洗。

眼睛污染，提起眼睑，用流动清水或生理盐水冲洗。就医。

保持呼吸道通畅。如呼吸困难，给输氧。如呼吸停止，立即进行人工呼吸。就医，对症处理。

误食：饮足量温水，催吐。就医。

防护措施

(1) 进行工艺改革和技术革新，尽量采用密闭化、机械化、自动化操作外，以无毒或低毒的物质代替有毒物质。

严加密闭，提供充分的局部排风。提供安全淋浴和洗眼设备。加强对生产环境毒物浓度监测。

(2) 个体防护。可能接触其蒸气时，佩戴过滤式防毒面具(半面罩)。紧急事态抢救或撤离时，佩戴空气呼吸器。戴安全防护眼镜。穿透气型防毒服。戴橡胶耐油手套。

工作现场禁止吸烟、进食和饮水。及时换洗工作服。工作前后不饮酒，用温水洗澡。

(3) 定期做好作业场所浓度检测，做好上岗前、在岗期间及离岗的职业健康检查。

职业接触限值

中　国：OELs：　*PC－TWA*　2mg/m^3

美　国：ACGIH TLVs：　*TWA*　1ppm；皮，A3，BEI

OSHA PEL：　*TWA*　1ppm(5mg/m^3)；皮

NIOSH REL：　*TWA*　1ppm(5mg/m^3)；皮

IDLH　200ppm

【2,4,6－三硝基甲苯】

英 文 名：2，4，6－Trinitrotoluene；TNT

别　　名：梯恩梯(Methyltrinitrobenzene)

相对分子质量：227.13

分 子 式：$C_7H_5N_3O_6$；$(NO_2)_3C_6H_2CH_3$

CAS　号：118－96－7

理化性质

相对密度：1.654(结晶)，1.47(熔融)　　沸　点：280℃(爆炸)

熔　点：81.8℃　　蒸 气 压：6.13Pa(82℃)

最重要的一种军用炸药。黄色单斜晶体。无臭、味苦、有毒。不溶于水，溶于乙醇和乙醚。化学稳定性高，不与金属作用。在280℃时爆炸，爆炸力较苦味酸略小，但使用较安全。有吸湿性，在65%相对湿度下吸湿0.05%。

接触机会

用作炸药，俗称黄色炸药。常与富含氧的物质混合后使用，如与硝酸铵混合。

毒性

属高毒类。可经皮肤、呼吸道、消化道进入人体。在生产情况下主要经皮肤和呼吸道侵入。三硝基甲苯(TNT)有亲脂性并很容易吸附于皮肤而经皮肤吸收，尤其高温时会加速吸收。已有因TNT污染皮肤引起严重中毒，甚至死亡的报道。TNT的毒作用主要是对眼晶体、肝脏、血液和神经系统的损害。晶体损害以中毒性白内障为主要表现，一旦形成虽然脱离接触，仍可继续发展。一般认为血循环中的TNT首先使血－前房屏障受损，TNT生成高铁血红蛋白，导致血氧下降，晶状体醣酵解异常，乳酸积聚毒害晶体，也可能由于体内色氨酸和酪氨酸代谢异常产生醌体，从而使晶体的可溶性蛋白发生变性而混浊。

TNT所致的肝损害，主要特点是影响肝内的解毒功能、排泄功能以及糖代谢；也可能是由于TNT与体内氨基酸结合，导致氨基酸缺乏，间接引起肝细胞营养不良性片状坏死。迄今对TNT中毒性肝病尚缺乏特异性的诊断指标。

该毒物对血液的损害，主要是形成高铁血红蛋白血症，并可发生溶血作用。有实验提示，TNT有致突变和致畸的可能性。

职业禁忌

(1) 慢性肝炎；(2)眼晶体状混浊，白内障；(3)贫血。

职业危害

在生产条件下急性中毒少见，慢性中毒多见。

急性中毒：轻度者头晕、头痛、恶心、呕吐、食欲不振、右上腹疼痛，口唇呈蓝紫色可扩展到鼻尖、耳壳、指(趾)端。重度中毒除上述症状加重外，尚有神志不清、呼吸浅表、频速、偶有惊厥，甚至大小便失禁、瞳孔散大，对光反射消失，角膜及腱反射消失。

慢性中毒：眼部主要表现为晶体混浊，发展成为中毒性白内障。胃可出现游离酸缺乏、功能紊乱，胃黏膜萎缩性变化或单纯性胃炎等改变。中毒性肝病表现肝大、压痛、轻度黄疸、肝功能异常。血液系统可见低血色素性贫血，网状红细胞、淋巴细胞、大单核细胞增多，还可能有少量高铁血红蛋白及赫恩氏小体，红细胞大小不等，个别严重者发展成为再生障碍性贫血。心电图可有变化。此外尚出现“TNT”面容。裸露部位出现皮炎及鳞状脱屑。

应急处理

皮肤接触：脱去污染的衣着，用肥皂水和流动清水冲洗。就医。

眼睛接触：立即翻开上下眼睑，用流动清水冲洗15min。就医。

吸　　入：脱离现场至空气新鲜处。保持呼吸道通畅。如呼吸困难，给输氧。如呼吸停止，立即进行人工呼吸。就医。

食　　入：误服者用水漱口，就医。

防护措施

(1) 密闭操作，提供充分的局部排风。提供安全淋浴和洗眼设备。

(2) 采取个体防护措施。

呼吸系统防护：空气中粉尘浓度较高时，应该佩戴自吸过滤式防尘口罩。

眼睛防护：戴化学安全防护眼镜。

身体防护：穿紧袖工作服，长筒胶鞋。

手 防 护：戴橡胶手套。

其　　他：工作现场禁止吸烟、进食和饮水。工作完毕，淋浴更衣。保持良好的卫生习惯。

(3) 定期做好工作场所浓度检测。做好上岗前、在岗期间及离岗职业健康体检工作。

职业接触限值

中　　国：OELs：　*PC－TWA*　0.2mg/m^3；*PC－STEL* 0.5mg/m^3

美　　国：ACGIH TLVs：　*TWA*　0.1mg/m^3；皮，BEI_M

OSHA PEL：　*TWA*　1.5mg/m^3；皮

NIOSH REL：　*TWA*　0.5mg/m^3；皮

IDLH　500mg/m^3

【硝基氯苯】

英 文 名：Chloronitrobenzene

分 子 式：$C_6H_4ClNO_2$

相对分子质量：157.56

有三种异构体：

(1) 3－硝基氯苯

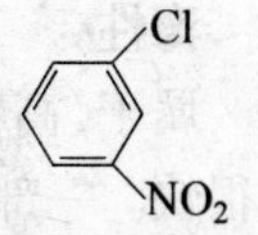

英 文 名：3－Nitrochlorobenzene

别　　名：间氯硝基苯(*m*－Chloronitrobenzene)

CAS　号：121－73－3

理化性质

相对密度：1.534　　沸　　点：236℃

熔　　点：46℃

黄色针状结晶。溶于多数有机溶剂，不溶于水。

接触机会

用于制造染料，石油工业中用于去除荧光。

(2) 2－硝基氯苯

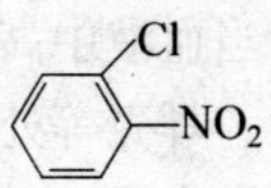

英 文 名：2－Nitrochlorobenzene

别　　名：邻氯硝基苯(*o*－Chloronitrobenzene)

CAS　号：88－73－3

理化性质

相对密度：1.368　　熔　　点：32℃

沸　　点：245.5℃　　　　　　　　　　　　闪　　点：127℃

黄色结晶。溶于乙醇和苯，不溶于水。

接触机会

邻硝基氯苯是重要的有机合成中间体，可衍生多种中间体。在染料工业中用于制黄色基GC，橙色基GR等；在助剂方面用于制造橡胶促进剂M及DM等；在香料工业中用于香草醛的合成；农药工业用于生产托布津和甲基托布津、多菌灵；它也是苯并三氮唑类紫外线吸收剂的原料。也是医药的重要中间体。

(3) 4-硝基氯苯

O_2N–C₆H₄–Cl

英 文 名：4-Nitrochlorobenzene

别　　名：对氯硝基苯(*p*-Chloronitrobenzene)

CAS 号：100-00-5

理化性质

相对密度：1.520　　　　　　　　　　　　沸　　点：242℃

熔　　点：83℃

淡黄色结晶。溶于有机溶剂，不溶于水。

接触机会

用作制备染料(偶氮染料、硫化染料)、医药(非那西丁、扑热息痛)、农药(除草醚)的重要中间体。也可作橡胶防老剂4010等的原料。生产、使用、储存本品或含本品的物料时可接触。

毒性

属于《高毒物品目录》中物质。氯硝基苯可经呼吸道和皮肤侵入体内，而且经皮肤吸收很快。一部分以原形从肺和肾脏排出，大部分被还原为亚硝胺和羟胺衍生物，再降解成邻位或对位氨基苯酚同系物经尿排出。

氯硝基苯是强烈高铁血红蛋白形成剂，引起紫绀。急性毒作用影响中枢神经系统，慢性作用引起溶血性贫血、肝、脾损害。红细胞中可找到海因氏小体。对皮肤和黏膜有刺激作用。饮酒能加强并加速中毒，并能形成过敏症。

氯硝基苯的毒性比硝基苯略大，三种异构体中，以邻位的毒性为最大。小鼠经口LD_{50}：邻位体为135mg/kg，对位体为1414mg/kg。

职业危害

急性中毒：急性氯硝基苯中主要产生高铁血红蛋白血症。此病在发作前不易察觉，只有当血液中高铁血红蛋白的浓度达到15%或以上时才出现紫绀，以口唇、鼻、齿龈、指尖、耳壳等处为最明显。可出现全身症状，如头痛、头昏、乏力、手指麻木、恶心等。严重中毒时，可出现胸闷、胸痛、呼吸困难、心悸，甚至发生心律失常、昏迷、抽搐、呼吸麻痹。初时中毒后，可引起急性溶血性贫血、黄疸、肝脏肿大压痛、肝功能损害等。有的患者治愈后仍有紫绀和急性贫血的复发。

慢性中毒：表现为神经系统功能性改变，如头痛、头昏、乏力、失眠、多梦、记忆力减退等。对于贫血，只能通过记录完整的病史予以查出。长期反复接触可致肝脏损害。

此外，本品对皮肤和黏膜有刺激作用，可产生结膜炎及上呼吸道刺激症状，可引起接触性皮炎。

应急处理

迅速将患者移出中毒现场至新鲜空气处，立即脱去污染衣服，静卧保暖；

皮肤污染，则可用肥皂水和清水彻底清洗。

眼睛接触：立即翻开上下眼睑，用流动清水冲洗15min。就医。

吸　　入：脱离现场至空气新鲜处。保持呼吸道通畅。如呼吸困难，给输氧。如呼吸停止，立即进行人工呼吸。就医。

食　　入：误服者用水漱口，就医。

防护措施

(1) 生产系统应密闭，设置良好的通风排气设施。作业场所设置喷淋洗眼设施。

(2) 采取个体防护措施。

呼吸系统的防护：空气中粉尘浓度较高时，应该佩戴自吸过滤式防尘口罩。

眼睛防护：戴化学安全防护眼镜。

皮肤防护：使用丁基橡胶防护服(手套、套鞋、袖套和围裙)。在工作环境十分恶劣的情况下，采用全封闭不透性的防化学危害防护衣或透气的化学防护服。

注意个人卫生，上班前禁止饮酒，下班后用肥皂进行充分的温水淋浴。

(3) 定期做好工作场所浓度检测。做好上岗前、在岗期间及离岗职业健康体检工作。

职业接触限值

对硝基氯苯：

中　　国：OELs：　　　*PC - TWA*　0.6mg/m^3；皮

美　　国：ACGIH TLVs：*TWA*　0.1mg/m^3；皮，BEI_M

OSHA PEL：*TWA*　1.5mg/m^3；皮

NIOSH REL：*TWA*　0.5mg/m^3；皮

IDLH　500mg/m^3

【硝基苯甲酸】

英 文 名：Nitrobenzoic acid

相对分子质量：167.12

分 子 式：$C_7H_5NO_4$

有三种异构体：

(1) 间硝基苯甲酸

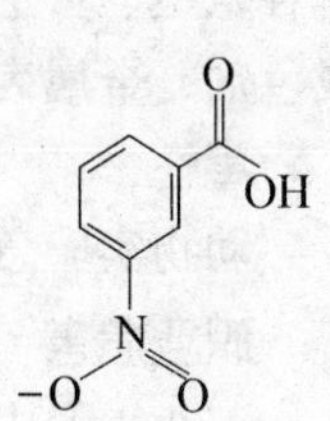

英 文 名：3 - Nitrobenzoic acid

别　　名：间硝基苯甲酸；3 - 硝基苯甲酸

CAS　号：121 - 90 - 6

理化性质

相对密度：1.494　　　　熔　　点：140 ~ 141℃

浅黄色结晶体，易燃。溶于丙酮、氯仿、乙醇和乙醚，微溶于苯、水、二硫化碳及石油醚，较多溶于热水。

接触机会

间硝基苯甲酸主要用于合成血管造影响药－胆影酸等，是用途极广的医药、染料中间体。

本品为感光材料、功能色素、药物的中间体。在医药工业中用来生产胆影酸、醋碘苯酸等。

（2）邻硝基苯甲酸

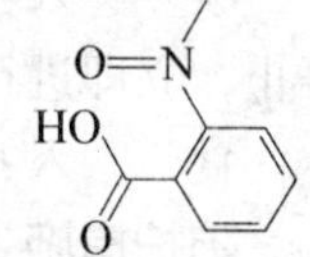

英 文 名：*o*－Nitrobenaoic acid；2－Nitrobenzoic acid

别　　名：2－硝基苯甲酸；*o*－硝基苯甲酸

CAS　号：552－16－9

理化性质

相对密度：1.575　　　　熔　　点：147.7℃

浅黄色结晶体，易燃。易溶于乙醇、乙醚、丙酮、甲醇，溶于氯仿，极微溶于苯和二硫化碳。

接触机会

用作合成染料的中间体。

（3）对硝基苯甲酸

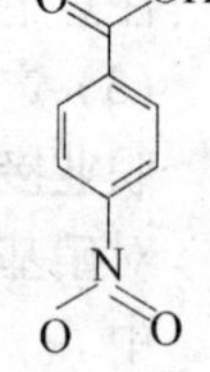

英 文 名：*p*－Nitrobenzoic acid；Nitrodracylic acid；4－Nitrobenzoic acid；1－Carboxy－4－nitrobenzene；*p*－Nitrobenzenecarboxylic acid

别　　名：4－硝基苯甲酸

CAS　号：62－23－7

理化性质

相对密度：1.5497　　　　熔　　点：238℃

浅黄色结晶体，易燃。溶于乙醇、乙醚、氯仿、丙酮、沸水，微溶于苯、二硫化碳，不溶于石油醚。

接触机会

该品是医药、染料、兽药、感光材料等有机合成的中间体。用于生产盐酸普鲁卡因、普鲁卡因胺盐酸盐、对氨甲基苯甲酸、叶酸、苯佐卡因、退嗽、头孢菌素V、对氨基苯甲酰谷氨酸、贝尼尔，以及生产活性艳红M－8B、活性红紫X－2R以及滤光剂、彩色胶片成色剂、金属表面除锈剂、防晒剂等。

毒性

动物实验急性毒性，兔经口 LD_{50} 为＞200mg/kg。对皮肤有刺激作用。

职业危害

工业生产中未见职业中毒报告。

应急处理

皮肤接触：脱去污染的衣着，用流动清水冲洗。

眼睛接触：提起眼睑，用流动清水或生理盐水冲洗。

吸　　入：脱离现场至空气新鲜处。如呼吸困难，给输氧。

食　　入：饮足量温水，催吐。就医。

防护措施

生产过程密闭，加强通风。

呼吸系统防护：空气中粉尘浓度超标时，必须佩戴自吸过滤式防尘口罩。紧急事态抢救或撤离时，应该佩戴空气呼吸器。眼睛防护：戴化学安全防护眼镜。身体防护：穿防毒物渗透工作服。手 防 护：戴橡胶手套。

其他防护：工作现场严禁吸烟。注意个人清洁卫生。

职业接触限值

中国未制订职业接触限值。

【2，4－甲苯二异氰酸酯】

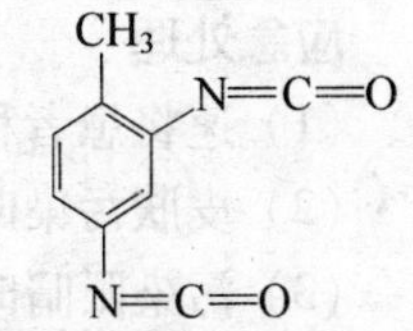

英 文 名：Toluene－2，4－diisocyanate（TDI）

别　　名：二异氰酸甲苯酯；甲苯－2,4－二异氰酸酯

（2,4－Tolylene diisocyanate；

m－Tolylene diisocyanate）

相对分子质量：174.16

分 子 式：$C_9H_6N_2O_7$；$CH_3C_6H_3(NCO)_2$

CAS 号：584－84－9

理化性质

相对密度：	1.22（液体），6.0（气体）	蒸 气 压：	1.33kPa（18℃）
熔　　点：	13.2℃（纯品）	闪　　点：	121℃
沸　　点：	118℃（1.33kPa）	爆炸极限：	0.9%～9.5%（体积）

无色至淡黄色液体。具有强烈刺激性。与水反应产生二氧化碳，溶于乙醚、丙酮和其他有机溶剂。易燃。

接触机会

可用于制合成纤维、泡沫塑料、橡胶、涂料和黏胶剂等。除单独使用外，也可与2,6－甲苯二异氰酸酯以80∶20或65∶35的混合物用于生产硬质和软质聚氨基甲酸酯泡沫塑料等。

毒性

属于《高毒物品目录》中物质。有明显的刺激和致敏作用，能强烈刺激眼和呼吸道，引起哮喘样疾病。刺激皮肤，可能使皮肤过敏，但不能经无损皮肤进入体内。本品蒸气多引起深呼吸道弥散性损害，气溶胶则多引起深呼吸道局灶性损害。

TDI引起的支气管哮喘，可能是因异氰基团与体内蛋白质的氨基结合后生成异性蛋白，成为抗原物质，引起变态反应，故致敏者即使吸入极低浓度本品，也可引起哮喘样发作。

大鼠经口 LD_{50} 为5800mg/kg，小鼠为1365mg/kg。

大鼠吸入 LC_{50} 为95.76mg/m^3，小鼠为69.84mg/m^3（均为4h）。

职业危害

（1）哮喘性支气管炎：人体接触高浓度TDI时，可发生眼和上呼吸道的刺激症状。眼部有辛辣痛感、流泪、发痒、视觉模糊和结膜充血等，并有咽喉干燥、剧烈咳嗽、胸闷、呼吸困难等症状。一般夜间加剧，患者不能平卧。肺部听诊可闻及哮鸣音及湿啰音。严重者出现紫绀、肺水肿、心血管机能变化和昏迷。

(2) 支气管哮喘：部分工人一次或数次急性中毒后产生过敏，以后即使接触极微量，也能引起典型的哮喘发作，发作前可有一定潜伏期。周围血象中可有嗜酸粒细胞增多。

少数患者在严重中毒、恢复不彻底或反复发作后，发展为慢性支气管炎、支气管扩张、肺气肿，严重者导致肺功能不全、慢性肺源性心脏病。人刺激阈浓度为0.5ppm。

(3) 慢性作用：有报道部分工人的呼吸道慢性病变、慢性结膜炎、植物神经-血管调节障碍等发病率升高，皮肤试验阳性。

(4) 皮肤：本品对皮肤的刺激性较小。接触局部可发生皮炎，也可引起过敏性皮炎。

职业禁忌

(1) 致喘物过敏和支气管哮喘；(2)伴肺功能损害的心血管及呼吸系统疾病。

应急处理

(1) 速将患者移离现场到空气新鲜处。脱去污染的衣服，注意保暖，安静。

(2) 皮肤污染时用肥皂水和清水冲洗皮肤。

(3) 污染眼睛时用清水或生理盐水充分冲洗，至少20min。就医，再按眼科治疗原则处理。

(4) 呼吸困难时给氧，必要时用合适的呼吸器进行人工呼吸。立即就医。

防护措施

(1) 本品挥发性较大，注意密闭，采取局部和全面通风措施。

(2) 加热本品时，温度尽可能不要太高；可使用水蒸气使空气中本品迅速水解。

(3) 本品溢出或洒落，可用热水、5%~10%的氨水、异丙醇洗刷清除。扫除的原料及产品不可焚烧。

(4) 提供淋浴和洗眼设施。

(5) 注意个人防护。穿防毒物渗透工作服，戴橡胶手套和防护眼镜，防止皮肤接触及原液溅入眼内。浓度超标时，佩戴过滤式防毒口罩或面具。应急救援时，佩戴空气呼吸器。

(6) 工作后应洗澡。经常换洗工作服及内衣。皮肤被污染后即时洗去。工作场所禁止饮食、吸烟。

(7) 对工人进行上岗前和定期职业健康体检，作系统肺功能测定。

职业接触限值

中　国：OELs：　*PC-TWA*　$0.1mg/m^3$

PC-STEL　$0.2mg/m^3$；敏，G2B

美　国：ACGIH TLVs：　*TWA*　0.001ppm；*STEL*　0.003ppm；皮，BEI，A3

OSHA PEL：　*TWA*　0.02ppm($0.14mg/m^3$)

NIOSH REL：　*TWA*　Ca

IDLH　2.5ppm；Ca

【二苯基甲烷二异氰酸酯】

英 文 名：Diphenylmethane-4,4′-diisocyanate；Methylene bisphenyl isocyanate(MDI)

别　　名：4，4′-二苯基甲烷二异氰酸酯

相对分子质量：250.25

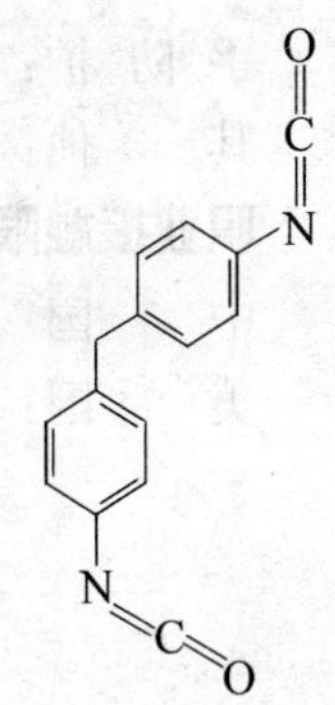

分 子 式：$C_{15}H_{10}N_2O_2$；$CH_2(C_6H_4NCO)_2$

CAS 号：101－68－8

理化性质

相对密度：1.197(液体)，8.64(气体)

熔 点：40～41℃

沸 点：190℃

凝 固 点：37.2℃

蒸 气 压：0.067Pa(25℃)

亮黄色熔融固体。溶于丙酮、苯、煤油和硝基苯。易燃。

接触机会

用作聚氨酯泡沫塑料、橡胶、纤维、涂料等的原料。生产、使用、储存及分析化验时可接触本品。

毒性

本品对人体黏膜有强烈刺激作用，毒性较其他异氰酸酯弱，加热到60℃有大量蒸气逸出，能增强毒性效应。

小鼠和大鼠1次吸入(400mg/m³ 浓度)，可耐受2h而无症状；次日重复暴露时，有部分动物死亡；再重复暴露时全部死亡。150mg/m³ 下暴露2h，随后的8天中，小鼠100%死亡，大鼠40%死亡。死因为气管炎、支气管炎、阻塞性小支气管炎及弥漫性肺炎。

小鼠吸入 LC_{100} 为 400mg/m³ ×2h×3 日，大鼠 LC_{50} 为 15ppm/2h/日×8 日。

职业危害

本品挥发性较低，在常温下不会形成中毒浓度，温度超过60℃时，才会有大量蒸气逸出。

人体吸入较大量MDI雾滴，过1～2h后出现阵发性咳嗽、胸闷、胸骨后痛、呼吸困难、头痛、眼痛和嗅觉丧失，严重者可发生支气管炎和弥漫性肺炎。

有介绍接触MDI的工人发生支气管哮喘。长期吸入MDI蒸气，可在人体发现相应抗体，但对人的致敏作用不明显。工人在加工MDI时，空气浓度为2.08mg/m³，工作6年未引起疾病。

应急处理

皮肤接触：脱去污染的衣着，用流动清水冲洗。

眼睛接触：提起眼睑，用流动清水或生理盐水冲洗。就医。

吸 入：迅速脱离现场至空气新鲜处。保持呼吸道通畅。如呼吸困难，给输氧。如呼吸停止，立即进行人工呼吸。就医。

食 入：饮足量温水，催吐。就医。

防护措施

(1) 严加密闭，提供充分的局部排风和全面通风。

(2) 注意个人防护，避免措施

呼吸系统防护：0.5mg/m³ 及以上应该佩戴全面罩供气式空气呼吸器。

眼睛防护：呼吸系统防护中已作防护。

身体防护：穿胶布防毒衣。

手 防 护：戴橡胶手套。

其　　他：工作现场禁止吸烟、进食和饮水。工作完毕，彻底清洗。

职业接触限值

中　　国：OELs：　　　　*PC－TWA*　0.05mg/m³；*PC－STEL*　0.1mg/m³

美　　国：ACGIH TLVs：　*TWA*　0.005ppm

OSHA PEL：　*C* 0.2mg/m³(0.02ppm)

NIOSH REL：　*TWA*　0.05mg/m³(0.005ppm)；*C* 0.2mg/m³(0.02ppm)

IDLH　75mg/m³

五、其他芳香族化合物

【氯苯】

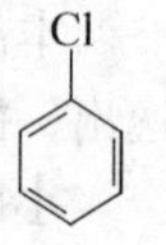

英 文 名：Chlorlbenzene

别　　名：一氯代苯(Monochlorobenzen)

相对分子质量：112.56

分 子 式：C_6H_5Cl

CAS　号：108－90－7

理化性质

相对密度：1.10(液体)，3.9(气体)

熔　　点：－45.2℃

沸　　点：132.2℃

蒸 气 压：1.33kPa(20℃)

闪　　点：28℃

爆炸极限：1.3%～9.6%(体积)

自 燃 点：590℃

无色透明液体，具有不愉快的苦杏仁味，易挥发。不溶于水，溶于乙醇、乙醚、氯仿、二硫化碳、苯等多数有机溶剂。

接触机会

氯苯可用于电子工业产品和原料的检验。用作洗涤、醋酸纤维素、人造树脂、油类、脂类的溶剂。用于生产苯胺、杀虫剂、酚及氯代硝基苯。还可用于制造油漆、橡胶助剂和快干墨水。氯苯还是制造染料、有机合成和许多农药的中间体。从事氯苯生产或使用氯苯的企业，以及在运输等过程中，由于操作和管理失误，均可大量接触。

毒性

属低毒类。急性毒性：LD_{50}　2290mg/kg(大鼠经口)；1445mg/kg(小鼠经口)

亚急性和慢性毒性：动物亚急性毒性反应有肺、肝、肾病理组织学改变。

职业危害

主要经呼吸道吸收，也可经胃肠道和皮肤吸收。

对中枢神经系统有抑制和麻醉作用；对皮肤和黏膜有刺激性，氯苯所致血液和造血系统的损害远比苯的影响轻。

急性中毒：主要发生于密闭的作业场所，主要表现为眼鼻黏膜刺激症状和口干、恶心等，接触较高浓度可引起麻醉症状，甚至昏迷。脱离现场，积极救治后，可较快恢复，但数日内仍有头痛、头晕、无力、食欲减退等症状。液体对皮肤有轻度刺激性，但反复接触，则起红斑或有轻度表浅性坏死。

慢性影响：常有眼痛、流泪、结膜充血；早期有头痛、失眠、记忆力减退等神经衰弱症状；长期接触可引起中毒性肝炎，个别可发生肾脏损害。

应急处理

皮肤接触：脱去被污染的衣着，用肥皂水和清水彻底冲洗皮肤。就医。

眼睛接触：提起眼睑，用流动清水或生理盐水冲洗。就医。

吸　　入：迅速脱离现场至空气新鲜处。保持呼吸道通畅。如呼吸困难，给吸氧。如呼吸停止，立即进行人工呼吸等一般急救措施和对症处理。

防护措施

（1）密闭操作，加强排风。提供安全淋浴和洗眼设备。

（2）采取个体防护措施。

呼吸系统防护：空气中浓度超标时，操作者应佩戴自吸过滤式防毒面具(半面罩)。

眼睛防护：一般不需要特殊防护，高浓度接触时可戴化学安全防护眼镜。

身体防护：穿防毒物渗透工作服。

手 防 护：戴橡胶手套。

其　　他：工作现场禁止吸烟、进食和饮水。工作毕，淋浴更衣。保持良好的卫生习惯。

（3）定期检测作业场所的浓度。对从业人员定期进行职业健康监护，若出现中毒性类神经症，贫血或肝功能异常者，应进一步查明原因。

职业接触限值

中　　国：OELs：　*PC－TWA*　50mg/m³；

美　　国：ACGIH TLVs：　*TWA*　10ppm；A3，BEI

OSHA PEL：　*TWA*　75ppm（350mg/m³）

IDLH　1000ppm

【溴苯】

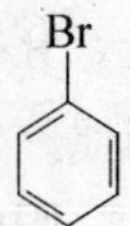

英 文 名：Bromobenzenne

相对分子质量：157.01

分 子 式：C_6H_5Br

CAS　号：108－86－1

理化性质

相对密度：1.499(液体)，5.41(气体)　　闪　　点：51.1℃

熔　　点：－30.5℃　　爆炸极限：1.6%(下限，体积)

沸　　点：156.6℃　　自 燃 点：566℃

蒸 气 压：1.33kPa(40℃)

无色易流动的液体。有刺激性气味。与多数有机溶剂混溶，不溶于水，易燃。

接触机会

用于溶剂、分析试剂和有机合成等。

毒性

属低毒类。抑制动物生长，并引起动物肝脏坏死(可能由于与含硫氨基酸中的巯基结合之故。)动物慢性中毒实验时可被含硫氨基酸所拮抗。

急性毒性：LD_{50}　2699mg/kg（大鼠经口）；LC_{50}　20411mg/m^3(大鼠吸入)

亚急性毒性：大鼠吸入20mg/m^3，4个半月，见生长抑制，抑制神经系统功能；肝功能紊乱，血清和肝脏匀浆中巯基基团下降，血清白蛋白浓度降低。

致突变性：微核试验：小鼠腹腔120mg/kg，24h。姊妹染色单体交换：仓鼠卵巢500mg/L。

职业危害

吸入、食入、经皮吸收。

吸入本品蒸气或雾刺激上呼吸道，引起咳嗽、胸部不适。高浓度吸入有麻醉作用。液体或雾对眼睛有刺激性。较长时间接触对皮肤有刺激性。口服引起恶心、呕吐、腹痛、腹泻、头痛、迟钝、中枢神经系统影响，甚至发生死亡。

应急处理

皮肤接触：脱去被污染的衣着，用肥皂水和清水彻底冲洗皮肤。就医。

眼睛接触：提起眼睑，用流动清水或生理盐水冲洗。就医。

吸　　入：迅速脱离现场至空气新鲜处。保持呼吸道通畅。如呼吸困难，给输氧。如呼吸停止时，立即进行人工呼吸。就医。

食　　入：饮足量温水，催吐。就医。

防护措施

（1）密闭操作，局部排风。提供安全淋浴和洗眼设备。

（2）个体防护

呼吸系统防护：空气中浓度超标时，应该佩戴自吸过滤式防毒面具(半面罩)。紧急事态抢救或撤离时，建议佩戴空气呼吸器。

眼睛防护：戴化学安全防护眼镜。

身体防护：穿防毒物渗透工作服。

手 防 护：戴橡胶手套。

其　　他：工作现场禁止吸烟、进食和饮水。工作毕，淋浴更衣。保持良好的卫生习惯。

职业接触限值

中国未制订职业接触限值。

【苯磺酰氯】

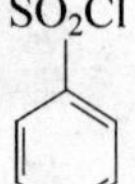

英 文 名：Benzenesulfonyl chloride

别　　名：氯化苯磺酰；氯磺苯(Benzenesulfonyl chloride；Benzenesulfonyl acid chloride)

相对分子质量：176.62

分 子 式：$C_6H_5SO_2Cl$

CAS　号：98-09-9

理化性质

相对密度：1.384（液体）　　沸　　点：251.5℃

熔　　点：14.5℃

无色油状液体。不溶于冷水，溶于乙醚，易溶于乙醇、苯。化学性质相当稳定。

接触机会

本品用于制磺酰胺磺胺药物等有机合成，也用于鉴定各种胺类。在上述生产使用过程中均有接触本品的机会。

毒性

属低毒类。具有强烈的黏膜刺激作用和致敏作用。灌胃时的 LD_{50} 大白鼠为1.96g/kg，豚鼠为0.83 g/kg，家兔为2.4 g/kg。

职业危害

工作场所本品浓度为0.004～0.124mg/L时，可有眼睛及呼吸道黏膜刺激。急性中毒时，除黏膜刺激症状外，还表现为呕吐、血压下降、心脏传导障碍、支气管痉挛、肝脏损害。皮肤接触，引起水肿、炎症、全身荨麻疹。特异抗体的发现证明本品具有致敏作用。

应急处理

皮肤接触：脱去污染的衣着，用肥皂水和流动清水彻底冲洗皮肤。若有灼伤，对症处理。

眼睛接触：立即提起眼睑，用大量流动清水或生理盐水彻底冲洗至少15min。就医。

吸　　入：迅速脱离现场至空气新鲜处。保持呼吸道通畅。如呼吸困难，给输氧。如呼吸停止，立即进行人工呼吸。并给予吸氧、镇咳、解痉、止吐、抗过敏等对症治疗。

食　　入：患者清醒时立即用水漱口，给饮牛奶或蛋清。对症处理。

防护措施

（1）对本品过敏者应及时调离本作业岗位。

（2）生产过程密闭操作，局部排风。提供安全淋浴和洗眼设备。

（3）采取个人防护措施。

呼吸系统防护：空气中浓度较高时，必须佩带防毒面具。紧急事态抢救或逃生时，佩戴自给式呼吸器。

眼睛防护：戴化学安全防护眼镜。

身体防护：穿防毒物渗透工作服。

手 防 护：戴橡胶耐油手套。

其　　他：工作现场严禁吸烟。工作完毕，淋浴更衣。

职业接触限值

中国未制订职业接触限值。

【苯硫酚】

英 文 名：Benzenethiol；Thiophenol；Phenyl mercaptan

别　　名：苯基硫醇；巯基苯；硫代苯酚

相对分子质量：110.18

SH

分 子 式：C_6H_6S；C_6H_5SH

CAS 号：108－98－5

理化性质

相对密度：1.0766(20℃，液体)　　闪 点：50℃

3.8(气体)　　折 射 率：1.5893

熔 点：－14.8℃　　饱和蒸气压：1.33kPa(46.4℃)

沸 点：168.3℃

无色至浅黄色液体，有臭气味，显弱酸性。气体有窒息性。在空气中易氧化。巯基中的氢容易被金属取代。最好保存于氮气中。可燃，受热分解或接触酸类放出有毒的硫化物气体，有腐蚀性。不溶于水，溶于乙醇、苯、二硫化碳，与乙醚混溶。

接触机会

农药、医药原料，以及生产共聚剂、橡胶再生剂、聚氯乙烯稳定剂、乳液聚合引发剂；黏接剂及感光剂的原料；染料中间体及有机合成中间体等。在苯硫酚的生产、使用、运输、采样分析等过程中，均可有接触机会。

毒性

小鼠皮下注射 LD_{50}2.15mg/kg。大鼠经口 LD_{50} 46.2mg/kg；兔经皮 134mg/kg，刺激性。大鼠吸入 LC_{50}149mg/m^3，4h。

职业危害

对眼睛、黏膜、呼吸道及皮肤有强烈的刺激作用，吸入后可引起喉、支气管痉挛、水肿，化学性肺炎、肺水肿而致死。中毒表现有烧灼感、咳嗽、喘息、喉炎、气短、头痛、恶心和呕吐。

应急处理

皮肤接触：立即脱去被污染的衣着，用大量流动清水冲洗，至少 15min。就医。

眼睛接触：立即提起眼睑，用大量流动清水或生理盐水彻底冲洗至少 15min。就医。

吸 入：迅速脱离现场至空气新鲜处。保持呼吸道通畅。如呼吸困难，给输氧。如呼吸停止，立即进行人工呼吸。就医。

食 入：误服者用水漱口，给饮牛奶或蛋清。就医。

防护措施

(1) 密闭生产，设全面及局部通风设施。作业场所提供淋浴及洗眼设施。

(2) 采取个体防护措施。

呼吸系统防护：可能接触其蒸气时，必须佩戴自吸过滤式防毒面具(全面罩)。紧急事态抢救或撤离时，佩戴空气呼吸器。

眼睛防护：呼吸系统防护中已作防护。

身体防护：穿胶布防毒衣。

手 防 护：戴橡胶手套。

其 他：工作现场禁止吸烟、进食和饮水。工作毕，彻底清洗。单独存放被毒物污染的衣服，洗后备用。保持良好的卫生习惯。

职业接触限值

中国未制订职业接触限值。

美　　国：ACGIH TLVs：*TWA*　0.1ppm；皮

NIOSH REL：*C*　0.1ppm（0.5mg/m^3）(15min)

【二硫化二苄】

英 文 名：Dibenzyl disulfide

别　　名：二苄基二硫；Benzyl disulfide

相对分子质量：246.38

分 子 式：$C_{14}H_{14}S_2$；$C_6H_5CH_2SSCH_2C_6H_5$

CAS　号：150－60－7

理化性质

熔　　点：70～72℃

粉色固体，溶于多数有机溶剂，极微溶于水。易燃。

接触机会

用作抗氧剂及稳定剂。

毒性

属中等以下毒性。其工艺所需原材料有氯气、硫化碱、硫磺粉、乙醇等。接触者有恶心、乏力、食欲下降，可以恢复。

职业危害

接触者有恶心、乏力、食欲下降，可以恢复。

应急处理

皮肤接触：脱去污染的衣着，用流动清水冲洗。

眼睛接触：提起眼睑，用流动清水或生理盐水冲洗。就医。

吸　　入：脱离现场至空气新鲜处。如呼吸困难，给输氧。就医。

食　　入：饮足量温水，催吐。就医。

防护措施

(1) 密闭操作，局部排风。

(2) 采取个人防护措施。

呼吸系统防护：空气中粉尘浓度超标时，建议佩戴自吸过滤式防尘口罩。紧急事态抢救或撤离时，应该佩戴空气呼吸器。

眼睛防护：戴化学安全防护眼镜。

身体防护：穿防毒物渗透工作服。

手 防 护：戴乳胶手套。

其　　他：工作完毕，淋浴更衣。保持良好的卫生习惯。

职业接触限值

中国未制订职业接触限值。

【水杨醛】

CHO

OH

英 文 名：Salicylaldehyde

别　　名：邻羟基苯甲醛（Salicylal；Dehyde；*o*－Hydroxybenzaldehyde）

相对分子质量：122.12

分 子 式：$C_7H_6O_2$；HOC_6H_4CHO

CAS 号：90-02-8

理化性质

熔 点：-7℃　　相对密度：1.165~1.172(液体)

沸 点：196℃　　闪 点：77.7℃

蒸 气 压：0.13kPa (33℃)　　易燃易爆性：可燃

无色或暗红色油状液体，有苦杏仁味，溶于乙醇、乙醚和苯，微溶于水，易燃。与硫酸作用呈橘红色，与金属离子形成有色螯环配合物；遇三氧化铁呈紫色。

接触机会

用作分析试剂、香料、汽油添加剂及用于有机合成。本品的生产、使用、运输、采样分析等过程中，均可有接触机会。

毒性

属低毒类。急性毒性：LD_{50} 520mg/kg(大鼠经口)；3000mg/kg(兔经皮)。对大鼠皮下注射最低致死剂量为1.0g/kg。遇高温、明火、氧化剂燃烧时散发出有毒气体。

职业危害

本品对呼吸道有刺激性，吸入后引起咳嗽、胸痛。对眼和皮肤有刺激性。

应急处理

皮肤接触：立即脱去被污染的衣着，用肥皂水和清水彻底冲洗皮肤。

眼睛接触：提起眼睑，用流动清水或生理盐水冲洗，就医。

吸 入：迅速脱离现场至空气新鲜处。保持呼吸道通畅。如呼吸困难，给输氧。如呼吸停止，立即进行人工呼吸。就医。

食 入：饮足量温水，催吐，就医。

防护措施

呼吸系统防护：可能接触其蒸气时，必须佩戴自吸过滤式防毒面具(半面罩)。紧急事态抢救或撤离时，佩戴空气呼吸器。

眼睛防护：戴化学安全防护眼镜。

身体防护：穿透气型防毒服。

手 防 护：戴防化学品手套。

其 他：工作现场禁止吸烟、进食和饮水。工作毕，沐浴更衣。单独存放被毒物污染的衣服。洗后备用。注意个人清洁卫生。

职业接触限值

中国未制订职业接触限值。

D 杂环化合物

【苯并三氮唑】

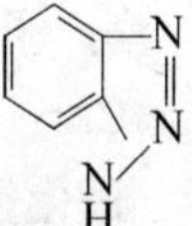

英 文 名：1,2,3 – Benzotriazole；Aziminobenzene

别　　名：苯并三氮杂茂 ；苯并三唑；苯三氮唑；BTA

相对分子质量：119.13

分 子 式：$C_6H_5N_3$

CAS　号：95 – 14 – 7

理化性质

熔　　点：90 ~ 100℃，在 98 ~ 100℃升华

沸　　点：201 ~ 204℃(2.0kPa)

白色至亮棕褐色结晶粉末。微溶于水，溶于乙醇和苯。

接触机会

可用作环氧树脂固化剂，也可用作塑料稳定剂。

职业危害

本品可经皮肤吸收或吸入粉尘引起中毒，其粉尘对呼吸道作用可引起鼻炎、支气管炎、经常发热、特有的喘息以及由于气管炎症而引起的迷走神经紧张等症状。

应急处理

皮肤接触：脱去污染的衣着，用流动清水冲洗。

眼睛接触：提起眼睑，用流动清水或生理盐水冲洗。就医。

吸　　入：脱离现场至空气新鲜处。如呼吸困难，给输氧。就医。

食　　入：饮足量温水，催吐。就医。

防护措施

严加密闭，提供充分的局部排风。提供安全淋浴和洗眼设备。

呼吸系统防护：空气中粉尘浓度超标时，佩戴自吸过滤式防尘口罩。紧急事态抢救或撤离时，应该佩戴空气呼吸器。

眼睛防护：戴安全防护眼镜。

身体防护：穿防毒物渗透工作服。

手 防 护：戴橡胶手套。

其　　他：工作现场禁止吸烟、进食和饮水。及时换洗工作服。工作前后不饮酒，用温水洗澡。

职业接触限值

中国未制订职业接触限值。

【糠醛】

英 文 名：Furfural；2 – Furaldehyde

别　　名：呋喃甲醛

相对分子质量：96.08

分 子 式：$C_5H_4O_2$；C_4H_3OCHO

CAS　号：98 –01 –1

CH—CH
‖　　‖
CH　CCHO
 \ O /

理化性质

相对密度：1.1598（液体）
　　　　　3.31（气体）

熔　　点：–36.5℃

沸　　点：161.7℃

蒸 气 压：0.333 kPa（25℃）

自 燃 点：392℃

闪　　点：60℃（闭杯）

爆炸极限　2.1% ~19.3%（体积）

无色至黄色液体，有杏仁样的气味。在光、热空气和无机酸的作用下颜色很快变成黄褐色，并发生树脂化。工业品是褐色液体。微溶于冷水，溶于热水、乙醇、乙醚和苯。易与空气一同挥发。蒸汽与空气一同形成爆炸性混合物。

接触机会

常用作润滑油精制溶剂，以及作为合成香料、糠醇、四氢呋喃的中间体。

毒性

属中等毒类。为神经毒物，对皮肤黏膜有刺激作用，经呼吸道吸入后有麻醉作用。动物吸入后产生呼吸道刺激，引起兴奋、共济失调、呼吸困难、肺水肿和肝脏损害，血中可见白细胞、血红蛋白、血小板下降。

以0.5 ~1g每日染毒4h，动物在1个月内死亡，肝脏有明显损害。

糠醛易经皮吸收，引起肝、肾变化，中枢神经系统损害，呼吸中枢麻痹以致死亡。

急性毒性：LD_{50}　65mg/kg（大鼠经口）；LC_{50}　153ppm 4h（大鼠吸入）；人经口最小致死剂量为500mg/kg。

亚急性和慢性毒性：狗吸入507mg/m^3，6h/d，5天/周，肝脂肪变性；致突变性：微粒体致突变：鼠伤寒沙门氏菌7μL/皿。细胞遗传学分析：仓鼠卵巢2500μmol/L。

职业危害

经口经皮肤或急性吸入均可引起急性中毒，表现有呼吸道刺激、肺水肿、肝损害、中枢神经系统损害、呼吸中枢麻痹，以致死亡。

高浓度接触本品时可引起角膜、结膜和眼睑损害，但能迅速痊愈。

慢性作用：工人接触7.4 ~52.7mg/m^3 糠醛3个月，出现黏膜刺激症状、流泪、头痛、舌麻木、呼吸困难。长期接触还可出现手、足皮肤染有黄色、皮炎、湿疹及慢性鼻炎，伴嗅觉减退等。

人嗅觉阈1 ~1.5mg/m^3。

应急处理

皮肤接触：脱去污染的衣着，用肥皂水及清水彻底冲洗。

眼睛接触：立即翻开上下眼睑，用流动清水或生理盐水冲洗。就医。

吸　　入：脱离现场至空气新鲜处。保暖并休息。必要时进行人工呼吸。呼吸困难时给输氧。就医。

食　　入：误服立即漱口，饮足量温水，催吐。就医。

防护措施

工程控制：密闭操作，局部排风。提供安全淋浴和洗眼设备。

呼吸系统防护：高浓度环境中，应该佩戴防毒面具。紧急事态抢救或撤离时，佩戴自给式呼吸器。

眼睛防护：戴化学安全防护眼镜。

身体防护：穿防静电工作服。

手 防 护：戴橡胶手套。

其　　他：工作现场禁止吸烟、进食和饮水。工作完毕，彻底清洗。单独存放被毒物污染的衣服，洗后再用。保持良好的卫生习惯。

职业接触限值

中　　国：OELs　　*PC－TWA*　5mg/m³；皮

美　　国：ACGIH TLVs：　*TWA*　2ppm(7.9mg/m³)；皮

OSHA PEL：　*TWA*　5ppm(20mg/m³)；皮

IDLH　100ppm

【2－吡咯烷酮】

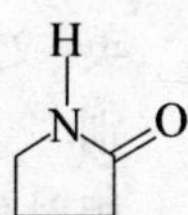

英 文 名：2－Pyrrolidone；Butyrolactam

别　　名：2－吡咯酮；α－吡咯烷酮；4－丁内酰胺；2－酮吡咯啶

相对分子质量：85.11

分 子 式：C_4H_7NO；$CH_2CH_2CH_2C(O)NH$

CAS 号：616－45－5

理化性质

相对密度：1.120(液体)　　自 燃 点　145℃

熔　　点：24.6℃　　闪　　点：129.4℃(开杯)

沸　　点：245℃　　黏　　度：13.3mPa·s(25℃)

饱和蒸气压：1.33kPa(122℃)　　折 射 率：1.4806

浅黄色液体，高沸点防腐剂。易燃。高温分解出氧化氮气体，能与氧化剂发生反应。溶于水、乙醇、乙醚、氯仿、苯、乙酸乙酯、二硫化碳等。

接触机会

用作增塑剂、聚合剂、杀虫剂等的溶剂。

毒性

属中等毒类。大鼠经口 LD_{50} 为328mg/kg。

职业危害

摄入、吸入或经皮吸收对身体有害。其蒸气和气溶胶对眼睛、黏膜、呼吸道、皮肤有刺激作用。

应急处理

皮肤接触：脱去污染的衣着，用肥皂水及清水彻底冲洗。

眼睛接触：立即翻开上下眼睑，用流动清水或生理盐水冲洗。就医。

吸　　入：脱离现场至空气新鲜处。保暖并休息。必要时进行人工呼吸。呼吸困难时给输氧。就医。

食　　入：误服立即漱口，饮足量温水，催吐。就医。

防护措施

工程控制：密闭操作，局部排风。提供安全淋浴和洗眼设备。

呼吸系统防护：高浓度环境中，应该佩戴防毒面具。紧急事态抢救或撤离时，佩戴自给式呼吸器。

眼睛防护：戴化学安全防护眼镜。

身体防护：穿防静电工作服。

手 防 护：戴橡胶手套。

其　　他：工作现场禁止吸烟、进食和饮水。工作完毕，彻底清洗。单独存放被毒物污染的衣服，洗后再用。保持良好的卫生习惯。

职业接触限值

中国未制订职业接触限值。

【三聚氰酸】

有两种互变异构体。

英 文 名：Cyanuric acid

别　　名：氰尿酸

相对分子质量：129.07

分 子 式：$C_3H_3N_3O_3$；HNCONHCONHCO

CAS　号：108－80－5

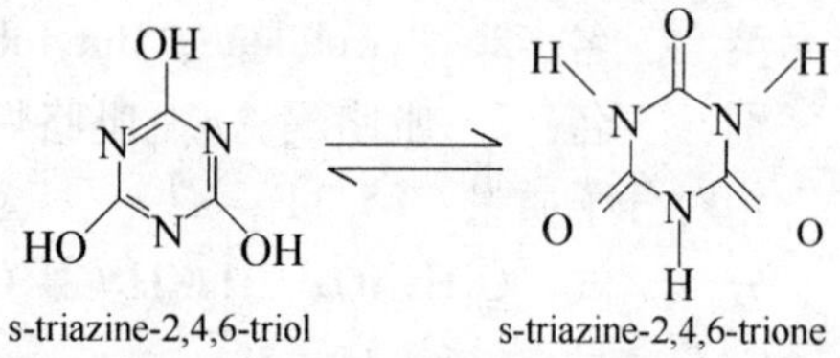

s-triazine-2,4,6-triol ⇌ s-triazine-2,4,6-trione

理化性质

相对密度：1.768

失水温度：150℃（$-2H_2O$）

熔　　点：>360℃

无色、无臭、略带苦味的晶体。溶于浓硫酸和其他热无机酸，稍溶于水和乙醇。受热时发生解聚作用，生成氰酸。与五氯化磷作用生成氰尿。

接触机会

用于合成氯代衍生物、三氯异氰尿酸、二氯异氰尿酸钠或钾、用于合成氰尿酸－甲醛树脂、环氧树脂、抗氧剂、涂料、黏合剂、农药除草剂、金属氰化缓蚀剂、高分子材料改性剂等；用于药物卤三羟嗪的生产。

毒性

属微毒类。动物经口毒性很低，中毒表现与氰化物不同，当大剂量时，大部分以原型排出。

大鼠、兔经口纳入10g/kg无症状，用6.8%浓度喂饲6个月，大鼠出现体重下降，部分死亡，死因可能是肾小管扩张。

其水溶液和单钠盐无刺激。用0.68%溶液涂兔皮肤共3个月未见病理变化，浓度为0.68%时仅有肾小管扩张。

职业危害

生产条件下未见中毒报道。

应急处理

皮肤接触：脱去污染的衣着，用肥皂水及清水彻底冲洗。

眼睛接触：立即翻开上下眼睑，用流动清水或生理盐水冲洗。就医。

吸　　入：脱离现场至空气新鲜处。保暖并休息。必要时进行人工呼吸。呼吸困难时给输氧。就医。

食　　入：误服立即漱口，饮足量温水，催吐。就医。

防护措施

工程控制：密闭操作，局部排风。提供安全淋浴和洗眼设备。

呼吸系统防护：高浓度环境中，应该佩戴防毒面具。紧急事态抢救或撤离时，佩戴自给式呼吸器。

眼睛防护：戴化学安全防护眼镜。

身体防护：穿防静电工作服。

手 防 护：戴橡胶手套。

其　　他：工作现场禁止吸烟、进食和饮水。工作后，彻底清洗。单独存放被毒物污染的衣服，洗后再用。保持良好的卫生习惯。

职业接触限值

中国未制订职业接触限值。

【三聚氰胺(密胺)】

英 文 名：Melamine；2,4,6 – Triamino symtriazine

别　　名：2,4,6 – 三氨基均三嗪

相对分子质量：126.15

分 子 式：$C_3H_6N_6$；$NH_2CNC(NH_2)NC(NH_2)N$

CAS 号：108 – 78 – 1

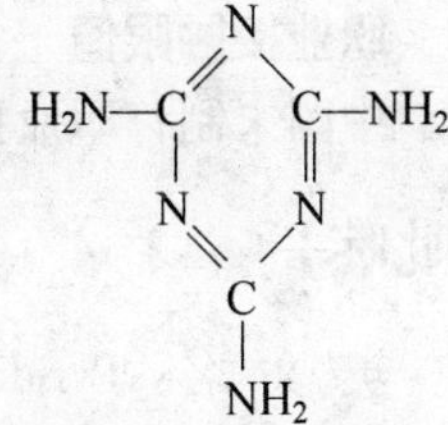

理化性质

密　　度：1.573g/cm³　　蒸 气 压：6.66kPa

熔　　点：354℃(升华)

白色、单斜晶体，>300℃升华，不溶于水，难溶于乙二醇、甘油、吡啶，极少溶于乙醇，不溶于乙醚、苯、四氯化碳。不燃。

接触机会

三聚氰胺是一种用途广泛的基本有机化工中间产品，最主要的用途是作为生产三聚氰胺甲醛树脂(MF)的原料。三聚氰胺还可以作阻燃剂、减水剂、甲醛清洁剂等。该树脂硬度比脲醛树脂高，不易燃，耐水、耐热、耐老化、耐电弧、耐化学腐蚀，有良好的绝缘性能、光泽度和机械强度，广泛应用于木材、塑料、涂料、造纸、纺织、皮革、电气、医药等行业。

毒性

属低毒类。大白鼠吸入 80 ~ 100mg/m³每日 2h，每周 6 次，连续 4 个月以上，出现体重增加延缓，中枢神经系统及肾功能紊乱，肺内炎性改变等。大鼠以 1% 饲料口饲 2 年，有 30% 出现膀胱结石和良性膀胱乳头状瘤。小鼠经口纳入 *LD* 为 1.6g/kg。

对眼及皮肤无刺激作用。

职业危害

工业生产中未见三聚氰胺引致中毒的报道。生产甲醛树脂过程中与本品接触者出现的皮炎，可能是由甲醛或本品与甲醛的某些中间产物引起。

应急处理

皮肤接触：脱去污染的衣着，用肥皂水及清水彻底冲洗。

眼睛接触：立即翻开上下眼睑，用流动清水或生理盐水冲洗。就医。

吸　　入：脱离现场至空气新鲜处。保暖并休息。必要时进行人工呼吸。呼吸困难时给输氧。就医。

食　　入：误服立即漱口，饮足量温水，催吐。就医。

防护措施

工程控制：密闭操作，局部排风。提供安全淋浴和洗眼设备。

呼吸系统防护：高浓度环境中，应该佩戴防毒面具。紧急事态抢救或撤离时，佩戴自给式呼吸器。

眼睛防护：戴化学安全防护眼镜。

身体防护：穿防静电工作服。

手 防 护：戴橡胶手套。

其　　他：工作现场禁止吸烟、进食和饮水。工作后，彻底清洗。单独存放被毒物污染的衣服，洗后再用。保持良好的卫生习惯。

职业接触限值

中国未制订职业接触限值。

【吡啶】

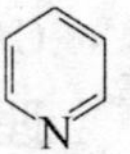

英 文 名：Pyridine

别　　名：氮(杂)苯；一氮三烯六环

相对分子质量：79.10

分 子 式：C_5H_5N；$(CH)_5N$

CAS　号：110-86-1

理化性质

相对密度：0.987(液体)　　　蒸 气 压：1.33kPa(13.2℃)

　　　　　2.73(气体)　　　闪　　点：20℃(闭杯)

熔　　点：-42.0℃　　　爆炸极限：1.8%~12.4%(体积)

沸　　点：115.5℃　　　自 燃 点：482℃

淡黄或无色液体，有恶臭。溶于水、乙醇、苯、石油醚和油脂，是许多有机化合物的优良溶剂，并能溶解许多无机盐类。对酸和氧化剂稳定，显碱性，与无机酸作用生成盐，其蒸气与空气形成爆炸性混合物。易燃，易爆。

接触机会

吡啶在许多化学合成工业中用作溶剂、酒精的变性剂。其他如染料、纺织、皮革、炸药制造、农药、制药、橡胶及油漆等工业亦可接触本品。

毒性

吡啶对人体有高度毒性，可经胃肠道、皮肤和呼吸道吸收。体内吸收的吡啶大部分以原形从尿中排出，小部分在N-位置上甲基化、羟基化或氧化，并与硫酸、葡萄糖醛酸结合后排出。

其蒸气具有强烈刺激性；浓度较高时可呈现全身性毒作用。吡啶的甲基化代谢产物N-甲基吡啶的急性毒性较吡啶更高，但慢性中毒时毒性较低。

（1）急性毒性：经口LD_{50}：大鼠为1.58g/kg，小鼠0.8g/kg；腹腔注射LD_{50}：大鼠为0.87g/kg，小鼠1.28g/kg；豚鼠经皮LD_{50}为1~2ml/kg。大鼠吸入74.3g/m^3，1.5h，全部死亡；吸入12.9g/m^3，6h，6只中5只死亡；吸入11.6g/m^3，6h，3只中2只死亡，死亡原因为呼吸中枢麻痹。

大鼠吸入16mg/m^3(5ppm)吡啶蒸气，每天6h，4天，可诱导肝细胞色素P4502E1表达增加；腹腔注射亦能引起P4502E1活性增加，并呈时间、剂量依赖关系，提示吡啶不仅对机体具有直接毒性作用，也降低了机体对其他毒物的耐受力。此外，吡啶还能诱导P4501E1和1E2的增加。

每天给大鼠腹腔注射吡啶1.25mmol/kg，5天，可致大鼠血清山梨醇脱氢酶(SDH)和血尿素氮(BUN)水平增加，表明吡啶不仅具有肝脏毒性，也具有轻微肾脏毒性。

（2）慢性毒性：豚鼠每天吸入工业用吡啶蒸气3h，4个月后动物出现体重减轻，萎靡状态，初期有体温下降，低色素性贫血，部分雌性豚鼠出现死胎和产后死亡。尸检见肝硬化，坏死灶和脂肪变性。大鼠每天吸入32.3mg/m^{3}或161.5mg/m^{3}吡啶蒸气7h，每周5天，6个月后除肝重量系数增大外，生长和死亡率与对照组无显著差异。用0.1%的量喂饲大鼠，可立即引起动物体重减轻，并于2周内死亡。

（3）局部作用：吡啶液体对皮肤和眼睛有刺激作用。原液滴入豚鼠眼一滴，可引起角膜损害，40%溶液滴入兔眼，可引起角膜坏死。

职业危害

（1）急性中毒

①口服中毒：多属意外事故所致。曾有因误食吡啶半杯而发生严重中毒死亡的报告。开始的症状有呕吐，继而心前区痛及腹痛、咽部阻塞感、轻度紫绀、体温升高、脉搏呼吸加快，43h后死亡。死前有谵妄、躁动、虚脱及肺水肿等表现。尸检见主要病变在食管、胃及肺部。另有报告，在死亡病例中，尸检发现肝脏有明显损害。

②蒸气吸入中毒：嗅阈0.4~5mg/m^3，刺激阈为1.6~5mg/m^3。蒸气吸入25mg/m^3，20min即可出现流泪、喉痛、咳嗽等眼和上呼吸道刺激症状，停止接触后，症状可持续3~5h。低浓度吸入，可出现暂时性恶心、呕吐、厌食、腹泻及腹痛。高浓度吸入可产生严重症状，轻者有欣快或窒息感，并有头晕、头胀、口苦、咽干、肌无力、步态不稳、心悸、恶心、呕吐等。严重者可有呼吸困难、呕吐及中枢神经系统抑制症状，甚至出现意识模糊、大量呕吐、大小便失禁，强直性抽搐、昏迷、血压下降。化验可见红细胞、中性粒细胞增加，伴核左移；继之粒细胞减少，淋巴细胞相对增加。病情恢复缓慢，中毒后，可

见到视、听力及记忆力减退。个别病例中毒后6～12个月可出现感觉性周围神经病。

（2）慢性中毒

长期吸入20～40mg/m^3 吡啶，可出现神经系统及胃肠道的症状，如头痛、头晕、失眠、易激动、记忆力减退，胃酸减低、恶心、腹痛、腹泻等；并可发生血压偏低、自主性周围神经病和血红蛋白降低，极少数人可出现肝、肾损害。也有支气管哮喘发生的报道。

（3）对皮肤的作用：

吡啶对皮肤有刺激作用，可引起皮炎、灼痛、脱脂、皲裂和湿疹样改变，并可引起光敏性皮炎。

应急处理

皮肤接触：脱去污染的衣着，用肥皂水及清水彻底冲洗。

眼睛接触：立即翻开上下眼睑，用流动清水或生理盐水冲洗。就医。

吸　　入：脱离现场至空气新鲜处。保暖并休息。必要时进行人工呼吸。呼吸困难时给输氧。就医。

食　　入：误服立即漱口，饮足量温水，催吐。就医。

防护措施

工程控制：密闭操作，局部排风。提供安全淋浴和洗眼设备。

呼吸系统防护：高浓度环境中，应该佩戴防毒面具。紧急事态抢救或撤离时，佩戴自给式呼吸器。

眼睛防护：戴化学安全防护眼镜。

身体防护：穿防静电工作服。

手 防 护：戴橡胶手套。

其　　他：工作现场禁止吸烟、进食和饮水。工作后，彻底清洗。单独存放被毒物污染的衣服，洗后再用。保持良好的卫生习惯。

职业接触限值

中　　国：OELs：　*PC－TWA*　4mg/m^3

美　　国：ACGIH TLVs：*TWA*　5ppm(15mg/m^3)

NIOSH REL：*TWA*　5ppm(15mg/m^3)

OSHA PEL：*TWA*　5ppm(15mg/m^3)

IDLH　1000ppm

【四氢呋喃】

英 文 名：Tetrahydrofuran（THF）

相对分子质量：72.10

分 子 式：C_4H_8O；$CH_2CH_2OCH_2CH_2$

CAS 号：109－99－9

O ; H_2C CH_2 ; H_2C—CH_2

理化性质

相对密度：0.888(液体)，2.5(气体)　　沸　　点：66℃

熔　　点：－108.5　　蒸 气 压：15.20kPa(15℃)

闪　　点：-15℃(开杯)　　　　　　　　　自 燃 点：321℃

爆炸极限：2.3%～11.8%(体积)

无色易挥发液体，有类似乙醚气味。溶于水、乙醇、乙醚、丙酮、苯等多数有机溶剂。在空气中能生成爆炸性过氧化合物。易燃烧。

接触机会

主要用于油漆稀料、合成树脂、油漆、塑料、合成纤维和药品的制造。近年来，在磁带和录相带生产中广泛用作氧化铁包被剂。

毒性

属低毒类。经呼吸道和消化道迅速吸收，剂量达到一定浓度时，也可透过皮肤。

四氢呋喃具有麻醉作用，并可刺激皮肤、黏膜。兔吸入蒸气浓度295mg/m^{3}或以上时，气管纤毛活动可发生变化。大鼠吸入浓度590mg/m^{3}时，可出现眼和呼吸道的刺激症状；14750mg/m^{3}时，刺激症状明显加重。用50%或以上浓度的溶液直接涂兔皮，可致皮肤严重腐蚀性病变；浓度为20%时，仅致轻微的皮肤刺激。但涂眼可致严重角膜炎。口服可引起出血和溃疡性胃肠炎。

动物实验尚可见肝脂肪浸润和细胞溶解性肝炎、血压下降和肾脏损伤。

职业危害

曾有报道，管道工在密闭仓内使用含四氢呋喃的黏胶维修塑料管道时，因无任何防护措施而发生中毒。主要症状有头痛、头晕、恶心、耳鸣、视力模糊、咳嗽、胸痛、呼吸困难等，听诊可闻及少量水泡音。胸部X线检查和心电图未见异常。实验室检查血清天冬氨酸转氨酶(AST)、丙氨酸转氨酶(ALT)、γ-谷氨酰转移酶(GGTγ)活性明显升高，二周后恢复正常。

长时间吸入较高浓度四氢呋喃，对机体可产生慢性作用，如失眠、结膜充血、头痛、头晕、乏力、口干、纳差、舌根发硬、四肢发麻、嗅觉错误或减退等。实验室检查可见白细胞偏低。

应急处理

皮肤接触：脱去污染的衣着，用肥皂水及清水彻底冲洗。

眼睛接触：立即翻开上下眼睑，用流动清水或生理盐水冲洗。就医。

吸　　入：脱离现场至空气新鲜处。保暖并休息。必要时进行人工呼吸。呼吸困难时给输氧。就医。

食　　入：误服立即漱口，饮足量温水，催吐。就医。

防护措施

工程控制：密闭操作，局部排风。提供安全淋浴和洗眼设备。

呼吸系统防护：高浓度环境中，应该佩戴防毒面具。紧急事态抢救或撤离时，佩戴自给式呼吸器。

眼睛防护：戴化学安全防护眼镜。

身体防护：穿防静电工作服。

手 防 护：戴橡胶手套。

其　　他：工作现场禁止吸烟、进食和饮水。工作后，彻底清洗。单独存放被毒物污染的衣服，洗后再用。保持良好的卫生习惯。

职业接触限值

中　　国：OELs：　　　　*PC－TWA*　300mg/m³

美　　国：ACGIH TLVs：　*TWA*　200ppm（590mg/m³）

OSHA PEL：　　*TWA*　200ppm（590mg/m³）

NIOSH REL：　*TWA*　200ppm（590mg/m³）；*STEL*　250ppm（735mg/m³）

IDLH　2000ppm

【吡咯】

英 文 名：Pyrrole；Divinylenimine

别　　名：氮杂茂；一氮唑；二乙烯亚胺；一氮二烯五环

相对分子质量：67.09

分 子 式：C_4H_5N

CAS 号：109－97－7

HC—CH
‖　　‖
HC　CH
＼N／
H

理化性质

相对密度：0.968（液体），2.31（气体）　　沸　　点：130～131℃

熔　　点：－24℃　　闪　　点：38.9℃（闭杯）

新鲜制品为无色液体。在微量氧作用下变成淡黄色或棕色液体。具氯仿样气味。在光作用下很快聚合，同时变成棕色。易溶于醇、苯和醚，能溶于稀酸同时分解，溶于稀盐酸生成吡咯红，难溶于水，不溶于碱溶液。有微量有机酸存在下易聚合成暗红色的三聚物树脂，有光和空气存在也会树脂化。高温分解产生氮氧化物气体。能与氧化剂反应，遇火燃烧。

接触机会

检验金、亚碘酸和硅酸，测定铬酸盐、金、碘酸盐、汞、亚硒酸、硅和矾等。制药及化工合成工业中用其作中间体。

毒性

属低毒类。大鼠静脉注射 LD_{50}　98mg/kg。可经呼吸道、消化道及皮肤吸收。在体内，一部分以原形从尿中排出，另一部分转变为尿素及吡啶。

实验表明吡咯具有中等度蓄积作用。给狗大剂量腹腔注射后，可引起抽搐及肝脏损害。注射于哺乳动物体内，可使尿变色，严重者致肺和肝脏损害。吡咯蒸气具有麻醉作用。吸入后可抑制中枢神经系统，导致麻痹，并可引起体温持续升高。

职业危害

其蒸气或烟雾对眼睛、黏膜和呼吸道有刺激作用，较高浓度反复接触对肝、心脏及肾有损害作用。

应急处理

皮肤接触：脱去污染的衣着，用肥皂水及清水彻底冲洗。

眼睛接触：立即翻开上下眼睑，用流动清水或生理盐水冲洗。就医。

吸　　入：脱离现场至空气新鲜处。保暖并休息。必要时进行人工呼吸。呼吸困难时给输氧。就医。

食　　入：误服立即漱口，饮足量温水，催吐。就医。

防护措施

工程控制：密闭操作，局部排风。提供安全淋浴和洗眼设备。

呼吸系统防护：高浓度环境中，应该佩戴防毒面具。紧急事态抢救或撤离时，佩戴自给式呼吸器。

眼睛防护：戴化学安全防护眼镜。

身体防护：穿防静电工作服。

手 防 护：戴橡胶手套。

其　　他：工作现场禁止吸烟、进食和饮水。工作完毕，彻底清洗。单独存放被毒物污染的衣服，洗后再用。保持良好的卫生习惯。

职业接触限值

中国未制订职业接触限值。

【噻吩】

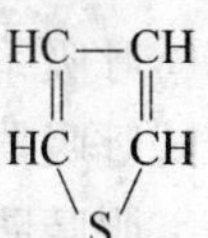

英 文 名：Thiofuran；Thiophene

别　　名：硫代呋喃

相对分子质量：84.14

分 子 式：C_4H_4S

CAS 号：110-02-1

理化性质

相对密度：1.0644（液体），2.9（气体）

熔　　点：-38.5℃

沸　　点：84℃

闪　　点：-9℃

饱和蒸气压：5.33 kPa（12.5℃）

引 燃 温 度：395℃

爆 炸 极 限：1.5%~12.5%（体积）

无色流动性液体。微有似苯的芳香气味。最简单的含硫五节杂环化合物。由煤焦油分出的苯中杂质，也存在于某些原油中。溶于乙醇、乙醚、苯和硫酸，不溶于水。许多性质像苯，但比苯活泼，能发生卤化、硝化、磺化、傅氏烷基化和酰基化等各种亲电取代反应。在浓硫酸作用下与松片能呈现蓝色反应，这是检验噻吩存在的方法。

接触机会

用作溶剂、有机合成、制造树脂、染料及药品。

毒性

属低毒类。噻吩的毒性作用主要是影响中枢神经系统，兼有麻醉、兴奋及致抽搐作用。其对大脑及小脑有一种引起严重共济失调的特殊选择性作用，其蒸气可刺激呼吸道黏膜。此外，对造血系统亦有毒性作用，可刺激骨髓中白细胞的生成。

小鼠每日吸入 $3mg/kg/m^3$ 的蒸气 2h，共 67 天，体重增长比对照组缓慢，出现化脓性结膜炎，部分动物死亡。尸检见到有些脏器充血，实质细胞坏死；脾脏淋巴细胞生成受到抑制，淋巴样组织明显萎缩。吸入 $4.5\sim9.5g/m^3$，2h 或数小时至一昼夜后，有少数死亡；$30g/m^3$ 时，在 20~80min 内、动物全部死亡。中毒表现与苯相似，先是兴奋、全身颤抖、尾巴强直，继之，四肢抽搐、侧倒，死于呼吸衰竭。

兔吸入 $0.17g/m^3$ 的蒸气，每日 7h，共 15~29 天，仅见到呼吸加快及不安，血象呈白细胞增多。给狗每日重复注射噻吩 2g，可致运动性共济失调和瘫痪。

噻吩对皮肤作用轻微。

职业危害

麻醉剂，也具有引起兴奋和痉挛的作用。其蒸气刺激呼吸道黏膜。对造血系统亦有毒性作用(刺激骨髓中白血胞的生成)。接触后可引起头痛、恶心和呕吐。

应急处理

皮肤接触：脱去污染的衣着，用肥皂水及清水彻底冲洗。

眼睛接触：立即翻开上下眼睑，用流动清水或生理盐水冲洗。就医。

吸　　入：脱离现场至空气新鲜处。保暖并休息。必要时进行人工呼吸。呼吸困难时给输氧。就医。

食　　入：误服立即漱口，饮足量温水，催吐。就医。

防护措施

工程控制：密闭操作，局部排风。提供安全淋浴和洗眼设备。

呼吸系统防护：高浓度环境中，应该佩戴防毒面具。紧急事态抢救或撤离时，佩戴自给式呼吸器。

眼睛防护：戴化学安全防护眼镜。

身体防护：穿防静电工作服。

手 防 护：戴橡胶手套。

其　　他：工作现场禁止吸烟、进食和饮水。工作后，彻底清洗。单独存放被毒物污染的衣服，洗后再用。保持良好的卫生习惯。

职业接触限值

中国未制订职业接触限值。

【吩噻嗪】

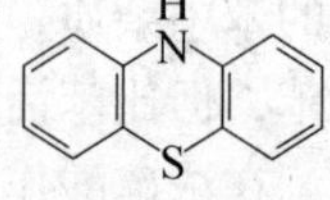

英 文 名：Phenothianzine；Thiodiphenylamine

别　　名：夹硫氮(杂)蒽

相对分子质量：199.27

分 子 式：$C_{12}H_9NS$

CAS　号：92－84－2

理化性质

熔　　点：175～185℃　　　闪　　点：177℃

沸　　点：371℃

灰绿至黄绿色粉末或小叶状晶体，有微弱气味。溶于水、苯、乙醚、热醋酸。加热分解或与酸和酸气接触后放出有毒的硫氧化物及氮氧化物。

接触机会

用于有机合成，杀虫剂、染料等。吩噻嗪类药适用于治疗急、慢性精神分裂症、躁狂症、反应性精神病及其他重症精神病的对症治疗，可控制兴奋、攻击、幻觉、妄想、思维联想障碍等。

毒性

小鼠经口 LD_{50} 为 5g/kg。大量接触时能引起溶血性贫血和肝的损害，也能刺激皮肤，有光敏作用。

职业危害

大量接触时，能引起贫血和肝的损害，也能刺激皮肤，有光敏作用。

应急处理

皮肤接触：脱去污染的衣着，用肥皂水及清水彻底冲洗。

眼睛接触：立即翻开上下眼睑，用流动清水或生理盐水冲洗。就医。

吸　　入：脱离现场至空气新鲜处。保暖并休息。必要时进行人工呼吸。呼吸困难时给输氧。就医。

食　　入：误服立即漱口，饮足量温水，催吐。就医。

防护措施

工程控制：密闭操作，局部排风。提供安全淋浴和洗眼设备。

呼吸系统防护：高浓度环境中，应该佩戴防毒面具。紧急事态抢救或撤离时，佩戴自给式呼吸器。

眼睛防护：戴化学安全防护眼镜。

身体防护：穿防静电工作服。

手 防 护：戴橡胶手套。

其　　他：工作现场禁止吸烟、进食和饮水。工作后，彻底清洗。单独存放被毒物污染的衣服，洗后再用。保持良好的卫生习惯。

职业接触限值

中　　国　未制订职业接触限值

美　　国　ACGIH TLVs：TWA　5mg/m³；皮

　　　　　NIOSH REL：*TWA*　5mg/m³；皮

【噻唑】

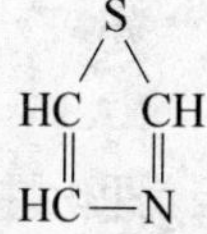

英 文 名：Thiazole

别　　名：硫氮(杂)茂

相对分子质量：85.12

分 子 式：C_3H_3NS

CAS 号：288－47－1

理化性质

相对密度：1.18(液体)　　　　沸　　点：116.8℃

无色或浅黄色液体，有特殊臭味。微溶于水，溶于乙醇、乙醚和多种有机溶剂。能与金属汞、铂的氯化物形成化合物。有极弱的碱性，水溶液几乎是中性，但能与酸生成稳定的盐。

接触机会

用于合成药物、杀菌剂和染料等。

毒性

属低毒类。小鼠经口 LD_{50} 为983mg/kg。

职业危害

吸入、摄入或经皮肤吸收后对身体有害，对眼睛和皮肤有刺激作用。

应急处理

皮肤接触：脱去污染的衣着，用肥皂水及清水彻底冲洗。

眼睛接触：立即翻开上下眼睑，用流动清水或生理盐水冲洗。就医。

吸　　入：脱离现场至空气新鲜处。保暖并休息。必要时进行人工呼吸。呼吸困难时给输氧。就医。

食　　入：误服立即漱口，饮足量温水，催吐。就医。

防护措施

工程控制：密闭操作，局部排风。提供安全淋浴和洗眼设备。

呼吸系统防护：高浓度环境中，应该佩戴防毒面具。紧急事态抢救或撤离时，佩戴自给式呼吸器。

眼睛防护：戴化学安全防护眼镜。

身体防护：穿防静电工作服。

手 防 护：戴橡胶手套。

其　　他：工作现场禁止吸烟、进食和饮水。工作后，彻底清洗。单独存放被毒物污染的衣服，洗后再用。保持良好的卫生习惯。

职业接触限值

中国未制订职业接触限值。

【2-巯基苯并噻唑】

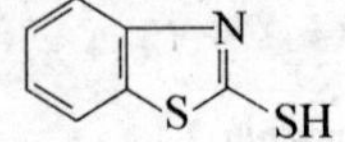

英 文 名：2-Mercaptobenzothiazole；2-Benzothiazolethiol；MBT

别　　名：促进剂-M；2-巯基苯并噻唑；2-硫醇基苯并噻唑

相对分子质量：167.24

分 子 式：$C_6H_4N=C(SH)S$

CAS 号：149-30-4

理化性质

相对密度：1.42(1.40~1.48)　　闪　　点：515~520℃

熔　　点：178~180℃　　爆炸极限：21g/m³(下限，体积)

浅黄色粉末，有特殊气味。溶于苛性碱、乙醇、丙酮、苯和氯仿，不溶于水和汽油。粉尘与空气形成爆炸混合物。易燃。

接触机会

用作橡胶硫化促进剂和分析试剂。

毒性

属低毒类。经口 LD_{50} 大鼠为100mg/kg，小鼠为1.85g/kg。豚鼠一次经口注入5g/kg，仅见活力减少，对黏膜有刺激性。未见急性职业中毒的报道。

职业危害

吸入、摄入或经皮肤吸收后对身体有害。可能引起呼吸系统和皮肤的过敏反应。

应急处理

皮肤接触：脱去污染的衣着，用肥皂水及清水彻底冲洗。

眼睛接触：立即翻开上下眼睑，用流动清水或生理盐水冲洗。就医。

吸　　入：脱离现场至空气新鲜处。保暖并休息。必要时进行人工呼吸。呼吸困难时给输氧。就医。

食　　入：误服立即漱口，饮足量温水，催吐。就医。

防护措施

工程控制：密闭操作，局部排风。提供安全淋浴和洗眼设备。

呼吸系统防护：高浓度环境中，应该佩戴防毒面具。紧急事态抢救或撤离时，佩戴自给式呼吸器。

眼睛防护：戴化学安全防护眼镜。

身体防护：穿防静电工作服。

手 防 护：戴橡胶手套。

其　　他：工作现场禁止吸烟、进食和饮水。工作后，彻底清洗。单独存放被毒物污染的衣服，洗后再用。保持良好的卫生习惯。

职业接触限值

中国未制订职业接触限值。

【环己酮肟】

英 文 名：Cyclohexanone oxime

相对分子质量：113.16

分 子 式：$C_6H_{11}NO$；$CH_2(CH_2)_4C{=}NOH$

CAS 号：100-64-1

理化性质

熔　　点：88℃　　　　沸　　点：206~210℃

白色棱柱状晶体。溶于水，易溶于乙醇和乙醚，微溶于石脑油。加热至沸点(204℃)少量分解生成有毒的氮氧化物。

接触机会

己内酰胺合成工艺的中间产物。

毒性

小鼠腹腔内 LD_{50} 为 250mg/kg。

职业危害

吸入、摄入或经皮肤吸收后对身体有害。

应急处理

皮肤接触：脱去污染的衣着，用肥皂水及清水彻底冲洗。

眼睛接触：立即翻开上下眼睑，用流动清水或生理盐水冲洗。就医。

吸　　入：脱离现场至空气新鲜处。保暖并休息。必要时进行人工呼吸。呼吸困难时给输氧。就医。

食　　入：误服立即漱口，饮足量温水，催吐。就医。

防护措施

工程控制：密闭操作，局部排风。提供安全淋浴和洗眼设备。

呼吸系统防护：高浓度环境中，应该佩戴防毒面具。紧急事态抢救或撤离时，佩戴自给式呼吸器。

眼睛防护：戴化学安全防护眼镜。

身体防护：穿防静电工作服。

手 防 护：戴橡胶手套。

其　　他：工作现场禁止吸烟、进食和饮水。工作后，彻底清洗。单独存放被毒物污染的衣服，洗后再用。保持良好的卫生习惯。

职业接触限值

中国未制订职业接触限值。

【酞菁蓝】

英 文 名：Pigment bule 15

相对分子质量：576.07

分 子 式：$C_{32}H_{16}N_8Cu$

理化性质

密　　度：1.31～1.46g/cm³　　　吸 油 量：32～39(g/100g)

比表面积：36～52m²/g

艳绿光蓝色棒状晶体。着色力很高，且耐晒、耐热、耐酸、耐碱。与芳香族有机溶剂长期接触，有晶体增大的倾向。不溶于水、醇及烃类，溶于浓硫酸呈橄榄色溶液，稀释后析出蓝色悬浮体。

接触机会

酞菁蓝不仅用作着色剂，而且还用于有机半导体、光电导、感光性树脂的增感剂等领域。

毒性

属微毒类。大鼠一次口服20000mg/kg，观察2周无死亡和中毒。尸检除肾脏有蛋白变性外，无异常。小鼠每日经口100mg/kg历时75天，活动正常，生理机能检查无明显差异，仅见红细胞稍降低、白细胞增加。尸检肾脏重量稍增加，其他内脏无明显形态学改变。

本品每天滴入兔眼，历时10天，无明显变化，每日涂豚鼠皮肤，历时1个月，未见刺激、致敏或光感作用。

职业危害

吸入、摄入或经皮肤吸收后对身体有害。

应急处理

皮肤接触：脱去污染的衣着，用肥皂水及清水彻底冲洗。

眼睛接触：立即翻开上下眼睑，用流动清水或生理盐水冲洗。就医。

吸　　入：脱离现场至空气新鲜处。保暖并休息。必要时进行人工呼吸。呼吸困难时给输氧。就医。

食　　入：误服立即漱口，饮足量温水，催吐。就医。

防护措施

工程控制：密闭操作，局部排风。提供安全淋浴和洗眼设备。

眼睛防护：戴化学安全防护眼镜。

身体防护：穿防静电工作服。

手 防 护：戴橡胶手套。

其　　他：工作现场禁止吸烟、进食和饮水。工作后，彻底清洗。单独存放被毒物污染的衣服，洗后再用。保持良好的卫生习惯。

职业接触限值

中国未制订职业接触限值。

【酞菁染料】

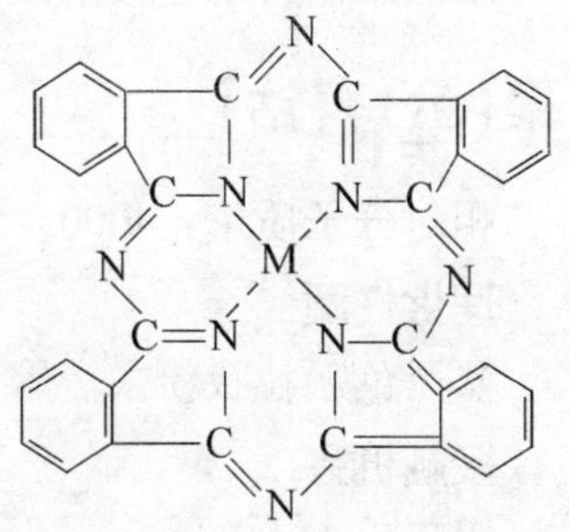

英 文 名：29H，31H - Phthalocyanine

别　　名：C. I. 颜料蓝 16；无金属酞菁蓝；酞菁

相对分子质量：514. 54

分 子 式：$C_{32}H_{18}N_8$

CAS　号：574 - 93 - 6

理化性质

相对密度：1. 34 ~ 1. 46

吸 油 量：32 ~ 39(g/100g)

平均粒径：0. 12μm

遮 盖 力：透明型

比表面积：36 ~ 52m^2/g

亮绿光蓝固体。不溶于水、乙醇及烃类溶剂，于浓硫酸中呈橄榄色溶液，稀释后呈蓝色悬浮体。一般含有 Cu、Zn、Cr、Ni 等金属原子的配合物，也有不含金属原子的。有许多色光不同的蓝色或绿色颜料，具有高度耐晒牢度。颜料经过磺化，能生成可溶于水的蓝色或绿色染料。酞菁颜料有优异的耐晒，耐热、耐酸、耐碱性能、色泽鲜艳。

接触机会

用于油墨、油漆、塑料等，酞菁染料也用于棉、蚕丝和纸张的染色和丙烯酸树脂金属装饰漆。

毒性

属微毒类。以酞菁绿为例，给大白鼠、小白鼠一次灌胃约 10g/kg，未见动物死亡，可见肝、肾、肾上腺组织结构的改变。小鼠每日经口 0. 5、1. 0、2. 5 和 5. 0g/kg 历时 12 ~ 35 天，小鼠活动和体重增长与对照组无差异。

职业危害

吸入、摄入或经皮肤吸收后对身体有害。

应急处理

皮肤接触：脱去污染的衣着，用肥皂水及清水彻底冲洗。

眼睛接触：立即翻开上下眼睑，用流动清水或生理盐水冲洗。就医。

吸　　入：脱离现场至空气新鲜处。保暖并休息。必要时进行人工呼吸。呼吸困难时给输氧。就医。

食　　入：误服立即漱口，饮足量温水，催吐。就医。

防护措施

工程控制：密闭操作，局部排风。提供安全淋浴和洗眼设备。

眼睛防护：戴化学安全防护眼镜。

身体防护：穿防静电工作服。

手 防 护：戴橡胶手套。

其　　他：工作现场禁止吸烟、进食和饮水。工作后，彻底清洗。单独存放被毒物污染的衣服，洗后再用。保持良好的卫生习惯。

职业接触限值

中国未制订职业接触限值。

【聚(酞)菁钴】

相对分子质量：4000～5000

理化性质

蓝黑色颗粒状粉末。熔点高于400℃；不溶于油和水，能溶于热碱液。

接触机会

用于化工生产。

毒性

未见相关毒性资料。

职业危害

吸入、摄入或经皮肤吸收后对身体有害。

应急处理

皮肤接触：脱去污染的衣着，用肥皂水及清水彻底冲洗。

眼睛接触：立即翻开上下眼睑，用流动清水或生理盐水冲洗。就医。

吸　　入：脱离现场至空气新鲜处。保暖并休息。必要时进行人工呼吸。呼吸困难时给输氧。就医。

食　　入：误服立即漱口，饮足量温水，催吐。就医。

防护措施

工程控制：密闭操作，局部排风。提供安全淋浴和洗眼设备。

眼睛防护：戴化学安全防护眼镜。

身体防护：穿防静电工作服。

手 防 护：戴橡胶手套。

其　　他：工作现场禁止吸烟、进食和饮水。工作后，彻底清洗。单独存放被毒物污染的衣服，洗后再用。保持良好的卫生习惯。

职业接触限值

中国未制订职业接触限值。

【孔雀绿】

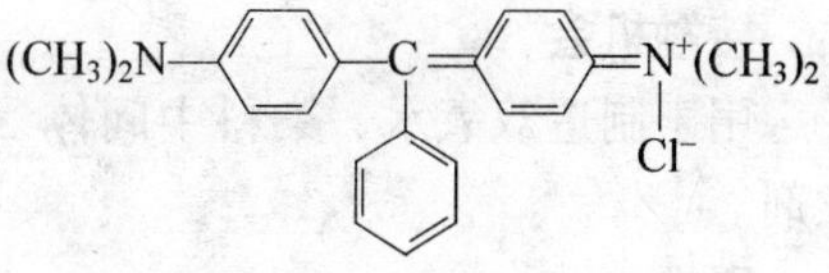

英 文 名：Malachite Green；Benzaldehyde Green；Victoria Green

别　　名：品绿

相对分子质量：364.92

分 子 式：$C_{23}H_{25}ClN_2$

CAS　号：569－64－2

理化性质

碱性绿的草酸盐是带绿色金属光泽的大块晶体或片状物。锌复盐是黄铜色的棱形晶体。水溶液呈蓝光绿色。

接触机会

一般碱性染料，主要用于晴纶、棉、麻、蚕丝及其织物的染色。另外，也用于制造色淀及用作竹、木、革制品的着色剂。

毒性

未见相关毒性资料。

职业危害

吸入、摄入或经皮肤吸收后对身体有害。

应急处理

皮肤接触：脱去污染的衣着，用肥皂水及清水彻底冲洗。

眼睛接触：立即翻开上下眼睑，用流动清水或生理盐水冲洗。就医。

吸　　入：脱离现场至空气新鲜处。保暖并休息。必要时进行人工呼吸。呼吸困难时给输氧。就医。

食　　入：误服立即漱口，饮足量温水，催吐。就医。

防护措施

工程控制：密闭操作，局部排风。提供安全淋浴和洗眼设备。

眼睛防护：戴化学安全防护眼镜。

身体防护：穿防静电工作服。

手 防 护：戴橡胶手套。

其　　他：工作现场禁止吸烟、进食和饮水。工作后，彻底清洗。单独存放被毒物污染的衣服，洗后再用。保持良好的卫生习惯。

职业接触限值

中国未制订职业接触限值。

【2－乙基－9，10－蒽醌】

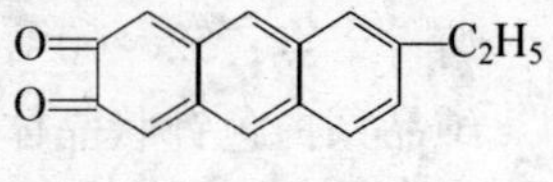

英 文 名：2－Ethyl－9，10－anthraquinone

相对分子质量：236.27

分 子 式：$C_{16}H_{12}O_2$

理化性质

熔　　点：108～111℃

接触机会

用于制造双氧水、染料中间体、光固化树脂催化剂、光降解膜、涂料和光敏聚合引发剂。

毒性

小鼠腹腔内 LD_{50} 为 200mg/kg。

职业危害

吸入、摄入或经皮肤吸收后对身体有害。

应急处理

皮肤接触：脱去污染的衣着，用肥皂水及清水彻底冲洗。

眼睛接触：立即翻开上下眼睑，用流动清水或生理盐水冲洗。就医。

吸　　入：脱离现场至空气新鲜处。保暖并休息。必要时进行人工呼吸。呼吸困难时给输氧。就医。

食　　入：误服立即漱口，饮足量温水，催吐。就医。

防护措施

工程控制：密闭操作，局部排风。提供安全淋浴和洗眼设备。

眼睛防护：戴化学安全防护眼镜。

身体防护：穿防静电工作服。

手 防 护：戴橡胶手套。

其　　他：工作现场禁止吸烟、进食和饮水。工作后，彻底清洗。单独存放被毒物污染的衣服，洗后再用。保持良好的卫生习惯。

职业接触限值

中国未制订职业接触限值。

【苯骈三氮唑】

英 文 名：1H – Benzotriazole

别　　名：1,2,3 – 苯并三唑；连三氮茚；苯并三氮杂茂；1,2,3 – 苯骈三氮唑；1,2,3 – 苯并三氮唑；苯并三唑；苯并三氮唑；防锈剂 T706；防锈剂 706；T406；苯三唑脂肪胺盐；多效油性剂 T406；苯三唑十八胺盐；T406 石油添加剂；BTA；苯并三氮唑；苯三唑；苯骈三氮唑；苯丙三氮唑；BTA

N
N
N
H

相对分子质量：119. 12

分 子 式：$C_6H_5N_3$

CAS　号：95 – 14 – 7

理化性质

熔　　点：52～60℃

纯品系白色针状晶体。微溶于水，溶于醇，苯，甲苯，氯仿等有机溶剂。

接触机会

用于防锈油(脂)类产品中，多用于铜及铜合金的气相缓蚀剂循环水处理剂、汽车防冻液、照相防雾剂、高分子稳定剂、植物生长调节剂、润滑油添加剂、紫外线吸收剂等。本品也可与多种阻垢剂、杀菌灭藻剂配合使用。

毒性

本品经口毒性极低。它是高沸点的化合物，不易挥发。未见到中毒的报道。

应急处理

皮肤接触：脱去污染的衣着，用流动清水冲洗。

眼睛接触：提起眼睑，用流动清水或生理盐水冲洗。就医。

吸　　入：脱离现场至空气新鲜处。就医。

食　　入：饮足量温水，催吐。就医。

防护措施

密闭操作，局部排风。

眼睛防护：戴化学安全防护眼镜。

身体防护：穿一般作业防护服。

手 防 护：戴一般作业防护手套。

其　　他：工作现场禁止吸烟、进食和饮水。工作前后不饮酒，用温水洗澡。

职业接触限值

中国未制订职业接触限值。

E　元素有机化合物

【三乙基铝】

英 文 名：Aluminum triethyl；Triethylaluminium

相对分子质量：114.71

分 子 式：$C_6H_{15}Al$；$(CH_3CH_2)_3Al$

CAS　号：97-93-8

理化性质

相对密度：0.827(液体)　　蒸 气 压　0.53kPa(83℃)

熔　　点：-52.5℃　　闪　　点：-53℃

沸　　点：194℃

无色透明液体，具有强烈的霉烂气味。化学反应活性活泼，接触空气分解冒烟自燃。遇明火、高温强烈分解燃烧。与氧化剂能发生强烈反应。遇水强烈分解，放出易燃的烷烃气体。能与苯、二甲苯、汽油混溶。

接触机会

用于有机合成，烃经聚合过程助催化剂，长链醇催化剂，也用作火箭燃料。

毒性

本品属烷基铝。大鼠吸入 LC_{50}约为7g/m^3。其他均参见“氯化二乙基铝”。

职业危害

本品具有强烈刺激和腐蚀作用，主要损害呼吸道和眼结膜，高浓度吸入可引起肺水肿。吸入其烟雾可致烟雾热。皮肤接触可致灼伤，引起充血、水肿和起水疱，疼痛剧烈。

应急处理

皮肤接触：立即脱去被污染的衣着，用汽油或酒精擦去毒物，不可用水冲洗。就医。若有灼伤，就医治疗。

眼睛接触：立即翻开上下眼睑，用大量流动清水或生理盐水彻底冲洗至少15min。就医。

吸　　入：迅速脱离现场至空气新鲜处。保暖并休息。保持呼吸道通畅。如呼吸困难，给输氧。如呼吸停止，立即进行人工呼吸。就医。

食　　入：误服者用水漱口，给饮牛奶或蛋清。就医。

防护措施

工程控制：密闭操作，局部排风。

呼吸系统防护：可能接触其蒸气时，建议佩戴防毒口罩。必要时佩戴自给式呼吸器。

眼睛防护：戴化学安全防护眼镜。

防护服：穿工作服。

手 防 护：戴防护手套。

其　　他：工作现场严禁吸烟。工作毕，淋浴更衣。单独存放被毒物污染的衣服，洗后备用。

职业接触限值

中国未制订职业接触限值。

美　　国：ACGIH TLVs：*TWA*　2mg/m^3

【氯化二乙基铝】

英 文 名：Diethylaluminum chloride；Aluminum diethyl monochloride

别　　名：二乙基氯化铝；一氯二乙基铝

相对分子质量：120. 56

分 子 式：$C_4H_{10}AlCl$；$(C_2H_5)_2AlCl$

CAS　号：96－10－6

理化性质

相对密度：0. 96(液体)　　沸　　点：208℃

熔　　点：－50℃　　闪　　点：－18. 33℃

澄清黄色自燃液体，溶于二甲苯、汽油。

接触机会

聚烯烃工业的催化剂，制造有机化合物的中间体。

毒性

LC_{50}为7g/m^3(1h，大鼠)。高浓度作用下可引起死亡。尸检见脑及其他内脏充血，有急性肺气肿、灶性肺水肿、胸膜下有点状出血。

职业危害

(1) 急性中毒：以吸入方式进入人体，具有强烈的刺激作用，甚至引起严重灼伤。急性损害主要表现为呼吸道和眼结膜刺激，神经系统抑制(但无麻醉作用)，耗氧量减少。吸入烷基烟雾可发生金属铸造热。烷基铝可引起人的接触部位皮肤出现局部性水肿和炎症性充血，面部受损时还可出现水疱，患部有烧灼感和剧烈疼痛，但无全身中毒表现，愈后不形成疤痕。

(2) 慢性危害：未见慢性影响报道。

应急处理

皮肤接触：立即脱去被污染的衣着，用汽油或酒精擦去毒物，不可用水冲洗。就医。若有灼伤，就医治疗。

眼睛接触：立即翻开上下眼睑，用大量流动清水或生理盐水彻底冲洗至少15min。就医。

吸　　入：迅速脱离现场至空气新鲜处。保暖并休息。保持呼吸道通畅。如呼吸困难，给输氧。如呼吸停止，立即进行人工呼吸。就医。

食　　入：误服者用水漱口，给饮牛奶或蛋清。就医。

防护措施

工程控制：密闭操作，局部排风。

呼吸系统防护：可能接触其蒸气时，建议佩戴防毒口罩。必要时佩戴自给式呼吸器。

眼睛防护：戴化学安全防护眼镜。

防 护 服：穿工作服。

手 防 护：戴防护手套。

其　　他：尽可能减少直接接触。

职业接触限值

中国未制订职业接触限值。

美　　国：ACGIH TLVs：*TWA*　2mg[Al]/m^3

【三异丁基铝】

英 文 名：Triisobutylaluminum；Aluminium triisobutyl

相对分子质量：198.33

分 子 式：$C_{12}H_{27}Al$；$[(CH_3)_2CHCH_2]_3Al$

CAS　号：100－99－2

理化性质

相对密度：0.7876(液体)	蒸 气 压：0.133kPa(47℃)
熔　　点：－5.6℃	闪　　点：<0℃
沸　　点：114℃(3.99kPa)	自 燃 点：<4℃

无色澄清液体，具有强烈的霉烂气味。在空气中能强烈发烟、燃烧，遇水剧烈反应而爆炸。能与酸类、醇类、胺类、卤素强烈反应，开始分解温度约为50℃，低温分解缓解，100℃以上分解剧烈。溶于苯。

接触机会

用于制备顺丁橡胶、聚烯烃的催化剂组分，有机化合物中间体，也可作喷气发动机燃料。

毒性

大鼠吸入 LC_{50}约为7g/m³。在浓度为30～170mg/m³，历时5个月的慢性作用下，动物生长迟缓，神经系统功能改变，白细胞和网织细胞轻度增加和轻度左移。

职业危害

本品具有强烈的刺激性和腐蚀性，主要损害呼吸道和眼结膜。高浓度吸入时，可引起中毒性肺水肿。吸入其烟雾可发生金属烟雾热。皮肤接触可致灼伤，产生充血、水肿和水疱，疼痛剧烈。

应急处理

皮肤接触：立即脱去被污染的衣着，用汽油或酒精擦去毒物，不可用水冲洗。就医。若有灼伤，就医治疗。

眼睛接触：立即翻开上下眼睑，用大量流动清水或生理盐水彻底冲洗至少15min。就医。

吸　　入：迅速脱离现场至空气新鲜处。保暖并休息。保持呼吸道通畅。如呼吸困难，给输氧。如呼吸停止，立即进行人工呼吸。就医。

食　　入：误服者用水漱口，给饮牛奶或蛋清。就医。

防护措施

工程控制：密闭操作，局部排风。

呼吸系统防护：可能接触其蒸气时，建议佩戴防毒口罩。必要时佩戴自给式呼吸器。

眼睛防护：戴化学安全防护眼镜。

防 护 服：穿工作服。

手 防 护：戴防护手套。

其　　他：尽可能减少直接接触。

职业接触限值

中国未制订职业接触限值

美　　国：ACGIH TLVs：*TWA*　2mg/m³

【甲基三乙氧基硅烷】

英 文 名：Methyltriethoxysilane；Triethoxy methylsilane

别　　名：三乙氧基甲基硅烷

相对分子质量：178.31

分 子 式：$C_7H_{18}O_3Si$；$CH_3Si(OC_2H_5)_3$

CAS 号：2031-67-6

理化性质

相对密度：0.8923(液体)，6.14(气体)　　闪　　点：23℃

沸　　点：141℃　　熔　　点：-46.5℃

饱和蒸气压：1.47 kPa（20℃）

无色、透明、有甜味的液体。不溶于水，溶于乙醇、丙酮、乙醚和汽油等。

接触机会

是制备有机硅树脂的原料之一。

毒性

属微毒类。LD_{50}为15700mg/kg(大鼠经口)。

职业危害

本品对皮肤有刺激作用。其蒸气或雾对眼睛、黏膜和上呼吸道有刺激作用。

应急处理

皮肤接触：脱去污染的衣着，用肥皂水及清水彻底冲洗。

眼睛接触：立即翻开上下眼睑，用大量流动清水或生理盐水彻底冲洗至少15min。就医。

吸　　入：迅速脱离现场至空气新鲜处。保暖并休息。保持呼吸道通畅。如呼吸困难，给输氧。如呼吸停止，立即进行人工呼吸。就医。

食　　入：误服者用水漱口，给饮牛奶或蛋清。就医。

防护措施

工程控制：密闭操作，局部排风。现场备有冲洗眼及皮肤的设备。

呼吸系统防护：空气中浓度过高时，必须佩戴自吸过滤式防毒面具(半面罩)。紧急事态抢救或撤离时，应该佩戴空气呼吸器。

眼睛防护：戴化学安全防护眼镜。

身体防护：穿防毒物渗透工作服。

手 防 护：戴橡胶耐油手套。

其　　他：工作现场严禁吸烟。工作完毕，淋浴更衣。注意个人清洁卫生。

职业接触限值

中国未制订职业接触限值。

【甲基苯基二乙氧基硅烷】

英 文 名：Methylphenyldiethoxysilane；Diethoxymethylphenylsilane

别　　名：苯基甲基二乙氧基硅烷

相对分子质量：210.35

分 子 式：$C_{11}H_{18}O_2Si$；$C_6H_5Si(CH_3)(OC_2H_5)_2$

CAS 号：775-56-4

理化性质

沸　　点：217℃(101.3 kPa)

室温下为液体。有醇、氯苯味。

接触机会

是制备有机硅聚合物的原料之一。

毒性

未见毒性资料。

职业危害

目前未见职业中毒报道资料。

应急处理

皮肤接触：脱去污染的衣着，用流动清水冲洗。

眼睛接触：提起眼睑，用流动清水或生理盐水冲洗。就医。

吸　　入：脱离现场至空气新鲜处。就医。

食　　入：饮足量温水，催吐。就医。

防护措施

工程控制：密闭操作，局部排风。现场备有冲洗眼及皮肤的设备。

呼吸系统防护：空气中浓度较高时，应该佩戴过滤式防毒面具。紧急事态抢救或逃生时，建议佩戴空气呼吸器。

眼睛防护：戴化学安全防护眼镜。

身体防护：穿防毒物渗透工作服。

手 防 护：戴橡胶耐油手套。

其　　他：工作现场禁止吸烟、进食和饮水。工作完毕，淋浴更衣。保持良好的卫生习惯。

职业接触限值

中国未制订职业接触限值。

【二苯基二甲氧基硅烷】

英 文 名：Diphenyldimethoxysilane

相对分子质量：244.36

分 子 式：$C_{14}H_{16}O_2Si$；$(C_6H_5)_2Si(OCH_3)_2$

CAS　号：6843-66-9

理化性质

相对密度：1.080(液体)，8.45(气体)　　折 射 率：1.5404

沸　　点：191℃(7.06 kPa)

液体。溶于丙酮、苯、甲醇。易燃。

接触机会

是制备有机硅聚合物的原料之一。

毒性

本品基本无毒。用饱和蒸气给大鼠吸入，每天6h，共20次，动物无中毒征象，器官正常。

职业危害

未见工业生产中发生中毒报道。

应急处理

皮肤接触：脱去污染的衣着，用流动清水冲洗。

眼睛接触：提起眼睑，用流动清水或生理盐水冲洗。就医。

吸　　入：脱离现场至空气新鲜处。就医。

食　　入：饮足量温水，催吐。就医。

防护措施

工程控制：密闭操作，局部排风。现场备有冲洗眼及皮肤的设备。

呼吸系统防护：一般不需要特殊防护，但当作业场所空气中氧气浓度低于18%时，必须佩戴空气呼吸器。

眼睛防护：一般不需特殊防护。

身体防护：穿一般作业防护服。

手 防 护：戴一般作业防护手套。

其　　他：工作现场禁止吸烟、进食和饮水。工作完毕，淋浴更衣。保持良好的卫生习惯。

职业接触限值

中国未制订职业接触限值。

【二甲基二氯硅烷】

英 文 名：Dimethyldichlorosilane；Dichlorodimethylsilane

别　　名：二氯二甲基硅烷

相对分子质量：129.06

分 子 式：C_2H_6ClSi；$(CH_3)_2SiCl_2$

CAS　号：75－78－5

理化性质

相对密度：1.062(液体)　　沸　　点：70.5℃

　　　　　4.45(气体)　　闪　　点：－16℃

熔　　点：－86℃　　爆炸极限：3.4%～9.5%(体积)

无色液体。在潮湿空气中发烟。溶于苯、醚。

接触机会

生产和使用二甲基二氯硅烷(二氯二甲基硅烷)的作业。用作硅酮制造的中间体。

毒性

属高毒类。大鼠吸入 LC_{50}　435mg/m^3(30min)。

职业危害

对呼吸和眼睛、皮肤黏膜有强烈的刺激作用。并可引起中枢神经系统、呼吸系统以及肝、肾的损害。工人可有眼痛、流泪、咳嗽、头痛、恶心、呕吐、喘息、易激动、皮肤发痒等症状。吸入后可因咽喉、支气管的痉挛、水肿、炎症，化学性肺炎、肺水肿而致死。

应急处理

皮肤接触：脱去污染的衣着，用肥皂水及清水彻底冲洗。若有灼伤，就医。

眼睛接触：提起眼睑，用流动清水或生理盐水冲洗。就医。

吸　　入：脱离现场至空气新鲜处。就医。

食　　入：饮足量温水，催吐。就医。

防护措施

工程控制：密闭操作，局部排风。现场备有冲洗眼及皮肤的设备。

呼吸系统防护：一般不需要特殊防护，但当作业场所空气中氧气浓度低于18%时，必须佩戴空气呼吸器。

眼睛防护：一般不需特殊防护。

身体防护：穿一般作业防护服。

手 防 护：戴一般作业防护手套。

其　　他：工作现场禁止吸烟、进食和饮水。工作完毕，淋浴更衣。保持良好的卫生习惯。

职业接触限值

中　　国 OELs：*MAC*　2mg/m^3

【二苯二氯硅烷】

英 文 名：Diphenyldichlorsilane

相对分子质量：245.22

分 子 式：$C_{12}H_{10}Cl_2Si$；$(C_6H_5)_2SiCl_2$

CAS　号：80-10-4

理化性质

相对密度：1.19(液体)，8.45(气体)　　闪　　点：142℃

熔　　点：-22℃　　折 射 率：1.5773(25℃)

沸　　点：305.2℃　　饱和蒸气压：0.27 kPa(125℃)

无色液体，有刺激性气味，易水解生成盐酸。易燃。溶于多数有机溶剂。

接触机会

用于制造有机硅酮润滑脂。

职业危害

吸入本品蒸气对呼吸道有强烈刺激性。皮肤或眼接触可致灼伤。误服灼伤口腔和消化道。

应急处理

皮肤接触：立即脱去污染的衣着，用大量流动清水冲洗至少15min。就医。

眼睛接触：立即提起眼睑，用大量流动清水或生理盐水彻底冲洗至少15min。就医。

吸　　入：迅速脱离现场至空气新鲜处。保持呼吸道通畅。如呼吸困难，给输氧。如呼吸停止，立即进行人工呼吸。就医。

食　　入：用水漱口，给饮牛奶或蛋清。就医。

防护处理

密闭操作，注意通风。。提供安全淋浴和洗眼设备。

呼吸系统防护：空气中浓度超标时，必须佩戴自吸过滤式防毒面具(全面罩)。紧急事态抢救或撤离时，应该佩戴空气呼吸器。

眼睛防护：呼吸系统防护中已作防护。

身体防护：穿橡胶耐酸碱服。

手 防 护：戴橡胶耐酸碱手套。

其　　他：工作完毕，淋浴更衣。单独存放被毒物污染的衣服，洗后备用。保持良好的卫生习惯。

职业接触限值

中国未制订职业接触限值。

【甲基三氯硅烷】

英 文 名：Methyltrichlorosilane；Methyl silicochloroform

别　　名：甲基硅仿

相对分子质量：149.48

分 子 式：CH_3SiCl_3

CAS　号：75－79－6

理化性质

相对密度：1.270(液体)，5.17(气体)　　熔　　点：－90℃

沸　　点：66.4℃　　饱和蒸气压：20.0kPa(25℃)

闪　　点：－9℃　　引 燃 温 度：>404℃

爆炸极限：7.6%～20.0%(体积)

无色液体，具有刺鼻恶臭，易潮解。溶于苯、醚等。

接触机会

用于制造硅酮化合物。

毒性

大鼠吸入：LC_{50}　450ppm(4h)。

职业危害

对呼吸和眼睛、皮肤黏膜有强烈的刺激作用。并可引起中枢神经系统、呼吸系统以及肝、肾的损害。工人可有眼痛、流泪、咳嗽、头痛、恶心、呕吐、喘息、易激动、皮肤发痒等症状。吸入后可因咽喉、支气管的痉挛、水肿、炎症，化学性肺炎、肺水肿而致死。

应急处理

皮肤接触：立即脱去污染的衣着，用大量流动清水冲洗至少15min。就医。

眼睛接触：立即提起眼睑，用大量流动清水或生理盐水彻底冲洗至少15min。就医。

吸　　入：迅速脱离现场至空气新鲜处。保持呼吸道通畅。如呼吸困难，给输氧。如呼吸停止，立即进行人工呼吸。就医。

食　　入：用水漱口，给饮牛奶或蛋清。就医。

防护处理

密闭操作，注意通风。提供安全淋浴和洗眼设备。

呼吸系统防护：空气中浓度超标时，必须佩戴自吸过滤式防毒面具(全面罩)。紧急事态抢救或撤离时，应该佩戴空气呼吸器。

眼睛防护：呼吸系统防护中已作防护。

身体防护：穿橡胶耐酸碱服。

手 防 护：戴橡胶耐酸碱手套。

其　　他：工作完毕，淋浴更衣。单独存放被毒物污染的衣服，洗后备用。保持良好的卫生习惯。

职业接触限值

中国未制订职业接触限值。

【四氯苯基三氯硅烷】

英 文 名：Tetrachlorobenzoltrichlorosilane

相对分子质量：349.33

分 子 式：C_6HSiCl_7

理化性质

熔　　点：41～44℃　　沸　　点：140～146℃(0.53kPa)

白色、有氯气味的固体，易水解。

接触机会

是制备有机硅聚合物的原料之一。

毒性

未见毒性资料。

职业危害

未见对人体健康危害的资料。

应急处理

皮肤接触：脱去污染的衣着，用流动清水冲洗。

眼睛接触：提起眼睑，用流动清水或生理盐水冲洗。就医。

吸　　入：脱离现场至空气新鲜处。

食　　入：饮足量温水，催吐。就医。

防护措施

密闭操作，局部排风。现场备有冲洗眼及皮肤的设备。

呼吸系统防护：空气中粉尘浓度过高时，建议佩戴自吸过滤式防尘口罩。紧急事态抢救或撤离时，应该佩戴空气呼吸器。

眼睛防护：戴化学安全防护眼镜。

身体防护：穿防毒物渗透工作服。

手 防 护：戴乳胶手套。

其　　他：工作现场禁止吸烟、进食和饮水。工作完毕，淋浴更衣。保持良好的卫生习惯。

职业接触限值

中国未制订职业接触限值。

【四乙基铅】

英 文 名：Tetraethyl lead；TEL

相对分子质量：323.45

分 子 式：$C_8H_{20}Pb$；$Pb(C_2H_5)_4$

CAS 号：78－00－2

理化性质

相对密度：1.66(液体)　　熔　　点：－136.8℃

沸　　点：198～202℃　　　　　　　　闪　　点：93.3℃

蒸 气 压：0.133kPa(38.4℃)　　　　　　爆炸极限：1.8%(下限，体积)

无色透明油状液体，有水果香味，燃烧时产生中间橙色、边缘绿色的火焰。不溶于水、稀酸或稀碱，可溶于几乎所有的有机溶剂(苯、乙醇、乙醚、丙酮、氯仿、石油醚和汽油等)，也可溶于脂肪和类脂质中。0℃时即可蒸发出大量蒸气，易燃。

接触机会

(1) 石油加工业：燃料油调和。

(2) 催化剂及各种化学助剂制造业：四乙基铅合成。

(3) 其他：航空汽油使用；四乙基铅的装卸、运输、使用等过程。用于汽油抗震添加剂，提高辛烷值，及用于有机合成。

中国石化等石油加工企业，实行环境保护的国策，开展"绿色"行动，采用新型抗爆剂如甲基叔丁基醚(MTBE)等来取代四乙基铅，职业接触四乙基铅的机会已减少。

毒性

属高度类(剧毒类)。四乙基铅是一种强烈的神经毒物，主要侵害脑视丘和视丘下部。因此，四乙基铅中毒时出现交感和副交感神经系统的明显障碍，并因大脑皮质病理性功能亢进出现精神症状。大鼠经口最低致死量为17 mg/kg。

四乙基铅挥发性大，易溶于脂肪和类脂质中，因此以蒸气状态由呼吸道进入为主要途径，液体或蒸气也可以从皮肤进入或经消化道吸收。进入人体后降解为三乙基铅或无机铅，主要分布在血液、肝、肾和脑组织中，极少部分无机铅储存于骨骼中。三乙基铅的毒性比四乙基铅大100倍，与中枢神经组织有高度亲和力，能明显抑制脑内葡萄糖的代谢过程，减少高能磷酸键化合物的合成，引起中枢神经系统的症状。三乙基铅最后缓慢降解为二乙铅和无机铅从尿中排出。四乙基铅是通过体内转变为三乙基铅后产生神经毒作用。据估计，人吸收8.9mg/kg的四乙铅可生存4日，如吸收30.1mg/kg，只可生存4h。四乙基铅和汽油对神经组织能发生协同的联合毒性。

四乙基铅对大鼠的急性毒性(LD_{50}或LC_{50})

浓度(mg/m^3)或剂量(mg/kg)	途　径	作用时间
35	经口	
850($545mgPb/m^3$)	吸入	1h
0.1(防止四乙铅挥发)	经皮	
0.6(未防止四乙铅挥发)		

职业危害

(1) 急性中毒：经数小时或数天潜伏期后出现症状，潜伏期长短与接触浓度有关，最长可达2～3周，属亚急性中毒。如作业场所空气中四乙基铅浓度达100mg Pb/m^3，吸入1h后即可造成急性中毒。在极高浓度下可立即昏迷。

急性中毒患者以失眠为最早症状，失眠顽固，有恶梦，同时头晕、头痛，头痛逐渐加剧；乏力、下肢沉重、食欲不振、恶心、呕吐，但很少腹痛。严重者步态蹒跚、谵妄、昏迷、抽搐，也有无故哭笑、幻视、幻听、幻觉等，甚至出现狂躁，企图自杀或有癔病样发作，个别有癫痫持续状态，有些有高热。如不及时治疗，可出现全身衰竭，中枢性呼吸抑制等。此外，部分患者可出现植物神经系统失调，如出汗、流涎和出现体温、脉搏血压偏低的"三低"征等，亦有少数发生周围神经炎、肝脏肿大。少数患者有后遗症，多为神经衰弱症候群，也有性格改变、四肢感觉异常等。

职业性急性四乙基铅中毒诊断标准(GBZ 36—2002)中分为轻度中毒和重度中毒两级。

(2) 慢性中毒：以神经衰弱症候群及植物神经功能失调为主，部分患者有全身乏力、震颤、性格异常及性欲减退。植物神经功能失调表现为多汗、多涎、血压偏低等，或可同时出现血压低、体温低、脉率低的"三低征"。少数有周围神经炎现象，如手套、袜子型浅感觉减退，也可有胃肠道功能障碍，如食欲减退、晨起恶心、上腹或脐周疼痛，但无剧烈疼痛，有时腹泻。

职业禁忌

(1) 中枢神经系统器质性疾病；(2) 严重自主神经功能紊乱性疾病；(3) 各类精神疾病。

应急处理

(1) 急性中毒

①迅速脱离有毒场所，如有皮肤污染则用肥皂水清洗。

②解毒剂可选巯乙胺，每次以200~400mg加入10%葡萄糖液250mL中缓慢静滴，每日1次，或以200mg肌注，每日2~3次。早期应用对减轻中枢神经系统症状有效，症状改善后，酌情减量，一般无显著副作用。其他巯基络合物已证实对本病无明显疗效。

③对症治疗，尤其对重症患者十分重要。出现精神症状或躁动者，给予足量的镇静剂及安定剂尚未控制，可交替使用几种镇静及安定剂，直到精神运动性兴奋得到控制，以防兴奋过度而衰竭。精神症状用氯丙嗪肌注，发生抽搐可用抗痉挛药物如冬眠灵、水合氯醛。急性期要积极防治脑水肿，有肝脏损害则护肝，不宜选用巴比妥类药物，需要10周方可恢复，一般均能痊愈。

(2) 慢性中毒 慢性中毒者应及时脱离四乙基铅作业。解除精神负担，对头痛、失眠除对症治疗外，可用50%葡萄糖40mL加V_C500mg静注，每日1次，1周左右可减轻头痛，改善睡眠。

防护措施

操作时切实注意，工作后淋浴、更衣；皮肤如溅上四乙基铅，应立即用煤油或无铅汽油擦净，再以肥皂水和清水彻底清洗；工作服和防护手套定期用1%~5%的氯胺溶液浸洗。禁止在工作场所进食、吸烟。汽车加油管堵塞时禁用口吸。

职业接触限值

中　国：OELs：　*PC-TWA*　0.02mg/m^3[按Pb计]；皮

美　国：ACGIH TLVs：*TWA*　0.1mg/m^3[按Pb计]；皮，A4

OSHA PEL：*TWA*　0.075 mg/m^3；皮

NIOSH REL：*TWA*　0.075 mg/m^3；皮

IDLH　40mg/m^3[按Pb计]

【环烷酸铅】

英 文 名：Lead naphthenate；Naphthenic acid

别　　名：萘酸铅；石油酸铅

相对分子质量：461.52

分 子 式：$C_{14}H_{22}O_4Pb$

CAS 号：61790-14-5

$$\left[H_2C \begin{matrix} CH_2-CH-(CH_2)_nCOO \\ \quad\quad | \\ CH_2-CH_2 \end{matrix} \right]_2 Pb$$

理化性质

相对密度：1.13

闪 点：40℃

熔 点：<100℃

黄色半透明软树脂状黏稠物。溶于乙醇、苯、甲苯、松节油和松香水，不溶于水。易燃。

接触机会

用作油漆、油墨的催化剂、扩散剂、木材防腐剂和杀虫剂，也用于配制润滑剂。

毒性

大鼠经口 LD_{50} 为 5.1g/kg，未见中毒报道。

职业危害

具刺激作用。目前，未见有对人体损害的报道。

应急处理

皮肤接触，脱去污染的衣着，用大量流动清水冲洗。

眼睛接触，提起眼睑，用流动清水或生理盐水冲洗。就医。

吸入，迅速脱离现场至空气新鲜处。保持呼吸道通畅。如呼吸困难，给输氧。如呼吸停止，立即进行人工呼吸。就医。

食入，饮足量温水，催吐。就医。

防护措施

工作场所尽量密闭操作，局部排风，使用防爆型的通风系统和设备。避免与氧化剂接触。严格遵守操作规程。

空气中浓度超标时，必须佩戴自吸过滤式防毒面具(半面罩)。紧急事态抢救或撤离时，应该佩戴空气呼吸器；戴化学安全防护眼镜；穿防静电工作服；戴橡胶手套。

职业接触限值

中国未制订职业接触限值。

【羰基镍】

英 文 名：Nickel carbonyl；Nickel tetracarbonyl

别 名：四羰基镍；四碳酰镍

相对分子质量：170.73

分 子 式：C_4O_4Ni；$Ni(CO)_4$

CAS 号：13463-39-3

理化性质

相对密度：1.3185(液体)，5.9(气体)

蒸 气 压：41.99kPa(20℃)

熔 点：-25℃

闪 点：<4℃

沸 点：43℃

爆炸极限：2.0%(下限，体积)

无色透明液体，受日光照射后可变成棕黄色或草灰色，具有潮湿的尘土气味。溶于乙醇和许多有机溶剂，溶于浓硝酸。其蒸气比空气重 5.9 倍。在水中的溶解度为

0.018g/100g(9.8℃)。羰基镍在-25℃时变为结晶状态，在45℃时沸腾成具有特殊煤烟气味的气体，在空气中能燃烧；60℃以上分解产生一氧化碳和纯镍，常产生爆炸，在空气中衰变，半衰期30min。在血清中的溶解度比在水中高2.5倍。

接触机会

用于制高纯镍粉，也用于电子工业，及制造塑料中间体，也用作催化剂。

(1) 有机化工原料制造业：烃类原料裂解。

(2) 重有色金属冶炼业：镍熔化、粗镍铸板、羰基镍制取、羰基镍粉制管。

(3) 电子及通讯设备制造业：电路浆料印刷。

毒性

属高毒类(剧毒类)。国家卫生部2003年6月10日以卫法监发[2003]142号文将羰基镍列入《高毒物品目录》。羰基镍可以蒸气形式迅速由呼吸道吸收，皮肤也可吸收少量，进入体内的羰基镍，约有1/3在6h内由呼气中排出，其余以分子形式穿过肺泡，使肺泡和组织遭受损害。吸收入血后主要分布在各器官，并逐渐分解为镍离子和一氧化碳。前者可与细胞内的核酸、蛋白质结合，逐步转移到血浆中，再与白蛋白结合，随尿排出体外；后者从呼气中排出。

羰基镍在体内代谢、排出迅速，吸入羰基镍后24h，体内仅存留吸收量的17%，在6天内全部排完。实际证明在体内无明显的蓄积作用。

羰基镍进入深部呼吸道后，可迅速穿透肺泡壁，并以整个分子的形式作用于肺毛细血管内皮细胞，抑制细胞中的巯基酶，使肺毛细血管通透性增加，造成间质水肿。同时，一些毒性物质，包括脂质过氧化的产物损伤Ⅰ型和Ⅱ型肺泡上皮细胞，破坏肺泡表面活性物质，使肺泡间质渗出增加，继而产生肺泡水肿。

大鼠吸入本品30min的LC_{50}为200~400mg/m^3，推测人的30min致死浓度约为3000mg/m^3。

职业危害

(1) 急性中毒：羰基镍无刺激性气味，由于生产事故一次大量吸入羰基镍气体可造成急性中毒。急性中毒往往有早发症状和迟发症状。早发症状吸入羰基镍10min左右即可出现反应，如头晕、头痛、恶心、心悸、胸闷、气短、冷汗、手抖、下肢无力、步态不稳等，并可出现视力模糊、眼刺痛以及眼部不适等症状。以上症状往往在几小时内消失，获得暂时的缓解期。迟发症状主要为严重的肺部症状。患者突然出现明显的胸闷、气短、严重的呼吸困难、紫绀、咳嗽，并咳出大量粉红色泡沫痰；心动过速，两肺布满啰音，这些是肺水肿及弥漫性间质性肺炎的表现；同时有发热、暂时性血压升高、心肌损伤等，心电图出现ST段、T波的改变。严重者可在4~13天内死亡。X线检查可见两肺弥漫性斑片状阴影，心影增大。白细胞明显增高，核左移，胞浆出现中毒颗粒。尿镍可显著增高。急性中毒时的主要病变见于肺，其次为脑、肝、肾上腺。

职业性急性羰基镍中毒诊断标准(GBZ 28—2010)中分为轻度中毒、中度中毒和重度中毒三级。

(2) 慢性中毒：长期接触低浓度羰基镍，可引起慢性中毒，表现为头晕、头痛、疲乏无力、失眠、白天嗜睡、多梦、记忆力减退等神经系统功能紊乱，以及咳嗽、胸闷、胸痛、气短等呼吸系统症状。胸部X线检查可有肺纹理增多、紊乱。部分患者有通气功能损害。脑电图出现轻度或中度异常。尿镍含量增高。少数患者可有心、肝功能异常，过敏性皮炎表现。

职业禁忌

（1）慢性阻塞性肺病；（2）支气管哮喘；（3）慢性间质性肺病。

应急处理

急性羰基镍中毒患者应立即撤离现场，清除体表污染物，卧床休息，禁止活动，尽量减少氧耗。应着重肺水肿的防治。有早发症状者，在其症状消退后，至少严密观察24h，及早采取预防肺水肿的措施，如静卧保暖，可用少量镇静药物，吸氧，静脉滴注肾上腺皮质激素等。出现肺水肿时，应采取紧急措施，如正压给氧，消泡剂、脱水利尿剂、肾上腺皮质激素等治疗，同时进行驱镍治疗。使用二乙基二硫代氨基甲酸钠，可以与组织中的镍结合，形成一种无毒的络合物，由尿排出体外。首次静脉注射剂量为25mg/kg，24h总量不超过100 mg/kg，用药后尿镍可增加并超过促排前的3~20倍。口服疗效差，胃肠道反应多见。用药期间禁用水合氯醛和副醛类镇静药物，并禁止服用酒精饮料，以防产生协同反应。

慢性中毒无特殊疗法。可进行休息和对症治疗。症状持久不愈者，应调离羰基镍作业。

防护措施

密闭操作，局部排风。现场备有冲洗眼及皮肤的设备。

呼吸系统防护：空气中粉尘浓度超标时，建议佩戴自吸过滤式防尘口罩。紧急事态抢救或撤离时，应该佩戴空气呼吸器。

眼睛防护：戴化学安全防护眼镜。

身体防护：穿防毒物渗透工作服。

手 防 护：戴乳胶手套。

其　　他：工作现场禁止吸烟、进食和饮水。工作完毕，淋浴更衣。保持良好的卫生习惯。

职业接触限值

中　　国：OELs：　*MAC*　0.002mg[Ni]/m^3

美　　国：ACGIH TLVs：*TWA*　0.05ppm

OSHA PEL：*TWA*　0.001 ppm（0.007 mg/m^3）

NIOSH REL：*TWA*　0.001ppm（0.007 mg/m^3）

IDLH　2ppm；Ca

【硬脂酸锌】

英 文 名：Zinc stearate

别　　名：十八酸锌

相对分子质量：632.32

分 子 式：$C_{36}H_{70}O_4Zn$；$Zn(C_{18}H_{35}O_2)_2$

CAS　号：557-05-1

理化性质

相对密度：1.095　　　　熔　　点：130℃

闪　　点：277℃　　爆炸极限：20%（下限，体积）

引燃温度：420℃

纯品为白色轻质粉末，普通品是带有微黄色的重质粉末，有滑腻感，不溶于水、乙醇和乙醚，溶于热的乙醇、苯、松节油等有机试剂。遇强酸分解成硬脂酸和相应的钙盐。

接触机会

主要用作苯乙烯树脂、酚醛树脂、胺基树脂的润滑剂和脱模剂。同时在橡胶中还具有硫化活性剂，软化剂的功能。可用作 PVC 的无毒热稳定剂，在水性涂料中具有增滑，增加打磨性的作用。发泡产品中不可以缺少的促进剂等。

毒性

本品进入胃肠时为低毒。大鼠气管内注入 100mg，全部动物由于肺水肿死亡；注入 50mg，大约半数动物死亡。

职业危害

人体吸入本品可发生支气管肺炎。曾有使用本品作痱子粉时发生中毒的报道，另有切割橡胶并向上面撒布硬脂酸锌的工人发生职业中毒的病例报道。解剖可见肺弥漫纤维化。长期吸入本品粉尘引起肺部病变，患者有气促、咳嗽、咳痰等症状，X 线检查发现胸膜增厚、肺门有小结节及轻度肺气肿。

应急处理

皮肤接触：脱去污染的衣着，用流动清水冲洗。

眼睛接触：提起眼睑，用流动清水或生理盐水冲洗。就医。

吸　　入：脱离现场至空气新鲜处。

食　　入：饮足量温水，催吐。就医。

防护措施

密闭操作，局部排风。现场备有冲洗眼及皮肤的设备。

呼吸系统防护：空气中粉尘浓度超标时，建议佩戴自吸过滤式防尘口罩。紧急事态抢救或撤离时，应该佩戴空气呼吸器。

眼睛防护：戴化学安全防护眼镜。

身体防护：穿防毒物渗透工作服。

手 防 护：戴乳胶手套。

其　　他：工作现场禁止吸烟、进食和饮水。工作完毕，淋浴更衣。保持良好的卫生习惯。

职业接触限值。

中国未制订职业接触限值。

美　　国：OSHA PEL：*TWA*　15mg/m^3（总尘）；5mg/m^3（可吸入的部分）

NIOSH REL：*TWA*　10mg/m^3（总尘）；5mg/m^3（可吸入的部分）

【硬脂酸钙】

英 文 名：Calcium stearate

别　　名：十八酸钙

相对分子质量：607.03

分 子 式：$C_{36}H_{70}CaO_4$；$[CH_3(CH_2)_{16}COO]_2Ca$

CAS 号：1592-23-0

理化性质

熔　点：179℃　　自燃温度：400℃

纯品为白色结晶粉末。普通品是白色略带黄色的粉状物质。不溶于水，微溶于热的乙醇，被酸和碱分解，在空气中吸收水分。

接触机会

石油化工聚烯烃生产中的加工助剂，提高了聚烯烃、聚酰胺、苯乙烯类及橡胶在挤出成型(薄膜、纤维、仿形等)和压制成型时的可加工性。

毒性

本品可经呼吸道和皮肤吸收。大鼠长期吸入本品，可见到支气管周围组织的纤维化或支气管扩张等。

应急处理

皮肤接触：脱去污染的衣着，用流动清水冲洗。

眼睛接触：提起眼睑，用流动清水或生理盐水冲洗。就医。

吸　入：脱离现场至空气新鲜处。

食　入：饮足量温水，催吐。就医。

防护措施

密闭操作，局部排风。现场备有冲洗眼及皮肤的设备。

呼吸系统防护：空气中粉尘浓度超标时，建议佩戴自吸过滤式防尘口罩。紧急事态抢救或撤离时，应该佩戴空气呼吸器。

眼睛防护：戴化学安全防护眼镜。

身体防护：穿防毒物渗透工作服。

手 防 护：戴乳胶手套。

其　他：工作现场禁止吸烟、进食和饮水。工作完毕，淋浴更衣。保持良好的卫生习惯。

职业接触限值

中国未制订职业接触限值。

【三乙酸锑】

英 文 名：Antimony triacetate

相对分子质量：298.89

分 子 式：$C_6H_9O_6Sb$；$Sb(CH_3COO)_3$

CAS 号：6923-52-0

理化性质

白色结晶，具有酸味，易水解，不易挥发。加热易分解，水解产物为三氧化二锑和醋酸。

接触机会

主要用作聚酯缩聚催化剂。

毒性

属高毒类。本品对眼睛有刺激性。国家卫生部 2003 年 6 月 10 日以卫法监发[2003] 142 号文将锑及其化合物列入《高毒物品目录》。

职业危害

本品对眼睛有刺激性。职业性中毒可引起气管炎、胃肠炎、头痛、头晕、疲乏、无力等。职业性中毒不严重，脱离接触并进行对症治疗即可痊愈。

应急处理

皮肤接触，脱去污染的衣着，用流动清水冲洗。

眼睛接触，提起眼睑，用流动清水或生理盐水冲洗。就医。

吸入，脱离现场至空气新鲜处。如呼吸困难，给输氧。就医。

食入，饮足量温水，催吐。就医。

防护措施

工程控制：生产过程密闭，全面通风。在工作场所应装备喷淋洗眼设备。

呼吸系统防护：空气中粉尘浓度超标时，必须佩戴自吸过滤式防尘口罩。紧急事态抢救或撤离时，应该佩戴空气呼吸器。

眼睛防护：戴化学安全防护眼镜。

身体防护：穿防毒物渗透工作服。

手 防 护：戴橡胶手套。

其　　他：避免高浓度吸入。保持良好的卫生习惯。

职业接触限值

中　　国：OELs：*PC－TWA*　0.5mg[Sb]/m^3

【丁基锂】

英 文 名：Butyllithium；*n*－Butyllithium

相对分子质量：64.06

分 子 式：C_4H_9Li；$CH_3CH_2CH_2CH_2Li$

CAS　号：109－72－8

理化性质

相对密度：0.78　　　　闪　　点：－12℃

淡棕色液体。化学反应活性很高，与空气接触会着火，与水、酸类、卤素类、醇类和胺类接触会发生剧烈反应。

接触机会

用作聚合催化剂、烃化剂等。

毒性

因误食或吸入人体，具有刺激作用，损害肾脏，引起呼吸道刺激症状及视力模糊、耳鸣、无力、倦睡、厌食、恶心、呕吐、腹泻、肌肉震颤、腱反射亢进等。

职业危害

吸入、口服或经皮肤吸收对身体有害。对眼睛、皮肤、黏膜和上呼吸道有强烈刺激作用。可引起化学灼伤。吸入后，可因喉及支气管的痉挛、炎症、水肿，化学性肺炎或肺水肿而致死。中毒表现有烧灼感、咳嗽、喘息、喉炎、气短、头痛、恶心和呕吐，可引起神经系统的紊乱。未见长期影响报道。

应急处理

皮肤接触：立即脱去被污染的衣着，用大量流动清水冲洗，至少15min。就医。

眼睛接触：立即提起眼睑，用大量流动清水或生理盐水彻底冲洗至少15min。就医。

吸　　入：迅速脱离现场至空气新鲜处。保持呼吸道通畅。如呼吸困难，给输氧。如呼吸停止，立即进行人工呼吸。就医。

食　　入：如误食，用水漱口，给饮牛奶或蛋清。就医。应立即洗胃，再用泻盐导泻。国外提议用1.87%乳酸钠静脉滴注。其他对症治疗。

防护措施

呼吸系统防护：可能接触毒物时，建议佩戴自吸过滤式防毒面具(全面罩)。紧急事态抢救或撤离时，建议佩戴空气呼吸器。

眼睛防护：呼吸系统防护中已作防护。

身体防护：穿胶布防毒衣。

手 防 护：戴橡胶手套。

其　　他：工作现场严禁吸烟。工作完毕，淋浴更衣。

职业接触限值

中国未制订职业接触限值。

【二烷基二硫代氨基甲酸盐】

$$\left[\begin{matrix} H_3C \\ H_3C \end{matrix} \!\!>\! N - \overset{\overset{\displaystyle S}{\|}}{C} - S - \right]_n Zn$$

理化性质

相对密度：1.65～1.74

熔　　点：240～255℃

二烷基二硫代氨基甲酸的衍生物为二烷基二硫代氨基甲酸盐类，是橡胶工业最常用的促进剂。其盐类有铵盐、锌盐、钠盐、钾盐及铜、铋、碲、钴、铁等金属盐。以常用的二甲基二硫代氨基甲酸锌为例其化学结构如上。

白色粉末。不溶于水和汽油，能溶于氯仿、二硫化碳等有机溶剂。

接触机会

二烷基二硫代氨基甲酸盐是橡胶工业常用的促进剂，也用作润滑油的多效添加剂。

毒性

大鼠经口LD_{50}为1.4g/kg。

应急处理

皮肤接触：立即脱去被污染的衣着，用大量流动清水冲洗，至少15min。就医。

眼睛接触：立即提起眼睑，用大量流动清水或生理盐水彻底冲洗至少15min。就医。

吸　　入：迅速脱离现场至空气新鲜处。保持呼吸道通畅。如呼吸困难，给输氧。如呼吸停止，立即进行人工呼吸。就医。

食　　入：如误食，用水漱口，给饮牛奶或蛋清。就医。应立即洗胃，再用泻盐导泻。国外提议用1.87%乳酸钠静脉滴注。其他对症治疗。

防护措施

呼吸系统防护：可能接触毒物时，建议佩戴自吸过滤式防毒面具(全面罩)。紧急事态抢救或撤离时，建议佩戴空气呼吸器。

眼睛防护：呼吸系统防护中已作防护。

身体防护：穿胶布防毒衣。

手 防 护：戴橡胶手套。

其　　他：工作现场严禁吸烟。工作毕，淋浴更衣。

职业接触限值

中国未制订职业接触限值.

【二烷基二硫代磷酸锌】

R′O　S　　S　OR′
P　　P
RO　S—Zn—S　OR

英 文 名：Zinc dialkyl dithiophosphate

别　　名：T202

理化性质

相对密度：1.05～1.15(液体)　　　　闪　　点：<100℃

熔　　点：<－10℃

润滑油添加剂，防腐蚀，耐磨损，抗氧化。

接触机会

二烷基二硫代磷酸锌常用做润滑油的多效添加剂。

毒性

二烷基二硫代磷酸锌小白鼠皮下注射LD_{50}为6800mg/kg，MLD为2910mg/kg，LD_{100}为12200mg/kg。二烷基硫磷酸小白鼠皮下注射的LD_{50}为440mg/kg，MLD为313mg/kg，LD_{100}为1180mg/kg。从上述实验结果看，二烷基硫磷酸的毒性大于二烷基二硫代磷酸锌(T202)。动物中毒症状与有机磷中毒症状相似。这两种毒物在体内的代谢尚不清楚。二烷基二硫代磷酸锌和二烷基硫磷酸这两种毒物主要经消化道及呼吸道侵入人体。在一般生产中不易挥发，故呼吸道侵入人体不是主要的。对皮肤有一定的刺激作用。

职业危害

(1) 急性中毒：急性中毒症状与有机磷农药中毒相似。参见“敌敌畏”。

(2) 慢性危害：当生产环境空气中有机磷浓度在1.999～4.950mg/m^{3}之间下操作(每天8h)，约1～2年后，生产工人的自觉症状主要为：头痛、头晕、乏力、消瘦、食欲减退、失眠、记忆力减退、嗑睡、感觉异常等(上述症状并不排除与H_2S等毒物的联合作用)，在此浓度下，生产工人血液胆碱酯酶下降至50%～59%的占总操作工人的46.1%；下降至60%～79%的占操作人员的28.1%。当工艺改革后，生产环境空气中有机磷浓度在0.044～0.087mg/m^{3}时，操作工人血胆碱酯酶基本回升至80%以上，自觉症状明显好转。从而可看出其慢性毒作用主要表现为程度不同的神经衰弱症候群。生产环境空气中有机磷浓度与操作工人血中胆碱酯酶下降程度及工人的自觉症状存在平行关系，应引起足够的重视。

应急处理

（1）对急性中毒者立即移至空气新鲜的安全处，必要时作人工呼吸及吸氧。

（2）皮肤污染用肥皂水或清水冲洗。如溅入眼内用生理盐水冲洗至少15min。

（3）急性中毒引起的类似有机磷农药中毒症状，可参照有机磷农药中毒的抢救和治疗原则进行。

防护措施

呼吸系统防护：可能接触毒物时，建议佩戴自吸过滤式防毒面具（全面罩）。紧急事态抢救或撤离时，建议佩戴空气呼吸器。

眼睛防护：呼吸系统防护中已作防护。

身体防护：穿胶布防毒衣。

手 防 护：戴橡胶手套。

其　　他：工作现场严禁吸烟。工作完毕，淋浴更衣。

职业接触限值

中国未制订职业接触限值。

【二异丙基二硫代磷酸锑】

英 文 名：*o,o* – Diisopropyl dithiophosphate antimony

别　　名：钝化剂

相对分子质量：1365.41

分 子 式：$C_{48}H_{42}O_6P_3S_6Sb$；$(C_{16}H_{14}O_2PS_2)_3Sb$

理化性质

熔　　点：79～80℃

鹅黄色固体结晶。

接触机会

生产和使用二异丙基二硫代磷酸锑的作业。

毒性

属中等毒类。小鼠经口 LD_{50} 为197.7mg/kg（石油醚）。

职业危害

液体对眼睛和皮肤有中等至强烈刺激，使神经系统先兴奋后抑制，可死于中枢及循环衰竭。未见急性中毒报道。

应急处理

皮肤接触：立即脱去被污染的衣着，用汽油或酒精擦去毒物，不可用水冲洗。就医。若有灼伤，就医治疗。

眼睛接触：立即翻开上下眼睑，用大量流动清水或生理盐水彻底冲洗至少15min。就医。

吸　　入：迅速脱离现场至空气新鲜处。保暖并休息。保持呼吸道通畅。如呼吸困难，给输氧。如呼吸停止，立即进行人工呼吸。就医。

食　　入：误服者用水漱口，给饮牛奶或蛋清。就医。

防护措施

工程控制：密闭操作，局部排风。

呼吸系统防护：可能接触其蒸气时，建议佩戴防毒口罩。必要时佩戴自给式呼吸器。

眼睛防护：戴化学安全防护眼镜。

防 护 服：穿工作服。

手 防 护：戴防护手套。

其　　他：工作现场严禁吸烟。工作毕，淋浴更衣。单独存放被毒物污染的衣服，洗后备用。

职业接触限值

中国未制订职业接触限值。

【十二烷基苯磺酸钠】

英 文 名：Sodium dodecylbenzenesulfonate；DDBS

相对分子质量：348.47

分 子 式：$C_{12}H_{25}C_6H_4SO_3Na$

CAS　号：25155－30－0

理化性质

闪　　点：110℃

白至淡黄色薄片、小粒或粉末。能生物降解，十二烷基有许多异构体，苯环有许多位置可以取代。易燃。易溶于水，易吸潮结块。

接触机会

阴离子型表面活性剂。是家用洗涤剂用量最大的合成表面活性剂。十二烷基苯磺酸钠的生产和使用过程中均可能接触。

毒性

小鼠经口 LD_{50} 为 105mg/kg。十二烷基苯磺酸盐的慢性毒性观察，以 0.02%、0.1%、0.5% 的浓度混于食物中，喂饲大鼠 2 年无毒作用。

职业危害

本品基本无毒。未见职业中毒报道。浓溶液对皮肤及黏膜有一定刺激。

应急处理

皮肤接触：立即脱去被污染的衣着，用汽油或酒精擦去毒物，不可用水冲洗。就医。若有灼伤，就医治疗。

眼睛接触：立即翻开上下眼睑，用大量流动清水或生理盐水彻底冲洗至少 15min。就医。

吸　　入：迅速脱离现场至空气新鲜处。保暖并休息。保持呼吸道通畅。如呼吸困难，给输氧。如呼吸停止，立即进行人工呼吸。就医。

食　　入：误服者用水漱口，给饮牛奶或蛋清。就医。

防护措施

工程控制：密闭操作，局部排风。

呼吸系统防护：可能接触其蒸气时，建议佩戴防毒口罩。必要时佩戴自给式呼吸器。

眼睛防护：戴化学安全防护眼镜。

防 护 服：穿工作服。

手 防 护：戴防护手套。

其　　他：工作现场严禁吸烟。工作毕，淋浴更衣。单独存放被毒物污染的衣服，洗后备用。

职业接触限值

中国未制订职业接触限值。

【乙二胺四乙酸二钠】

英 文 名：Disodium ethylenediaminetetraacetic acid ；Disodium EDTA

别　　名：氨羧络合剂－3

相对分子质量：372. 24

分 子 式：$C_{10}H_{14}N_2O_8Na_2 \cdot 2H_2O$

CAS　号：6381－92－6

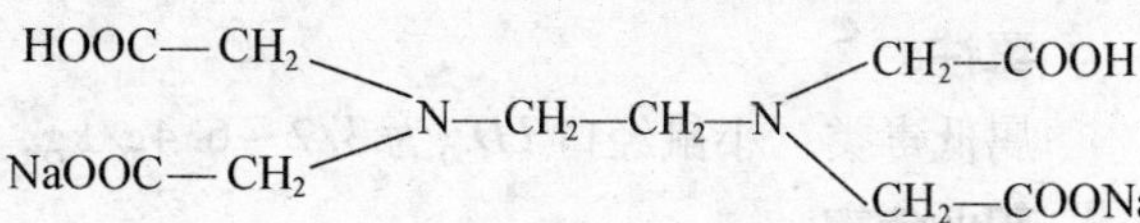

理化性质

白色晶体，溶入水，是一种重要络合剂。用于络合金属离子和分离金属、解毒，加热到100～140℃将失去分子中的结晶水成为无水EDTA－Na_2。

接触机会

主要用作络合剂。

毒性

属低毒类。大鼠经口LD_{50}为2000 mg/kg。

职业危害

对黏膜和上呼吸道有刺激作用。对眼睛、皮肤有刺激作用。未见职业性中毒报道。

应急处理

皮肤接触：脱去污染的衣着，用大量流动清水冲洗。

眼睛接触：提起眼睑，用流动清水或生理盐水冲洗。就医。

吸　　入：脱离现场至空气新鲜处。如呼吸困难，给输氧。就医。

食　　入：饮足量温水，催吐。就医。

防护措施

工程控制：密闭操作，局部排风。

呼吸系统防护：可能接触其蒸气时，建议佩戴防毒口罩。必要时佩戴自给式呼吸器。

眼睛防护：戴化学安全防护眼镜。

防 护 服：穿工作服。

手 防 护：戴防护手套。

其　　他：工作现场严禁吸烟。工作完毕，淋浴更衣。单独存放被毒物污染的衣服，洗后备用。

职业接触限值

中国未制订职业接触限值。

【甲醛亚硫酸氢钠】

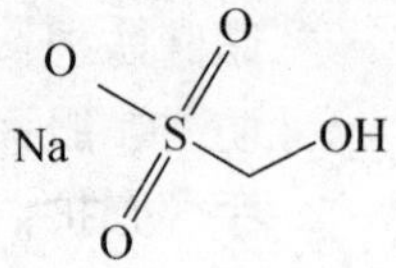

英 文 名：Sodium formaldehyde bisulfite；
Sodium hydroxymethanesulphonate

别　　名：羟甲基磺酸钠

相对分子质量：134.08

分 子 式：$HOCH_2SO_3Na$

CAS　号：870－72－4

理化性质

熔　　点：200℃

白色水溶性固体。

毒性

属低毒类。小鼠经口 LD_{50} 为 3.2～6.4g/kg，豚鼠经皮 LD_{50} >20g/kg。

职业危害

有轻微的刺激作用。对皮肤的致敏作用甚少见。未见中毒资料。

应急处理

皮肤接触：脱去污染的衣着，用流动清水冲洗。

眼睛接触：提起眼睑，用流动清水或生理盐水冲洗。就医。

吸　　入：脱离现场至空气新鲜处。就医。

食　　入：饮足量温水，催吐。就医。

防护措施

密闭操作，加强通风。

呼吸系统防护：空气中粉尘浓度较高时，建议佩戴自吸过滤式防尘口罩。

眼睛防护：必要时，戴化学安全防护眼镜。

身体防护：穿一般作业防护服。

手 防 护：戴一般作业防护手套。

其　　他：及时换洗工作服。保持良好的卫生习惯。

职业接触限值

中国未制订职业接触限值。

【硫磷化聚异丁烯钡盐】

英 文 名：Barium salt of phosphosulfurized polyisobutylene；
Barium polyisobut ylene thiophosphate

接触机会

作为内燃机油的辅剂。

毒性

属低毒类。

职业危害

毒性很低，生产中不致引起急性中毒。温度超过 100℃后，易分解释放出硫化物、磷化物，对眼睛、呼吸道黏膜有刺激性，对皮肤有轻微刺激作用。

应急处理

皮肤接触：脱去污染的衣着，用流动清水冲洗。

眼睛接触：提起眼睑，用流动清水或生理盐水冲洗。就医。

吸　　入：脱离现场至空气新鲜处。就医。

食　　入：饮足量温水，催吐。就医。

防护措施

密闭操作，加强通风。

空气中粉尘浓度较高时，建议佩戴自吸过滤式防尘口罩。

眼睛防护：必要时，戴化学安全防护眼镜。

身体防护：穿一般作业防护服。

手 防 护：戴一般作业防护手套。

其　　他：及时换洗工作服。保持良好的卫生习惯。

职业接触限值

中国未制订职业接触限值。

【四甲基二硫代秋兰姆】

英 文 名：Tetramethylthiuram disulfide；Thiram

别　　名：硫化促进剂 TMTD；福美双

相对分子质量：204.30

分 子 式：$[(CH_3)NCN]_2S_2$

CAS 号：137-26-8

理化性质

相对密度：1.29　　　　熔　　点：146~148℃

白色结晶粉末，带有特殊气味。溶于乙醇、苯、氯仿、二硫化碳，不溶于水、稀碱液和汽油。

接触机会

在橡胶工业中用作硫化促进剂、农业上用作杀菌剂和杀虫剂，也可用作润滑油添加剂等。

毒性

属低毒类。LD_{50} 小鼠经口为 1.25g/kg，大鼠经口为 0.87g/kg，对人的致死量为 0.8g/kg。

对人体呼吸道、皮肤、胃肠道有明显刺激作用，可抑制白细胞生成。大剂量误服可损害中枢神经系统、心脏、肝脏和内分泌腺，也有人吸入后产生过敏性。

中毒机理有以下可能：

(1) 在体内代谢生成二硫化碳，与神经系统中毒表现有关。

(2) 在体内还原为二烃基二硫代氨基甲酸，易于和金属阳离子，包括一些必需微量元素发生络合，抑制有关的酶的活性；如6-磷酸葡萄糖脱氢酶、己糖激活酶等，并氧化谷胱甘肽。

(3) 秋兰姆类化合物在体内使酒精生成乙醛储留，或与乙醇相互作用生成某种有毒物质。

职业危害

(1) 急性中毒：工作中急性中毒很少发生，仅有黏膜和皮肤的刺激症状。敏感者可致皮炎。据报道，中毒后个别人表现有头痛、多汗、心动过速、心律不齐、血压不降、呕吐、呼吸困难、结膜炎、支气管炎、荨麻疹。口服大剂量后有恶心、呕吐、腹泻、腹痛。严重时出现神经系统兴奋，最后转入抑制和呼吸中枢麻痹，可有肝、肾损害。接触本品者可提高对酒的敏感度，饮酒时会出现头痛、多汗、恶心、血压下降、胸痛。

(2) 慢性中毒：本品可引起职业性皮炎，对慢性接触者的皮肤有致敏作用。多数患者经不同时间可自行好转。长期接触后，可出现头痛、头晕、记忆力减退、食欲不振等症状。眼及上呼吸道刺激常见，有喉痒、眼刺痛、慢性鼻炎、嗅觉减退。有报道发现有肝脏、胆囊等脏器的功能改变和中性粒细胞减少。

应急处理

皮肤接触：脱去污染的衣着，用流动清水冲洗。

眼睛接触：提起眼睑，用流动清水或生理盐水冲洗。就医。

吸　　入：脱离现场至空气新鲜处。就医。

食　　入：饮足量温水，催吐。就医。

防护措施

密闭操作，加强通风。

空气中粉尘浓度较高时，建议佩戴自吸过滤式防尘口罩。

眼睛防护：必要时，戴化学安全防护眼镜。

身体防护：穿一般作业防护服。

手 防 护：戴一般作业防护手套。

其　　他：及时换洗工作服。保持良好的卫生习惯。

职业接触限值

中国未制订职业接触限值。

美　　国：ACGIH TLVs：*TWA*　0.05mg/m^3 IFV；SEN
OSHA PEL：*TWA*　5mg/m^3
NIOSH REL：*TWA*　5mg/m^3
IDLH　100mg/m^3

F　高分子聚合物

【聚乙烯】

英 文 名：Polyethylene(PE)

分 子 式：$(\text{—}C_2H_4\text{—})_n$

CAS 号：9002－88－4

理化性质

密 度：0.91～0.96g/cm^3 闪 点：231℃

熔 点：130～145℃

由乙烯聚合而成的高分子化合物，可燃，外观为白色颗粒或粉末，有蜡味，浮在水上，不溶。加热时分解生成有毒和刺激性烟雾，与氟、四氟化氙接触剧烈反应，与强氧化剂和强酸发生反应，与硝酸、氯化钠、三硝基甲烷不能配伍。

有低密度聚乙烯和高密度聚乙烯两种，理化性质依分子量而异。低分子量的一般是无色、无臭、无味、无毒的液体，密度约0.92，不溶于水，微溶于松节油、石油醚、甲苯等，耐水和大多数有机溶剂，可用作高级润滑油和涂料等。高分子量的纯品是乳白色蜡状固体粉末，加入稳定剂可加工成粒状，具热塑性，常温下不溶于已知溶剂，但与脂肪烃、芳香烃和卤代烃长时间接触时能溶胀，70℃以上可稍溶于甲苯、醋酸、戊酯等。在空气中加热或受日光影响，发生氧化，能耐大多数酸碱的侵蚀，吸水性小，电绝缘性高，低温仍能保持柔软性。密度大的机械强度、熔点和硬度等都较密度小的高。

接触机会

聚乙烯装置生产及辅助生产人员，聚乙烯包装、储运、采样、分析、检维修人员，以及聚乙烯塑料制品加工人员等可能接触。

低密度聚乙烯主要用作农用膜、工业用包装膜、机械零件、日用品、建筑材料、电线、电缆绝缘、涂层和和合成纸等。高密度聚乙烯用于日用品和工业用品，还可用作中空制品、单丝、延伸带、薄膜、电绝缘制品等。

毒性

高压聚乙烯和中压聚乙烯本身基本无毒。但是生产中使用的各种添加剂、乙烯单体、聚乙烯热裂解产物则有一定的毒性。

职业危害

高压聚乙烯在加热至150℃时可分解出酸、酯、不饱和烃、一氧化碳、甲醛等物质，低压聚乙烯在热切削和封闭聚乙烯时其热解产物有甲醛和丙烯醛等，大量吸入能引起中毒，主要为对呼吸道的刺激作用。

防护措施

（1）生产过程采用密闭自动化系统，在有聚乙烯粉尘产生或有热解产物产生的场所，应加强通风。

（2）个体防护，穿工作服，在产生聚乙烯粉尘的场所应配备防尘口罩，粉尘浓度超过职业接触限值时应佩戴防尘口罩。在聚乙烯热加工场所配备防毒面罩。

职业接触限值

中国 OELs：聚乙烯粉尘(总尘)*PC－TWA* 5 mg/m^3

【聚丙烯】

英 文 名：Polypropylene(PP)

分 子 式：$(—C_3H_6—)_n$

CAS 号：9003－07－0

理化性质

相对密度：0.90～0.91　　　　　　　　　熔　　点：165～170℃

一种由丙烯聚合而成的热塑性树脂。根据分子结构的不同，可分为无规聚丙烯、等规聚丙烯、间规聚丙烯三种。能缓慢燃烧的、可燃、晶状、白色、无味、无臭的固体，使用温度范围 -30～140℃。在水中飘浮，耐热性高，韧性和耐化学腐蚀性都很好，可用作工程塑料，适用于制作电视机、收音机外壳、电器绝缘材料、防腐管道、板材、储槽等，也用于编织包装袋、包装薄膜。与强酸、氯及其他强氧化剂、高锰酸钾、异丙基油类不能配伍。

接触机会

聚丙烯装置生产及辅助生产人员，聚丙烯包装、储运、采样、分析、检维修人员，薄膜装置聚丙烯加料人员，聚丙烯塑料制品加工人员等有可能接触。

聚丙烯可用作工程塑料，适用于制电视机、收音机外壳、电器绝缘材料、防腐管道、板材、储槽等，也用于编织包装袋、包装薄膜。

毒性

聚丙烯本身无毒性。但添加了抗氧剂、稳定剂、着色剂等即有毒性，病理具有肝、肾、心等器官的轻度蛋白变性。可通过摄入或其他途径产生毒性，实验动物可引起气管炎；动物长期吸入聚丙烯粉尘，引起白细胞轻度增高。

职业危害

聚丙烯加热至150～220℃时热解产物有酸、酯、不饱和烃、过氧化物、甲醛、乙醛、二氧化碳、一氧化碳等，接触后出现眼和上呼吸道黏膜刺激症状，呼吸频率紊乱，体温下降，病理检查内脏器官充血、支气管炎、肺气肿及肝的蛋白变性等。吸入聚丙烯热解产物出现上呼吸道黏膜刺激症状。

聚丙烯粉末吸入量过多，人体肺部会产生不适。

防护措施

（1）生产过程采用密闭自动化系统，在有聚丙烯粉尘产生或有热解产物产生的场所，应加强通风。

（2）穿工作服。在产生聚丙烯粉尘的场所应配备防尘口罩，粉尘浓度超过职业接触限值时应佩戴粉尘口罩。在聚丙烯热加工场所配备防毒面罩。

职业接触限值

中国 OELs：聚乙烯粉尘（总尘）$PC-TWA$　5 mg/m^3

【聚异丁烯】

英 文 名：Polybutylene；Polyisobutylene；Polybutene；Polyisobutene

别　　名：增黏剂 T603

分 子 式：$(-C_4H_8-)_n$

CAS　 号：9003-27-4

理化性质

相对密度：0.90～0.93

一种合成橡胶，外观为白色或灰白色、无臭、无味的固体，溶于天然橡胶所溶的溶剂，不溶于乙醇和丙酮。在－70℃脆化，－50～100℃下具有弹性。加热至120～130℃，可塑性提高很大，350℃分解。耐酸碱、耐腐蚀、耐摩擦、耐低温、耐臭氧，有高的气密性和良好的电绝缘性、绝热性，抗张强度低。

接触机会

聚异丁烯装置生产及其辅助生产人员，有关包装、储运、采样、分析人员接触。

可制成管道、薄膜、板材、各种容器和抽成单丝。

毒性

聚异丁烯本身无害，生产过程中的主要危害来自单体、添加剂、及中间产物。

职业危害

聚异丁烯对皮肤和黏膜有轻度刺激作用，分子量较大，吸入危险性很小，吸入高浓度蒸气可以发生窒息和中毒。吸入和误服中毒可表现头痛、恶心、呕吐、腹泻、嗜睡。长期接触可引起皮肤干燥和皲裂。

应急处理

吸入中毒时立即移至空气新鲜处，必要时可进行人工呼吸。皮肤污染立即用肥皂水冲洗。如通过伤口进入皮下应就医。其他对症处理。

防护措施

(1) 生产过程应密闭化，保持通风良好。

(2) 穿工作服，进入高浓度环境中应戴合适的呼吸器；在可能有溅出的岗位操作应戴防护眼镜；经常可能用手接触的操作应戴不透油手套；注意个人清洁卫生。

职业接触限值

中国未制订职业接触限值。

【聚苯乙烯】

英 文 名：Polystyrene

分 子 式：$(—C_6H_5CHCH_2—)_n$

CAS 号：9003－53－6

理化性质

相对密度：1.04～1.06

聚苯乙烯是一种热塑性塑料，由苯乙烯加成聚合而得到的高分子化合物。纯品为无色、无臭、无味的有光泽透明固体，软化点85℃。具有耐水、耐腐蚀、透明度高、易着色、美观、易加工成型、有优良电绝缘性等优点，耐热性差、易脆裂、机械强度小。最高使用温度不能超过90～95℃。溶于芳香烃、氯代烃等，在丙酮中只溶胀而不溶解。与强氧化剂、烃类溶剂不能配伍。

接触机会

聚苯乙烯生产装置人员及其辅助生产人员，聚苯乙烯包装、储运、采样、分析、检维修人员，聚苯乙烯制品加工人员等可能接触。

用于加工成无线电、电视、雷达等的绝缘材料，并用于制硬质泡沫塑料、薄膜、日用品、耐酸容器等，也用于合成纤维和涂料。

毒性

聚苯乙烯基本无毒。毒性与聚苯乙烯中未聚合的单体苯乙烯的量有关，主要对呼吸道有轻度刺激作用，在体内极易氧化而后代谢随尿排出体外。当聚苯乙烯温度达725℃时，热解产物中单体苯乙烯的量达83.9%，其他为苯系物，超过此温度单体苯乙烯的量反而减少。聚苯乙烯燃烧能产生刺激性和/或有毒的蒸气。

职业危害

接触有咽炎、慢性扁桃体炎的表现，个别患皮炎。

应急处理

皮肤接触：脱去被污染的衣服和鞋，用流动清水冲洗。

眼睛接触：提起眼睑，用流动清水或生理盐水冲洗，就医。

食　　入：饮足量温水，催吐，就医。

确保医务人员了解该物质相关的个体防护知识，注意自身防护。

防护措施

（1）生产过程密闭化，加强局部通风，有单体蒸气或热解产物产生的场所，设置通风设施。改革釜内涂料防止黏釜，减少清釜次数。

（2）注意个体防护。穿工作服，戴橡胶手套，戴防护眼镜。产生聚苯乙烯粉尘场所应配备防尘口罩，如粉尘浓度超标，必须佩戴防尘口罩。聚苯乙烯热解场所应佩戴防毒口罩。

职业接触限值

中国未制订职业接触限值。

【聚氯乙烯】

英 文 名：Polyvinyl chloride（PVC）

分 子 式：$(\text{—}H_2CCHCl\text{—})_n$

CAS　号：9002-86-2

理化性质

相对密度：1.41

由氯乙烯单体加成聚合而成的热塑性线型树脂，外观为白色或淡黄色粉末。不溶于多数有机溶剂，低分子量的可溶于酮、酯类溶剂和氯代烃等，高分子量的则难溶。耐酸、耐碱、耐燃、耐磨，电绝缘性良好。受光、热（140℃）和某些盐类作用易分解，与氟发生剧烈反应，与液氧不能配伍。

接触机会

聚氯乙烯生产装置人员及辅助生产人员，聚氯乙烯包装、储运、采样、分析人员接触。聚合反应的聚合釜、离心机、压缩机等处，清釜及检维修人员可接触高浓度的有害单体等气体。

用于制造管、棒、板、薄膜、中空制品及各种工农业用品和日用品。

毒性

聚氯乙烯的毒性主要取决于未聚合的单体量，以及所用的添加剂类别和剂量。聚氯乙烯粉尘具有较高的溶血活性，动物吸入后可引起肺损害，动物吸入550℃热解后的混合气

2h，大鼠约半数因一氧化碳中毒而发生死亡。聚氯乙烯加热分解生成氯化氢和光气有毒烟雾，燃烧产物包括一氧化碳、二氧化碳、氯化氢气体。

职业危害

长期或反复接聚氯乙烯触粉尘，能引起肺及皮肤刺激、肝脏和血液损害，吸入可引起肺部病变和肺功能的变化，导致纤维变性(尘肺病)。

清洗聚合釜时，如不注意防护，可因吸入氯乙烯气体而发生急性中毒，产生麻醉症状。接触聚氯乙烯分解产物时，可有头痛、恶心、咽喉痒等症状；皮肤出现皮炎和湿疹样病变，停止接触后症状可消失。

应急处理

吸　　入：移患者至空气新鲜处，如呼吸困难，吸氧，就医。

皮肤接触：脱去污染的衣物，用清水冲洗。

眼睛接触：提起眼睑，用流动清水或生理盐水冲洗，就医。

食　　入：饮足量温水，催吐，就医。

确保医务人员了解该物质相关的个体防护知识，注意自身防护。

防护措施

(1) 聚合生产过程密闭化，保持良好通风；产生聚氯乙烯粉尘场所加强局部排风除尘，保持工作场所清洁，及时清除地面墙面粉尘，避免二次扬尘。

(2) 穿防毒物渗透工作服，戴防护眼镜、防护手套。在粉尘浓度超标的场所应佩戴防尘口罩，在单体氯乙烯浓度超标的场所应佩戴适应的呼吸防护用品。个人保持良好的卫生习惯。

职业接触限值

中　　国：OELs：　　聚氯乙烯粉尘(总尘) *PC－TWA*　5 mg/m^3

美　　国：ACGIH TLVs：　*TWA*　1 mg/m^3；A4

【聚乙烯醇】

英 文 名：Polyvinyl alcohol (PVA)

分 子 式：$(—CH_2CHOH—)_n$

CAS　号：9002－89－5

理化性质

相对密度：1.31～1.34(结晶形)　　熔　　点：＞200℃

0.94(非结晶形)　　开杯闪点：79℃

一种亲水性合成高分子，干的聚乙烯醇外观为无色、白色或奶油色粉末。软化点200℃。能与水混合，不溶于石油醚等，耐矿物油类、油脂和润滑剂及各种烃类溶剂。能进行多元醇的许多典型反应，如酯化、醚化、与碱金属反应和与醛反应生成缩醛等。能与强酸发生反应，与强氧化剂接触能引起燃烧和爆炸，不能与硫酸、腐蚀剂、脂肪胺、异氰酸酯配伍。不吸音，能准确传递声音。

接触机会

聚乙烯醇生产装置人员及其辅助生产人员，聚乙烯醇的储运、采样、分析人员接触。

聚乙烯醇用于制造聚乙烯醇缩醛、耐汽油管道和维尼纶合成纤维、织物处理剂、乳化剂、纸张涂层、黏合剂等。

毒性

属微毒类。大鼠气管内注入 25mg（粒度 > 30μm）时，肺中可产生肉芽肿。加热到 170℃生成的不饱和烃、醛、有机酸、一氧化碳，对眼和上呼吸道黏膜有刺激作用。燃烧时分解生成有毒烟雾。

职业危害

聚乙烯醇短期接触可能引起机械性刺激，长期吸入本品可提高中枢神经系统兴奋性，降低免疫学反应，引起间质性肺炎和肝变性改变。

吸入聚乙烯醇粉尘时有呼吸不顺等不适感，眼睛接触其分解产物时，略有刺激性不适感。

应急处理

移患者至空气新鲜处，就医。如果患者呼吸停止，给予人工呼吸。如果呼吸困难，给予吸氧。脱去并隔离被污染的衣服和鞋。如果皮肤或眼睛接触该物质，应立即用清水冲洗至少 20min，用肥皂和清水清洗皮肤。注意患者保暖并且保持安静。吸入、食入或皮肤接触该物质可引起迟发反应。确保医务人员了解该物质相关的个体防护知识，注意自身防护。

防护措施

(1) 生产过程密闭化，保持良好通风。

(2) 其他参见本书前述的"防护原则"。

(3) 做好个体防护。穿防护服，戴防护眼镜。作业场所粉尘浓度过高时应佩戴防尘口罩；聚乙烯醇加热分解的作业场所应佩戴适宜的呼吸防护用品。个人保持良好的卫生习惯。

职业接触限值

中国未制订职业接触限值。

【聚乙二醇】

英 文 名：Polyethylene glycol（PEG）

相对分子质量：200 ~ 22000

分 子 式：$H(-OCH_2CH_2-)_nOH$

CAS 号：25322 - 68 - 3

理化性质

沸 点：> 250℃

乙二醇高聚物的总称，平均相对分子质量 200 ~ 22000，随着平均相对分子质量的不同，性质也有差异，从无色无臭黏稠液体至白色固体。溶于水、乙醇和其他许多有机溶剂，不溶于醚。蒸气压 20℃时 < 10Pa。蒸气压低，对热稳定，与许多化学品不起作用，不水解。与强氧化剂接触能引起燃烧和爆炸，不能与硫酸、硝酸、脂肪胺、异氰酸酯配伍。

接触机会

聚乙二醇合成装置生产人员及其辅助生产人员，聚乙二醇储运、采样、分析人员接触。

聚乙二醇用于化妆品、制药、化纤、橡胶、造纸、油漆、电镀、农药、金属加工及食品加工等行业。

毒性

属微毒类。经口毒性随分子量增高而降低。平均分子量 200 时，小鼠经口 LD_{50} 为 34g/kg，大鼠为 28g/kg。平均分子量 >1000 时，上述动物的急性经口 $LD_{50} \geq 45g/kg$。慢性毒性很低，以含 2% 的本品(分子量 400 ~4000)喂狗一年无毒作用，对眼和皮肤无明显刺激。

职业危害

对眼和皮肤均无明显刺激。食入可有恶心，腹泻症状。由于蒸气压很低，在常温下无吸入的危害。生产中未发现对健康危害。

防护措施

生产系统密闭化，作业场所保持良好通风。

职业接触限值

中国未制订职业接触限值。

【聚四氟乙烯】

英 文 名：Polytetrafluoroethylene(TFE)

分 子 式：$(—C_2F_4—)_n$

CAS 号：9002 - 84 - 0

理化性质

相对密度：2.25(固体)　　熔　点：327℃

聚四氟乙烯为单体四氟乙烯经加成聚合而得的粒状、粉末和分散液三种形态的树脂，俗称塑料王。化学性能稳定，耐热性好，使用温度可在 -75℃到 250℃之间，325℃变软，400℃分解为原来单体。与氟和钠钾合金接触发生反应，在合适的条件下，与硼、镁或钛发生危险反应，对水、热硝酸、沸腾氢氧化钠、氟化硼、氯磺酸、王水及各种有机溶剂都不发生化学反应。

接触机会

聚四氟乙烯生产装置人员及其辅助生产人员，聚四氟乙烯储运、采样、分析人员接触。

聚四氟乙烯在原子能、国防、航天、电子、电气、化工、机械、仪器、仪表、建筑、纺织、金属表面处理、制药、医疗、纺织、食品、冶金冶炼等工业中广泛用作耐高低温、耐腐蚀材料，绝缘材料，防黏涂层等。

毒性

基本无毒。但聚四氟乙烯的热裂解产物成分复杂，其毒性亦有很大的不同，毒性和含量常随着加热温度的升高而增加和增高。加热至 300 ~ 375℃，对呼吸道有刺激作用；475℃时开始出现八氟异丁烯，属剧毒类毒物，其毒性比光气大 10 倍，小鼠吸入 24h 的 LC_{50} 为 12.27mg/m³，大鼠吸入 4.09mg/m³，6h 后死于肺水肿；加热至 490 ~ 650℃时，主要热解气态毒物为氟光气和氟化氢，属高毒类毒物，对肺部有强烈的刺激作用，很易引起肺水肿。此外，热裂解气还可以引起心肌损害，对中枢神经系统也有一定的毒作用。燃烧产物为一氧化碳、二氧化碳、氟化氢。

职业危害

在聚四氟乙烯生产和加工过程中，常因裂解、加热或处理残液，逸出具有毒性的裂解气体或烟尘。裂解残液气中毒死亡的病例时有发生。吸入热裂解气后，中毒轻者产生聚合物烟尘热，表现为发热和"感冒样"症状。重者可引起急性中毒，出现呼吸道刺激症状，严重时产生肺水肿及心肌损害。

长期低浓度接触者，常出现头痛、头昏、失眠、恶梦、记忆力减退、乏力、腰酸背痛等。接触者可出现皮炎。

应急处理

迅速脱离现场至空气新鲜处。保持呼吸道通畅。如呼吸困难，给输氧。如呼吸停止，立即进行人工呼吸。就医。确保医务人员了解该物质相关的个体防护知识，注意自身防护。

当出现急性中毒症状时，应卧床休息，严密观察并吸氧、止咳、解痉，及早应用足量的肾上腺糖皮质激素等措施以防肺水肿。

防护措施

(1) 聚四氟乙烯生产过程密闭操作，保持良好的自然通风，加强局部通风。

(2) 在加热聚四氟乙烯时严格控制加工温度，室内要有良好的通风排气装置，操作时注意个人防护，必要时佩戴适宜的呼吸防护用品。

(3) 穿工作服，戴防护手套，必要时戴防护眼镜。空气中聚四氟乙烯粉尘浓度较高时，建议佩戴自吸过滤式防尘口罩。保持良好的卫生习惯。

职业接触限值

中国未制订职业接触限值。

【酚醛树脂】

英 文 名：Phenolic resin

CAS　号：9003－35－4

理化性质

由苯酚及其同系物与醛缩合而成的树脂状物质的总称，通常是指苯酚或甲酚与甲醛的缩合产物。采用不同结构的酚、不同的催化剂和原料配比等可制热塑性和热固性两种酚醛树脂。热塑性树脂常温下很稳定、易储存，耐热性和机械强度高。热固性树脂不如热塑性稳定，但其电性能、耐水性和化学稳定性优良，可供一些特殊要求，如制作耐水性能好、对自然气候和化学药品抵抗性能强的电气制品。

接触机会

酚醛树脂生产装置的生产人员及辅助生产人员，酚醛树脂储运、采样、分析人员等可接触。

酚醛树脂广泛用于电子、电气工业、化学工业、机械工业、航空工业等尖端科学技术和军事工业等行业。以酚醛树脂为原料的生产装置人员可能接触。

毒性

酚醛树脂热解产物为气态混合物，其毒性比各个毒物的作用强，例如比酚的毒性6

倍。树脂加热到55~65℃时，空气中有大量的甲醛和酚，酚属剧毒，长期接触可发生慢性中毒。加热至540℃时可产生一氧化碳、醛、二氧化碳和氨等，浓度增高时可引起一氧化碳中毒。

职业危害

酚醛树脂危害的最大特征是皮肤呈湿疹样变化。长期接触加工或使用本品过程中所形成的粉尘，可引起头痛、嗜睡、周身无力、呼吸道黏膜刺激症状、喘息性支气管炎和皮肤病，其粉尘吸入可致肺的组织增生，个人易患气管炎和肺气肿，还可发生肾脏损害。在缩聚过程中，可发生甲醛、酚、一氧化碳中毒。

应急处理

移患者至空气新鲜处，就医。如果患者呼吸停止，给予人工呼吸。如果呼吸困难，给予吸氧。脱去并隔离被污染的衣服和鞋。如果皮肤或眼睛接触该物质，应立即用清水冲洗至少20min，用肥皂和清水清洗皮肤。注意患者保暖并且保持安静。食入误服者立即漱口，饮牛奶或蛋清。就医。确保医务人员了解该物质相关的个体防护知识，注意自身防护。

防护措施

(1) 生产过程密闭化，保持良好自然通风，生产场所应有防尘设备和抽出式通风装置。

(2) 穿防静电工作服，一般不需要特殊防护，粉尘浓度超过职业接触限值时，应佩戴自吸过滤式防尘口罩。保持良好的卫生习惯。

职业接触限值

中国 OELs：酚醛树脂粉尘(总尘) *PC－TWA* 6mg/m^3

【环氧树脂】

英 文 名：Epoxy resin

相对分子质量：350~8000

CAS 号：24969－06－0

理化性质

环氧树脂是含有环氧基团的树脂的总称，主要由环氧氯丙烷与多酚类(如双酚A)等缩聚而成。采用不同原料配比可得各种不同分子量的产品。低分子量(350左右)的为黄色透明的流体，高分子量(8000左右)的是固体，熔点一般是145~155℃。因为环氧树脂分子中含有羟基，所以能与多元胺或多元酸酐反应，使分子链发生交联而形成坚硬的高分子化合物体型，溶于丙酮、环已酮、乙二醇、甲苯、和苯乙烯等，无臭、无味、耐碱和大部分有机溶剂，对金属和非金属具有优异的黏合力，耐热性、绝缘性、硬度和柔韧性都好。

胺和酸酐叫做环氧树脂的熟化剂，熟化后的环氧树脂有较好的热稳定性，较小的热膨胀系数，能经受温度的剧烈变化，有良好的电绝缘性。其突出的优点是吸水性小，制品在潮湿空气中仍保持其稳定的电性能，能耐普通有机溶剂并保持其机械强度不变。

接触机会

环氧树脂合成装置生产及其辅助生产人员和有关配制、采样、分析人员接触。

环氧树脂可用作金属涂料、金属黏合剂、玻璃纤维增强结构材料、防腐材料、金属加工用模具等，在电器工业中用作绝缘材料，上述材料生产时可接触。

毒性

固化后的环氧树脂一般无毒，但在使用加工过程中可产生粉尘和少量有害气体，可致过敏反应。未固化的环氧树脂毒性较低，含有少量未缩聚的单体和添加剂等毒物，动物主要表现为中枢神经系统的抑制作用。有报道环氧树脂加热至60～100℃时，可产生1%～10%的毒性产物，如环氧氯丙烷、甲苯及某些中间体等。为使反应完全通常加入过量的固化剂，有可能使未反应的胺残留在产品中，胺类固化剂均为碱性，对人皮肤和组织具腐蚀作用，可见有皮疹、触痛及脱屑。环氧树脂固化反应是放热的，因此会释放出反应剂的烟雾而造成危害。

有报道，大鼠经口LD_{50}为11.4g/kg。置试验动物于二酚基丙烷环氧树脂的饱和蒸气中50天，每天7h，未见明显毒性。环氧树脂“Epon 1310”在真空中360～1200℃下的热解产物有一氧化碳、二氧化碳、氢、甲烷、乙炔、乙烯、丙酮、丙烷、丙烯、乙烷、环戊二烯、戊烷、苯、甲基氯化物、乙基氯化物等毒物。小鼠吸入1h，可因肺水肿导致呼吸衰竭而死亡。

一般认为环氧树脂对人不引起全身中毒，但在生产和使用过程中可引起黏膜刺激和皮肤损害。低分子环氧树脂具有致敏作用。

职业危害

接触环氧树脂胶液可引起皮肤红肿、丘疹、丘疱疹和瘙痒。使用环氧树脂作黏合剂可发生湿疹。对眼部的刺激可引起眼周围水肿和结膜充血。固化环氧树脂加工过程中产生的粉尘可引起上呼吸道刺激症状和接触性皮炎，个别可发生过敏性皮炎。此外，尚有头晕、乏力等症状。慢性刺激能引起湿疹样皮炎，即使停止接触也可能持续存在较长时间。

应急处理

移患者至空气新鲜处，就医。如果患者呼吸停止，给予人工呼吸。如果呼吸困难，给予吸氧。脱去并隔离被污染的衣服和鞋。如果皮肤或眼睛接触该物质，应立即用清水冲洗至少20min，用肥皂和清水清洗皮肤。注意患者保暖并且保持安静。吸入、食入或皮肤接触该物质可引起迟发反应。确保医务人员了解该物质相关的个体防护知识，注意自身防护。

防护措施

（1）生产过程采用采用机械化、密闭化和自动化，减少手工操作和皮肤直接接触，做好隔离密闭操作。固化环氧树脂加工采用湿式作业。

（2）做好个体防护，穿工作服，戴防护手套。空气中浓度过高时，佩戴自吸过滤式防尘口罩，避免呼吸道吸入。下班后及时清洗或淋浴并更衣。

职业接触限值

中国未制订职业接触限值。

【乙烯－醋酸乙烯共聚物】

英 文 名：Ethylene－vinyl acetate copolymer(EVA)

相对分子质量：2000(平均)

分 子 式：$(C_2H_4)_x \cdot (C_4H_6O_2)_y$

CAS 号：24937－78－8

理化性质

乙烯－醋酸乙烯共聚物是在乙烯主链上不规则的含有乙酰基结构的热塑性树脂。具有良好的柔软性和橡胶般的弹性，在－58℃下仍具有可挠性，优良的弯曲挠变性，优良的耐应力开裂性和韧性，优良的耐化学性，优良的颜色性和与填充料的掺和性。不同制法制得的醋酸乙烯含量7%～60%和分子量不同的共聚物，性能也各不相同。作为燃料油添加剂用的乙烯－醋酸乙烯共聚物的分子量在2000左右。

接触机会

乙烯－醋酸乙烯共聚物的生产装置人员及储运、采样、分析检验人员可接触。

可用于制作冰箱导管、煤气管、土建板材、容器和日用品等，亦可制包装用薄膜、垫片、医用器材，还可用作热熔胶黏剂、电缆绝缘层等。上述材料生产过程中可接触。

毒性

未见毒性资料。

职业危害

对眼睛和皮肤有刺激作用。

应急处理

移患者至空气新鲜处，就医。脱去并隔离被污染的衣服和鞋。如果皮肤或眼睛接触该物质，应立即用清水冲洗至少20min，用肥皂和清水清洗皮肤。注意患者保暖并且保持安静。吸入、食入或皮肤接触该物质可引起迟发反应。确保医务人员了解该物质相关的个体防护知识，注意自身防护。

防护措施

（1）生产过程密闭操作，保持良好自然通风，加强局部抽风。

（2）穿工作服，戴防护眼镜，戴橡胶手套，粉尘浓度高时戴防尘口罩。保持良好的卫生习惯。

职业接触限值

中国未制订职业接触限值。

【聚醋酸乙烯酯】

英 文 名：Polyvinyl acetate

相对分子质量：22000（平均）

分 子 式：$(C_4H_5O_2)_n$

CAS 号：9003－20－7

理化性质

相对密度：1.191　　熔 点：100～250℃

聚醋酸乙烯酯是由单体醋酸乙烯酯缩合而成的无色黏稠液体或无色至微黄色透明的固体树脂，无臭，有淡淡的特殊气味，有韧性和塑性。不因日光和热而着色或老化。30℃左右时软化。溶于乙醇、丙醇和苯，能浮在水上而不溶于水，不溶于脂肪。吸水性2%～3%（25℃，24h）。与硝酸盐、硝酸、硫酸不能配伍。

接触机会

聚醋酸乙烯酯生产及其辅助生产人员和有关储运、采样、分析人员接触。

毒性

聚醋酸乙烯酯无毒，可做胶姆糖的基本胶基，进入体内因属不溶于水及油的高分子物质，故无法被人体吸收。有报道大鼠口服500mg/kg共30天，肝和心肌细胞可发生干酪样变化的。

其单体醋酸乙烯酯具有麻醉等作用，对眼和上呼吸道黏膜刺激明显，浓度10mg/m^3可嗅到臭味；100mg/m^3感到刺激；4000mg/m^3浓度时，对眼角膜引起化学灼伤。

职业危害

基本无危害。

应急处理

聚醋酸乙烯酯基本无毒，引起急性中毒事故的可能性很小。

聚醋酸乙烯酯生产过程中如发生中毒等伤害事故，移患者至空气新鲜处，如果患者呼吸停止，给予人工呼吸；如果呼吸困难，给予吸氧；脱去并隔离被污染的衣服和鞋。如果皮肤或眼睛接触该物质，应立即用清水冲洗至少20min，用肥皂和清水清洗皮肤。注意患者保暖并且保持安静。就医。确保医务人员了解该物质相关的个体防护知识，注意自身防护。

防护措施

（1）聚醋酸乙烯酯生产过程尽量密闭化，保持良好自然通风，加强局部抽风。

（2）穿工作服，戴防护手套，必要时戴适应的呼吸防护用品。保持良好的卫生习惯。

职业接触限值

中国未制订职业接触限值。

【聚氨基甲酸酯】

英 文 名：Polyurethane resin（TPU）

别　　名：聚氨酯

分 子 式：$(C_4H_5O_2)_n$

CAS　号：37331－91－2

理化性质

密　　度：0.04～0.06g/cm^3　　拉伸强度：0.147MPa

熔　　点：170～190℃　　弯曲强度：0.196MPa

聚氨基甲酸酯类由含有两个以上—NCO基的多异氰酯与含有两个以上活性氢的化合物（如多元醇、多元酸、多羟基酸）进行反应所得的具有氨基甲酸酯结构的化合物的总称。一般有聚酯型和聚醚型两类。是可燃性纤维、涂料、刚性和韧性泡沫，不溶于水。能被氯化物和芳香物溶剂腐蚀。

接触机会

聚氨基甲酸酯生产装置的人员及有关包装储运、采样、分析化验人员可接触。

聚氨基甲酸酯可用于制造塑料、橡胶、纤维、硬质和软质泡沫塑料、胶黏剂和涂料等，上述材料生产及使用人员可接触。

毒性

聚氨基甲酸酯毒性较低。温度在200~300℃时，挥发性气体为氮(300℃时，已完全消失)，剩余的是以多元醇为主，游离出TDI(甲苯二异氰酸酯)量最高，约占泡沫的1%(质量)，氮约4%(质量)；在缺氧情况下，加温500℃，以一氧化碳为主，1000℃时达最高水平。在温度300℃(空气中)时，开始产生一氧化碳，300~500℃时产生有氰的化合物。在温度800℃(缺氧)下，可产生氰化氢和有机氰化物以及其他含氮物质(如吡啶)，其组分较复杂。热解产物氰化氢和一氧化碳毒性为相加作用。聚氨基甲酸酯的原料甲苯二异氰酸酯的毒性最大。

职业危害

甲苯二异氰酸酯在聚合时，放热形成白色烟雾，主要有明显刺激和致敏作用，生产中主要经呼吸道吸入，刺激呼吸道黏膜，对眼和皮肤也有刺激作用，可发生哮喘性支气管炎或支气管哮喘。

应急处理

聚氨基甲酸酯生产过程中，如出现人员中毒，应立即移患者至空气新鲜处，如果患者停止呼吸，给予人工呼吸；如果呼吸困难，给予吸氧。如果皮肤或眼睛接触该物质，应立即用清水冲洗20min。脱去被污染的衣服和鞋。就医。确保医务人员了解该物质相关的个体防护知识，注意自身防护。

防护措施

(1) 生产过程密闭化，保持良好的自然通风，加强局部抽风。

(2) 穿工作服，生产过程根据需要选择佩戴适宜呼吸防护用品，防毒面罩或防尘口罩。保持良好的卫生习惯。

职业接触限值

中国未制订职业接触限值。

【脲醛树脂】

英 文 名：Urea - formaldehyde resin (UF)

分 子 式：$(C_2H_4N_6O_2)_n$

CAS 号：9011-05-6

理化性质

尿素和甲醛按一定配比，加入一定量的甘油和阳离子改性剂四乙撑五胺和固化剂六甲撑四胺(乌洛托品)，在弱酸中反应生成脲醛树脂。本品为粒状固体，无臭。其中的一些尿素-甲醛在水中溶解。与氧化剂和腐蚀剂发生反应。接触硝酸纤维素会引发燃烧，与丙烯醛、丙烯腈、叔丁基硝基乙炔、环氧乙烷、异丙基氯甲酸酯、马来酸酐、三异丁基铝不能配伍。与盐酸或氯化铵类酸性硬化剂混合，可作为黏结剂；又可作为纸加工、纤维加工和涂料用树脂。

接触机会

脲醛树脂生产及其辅助生产人员和有关储运、采样、分析人员接触。

以脲醛树脂为原料的生产装置人员也可接触。

毒性

脲醛树脂本身毒性很低。粉尘吸入后，可引起鼻炎、鼻黏膜溃疡、上呼吸道损害，以至鼻穿孔，严重者肺组织可见一定的损害。四乙撑五胺可引起过敏反应，以皮肤过敏、接触性皮炎和哮喘为多见。六甲撑四胺毒性较低，有刺激作用，主要引起皮炎和湿疹。脲醛树脂加热至45~65℃，游离出的组分并不比常温时为多；176℃以上，受热30min，开始分解，放出甲醛；200℃以上可逸出乙醛、氨、一氧化碳等。可刺激眼睛和呼吸道，其毒性比各热解产物单独存在时为高。燃烧产物包括有毒的氧化氮。

职业危害

脲醛树脂常可引起皮肤损害。粉尘是过敏源，摄入可引起肺过敏反应。

应急处理

移患者至空气新鲜处，如果患者呼吸停止，给予人工呼吸；如果呼吸困难，给予吸氧。脱去并隔离被污染的衣服和鞋。如果皮肤或眼睛接触该物质，应立即用清水冲洗至少20min，用肥皂和清水清洗皮肤。就医。注意患者保暖并且保持安静。吸入、食入或皮肤接触该物质可引起迟发反应。确保医务人员了解该物质相关的个体防护知识，注意自身防护。

防护措施

(1) 生产过程密闭化，保持自然通风良好，加强局部抽风。

(2) 穿工作服，生产过程根据需要选择佩戴适宜呼吸防护用品，防毒面罩或防尘口罩。保持良好的个人卫生习惯。

职业接触限值

中国未制订职业接触限值。

【苯乙烯-丙烯腈共聚物】

英 文 名：Styrene - acrylonitrile copolymer

CAS 号：9003-54-7

理化性质

苯乙烯-丙烯腈树脂为固体颗粒，有芳香气味，性质稳定；与氯磺酸、有机过氧化物、发烟硫酸不能配伍；不溶于水。闪点380℃。

接触机会

苯乙烯-丙烯腈树脂生产及其辅助生产人员和有关储运、采样、分析人员接触。

苯乙烯-丙烯腈树脂可用作电气(插座、壳体等)、日用商品(厨房器械、冰箱装置、电视机底座、卡带盒等)、汽车工业(车头灯盒、反光境、仪表盘等)、家庭用品(餐具、食品刀具等)、化装品包装、安全玻璃、滤水器外壳和水龙头旋扭、医用制品(注射器、血液抽吸管、肾渗析装置及反应器)、包装材料(化妆盒、罩盖、帽盖喷雾器和喷嘴等)、特殊产品(一次性打火机外壳、刷子基材和硬毛、渔具、假牙、牙刷柄、笔杆、乐器管口以及定向单丝)等，上述材料生产人员可接触。

毒性

摄入有毒，可致癌。*IDLH* 25mg/m^3。燃烧产物包括有毒的氰化物和氧化氮。

职业危害

皮肤接触危害较大。长期接触可引起甲状腺肿大、鼻痛和出血，高剂量可降低男女生殖能力，可致癌。吸入、食入或皮肤接触该物质可引起迟发反应。

应急处理

移患者至空气新鲜处，就医。如果患者呼吸停止，给予人工呼吸；如果患者食入或吸入该物质，不要用口对口进行人工呼吸，可用单向阀小型呼吸器或其他适当的医疗呼吸器。如果呼吸困难，给予吸氧。脱去并隔离被污染的衣服和鞋。如果皮肤或眼睛接触该物质，应立即用清水冲洗至少20min。对少量皮肤接触，避免将物质播散面积扩大。注意患者保暖并且保持安静。确保医务人员了解该物质相关的个体防护知识，注意自身防护。

防护措施

(1) 生产过程密闭化，保持自然通风良好，加强局部抽风。

(2) 穿工作服，生产过程根据需要选择佩戴适宜呼吸防护用品，防毒面罩或防尘口罩。保持良好的个人卫生习惯。

职业接触限值

中国未制订职业接触限值。

【丁苯橡胶】

英 文 名：Styrene－butadiene rubber（SBR）

CAS 号：9003－55－8

理化性质

丁苯橡胶是由单体丁二烯和苯乙烯共聚而成，其外观是浅黄褐色的弹性体，微有苯乙烯气味，有较好的耐磨性、耐老化性和耐臭氧等性能。主要用于生产轮胎、绝缘材料和其他工业品。

接触机会

丁苯橡胶生产及辅助生产人员，有关包装、储运、采样、分析人员接触。使用丁苯橡胶做原料得出胶和加工橡胶的车间，制造胶鞋的工人等均可接触。

毒性

丁苯橡胶本身无毒。

对动物，使空气通过加热至155℃的碎橡胶块的器皿后，在进入小室中，将小鼠及猫置于小室内，暴露4h，未发现刺激作用的征象，连续观察10天，也没有发现全身作用；挥发物的浓度未测定，但在小室内有明显的橡胶样品的气味。饲料内加入本品1%，给大白鼠长期饲养，以及将本品小块埋藏于皮下，均未发现任何中毒症状。

对人，在上述对动物的作用条件下暴露1min，可感到稍有臭味，有时有人自诉眼结膜有轻微的刺激或喉内作痒。

对皮肤作用，将本品小块($2\times2cm^2$)固定在前臂表面上12h及24h，均未引起任何刺激，在24h结束时，只有1人在皮肤贴敷部位的边缘处感到轻微瘙痒。

职业危害

丁苯橡胶生产可引起中毒，主要是因为丁二烯及苯乙烯蒸气进入车间空气中而引起的；制造胶鞋的工人，在进行丁苯橡胶制品的硫化工作时，有胃液酸度降低的情况。

应急处理

移患者至空气新鲜处，就医。如果患者呼吸停止，给予人工呼吸。如果呼吸困难，给予吸氧。脱去并隔离被污染的衣服和鞋，注意患者保暖并且保持安静。确保医务人员了解该物质相关的个体防护知识，注意自身防护。

防护措施

（1）丁苯橡胶生产过程密闭化自动化，保持良好的自然通风；挤压造粒厂房做好粉尘防护，加强通风；助剂厂房加强通风。

（2）生产过程中，注意个体防护，穿工作服，戴防护手套，如局部粉尘或毒物浓度较高，应佩戴适宜的防尘口罩或防毒面具。

职业接触限值

中国未制订职业接触限值。

【丁腈橡胶】

英 文 名：Butadienc - acrylonitrile rubber

CAS 号：9003 - 18 - 3

理化性质

丁腈橡胶是丁二烯和丙烯腈在水乳液中共聚而得，由于分子中有氰基，所以它具有耐磨性高，耐油、耐燃烧、耐溶剂等特点和许多其他优异性能，但耐低温性差、耐臭氧性差，电性能低劣，弹性稍低。

接触机会

丁腈橡胶合成的生产及辅助生产人员和有关的包装、储运、采样、分析人员接触。使用丁腈橡胶做原料的橡胶加工装置生产人员也可接触。

毒性

丁腈橡胶本身无毒，其致毒作用决定于未聚合单体，主要是丙烯腈单体，所以橡胶内必须限制未聚合的原单体含量。

职业危害

橡胶生产过程中未聚合单体挥发、橡胶加工时产物发生分解，未聚合单体挥发及在有橡胶发生热解危险的地方，易引发中毒。

应急处理

在丁腈橡胶生产过程中或橡胶加工时有有毒分解产物产生，发生中毒事故时，移患者至空气新鲜处，就医。如果患者呼吸停止，给予人工呼吸；人工呼吸时注意不要吸入患者体内的有毒气体；如果呼吸困难，给予吸氧。脱去并隔离被污染的衣服和鞋，注意患者保暖并且保持安静。确保医务人员了解该物质相关的个体防护知识，注意自身防护。

防护措施

（1）生产过程密闭化，保持自然通风良好，加强局部抽风。

（2）穿工作服，生产过程根据需要选择佩戴适宜呼吸防护用品，防毒面罩或防尘口罩。保持良好的个人卫生习惯。

职业接触限值

中国未制订职业接触限值。

【氯丁橡胶】

英 文 名：Chloroprene rubber（CR）

CAS 号：9010－98－4

理化性质

密 度：1.23～1.25g/cm^3

氯丁橡胶是由2－氯－1，3－丁二烯聚合而成，外观为乳白色、米黄色或浅棕色的片状或块状物，玻璃化温度－40～50℃，碎化点－35℃，软化点约80℃，230～260℃下分解。溶于氯仿、苯等有机溶剂，在植物油和矿物油中溶胀而不溶解。具有耐油、耐溶剂、耐酸碱、耐燃烧等优点。

接触机会

氯丁橡胶合成等工序中的生产及其辅助生产人员和有关包装、储运、采样、分析人员接触。

毒性

小鼠由水蒸气吹过的氯丁橡胶放出的挥发性物质（氯代烃的浓度为0.14mg/m^3）作用2h，100%死亡。

大鼠将研碎的氯丁橡胶加热至75℃，暴露7h，引起黏膜刺激及全身软弱。将研碎的本品长期饲养大白鼠，未发现任何中毒征象。

豚鼠吸入由本品放出的挥发性物质（浓度为1～1.5mg/L），在5个月内，发现体重减轻15%～45%，溶血，白细胞核左移。

兔以1g/kg的剂量内服15次，未见任何中毒征象。

对皮肤作用，没有"去臭"的橡胶贴敷在人的皮肤上，24h，皮肤即刻或在一昼夜后，发红、水肿。在硫化时已去臭的样品，对皮肤没有任何作用。由本品制成黏结剂，使人及兔发生轻微的瘙痒或发红。由已去臭的本品制成黏结剂，对皮肤无作用或者只引起极轻微的发红。

职业危害

聚合时，2－氯－1,3－丁二烯易挥发，对人体的健康危害以中枢神经系统抑制和呼吸道刺激作用为主。

应急处理

聚合生产时如发生急性中毒，迅速移患者至空气新鲜处。保持呼吸道通畅，如呼吸困难，给输氧；如呼吸停止，立即进行人工呼吸。就医。如皮肤接触，脱去被污染的衣着，用肥皂水和清水彻底冲洗皮肤。如眼睛接触，提起眼睑，用流动清水或生理盐水冲洗。就医。如食入，饮足量温水，催吐。就医。

防护措施

（1）生产过程密闭化，保持自然通风良好，加强局部抽风。

（2）穿工作服，生产过程根据需要选择佩戴适宜呼吸防护用品，防毒面罩或防尘口罩。保持良好的个人卫生习惯。

职业接触限值

中国未制订职业接触限值。

【丁基橡胶】

英 文 名：Butyl rubber

CAS 号：9010 - 85 - 9

理化性质

异丁烯与少量异戊二烯共聚而成的一种合成橡胶，简称 IIR。外观为白色或淡黄色晶体，无臭无味，玻璃化温度很低，不溶于乙醇和丙酮。具有良好的化学稳定性和热稳定性，最突出的是气密性和水密性。它对空气的透过率仅为天然橡胶的 1/7，丁苯橡胶的 1/5，而对蒸汽的透过率则为天然橡胶的 1/200，丁苯橡胶的 1/140。

接触机会

丁基橡胶合成的生产及辅助生产人员和有关的包装、储运、采样、分析人员接触。

使用丁基橡胶做原料制造各种内胎、水胎、硫化胶囊、气密层、胎侧、电线电缆、防水建材、减震材料、药用瓶塞、食品（口香糖基料）、橡胶水坝、防毒用具、黏合剂、内胎气门芯、防腐蚀制品、码头船护旋、桥梁支承垫以及耐热运输带等橡胶制品的加工装置生产人员也可接触。

应急处理

在丁基橡胶生产过程中或橡胶加工时有有毒分解产物产生，发生急性危害事故时，移患者至空气新鲜处，如果患者呼吸停止，给予人工呼吸；人工呼吸时注意不要吸入患者体内的有毒气体；如果呼吸困难，给予吸氧；就医。脱去并隔离被污染的衣服和鞋，注意患者保暖并且保持安静。确保医务人员了解该物质相关的个体防护知识，注意自身防护。

防护措施

（1）生产过程密闭化自动化，保持良好的自然通风；后处理厂房加强通风。

（2）穿工作服，生产过程根据需要选择佩戴适宜呼吸防护用品。保持良好的个人卫生习惯。

职业接触限值

中国未制订职业接触限值。

【聚酰胺】

英 文 名：Polyamide；Polyamide resin

别 名：聚己二酰己二胺；尼龙 66

分 子 式：$[C_{12}H_{22}N_2O_2]_n$

CAS 号：32131 - 107 - 2

理化性质

聚酰胺是以酰胺基反复结合而构成主链的线状树脂，俗称尼龙。根据构成主链的碳原子数不同而有不同的产品。其原料来自石油、煤及农副产品，主要来源以石油化工提供的有机合成产品为主。生产过程中除原料外，还有助剂（如己二酸、醋酸、上油剂）、辅助材料如载热体联苯 - 联苯醚、二氧化钛、氮气等物质。

接触机会

聚酰胺生产及纺丝装置生产人员及辅助生产人员接触。

毒性

合成本品的单体如己内酰胺属低毒类；生产过程中其原料、助剂、辅助材料等物质，在工作场所有一定量的溢出，正常的生产中不致引起急性中毒。但其热解产物远较本品的毒性大。尼龙66（尼龙70%）热解气大鼠吸入后，12只动物中9只在吸入一小时内死亡，三只在一天内死亡，LD_{50}约2000g/m^3。其燃烧气体组分主要是一氧化碳、二氧化碳、乙醛、氰化氢、氨等，大鼠吸入，无一例发生死亡。生产车间中，往往是上述几种有害物质的混合气体，但混合物的毒性并不比单一的毒物的毒性强。

职业危害

树脂能以粉尘和蒸气形态扩散到空气中，可经呼吸道吸收进入体内，慢性影响以神经衰弱症状为主；吸入聚酰胺粉尘，如聚己内酰胺和聚己二胺，可对肺产生一定的损害；其聚合单体载热体联苯-联苯醚急性作用偶见于检修设备或管道漏气时，表现为头痛、头昏、恶心、乏力等。尼龙也是引起皮炎的一种塑料。

应急处理

聚酰胺树脂生产过程中或树脂加工时有有毒分解产物产生，发生急性危害事故时，移患者至空气新鲜处，如果患者呼吸停止，给予人工呼吸；人工呼吸时注意不要吸入患者体内的有毒气体；如果呼吸困难，给予吸氧；就医。脱去并隔离被污染的衣服和鞋，注意患者保暖并且保持安静。确保医务人员了解该物质相关的个体防护知识，注意自身防护。

防护措施

（1）生产过程密闭化，保持自然通风良好，加强局部抽风。

（2）穿防护工作服，戴橡胶手套，生产过程根据需要选择佩戴适宜呼吸防护用品，空气中粉尘浓度超标时，必须佩戴自吸过滤式防尘口罩。紧急事态抢救或撤离时，应该佩戴空气呼吸器。工作完毕，淋浴更衣。注意个人清洁卫生。

职业接触限值

中国未制订职业接触限值。

【聚丙烯腈】

英 文 名：Polyacrylonitrile

CAS 号：25014-41-9

理化性质

聚丙烯腈是由丙烯腈、丙烯酸甲酯、依康酸等共聚而成，是腈纶（合成羊毛）的原料。白色粉末，相对密度为1.14~1.16，几乎不溶于水、脂肪、弱酸和弱碱，溶于二甲基甲酰胺或硫氰酸盐等溶液；燃烧产生丙烯腈和一氧化碳。

接触机会

聚丙烯腈生产装置及其辅助生产人员和有关聚丙烯腈装卸、储运、采样、分析人员接触。聚丙烯腈主要用于制造合成纤维（如腈纶）、聚丙烯腈纤维的纺纱工人可接触。

毒性

属低毒类。合成本品的单体、本品的热裂解产物远较本品的毒性大。实验证明，聚丙烯腈一次较大剂量作用于机体无明显作用，而在多次重复作用时，具有蓄积毒性。

皮肤斑贴试验未发现化学性刺激及致敏作用。

大鼠一次经口剂量为2000～3000mg/kg，一次吸入浓度为2500～25000mg/m^3，均未引起中毒，而重复吸入聚丙烯腈粉尘，浓度为1300mg/m^3，每日1h，历45日，大鼠自染毒第2～3天起，出现上呼吸道黏膜刺激症状，表现为流鼻涕；经14～20天染毒，所有大鼠均出现蛋白尿，且渐趋严重，周围血中见大单核细胞增多。

职业危害

接触聚丙烯腈纤维的纺纱工人，可发生皮肤刺痒或皮疹，系机械刺激作用所致。

防护措施

(1) 聚丙烯腈装卸处，应设置局部吸尘设施。

(2) 相关作业人员穿长袖工作服，减少接触；暴露部位扑上滑石粉，便于工后清除低聚物短纤维；膳食中增加含碘和维生素C丰富的食物。

职业接触限值

中　国 OELs：聚丙烯腈纤维粉尘(总尘) *PC－TWA*　2mg/m^3

G 混 合 物

【天然气】

英 文 名：Natural gas

理化性质

蕴藏在地层内的可燃性气体。主要是低分子量烷烃的混合物，有些含有氮、二氧化碳或硫化氢等。有些还含有少量氦。有机物质经生物化学作用分解而成，或与石油共生，或以溶解状态存在于地下水中。有干天然气和湿天然气两种。干天然气富含甲烷，湿天然气含有较大量的乙烷、丙烷、丁烷和戊烷。

接触机会

天然气来自石油开采。工业上用作燃料、制造炭黑、合成氨、甲醇、乙炔、氢氰酸、合成石油和合成有机化合物的原料。从事天然气开采、储存和使用时可有接触和中毒的机会。

毒性

天然气是一种复合物，它的毒性因其化学组成而异，主要有毒成分为硫化氢。原料天然气含硫化氢和一氧化碳较多，毒性随硫化氢和一氧化碳含量增加而增加。硫化氢具有全身性毒作用，由于抑制细胞氧化还原作用造成组织缺氧，引起中枢神经抑制、麻痹和窒息。净化天然气(已脱硫处理的家用天然气)主要为甲烷，有窒息作用，在大剂量高浓度下可引起"电击"性窒息死亡，小剂量长期接触可引起慢性中毒。

职业危害

(1) 急性中毒：未经净化的天然气含有一定量的硫化氢，净化天然气主要含甲烷，故不同来源的天然气引起的急性中毒，其表现可有一定差别，但临床上均以中枢神经系统和心血管系统的受损表现为主。

轻度中毒者可有头痛、头晕、胸闷、恶心、呕吐和乏力等。

严重中毒时出现发热、血压增高、昏迷、抽搐、咳嗽、胸痛、紫绀、呼吸困难、心律失常等；部分病例可有精神症状，并可并发脑水肿、肺水肿、心肌炎和肺炎。实验室检查可有白细胞数增高，心电图检查可有各种类型的心律失常，如传导阻滞和过早搏动等。X线检查有肺纹理增多、增粗和点、片状阴影。

严重急性中毒病例可出现阵发性肌阵挛或偏瘫等，合理治疗后可完全恢复。

（2）慢性中毒：长期接触天然气可引起头痛、头晕、失眠、乏力、多梦、记忆力减退、食欲不振等不适。

应急处理

急性中毒时脱离有毒环境，吸氧，对症治疗及注意防止脑水肿、肺水肿。

防护措施

（1）生产过程密闭，全面通风。提供安全淋浴和洗眼设备。

（2）储运注意事项：防火。保持阴凉。与食品和饲料分开存放。不得与食品和饲料一起运输。

（3）采取个人防护措施。

呼吸系统防护：高浓度接触时，佩戴过滤式防毒面具（半面罩）或空气呼吸器。

眼睛防护：一般不需要特殊防护，高浓度接触时可戴化学安全防护眼镜。

身体防护：穿防静电工作服。

手 防 护：戴橡胶耐油手套。

其　　他：工作现场严禁吸烟。避免长期反复接触。

职业接触限值

中国未制订职业接触限值。

【液化石油气】

英 文 名：Liquefied petroleum gas；Compressed petroleum gas；Liquefied hydrocarbon gas

CAS　号：68476－85－7

理化性质

闪　　点：－74℃　　自 燃 点：426～537℃

又称压凝汽油，由油井中伴随石油逸出的气体或由石油加工过程中产生的低分子量的烃类气体经压缩而成，主要成分是丙烷、丙烯、丁烷、丁烯等，用作石油化工的原料。

接触机会

液化石油气主要来自炼油厂的常压催化裂化、焦化、重整等炼油装置和油田的天然石油气。

毒性

因本品的主要成分为丙烷、丙烯、丁烷、丁烯等，主要具有轻度麻醉作用，有低毒性。在通风不良的环境中燃烧时可产生一氧化碳、二氧化碳和使空气中氧含量降低，引起急性一氧化碳中毒，二氧化碳中毒和缺氧所致的症状。

当空气中的液化石油气浓度超过 1% 时，就会使人产生呕吐、头痛症状；达到 10%

时，2min 就能使人麻醉，人体吸入高浓度的液化气时，就会发生窒息死亡。

职业危害

（1）急性中毒：可在几分钟内出现头痛、恶心、四肢无力、呼吸表浅、血压下降及癔病样表现，如躁动不安、胡言乱语、幻觉等神经症状。重症者可突然倒下，尿失禁，意识丧失，甚至呼吸停止。液化气溅到皮肤上，能引起局部麻木，还可造成冻伤。

（2）慢性中毒：一般说来，与液化石油气长期接触对健康会有轻微的影响，产生如头晕、乏力、嗜睡、食欲不振、恶心、呕吐等症状。

应急处理

立即将液化石油气中毒者救离中毒现场，移至空气新鲜处，脱去污染的衣物，并要注意保暖，给吸氧。如呼吸停止，立即进行人工呼吸和心脏按摩。其他应对症处理。注意防治脑水肿、肺水肿。

防护措施

（1）生产过程密闭，全面通风。提供安全淋浴和洗眼设备。

（2）储运注意事项：防火。保持阴凉。

（3）采取个人防护措施。

呼吸系统防护：空气中浓度超标时，佩戴过滤式防毒面具（半面罩）。

眼睛防护：一般不需要特殊防护，高浓度接触时可戴化学安全防护眼镜。

身体防护：穿防静电工作服。

手 防 护：戴橡胶耐油手套。

其　　他：工作现场严禁吸烟。避免长期接触。

职业接触限值

中　　国：OELs：　*PC－TWA* 1000mg/m^3；*PC－STEL* 1500mg/m^3

美　　国：ACGIH TLVs：　*TWA* 1000ppm

OSHA PELs：　*TWA* 1000ppm（1800mg/m^3）

NIOSH RELs：　*TWA* 1000ppm（1800mg/m^3）

IDLH　2000ppm

【石油裂解气】

英 文 名：Petroleum cracking gas

理化性质

石油炼制后的各种油和气，高沸点的大分子量烃类经裂解为低沸点的小分子量烃类，裂解结果产生的烯烃，相互之间发生聚合、分解等反应生成芳香烃。因此，裂解生成的液态产品含有一定量的芳烃。

石油烃类经过裂解所得的裂解气主要是各种气态烃，经分离可得乙烯、丙烯、丁二烯、异戊二烯、环戊二烯等。

接触机会

在从事石油的裂解过程中，特别是乙烯裂解装置的生产过程中都会可能接触到。

毒性

石油裂解气中的主要有害物质为烷烃、环烷烃、烯烃、芳香烃、汽油、硫化氢、硫醇和硫醚等。急性中毒的特点是引起中枢神经系统的抑制作用。中毒的主要表现为共济失调和乏力，偶可出现抽搐现象。长期吸入者主要引起神经衰弱症候群、植物神经功能紊乱，以抑制过程占优势。

职业危害

具有刺激作用和麻醉作用，大量吸入可引起头痛。

应急处理

迅速脱离现场至空气新鲜处。保持呼吸道通畅。如呼吸困难，予吸氧。如呼吸停止，立即进行人工呼吸和心脏按摩。

防护措施

(1) 密闭操作。提供良好的自然通风条件。

(2) 储运注意事项：防火。保持阴凉。与食品和饲料分开存放。不得与食品和饲料一起运输。

(3) 采取个人防护措施。

呼吸系统防护：高浓度接触时，必须佩戴自吸过滤式防毒面具(全面罩)。紧急事态抢救或撤离时，应该佩戴空气呼吸器。

眼睛防护：戴化学安全防护眼镜。

身体防护：穿防毒物渗透工作服。

手 防 护：戴橡胶手套。

其　　他：工作现场严禁吸烟。避免高浓度吸入。进入罐、限制性空间或其他高浓度区作业，须有人监护。

职业接触限值

中国未制订职业接触限值。

【原油】

英 文 名：Petroleum

别　　名：石油(Crude oil)

理化性质

相对密度：0.780 ~ 0.970(液体)　　自 燃 点：约350℃

闪　　点：-6.67 ~ 32.22℃　　爆炸极限：1.1% ~ 6.4%(体积)

原油是指未加工的石油，是一种可燃稠厚性油状液体，为红色、红棕或黑色，有绿色荧光，恶臭，不溶于水。原油是由各种烃类组成的一种复杂混合物，含有少量硫、氮、氧的有机物及微量金属。对原油进行分馏和裂解可得到各种基本化工原料，再进行加工可制造合成树脂、合成纤维、合成橡胶和化肥。石油化工产品还扩展到合成洗涤剂、合成石油蛋白、染料、医药、农药、炸药等各个方面。

接触机会

在原油开采、储运和炼制过程中均可有接触机会。

毒性

原油本身无明显毒性，只有在分馏、裂解和深加工过程中，不同的产品和中间产品表现出不同的毒性。

防护措施

（1）通过工程控制防止产生烟云。密闭系统和通风。

（2）储运注意事项：防火。与强氧化剂分开存放。保持阴凉。

（3）采取个人防护措施。

皮肤防护：使用防护手套。

眼睛防护：使用安全护目镜。

摄食防护：工作时不得进食、饮水或吸烟。

职业接触限值

中国未制订职业接触限值。

【煤油】

英 文 名：Kerosene（Kerosine）

CAS 号：8008－20－6

理化性质

相对密度：0.81（液体），4.5（气体）　　爆炸极限：0.7%～5.0%（体积）

沸　　点：180～300℃　　自 燃 点：228℃

闪　　点：37.7～65.5℃

轻质石油产品的一类，由天然石油或人造石油经分馏或裂化而得。C_{10}～C_{16}石油烃类混合物。水白色至淡黄色油状液体。不溶于水，溶于有机溶剂。根据用途可分为航空煤油、动力煤油、照明煤油等。

接触机会

煤油是石油产品，工业上主要用作飞机、火箭、柴油机的燃料、涂料、油漆、塑料和杀虫剂的有机溶剂和机械部件的清洗剂，此外也用作点灯照明和生活燃料等。从事其制作、储存和使用可接触到本品。

毒性

属微毒类。主要有麻醉和刺激作用。精制煤油的毒性较小，含苯和烷基苯时可影响造血功能。吸入气溶胶和雾滴可引起黏膜刺激，完整皮肤不易吸收。口服大量煤油后经胃肠道吸收，再经肺排出可引起化学性肺炎。

职业危害

（1）急性中毒：急性煤油中毒多属于生活性中毒，常因口服、吸入其蒸气或液态煤油呛入呼吸道所致。

误服煤油可引起急性煤油中毒，临床上以消化道刺激表现为主，如恶心、呕吐、呛咳、上腹部不适、腹痛、腹泻和便血等，并且可有肝脏肿大和血清 ALT 增高。小儿口服煤油导致的急性中毒，虽未呛入呼吸道，仍可出现肺炎甚至呼吸衰竭，临床上有迅速出现的脉快、呼吸困难、昏迷、紫绀、四肢强直等。

吸入大量煤油的蒸气、雾滴或气溶胶所致急性中毒者有明显的呼吸道刺激症状，包括咳嗽、呼吸困难、胸痛和不适，肺部可有啰音，严重时可发生化学性肺炎。

不慎呛入液态煤油时可引起化学性肺炎，临床上出现发热、乏力、紫绀、剧烈呛咳、铁锈色痰、咯血或血性泡沫痰、呼吸困难和胸痛等，体检可见肺部患侧呼吸音降低和干湿啰音。胸部X线检查呈现化学性肺炎征象，如肺纹理增粗、患侧有斑片状或大片致密影等。化学性肺炎治疗不当时，可形成肺脓疡。

不论何种摄入途径引起的煤油中毒，患者均可有中枢神经受损而出现兴奋、酩酊感、烦躁、意识模糊、震颤、共济失调、谵妄、昏迷和抽搐。

部分重度急性中毒患者有肾脏损害，出现蛋白尿和血尿。少数严重病例可并发心室颤动而死亡。

(2) 慢性中毒：长期接触煤油可有头晕、头痛、失眠、精神不振、记忆力减退、乏力、食欲减退和容易激动等神经症状，严重时出现震颤和共济失调；此外可有眼烧灼感、咳嗽、呼吸困难、皮肤发痒、脱脂干燥、皲裂、毛囊炎和接触性皮炎等黏膜和皮肤的刺激表现；也可出现体重减轻、心率增快及贫血。

应急处理

急性中毒的治疗原则上可参照汽油中毒的急救，对于煤油的急性吸入性肺炎，有主张用纤维支气管镜进行肺灌洗。另有报道纳络酮对小儿煤油中毒并发呼吸衰竭的治疗有较好效果。

防护措施

(1) 通过工程控制防止产生烟云。密闭系统和通风。

(2) 储运注意事项：防火。与强氧化剂分开存放。保持阴凉。

(3) 采取个人防护措施。

吸入防护：空气中浓度高时，佩戴呼吸防护器具。

皮肤防护：使用防护手套。

眼睛防护：使用安全护目镜。

摄食防护：工作时不得进食、饮水或吸烟。

职业接触限值

中国未制订职业接触限值。

美　国：ACGIH TLVs：　*TWA* 200mg/m^3（按总烃蒸气计）

NIOSH REL：　*TWA* 100mg/m^3

【柴油】

英文名：Diesel oil；Fuel oil No. 2

理化性质

根据主要成分的不同，有石蜡基柴油、环烷基柴油、环烷－芳烃基柴油等。相对密度<1，闪点43.3～87.7℃。根据密度的不同，一般分为重柴油和轻柴油，主要指标是十六烷值、黏度、凝固点等。

接触机会

柴油是石油提炼的产品，由天然石油、人造石油、页岩油等经直馏或裂化等制得。主要用作柴油内燃机的燃料。在柴油的生产、储存和使用中均有接触的机会。

毒性

柴油的毒性近似煤油，由于添加剂的影响毒性比煤油略大。柴油沸点较高，蒸气吸入机会较少。雾滴吸入可致吸入性肺炎。皮肤为主要吸收途径，皮肤接触可引起接触性皮炎，主要是双手和前臂出现红斑、水肿、丘疹，反复接触可致局部皮肤浸润增厚，间有轻度糜烂、渗出、结痂、皲裂等。主要由所含杂质（如金属粉屑等）的机械化学刺激引起，个别为过敏所致。柴油可通过孕妇胎盘进入胎儿血中。

职业危害

（1）急性中毒：急性柴油中毒主要表现为神经系统抑制。曾报道工人进入装过柴油的船舱内仅2min，即感头晕、胸闷和无力，5min后意识丧失。

短期内吸入大量柴油雾滴可导致化学性肺炎。曾有工人吸入柴油油雾15min即发生严重的吸入性肺炎。

有报道皮肤接触柴油数周后出现急性肾小管坏死和急性肾功能衰竭，经治疗后恢复。

（2）慢性接触对人体的影响 皮肤接触柴油可出现红斑、丘疹和水疱。长期接触柴油后，皮疹可转为慢性，呈现浸润增厚斑片，间有糜烂、渗液、结痂和皲裂。部分病例指背和前臂的伸面可发生痤疮。

应急处理

急性中毒、吸入性化学性肺炎和柴油致急性肾损害的治疗原则上可参照内科和煤油中毒。皮损的治疗可参照皮肤科的处理。

防护措施

（1）密闭系统和通风。

（2）储运注意事项：储存在阴凉、通风的场所。密闭。与强氧化剂分开存放。

（3）采取个人防护措施

吸入防护：设置通风与/或局部排气。

皮肤防护：使用防护手套或防护服。

眼睛防护：使用安全护目镜。

摄食防护：工作时不得进食、饮水或吸烟。

职业接触限值

中国未制订职业接触限值。

【汽油】

英 文 名：Gasoline；Petrol

分 子 式：$C_4H_{10} \sim C_{12}H_{26}$

CAS 号：8006－61－9

理化性质

相对密度：0.67～0.71（液体）
3.0～4.0（气体）

熔 点：<－60℃

沸 点：40～200℃

闪 点：－50℃

爆炸极限：1.3%～6.0%（体积）

自 燃 点：415～530℃

轻质石油产品一大类。无色至淡黄色的易流动液体。主要组成是四碳至十二碳烃类。容易燃烧。不溶于水，易溶于苯、二硫化碳和醇，极易溶解脂肪。其蒸气与空气形成爆炸性混合物。

接触机会

汽油来自石油的提炼或裂化，分成燃料汽油和溶剂汽油。燃料汽油广泛用作汽车、飞机、船 舶等各种汽油内燃机的燃料。以往的燃料汽油中常加入四乙基铅作为抗爆剂以改善性能，近年已经推广不含四乙基铅的无铅汽油；溶剂汽油主要作为溶剂用于橡胶、黏胶制作、制鞋、制革、洗染、颜料和油漆等行业，此外印刷与机械工业也用汽油作清洗剂。从事汽油的生产、运输、储存以及使用时均可能接触到本品。炼油厂从事分馏设备的维修和事故处理以及清洗汽油储罐作业的工人、加油站工人、汽车司机等，容易因防护不当而发生急性汽油中毒。

毒性

属低毒类。对脂肪代谢有特殊作用，可引起神经细胞内类脂质失调，导致中枢神经系统功能紊乱，高浓度时可致呼吸麻痹。对皮肤和黏膜也有刺激作用。

职业危害

(1) 急性中毒：汽油为麻醉性毒物，急性汽油中毒主要引起中枢神经系统和呼吸系统损害，病变以中枢神经系统为主。病理上可见软脑膜出血及淤血，大脑白质广泛水肿，基底核、视丘和下视丘部位神经细胞出现变性坏死；周围神经组织出现疏松、淋巴细胞浸润以及伴脱髓鞘现象。双肺下叶有散在性炎症和水肿，伴大量巨噬细胞反应和少量嗜酸细胞浸润、肺间质内小血管出现急性纤维蛋白变性。此外还伴有肾小球和肾小管细胞浑浊肿胀、肝淤血、肝细胞浑浊肿胀和脂肪变、脾淤血及出血性胰腺炎等。吸入浓度极高的猝死者，病理改变主要在呼吸系统。

接触其蒸气致轻度急性中毒时，先有中枢神经受累和黏膜刺激症状，如头晕、头痛、乏力、恶心、视力模糊、复视、步态不稳、震颤、容易激动、酩酊感和短暂意识障碍，以及流泪、流涕、眼结膜充血和咳嗽等黏膜刺激表现。部分患者可有惊恐不安、欣快感、幻觉、抑郁或多语等精神症状。及时脱离接触和治疗后常于短时内恢复。

重度急性中毒时，患者有中毒性脑病表现，如谵妄、昏迷、腹壁和腱反射低下、以及强直性抽搐等。部分患者有急性颅内压增高表现，如血压和脉搏波动、呼吸浅快或深慢、紫绀、颈项强直、视乳头水肿、中枢性高热、病理反射、脑脊液压力增高等；头颅 CT 检查可见白质密度减低、两侧大脑半球轻度弥漫性密度降低、或脑室周围特别是侧脑室前角周围密度降低等。

吸入极高浓度汽油蒸气者可猝死，死前可先有头昏、恶心、呕吐、昏迷和抽搐等急性颅内压增高表现，以及呼吸困难、心律失常和心衰。曾有一名患者吸入浓度达 200 ~ $300g/m^3$ 的汽油蒸气，迅速出现头痛、头昏、乏力、心悸、呼吸困难、昏迷和呼吸停止而猝死；3 名工人吸入浓度达 210 ~ $320g/m^3$ 汽油蒸气，短时内全部出现深昏迷、呼吸困难、发绀和急性肺水肿，其中 2 例闪电样死亡。一名患者处于汽油浓度为卫生标准 7.57 ~ 1027.57 倍的环境中，于 1h 内死亡。

液态汽油被吸入呼吸道可造成汽油吸入性肺炎，常见于司机用口吸油管或工人坠落油罐等事故。患者有剧烈呛咳、血痰、胸痛、呼吸困难、紫绀和肺部啰音等。数小时后白细胞数可明显增高、血沉加快。X 线检查可见肺纹理增粗、与肺门相连的浸润性炎症阴影、以及渗出性胸膜炎等。

口服汽油可引起口腔、咽及胸骨后烧灼感，恶心、频繁呕吐、腹痛、腹泻和消化道出血，并有肝肿大、压痛和肝酶活性异常。

皮肤接触汽油可发生脱脂和皮炎，出现红斑、水疱和瘙痒等，接触时间过长可造成皮肤灼伤。

急性汽油中毒诱发心律失常和心肌梗死的病例已屡有报道。

多数急性汽油中毒患者脱离现场及治疗后短期内会恢复，但个别病情较重的患者可有球后视神经炎、头痛、智力和记忆力减退等后遗症。

（2）慢性中毒：慢性汽油中毒患者常有头痛、头晕、失眠、精神萎靡、乏力、四肢疼痛、记忆力减退、易激动、食欲减退、多汗、心悸等神经衰弱症和自主神经功能紊乱；严重时可出现震颤、共济失调、淡漠迟钝、记忆力和计算力丧失等类似精神分裂症的症状。

长期接触混有正己烷和苯的汽油时，可出现中毒性周围神经病和血常规改变。

皮肤长期接触汽油可致皮肤干燥、皲裂、角化过度、毛囊炎、慢性湿疹和指甲变形等，个别患者可发生剥脱性皮炎。

部分慢性汽油中毒患者有肾损害，初期为尿酶活性异常，后可发展成肾小球肾炎，甚至肾小球肾炎－肺出血综合征。

职业禁忌

（1）过敏性皮肤疾病；（2）神经系统器质性疾病。

应急处理

中毒人员脱离现场，轻者对症治疗后症状可迅速消失。严重中毒按麻醉性气体中毒处理。注意防止脑水肿。皮肤污染时用肥皂水清洗。吸入性肺炎可使用抗菌素预防继发感染。慢性中毒对症处理。

防护措施

（1）通过工程控制提高自动化和密闭化程度。采取通风排毒措施；加强设备维修保养，遵守操作规程。防止跑、冒、滴、漏。

（2）储运注意事项：储存于阴凉、通风的库房。远离火种、热源。库温不宜超过30℃。保持容器密封。应与氧化剂分开存放，切忌混储。采用防爆型照明、通风设施。禁止使用易产生火花的机械设备和工具。储区应备有泄漏应急处理设备和合适的收容材料。

（3）采取个人防护措施。

呼吸系统防护：一般不需要特殊防护，高浓度接触时，佩戴自吸过滤式防毒面具（半面罩）。

眼睛防护：一般不需要特殊防护，高浓度接触时可戴化学安全防护眼镜。

身体防护：穿防静电工作服。

摄食防护：工作时不得进食、饮水或吸烟。

职业接触限值

中　国：OELs：*PC－TWA* 300mg/m^3

美　国：ACGIH TLVs：*TWA* 300ppm；*STEL* 500ppm

【抽余油】

英 文 名：Raffinate；Raffinate oil

理化性质

相对密度：0.7(液体) 沸程范围：60～130℃

抽余油为石油烃化重整芳香化的副产物，其中$C_5 \sim C_9$烷烃占63%，$C_5 \sim C_{10}$环烷烃占20.9%，芳烃占11.8%，其他占4.3%。70%～80%是$C_6 \sim C_8$的烃类化合物。

接触机会

在石油炼制过程中，抽余油一般指富含芳烃的催化重整产物(重整汽油)经萃取(抽提)芳烃(见芳烃抽提)后剩余的馏分油，是良好的石油化工原料，可用于烃类裂解制乙烯。抽余油的生产、储存和使用中防护不当，均有接触和中毒的机会。

毒性

本品毒性低微。急性毒性主要为对中枢神经系统的麻醉作用。大鼠吸入的LC_{50}为$66g/m^3$。小鼠吸入的LC_{50}为$76g/m^3$。染毒动物早期有活动增加、不安、跳跃、兴奋、全身充血，10min后步态蹒跚，后肢无力、昏睡、仰卧或侧卧、翻正反射消失、呼吸急速，进入麻醉状态，继而四肢震颤、抽搐、呼吸浅弱、强直性抽搐、大小便失禁，死亡。在2h内未死亡的动物，脱离接触后数min内可恢复。病理检查可见肝轻度瘀血，肝、肾实质细胞轻度水样变性及浊肿，高剂量组均出现肺部明显充血、瘀血、出血。

以原液给小鼠浸尾1h，未发现全身性异常反应；局部皮肤轻度充血，第2天即恢复正常，无死亡，故经皮吸收作用不明显。

给鸡500mg/kg一次灌胃，观察21天，未见迟发性神经毒作用，体重、血清ChE活性及病理检查均无改变。

职业危害

中毒症状主要表现为中枢神经系统抑制。高浓度吸入后可引起麻醉症状。慢性中毒为头痛、乏力、失眠、多梦及眼和呼吸道黏膜充血。

应急处理

大量吸入者立即脱离现场，至空气新鲜处。保持安静，给吸氧对症处理。并注意防治脑水肿。

防护措施

抽余油毒性低微，工作场所保持密闭系统和良好通风，即可达到防护的目的。

职业接触限值

中　国：OELs：$PC-TWA$ 300mg/m^3

【石脑油】

英 文 名：Petroleum naphtha；Ligroin

CAS　号：8030－30－6

理化性质

相对密度：0.7603(液体) 爆炸极限：1.2%～6.0%(体积)

沸　点：20～160℃

石脑油又称石油英，俗称粗汽油，主要为$C_4 \sim C_{12}$的烃类组分，一般含烷烃55.4%、单环烷烃30.3%、双环烷烃2.4%、烷基苯11.7%、苯0.1%、茚满和萘满0.1%。平均相对分子质量为114。无色或浅黄色液体，不溶于水，溶于多数有机溶剂。按用途可分清漆、油漆用石脑油及溶剂石脑油。

接触机会

原油分馏加工中产生的馏分之一，可用作催化重整、乙烯裂解和制氢的原料，也可作化工原料及车用汽油的调合组分。常用于分离多种有机原料。在其生产、储存、使用和化验分析中均有接触机会。

毒性

大鼠一次吸入4h，LC_{50}为16g/m^3。较高浓度蒸气可刺激眼及抑制中枢神经系统。

职业危害

可引起眼和上呼吸道刺激症状。蒸气浓度如浓度过高，几分钟即可引起呼吸困难、紫绀等缺氧症状。

应急处理

将中毒者移离事故现场，对症处理。皮肤污染时脱去被污染的衣着，立即用肥皂水和清水彻底冲洗皮肤。眼睛接触，提起眼睑，用流动清水或生理盐水冲洗。入呼吸困难，给输氧；如呼吸停止，立即进行人工呼吸和心脏按摩。如食入中毒，饮足量温水，催吐，给饮牛奶或蛋清。就医。

防护措施

（1）密闭操作，全面通风。作业场所安装水喷淋设施和洗眼器。

（2）储运注意事项：储存于阴凉、通风的库房。远离火种、热源，避免阳光直射。保持容器密闭。炎热季节早晚运输，应与氧化剂、硝酸等隔离。

（3）采取个人防护措施。

呼吸系统防护：高浓度接触时可佩戴自吸过滤式防毒面具。

眼睛防护：必要时，戴化学安全防护眼镜。

身体防护：穿防静电工作服。

手 防 护：戴橡胶耐油手套。

其　　他：工作现场严禁吸烟。避免长期反复接触。进入罐、限制性空间或其他高浓度区作业，须有人监护。

职业接触限值

中国未制订职业接触限值。

美　　国：ACGIH TLVs：　*TWA*　400ppm

OSHA PEL：　*TWA*　100ppm（400mg/m^3）

NIOSH REL：　*TWA*　100ppm（400mg/m^3）

IDLH　1000ppm

【石蜡】

英 文 名：Paraffin wax；Paraffin scale；Paraffin

相对分子质量：506.98

分 子 式：$C_{18}H_{38} \sim C_{36}H_{74}$

CAS　号：8002－74－2

理化性质

相对密度：0.880～0.915　　闪　　点：198℃

熔　　点：47～65℃　　自 燃 点：245℃

又称晶形蜡，碳原子数约为18～30的烃类混合物，主要组分为直链烷烃（约为80%～95%），还有少量带个别支链的烷烃和带长侧链的单环环烷烃（两者合计含量20%以下）。白色、无臭、无味透明固体，由高分子烃的混合物组成。溶于苯、轻汽油、热的乙醇、氢仿、松节油、二硫化碳和橄榄油，不溶于水和酸。易燃。

接触机会

石蜡用于食品、药品等包装、金属防锈、印刷业、纺织业，还可制洗涤剂、乳化剂、分散剂、增塑剂、润滑脂等。在其生产、储存和使用过程中均有接触的机会。

毒性

石蜡和液态石蜡为石油高沸点组分精制品，毒性较低。石蜡中含有一定量的杂环化合物，主要是吡啶、吡咯、噻吩等，有的有致癌的作用。

职业危害

高浓度蒸气吸入引起头痛、眩晕、咳嗽、食欲减退、呕吐、腹泻；长期接触导致皮肤损害。

应急处理

脱离现场，对症治疗。

防护措施

（1）密闭系统和通风。

（2）储运注意事项：密闭。储存在阴凉、通风的场所。与氧化剂分开存放。

（3）个人防护措施：一般劳保着装；工作时不得进食、饮水或吸烟。

职业接触限值

中　　国：OELs：　*PC－TWA*　2mg/m³（石蜡烟）；*PC－STEL*　4mg/m³（石蜡烟）

美　　国：ACGIH TLVs：*TWA*　2mg/m³

NIOSH REL：*TWA*　2mg/m³

【润滑油】

英 文 名：Lubricating oil；Lube oil

别　　名：机油

相对分子质量：230～500

理化性质

又称机油。油状液体的润滑剂，用于机械的摩擦部分，起润滑、冷却和密封作用。根据来源有矿物性润滑油、植物性润滑油（如蓖麻油）和动物性润滑油（如鲸蜡油）。此外还有合成润滑油，如硅油。以由石油的重质馏分经减压蒸馏而得的矿物质性润滑油为最重要。常用的有机械油、车用润滑油、汽缸油、航空润滑油等。主要质量指标是密度、黏度、闪点、凝固点等，矿物性润滑油以含脂环烃为主。大于50%脂环烃含量增多，沸点及黏稠亦增加。

接触机会

工业用的润滑油多属矿物油，为石油分馏产品，广泛用作车辆、船舶、飞机、仪表、武器、金属加工、各种机器的机械部件如齿轮、轴承等的润滑、防锈、冷却、密封等。从事上述各类工种人员均有可能接触到润滑油。

毒性

润滑油的毒性因产地、品种、来源和添加剂种类和数量的不同而有差异。按来源可分为动物性、植物性、矿物性和合成四种，前两者无毒理学意义，后两者具有一定的毒性。一般属低毒和微毒类，由于沸点较高，一般不易经呼吸道吸入。对皮肤黏膜有刺激作用，含有添加剂的润滑油刺激作用更大。某些防锈剂可引起接触性过敏性皮炎。

职业危害

(1) 急性中毒：呼吸道吸入润滑油的油雾或其挥发性物可出现全身乏力、恶心、头晕、头痛等。

短期内吸入较多液体润滑油、其雾滴或气溶胶可引起吸入性肺炎，临床上可出现剧烈的咳嗽、咯血性泡沫痰和油滴、胸痛、紫绀等，体检可有两肺部啰音，X 线检查可呈现散在性的不规则及边缘模糊的阴影，或局限性团块状阴影。

(2) 慢性中毒：皮肤长期接触润滑油可发生油性痤疮，其特征是黑头、毛囊角化丘疹和毛囊炎，此外还可出现接触性皮炎。

长期吸入小量的液态润滑油、雾滴、或其气溶胶可出现全身不适、轻咳和痰中带油滴，偶可有胸痛。

润滑油的分解产物和添加剂对眼和呼吸道黏膜有刺激，长期接触可有眼结膜刺激感和咽部烧灼感、流泪、头晕、头痛、全身不适、失眠和食欲不振等。

应急处理

脱离现场，对症治疗。

防护措施

(1) 密闭系统和通风。

(2) 个人防护措施：一般劳保着装；工作时不得进食、饮水或吸烟。

职业接触限值

中国未制订职业接触限值。

【松节油】

英 文 名：Turpentine；Turpentine oil

分 子 式：$C_{10}H_{16}$（主要）

相对分子质量：136.24

CAS 号：8006-64-2

理化性质

相对密度：0.860~0.875（液体）　　闪　　点：32~46℃

　　　　　4.84（气体）　　爆炸极限：0.8%（下限，体积）

沸　　点：154~170℃　　自 燃 点：253℃

无色至深棕色液体。有特殊气味。由烃的混合物组成。含有大量的蒎烯（大约 64%

α-蒎烯和33%β-蒎烯)。溶于乙醇、乙醚、氯仿和冰醋酸等有机溶剂。蒸气与空气形成爆炸性混合物。遇硝酸立即燃烧。能溶解橡胶、硫磺及树脂。

接触机会

本品包括用水蒸馏松脂制得的“树脂松节油”、从松木蒸馏或用有机溶剂从松木中提取而制得的“木馏松节油”、以及制造硫酸盐纸浆时所得的“硫酸盐松节油”。工业上松节油用作油漆的稀释剂，树脂和油类的溶剂，以及制造胶黏剂、医药、合成冰片、樟脑的原料等。从事松节油的制造、储存和使用均有机会接触到本品。生活性松节油急性中毒屡有报道，多为小儿误服松节油所引起。

毒性

工业生产中进入机体的主要途径是呼吸道，也可从皮肤吸收而中毒。对接触部位有刺激作用，并有致敏可能，人在10.5g/m^{3}浓度下吸入1~4h，可发生中毒。

职业危害

(1) 急性中毒：吸入气体松节油、皮肤接触或口服松节油均可引起急性中毒，主要临床表现有发热、消化道刺激、皮肤黏膜刺激、肾、呼吸系统以及神经系统的损害等。

①发热：为急性松节油中毒本身所引起，如合并感染，则常出现高热。

②消化道刺激：口服松节油后可有烧心、恶心、腹痛和呕吐。

③呼吸系统损害：不论吸入或口服造成的急性松节油中毒，均有明显的呼吸系统损害，表现为摄入后迅速发生的呛咳、胸闷、胸痛、紫绀、呼吸困难，甚至血性泡沫痰和急性肺水肿，体检可见双肺干湿啰音，X线显示急性支气管肺炎征象。

④中枢神经损害：患者临床表现为摄入松节油后几乎立即发生的头痛、头晕、颜面潮红、多汗、流涎、恶心、脉快等，短时内发展为平衡失调、谵妄和抽搐，严重时出现中枢神经严重抑制而死亡。

⑤肾损害：患者可出现膀胱炎和急性肾功能衰竭，临床上有尿急、尿频、血尿、蛋白尿、管型尿、少尿、无尿、血BUN和Cr增高等。

⑥其他：急性中毒患者短期内可有WBC数明显增高。皮肤接触松节油可迅速出现脱皮、渗出和红斑。眼接触浓度为1.11g/m^{3}的松节油气体有轻度刺激感，溅入眼内可造成结膜炎和角膜灼伤。

(2) 慢性中毒：长期接触松节油可有呼吸道刺激、食欲减退、乏力、嗜睡、头痛和眩晕等症状，以及尿频、尿急和蛋白尿。皮肤接触可因脱脂而发生干燥与皲裂，对本品敏感者反复接触后可造成局部甚至全身过敏性皮炎。木馏松节油含有较多的甲酸、醛类和酚类，因而刺激性更大。

应急处理

急性中毒并无解毒药，临床上可作对症处理，如移离现场，用水及肥皂清洗皮肤污染处；口服中毒时用微温水或2% $NaHCO_3$溶液洗胃，但有提出不宜催吐，因恐促使毒物进入肠道；此外需维持水电解质平衡、纠正酸中毒、抗感染、防止和处理肺水肿和急性肾功能衰竭等。目前对皮质激素疗效的看法尚存在一定分歧。

防护措施

(1) 生产过程密闭，全面通风。提供安全淋浴和洗眼设备。

(2) 储运注意事项：密闭。储存在阴凉、通风的室内。与不兼容物质分开存放。

（3）采取个人防护措施

吸入防护：高浓度环境中，应该佩戴过滤式防毒面具。

皮肤防护：戴橡胶耐油手套与防护服。

眼睛防护：使用安全护目镜。

摄食防护：工作时不得进食、饮水或吸烟。

职业接触限值

中　国：OELs：　*PC - TWA*　300mg/m^3

美　国：ACGIH TLVs：*TWA*　100ppm（560mg/m^3）

OSHA PEL：*TWA*　100ppm（560mg/m^3）

NIOSH REL：*TWA*　100ppm（560mg/m^3）

IDLH　800ppm

【焦油】

石油焦油

英 文 名：Petroleum tar

煤焦油

英 文 名：Coal tar；Creosote

CAS　号：65996 - 93 - 2

理化性质

由煤、油页岩、原油、木材等含碳物质经干馏而得的黄色至黑色油状易燃液体，有焦油烟味。所含成分依原料性质而定，主要为高分子多环芳烃及胶质、沥青质和碳青质等。可在水里漂浮或沉降，基本不溶。与强氧化剂和酸接触发生反应。开杯闪点74℃，自燃温度336℃。

页岩焦油为褐色液体，平均分子量在210～280范围内，相对密度接近1，含有烃类（烷烃、烯烃、二烯烃、环烷、环烯、单环、双环可能还有多环芳烃）、含氧化合物（酸、酚、酮、醇及酯类）、含硫化合物（硫醇、硫醚、二硫化物、噻吩等）、沥青、含氮化合物（吡啶、喹啉、氢化吡啶）。还含有苯并芘等。受热至150℃放出的挥发物中含有苯酚、氨、苯及甲苯。

石油焦油含有芳香烃、不饱和烃、烷烃、环烷烃、稠环萘系烃及苯并芘等。高温分解放出有毒的气体，燃烧分解生成一氧化碳、二氧化碳、成分未知的黑色烟雾。

接触机会

煤焦油、油页岩、炼油厂焦化装置生产及辅助生产人员和有关储运、采样、分析人员接触。

毒性

致皮肤损害。致癌。

职业危害

反复接触可引起皮肤癌。

煤焦油作用于皮肤，引起皮炎、痤疮、毛囊炎、光毒性皮炎、中毒性黑皮病、疣赘及癌肿。可引起鼻中隔损伤。

吸入页岩焦油饱和蒸气，出现恶心及头痛。接触工人中皮炎、湿疹多见。还可诱发皮肤肿瘤。

接触石油焦油的工人皮肤损害较多见，表现为色素沉着、干燥、裸露部位灼痛、毛囊增生、黑头粉刺、毛细管扩张、多发性病，随工龄增加，症状加重，并出现皮肤脱屑、表皮角化、角刺和皮肤癌变。

应急处理

皮肤接触脱去污染的衣着，用肥皂水和清水彻底清洗。眼睛接触立即翻开上下眼睑，用流动清水冲洗，就医。吸入迅速脱离现场至空气新鲜处，必要时就医。误服者立即漱口，饮足量温水，催吐，就医，彻底洗胃。确保医务人员了解该物质相关的个体防护知识，注意自身防护。

防护措施

（1）生产加工过程密闭化，清除焦油机械化，保持良好的自然通风。

（2）对页岩焦油应进行特殊处理以降低或除去致癌物。

（3）加强个人劳动保护，配备、穿戴合适的防护工作服、佩戴防护眼镜、防毒面具和手套。注意个人卫生和保护皮肤，下班后必须洗澡。使用含淀粉、肥皂、酪朊、甲基纤维素为主体的皮肤防护软膏；有光敏作用者，应用对氨基苯甲酸、水杨酸苯酯、奎宁、水杨酸甲酯等的特殊软膏。

（4）对接触本品的工人应加强健康监护。

职业接触限值

中　国：OELs：　煤焦油沥青挥发物（按苯溶物计）*PC-TWA*　0.2mg/m^3

美　国：OSHA PEL：*TWA*　0.2mg/m^3　（按苯溶物计）

NIOSH REL：*TWA*　0.1mg/m^3　（按可提取环已烷计）；Ca

IDLH　80mg/m^3

【渣油】

英文名：Residual oil

理化性质

为炼油厂从原油中提取了汽油、柴油和润滑油后剩余的黑褐色黏稠状可燃液体，俗称液体石蜡沥青，尚含有一些高沸点油类所组成的烃和一些因馏分不完全而残留的挥发性物质。可以用作裂解原料。或由减压渣油、催化渣油、丙烷脱沥青渣油、蜡油等按一定比例调合而成，燃烧性能好，发热量大，灰分少。

接触机会

炼油厂减压装置、催化装置、丙烷脱沥青装置生产及其辅助生产人员和有关储运、采样、分析人员接触。

职业危害

接触后，可有咳嗽、胸闷、头痛、乏力、食欲不振等全身症状和眼、鼻、眼部的刺激症状。

对皮肤有一定的损害，可致接触性皮炎，毛囊性损害等。

应急处理

吸入，迅速脱离现场至空气新鲜处。就医。皮肤接触脱去污染的外衣，再用肥皂水及清水彻底清洗。就医。避免阳光照射。误服者立即漱口，饮足量温水，催吐，就医。眼睛接触立即翻开上下眼睑，用流动的清水或生理盐水冲洗至少15min，就医。确保医务人员了解该物质相关的个体防护知识，注意自身防护。

防护措施

（1）加强设备密闭，保证良好的自然通风条件。

（2）注意个体防护，工作时着工作服，佩戴防护眼镜、橡胶耐油防护手套，高浓度环境中根据需要戴适宜的呼吸防护器，如防毒面具、空气呼吸器。工作后，彻底清洗，淋浴更衣。

职业接触限值

中国未制订职业接触限值。

【沥青】

英 文 名：Bitumen；Asphalt

CAS 号：8052－42－4

理化性质

相对密度：1.15～1.25　　闪　点：204.4℃

熔　点：30～180℃

沥青是煤焦油或石油分馏后留下的残渣，外观为黑色或棕色膏液体，半固体或固体。用于涂料、塑料、橡胶等工业以及铺筑路面等。不溶于水、丙酮、乙醚、稀乙醇等，溶于二硫化碳、四氯化碳等。与强氧化剂发生反应。按其来源可分煤焦沥青、石油沥青、页岩沥青和天然沥青四种。沥青的成分相当复杂，主要组成除沥青外，尚含有一些高沸点油类所组成的烃类和一些因分馏不完全而残留的挥发性物质如苯类、萘、蒽、菲、啶、吡啶、咔唑、酚等。沥青的型号和品种繁多，其成分和毒性不一。石油沥青有直馏沥青和氧化沥青，天然沥青是直接从沥青矿开采而得，在我国较少见。沥青具有防腐、防水、绝缘等特性。

接触机会

炼油厂、炼焦厂在沥青成型、装桶或加温，化工氯碱车间用沥青修槽，用沥青生产油毡纸、铺路、铺屋顶、地下建筑防水、枕木、坑土防腐以及铺设地下管道等的人员和有关储运、采样、分析人员接触。

毒性

沥青及其烟气对皮肤具有刺激性，有光毒作用和致肿瘤作用。沥青的毒性：煤焦沥青、页岩沥青、石油沥青，前两者有致癌性。沥青内的挥发性物质是致病的主要因素。煤焦沥青含挥发性物质最多，故其危害性最大；石油沥青、页岩沥青所含此种物质一般较少，其危害性也较小；天然沥青不含挥发性物质，故对人无害。煤焦沥青、页岩沥青含有苯丙芘，是一种致癌物质。沥青对皮肤有刺激作用，高沸点的成分较低沸点成分为大。

沥青对皮肤有光感作用，其中所含有的吖啶、蒽等是光感物质，皮肤接触后，同时操作者暴露于日光下，几小时后即可发生急性皮炎；大部分慢性沥青皮肤病，经阳光刺激后也会使症状加剧。

沥青受高温分解，放出腐蚀性、刺激性的烟雾。燃烧分解生成一氧化碳、二氧化碳、成分未知的黑色烟雾。

职业危害

短期接触能刺激眼睛、皮肤、呼吸道，暴露在阳光下，可能加重对皮肤和眼睛的刺激作用和导致灼伤。长期或反复与皮肤接触可能引起皮炎和皮肤过度色素沉着。

沥青粉尘及释放出的挥发性气体可刺激皮肤及黏膜，沥青粉尘可堵塞毛孔，并使皮肤干燥、粗糙、增厚，甚至产生赘生物。

沥青烟雾可引起鼻咽干痛、头晕、恶心、胸闷、头痛等症状；接触时间长者，可发生慢性鼻炎、咽炎、支气管炎、肺炎、肺水肿等。

应急处理

皮肤接触脱去并隔离被污染的衣服和鞋，再用肥皂水及清水彻底清洗，就医，避免阳光照射。误服者立即漱口，饮足量温水，催吐，就医。眼睛接触立即翻开上下眼睑，用流动的清水或生理盐水冲洗至少15min，就医。吸入者迅速脱离现场至空气新鲜处，保持呼吸道通畅；如呼吸困难，给输氧；如呼吸停止，立即进行人工呼吸。就医。确保医务人员了解该物质相关的个体防护知识，注意自身防护。

防护措施

（1）生产过程机械化、自动化，尽量减少接触；改善通风，安装排气、吸尘设备，降低车间中沥青烟气、粉尘的浓度；控制沥青加工时的温度，以减少有害物质的挥发。

（2）搬运沥青时，除采取必要的严密防护措施外，尽可能安排在夜间或阴天进行，穿戴合适的工作服、工作帽、防护口罩及橡胶耐油防护手套等，接触粉尘形式的沥青时戴全面罩防尘口罩，接触沥青蒸气时戴自吸过滤式全面罩防毒面具，以避免光感反应。加强个人防护，工作后充分淋浴，换上清洁服装。

职业接触限值

中　国：OELs：　煤焦油沥青挥发物（按苯溶物计）：*PC－TWA*　0.2mg/m^3

PC－STEL　0.6 mg/m^3，G1

石油沥青烟（按苯溶物计）：*PC－TWA*　5mg/m^3，G2B

美　国：ACGIH TLVs：石油沥青烟　*TWA*　5mg/m^3

煤焦油沥青挥发物（按苯溶物计）：*TWA*　0.2mg/m^3

NIOSH REL：*C*　5mg/m^3（15min）

【氯化石蜡】

英 文 名：Paraffinchlorinated

相对分子质量：579.77

分 子 式：$C_{24}H_{43}Cl_7$

CAS 号：51990－12－6

理化性质

相对密度：1.16～1.18（液体）

淡黄至黄色、无臭、黏稠液体。不溶于水，溶于苯等。

接触机会

适用于各类产品阻燃之用。广泛应用在塑料、橡胶、纤维等工业领域作增塑剂，织物和包装材料的表面处理剂，黏接材料和涂料的改良剂，高压润滑和金属切削加工的抗磨剂，防霉剂、防水剂，油墨添加剂等。

毒性

LD_{50}：无资料；LC_{50}：无资料

职业危害

目前，未见职业中毒的报道。

应急处理

皮肤接触：脱去污染的衣着，用流动清水冲洗。

眼睛接触：提起眼睑，用流动清水或生理盐水冲洗。就医。

吸　　入：脱离现场至空气新鲜处。

食　　入：饮足量温水，催吐。就医。

防护措施

提供良好的自然通风条件。

呼吸系统防护：一般不需要特殊防护，但当作业场所空气中氧气浓度低于18%时，必须佩戴空气呼吸器。

眼睛防护：一般不需特殊防护。

身体防护：穿一般作业防护服。

手 防 护：戴一般作业防护手套。

其他防护：工作完毕，彻底清洗。保持良好的卫生习惯。

职业接触限值

中国未制订职业接触限值。

【石油醚】

英 文 名：Petroleum ether

CAS　号：8032－32－4

理化性质

相对密度：0.63～0.66

熔　　点：－73℃

沸　　点：30～60℃

饱和蒸气压：53.32 kPa（20℃）

闪　　点：－50℃

自 燃 点：287℃

轻质石油产品的一种，是低分子量烃类(主要是戊烷和已烷)的混合物。容易挥发和着火，无色澄清，有像乙醚的气味，由天然石油或人造石油经分馏而得。根据馏程范围有30号和60号两种。不溶于水，溶于无水乙醇、苯、氯仿、乙醚、油类等有机溶剂，能溶解油和脂肪等。

接触机会

主要用作溶剂，也用作发泡塑料的发泡剂，医药、香精的萃取剂。

毒性

LD_{50}　40mg/kg(小鼠静脉)。动物实验大鼠吸入石油醚蒸气后，很快排挤出肺内氧气而引起缺氧。

具有刺激作用和中枢神经抑制作用，可引起多发性周围神经炎，呈两侧“手套”、“袜子”型运动及感觉障碍。大量吸入能引起头痛、头晕，甚者可有昏迷。可对症治疗。

职业危害

其蒸气或雾对眼睛、黏膜和呼吸道有刺激性。中毒表现可有烧灼感、咳嗽、喘息、喉炎、气短、头痛、恶心和呕吐。本品可引起周围神经炎。对皮肤有强烈刺激性。

应急处理

吸入中毒者立即脱离现场至空气新鲜处，吸氧，对症处理。皮肤接触立即彻底清洗。火棉胶对皮肤有保护免受石油醚的作用，但羊毛脂和凡士林具有不良作用。

防护措施

生产过程密闭，全面通风。提供安全淋浴和洗眼设备。

呼吸系统防护：空气中浓度超标时，佩戴过滤式防毒面具(半面罩)。

眼睛防护：戴化学安全防护眼镜。

身体防护：穿防静电工作服。

手 防 护：戴橡胶耐油手套。

其　　他：工作现场禁止吸烟、进食和饮水。工作完毕，淋浴更衣。注意个人清洁卫生。

职业接触限值

中国未制订职业接触限值。

美　　国：ACGIH TLVs：　*TWA*　300ppm

NIOSH REL：　*TWA*　350mg/m^3；*C*　1800mg/m^3(15min)

【脂肪胺】

英 文 名：Amines alphatic

理化性质

胺是氨的烃基衍生物。氨分子中的氢原子被开链烃基取代即为脂肪胺。根据代入烃基的数目可分为伯胺(NH_2R)、仲胺(NHR_2)、叔胺(NR_3)；根据分子中氨基的数目可分为单胺、二胺、多胺。例如甲胺、二甲胺、三甲胺等。常温下低碳胺呈气态或液态，C_8以上的胺呈固态。低碳胺具有难闻的鱼腥气，极易溶于水；高碳胺挥发性小，无嗅。其水溶性随分子量增大而降低。低碳单胺的闪点低，易燃、易爆炸。

胺类溶液均呈碱性。当链长增加至C_4~C_5时，碱性减弱。胺与酸结合成无嗅的固体盐。胺盐易溶于水，但和胺不同，不溶于烃类溶剂。由于这种性质，胺类经常制成盐，以便使用和携带。

接触机会

用于生产农药、医药、合成染料、离子交换树脂、橡胶硫化促进剂、乳化剂、塑料单体、杀菌剂、杀虫剂、除草剂、炸药、火箭喷气燃料、防腐蚀剂和高分子化合物的固化剂等，还用于照相显影、皮革鞣制和作为溶剂。

毒性

脂肪胺类化合物易从肠道和呼吸道吸收，简单脂肪胺也易从皮肤吸收。从伯胺到仲胺、叔胺，毒性有增加的趋势。较高分子量的单胺，通常蒸气的毒性高些。胺类带有羟基，毒性减弱；有不饱和链(如烯丙胺)，则毒性增加。

（1）局部刺激作用：脂肪胺类化合物有强烈的局部刺激作用，动物以浓蒸气染毒，能引起气管炎、支气管炎、肺炎和肺水肿。滴入兔眼，能引起严重的角膜损害。甚至全眼损毁。

（2）拟交感神经作用：脂肪胺类被称为拟交感胺，有拟交感神经的作用，如血压升高、平滑肌收缩、流涎、瞳孔散大等。至 C_7 以上升压作用反而降低而心脏抑制作用增强。拟交感胺作用的机理有：一是直接作用，即与效应器官上的肾上腺素能受体的相互作用；二是间接作用，即通过释放体内储存的儿茶酚胺的作用。

（3）对中枢神经系统的作用：脂肪胺类对中枢神经系统有明显的作用。中毒时中枢神经系统先兴奋后抑制，条件反射和非条件反射均遭到破坏。

（4）释放组织胺作用：脂肪胺类有释放和加强组织胺的作用。一定浓度的单胺能使人体皮肤出现典型类组织胺的反应（红线、泛红、条疤）。吸入乙撑胺类引起的支气管收缩和哮喘等过敏反应，可能由于组织胺释放所致。

（5）内脏器官的损害：中毒动物的肺、肝、肾和心脏可有病理变化。

（6）对皮肤的致敏作用：目前仅发现少数脂肪胺对动物和人体皮肤有致敏作用。

脂肪胺的致癌作用尚未见报道。少数胺类（如环己胺）的致畸胎作用正在研究中。

职业危害

报道较多的是脂肪胺对人体的局部刺激作用。接触挥发性胺类的蒸气，产生眼的刺激，导致结膜炎、角膜水肿等。胺类液体溅入眼内，可立即发生灼伤，局部组织坏死，严重者可影响眼球深部组织，致永久性的损害。蒸气也能引起原发性皮肤刺激和皮炎。皮肤直接接触高浓度液体，可致灼伤，皮损和碱灼伤相似。某些胺类能引起皮肤过敏。

吸入胺类蒸气引起鼻、咽黏膜和肺刺激，产生咳嗽、呼吸困难等症状。某些多胺能引起哮喘。

脂肪胺类从皮肤、呼吸道或胃肠道吸收也能引起全身症状，如头痛、头晕、恶心、呕吐。大多数胺类引起的全身症状是暂时性的。

应急处理

胺类液体或溶液沾染皮肤或眼睛，须立即进行处理，否则胺对组织的侵蚀可急剧进展。要使组织的损伤最少，争取时间是急救中的关键。冲洗可用 2.5% ~3% 硼酸溶液或生理盐水，也可用自来水和其他清洁水冲洗。偶因不慎吸入胺类蒸气中毒时，应立即将中毒者搬离现场，呼吸新鲜空气，严重者送医院对症治疗。

防护措施

脂肪胺属易燃、易爆炸物质，在生产和使用中须注意安全。要注意防止蒸气吸入和液体污染皮肤。

工艺上应实现密闭化、管道化，加强生产设备的管理、清洁和维修，车间内加强通风，装设排气装置。

接触工人须配备好个人防护用品，防止蒸气和液体直接接触眼睛和皮肤。设备检修时，以及在生产中投料、出料时更须注意防护。车间环境应经常清扫，以减少沾染的机会。下班应更衣、淋浴，洗澡时水温不宜过高，不宜用毛巾用力擦洗皮肤。用弱碱性或中性肥皂洗澡。

作好上岗前体检与定期体检。

职业接触限值

中国未制订职业接触限值。

【脂肪酸】

英　文　名：Fatty acid

理化性质

羧基与脂肪烃基连接而成的一元羧酸。通式 RCOOH（R 是脂肪烃基）。按烃基的性质，脂肪酸可分为：

（1）饱和脂肪酸：烃基中只含有单键。例如甲酸（HCOOH）、醋酸（CH_3COOH）、轻脂酸[$CH_3(CH_2)_{14}COOH$]、硬脂酸[$CH_3(CH_2)_{16}COOH$]等。

（2）不饱和脂肪酸：烃基中含一个或几个双键，例如油酸 $CH_3(CN_2)_7CH=CH(CH_2)_7COO$ 等。

低碳数的是无色液体，有刺激气味、易溶于水。中碳数的是油状液体，微溶于水，有汗的气味。高碳数的是固体，不溶于水。脂肪酸能与碱作用而成盐、与醇作用而成酯。

H　元素及其无机化合物

【铅及其化合物】

铅

英 文 名：Lead

相对分子质量：207.2

分 子 式：Pb

CAS 号：7439－92－1

理化性质

相对密度：11.34　　　　沸　　点：1620℃

熔　　点：327.5℃

柔软的灰白色金属，质软，延展性大，在常温下即可轧成铅皮、铅箔。加热至400～500℃时即有大量铅蒸气逸出，在空气中迅速氧化成氧化亚铅（Pb_2O），凝集为铅尘，随着熔铅温度的升高，可进一步氧化成氧化铅（PbO）、三氧化二铅（Pb_2O_3）、四氧化三铅（Pb_3O_4）。金属铅不溶于水，不溶于稀盐酸、硫酸，溶于硝酸、乙酸、液碱。

接触机会

用作电缆、蓄电池、巴氏合金、铸字合金和防射线等的材料。

毒性

铅及其无机化合物，主要以粉尘、烟或蒸气形态经呼吸道吸入，少量经消化道摄入，完整的皮肤不能吸收。铅的吸收和毒性取决于分散度和组织中的溶解度。铅烟颗粒小，化学活性大，溶解度大，易经呼吸道吸收。

铅进入人体后可以离子状态被吸收进入血循环，主要以铅盐和与血浆蛋白结合的形式最初分布于全身各组织，数周后，约95%以不溶性磷酸铅[$Pb_3(PO_4)_2$]形式储存在骨骼、牙齿、毛发、指甲等硬组织中。仅5%左右的铅存留于肝、肾、心、脾、基底核、皮质灰白质等器官和血液内。在正常情况下，人体每日从食物、水和空气中摄入微量的铅，吸收进入血液循环。血浆铅与红细胞结合铅之间，血浆蛋白结合铅与血浆中可溶性铅之间，血液铅与器官组织之间，血液可溶性铅与骨骼不溶性铅之间，铅的分布均处于动态平衡。吸收的铅主要经尿排出，正常人每日约排20～80μg；其次为粪便。另外，可经唾液、乳汗、月经等排出少量。当人体大量摄入铅，并超过了机体的正常排泄能力与不溶性铅的储存能力，机体铅负荷增高。过量负荷的铅，特别是活性大的可溶性铅，对机体发生毒性作用。

铅中毒的发病机制，较为明确的有：

铅对血红蛋白合成的影响，通过抑制血红蛋白合成过程中的一些含巯基酶，最后导致贫血，同时铅还直接作用于红细胞，影响红细胞膜稳定性，导致溶血。

铅对神经系统的作用，通过抑制某些酶的作用而干扰神经系统功能，铅还能对脑内儿茶酚胺代谢发生影响，最后导致铅毒性脑病和周围神经病。

铅对消化系统的作用，可抑制肠壁碱性磷酸酶和ATP酶的活性，使平滑肌痉挛，引起腹绞痛。急性铅中毒时，铅可直接损害肝细胞，并使肝内小动脉痉挛引起局部缺血，发生急性铅中毒性肝病。

另外铅可以损害肾小管上皮细胞线粒体的功能，抑制ATP酶的活性，引起肾小管功能障碍甚至损伤。

职业危害

(1) 急性中毒

工业生产中发生急性铅中毒的机会较少，但可见到亚急性铅中毒，其临床表现与急性中毒相似。急性铅中毒多因消化道吸收引起。中毒后，口内有金属味，恶心、呕吐、腹胀、阵发性腹部剧烈绞痛(铅绞痛)、便秘或腹泻、头痛、血压升高、出汗多、尿少、苍白面容(铅容)。严重者发生中毒性脑病，出现痉挛、抽搐，甚至出现谵妄、高热、昏迷和循环衰竭。此外，可有贫血、中毒性肝病、中毒性肾病等。麻痹性肠梗阻及消化道出血等偶有所见。

(2) 慢性中毒

职业性铅中毒多为慢性中毒，临床上有神经、消化、血液等系统的综合症状。

① 神经系统：主要表现为神经衰弱、多发性神经病和脑病。神经衰弱是铅中毒早期症状之一，表现为头昏、头痛、全身无力、记忆力减退、睡眠障碍、多梦等。多发性神经病，可分为感觉型、运动型和混合型。感觉型的表现为肢端麻木和四肢末端呈手套袜子型感觉障碍。运动型的表现有：肌无力和肌肉麻痹。脑病，为最严重铅中毒。表现为头痛、恶心、呕吐、高热、烦躁、抽搐、嗜睡、精神障碍，昏迷等症状。

② 消化系统：轻者表现食欲不振、腹胀、便秘、恶心、口内金属味等，重者出现腹绞痛，多在脐周，呈持续性痛阵发性加重，每次发作自数分钟至几个时，发作时，疼痛难忍，常弯腰曲膝，辗转不安，手按腹部以减轻疼痛。同时面色苍白，全身出冷汗，可有呕吐。检查时，腹部平坦柔软，可有轻度压痛，无固定压痛点，肠鸣音减少 。

③ 血液系统：主要是铅干扰血红蛋白合成过程而引起的贫血，多为低色素正常红细胞型贫血。

④ 其他系统：铅对肾脏的损害多见于急性、亚急性铅中毒或较重慢性病例，铅对生殖系统的影响亦有报道。

职业禁忌

(1)贫血；(2)多发性周围神经病；(3)卟啉病。

应急处理

经消化道急性中毒者，立即用1%的硫酸钠或硫酸镁液彻底洗胃，以形成难溶性铅，防止大量吸收，并给硫酸镁导泻。洗胃后可灌以活性炭，亦可给予牛乳或蛋清，保护胃黏膜。

防护措施

(1) 用无毒或低毒物代替铅，如以锌钡白代替铅白造漆，电瓶以聚乙烯代替铅封口等，橡胶工业用有机硫化物代替密陀僧做促进剂，印刷行业用电脑激光照排代替铅字排版等。

(2) 改革生产工艺实行自动化生产，密闭化作业；如控制熔铅温度，或用自动控温装置，减少铅的蒸发；加强通风，在有铅烟尘散发的现场安装合理的通风排气设备，降低空气中铅浓度。排出的铅烟尘，经过除尘和净化装置，可回收利用，控制铅对周围环境的污染。醋酸铅作业场所提供安全洗眼和淋浴设备。

(3) 加强预防保健与健康教育，重视个人防护。作业场所禁止吸烟、进食和饮水。工作毕，淋浴更衣。及时换洗工作服。

(4) 定期进行环境监测，作业场所铅尘浓度高时，应戴防尘口罩。坚持车间内湿式清扫。

(5) 做好上岗前、在岗期间职业健康体检工作，患有贫血、多发性周围神经病、卟啉病患者，不宜从事接触铅的作业。

职业接触限值

中　国：OELs：　*PC－TWA* 0.03mg/m³(铅烟)；0.05g/m³(铅尘)

美　国：ACGIH TLVs：*TWA* 0.05 mg/m³；A3，BEI

NIOSH REL：*TWA* 0.05mg/m³

OSHA PEL：*TWA* 0.05mg/m³

IDLH 100mg/m³(以铅计)

一氧化铅

英 文 名：Lead oxide；Lead monoxide

别　　名：黄丹；密陀僧

相对分子质量：223.2

分 子 式：PbO

CAS　号：1317－36－8

理化性质

相对密度：9.53　　熔　　点：888℃

沸　点：1535℃

黄色或略带红色的黄色粉末或细小片状结晶，遇光易变色。不溶于水，不溶于乙醇，溶于硝酸、乙酸、热碱液。在空气中能吸附二氧化碳。高温生成四氧化三铅。

接触机会

用作颜料、冶金助溶剂和油漆催干剂，并用于石油、橡胶、玻璃、搪瓷等工业。

毒性

铅及其无机化合物，主要以粉尘、烟或蒸气形态经呼吸道吸入，少量经消化道摄入，完整的皮肤不能吸收。铅的吸收和毒性取决于分散度和组织中的溶解度。铅烟颗粒小，化学活性大，溶解度大，易经呼吸道吸收。

铅进入人体后可以离子状态被吸收进入血循环，主要以铅盐和与血浆蛋白结合的形式最初分布于全身各组织，数周后，约95%以不溶性磷酸铅[$Pb_3(PO_4)_2$]形式储存在骨骼、牙齿、毛发、指甲等硬组织中。仅5%左右的铅存留于肝、肾、心、脾、基底核、皮质灰白质等器官和血液内。在正常情况下，人体每日从食物、水和空气中摄入微量的铅，吸收进入血液循环。血浆铅与红细胞结合铅之间，血浆蛋白结合铅与血浆中可溶性铅之间，血液铅与器官组织之间，血液可溶性铅与骨骼不溶性铅之间，铅的分布均处于动态平衡。吸收的铅主要经尿排出，正常人每日约排20～80μg；其次为粪便。另外，可经唾液、乳汗、月经等排出少量。当人体大量摄入铅，并超过了机体的正常排泄能力与不溶性铅的储存能力，机体铅负荷增高。过量负荷的铅，特别是活性大的可溶性铅，对机体发生毒性作用。

铅中毒的发病机制，较为明确的有：

铅对血红蛋白合成的影响，通过抑制血红蛋白合成过程中的一些含巯基酶，最后导致贫血，同时铅还直接作用于红细胞，影响红细胞膜稳定性，导致溶血。

铅对神经系统的作用，通过抑制某些酶的作用而干扰神经系统功能，铅还能对脑内儿茶酚胺代谢发生影响，最后导致铅毒性脑病和周围神经病。

铅对消化系统的作用，可抑制肠壁碱性磷酸酶和ATP酶的活性，使平滑肌痉挛，引起腹绞痛。急性铅中毒时，铅可直接损害肝细胞，并使肝内小动脉痉挛引起局部缺血，发生急性铅中毒性肝病。

另外铅可以损害肾小管上皮细胞线粒体的功能，抑制ATP酶的活性，引起肾小管功能障碍甚至损伤。

职业危害

（1）急性中毒

工业生产中发生急性铅中毒的机会较少，但可见到亚急性铅中毒，其临床表现与急性中毒相似。急性铅中毒多因消化道吸收引起。中毒后，口内有金属味，恶心、呕吐、腹胀、阵发性腹部剧烈绞痛（铅绞痛）、便秘或腹泻、头痛、血压升高、出汗多、尿少、苍白面容（铅容）。严重者发生中毒性脑病，出现痉挛、抽搐，甚至出现谵妄、高热、昏迷和循环衰竭。此外，可有贫血、中毒性肝病、中毒性肾病等。麻痹性肠梗阻及消化道出血等偶有所见。

（2）慢性中毒

职业性铅中毒多为慢性中毒，临床上有神经、消化、血液等系统的综合症状。

① 神经系统：主要表现为神经衰弱、多发性神经病和脑病。神经衰弱是铅中毒早期

症状之一，表现为头昏、头痛、全身无力、记忆力减退、睡眠障碍、多梦等。多发性神经病，可分为感觉型、运动型和混合型。感觉型的表现为肢端麻木和四肢末端呈手套袜子型感觉障碍。运动型的表现有：肌无力和肌肉麻痹。脑病，为最严重铅中毒。表现为头痛、恶心、呕吐、高热、烦躁、抽搐、嗜睡、精神障碍、昏迷等症状。

② 消化系统：轻者表现食欲不振、腹胀、便秘、恶心、口内金属味等，重者出现腹绞痛，多在脐周，呈持续性痛阵发性加重，每次发作自数分钟至几小时，发作时，疼痛难忍，常弯腰曲膝，辗转不安，手按腹部以减轻疼痛。同时面色苍白，全身出冷汗，可有呕吐。检查时，腹部平坦柔软，可有轻度压痛，无固定压痛点，肠鸣音减少。

③ 血液系统：主要是铅干扰血红蛋白合成过程而引起的贫血，多为低色素正常红细胞型贫血。

④ 其他系统：铅对肾脏的损害多见于急性、亚急性铅中毒或较重慢性病例，铅对生殖系统的影响亦有报道。

职业禁忌

(1)贫血；(2)多发性周围神经病；(3)卟啉病。

应急处理

经消化道急性中毒者，立即用1%的硫酸钠或硫酸镁液彻底洗胃，以形成难溶性铅，防止大量吸收，并给硫酸镁导泻。洗胃后可灌以活性炭，亦可给予牛乳或蛋清，保护胃黏膜。

防护措施

(1) 用无毒或低毒物代替铅 如以锌钡白代替铅白造漆，电瓶以聚乙烯代替铅封口等，橡胶工业用有机硫化物代替密陀僧做促进剂，印刷行业用电脑激光照排代替铅字排版等。

(2) 改革生产工艺实行自动化生产，密闭化作业；如控制熔铅温度，或用自动控温装置，减少铅的蒸发；加强通风，在有铅烟尘散发的现场安装合理的通风排气设备，降低空气中铅浓度。排出的铅烟尘，经过除尘和净化装置，可回收利用，控制铅对周围环境的污染。醋酸铅作业场所提供安全洗眼和淋浴设备。

(3) 加强预防保健与健康教育，重视个人防护。作业场所禁止吸烟、进食和饮水。工作毕，淋浴更衣。及时换洗工作服。

(4) 定期进行环境监测，作业场所铅尘浓度高时，应戴防尘口罩。坚持车间内湿式清扫。

(5) 做好上岗前、在岗期间职业健康体检工作，患有贫血、多发性周围神经病、卟啉病患者，不宜从事接触铅的作业。

职业接触限值

见铅。

二氧化铅

英 文 名：Lead dioxide；Lead peroxide

别　　名：过氧化铅

相对分子质量：239. 2

分子式：PbO_2

CAS 号：1309－60－0

理化性质

相对密度：9.38

棕褐色结晶或粉末。不溶于水、乙醇，溶于乙酸、氢氧化钠水溶液。有氧化作用。禁与强还原剂、活性金属粉末配伍。

接触机会

用作氧化剂、分析试剂及用于电极、蓄电池、火柴等。

毒性

铅及其无机化合物，主要以粉尘、烟或蒸气形态经呼吸道吸入，少量经消化道摄入，完整的皮肤不能吸收。铅的吸收和毒性取决于分散度和组织中的溶解度。铅烟颗粒小，化学活性大，溶解度大，易经呼吸道吸收。

铅进入人体后可以离子状态被吸收进入血循环，主要以铅盐和与血浆蛋白结合的形式最初分布于全身各组织，数周后，约95%以不溶性磷酸铅[$Pb_3(PO_4)_2$]形式储存在骨骼、牙齿、毛发、指甲等硬组织中。仅5%左右的铅存留于肝、肾、心、脾、基底核、皮质灰白质等器官和血液内。在正常情况下，人体每日从食物、水和空气中摄入微量的铅，吸收进入血液循环。血浆铅与红细胞结合铅之间，血浆蛋白结合铅与血浆中可溶性铅之间，血液铅与器官组织之间，血液可溶性铅与骨骼不溶性铅之间，铅的分布均处于动态平衡。吸收的铅主要经尿排出，正常人每日约排20～80μg；其次为粪便。另外，可经唾液、乳汁、月经等排出少量。当人体大量摄入铅，并超过了机体的正常排泄能力与不溶性铅的储存能力，机体铅负荷增高。过量负荷的铅，特别是活性大的可溶性铅，对机体发生毒性作用。

铅中毒的发病机制，较为明确的有：

①铅对血红蛋白合成的影响，通过抑制血红蛋白合成过程中的一些含巯基酶，最后导致贫血，同时铅还直接作用于红细胞，影响红细胞膜稳定性，导致溶血。

②铅对神经系统的作用，通过抑制某些酶的作用而干扰神经系统功能，铅还能对脑内儿茶酚胺代谢发生影响，最后导致铅毒性脑病和周围神经病。

③铅对消化系统的作用，可抑制肠壁碱性磷酸酶和ATP酶的活性，使平滑肌痉挛，引起腹绞痛。急性铅中毒时，铅可直接损害肝细胞，并使肝内小动脉痉挛引起局部缺血，发生急性铅中毒性肝病。

④另外铅可以损害肾小管上皮细胞线粒体的功能，抑制ATP酶的活性，引起肾小管功能障碍甚至损伤。

职业危害

(1) 急性中毒

工业生产中发生急性铅中毒的机会较少，但可见到亚急性铅中毒，其临床表现与急性中毒相似。急性铅中毒多因消化道吸收引起。中毒后，口内有金属味，恶心、呕吐、腹胀、阵发性腹部剧烈绞痛(铅绞痛)、便秘或腹泻、头痛、血压升高、出汗多、尿少、苍白面容(铅容)。严重者发生中毒性脑病，出现痉挛、抽搐，甚至出现谵妄、高热、昏迷和循环衰竭。此外，可有贫血、中毒性肝病、中毒性肾病等。麻痹性肠梗阻及消化道出血等偶有所见。

(2) 慢性中毒

职业性铅中毒多为慢性中毒，临床上有神经、消化、血液等系统的综合症状。

① 神经系统：主要表现为神经衰弱、多发性神经病和脑病。神经衰弱是铅中毒早期症状之一，表现为头昏、头痛、全身无力、记忆力减退、睡眠障碍、多梦等。多发性神经病，可分为感觉型、运动型和混合型。感觉型的表现为肢端麻木和四肢末端呈手套袜子型感觉障碍。运动型的表现有：肌无力和肌肉麻痹。脑病，为最严重铅中毒。表现为头痛、恶心、呕吐、高热、烦躁、抽搐、嗜睡、精神障碍，昏迷等症状。

② 消化系统：轻者表现食欲不振、腹胀、便秘、恶心、口内金属味等，重者出现腹绞痛，多在脐周，呈持续性痛阵发性加重，每次发作自数分钟至几小时，发作时，疼痛难忍，常弯腰曲膝，辗转不安，手按腹部以减轻疼痛。同时面色苍白，全身出冷汗，可有呕吐。检查时，腹部平坦柔软，可有轻度压痛，无固定压痛点，肠鸣音减少 。

③ 血液系统：主要是铅干扰血红蛋白合成过程而引起的贫血，多为低色素正常红细胞型贫血。

④ 其他系统：铅对肾脏的损害多见于急性、亚急性铅中毒或较重慢性病例，铅对生殖系统的影响亦有报道。

职业禁忌

(1)贫血；(2)多发性周围神经病；(3)卟啉病。

应急处理

经消化道急性中毒者，立即用1%的硫酸钠或硫酸镁液彻底洗胃，以形成难溶性铅，防止大量吸收，并给硫酸镁导泻。洗胃后可灌以活性炭，亦可给予牛乳或蛋清，保护胃黏膜。

防护措施

(1) 用无毒或低毒物代替铅 如以锌钡白代替铅白造漆，电瓶以聚乙烯代替铅封口等，橡胶工业用有机硫化物代替密陀僧做促进剂，印刷行业用电脑激光照排代替铅字排版等。

(2) 改革生产工艺实行自动化生产，密闭化作业；如控制熔铅温度，或用自动控温装置，减少铅的蒸发；加强通风，在有铅烟尘散发的现场安装合理的通风排气设备，降低空气中铅浓度。排出的铅烟尘，经过除尘和净化装置，可回收利用，控制铅对周围环境的污染。醋酸铅作业场所提供安全洗眼和淋浴设备。

(3) 加强预防保健与健康教育，重视个人防护。作业场所禁止吸烟、进食和饮水。工作毕，淋浴更衣。及时换洗工作服。

(4) 定期进行环境监测，作业场所铅尘浓度高时，应戴防尘口罩。坚持车间内湿式清扫。

(5) 做好上岗前、在岗期间职业健康体检工作，患有贫血、多发性周围神经病、卟啉病患者，不宜从事接触铅的作业。

职业接触限值

见铅。

三氧化二铅

英 文 名：Lead trioxide

相对分子质量：462.4

分 子 式：Pb_2O_3

CAS 号：1314-27-8

理化性质

熔 点：370℃

橙黄色粉末。不溶于冷水，溶于酸、碱液。

接触机会

用于电子工业及用作试剂等。

毒性

铅及其无机化合物，主要以粉尘、烟或蒸气形态经呼吸道吸入，少量经消化道摄入，完整的皮肤不能吸收。铅的吸收和毒性取决于分散度和组织中的溶解度。铅烟颗粒小，化学活性大，溶解度大，易经呼吸道吸收。

铅进入人体后可以离子状态被吸收进入血循环，主要以铅盐和与血浆蛋白结合的形式最初分布于全身各组织，数周后，约95%以不溶性磷酸铅[$Pb_3(PO_4)_2$]形式储存在骨骼、牙齿、毛发、指甲等硬组织中。仅5%左右的铅存留于肝、肾、心、脾、基底核、皮质灰白质等器官和血液内。在正常情况下，人体每日从食物、水和空气中摄入微量的铅，吸收进入血液循环。血浆铅与红细胞结合铅之间，血浆蛋白结合铅与血浆中可溶性铅之间，血液铅与器官组织之间，血液可溶性铅与骨骼不溶性铅之间，铅的分布均处于动态平衡。吸收的铅主要经尿排出，正常人每日约排20~80μg；其次为粪便。另外，可经唾液、乳汁、月经等排出少量。当人体大量摄入铅，并超过了机体的正常排泄能力与不溶性铅的储存能力，机体铅负荷增高。过量负荷的铅，特别是活性大的可溶性铅，对机体发生毒性作用。

铅中毒的发病机制，较为明确的有：

铅对血红蛋白合成的影响，通过抑制血红蛋白合成过程中的一些含巯基酶，最后导致贫血，同时铅还直接作用于红细胞，影响红细胞膜稳定性，导致溶血。

铅对神经系统的作用，通过抑制某些酶的作用而干扰神经系统功能，铅还能对脑内儿茶酚胺代谢发生影响，最后导致铅毒性脑病和周围神经病。

铅对消化系统的作用，可抑制肠壁碱性磷酸酶和 ATP 酶的活性，使平滑肌痉挛，引起腹绞痛。急性铅中毒时，铅可直接损害肝细胞，并使肝内小动脉痉挛引起局部缺血，发生急性铅中毒性肝病。

另外铅可以损害肾小管上皮细胞线粒体的功能，抑制 ATP 酶的活性，引起肾小管功能障碍甚至损伤。

职业危害

(1) 急性中毒

工业生产中发生急性铅中毒的机会较少，但可见到亚急性铅中毒，其临床表现与急性中毒相似。急性铅中毒多因消化道吸收引起。中毒后，口内有金属味，恶心、呕吐、腹胀、阵发性腹部剧烈绞痛(铅绞痛)、便秘或腹泻、头痛、血压升高、出汗多、尿少、苍白面容(铅容)。严重者发生中毒性脑病，出现痉挛、抽搐，甚至出现谵妄、高热、昏迷和循环衰竭。此外，可有贫血、中毒性肝病、中毒性肾病等。麻痹性肠梗阻及消化道出血等偶有所见。

(2) 慢性中毒

职业性铅中毒多为慢性中毒，临床上有神经、消化、血液等系统的综合症状。

① 神经系统：主要表现为神经衰弱、多发性神经病和脑病。神经衰弱是铅中毒早期症状之一，表现为头昏、头痛、全身无力、记忆力减退、睡眠障碍、多梦等。多发性神经病，可分为感觉型、运动型和混合型。感觉型的表现为肢端麻木和四肢末端呈手套袜子型感觉障碍。运动型的表现有：肌无力和肌肉麻痹。脑病，为最严重铅中毒。表现为头痛、恶心、呕吐、高热、烦躁、抽搐、嗜睡、精神障碍，昏迷等症状。

② 消化系统：轻者表现食欲不振、腹胀、便秘、恶心、口内金属味等，重者出现腹绞痛，多在脐周，呈持续性痛阵发性加重，每次发作自数分钟至几小时，发作时，疼痛难忍，常弯腰曲膝，辗转不安，手按腹部以减轻疼痛。同时面色苍白，全身出冷汗，可有呕吐。检查时，腹部平坦柔软，可有轻度压痛，无固定压痛点，肠鸣音减少 。

③ 血液系统：主要是铅干扰血红蛋白合成过程而引起的贫血，多为低色素正常红细胞型贫血。

④ 其他系统：铅对肾脏的损害多见于急性、亚急性铅中毒或较重慢性病例，铅对生殖系统的影响亦有报道。

职业禁忌

(1)贫血；(2)多发性周围神经病；(3)卟啉病。

应急处理

经消化道急性中毒者，立即用1%的硫酸钠或硫酸镁液彻底洗胃，以形成难溶性铅，防止大量吸收，并给硫酸镁导泻。洗胃后可灌以活性炭，亦可给予牛乳或蛋清，保护胃黏膜。

防护措施

(1) 用无毒或低毒物代替铅 如以锌钡白代替铅白造漆，电瓶以聚乙烯代替铅封口等，橡胶工业用有机硫化物代替密陀僧做促进剂，印刷行业用电脑激光照排代替铅字排版等。

(2) 改革生产工艺实行自动化生产，密闭化作业；如控制熔铅温度，或用自动控温装置，减少铅的蒸发；加强通风，在有铅烟尘散发的现场安装合理的通风排气设备，降低空气中铅浓度。排出的铅烟尘，经过除尘和净化装置，可回收利用，控制铅对周围环境的污染。醋酸铅作业场所提供安全洗眼和淋浴设备。

(3) 加强预防保健与健康教育，重视个人防护。作业场所禁止吸烟、进食和饮水。工作毕，淋浴更衣。及时换洗工作服。

(4) 定期进行环境监测，作业场所铅尘浓度高时，应戴防尘口罩。坚持车间内湿式清扫。

(5) 做好上岗前、在岗期间职业健康体检工作，患有贫血、多发性周围神经病、卟啉病患者，不宜从事接触铅的作业。

职业接触限值

见铅。

四氧化三铅

英 文 名：Lead tetroxide

别　　名：红丹

相对分子质量：685.6

分 子 式：Pb_3O_4

CAS　号：1314－41－6

理化性质

相对密度：9.1　　　　　　　　　　分解温度：500℃

鲜桔红色粉末或块状固体。不溶于水，溶于热碱溶液，溶于盐酸产生氯气，溶于硫酸产生氧气。有氧化作用。在500℃分解成一氧化铅和氧。禁与强还原剂配伍。

接触机会

广泛用于防锈漆。还用于光学玻璃、一般玻璃、陶釉、搪瓷、压电元件的制造。可用作染料及其他有机合成的氧化剂。另外还应用于橡胶着色、蓄电池、医药、合成树脂等。

毒性

铅及其无机化合物，主要以粉尘、烟或蒸气形态经呼吸道吸入，少量经消化道摄入，完整的皮肤不能吸收。铅的吸收和毒性取决于分散度和组织中的溶解度。铅烟颗粒小，化学活性大，溶解度大，易经呼吸道吸收。

铅进入人体后可以离子状态被吸收进入血循环，主要以铅盐和与血浆蛋白结合的形式最初分布于全身各组织，数周后，约95%以不溶性磷酸铅[$Pb_3(PO_4)_2$]形式储存在骨骼、牙齿、毛发、指甲等硬组织中。仅5%左右的铅存留于肝、肾、心、脾、基底核、皮质灰白质等器官和血液内。在正常情况下，人体每日从食物、水和空气中摄入微量的铅，吸收进入血液循环。血浆铅与红细胞结合铅之间，血浆蛋白结合铅与血浆中可溶性铅之间，血液铅与器官组织之间，血液可溶性铅与骨骼不溶性铅之间，铅的分布均处于动态平衡。吸收的铅主要经尿排出，正常人每日约排20～80μg；其次为粪便。另外，可经唾液、乳汁、月经等排出少量。当人体大量摄入铅，并超过了机体的正常排泄能力与不溶性铅的储存能力，机体铅负荷增高。过量负荷的铅，特别是活性大的可溶性铅，对机体发生毒性作用。

铅中毒的发病机制，较为明确的有：

铅对血红蛋白合成的影响，通过抑制血红蛋白合成过程中的一些含巯基酶，最后导致贫血，同时铅还直接作用于红细胞，影响红细胞膜稳定性，导致溶血。

铅对神经系统的作用，通过抑制某些酶的作用而干扰神经系统功能，铅还能对脑内儿茶酚胺代谢发生影响，最后导致铅毒性脑病和周围神经病。

铅对消化系统的作用，可抑制肠壁碱性磷酸酶和ATP酶的活性，使平滑肌痉挛，引起腹绞痛。急性铅中毒时，铅可直接损害肝细胞，并使肝内小动脉痉挛引起局部缺血，发生急性铅中毒性肝病。

另外铅可以损害肾小管上皮细胞线粒体的功能，抑制ATP酶的活性，引起肾小管功能障碍甚至损伤。

职业危害

(1) 急性中毒

工业生产中发生急性铅中毒的机会较少，但可见到亚急性铅中毒，其临床表现与急性中毒相似。急性铅中毒多因消化道吸收引起。中毒后，口内有金属味，恶心、呕吐、腹胀、阵发性腹部剧烈绞痛(铅绞痛)、便秘或腹泻、头痛、血压升高、出汗多、尿少、苍白面容(铅容)。严重者发生中毒性脑病，出现痉挛、抽搐，甚至出现谵妄、高热、昏迷和循环衰竭。此外，可有贫血、中毒性肝病、中毒性肾病等。麻痹性肠梗阻及消化道出血等偶有所见。

(2) 慢性中毒

职业性铅中毒多为慢性中毒，临床上有神经、消化、血液等系统的综合症状。

① 神经系统：主要表现为神经衰弱、多发性神经病和脑病。神经衰弱是铅中毒早期症状之一，表现为头昏、头痛、全身无力、记忆力减退、睡眠障碍、多梦等。多发性神经病，可分为感觉型、运动型和混合型。感觉型的表现为肢端麻木和四肢末端呈手套袜子型感觉障碍。运动型的表现有：肌无力和肌肉麻痹。脑病，为最严重铅中毒。表现为头痛、恶心、呕吐、高热、烦躁、抽搐、嗜睡、精神障碍，昏迷等症状。

② 消化系统：轻者表现食欲不振、腹胀、便秘、恶心、口内金属味等，重者出现腹绞痛，多在脐周，呈持续性痛阵发性加重，每次发作自数分钟至几小时，发作时，疼痛难忍，常弯腰曲膝，辗转不安，手按腹部以减轻疼痛。同时面色苍白，全身出冷汗，可有呕吐。检查时，腹部平坦柔软，可有轻度压痛，无固定压痛点，肠鸣音减少 。

③ 血液系统：主要是铅干扰血红蛋白合成过程而引起的贫血，多为低色素正常红细胞型贫血。

④ 其他系统：铅对肾脏的损害多见于急性、亚急性铅中毒或较重慢性病例，铅对生殖系统的影响亦有报道。

职业禁忌

(1)贫血；(2)多发性周围神经病；(3)卟啉病。

应急处理

经消化道急性中毒者，立即用1%的硫酸钠或硫酸镁液彻底洗胃，以形成难溶性铅，防止大量吸收，并给硫酸镁导泻。洗胃后可灌以活性炭，亦可给予牛乳或蛋清，保护胃黏膜。

防护措施

(1) 用无毒或低毒物代替铅 如以锌钡白代替铅白造漆，电瓶以聚乙烯代替铅封口等，橡胶工业用有机硫化物代替密陀僧做促进剂，印刷行业用电脑激光照排代替铅字排版等。

(2) 改革生产工艺实行自动化生产，密闭化作业；如控制熔铅温度，或用自动控温装置，减少铅的蒸发；加强通风，在有铅烟尘散发的现场安装合理的通风排气设备，降低空气中铅浓度。排出的铅烟尘，经过除尘和净化装置，可回收利用，控制铅对周围环境的污染。醋酸铅作业场所提供安全洗眼和淋浴设备。

(3) 加强预防保健与健康教育，重视个人防护。作业场所禁止吸烟、进食和饮水。工作毕，淋浴更衣。及时换洗工作服。

(4) 定期进行环境监测，作业场所铅尘浓度高时，应戴防尘口罩。坚持车间内湿式清扫。

(5) 做好上岗前、在岗期间职业健康体检工作，患有贫血、多发性周围神经病、卟啉病患者，不宜从事接触铅的作业。

职业接触限值

见铅。

硝酸铅

英 文 名：Lead nitrate

相对分子质量：331.2

分 子 式：$Pb(NO_3)_2$

CAS 号：10099-74-8

理化性质

相对密度：4.53　　分解温度：470℃

白色立方或单斜晶体，硬而发亮。溶于水和乙醇。在470℃分解成一氧化铅、二氧化氮和氧。有氧化作用，禁与强还原剂、活性金属粉末、易燃或可燃物配伍。

接触机会

用于铅盐、媒染剂、烟花等的制造。

毒性

LD_{50}：74mg/kg（小鼠腔膜内）；LC_{50}：93ppm（大鼠吸入）。

铅及其无机化合物，主要以粉尘、烟或蒸气形态经呼吸道吸入，少量经消化道摄入，完整的皮肤不能吸收。铅的吸收和毒性取决于分散度和组织中的溶解度。铅烟颗粒小，化学活性大，溶解度大，易经呼吸道吸收。

铅进入人体后可以离子状态被吸收进入血循环，主要以铅盐和与血浆蛋白结合的形式最初分布于全身各组织，数周后，约95%以不溶性磷酸铅[$Pb_3(PO_4)_2$]形式储存在骨骼、牙齿、毛发、指甲等硬组织中。仅5%左右的铅存留于肝、肾、心、脾、基底核、皮质灰白质等器官和血液内。在正常情况下，人体每日从食物、水和空气中摄入微量的铅，吸收进入血液循环。血浆铅与红细胞结合铅之间，血浆蛋白结合铅与血浆中可溶性铅之间，血液铅与器官组织之间，血液可溶性铅与骨骼不溶性铅之间，铅的分布均处于动态平衡。吸收的铅主要经尿排出，正常人每日约排20~80μg；其次为粪便。另外，可经唾液、乳汗、月经等排出少量。当人体大量摄入铅，并超过了机体的正常排泄能力与不溶性铅的储存能力，机体铅负荷增高。过量负荷的铅，特别是活性大的可溶性铅，对机体发生毒性作用。

铅中毒的发病机制，较为明确的有：

铅对血红蛋白合成的影响，通过抑制血红蛋白合成过程中的一些含巯基酶，最后导致贫血，同时铅还直接作用于红细胞，影响红细胞膜稳定性，导致溶血。

铅对神经系统的作用，通过抑制某些酶的作用而干扰神经系统功能，铅还能对脑内儿茶酚胺代谢发生影响，最后导致铅毒性脑病和周围神经病。

铅对消化系统的作用，可抑制肠壁碱性磷酸酶和ATP酶的活性，使平滑肌痉挛，引起腹绞痛。急性铅中毒时，铅可直接损害肝细胞，并使肝内小动脉痉挛引起局部缺血，发生急性铅中毒性肝病。

另外铅可以损害肾小管上皮细胞线粒体的功能，抑制ATP酶的活性，引起肾小管功能障碍甚至损伤。

职业危害

（1）急性中毒

工业生产中发生急性铅中毒的机会较少，但可见到亚急性铅中毒，其临床表现与急性中毒相似。急性铅中毒多因消化道吸收引起。中毒后，口内有金属味，恶心、呕吐、腹胀、阵发性腹部剧烈绞痛(铅绞痛)、便秘或腹泻、头痛、血压升高、出汗多、尿少、苍白面容(铅容)。严重者发生中毒性脑病，出现痉挛、抽搐，甚至出现谵妄、高热、昏迷和循环衰竭。此外，可有贫血、中毒性肝病、中毒性肾病等。麻痹性肠梗阻及消化道出血等偶有所见。

(2) 慢性中毒

职业性铅中毒多为慢性中毒，临床上有神经、消化、血液等系统的综合症状。

① 神经系统：主要表现为神经衰弱、多发性神经病和脑病。神经衰弱是铅中毒早期症状之一，表现为头昏、头痛、全身无力、记忆力减退、睡眠障碍、多梦等。多发性神经病，可分为感觉型、运动型和混合型。感觉型的表现为肢端麻木和四肢末端呈手套袜子型感觉障碍。运动型的表现有：肌无力和肌肉麻痹。脑病，为最严重铅中毒。表现为头痛、恶心、呕吐、高热、烦躁、抽搐、嗜睡、精神障碍，昏迷等症状。

② 消化系统：轻者表现食欲不振、腹胀、便秘、恶心、口内金属味等，重者出现腹绞痛，多在脐周，呈持续性痛阵发性加重，每次发作自数分钟至几小时，发作时，疼痛难忍，常弯腰曲膝，辗转不安，手按腹部以减轻疼痛。同时面色苍白，全身出冷汗，可有呕吐。检查时，腹部平坦柔软，可有轻度压痛，无固定压痛点，肠鸣音减少 。

③ 血液系统：主要是铅干扰血红蛋白合成过程而引起的贫血，多为低色素正常红细胞型贫血。

④ 其他系统：铅对肾脏的损害多见于急性、亚急性铅中毒或较重慢性病例，铅对生殖系统的影响亦有报道。

职业禁忌

(1)贫血；(2)多发性周围神经病；(3)卟啉病。

应急处理

经消化道急性中毒者，立即用1%的硫酸钠或硫酸镁液彻底洗胃，以形成难溶性铅，防止大量吸收，并给硫酸镁导泻。洗胃后可灌以活性炭，亦可给予牛乳或蛋清，保护胃黏膜。

防护措施

(1) 用无毒或低毒物代替铅 如以锌钡白代替铅白造漆，电瓶以聚乙烯代替铅封口等，橡胶工业用有机硫化物代替密陀僧做促进剂，印刷行业用电脑激光照排代替铅字排版等。

(2) 改革生产工艺实行自动化生产，密闭化作业；如控制熔铅温度，或用自动控温装置，减少铅的蒸发；加强通风，在有铅烟尘散发的现场安装合理的通风排气设备，降低空气中铅浓度。排出的铅烟尘，经过除尘和净化装置，可回收利用，控制铅对周围环境的污染。醋酸铅作业场所提供安全洗眼和淋浴设备。

(3) 加强预防保健与健康教育，重视个人防护。作业场所禁止吸烟、进食和饮水。工作毕，淋浴更衣。及时换洗工作服。

(4) 定期进行环境监测，作业场所铅尘浓度高时，应戴防尘口罩。坚持车间内湿式清扫。

(5) 做好上岗前、在岗期间职业健康体检工作，患有贫血、多发性周围神经病、卟啉病患者，不宜从事接触铅的作业。

职业接触限值

见铅。

【汞及其化合物】

汞

英 文 名：Mercury

别　　名：水银

相对分子质量：200.59

分 子 式：Hg

CAS 号：7439-97-6

理化性质

相对密度：13.55(液体)　　沸　点：356.9℃

熔　点：-38.87℃

银白色液体金属，在常温下可挥发。洒落可形成小珠。不溶于水、盐酸、稀硫酸，溶于浓硝酸，易溶于王水及浓硫酸。

接触机会

用于制造汞盐，也用于仪表工业和医用血压计。

毒性

金属汞主要以蒸气形式经呼吸道进入人体，完整的皮肤基本不吸收汞；汞的无机化合物的主要侵入途径是消化道。汞蒸气易于通过肺泡膜进入体内溶于血液中，吸入的汞蒸气通常由肺泡吸收50%左右，其余则由呼气排出。空气中汞浓度增高时，吸收率也增高，血液中的汞最初分布于红细胞和血浆中，以后达全身各器官，其中肾脏含量较多，汞可通过血脑屏障进入脑组织，并在脑中长期蓄积，以小脑和脑干最多，也可通过胎盘屏障影响胎儿。尿汞排出约占总排出量的50%，但每日的排出量很不规则，停止接触十多年，尿汞仍可超出正常。

Hg^{2+}具有高度亲电子性，对体内巯基、羟基、羧基、氨基等基团具有很强的攻击力，Hg^{2+}尤对巯基具有高度亲和力，会抑制其功能，甚至使其失活，这也是汞毒性机制的核心。Hg^{2+}对DNA也有明显的攻击性，可造成单链断裂。Hg^{2+}可导致细胞外液Ca^{2+}大量进入细胞，引起“钙超载”，造成细胞损伤。汞与体内蛋白质结合后可由半抗原成为抗原，引起变态反应，出现肾病综合症，高浓度汞还可直接引起肾小球损伤。

职业危害

急性中毒：常见短期内吸入高浓度汞蒸气（>1.0 mg/m^3）时，最初症状仅是口中有金属味，连续吸入3~5h，则出现明显全身症状，如头痛、头晕、恶心、呕吐、腹痛、腹泻、乏力、发热等似金属烟热，其他表现有：

(1) 呼吸道表现：咳嗽、咳痰、胸痛、呼吸困难、紫绀。

(2) 消化道表现：初为口干，流涎、唾液腺肿大，继则出现牙龈肿痛、溃疡、流血、化脓，龈齿交界处可见蓝黑色HgS沉积形成的“汞线”，偶有肝功能异常和肝脏肿大。

(3) 肾脏表现：2~3天后方出现，主要是急性肾小管坏死所致，出现尿蛋白、管型、少尿，严重者可进展为肾功能衰竭。

(4) 皮肤表现：亦多于2~3天后出现，多为红色斑丘疹，四肢及头面部分布，可融合成片或溃疡、感染，伴全身淋巴结肿大；严重者可有剥脱性皮炎表现。

慢性中毒：是职业性汞中毒的主要类型，系长期吸入过量的汞蒸气所致。主要表现为：

(1) 神经精神障碍：早期常表现为神经衰弱综合征，如头晕、乏力、失眠、多梦、健忘、食欲减退等，常伴随自主神经功能障碍表现，如多汗、心悸、皮肤划痕试验阳性、性欲减退等，女性可出现月经失调；进而可出现情绪及性格改变，如急躁、易激动或易怒、自信心下降、胆怯、羞涩、孤僻、抑郁、好哭、注意力不集中、情绪易波动，甚至有幻觉。精神异常及性格改变则为慢性汞中毒时颇具特色的临床表现，具诊断价值，应予重视。

(2) 震颤：早期可见手指、眼睑和舌细微震颤，继而出现意向性震颤，愈想控制愈明显，在指鼻试验和对指试验中可见。

(3) 口腔炎：早期多见有牙龈肿胀、酸痛、易出血、流涎、唾液腺肿大、口臭；继而可发展为牙龈萎缩、牙齿松动和脱落。口腔卫生欠佳者齿龈可见蓝黑色的硫化汞细小颗粒排列成行的汞线。

(4) 肾脏损伤：一般情况下仅表现为近端肾小管功能障碍，出现低分子蛋白尿等，亦可出现肾炎和肾病综合征。肾脏损害在脱离汞接触后可望恢复。

职业禁忌

(1) 中枢神经系统器质性疾病；(2) 各类精神病；(3) 慢性口腔炎；(4) 慢性肾脏疾病。

应急处理

吸入高浓度汞蒸气引起的急性汞中毒患者应立即脱离中毒现场，清洗头发或全身淋浴，更换干净衣物，静卧保温，就医，进行驱汞和对症支持治疗。

口服汞盐引起的急性中毒，宜尽早用2%碳酸氢钠反复、彻底洗胃。忌用生理盐水，因可增加吸收。而后灌入生蛋清、牛奶或活性炭；口服金属汞无需特殊处理，3~5天后可经粪便排尽。

防护措施

(1) 工艺改革或改用代用品，如温度计制造用真空冷灌法代替热灌法；用热电阻温度计代替汞温度计；用电氯化法代替混汞法提取金；用硅整流器代替汞整流器；在电解食盐工业中用隔膜电极代替汞电极等。

(2) 含汞装置应尽量密闭，生产过程应尽量自动化；必要的手工操作应在通风橱中进行，并佩戴个人防护用品；进行含汞装置焊割时还应佩戴过滤式或送氧式防毒面具；通风橱出口应有净化装置，碘化活性炭、氯化活性炭、二氧化锰、硫化钠均对汞有较好吸附作用，可以回收汞蒸气，防止环境污染。

(3) 作业场所设置警示标识，提供安全淋浴。

(4) 作业场所禁止吸烟、进食和饮水。工作完毕，应漱口、淋浴、更衣。及时换洗工作服。

(5) 工作场所尽量避免室温过高；其地面、墙面、桌面、天花板等应使用光滑不易吸附的材料；班后应冲洗工作室，地面应设置水银回收阱，并定期用真空泵回收阱中的水银；设备或墙面上吸附的汞可用碘(1 g/m^3)加热熏蒸，这是利用碘蒸气与汞蒸气作用后，生成不易挥发的碘化汞，然后用水冲洗。可在下班后，按每 $10m^2$ 室面积，将碘铺成 $0.02m^2$蒸发面，关闭门窗，任其自然蒸发，次日上班时取出。

(6) 定期测定作业场所汞蒸气浓度，发现超标应及时找出原因，进行整改；定期对作业工人作防治汞中毒教育，提高工人预防意识。

(7) 做好职工职业健康监护工作，做好上岗前体检工作，患有中枢神经系统器质性疾病、各类精神病、慢性口腔炎、慢性肾脏疾病患者，不宜从事接触汞的作业。孕妇和哺乳期妇女应调离汞作业。

职业接触限值

中　国：OELs：　*PT－TWA*　$0.02mg/m^3$；*PT－STEL*　$0.04mg/m^3$；皮
美　国：ACGIH TLVs：*TWA*　$0.025mg/m^3$；皮，A4，BEI
OSHA PEL：*C*　$0.1mg/m^3$
NIOSH REL：蒸气：*TWA* $0.05mg/m^3$；皮；其他：*C*　$0.1mg/m^3$；皮
IDLH　$10mg/m^3$(以汞计)

氯化汞

英 文 名：Mercuric chloride；Mercury bichloride
别　　名：升汞
相对分子质量：271.5
分 子 式：$HgCl_2$
CAS　号：7487－94－7

理化性质

相对密度：5.44　　沸　点：302℃
熔　　点：276℃

无色或白色结晶性粉末，常温下微量挥发。溶于水、乙醇、乙醚、乙酸乙酯，不溶于二硫化碳。禁与强氧化剂、强碱配伍。

接触机会

用作有机合成的催化剂、防腐剂、消毒剂和分析试剂。

毒性

属高毒类(剧毒类)。LD_{50}　1mg/kg(大鼠经口)；41mg/kg(大鼠经皮)。

金属汞主要以蒸气形式经呼吸道进入人体，完整的皮肤基本不吸收汞；汞的无机化合物的主要侵入途径是消化道。汞蒸气易于通过肺泡膜进入体内溶于血液中，吸入的汞蒸气通常由肺泡吸收50%左右，其余则由呼气排出。空气中汞浓度增高时，吸收率也增高，血液中的汞最初分布于红细胞和血浆中，以后达全身各器官，其中肾脏含量较多，汞可通过血脑屏障进入脑组织，并在脑中长期蓄积，以小脑和脑干最多，也可通过胎盘屏障影响胎儿。尿汞排出约占总排出量的50%，但每日的排出量很不规则，停止接触十多年，尿汞仍可超出正常。

Hg^{2+}具有高度亲电子性，对体内巯基、羟基、羧基、氨基等基团具有很强的攻击力，

Hg^{2+}尤对巯基具有高度亲和力，会抑制其功能，甚至使其失活，这也是汞毒性机制的核心。Hg^{2+}对DNA也有明显的攻击性，可造成单链断裂。Hg^{2+}可导致细胞外液Ca^{2+}大量进入细胞，引起“钙超载”，造成细胞损伤。汞与体内蛋白质结合后可由半抗原成为抗原，引起变态反应，出现肾病综合症，高浓度汞还可直接引起肾小球损伤。

职业危害

急性中毒：常见短期内吸入高浓度汞蒸气（$>1.0mg/m^3$）时，最初症状仅是口中有金属味，连续吸入3~5h，则出现明显全身症状，如头痛、头晕、恶心、呕吐、腹痛、腹泻、乏力、发热等似金属烟热，其他表现有：

（1）呼吸道表现：咳嗽、咳痰、胸痛、呼吸困难、紫绀。

（2）消化道表现：初为口干，流涎、唾液腺肿大，继则出现牙龈肿痛、溃疡、流血、化脓，龈齿交界处可见蓝黑色HgS沉积形成的“汞线”，偶有肝功能异常和肝脏肿大。

（3）肾脏表现：2~3天后方出现，主要是急性肾小管坏死所致，出现尿蛋白、管型、少尿，严重者可进展为肾功能衰竭。

（4）皮肤表现：亦多于2~3天后出现，多为红色斑丘疹，四肢及头面部分布，可融合成片或溃疡、感染，伴全身淋巴结肿大；严重者可有剥脱性皮炎表现。

慢性中毒：是职业性汞中毒的主要类型，系长期吸入过量的汞蒸气所致。主要表现为：

（1）神经精神障碍：早期常表现为神经衰弱综合征，如头晕、乏力、失眠、多梦、健忘、食欲减退等，常伴随自主神经功能障碍表现，如多汗、心悸、皮肤划痕试验阳性、性欲减退等，女性可出现月经失调；进而可出现情绪及性格改变，如急躁、易激动或易怒、自信心下降、胆怯、羞涩、孤僻、抑郁、好哭、注意力不集中、情绪易波动，甚至有幻觉。精神异常及性格改变则为慢性汞中毒时颇具特色的临床表现，具诊断价值，应予重视。

（2）震颤：早期可见手指、眼睑和舌细微震颤，继而出现意向性震颤，愈想控制愈明显，在指鼻试验和对指试验中可见。

（3）口腔炎：早期多见有牙龈肿胀、酸痛、易出血、流涎、唾液腺肿大、口臭；继而可发展为牙龈萎缩、牙齿松动和脱落。口腔卫生欠佳者齿龈可见蓝黑色的硫化汞细小颗粒排列成行的汞线。

（4）肾脏损伤：一般情况下仅表现为近端肾小管功能障碍，出现低分子蛋白尿等，亦可出现肾炎和肾病综合征。肾脏损害在脱离汞接触后可望恢复。

职业禁忌

（1）中枢神经系统器质性疾病；（2）各类精神病；（3）慢性口腔炎；（4）慢性肾脏疾病。

应急处理

吸入高浓度汞蒸气引起的急性汞中毒患者应立即脱离中毒现场，清洗头发或全身淋浴，更换干净衣物，静卧保温，就医，进行驱汞和对症支持治疗。

口服汞盐引起的急性中毒，宜尽早用2%碳酸氢钠反复、彻底洗胃。忌用生理盐水，因可增加吸收。而后灌入生蛋清、牛奶或活性炭；口服金属汞无需特殊处理，3~5天后可经粪便排尽。

防护措施

(1) 工艺改革或改用代用品，如温度计制造用真空冷灌法代替热灌法；用热电阻温度计代替汞温度计；用电氯化法代替混汞法提取金；用硅整流器代替汞整流器；在电解食盐工业中用隔膜电极代替汞电极等。

(2) 含汞装置应尽量密闭，生产过程应尽量自动化；必要的手工操作应在通风橱中进行，并佩戴个人防护用品；进行含汞装置焊割时还应佩戴过滤式或送氧式防毒面具；通风橱出口应有净化装置，碘化活性炭、氯化活性炭、二氧化锰、硫化钠均对汞有较好吸附作用，可以回收汞蒸气，防止环境污染。

(3) 作业场所设置警示标识，提供安全淋浴。

(4) 作业场所禁止吸烟、进食和饮水。工作完毕，应漱口、淋浴、更衣。及时换洗工作服。

(5) 工作场所尽量避免室温过高；其地面、墙面、桌面、天花板等应使用光滑不易吸附的材料；班后应冲洗工作室，地面应设置水银回收阱，并定期用真空泵回收阱中的水银；设备或墙面上吸附的汞可用碘($1\ g/m^3$)加热熏蒸，这是利用碘蒸气与汞蒸气作用后，生成不易挥发的碘化汞，然后用水冲洗。可在下班后，按每 $10m^2$ 室面积，将碘铺成 $0.02m^2$ 蒸发面，关闭门窗，任其自然蒸发，次日上班时取出。

(6) 定期测定作业场所汞蒸气浓度，发现超标应及时找出原因，进行整改；定期对作业工人作防治汞中毒教育，提高工人预防意识。

(7) 做好职工职业健康监护工作，做好上岗前体检工作，患有中枢神经系统器质性疾病、各类精神病、慢性口腔炎、慢性肾脏疾病患者，不宜从事接触汞的作业。孕妇和哺乳期妇女应调离汞作业。

职业接触限值

中　国 OELs：*PC－TWA*　$0.025mg/m^3$

美　国：见汞。

氯化亚汞

英 文 名：Mercurous chloride

别　　名：甘汞

相对分子质量：470.09

分 子 式：Hg_2Cl_2

CAS　号：10112－91－1

理化性质

相对密度：7.15　　　　分解温度：400℃

白色结晶或粉末。不溶于水、乙醇、乙醚，微溶于盐酸，溶于王水、硝酸汞溶液、苯和吡啶。溶于浓硝酸或硫酸时，生成相应的汞盐、在沸腾下能溶于盐酸、氯化铝溶液并析出汞而形成氯化汞。会被碱金属碘化物、溴化物或氰化物溶液分解为相应的汞盐和汞。遇氨色变黑。长期见光会缓慢析出金属汞而变黑。由硝酸亚汞溶液中加入稀盐酸而制得，或由氯化汞与汞共热而成。用于制造甘汞电极、药物和农用杀虫剂等。

接触机会

用于制造甘汞电极、药物和农用杀虫剂等。

毒性

金属汞主要以蒸气形式经呼吸道进入人体，完整的皮肤基本不吸收汞；汞的无机化合物的主要侵入途径是消化道。汞蒸气易于通过肺泡膜进入体内溶于血液中，吸入的汞蒸气通常由肺泡吸收50%左右，其余则由呼气排出。空气中汞浓度增高时，吸收率也增高，血液中的汞最初分布于红细胞和血浆中，以后达全身各器官，其中肾脏含量较多，汞可通过血脑屏障进入脑组织，并在脑中长期蓄积，以小脑和脑干最多，也可通过胎盘屏障影响胎儿。尿汞排出约占总排出量的50%，但每日的排出量很不规则，停止接触十多年，尿汞仍可超出正常。

Hg^{2+}具有高度亲电子性，对体内巯基、羟基、羧基、氨基等基团具有很强的攻击力，Hg^{2+}尤对巯基具有高度亲和力，会抑制其功能，甚至使其失活，这也是汞毒性机制的核心。Hg^{2+}对DNA也有明显的攻击性，可造成单链断裂。Hg^{2+}可导致细胞外液Ca^{2+}大量进入细胞，引起“钙超载”，造成细胞损伤。汞与体内蛋白质结合后可由半抗原成为抗原，引起变态反应，出现肾病综合症，高浓度汞还可直接引起肾小球损伤。

职业危害

急性中毒：常见短期内吸入高浓度汞蒸气（$>1.0mg/m^3$）时，最初症状仅是口中有金属味，连续吸入3~5h，则出现明显全身症状，如头痛、头晕、恶心、呕吐、腹痛、腹泻、乏力、发热等似金属烟热，其他表现有：

（1）呼吸道表现：咳嗽、咳痰、胸痛、呼吸困难、紫绀。

（2）消化道表现：初为口干，流涎、唾液腺肿大，继则出现牙龈肿痛、溃疡、流血、化脓，龈齿交界处可见蓝黑色HgS沉积形成的"汞线"，偶有肝功能异常和肝脏肿大。

（3）肾脏表现：2~3天后方出现，主要是急性肾小管坏死所致，出现尿蛋白、管型、少尿，严重者可进展为肾功能衰竭。

（4）皮肤表现：亦多于2~3天后出现，多为红色斑丘疹，四肢及头面部分布，可融合成片或溃疡、感染，伴全身淋巴结肿大；严重者可有剥脱性皮炎表现。

慢性中毒：是职业性汞中毒的主要类型，系长期吸入过量的汞蒸气所致。主要表现为：

（1）神经精神障碍：早期常表现为神经衰弱综合征，如头晕、乏力、失眠、多梦、健忘、食欲减退等，常伴随自主神经功能障碍表现，如多汗、心悸、皮肤划痕试验阳性、性欲减退等，女性可出现月经失调；进而可出现情绪及性格改变，如急躁、易激动或易怒、自信心下降、胆怯、羞涩、孤僻、抑郁、好哭、注意力不集中、情绪易波动，甚至有幻觉。精神异常及性格改变则为慢性汞中毒时颇具特色的临床表现，具诊断价值，应予重视。

（2）震颤：早期可见手指、眼睑和舌细微震颤，继而出现意向性震颤，愈想控制愈明显，在指鼻试验和对指试验中可见。

（3）口腔炎：早期多见有牙龈肿胀、酸痛、易出血、流涎、唾液腺肿大、口臭；继而可发展为牙龈萎缩、牙齿松动和脱落。口腔卫生欠佳者齿龈可见蓝黑色的硫化汞细小颗粒排列成行的汞线。

(4) 肾脏损伤：一般情况下仅表现为近端肾小管功能障碍，出现低分子蛋白尿等，亦可出现肾炎和肾病综合征。肾脏损害在脱离汞接触后可望恢复。

职业禁忌

(1)中枢神经系统器质性疾病；(2)各类精神病；(3)慢性口腔炎；(4)慢性肾脏疾病。

应急处理

吸入高浓度汞蒸气引起的急性汞中毒患者应立即脱离中毒现场，清洗头发或全身淋浴，更换干净衣物，静卧保温，就医，进行驱汞和对症支持治疗。

口服汞盐引起的急性中毒，宜尽早用2%碳酸氢钠反复、彻底洗胃。忌用生理盐水，因可增加吸收。而后灌入生蛋清、牛奶或活性炭；口服金属汞无需特殊处理，3～5天后可经粪便排尽。

防护措施

(1) 工艺改革或改用代用品，如温度计制造用真空冷灌法代替热灌法；用热电阻温度计代替汞温度计；用电氯化法代替混汞法提取金；用硅整流器代替汞整流器；在电解食盐工业中用隔膜电极代替汞电极等。

(2) 含汞装置应尽量密闭，生产过程应尽量自动化；必要的手工操作应在通风橱中进行，并佩戴个人防护用品；进行含汞装置焊割时还应佩戴过滤式或送氧式防毒面具；通风橱出口应有净化装置，碘化活性炭、氯化活性炭、二氧化锰、硫化钠均对汞有较好吸附作用，可以回收汞蒸气，防止环境污染。

(3) 作业场所设置警示标识，提供安全淋浴。

(4) 作业场所禁止吸烟、进食和饮水。工作完毕，应漱口、淋浴、更衣。及时换洗工作服。

(5) 工作场所尽量避免室温过高；其地面、墙面、桌面、天花板等应使用光滑不易吸附的材料；班后应冲洗工作室，地面应设置水银回收阱，并定期用真空泵回收阱中的水银；设备或墙面上吸附的汞可用碘($1\ g/m^3$)加热熏蒸，这是利用碘蒸气与汞蒸气作用后，生成不易挥发的碘化汞，然后用水冲洗。可在下班后，按每$10m^2$室面积，将碘铺成$0.02m^2$蒸发面，关闭门窗，任其自然蒸发，次日上班时取出。

(6) 定期测定作业场所汞蒸气浓度，发现超标应及时找出原因，进行整改；定期对作业工人作防治汞中毒教育，提高工人预防意识。

(7) 做好职工职业健康监护工作，做好上岗前体检工作，患有中枢神经系统器质性疾病、各类精神病、慢性口腔炎、慢性肾脏疾病患者，不宜从事接触汞的作业。孕妇和哺乳期妇女应调离汞作业。

职业接触限值

中国未制订职业接触限值。

美　国：见汞。

【锰及其化合物】

锰粉

英 文 名：Manganese powder

相对分子质量：54.94
分 子 式：Mn
CAS 号：7439－96－5

理化性质

相对密度：7.2　　　　沸　　点：1962℃
熔　　点：1244℃
银灰色粉末。易溶于酸。

接触机会

用作锰的标准液制备，合金、锰盐的制备，在引燃剂中作可燃物。

毒性

LD_{50}：9000mg/kg（大鼠经口）。

职业危害

（1）急性毒效应：锰主要引起慢性锰中毒，急性锰中毒十分少见。在通风不良的工作环境中，吸入大量新生的氧化锰烟雾后，可出现金属烟雾热。口服高锰酸钾后，严重者口腔黏膜呈棕黑色、肿胀、糜烂，剧烈腹痛、呕吐、便血、休克、最终死于循环衰竭。高锰酸钾腐蚀性致死量约为5～19g。

（2）慢性锰中毒：职业性长期接触锰的烟尘可引起慢性锰中毒，发病的潜伏期一般较长，可达10年甚至更长，脱离接触后亦可发病。锰中毒是以神经系统改变为主的疾病，早期为类神经症和自主神经功能紊乱，患者多先出现嗜睡，精神萎靡、注意力涣散、记忆力减退等症状。部分表现为易激动，并伴有多汗、性欲减退或阳萎等症状。此外或有四肢麻木、发沉、夜间腓肠肌痉挛。进而出现锥体外系神经障碍的症状和体征。患者语言迟缓、步态缓慢、下蹲困难，动作笨拙、易跌倒等。严重时锥体外系神经障碍明显而恒定，可伴有精神症状，并可出现锥体束神经损害。可出现帕金森综合症和中毒性精神病，表现为极度情绪改变和四肢张力增高和震颤。

职业禁忌

（1）中枢神经系统器质性疾病；（2）各类精神病；（3）严重自主神经功能紊乱性疾病。

应急处理

锰金属烟热：脱离接触后可自行好转。严重者就医。

高锰酸钾皮肤沾染应立即脱去污染的衣着，用大量流动清水冲洗至少15min。就医。眼睛接触，立即提起眼睑，用大量流动清水或生理盐水彻底冲洗至少15min。就医。食入，用水漱口，给饮牛奶或蛋清。就医。

防护措施

（1）严加密闭，提供局部排风和全面除尘设施。

（2）穿透气型防毒服，戴防化学手套和防护眼镜。提供淋浴设施。

（3）工作现场禁止饮食、吸烟。及时换洗工作服。

（4）浓度超标时，佩戴过滤式防尘口罩。

职业接触限值

中　　国：OELs：　　　　*PC－TWA*　0.15mg/m³
美　　国：ACGIH TLVs：*TWA*　0.2mg/m（以锰计）

OSHA PEL： *C* 5mg/m^3

NIOSH REL：*TWA* 1mg/m^3 *STEL* 3mg/m^3

IDLH 500mg/m^3（以锰计）

二氧化锰

英 文 名：Manganese dioxide

相对分子质量：86.94

分 子 式：MnO_2

CAS 号：1313－13－9

理化性质

相对密度：5.03　　分解温度：535℃

黑色或黑棕色，结晶或无定形粉末。稳定的化合物。不溶于水和硝酸。在热浓硫酸中放出氧而生成硫酸亚锰；在盐酸中放出氯而生成氯化亚锰。与苛性碱和氧化剂共熔，放出二氧化锰生成高锰酸盐。

接触机会

大量用于炼钢，并用于制玻璃、陶瓷、搪瓷、干电池等。

毒性

各种锰化合物中锰的原子价越低，毒性越大，Mn^{+2} 比 Mn^{+3} 毒性大 2.5～3 倍，Mn^{+4} 比 Mn^{+6} 毒性大 3～3.5 倍。小鼠皮下 MnO_2 的致死量为 500mg/kg。

在生产条件下，锰主要经呼吸道吸收，胃肠道吸收缓慢并不完全，经皮肤吸收的可能性更小。各种途径吸收的锰主要经消化道由粪便排出，约占总排出的92%。锰对线粒体有特殊的亲和力，故可大量蓄积于富有线粒体的神经突触中。因抑制线粒体内三磷酸腺苷酶和溶酶体中的酸性磷酸酶活力，从而影响神经突触的传导性能。锰还是一种拟胆碱样物质，这与慢性锰中毒时出现的振颤麻痹有关。

职业危害

（1）急性毒效应：锰主要引起慢性锰中毒，急性锰中毒十分少见。在通风不良的工作环境中，吸入大量新生的氧化锰烟雾后，可出现金属烟雾热。口服高锰酸钾后，严重者口腔黏膜呈棕黑色、肿胀、糜烂，剧烈腹痛、呕吐、便血、休克、最终死于循环衰竭。高锰酸钾腐蚀性致死量约为 5～19g。

（2）慢性锰中毒：职业性长期接触锰的烟尘可引起慢性锰中毒，发病的潜伏期一般较长，可达 10 年甚至更长，脱离接触后亦可发病。锰中毒是以神经系统改变为主的疾病，早期为类神经症和自主神经功能紊乱，患者多先出现嗜睡，精神萎靡、注意力涣散、记忆力减退等症状。部分表现为易激动，并伴有多汗、性欲减退或阳萎等症状。此外或有四肢麻木、发沉、夜间腓肠肌痉挛。进而出现锥体外系神经障碍的症状和体征。患者语言迟缓、步态缓慢、下蹲困难，动作笨拙、易跌倒等。严重时锥体外系神经障碍明显而恒定，可伴有精神症状，并可出现锥体束神经损害。可出现帕金森综合症和中毒性精神病，表现为极度情绪改变和四肢张力增高和震颤。

职业禁忌

（1）中枢神经系统器质性疾病；（2）各类精神病；（3）严重自主神经功能紊乱性疾病。

应急处理

锰金属烟热：脱离接触后可自行好转。严重者就医。

防护措施

（1）严加密闭，提供局部排风和全面除尘设施。

（2）穿透气型防毒服，戴防化学手套和防护眼镜。提供淋浴设施。

（3）工作现场禁止饮食、吸烟。及时换洗工作服。

（4）浓度超标时，佩戴过滤式防尘口罩。

职业接触限值

中　国：OELs：　*PC－TWA*　0.15mg/m^3

美　国：ACGIH TLVs：　*TWA*　0.2mg/m^3（以锰计）

一氧化锰

英 文 名：Manganous oxide

别　名：氧化亚锰

相对分子质量：70.94

分 子 式：MnO

CAS　号：1344－43－0

理化性质

相对密度：5.09～5.19　　熔　点：1650℃（在空气中转变成 Mn_3O_4）

灰绿色粉末。溶于酸，不溶于水。

接触机会

用作生产铁氧体的原料、涂料和清漆的干燥剂、制造戊醇的催化剂，也用于医药、冶炼、焊接、织物还原印染、玻璃着色、油脂漂白等。

毒性

锰是人体正常代谢必需的微量元素，但过量的锰进入机体可引起中毒。

各种锰化合物中锰的原子价越低，毒性越大，Mn^{+2} 比 Mn^{+3} 毒性大 2.5～3 倍，Mn^{+4} 比 Mn^{+6} 毒性大 3～3.5 倍。小鼠皮下 MnO_2 的致死量为 500mg/kg。

在生产条件下，锰主要经呼吸道吸收，胃肠道吸收缓慢并不完全，经皮肤吸收的可能性更小。各种途径吸收的锰主要经消化道由粪便排出，约占总排出的 92%。锰对线粒体有特殊的亲和力，故可大量蓄积于富有线粒体的神经突触中。因抑制线粒体内三磷酸腺苷酶和溶酶体中的酸性磷酸酶活力，从而影响神经突触的传导性能。锰还是一种拟胆碱样物质，这与慢性锰中毒时出现的振颤麻痹有关。

职业危害

（1）急性毒效应：锰主要引起慢性锰中毒，急性锰中毒十分少见。在通风不良的工作环境中，吸入大量新生的氧化锰烟雾后，可出现金属烟雾热。口服高锰酸钾后，严重者口腔黏膜呈棕黑色、肿胀、糜烂，剧烈腹痛、呕吐、便血、休克、最终死于循环衰竭。高锰酸钾腐蚀性致死量约为 5～19g。

（2）慢性锰中毒：职业性长期接触锰的烟尘可引起慢性锰中毒，发病的潜伏期一般较长，可达 10 年甚至更长，脱离接触后亦可发病。锰中毒是以神经系统改变为主的疾病，早期为类神经症和自主神经功能紊乱，患者多先出现嗜睡，精神萎靡、注意力涣散、记忆力减退等症状。部分表现为易激动，并伴有多汗、性欲减退或阳萎等症状。此外或有四肢麻木、发沉、夜间腓肠肌痉挛。进而出现锥体外系神经障碍的症状和体征。患者语言迟缓、步态缓慢、下蹲困难，动作笨拙、易跌倒等。严重时锥体外系神经障碍明显而恒定，可伴有精神症状，并可出现锥体束神经损害。可出现帕金森综合症和中毒性精神病，表现为极度情绪改变和四肢张力增高和震颤。

职业禁忌

(1)中枢神经系统器质性疾病；(2)各类精神病；(3)严重自主神经功能紊乱性疾病。

应急处理

锰金属烟热：脱离接触后可自行好转。严重者就医。

防护措施

(1) 严加密闭，提供局部排风和全面除尘设施。

(2) 穿透气型防毒服，戴防化学手套和防护眼镜。提供淋浴设施。

(3) 工作现场禁止饮食、吸烟。及时换洗工作服。

(4) 浓度超标时，佩戴过滤式防尘口罩。

职业接触限值

中　国：OELs：　*PC－TWA*　0.15mg/m^3

美　国：ACGIH TLVs：　*TWA*　0.2mg/m^3(以锰计)

高锰酸钾

英 文 名：Potassium permanganate

别　名：灰锰氧

相对分子质量：158.03

分 子 式：$KMnO_4$

CAS　号：7722－64－7

理化性质

相对密度：2.7

深紫色细长斜方柱状结晶，有金属光泽。溶于水、碱液，微溶于甲醇、丙酮、硫酸。

接触机会

用于有机合成、油脂工业、氧化、医药、消毒等。

毒性

属低毒类。LD_{50}：1090mg/kg(大鼠经口)。

职业危害

急性毒效应：锰主要引起慢性锰中毒，急性锰中毒十分少见。在通风不良的工作环境中，吸入大量新生的氧化锰烟雾后，可出现金属烟雾热。口服高锰酸钾后，严重者口腔黏膜呈棕黑色、肿胀、糜烂，剧烈腹痛、呕吐、便血、休克、最终死于循环衰竭。高锰酸钾腐蚀性致死量约为5～19g。

慢性锰中毒：职业性长期接触锰的烟尘可引起慢性锰中毒，发病的潜伏期一般较长，可达10年甚至更长，脱离接触后亦可发病。锰中毒是以神经系统改变为主的疾病，早期为类神经症和自主神经功能紊乱，患者多先出现嗜睡，精神萎靡、注意力涣散、记忆力减退等症状。部分表现为易激动，并伴有多汗、性欲减退或阳萎等症状。此外或有四肢麻木、发沉、夜间腓肠肌痉挛。进而出现锥体外系神经障碍的症状和体征。患者语言迟缓、步态缓慢、下蹲困难，动作笨拙、易跌倒等。严重时锥体外系神经障碍明显而恒定，可伴有精神症状，并可出现锥体束神经损害。可出现帕金森综合症和中毒性精神病，表现为极度情绪改变和四肢张力增高和震颤。

高锰酸钾吸入后可引起呼吸道损害。溅落眼睛内，刺激结膜，重者致灼伤。刺激皮肤。浓溶液或结晶对皮肤有腐蚀性。口服腐蚀口腔和消化道，出现口内烧灼感、上腹痛、恶心、呕吐、口咽肿胀等。口服剂量大者，口腔黏膜呈棕黑色、肿胀糜烂，剧烈腹痛，呕吐，血便，休克，最后死于循环衰竭。

职业禁忌

(1)中枢神经系统器质性疾病；(2)各类精神病；(3)严重自主神经功能紊乱性疾病。

应急处理

高锰酸钾皮肤沾染应立即脱去污染的衣着，用大量流动清水冲洗至少15min。就医。眼睛接触，立即提起眼睑，用大量流动清水或生理盐水彻底冲洗至少15min。就医。食入，用水漱口，给饮牛奶或蛋清。就医。

防护措施

(1) 严加密闭，提供局部排风和全面除尘设施。

(2) 穿透气型防毒服，戴防化学手套和防护眼镜。提供淋浴设施。

(3) 工作现场禁止饮食、吸烟。及时换洗工作服。

(4) 浓度超标时，佩戴过滤式防尘口罩。

职业接触限值

中　国：OELs：　*PC－TWA*　0.15mg/m^3

美　国：ACGIH TLVs：　*TWA*　0.2mg/m^3(以锰计)

【铬及其化合物】

铬

英 文 名：Chromium

相对分子质量：52.0

分 子 式：Cr

CAS　号：7440－47－3

理化性质

密　度：7.14 g/cm^3　　自燃温度：580℃

熔　点：1860℃　　爆炸极限：230g/m^3(下限)

沸　点：2672℃

银灰色坚硬而脆的金属。不溶于水，不溶于酸、碱。其粉体遇高温、明火能燃烧。

接触机会

主要用于制不锈钢和其他的高温时具有高强度耐腐蚀的合金。

毒性

职业接触铬化合物可造成皮肤和呼吸道刺激、变态反应性疾病和呼吸道癌症。

职业危害

急性吸入中毒主要出现呼吸道刺激症状，如流涕、咳嗽、胸闷、气急，有时出现哮喘和紫绀，重者发生化学性肺炎。

职业禁忌

（1）慢性皮炎；（2）慢性肾炎；（3）慢性鼻炎；（4）慢性阻塞性肺病；（5）慢性间质性肺病。

应急处理

吸入大量铬酸或铬酸盐时，患者应迅速脱离现场，移至空气新鲜处，保持呼吸道通畅，给氧。就医。

皮肤接触铬酸或铬酸盐时，应立即用清水清洗创面，就医。

经口中毒者应立即用温水、1%亚硫酸钠或硫代硫酸钠溶液洗胃，然后给50%硫酸镁60mL导泻。可口服牛奶、蛋清保护胃黏膜。

防护措施

生产设备应严加密闭，提供充分的局部排风和全面通风。提供安全淋浴和洗眼设备。

加强个人防护。从事铬酸盐和铬酸生产的工人，工作时必须戴手套。充分洗手。工作前检查皮肤有无破损；鼻腔涂油膏保护，工作后冲洗鼻腔。保持良好的卫生习惯。

工作现场禁止吸烟、进食和饮水。

做好上岗前体检工作，患有慢性皮炎、慢性肾炎、慢性鼻炎、慢性阻塞性肺病、慢性间质性肺病患者，不宜从事接触铬化合物的作业。

职业接触限值

中国未制订职业接触限值。

美　国：ACGIH TLVs：*TWA*　0.5mg/m³；A4
OSHA PEL：*TWA*　1mg/m³
NIOSH REL：*TWA*　0.5mg/m³
IDLH　250mg/m³（以铬计）

三氧化铬

英 文 名：Chromium trioxide
别　　名：铬酸酐
相对分子质量：100.01
分 子 式：CrO_3
CAS　号：1333-82-0

理化性质

相对密度：2.7　　　　熔　点：196℃

暗红色或暗紫色斜方结晶，易潮解。溶于水、硫酸、硝酸。有很强的氧化性。

接触机会

用于电镀工业、医药工业、印刷工业、鞣革和织物媒染。

毒性

属高毒类。LD_{50} 80mg/kg（大鼠经口）。

职业危害

（1）急性中毒：吸入后可引起急性呼吸道刺激。误服1.5~1.6g可致死，可刺激和腐蚀消化道，引起恶心、呕吐、腹痛、血便等，重者出现呼吸困难、紫绀、休克、肝损害及急性肾功能衰竭等。

（2）慢性中毒：长期接触可引起接触性皮肤、铬溃疡、鼻炎、鼻中隔穿孔及呼吸道炎症等。

职业禁忌

（1）慢性皮炎；（2）慢性肾炎；（3）慢性鼻炎；（4）慢性阻塞性肺病；（5）慢性间质性肺病。

应急处理

吸入大量铬酸或铬酸盐时，患者应迅速脱离现场，移至空气新鲜处，保持呼吸道通畅，给氧。就医。

皮肤接触铬酸或铬酸盐时，应立即用清水清洗创面，就医。

经口中毒者应立即用温水、1%亚硫酸钠或硫代硫酸钠溶液洗胃，然后给50%硫酸镁60mL导泻。可口服牛奶、蛋清保护胃黏膜。

防护措施

生产设备应严加密闭，提供充分的局部排风和全面通风。提供安全淋浴和洗眼设备。

加强个人防护。从事铬酸盐和铬酸生产的工人，工作时必须戴手套。充分洗手。工作前检查皮肤有无破损，鼻腔涂油膏保护，工作后冲洗鼻腔。保持良好的卫生习惯。

工作现场禁止吸烟、进食和饮水。

做好上岗前体检工作，患有慢性皮炎、慢性肾炎、慢性鼻炎、慢性阻塞性肺病、慢性间质性肺病患者，不宜从事接触铬化合物的作业。

职业接触限值

中　国：OELs：*PC-TWA*　0.05mg/m^3

美　国：ACGIH TLVs：*TWA*　0.05mg/m^3；A1，BEI

OSHA PEL：*TWA*　0.005mg/m^3（以CrO_3计）

NIOSH REL：*TWA*　0.001mg/m^3（以铬计）；Ca

IDLH　15mg/m^3（以Cr^{6+}计）；Ca

重铬酸钾

英 文 名：Potassium dichromate

别　名：红钒钾

相对分子质量：294.21

分 子 式：$K_2Cr_2O_7$

CAS 号：7778-50-9

理化性质

相对密度：2.68　　　　熔　　点：398℃

桔红色结晶。溶于水，不溶于乙醇。强氧化剂。遇强酸或高温时能释出氧气，促使有机物燃烧。与还原剂、有机物、易燃物如硫、磷或金属粉末等混合可形成爆炸性混合物。有水时与硫化钠混合能引起自燃。与硝酸盐、氯酸盐接触剧烈反应。具有较强的腐蚀性。

接触机会

用于皮革、火柴、印染、化学、电镀等工业。

毒性

LD_{50}：190mg/kg（小鼠经口）。

职业危害

（1）急性中毒：吸入后可引起急性呼吸道刺激。误服1.5～1.6g可致死，可刺激和腐蚀消化道，引起恶心、呕吐、腹痛、血便等，重者出现呼吸困难、紫绀、休克、肝损害及急性肾功能衰竭等。

（2）慢性中毒：长期接触可引起接触性皮肤、铬溃疡、鼻炎、鼻中隔穿孔及呼吸道炎症等。

职业禁忌

（1）慢性皮炎；（2）慢性肾炎；（3）慢性鼻炎；（4）慢性阻塞性肺病；（5）慢性间质性肺病。

应急处理

吸入大量铬酸或铬酸盐时，患者应迅速脱离现场，移至空气新鲜处，保持呼吸道通畅，给氧。就医。

皮肤接触铬酸或铬酸盐时，应立即用清水清洗创面，就医。

经口中毒者应立即用温水、1%亚硫酸钠或硫代硫酸钠溶液洗胃，然后给50%硫酸镁60mL导泻。可口服牛奶、蛋清保护胃黏膜。

防护措施

生产设备应严加密闭，提供充分的局部排风和全面通风。提供安全淋浴和洗眼设备。

加强个人防护。从事铬酸盐和铬酸生产的工人，工作时必须戴手套。充分洗手。工作前检查皮肤有无破损，鼻腔涂油膏保护，工作后冲洗鼻腔。保持良好的卫生习惯。

工作现场禁止吸烟、进食和饮水。

做好上岗前体检工作，患有慢性皮炎、慢性肾炎、慢性鼻炎、慢性阻塞性肺病、慢性间质性肺病患者，不宜从事接触铬化合物的作业。

职业接触限值

中　国：OELs：*PC－TWA*　0.05mg/m^3

美　国：ACGIH TLVs：*TWA*　0.05mg/m^3；A1，BEI

OSHA PEL：*TWA*　0.005mg/m^3（以 CrO_3 计）

NIOSH REL：*TWA*　0.001mg/m^3（以铬计）；Ca

IDLH　15mg/m^3（以 Cr^{6+} 计）；Ca

【镍及其化合物】

镍

英 文 名：Nickel

相对分子质量：58.70

分 子 式：Ni

CAS 号：7440－02－0

理化性质

密 度：8.9（水＝1） 沸 点：2800℃

熔 点：1453℃ 饱和蒸气压：0.13kPa（1810℃）

银白色坚硬金属。不溶于浓硝酸，溶于稀硝酸。具有耐高温、抗腐蚀的性能。加热到700～800℃时，仍不被氧化，并能保持一定强度；镍在潮湿的环境中，表面可形成氧化膜，阻止继续氧化；在酸、碱、盐的环境下，也具抗腐蚀化。镍具有良好的机械强度和可塑性，加工性能好；在低温情况下，也可具有这种特性，因此是制备高温合金、不锈钢合金的重要元素。

接触机会

用于电子管材料、加氢催化剂机镍盐制造。

毒性

镍是人体必需的微量元素。主要由食物通过胃肠道吸收。如蔬菜中的镍含量可达1.5～3.0mg/g,以可溶性镍盐的形式存在并被吸收。工业上的镍盐也可由消化道吸收，但金属镍粉则基本上不被吸收。

镍及其化合物可由呼吸道吸收，但吸收缓慢，特别是金属镍粉，可长期沉积于肺及淋巴结达数年之久。

镍进入血液后，主要与白蛋白结合，分布于各个组织脏器，其中以肾和肺蓄积最高，其他尚有脑及脑干也有相当的含量。经口食入的镍，主要经粪便排出，约占摄入量的90%，其余10%则由尿中排出。

镍的毒性取决于不同镍化合物的溶解度、剂量大小以及侵入途径等因素。可溶性镍盐由于吸收完全，其毒性损害明显大于金属镍。

经口或经注射给予动物大量镍盐后，可引起急性胃黏膜刺激现象，并产生心肌、脑、肺、肾的实质性损害，这种脏器损害可能与镍及其化合物能广泛地抑制体内各种酶有关。镍可影响内分泌和电解质代谢。

吸入镍粉和镍盐后，可产生呼吸道刺激性损害。这种损害类似于尘肺性损害的发病机制。

动物吸入或经不同途径给予镍粉和镍化合物均可诱发癌肿。镍致癌与化合物种类有关。动物实验说明：硫化镍、氧化镍引起肺泡细支气管及肾上腺的癌肿的发病率，明显高于硫酸镍。

镍的致敏作用主要表现在皮肤方面的接触过敏，属于迟发型变态反应，镍也可诱导速发型变态反应，引起呼吸道过敏性哮喘。

职业危害

(1) 镍的过敏性皮炎和湿疹：常见于电解镍、镀镍等工作岗位，由接触金属镍粉及硫酸镍所致。多于接触后2个月内发生，病损多见于裸露、接触部位，如手、腕、前臂等，重者可波及全身。皮损可为红斑、丘疹，丘疱疹，伴有剧痒，于晚间和炎热气侯更甚，故称“镍痒疹”，当脱离接触后可缓解，但由于反复接触，时好时坏，因此皮炎常呈慢性化过程，出现慢性湿疹和苔藓样变。少数人出现荨麻疹样改变。

(2) 呼吸道损害：吸入高浓度的金属镍粉及镍化合物后，可引起急性呼吸道化学性炎症，出现急性支气管炎或肺炎样症状。较长期的接触则可出现呼吸道的慢性炎症。

从事镍电解精炼和镍电镀的人，长期接触硫酸镍及镍的蒸气，可发生刺激性鼻咽炎，鼻窦炎等；临床上表现咽痛、咽异物感、鼻堵、流涕、嗅觉减退或消失；长期刺激性炎症可导致鼻中隔穿孔及鼻黏膜的非典型上皮化生，后者可能属于癌前期损害。

呼吸道对镍过敏者，可出现支气管哮喘或肺的嗜酸粒细胞增多症。

镍的致癌作用已为国外流行病学调查资料所证实。Doll发现接触某种镍化合物的工人肺癌死亡率比正常人高10倍，鼻窦癌高出900倍。接触镍化合物的工人可见染色体畸变率增加。近年多方面研究的结果表明，镍化合物是一类活性相当高的遗传毒物。

应急处理

吸入高浓度的金属镍粉，应迅速脱离现场，移至空气新鲜处，保持呼吸道通畅，给氧。就医。

皮肤接触：应脱去被污染的衣着，用肥皂水和清水彻底冲洗皮肤后就医。

眼睛接触：提起眼睑，用流动清水和生理盐水冲洗，就医。

食　　入：饮足量水，催吐，就医。

防护措施

生产设备应严加密闭，提供充分的局部排风。提供安全淋浴和洗眼设备。可能接触其粉尘时，佩戴自吸过滤式防尘口罩，戴化学安全防护眼镜、防化学品手套，穿透气型防毒服。

工作时皮肤划伤应及时处理。

工作完毕，淋浴更衣。保持良好的卫生习惯。

职业接触限值

中　　国：OELs：*PC-TWA*　1mg/m³

美　　国：ACGIH TLVs：*TWA*　1.5 mg/m³⁽ᴵ⁾；A5

OSHA PEL：*TWA*　1mg/m³

NIOSH REL：*TWA*　0.015mg/m³；Ca

IDLH　10mg/m³；Ca

氧化镍

英 文 名：Nickel oxide

别　　名：一氧化镍

相对分子质量：74.70

分 子 式：NiO

CAS　号：1313－99－1

理化性质

相对密度：6.6～6.8

绿色粉末。不溶于水、碱液，溶于酸等。

接触机会

用作陶瓷和玻璃的颜料。

毒性

对大鼠气管注入或吸入本品粉尘，出现明显的全身毒性作用，主要损害肺脏。

职业危害

本品对皮肤的影响在生产中较为常见，主要表现为皮炎或过敏性湿疹。皮疹有强烈的瘙痒，称镍痒症。镍工可患过敏性肺炎、支气管炎、支气管肺炎、肾上腺皮质功能不全等。

应急处理

吸入高浓度的镍化合物者，应迅速脱离现场，移至空气新鲜处，保持呼吸道通畅，给氧。就医。

皮肤接触：应脱去被污染的衣着，用肥皂水和清水彻底冲洗皮肤后就医。

眼睛接触：提起眼睑，用流动清水和生理盐水冲洗，就医。

食　　入：饮足量水，催吐，就医。

防护措施

生产设备应严加密闭，提供充分的局部排风。提供安全淋浴和洗眼设备。可能接触其粉尘时，佩戴自吸过滤式防尘口罩，戴化学安全防护眼镜、防化学品手套，穿透气型防毒服。

工作时皮肤划伤应及时处理。

工作毕，淋浴更衣。保持良好的卫生习惯。

职业接触限值

中　　国：OELs：*PC－TWA*　1mg/m³

美　　国：ACGIH TLVs：*TWA*　0.2 mg/m³⁽¹⁾；A1

OSHA PEL：*TWA*　1mg/m³

NIOSH REL：*TWA*　0.05mg/m³；Ca

IDLH　10mg/m³；Ca

三氧化二镍

英 文 名：Nickelic oxide

中文别名：氧化高镍

相对分子质量：165.40

分 子 式：Ni_2O_3

CAS　号：1314－06－3

理化性质

相对密度：4.83

黑色、有光泽的粉末。不溶于水，溶于硫酸、硝酸、盐酸、氨水。

接触机会

用作陶瓷、玻璃、搪瓷的颜料，并用于制镍粉。

毒性

对大鼠气管注入或吸入本品粉尘，出现明显的全身毒性作用，主要损害肺脏。

职业危害

急性中毒可见血管系统功能紊乱，慢性时还可见血细胞增生。本品对皮肤的影响在生产中较为常见，主要表现为皮炎或过敏性湿疹。皮疹有强烈的瘙痒，称镍痒症。镍工可患过敏性肺炎、支气管炎、支气管肺炎、肾上腺皮质功能不全等。

应急处理

吸入高浓度的镍化合物者，应迅速脱离现场，移至空气新鲜处，保持呼吸道通畅，给氧。就医。

皮肤接触：应脱去被污染的衣着，用肥皂水和清水彻底冲洗皮肤后就医。

眼睛接触：提起眼睑，用流动清水和生理盐水冲洗，就医。

食　　入：饮足量水，催吐，就医。

防护措施

生产设备应严加密闭，提供充分的局部排风。提供安全淋浴和洗眼设备。可能接触其粉尘时，佩戴自吸过滤式防尘口罩，戴化学安全防护眼镜、防化学品手套，穿透气型防毒服。

工作时皮肤划伤应及时处理。

工作毕，淋浴更衣。保持良好的卫生习惯。

职业接触限值

中　　国：OELs：*PC－TWA*　1mg/m^3

美　　国：ACGIH TLVs：*TWA*　0.2 mg/m$^{3(1)}$；A1

OSHA PEL：*TWA*　1mg/m^3

NIOSH REL：*TWA*　0.015mg/m^3；Ca

IDLH　10mg/m^3；Ca

硝酸亚镍

英 文 名：Nickel nitrate

别　　名：硝酸镍

相对分子质量：290.81

分 子 式：$Ni(NO_3)_2 \cdot 6H_2O$

CAS　号：13478－00－7

理化性质

相对密度：2.05　　　　沸　　点：136.7℃

熔　　点：56.7℃

青绿色单斜结晶，易潮解。易溶于水、乙醇、氨水。无机氧化剂。遇可燃物着火时，能助长火势。与还原剂、有机物、易燃物如硫、磷或金属粉末等混合可形成爆炸性混合物。高温时分解，释出氮氧化物气体。急剧加热时可发生爆炸。

接触机会

用于镀镍及制造镍催化剂。

毒性

LD_{50} 1620mg/kg（大鼠经口）。

职业危害

主要引起过敏性皮肤损害和呼吸道的刺激症状。吸入本品粉尘对呼吸道有刺激性，个别敏感者可引起哮喘、支气管炎等。大量误服刺激胃肠道，引起呕吐、腹泻。粉尘对眼有刺激性，水溶液可引起灼伤。皮肤接触可引起皮炎。慢性影响有皮炎、哮喘、慢性支气管炎、慢性鼻炎等。

应急处理

吸入高浓度的镍化合物者，应迅速脱离现场，移至空气新鲜处，保持呼吸道通畅，给氧。就医。

皮肤接触：应脱去被污染的衣着，用肥皂水和清水彻底冲洗皮肤后就医。

眼睛接触：提起眼睑，用流动清水和生理盐水冲洗，就医。

食　入：饮足量水，催吐，就医。

防护措施

生产设备应严加密闭，提供充分的局部排风。提供安全淋浴和洗眼设备。可能接触其粉尘时，佩戴自吸过滤式防尘口罩，戴化学安全防护眼镜、防化学品手套，穿透气型防毒服。

工作时皮肤划伤应及时处理。

工作完毕，淋浴更衣。保持良好的卫生习惯。

职业接触限值

中　国：OELs：*PC*－*TWA*　0.5mg/m^3

美　国：ACGIH TLVs：*TWA*　0.1 mg/m$^{3(I)}$；A4

OSHA PEL：*TWA*　1mg/m^3

NIOSH REL：*TWA*　0.015mg/m^3；Ca

IDLH　10mg/m^3；Ca

【锌及其化合物】

锌粉

英 文 名：Zinc powder；Zinc dust

别　　名：亚铅粉

相对分子质量：65.37

分 子 式：Zn

CAS　号：7740－66－6

理化性质

相对密度：7.14　　　　熔　　点：419.5℃

沸　　点：907℃　　饱和蒸气压：0.13kPa（487℃）

浅灰色的细小粉末。锌的导热性和导电性差，但高温下具有良好的压延性，加热至110～150℃时可压成板和拉成丝。加热到210℃时变脆，易压成碎片。不溶于水，溶于强酸及碱液。并具有极强的还原能力。

接触机会

用作催化剂、还原剂和用于有机合成，也用于制备有色金属合金。

毒性

锌是人体必需的微量元素。人体内的锌主要来源于食物，经口摄入的锌主要在小肠内吸收，胃和大肠几乎不吸收锌。口服吸收的锌全部进入血液。锌不能经过完整的皮肤进入体内。

职业危害

吸入锌在高温下形成的氧化锌烟雾可致金属烟雾热，症状有口中金属味、口渴、胸部紧束感、干咳、头痛、头晕、高热、寒战等。粉尘对眼有刺激性。误服刺激胃肠道。长期或反复接触对皮肤有刺激性。

应急处理

吸入者，应迅速脱离现场，移至空气新鲜处，保持呼吸道通畅，如呼吸困难，给氧。如呼吸停止，立即进行人工呼吸，就医。

皮肤接触：应脱去被污染的衣着，用肥皂水和清水彻底冲洗皮肤后就医。

眼睛接触：提起眼睑，用流动清水和生理盐水冲洗，就医。

食　　入：饮足量水，催吐，就医。

防护措施

加强密闭操作，以防止氧化锌烟尘和有害气体外逸。加强局部排风。

加强个人防护，电焊气割时戴面罩或头盔，熔炼锌时戴防护口罩。必要时，佩戴空气呼吸器、戴化学安全防护眼镜，穿防静电工作服，戴一般作业防护手套。

工作现场提供安全淋浴和洗眼设备。禁止吸烟、进食和饮水。工作完毕，淋浴更衣。保持良好的卫生习惯。

职业接触限值

中国未制订职业接触限值。

氧化锌

英 文 名：Zinc oxide；Zinc white

别　　名：锌白

相对分子质量：81.38

分 子 式：ZnO

CAS　号：1314－13－2

理化性质

相对密度：5.47　　熔　　点：1975℃

白色、六角形晶体或粉末，是两性氧化物，溶于酸、氢氧化钠和氯化铵溶液，不溶于水和乙醇。高温时呈黄色，冷后又恢复白色。加热至1800℃升华。

接触机会

用作油漆的颜料和橡胶的填充料，医药上用于制软膏、锌糊、橡胶膏等。

毒性

职业接触时锌主要是以氧化锌粒子的形式经由呼吸道进入体内。

吸入氧化锌烟尘，可使人和实验动物引起铸造热，高浓度氧化锌烟剂，可引起化学性肺炎。

职业危害

吸入氧化锌烟雾引起的锌烟热，多见于在通风不良条件下进行手把焊和切割，以及锌铜或锌与其他金属的合金铸造。一般在吸入4~6h后发病，表现有上呼吸道刺激、胸痛、咳嗽。继而发冷、发热，体温升至38~39℃，伴四肢酸痛、全身疲乏无力，症状酷似流感。脱离接触后，症状多在1~2天内消失。本病预后良好，无后遗症，但无持久免疫力，再接触时可再发作。另外应注意在吸入氧化锌烟雾同时，可吸入其他有毒金属，如镉，病起时症状相仿，但后者可产生严重的化学性肺炎，甚至发生中毒性肺水肿而危及生命。

吸入高浓度的氧化锌烟雾可引起化学性肺炎，表现为憋气、胸骨后疼痛、频咳、痰中带血。

氧化锌对黏膜和皮肤均有强烈的刺激性和腐蚀性。可引起结膜角膜炎、鼻黏膜溃疡和皮炎。皮肤灼伤后皮面发白、充血，中心形成溃疡，有剧痛，然后结痂、脱落，遗留少量疤痕。

应急处理

吸入者，应迅速脱离现场，移至空气新鲜处，保持呼吸道通畅，如呼吸困难，给氧。如呼吸停止，立即进行人工呼吸，就医。

皮肤接触：应脱去被污染的衣着，用肥皂水和清水彻底冲洗皮肤后就医。

眼睛接触：提起眼睑，用流动清水和生理盐水冲洗，就医。

食　　入：饮足量水，催吐，就医。

防护措施

加强密闭操作，以防止氧化锌烟尘和有害气体外逸。加强局部排风。

加强个人防护，电焊气割时戴面罩或头盔，熔炼锌时戴防护口罩。必要时，佩戴空气呼吸器、戴化学安全防护眼镜，穿防静电工作服，戴一般作业防护手套。

工作现场提供安全淋浴和洗眼设备。禁止吸烟、进食和饮水。工作毕，淋浴更衣。保持良好的卫生习惯。

职业接触限值

中　　国：OELs：*PC-TWA*　3mg/m³；*PC-STEL*　5mg/m³

美　　国：ACGIH TLVs：*TWA*　2 mg/m³⁽ᴿ⁾；*STEL*　10 mg/m³⁽ᴿ⁾

OSHA PEL：*TWA*　5mg/m³（烟）、15mg/m³（总尘）、5mg/m³（可吸入尘）

NIOSH REL：尘：*TWA*　5mg/m³；*C*　15mg/m³

烟：*TWA*　5mg/m³；*STEL*　10mg/m³

IDLH　500mg/m³

【钒及其化合物】

钒

英 文 名：Vanadium

相对分子质量：50.95

分 子 式：V

CAS 号：7440－62－6

理化性质

相对密度：5.87　　沸　点：3420℃

熔　点：(1910±10)℃

银白色金属。溶于硝酸、王水及浓硫酸等。

接触机会

主要用于制合金钢和催化剂。

毒性

钒及其化合物主要经呼吸道侵入人体，可溶性钒化合物经呼吸道吸收，吸收率可达25%，钒化合物不易由胃肠道吸收，吸收率仅0.1%～1.0%，也可经皮肤吸收，但吸收甚少。吸收后的钒主要分布于骨、肝、肾、肺。钒可通过血脑屏障进入脑内。体内的钒排除较快，由呼吸道吸入的钒化合物三天内排出70%，主要经肾由尿排出，其次由粪便排出。

职业危害

(1) 急性中毒：短期内吸入大量钒尘或烟雾后，短期内出现眼灼痛、流泪、鼻塞、流涕等眼、鼻黏膜刺激症状，经数小时至24h出现咽干、咽痛、胸骨后痛或压迫感、干咳、气喘等症状。急性支气管炎症状可持续1～2周，严重者发生支气管肺炎，呼吸道症状加重。部分病人出现支气管哮喘发作，病人喘息明显，呼吸困难。

(2) 慢性影响：由于钒对眼和呼吸道黏膜的刺激作用，可发生慢性结膜炎、慢性咽炎、慢性鼻炎，出现眼结膜充血、咽充血、鼻塞、鼻干、鼻出血、嗅觉减退。长期接触高浓度钒的烟尘可发生慢性支气管炎、支气管扩张，出现持续性咳嗽、胸痛、胸闷、气短，有时咯血。

职业禁忌

(1) 慢性阻塞性肺病；(2) 慢性间质性肺病；(3) 支气管哮喘；(4) 支气管扩张。

应急处理

用水冲洗眼睛。如食入，应洗胃、导泻。

防护措施

加强密闭操作，注意通风。

注意个人防护，穿工作服，戴防尘口罩。工作完毕，淋浴更衣。保持良好的卫生习惯。

职业接触限值

中　国：OELs：*PC－TWA*　1mg/m³

美　　国：ACGIH TLVs：*TWA*　1mg/m^3；*STEL*　3mg/m^3

五氧化二钒

英 文 名：Vanadium pentoxide

别　　名：钒酸酐

相对分子质量：181.88

分 子 式：V_2O_5

CAS　号：1314－62－1

理化性质

相对密度：3.357　　沸　　点：1750℃（分解）

熔　　点：690℃

橙黄色至红棕色结晶粉末。微溶于水，不溶于乙醇，溶于酸和碱。

接触机会

广泛用于有机合成工业及硫酸工业中，也用作玻璃搪瓷着色剂，磁性材料。

毒性

属高毒类（剧毒类）。LD_{50}：23mg/kg（小鼠经口）；10mg/kg（大鼠经口）。

职业危害

对呼吸系统和皮肤有损害作用。接触大量的五氧化二钒烟尘后，急性中毒，出现鼻、眼和上呼吸道刺激症状，消化系统、神经系统症状，有的引起心脏、肾脏的损害，以及皮肤刺激。慢性中毒：长期接触可引起慢性支气管炎、肾损害、视力障碍等。

职业禁忌

（1）慢性阻塞性肺病；（2）慢性间质性肺病；（3）支气管哮喘；（4）支气管扩张。

应急处理

用水冲洗眼睛。如食入，应洗胃、导泻。

防护措施

加强密闭操作，注意通风。

注意个人防护，穿工作服，戴防尘口罩。工作毕，淋浴更衣。保持良好的卫生习惯。

职业接触限值

中　　国：OELs：*PC－TWA*　0.05mg/m^3

美　　国：ACGIH TLVs：*TWA*　0.05mg/m^3（以钒计）；A3

OSHA PEL：*C*　0.05mg/m^3［V_2O_5］，（可吸入部分）

NIOSH REL：*C*　0.05mg/m^3［V］（15min）

IDLH　35mg/m^3（以钒计）

【钡及其化合物】

钡

英 文 名：Barium

相对分子质量：137.33

分 子 式：Ba

CAS 号：7440－39－3

理化性质

密 度：3.5g/cm³　　沸 点：1640℃

熔 点：725℃

钡属碱土金属，为一种稍有光泽的银白色金属。质坚硬，略具延展性。钡的化学性质十分活泼。与水可起反应，放出氢气。在常温下可与氧及卤素起强烈反应。

钡可还原若干金属的氧化物、卤化物和硫化物而获得相应的金属。由于钡易氧化，需浸于矿物油中保存。

接触机会

主要用于制造各种合金，用作消毒剂，以除去真空管和电视显像管内的痕量气体，作为球化剂和脱气合金，用于制造球墨铸铁和精炼金属。

毒性

钡进入血循环后24h内迅速分布于肌肉和骨骼，而后肌肉内钡渐减少，骨骼中渐增高，最后钡吸收总量的65%蓄积在骨骼内，钡主要经粪便和尿排出。钡可通过胎盘屏障和乳汁进入胎、乳儿体内。

金属钡几乎无毒。钡是一种肌肉毒，可对骨骼肌、平滑肌、心肌等各种肌肉组织产生过度的刺激和兴奋作用，最后转为抑制而导致肌肉麻痹。钡可刺激肾上腺髓质分泌儿茶酚胺，借助钙的转移或对钙的转换，使细胞膜的通透性增加，钾大量进入细胞内，导致低钾血症。

职业危害

职业性中毒见于生产和使用钡化合物过程中的意外事故，接触高浓度钡尘或高温溶液灼伤中毒；生活中多为误食或饮用受污染的水而中毒。潜伏期为10min～48h，多数在半小时至4小时内发病。

吸收少量钡化合物时，有一般低钾血症的症状如胸闷、心悸、乏力、四肢麻木等。

吸收较大量高浓度钡化合物时，出现明显低钾血症表现，肌力下降，肌张力降低，四肢呈不完全性弛缓性瘫痪，腱反射减弱或消失，瘫痪程度下肢重于上肢，近端重于远端。

吸收大量高浓度钡化合物时，出现严重低钾血症表现，肌力及肌张力呈进行性降低，最终可发展为完全性软瘫，出现典型的进行性肌麻痹，常由腿肌开始，继而依次向臂肌、舌肌、膈肌、呼吸肌发展。

少数重症者体温可升高，可并发急性肾功能不全，缺氧性脑病，酸中毒等。呼吸肌麻痹及室速、室扑、室颤等心律失常多为致死原因。

长期接触钡化合物的工业可出现慢性呼吸道和眼结膜的刺激症状，如口腔黏膜肿胀糜烂、鼻炎、咽炎、结膜炎等；或有钙－磷代谢和副交感神经功能紊乱；部分工人可出现心脏传导功能障碍、高血压。接触不溶性钡化合物的工人，如钡矿开采、加工锌钡白等，可因长期接触钡粉尘而发生钡尘肺，属良性经过，无明显损害。

应急处理

吸入者，应迅速脱离现场，移至空气新鲜处，保持呼吸道通畅，如呼吸困难，给氧。如呼吸停止，立即进行人工呼吸，就医。

皮肤接触者，应脱去被污染的衣着，用肥皂水和清水彻底冲洗皮肤后就医。

眼睛接触者，提起眼睑，用流动清水和生理盐水冲洗，就医。

食入者，饮足量温水，催吐，用2% ~5%硫酸钡溶液洗胃、导泻。就医。

防护措施

生产过程密闭。提供安全淋浴和洗眼设备。

一般不需要特殊防护，但建议特殊情况下，佩戴自吸过滤式防尘口罩，戴化学安全防护眼镜，穿化学防护服，戴橡胶手套。

工作现场禁止吸烟、进食和饮水。

职业接触限值

中　　国：OELs：*PC－TWA*　0.5mg/m^3；*PC－STEL*　1.5mg/m^3

氯化钡

英 文 名：Barium chloride

相对分子质量：208.25

分 子 式：$BaCl_2$

CAS　号：10361－37－2

理化性质

熔　　点：965℃　　沸　　点：1560℃

白色粉末，无臭。溶于水，不溶于丙酮、乙醇，微溶于乙酸、硫酸。

接触机会

制造钡盐的原料。也用作杀虫剂、人造丝的消光剂及制造色淀等钡颜料。

毒性

属中等毒性。LD_{50} 150mg/kg（大鼠经口）。

职业危害

职业性中毒见于生产和使用钡化合物过程中的意外事故，接触高浓度钡尘或高温溶液灼伤中毒；生活中多为误食或饮用受污染的水而中毒。潜伏期为10分钟至48小时，多数在半小时至4小时内发病。

吸收少量钡化合物时，有一般低钾血症的症状如胸闷、心悸、乏力、四肢麻木等。

吸收较大量高浓度钡化合物时，出现明显低钾血症表现，肌力下降，肌张力降低，四肢呈不完全性弛缓性瘫痪，腱反射减弱或消失，瘫痪程度下肢重于上肢，近端重于远端。

吸收大量高浓度钡化合物时，出现严重低钾血症表现，肌力及肌张力呈进行性降低，最终可发展为完全性软瘫，出现典型的进行性肌麻痹，常由腿肌开始，继而依次向臂肌、舌肌、膈肌、呼吸肌发展。

口服氯化钡引起中毒者早期还伴有明显消化道症状如咽干、恶心、呕吐、腹痛、腹泻等。

高温钡化合物溶液可引起暴露皮肤损伤。

少数重症者体温可升高，可并发急性肾功能不全，缺氧性脑病，酸中毒等。呼吸肌麻痹及室速、室扑、室颤等心律失常多为致死原因。

长期接触钡化合物的工业可出现慢性呼吸道和眼结膜的刺激症状，如口腔黏膜肿胀糜烂、鼻炎、咽炎、结膜炎等；或有钙－磷代谢和副交感神经功能紊乱；部分工人可出现心脏传导功能障碍、高血压。接触不溶性钡化合物的工人，如钡矿开采、加工锌钡白等，可因长期接触钡粉尘而发生钡尘肺，属良性经过，无明显损害。

职业禁忌

（1）钾代谢障碍；（2）肌肉系统疾病；（3）心肌病。

应急处理

吸入者，应迅速脱离现场，移至空气新鲜处，保持呼吸道通畅，如呼吸困难，给氧。如呼吸停止，立即进行人工呼吸，就医。

皮肤接触者，应脱去被污染的衣着，用肥皂水和清水彻底冲洗皮肤后就医。

眼睛接触者，提起眼睑，用流动清水和生理盐水冲洗，就医。

食入者，饮足量温水，催吐，用2%～5%硫酸钡溶液洗胃、导泻。就医。

防护措施

生产过程密闭。提供安全淋浴和洗眼设备。

一般不需要特殊防护，但建议特殊情况下，佩戴自吸过滤式防尘口罩，戴化学安全防护眼镜，穿化学防护服，戴橡胶手套。

工作现场禁止吸烟、进食和饮水。

职业接触限值

中　国：OELs：*PC－TWA*　0.5mg/m^3；*PC－STEL*　1.5mg/m^3

美　国：OSHA PEL：*TWA*　0.5mg/m^3

NIOSH REL：*TWA*　0.5mg/m^3

IDLH　50mg/m^3（以钡计）

硝酸钡

英 文 名：Barium nitrate

相对分子质量：261.34

分 子 式：$Ba(NO_3)_2$

CAS　号：10022－31－8

理化性质

无色或白色有光泽的立方结晶，微具吸湿性。熔点592℃，溶于水、浓硫酸，不溶于醇、浓硝酸。强氧化剂。遇可燃物着火时，能助长火势。与还原剂、有机物、易燃物如硫、磷或金属粉末等混合可形成爆炸性混合物。燃烧分解时，放出有毒的氮氧化物。

接触机会

制造过氧化钡。绿光焰火。真空管工业。

毒性

不溶性钡化合物在胃肠道吸收甚微。可溶性钡化合物可经呼吸道、消化道和损伤的皮肤吸收。钡进入血循环后24h内迅速分布于肌肉和骨骼，而后肌肉内钡渐减少，骨骼中渐增高，最后钡吸收总量的65%蓄积在骨骼内，钡主要经粪便和尿排出。钡可通过胎盘屏障和乳汁进入胎、乳儿体内。

金属钡几乎无毒，钡化合物的毒性与其溶解度有关。可溶性钡化合物如氯化钡、硝酸钡、醋酸钡等有剧毒。不溶性钡化合物如硫酸钡无毒，但碳酸钡虽不溶于水，可是由于其食入后与胃酸反应生成氯化钡而有毒。

钡是一种肌肉毒，可对骨骼肌、平滑肌、心肌等各种肌肉组织产生过度的刺激和兴奋作用，最后转为抑制而导致肌肉麻痹。钡可刺激肾上腺髓质分泌儿茶酚胺，借助钙的转移或对钙的转换，使细胞膜的通透性增加，钾大量进入细胞内，导致低钾血症。

职业危害

职业性中毒见于生产和使用钡化合物过程中的意外事故，接触高浓度钡尘或高温溶液灼伤中毒；生活中多为误食或饮用受污染的水而中毒。潜伏期为10min~48h，多数在30min~4h内发病。

吸收少量钡化合物时，有一般低钾血症的症状如胸闷、心悸、乏力、四肢麻木等。

吸收较大量高浓度钡化合物时，出现明显低钾血症表现，肌力下降，肌张力降低，四肢呈不完全性弛缓性瘫痪，腱反射减弱或消失，瘫痪程度下肢重于上肢，近端重于远端。

吸收大量高浓度钡化合物时，出现严重低钾血症表现，肌力及肌张力呈进行性降低，最终可发展为完全性软瘫，出现典型的进行性肌麻痹，常由腿肌开始，继而依次向臂肌、舌肌、膈肌、呼吸肌发展。

口服氯化钡引起中毒者早期还伴有明显消化道症状如咽干、恶心、呕吐、腹痛、腹泻等。

高温钡化合物溶液可引起暴露皮肤损伤。

少数重症者体温可升高，可并发急性肾功能不全，缺氧性脑病，酸中毒等。呼吸肌麻痹及室速、室扑、室颤等心律失常多为致死原因。

长期接触钡化合物的工业可出现慢性呼吸道和眼结膜的刺激症状，如口腔黏膜肿胀糜烂、鼻炎、咽炎、结膜炎等；或有钙-磷代谢和副交感神经功能紊乱；部分工人可出现心脏传导功能障碍、高血压。接触不溶性钡化合物的工人，如钡矿开采、加工锌钡白等，可因长期接触钡粉尘而发生钡尘肺，属良性经过，无明显损害。

职业禁忌

（1）钾代谢障碍；（2）肌肉系统疾病；（3）心肌病。

应急处理

吸入者，应迅速脱离现场，移至空气新鲜处，保持呼吸道通畅，如呼吸困难，给氧。如呼吸停止，立即进行人工呼吸，就医。

皮肤接触者，应脱去被污染的衣着，用肥皂水和清水彻底冲洗皮肤后就医。

眼睛接触者，提起眼睑，用流动清水和生理盐水冲洗，就医。

食入者，饮足量温水，催吐，用2%~5%硫酸钡溶液洗胃、导泻。就医。

防护措施

生产过程密闭。提供安全淋浴和洗眼设备。

一般不需要特殊防护，但建议特殊情况下，佩戴自吸过滤式防尘口罩，戴化学安全防护眼镜，穿化学防护服，戴橡胶手套。

工作现场禁止吸烟、进食和饮水。

职业接触限值

中　国：OELs：*PC-TWA*　0.5mg/m^3；*PC-STEL*　1.5mg/m^3

美　国：OSHA PEL：*TWA*　0.5mg/m³

NIOSH REL：*TWA*　0.5mg/m³

IDLH　50mg/m³（以钡计）

【锡及其化合物】

锡

英 文 名：Tin

相对分子质量：118.69

分 子 式：Sn

CAS　号：7440-31-5

理化性质

相对密度：7.29　　沸　点：2260℃

熔　点：232℃

银白色金属。其粉末遇高温、明火能燃烧。

接触机会

用于制白钢板、巴比妥合金、锡箔、活字金、合金、化学药品等。

毒性

属于低毒或微毒类。

人每天摄入的锡约1～38mg。锡经口入体时胃肠道吸收甚少，90%以上均从粪便排出，吸收后主要在肝、肾中发现，其他组织极微。进入体内的小量锡可抑制蛋白质的水解酶，因而影响蛋白质吸收。

职业危害

对眼睛、皮肤、黏膜和上呼吸道有刺激作用。长期吸入锡的烟雾或粉尘可引起锡尘肺或锡末沉着症。制造锡箔工人患慢性湿疹多见于前臂屈面、大腿伸侧和脚上，为小丘疹和脓疱组成，伴有瘙痒，有的地方结节呈苔藓样。

职业禁忌

有机锡化合物：（1）中枢神经系统器质性疾病；（2）慢性肝炎；（3）慢性肾炎；（4）钾代谢障碍。

应急处理

吸入者，应迅速脱离现场，移至空气新鲜处，保持呼吸道通畅，如呼吸困难，给氧。如呼吸停止，立即进行人工呼吸，就医。

皮肤接触者，应脱去被污染的衣着，用肥皂水和清水彻底冲洗皮肤后就医。

眼睛接触者，提起眼睑，用流动清水和生理盐水冲洗，就医。

食入者，饮足量温水，催吐，用2%～5%硫酸钡溶液洗胃、导泻。就医。

防护措施

密闭操作，局部排风。提供安全淋浴和洗眼设备。

注意通风防尘，局部排风。

佩戴适宜的防护口罩。在特殊情况下，可用湿毛巾或纱布放在口鼻处作为应急预防方法。

下班后要注意清洁皮肤，最好淋浴。单独存放被毒物污染的衣服，洗后备用。

职业接触限值

中国未制订职业接触限值。

美　　国：ACGIH TLVs：*TWA*　2mg/m³（以锡计）

OSHA PEL：*TWA*　2mg/m³（以锡计）

NIOSH REL：*TWA*　2mg/m³（以锡计）

IDLH　100mg/m³（以锡计）

氯化亚锡

英 文 名：Stannous chloride；Tin dichloride

别　　名：二氯化锡

相对分子质量：189.60

分 子 式：$SnCl_2$

CAS　号：10025－69－1

理化性质

相对密度：3.95　　　　沸　　点：652℃

熔　　点：246.8℃

白色半透明晶体。溶于水、乙醇和乙醚。在空气中被氧化生成不溶性氢氧化物。

接触机会

用于制造化学药品、燃料等的还原剂、印染用媒染料、还原剂、分析化学试剂。

毒性

属低毒性。LD_{50} 700mg/kg（大鼠经口），66mg/kg（小鼠腹腔）。

职业危害

长期受二氧化锡粉尘作用，呈现肺部锡末沉着症。

金属烟雾热。吸入金属烟雾后数小时发病，先感全身无力、头痛、咽干、口内金属味和脑部压迫感，有时伴有恶心、呕吐、咳嗽、气促等症状，继而寒战和发热。持续数小时，遍身大汗后体温下降，病程不超过1天。

锡末沉着症 长期吸入烟尘可引起锡肺。胸部X线片可见肺部阴影较致密，呈残根状，肺纹理消失，有细小密实阴影，边缘清晰，密度较高，大小为1～3mm。呈簇状散在分布于肺野。除个别外多无肺功能改变。

应急处理

吸入者，应迅速脱离现场，移至空气新鲜处，保持呼吸道通畅，如呼吸困难，给氧。如呼吸停止，立即进行人工呼吸，就医。

皮肤接触者，应脱去被污染的衣着，用肥皂水和清水彻底冲洗皮肤后就医。

眼睛接触者，提起眼睑，用流动清水和生理盐水冲洗，就医。

食入者，饮足量温水，催吐，用2%～5%硫酸钡溶液洗胃、导泻。就医。

防护措施

密闭操作，局部排风。提供安全淋浴和洗眼设备。

佩戴适宜的防护口罩。在特殊情况下，可用湿毛巾或纱布放在口鼻处作为应急预防方法。

下班后要注意清洁皮肤，最好淋浴。单独存放被毒物污染的衣服，洗后备用。

职业接触限值

中国未制订职业接触限值。

美　　国：ACGIH TLVs：*TWA*　2mg/m³（以锡计）
　　　　　OSHA PEL：*TWA*　2mg/m³（以锡计）
　　　　　NIOSH REL：*TWA*　2mg/m³（以锡计）
　　　　　IDLH　100mg/m³（以锡计）

四氯化锡（无水）

英 文 名：Tin tetrachloride

别　　名：氯化锡

相对分子质量：260.50

分 子 式：$SnCl_4$

CAS　号：7646－78－8

理化性质

相对密度：2.279　　　　沸　　点：114℃

熔　　点：－33℃

无色易流动、在空气中发烟的液体。工业品稍带黄色。溶于冷水、乙醇、二硫化碳等。在热水中水解成锡酸和氯化氢。五水四氯化锡是白色半透明单斜晶体。溶于水、乙醇、二硫化碳和松节油等。

接触机会

用于有机锡化合物的制造，用作分析试剂、有机合成脱水剂。也少量用于电镀工业。

毒性

属低毒性。LD_{50} 99mg/kg（小鼠静注），LC_{50} 2300mg/m³（大鼠吸入）。

职业危害

可引起湿疹和边缘清楚的小溃疡。有呼吸道刺激症状和恶心、上腹不适、便秘等消化道症状，有时有肩和足部疼痛。

应急处理

吸入者，应迅速脱离现场，移至空气新鲜处，保持呼吸道通畅，如呼吸困难，给氧。如呼吸停止，立即进行人工呼吸，就医。

皮肤接触者，应脱去被污染的衣着，用肥皂水和清水彻底冲洗皮肤后就医。

眼睛接触者，提起眼睑，用流动清水和生理盐水冲洗，就医。

食入者，饮足量温水，催吐，用2%～5%硫酸钡溶液洗胃、导泻。就医。

防护措施

密闭操作，局部排风。提供安全淋浴和洗眼设备。

佩戴适宜的防护口罩。在特殊情况下，可用湿毛巾或纱布放在口鼻处作为应急预防方法。

下班后要注意清洁皮肤，最好淋浴。单独存放被毒物污染的衣服，洗后备用。

职业接触限值

中国未制订职业接触限值。

美　　国：ACGIH TLVs：*TWA*　2mg/m³（以锡计）
　　　　OSHA PEL：*TWA*　2mg/m³（以锡计）
　　　　NIOSH REL：*TWA*　2mg/m³（以锡计）
　　　　IDLH　100mg/m³（以锡计）

【铜及其化合物】

铜

英 文 名：Copper
相对原子质量：63.54
分 子 式：Cu
CAS　号：7440－50－8

理化性质

相对密度：8.94　　沸　　点：2336℃
熔　　点：1083℃

带有红色光泽的金属。导电性和导热性良好，有光泽和延展性。可溶于硝酸、加热的浓硫酸和有机酸中。加热易氧化。在含 CO_2 的潮湿空气中可生成铜绿。

接触机会

制造化学用具、电力用具、建筑材料和其他工业装置及用具。

毒性

属低毒类。LD_{50} 210mg/kg（大鼠经口）。动物吸入铜的粉尘和烟雾，可引起呼吸道刺激症状，发生支气管炎或支气管肺炎，甚至肺水肿。

职业危害

长期接触铜尘的工人常发生接触性皮炎和鼻眼的刺激症状，引起咽痛、鼻塞、鼻炎、咳嗽、肝功能、血清蛋白变化等现象。铜熔炼工人可发生铜铸造热。长期吸入尚可引起肺部纤维组织增生。

应急处理

口服中毒时，立即饮足量温水，催吐，用清水、硫代硫酸钠或1%铁氰酸化钾溶液洗胃，然后用牛奶、豆浆或蛋清灌胃以保护胃黏膜。就医。

铜盐溅入眼内应立即冲洗，就医。

防护措施

一般不需要特殊防护，但需防止烟尘危害。

职业接触限值

中　　国：OELs：铜尘 *PC－TWA*　1mg/m³；铜烟 *PC－TWA*　0.2m/m³
美　　国　ACGIH TLVs：*TWA*　0.2mg/m³（烟）、1mg/m³（尘和雾）
　　　　OSHA PEL：*TWA*　0.1mg/m³（烟）、1mg/m³（尘和雾）

NIOSH REL：*TWA*　0.1mg/m^3（烟）、1mg/m^3（尘和雾）

IDLH　100 mg/m^3

氧化铜

英 文 名：Copper monoxide

相对分子质量：79.54

分 子 式：CuO

CAS　号：1317 - 38 - 0

理化性质

相对密度：6.32　　　分解温度：1026℃

黑褐色粉末。溶于酸、氰化钾溶液和碳酸铵溶液，在氨液中缓慢溶解，难溶于水。

接触机会

制人造丝、陶瓷、釉及搪瓷、电池、石油脱硫剂、杀虫剂，也供制氢、催化剂、绿色玻璃等用。

毒性

LD_{50} 470mg/kg（大鼠经口）。

职业危害

吸入大量氧化铜烟雾可引起铸造热，出现寒颤，体温升高，同时可伴有呼吸道刺激症状。长期接触，可见呼吸道及眼结膜刺激、鼻黏膜出血点或溃疡，甚至鼻中隔穿孔以及皮炎，也可出现胃肠道症状。有报道，长期吸入尚可引起肺部纤维组织增生。

应急处理

口服中毒时，立即饮足量温水，催吐，用清水、硫代硫酸钠或1%铁氰酸化钾溶液洗胃，然后用牛奶、豆浆或蛋清灌胃以保护胃黏膜。就医。

铜盐溅入眼内应立即冲洗，就医。

防护措施

穿工作服、戴防毒口罩和手套等劳保用品，注意保护呼吸器官，保护皮肤，生产设备要密闭，车间通风良好。

职业接触限值

中　　国：OELs：*PC - TWA*　1mg/m^3（铜尘）、0.2mg/m^3（铜烟）

美　　国：OSHA PEL：*TWA*　0.1mg/m^3

NIOSH REL：*TWA*　0.1mg/m^3

IDLH：100mg/m^3（以铜计）

硫酸铜

英 文 名：Copper sulfate

中文别名：蓝矾；胆矾

相对分子质量：159.60（$CuSO_4$）；249.68（$CuSO_4 \cdot 5H_2O$）

分 子 式：无水 $CuSO_4$；$CuSO_4 \cdot 5H_2O$

CAS 号：7758－98－7

理化性质

相对密度：2.286（$CuSO_4 \cdot 5H_2O$） 熔 点：200℃（$CuSO_4$）

3.606（$CuSO_4$）

蓝色三斜晶系晶体。加热至45℃失去二分子结晶水，至110℃失去四分子结晶水，250℃失去全部结晶水而成为绿白色无水物粉末。在650℃分解成氧化铜和三氧化硫。溶于水、甲醇和氨液，微溶于乙醇和甘油。

接触机会

制印刷墨、电池、媒染剂、杀虫剂、木材防腐剂、除水剂、涂料的颜料、皮革鞣料、水的澄清剂、金属着色剂、医药品等。

毒性

属中等类。LD_{50} 300mg/kg（大鼠经口）。

职业危害

误食过量，可发生急性中毒，表现为急性肠胃炎，引起恶心、呕吐、腹痛、腹泻等。误服0.065～0.13g即可产生症状，有时是致死性中毒。有些病人出现黄疸，可由肝细胞损害或溶血引起。长期吸入可引起眼、呼吸道刺激症状，甚至鼻中隔穿孔，并出现胃肠道症状。

应急处理

口服中毒时，立即饮足量温水，催吐，用清水、硫代硫酸钠或1%铁氰酸化钾溶液洗胃，然后用牛奶、豆浆或蛋清灌胃以保护胃黏膜。就医。

铜盐溅入眼内应立即冲洗，就医。

防护措施

严加密闭，提供充分的局部排风。提供安全淋浴和洗眼设备。

呼吸系统防护：空气中粉尘浓度超标时，佩戴自吸过滤式防尘口罩。紧急事态抢救或撤离时，应该佩戴空气呼吸器。

眼睛防护：戴安全防护眼镜。

身体防护：穿防毒物渗透工作服。

手防护：戴橡胶手套。

其他：工作现场禁止吸烟、进食和饮水。及时换洗工作服。工作前后不饮酒，用温水洗澡。

职业接触限值

中国未制订职业接触限值。

【钴及其化合物】

钴

英 文 名：Cobalt

相对原子质量：58.93

分 子 式：Co

CAS 号：7440－48－4

理化性质

相对密度：8.9　　　　沸　点：3100℃

熔　点：1493℃

具有光泽的钢灰色金属。在常温下不和水作用，在潮湿的空气中也很稳定。

接触机会

用作颜料、催化剂及用于陶瓷工业。钴合金材料制取。医药用做刺激骨髓促进红细胞生成药剂。

毒性

属低毒类。

钴是引起过敏反应的半抗原，接触本品可引起过敏性皮炎。吸入其大量粉尘对肺有刺激作用，使毛细血管通透性增强，出现水肿和出血。慢性中毒产生红细胞增多症、甲状腺肿大。成人口服150mg氯化钴，除红细胞增多外，无其他反应。红细胞增多主要是由于钴对骨髓和髓外造血组织的刺激所引起。长期口服每日3～4mg，达3周引起甲状腺肿大。

职业危害

本品的职业性接触主要引起皮炎和呼吸系统症状。非职业性接触可引起红细胞增多症、甲状腺肿大等。

（1）过敏性皮炎：在颈、肘弯、踝等易摩擦部位出现荨麻疹、红斑、丘疹。皮肤试验阳性可证明对钴过敏。

（2）哮喘：急性型为过敏反应，出现哮喘样发作，即呼气性呼吸困难、干咳，偶尔有化学性肺炎、肺水肿。脱离接触症状即缓解。

（3）胃肠道症状：口服氯化钴每日500mg治疗贫血时，可出现呕血、便血、肢体痛和无力等症状。

（4）红细胞增多症：正常人每日服20～60mg钴以后，红细胞、网织红细胞、红细胞比积都增加，骨髓增生，形成红细胞增多症。

（5）甲状腺肿大：用3～4mg/（kg/d）剂量氯化钴治疗镰状细胞性贫血，引起甲状腺肿大、机能减退。

应急处理

口服中毒时，立即饮足量温水，催吐。就医，用清水洗胃，对症治疗。根据动物试验，甲硫氨基酸、半胱氨酸可降低钴的毒性。

溅入眼内，立即用清水冲洗至少15min，就医。

皮肤沾染，用肥皂水和清水彻底冲洗皮肤。

吸入，迅速脱离现场至空气新鲜处。保持呼吸道通畅。如呼吸困难，给输氧。如呼吸停止，立即进行人工呼吸。就医。咳嗽、气短等立即就医，作对症治疗。

防护措施

加强设备密闭性，加强通风，做好防毒、防尘工作。避免产生粉尘，避免与还原剂、活性金属粉末接触。

穿胶布防毒服，戴化学安全防护眼镜，戴橡胶防护手套，空气中浓度可能超标时，应戴自吸过滤式防毒防尘面具或口罩。

职业接触限值

中　　国：OELs：*PC－TWA*　0.05mg/m³；*PC－STEL*　0.1mg/m³

美　　国：ACGIH TLVs：*TWA*　0.02mg/m³；A3，BEI

OSHA PEL：*TWA*　0.1 mg/m³

NIOSH REL：*TWA*　0.05mg/m³

IDLH　20 mg/m³（以钴计）

氧化钴

英 文 名：Cobalt oxide；Cobalt monooxide

别　　名：一氧化钴

相对分子质量：74.93

分 子 式：CoO

CAS　号：1307－96－6

理化性质

相对密度：6.45　　　　熔　　点：1935℃

通常是灰色粉末，有时是绿棕色晶体。溶于酸和碱金属氢氧化物，不溶于水和氢氧化铵溶液。

接触机会

用于制油漆颜料、陶瓷釉料和钴催化剂等。

毒性

属低毒类。LD_{50} 1700mg/kg（大鼠经口）。

职业危害

本品的职业性接触主要引起皮炎和呼吸系统症状。非职业性接触可引起红细胞增多症、甲状腺肿大等。

（1）过敏性皮炎：在颈、肘弯、踝等易摩擦部位出现荨麻疹、红斑、丘疹。皮肤试验阳性可证明对钴过敏。

（2）哮喘：急性型为过敏反应，出现哮喘样发作，即呼气性呼吸困难、干咳，偶尔有化学性肺炎、肺水肿。脱离接触症状即缓解。

（3）胃肠道症状：口服氯化钴每日500mg治疗贫血时，可出现呕血、便血、肢体痛和无力等症状。

（4）红细胞增多症：正常人每日服20～60mg钴以后，红细胞、网织红细胞、红细胞比积都增加，骨髓增生，形成红细胞增多症。

（5）甲状腺肿大：用3～4mg/（kg·d）日剂量氯化钴治疗镰状细胞性贫血，引起甲状腺肿大、机能减退。

应急处理

口服中毒时，立即饮足量温水，催吐。就医，用清水洗胃，对症治疗。根据动物试验，甲硫氨基酸、半胱氨酸可降低钴的毒性。

溅入眼内，立即用清水冲洗至少15min，就医。

皮肤沾染，用肥皂水和清水彻底冲洗皮肤。

吸入，迅速脱离现场至空气新鲜处。保持呼吸道通畅。如呼吸困难，给输氧。如呼吸停止，立即进行人工呼吸。就医。咳嗽、气短等立即就医，作对症治疗。

防护措施

加强设备密闭性，加强通风，做好防毒、防尘工作。避免产生粉尘，避免与还原剂、活性金属粉末接触。

穿胶布防毒服，戴化学安全防护眼镜，戴橡胶防护手套，空气中浓度可能超标时，应戴自吸过滤式防毒防尘面具或口罩。

职业接触限值

中　国：OELs：*PC－TWA*　0.05mg/m^3；*PC－STEL*　0.1mg/m^3

美　国：ACGIH TLVs：*TWA*　0.02mg/m^3；A3，BEI

氧化高钴

英 文 名：Cobaltic oxide；Cobalt black

别　　名：三氧化二钴

相对分子质量：165.86

分 子 式：Co_2O_3

CAS　号：22541－63－5

理化性质

相对密度：6.45　　　　熔　　点：895℃（分解）

钢灰色或黑色粉末。溶于浓酸，不溶于水。

接触机会

用作颜料和釉料等。

毒性

属低毒类。

职业危害

本品的职业性接触主要引起皮炎和呼吸系统症状。非职业性接触可引起红细胞增多症、甲状腺肿大等。

（1）过敏性皮炎：在颈、肘弯、踝等易摩擦部位出现荨麻疹、红斑、丘疹。皮肤试验阳性可证明对钴过敏。

（2）哮喘：急性型为过敏反应，出现哮喘样发作，即呼气性呼吸困难、干咳，偶尔有化学性肺炎、肺水肿。脱离接触症状即缓解。

（3）胃肠道症状：口服氯化钴每日500mg治疗贫血时，可出现呕血、便血、肢体痛和无力等症状。

（4）红细胞增多症：正常人每日服20～60mg钴以后，红细胞、网织红细胞、红细胞比积都增加，骨髓增生，形成红细胞增多症。

（5）甲状腺肿大：用3～4mg/（kg·d）日剂量氯化钴治疗镰状细胞性贫血，引起甲状腺肿大、机能减退。

应急处理

口服中毒时，立即饮足量温水，催吐。就医，用清水洗胃，对症治疗。根据动物试验，甲硫氨基酸、半胱氨酸可降低钴的毒性。

溅入眼内，立即用清水冲洗至少15min，就医。

皮肤沾染，用肥皂水和清水彻底冲洗皮肤。

吸入，迅速脱离现场至空气新鲜处。保持呼吸道通畅。如呼吸困难，给输氧。如呼吸停止，立即进行人工呼吸。就医。咳嗽、气短等立即就医，作对症治疗。

防护措施

加强设备密闭性，加强通风，做好防毒、防尘工作。避免产生粉尘，避免与还原剂、活性金属粉末接触。

穿胶布防毒服，戴化学安全防护眼镜，戴橡胶防护手套，空气中浓度可能超标时，应戴自吸过滤式防毒防尘面具或口罩。

职业接触限值

中　国：OELs：*PC－TWA*　0.05mg/m^3；*PC－STEL*　0.1mg/m^3

美　国：ACGIH TLVs：*TWA*　0.02mg/m^3；A3，BEI

醋酸(亚)钴

英 文 名：Cobaltous acetate

相对分子质量：249.08

分 子 式：$Co\ (C_2H_3O_2)_2 \cdot 4H_2O$

CAS 号：6147－53－1

理化性质

相对密度：1.70（水＝1）　　熔　点：140℃（失水）

紫红色晶体，易潮解。溶于水、酸类和醇。

接触机会

用于制隐色墨水、油漆干燥剂。

毒性

属低毒类。

职业危害

本品的职业性接触主要引起皮炎和呼吸系统症状。非职业性接触可引起红细胞增多症、甲状腺肿大等。

（1）过敏性皮炎：在颈、肘弯、踝等易摩擦部位出现荨麻疹、红斑、丘疹。皮肤试验阳性可证明对钴过敏。

（2）哮喘：急性型为过敏反应，出现哮喘样发作，即呼气性呼吸困难、干咳，偶尔有化学性肺炎、肺水肿。脱离接触症状即缓解。

（3）胃肠道症状：口服氯化钴每日500mg治疗贫血时，可出现呕血、便血、肢体痛和无力等症状。

（4）红细胞增多症：正常人每日服20～60mg钴以后，红细胞、网织红细胞、红细胞比积都增加，骨髓增生，形成红细胞增多症。

（5）甲状腺肿大：用3～4mg/kg/日剂量氯化钴治疗镰状细胞性贫血，引起甲状腺肿大、机能减退。

应急处理

口服中毒时，立即饮足量温水，催吐。就医，用清水洗胃，对症治疗。根据动物试验，甲硫氨基酸、半胱氨酸可降低钴的毒性。

溅入眼内，立即用清水冲洗至少15min，就医。

皮肤沾染，用肥皂水和清水彻底冲洗皮肤。

吸入，迅速脱离现场至空气新鲜处。保持呼吸道通畅。如呼吸困难，给输氧。如呼吸停止，立即进行人工呼吸。就医。咳嗽、气短等立即就医，作对症治疗。

防护措施

加强设备密闭性，加强通风，做好防毒、防尘工作。避免产生粉尘，避免与还原剂、活性金属粉末接触。

穿胶布防毒服，戴化学安全防护眼镜，戴橡胶防护手套，空气中浓度可能超标时，应戴自吸过滤式防毒防尘面具或口罩。

职业接触限值

中国未制订职业接触限值。

氯化(亚)钴

英 文 名：Cobalt dichloride

相对分子质量：129.84（$CoCl_2$）；237.92（$CoCl_2 \cdot 6H_2O$）

分 子 式：$CoCl_2$；$CoCl_2 \cdot 6H_2O$

CAS 号：7646－79－9

理化性质

相对密度：3.348（$CoCl_2$）　　熔　点：86.75℃

1.924（$CoCl_2 \cdot 6H_2O$）

无水物为蓝色晶体，六水物为鲜红色单斜晶系晶体。溶于水、乙醇和丙酮。

接触机会

用于制隐色墨水、气压计、温度计、密度计，也用作防毒面具、电镀、钴镍合金、氨的吸收剂等。

毒性

属中等毒性。大鼠经口 LD_{50}为 80mg/kg。

职业危害

本品的职业性接触主要引起皮炎和呼吸系统症状。非职业性接触可引起红细胞增多症、甲状腺肿大等。

(1) 过敏性皮炎：在颈、肘弯、踝等易摩擦部位出现荨麻疹、红斑、丘疹。皮肤试验阳性可证明对钴过敏。

(2) 哮喘：急性型为过敏反应，出现哮喘样发作，即呼气性呼吸困难、干咳，偶尔有化学性肺炎、肺水肿。脱离接触症状即缓解。

(3) 胃肠道症状：口服氯化钴每日 500mg 治疗贫血时，可出现呕血、便血、肢体痛和无力等症状。

(4) 红细胞增多症：正常人每日服 20～60mg 钴以后，红细胞、网织红细胞、红细胞比积都增加，骨髓增生，形成红细胞增多症。

(5)甲状腺肿大:用3~4mg/(kg·d)剂量氯化钴治疗镰状细胞性贫血,引起甲状腺肿大、机能减退。

应急处理

口服中毒时,立即饮足量温水,催吐。就医,用清水洗胃,对症治疗。根据动物试验,甲硫氨基酸、半胱氨酸可降低钴的毒性。

溅入眼内,立即用清水冲洗至少15min,就医。

皮肤沾染,用肥皂水和清水彻底冲洗皮肤。

吸入,迅速脱离现场至空气新鲜处。保持呼吸道通畅。如呼吸困难,给输氧。如呼吸停止,立即进行人工呼吸。就医。咳嗽、气短等立即就医,作对症治疗。

防护措施

做好就业及定期体检工作。对发生哮喘样发作或过敏性皮炎者,应脱离接触。有过敏史和皮肤病者不宜从事接触钴的作业。

加强设备密闭性,加强通风,做好防毒、防尘工作。避免产生粉尘,避免与还原剂、活性金属粉末接触。

穿胶布防毒服,戴化学安全防护眼镜,戴橡胶防护手套,空气中浓度可能超标时,应戴自吸过滤式防毒防尘面具或口罩。

职业接触限值

中国未制订职业接触限值。

美　　国:ACGIH TLVs:*TWA*　0.02mg/m³;A3,BEI

【钼及其化合物】

钼粉

英 文 名:Molybdenum

相对分子质量:95.94

分 子 式:Mo

CAS　号:7439-98-7

理化性质

相 对 密 度:10.2(水=1)　　沸　　点:4800℃

熔　　点:2620℃　　饱和蒸气压:0.133 kPa (3102℃)

灰黑色粉末。不溶于水,溶于盐酸、硫酸、硝酸。

接触机会

用于冶炼特种钢、耐热耐酸合金、电工器材、玻璃、陶瓷、颜料及化学工业。

毒性

急性毒性:大鼠经口 LD_{50} 6.1 mg/kg 。

职业危害

对眼睛、皮肤有刺激作用。部分接触者出现尘肺病变,有自觉呼吸困难、全身疲倦、头晕、胸痛、咳嗽等。

应急处理

皮肤接触:脱去污染的衣着,用大量流动清水冲洗。

眼睛接触:提起眼睑,用流动清水或生理盐水冲洗。就医。

吸　　入:脱离现场至空气新鲜处。

食　　入:饮足量温水,催吐。就医。

防护措施

工程控制:严加密闭,提供充分的局部排风。

呼吸系统防护:可能接触其粉尘时,必须佩戴防尘面具(全面罩)。紧急事态抢救或撤离时,应该佩戴空气呼吸器。

眼睛防护:呼吸系统防护中已作防护。

身体防护:穿胶布防毒衣。

手 防 护:戴橡胶手套。

其　　他:工作现场禁止吸烟、进食和饮水。工作完毕,淋浴更衣。保持良好的卫生习惯。

职业接触限值

中　　国:OELs:*PC*－*TWA*　6mg/m^3

美　　国:ACGIH TLVs:*TWA*　10 mg/m$^{3(I)}$、3 mg/m$^{3(R)}$

OSHA PEL:*TWA*　15mg/m^3

IDLH　5000mg/m^3(以钼计)

三氧化钼

英 文 名:Molybdenum trioxide

相对分子质量:143.94

分 子 式:MoO_3

CAS　号:1313－27－5

理化性质

相对密度:4.692　　沸　　点:1155℃

熔　　点:795℃

白色透明斜方晶体。不溶于水,可溶于氨水和强碱溶液,生成钼酸盐。稳定。氧化性极弱,在高温下可被氢、碳、铝还原。禁忌物:五氟化溴、三氟化氯。

接触机会

炼油化工中用作催化剂。也用于制金属钼、瓷釉颜料和药物等。

毒性

大鼠经口 LD_{50}:125mg/kg。经口染毒动物主要出现胃肠道症状,食欲下降、呕吐、血便、贫血,有时前肢变形,同时见呼吸困难、震颤、抽搐等表现。

职业危害

侵入途径:食入、吸入。三氧化钼对眼睛、皮肤、黏膜和上呼吸道有刺激作用。

应急处理

皮肤接触:脱去污染的衣着,用大量流动清水冲洗。

眼睛接触：提起眼睑，用流动清水或生理盐水冲洗。就医。

吸　　入：脱离现场至空气新鲜处。如呼吸困难，给输氧。就医。

食　　入：饮足量温水，催吐。就医。

防护措施

工程控制：密闭操作，局部排风。

呼吸系统防护：可能接触其粉尘时，应佩戴防毒口罩。高浓度环境中，佩戴防毒面具。

眼睛防护：戴化学安全防护眼镜。

防护服：穿相应的防护服。

手防护：戴防护手套。

其他：工作现场禁止吸烟、进食和饮水。工作完毕，淋浴更衣。注意个人清洁卫生。

职业接触限值

中　　国：OELs：*PC－TWA*　$6mg/m^3$

美　　国：ACGIH TLVs：*TWA*　$10\ mg/m^{3(I)}$、$3\ mg/m^{3(R)}$

OSHA PEL：*TWA*　$15mg/m^3$（以钼计）

IDLH　$5000mg/m^3$（以钼计）

钼酸铵

英 文 名：Ammonium molybdate

相对分子质量：1235.86

分 子 式：$(NH_4)_6Mo_7O_{24}\cdot 4H_2O$（七钼酸铵，仲钼酸铵）

CAS　号：13106－76－8

理化性质

相对密度：2.38～2.95　　熔　　点：170℃（分解）

无色或略带淡绿色的棱形晶体。组成不固定，主要是仲钼酸铵$(NH_4)_6Mo_7O_{24}\cdot 4H_2O$。放置空气中即风化，失去一部分氨。不溶于乙醇，溶于水、乙酸、盐酸、碱液。加热至170℃分解为氨、水、三氧化钼。

接触机会

钼酸铵主要用于冶炼钼铁和制取三氧化钼、金属钼粉作为钨钼合金、钼丝的原料；其次是用于作化工的催化剂；少量用作农用钼肥；极少量用于医药方面，为多种酶的组成部分，钼的缺乏会导致龋齿、肾结石、克山病、大骨节病、食道癌等疾病。用于制颜料，实验室试剂。

毒性

钼酸铵属中等毒性，大鼠经口 LD_{50} 333 mg/kg。在胃肠道易吸收，分布在肝、肾、肾上腺和腹膜，主要经尿排出。

经口染毒的动物主要出现胃肠道症状，食欲下降、呕吐、血便、贫血、有时前肢变形，同时有呼吸困难、震颤、抽搐等表现。

职业危害

吸入、摄入或经皮肤吸收后对身体有害，对眼睛、皮肤、黏膜和上呼吸道有刺激作用。目前，未见职业中毒的报道。

应急处理

皮肤接触:脱去污染的衣着,用大量流动清水冲洗。

眼睛接触:提起眼睑,用流动清水或生理盐水冲洗。就医。

吸　　入:脱离现场至空气新鲜处。如呼吸困难,给输氧。就医。

食　　入:饮足量温水,催吐。就医。

防护措施

工程控制:密闭操作,全面排风。

呼吸系统防护:空气中粉尘浓度超标时,必须佩戴自吸过滤式防尘口罩。紧急事态抢救或撤离时,应该佩戴空气呼吸器。

眼睛防护:戴化学安全防护眼镜。

身体防护:穿防毒物渗透工作服。

手防护:戴橡胶手套。

其他:工作完毕,淋浴更衣。注意个人清洁卫生。

职业接触限值

中　　国：OELs：*PC - TWA*　4mg/m^3

美　　国：ACGIH TLVs：*TWA*　0.5 mg/m$^{3(R)}$；A3

OSHA PEL：*TWA*　5mg/m^3

IDLH　1000mg/m^3（以钼计）

【铝及其化合物】

铝粉

英 文 名：Aluminum

相对原子质量：26.98

分 子 式：Al

CAS　号：7429 - 90 - 5

理化性质

相对密度：2.7

铝为银白色的轻金属。密度质软富有延展性，可进行各种塑性加工，并具有良好的导电性和导热性。铝易与空气中的氧反应，在表面生成一层极薄且十分致密的的氧化铝膜保护层，使其内部不再氧化，因而具有一定的耐腐蚀性能。但铝为两性金属，即溶于各种酸类，也溶于强碱。另外，铝与氮、硫、卤族元素在高温下可起反应，且易燃而引起火灾或爆炸。

接触机会

用作颜料、油漆、烟花等，也用于冶金工业。

毒性

属低毒类。铝可经呼吸道吸收，并可在肺中蓄积。人的消化道吸收铝很少，不超过摄入量的10%。铝及其化合物不能经完整的皮肤进入体内。

进入体内的铝，主要存留于骨骼、肝、肾、肺、脑和肾上腺。铝在软组织中存留的时间较短，在血液中不超过一周。呼吸道吸入的不溶性铝粉，可长时间蓄积在肺和肺门淋巴结。

进入体内的铝约60%经肾由尿排出，约40%随粪便以难溶性的磷酸铝形式排出，胆汁中排出的铝很少。

长期吸入不溶性铝粉可导致肺纤维化。

动物实验证明铝可影响神经活动的多个环节，涉及从细胞形态到神经递质，以及有关酶学的改变。铝可引起动物脑组织细胞坏死、退行性变，以及神经原纤维缠结等形态学改变。酶学研究发现铝可影响参与磷酸化过程的多种酶（如蛋白激酶C和己糖激酶等）的活性。

铝还可引起神经递质的改变。经铝染毒的动物，神经系统中去甲肾上腺素和多巴胺水平下降。铝尚可抑制胆碱乙酰化酶的活性，与ATP酶结合形成Al-ATP酶而干扰脑组织中的葡萄糖代谢。另外，铝还可影响血脑屏障的通透性及轴突转运。

职业危害

（1）急性损害

铝的职业危害主要见于熔炼和精制。电解铝采用冰晶石等氟化物时还有氟的危害。

吸入高浓度的氯化铝可刺激上呼吸道产生急性刺激性支气管炎，还可产生间质性肺炎。氯化铝对皮肤和黏膜有刺激作用，可引起急性结膜炎。当受潮解生成盐酸，则可造成皮肤灼伤。另外，未稀释的的烷基铝原液有腐蚀性，可引起皮肤灼伤，出现充血、水肿和水疱，疼痛剧烈。

（2）慢性损害

①铝尘肺：主要发生于铝加工工业和使用铝粉的工厂，见于生产氧化铝、从事铝黄铜喷雾、熔化铝化物的工人。国外报道的铝尘肺均为接触片状铝粉所致。国内不仅有片状铝粉作为烟花爆竹原料而引起的爆竹工尘肺（铝尘肺）的报道，并且也有接触粒状铝粉引起铝尘肺的报道。

②铁矾土肺：生产含铝磨料的工人，吸入在2000℃高温下熔融的矾土（Al_2O_3），以及混合逸出的石英、铁和焦煤等构成的烟雾所产生的损害。本病可有气短、胸闷、胸痛、咳嗽、无力等症状。X线检查可见肺纹理增重和肺气肿，病程进展较快。个别严重病例可因弥漫性肺间质性纤维化而出现自发性气胸。目前认为本病是由于包括铝在内的多种有害因素联合作用的结果。

③神经损害：近十余年来已有大量实验及临床资料证明铝对神经系统的毒性作用。Rapper等（1980）测得老年痴呆患者脑组织中铝含量相当于正常人的1.4倍。Perl等（1986）用扫描电镜分析了肌萎缩性侧索硬化和Parkinson病海马区神经元中铝含量，结果发现在神经元的核区和核周胞质中有铝蓄积，含量相当于正常人的三倍以上，从而推测这两种疾病的发生可能与铝有关。

Hosovski等（1990）对铝铸造工人的调查结果，发现血、尿铝浓度分别为对照人群的2~4倍和4~8倍时，多数人的运动协调能力、反应速度和记忆力均有一定程度的降低。

应急处理

吸入时，患者应迅速脱离现场，移至空气新鲜处。

皮肤接触：应脱去被污染的衣着，用肥皂水和清水彻底冲洗皮肤。

眼睛接触：提起眼睑，用大量流动清水或生理盐水彻底冲洗，至少15min。就医。

误服者饮足量温水，催吐，就医。

防护措施

密闭操作，局部通风。最好采用湿式操作。

空气中粉尘浓度超标时，应该佩戴自吸过滤式防尘口罩。必要时，建议佩戴空气呼吸器。戴化学安全防护眼镜、穿防静电工作服、戴一般作业防护手套。

工作完毕，淋浴更衣。保持良好的卫生习惯。

职业接触限值

中　国：OELs：*PC－TWA*　3mg/m^3

美　国：OSHA PEL：*TWA*　15mg/m^3（总铝）、5mg/m^3（可吸入铝）

NIOSH REL：*TWA*　10mg/m^3（总铝）、5mg/m^3（可吸入铝）

氧化铝

英 文 名：Aluminum oxide；Alumina

别　　名：矾土

相对分子质量：101.96

分 子 式：Al_2O_3

CAS　号：1344－28－1

理化性质

相对密度：3.97～4.0　　沸　　点：2980℃

熔　　点：2010～2050℃

白色粉末。不溶于水，微溶于无机酸、碱液。

接触机会

用于制镶牙水泥、瓷器、油漆的填料、媒染剂、金属铝等。

毒性

属低毒类。侵入途径：吸入或误服。

职业危害

对机体一般不易引起毒害，对黏膜和上呼吸道有刺激作用，经呼吸道吸入其粉尘可引起肺部轻度纤维化，肺部和肺淋巴结有大量的铝沉积，眼严重者可引起铝尘肺。

应急处理

吸入时，患者应迅速脱离现场，移至空气新鲜处。

皮肤接触：应脱去被污染的衣着，用肥皂水和清水彻底冲洗皮肤。

眼睛接触：提起眼睑，用大量流动清水或生理盐水彻底冲洗，至少15min。就医。

误服者饮足量温水，催吐，就医。

防护措施

密闭操作，局部通风。最好采用湿式操作。

空气中粉尘浓度超标时，应该佩戴自吸过滤式防尘口罩。必要时，建议佩戴空气呼吸器。戴化学安全防护眼镜、穿防静电工作服、戴一般作业防护手套。

工作毕，淋浴更衣。保持良好的卫生习惯。

职业接触限值

中　　国：OELs：*PC－TWA*　4mg/m^3

美　　国：OSHA PEL：*TWA*　15mg/m^3（总铝）、5mg/m^3（可吸入铝）

硫酸铝

英 文 名：Aluminum sulfate

相对分子质量：342.20

分 子 式：$Al_2(SO_4)_3$

CAS　号：10043－01－3

理化性质

相对密度：2.7

熔　　点：（分解）770℃

白色晶体，有甜味。溶于水，不溶于乙醇等。

接触机会

用作制白色鞣革、纸上浆、媒染剂、净水剂、防水剂、澄清剂、石油除臭剂、沉淀剂等。

毒性

属低毒类。LD_{50}（980±90）mg/kg（小鼠经皮）。

职业危害

对眼睛、黏膜有一定的刺激作用。误服大量硫酸铝可引起口腔和胃的刺激作用。

应急处理

吸入时，患者应迅速脱离现场，移至空气新鲜处。

皮肤接触：应脱去被污染的衣着，用肥皂水和清水彻底冲洗皮肤。

眼睛接触：提起眼睑，用大量流动清水或生理盐水彻底冲洗，至少15min。就医。

误服者饮足量温水，催吐，就医。

防护措施

密闭操作，局部通风。最好采用湿式操作。

空气中粉尘浓度超标时，应该佩戴自吸过滤式防尘口罩。必要时，建议佩戴空气呼吸器。戴化学安全防护眼镜、穿防静电工作服、戴一般作业防护手套。

工作完毕，淋浴更衣。保持良好的卫生习惯。

职业接触限值

中国未制订职业接触限值。

美　　国：NIOSH REL：*TWA*　2mg/m^3

【钠及其化合物】

钠

英 文 名：Sodium

相对分子质量：22.99

分 子 式：Na

CAS 号：7440－23－5

理化性质

相对密度：0.97　　饱和蒸气压：0.13 kPa（440℃）

熔　　点：97.8℃　　燃 烧 热：209.5 kJ/mol

沸　　点：892℃　　引燃温度：＞115℃

银白色柔软的轻金属，常温下质软如蜡。不溶于煤油。

接触机会

用于制造氰化钠、过氧化钠和多种化学药物或作还原剂。

毒性

急性毒性：小鼠腹腔 LD_{50} 4000mg/kg。

职业危害

在空气中能自燃，燃烧产生的烟（主要含氧化钠）对鼻、喉及上呼吸道有腐蚀作用及极强的刺激作用。同潮湿皮肤或衣服接触可燃烧，造成烧伤。

应急处理

皮肤接触：用大量流动清水冲洗至少15min。就医。

眼睛接触：立即提起眼睑，用大量流动清水或生理盐水彻底冲洗至少15min。就医。

吸　　入：迅速脱离现场至空气新鲜处。保持呼吸道通畅。如呼吸困难，给输氧。如呼吸停止，立即进行人工呼吸。就医。

食　　入：用水漱口，给饮牛奶或蛋清。就医。

防护措施

（1）管理措施

操作人员必须经过专门培训，严格遵守操作规程。

（2）工程控制

密闭操作。提供安全淋浴和洗眼设备。

（3）个人防护措施

呼吸系统防护：一般不需特殊防护。

眼睛防护：戴安全防护面罩。

身体防护：穿化学防护服。

手 防 护：戴橡胶手套。

其　　他：工作现场严禁吸烟。注意个人清洁卫生。

职业接触限值

中国未制订职业接触限值。

氧化钠

英 文 名：Sodium oxide

相对分子质量：61.98

分 子 式：Na_2O

CAS 号：1313－59－3

理化性质

相对密度：2.27　　沸　　点：1275℃（升华）

熔　　点：1132℃

外观与性状：白色无定形片状或粉末。

接触机会

用作聚合、缩合剂及脱氢剂。

职业危害

对人体有强烈刺激性和腐蚀性。对眼睛、皮肤、黏膜能造成严重灼伤。接触后可引起灼伤、头痛、恶心、呕吐、咳嗽、喉炎、气短等症状。

应急处理

皮肤接触：立即脱去污染的衣着，用大量流动清水冲洗至少15min。就医。

眼睛接触：立即提起眼睑，用大量流动清水或生理盐水彻底冲洗至少15min。就医。

吸　　入：迅速脱离现场至空气新鲜处。保持呼吸道通畅。如呼吸困难，给输氧。如呼吸停止，立即进行人工呼吸。就医。

食　　入：用水漱口，给饮牛奶或蛋清。就医。

隔离泄漏污染区，限制出入。建议应急处理人员戴防尘口罩，穿防腐防毒服。不要直接接触泄漏物。

防护措施

（1）管理措施

防止粉尘释放到车间空气中。操作人员必须经过专门培训，严格遵守操作规程。

（2）工程控制

严加密闭，提供充分的局部排风。

（3）个人防护措施

呼吸系统防护：可能接触其粉尘时，必须佩戴防尘面具（全面罩）。紧急事态抢救或撤离时，应该佩戴空气呼吸器。

身体防护：穿橡胶耐酸碱服。

手 防 护：戴橡胶耐酸碱手套。

其　　他：工作现场禁止吸烟、进食和饮水。工作完毕，淋浴更衣。保持良好的卫生习惯。

职业接触限值

中国未制订职业接触限值。

氢氧化钠

英 文 名：Sodium hydroxide

中文别名：烧碱；苛性钠；火碱

相对分子质量：40.01

分 子 式：NaOH

CAS　号：1310－73－2

理化性质

相对密度：2.13　　沸　　点：1390℃

熔　　点：318.4℃

纯品为无色透明的晶体，工业品含少量的氯化钠和碳酸钠，为白色不透明固体，有块状、片状、粒状、棒状。易溶于水、乙醇、甘油，不溶于丙酮。

与酸发生中和反应并放热。遇潮时对铝、锌和锡有腐蚀性，并放出易燃易爆的氢气。本品不会燃烧，遇水和水蒸气大量放热，形成腐蚀性溶液。具有强腐蚀性。

接触机会

用于石油精炼、造纸、肥皂、人造丝、染色、制革、医药、有机合成等。炼化装置中氢氧化钠溶液用做脱硫脱硫醇剂、pH 调节剂等。是实验室常用试剂。使用氢氧化钠的装置设施操作人员，实验室分析人员，储运人员等可接触。

毒性

氢氧化钠为强碱性物质，具有腐蚀和刺激作用。氢氧化钠使体内脂肪皂化，使组织胶凝化变为可溶性化合物，破坏细胞膜结构，使病变向纵深发展。

本品有强烈刺激和腐蚀性。粉尘刺激眼和呼吸道，腐蚀鼻中隔；皮肤和眼直接接触可引起灼伤；误服可造成消化道灼伤，黏膜糜烂、出血和休克。

职业危害

皮肤接触高浓度的本品，特别是皮肤潮湿时，能引起比酸更深更广泛的灼伤。经常接触本品溶液的工人，可见有不同程度的慢性皮肤病，在前臂和手臂患有深浅不一的“鸟眼状”溃疡。这种溃疡常易感染。即使和很稀的氢氧化钠溶液接触也能使指甲变薄、变脆。

要特别注意氢氧化钠对眼的损害，即使很少量的进入眼中也是很危险的，会破坏角膜、结膜、甚至虹膜，造成灼伤。由于碱性物质渗透力强，将向深部和邻近组织渗透。角膜上沾附碱粒以及结膜皱褶、凹陷处的碱液都可继续引起有害作用，若不及时彻底处理，往往造成视力减退甚至失明。角膜上皮受损可出现白斑，边缘有广泛的出血和水肿。

应急处理

对皮肤和眼灼伤的的急救，应强调现场自救和互救，及时用大量流水充分冲洗。

皮肤接触应立即脱去被污染的衣着，用大量流动清水冲洗，至少 15min。就医。

眼睛接触应立即提起眼睑，用大量流动清水或生理盐水彻底冲洗至少 15min。就医。

吸入者迅速脱离现场至空气新鲜处。保持呼吸道通畅。如呼吸困难，给输氧。如呼吸停止，立即进行人工呼吸。就医。

误服者用水漱口，饮牛奶或蛋清。就医。

防护措施

（1）密闭操作。作业场所设置警示标识、警示线、告知卡，提供安全淋浴和洗眼设备。

（2）可能接触氢氧化钠粉尘时，必须佩戴头罩型电动送风过滤式防尘呼吸。必要时，佩戴空气呼吸器、穿橡胶耐酸碱服、戴橡胶耐酸碱手套。

工作场所禁止吸烟、进食和饮水，饭前要洗手。工作完毕，淋浴更衣。注意个人清洁卫生。

职业接触限值

中　　国：OELs：*MAC*　2mg/m^3

美　　国：ACGIH TLVs：*C*　$2mg/m^3$

OSHA PEL：*TWA*　$2mg/m^3$

NIOSH REL：*C*　$2mg/m^3$

IDLH　$10\ mg/m^3$

硫化钠

英 文 名：Sodium sulfide

别　　名：硫化碱

相对分子质量：78.04

分 子 式：Na_2S

CAS　号：1313－82－2

理化性质

相对密度：1.86　　熔　　点：1180℃

无色或米黄色颗粒结晶，工业品为红褐色或砖红色块状。易溶于水，不溶于乙醚，微溶于乙醇。其水溶液呈强碱性，在空气中易氧化成硫代硫酸钠、亚硫酸钠、硫酸钠和多硫化钠。

毒性

急性毒性：LD_{50} 820mg/kg（小鼠经口）；950mg/kg（小鼠静注）。

接触机会

用于制造硫化染料，皮革脱毛剂，金属冶炼，照相，人造丝脱硝等。炼化装置用氢氧化钠溶液脱硫后废碱液中含硫化钠。

职业危害

本品有毒。在胃肠道中能分解出硫化氢，口服后能引起硫化氢中毒。硫化钠对皮肤、眼睛和上呼吸道黏膜有腐蚀作用。曾有报告工人眼接触硫化钠后灼伤而不易治愈。

应急处理

皮肤接触：立即脱去污染的衣着，用大量流动清水冲洗至少15min。就医。

眼睛接触：立即提起眼睑，用大量流动清水或生理盐水彻底冲洗至少15min。就医。

吸　　入：迅速脱离现场至空气新鲜处。保持呼吸道通畅。如呼吸困难，给输氧。如呼吸停止，立即进行人工呼吸。就医。

食　　入：用水漱口，给饮牛奶或蛋清。就医。

防护措施

（1）管理措施

操作人员必须经过专门培训，严格遵守操作规程。

（2）工程控制

密闭操作。加强通风，提供安全淋浴和洗眼设备。

（3）个人防护措施

呼吸系统防护：可能接触其粉尘时，必须佩戴自吸过滤式防尘口罩。必要时，佩戴空气呼吸器。

眼睛防护：戴化学安全防护眼镜。

身体防护：穿橡胶耐酸碱服。

手 防 护：戴橡胶耐酸碱手套。

其 他：工作场所禁止吸烟、进食和饮水，饭前要洗手。工作完毕，淋浴更衣。注意个人清洁卫生。

职业接触限值

中国未制订职业接触限值。

硫氢化钠

英 文 名：Sodium hydrosulfide

中文别名：酸性硫化钠

相对分子质量：56.06

分 子 式：NaSH

CAS 号：16721－80－5

理化性质

相对密度：1.79　　闪 点：90℃

熔 点：52.54℃

白色至无色、有硫化氢气味的立方晶体，工业品一般为溶液，呈橙色或黄色。溶于水，溶于乙醇、乙醚等。禁配物：强氧化剂、酸类、锌、铝、铜及其合金。燃烧产物：硫化氢。

接触机会

用作各种有机产品的中间体和硫化染料的助剂，也用于皮革脱毛、黏液丝的脱硫及化肥和农药等生产，供分析化学及制造无机物用。

毒性

急性毒性：LD_{50} 30 mg/kg（大鼠腹腔）。

职业危害

对眼、皮肤、黏膜和上呼吸道有强烈刺激作用。吸入后，可引起喉、支气管的痉挛、炎症和水肿，化学性肺炎或肺水肿。中毒的症状可有烧灼感、喘息、喉炎、气短、头痛、恶心和呕吐。与眼睛直接接触可引起不可逆的损害，甚至失明。

应急处理

皮肤接触：立即脱去污染的衣着，用大量流动清水冲洗至少15min。就医。

眼睛接触：立即提起眼睑，用大量流动清水或生理盐水彻底冲洗至少15min。就医。

吸 入：迅速脱离现场至空气新鲜处。保持呼吸道通畅。如呼吸困难，给输氧。如呼吸停止，立即进行人工呼吸。就医。

食 入：用水漱口，给饮牛奶或蛋清。就医。

防护措施

（1）管理措施

操作人员必须经过专门培训，严格遵守操作规程。

（2）工程控制

密闭操作，局部排风。

(3) 个人防护措施

呼吸系统防护：可能接触其粉尘时，必须佩戴防尘面具（全面罩）；可能接触其蒸气时，应该佩戴自吸过滤式防毒面具（全面罩）。

眼睛防护：戴防护眼镜。

身体防护：穿胶布防毒衣。

手 防 护：戴橡胶手套。

其　　他：及时换洗工作服。保持良好的卫生习惯。

职业接触限值

中国未制订职业接触限值。

硅酸钠

英 文 名：Sodium silicate

中文别名：泡花碱

相对分子质量：122.07

分 子 式：Na_2SiO_3

CAS　号：1344－09－8

理化性质

相对密度：2.4　　　　熔　　点：1088℃

略带绿色或白色粉末，透明块状或黏稠液体。易溶于水。溶于水成黏稠溶液，俗称水玻璃、泡花碱。是一种无机黏合剂。水玻璃溶液因水解而呈碱性（比纯碱稍强）。因系弱酸盐所以遇盐酸，硫酸、硝酸、二氧化碳都能析出硅酸。

接触机会

用作胶黏剂、硅胶和白碳黑的原料，制皂业的填充料以及化工、橡胶防水剂等，还可用来制造不溶性硅酸盐类产品。

毒性

急性毒性：大鼠经口 LD_{50} 1280 mg/kg。

职业危害

吸入本品蒸气或雾对呼吸道黏膜有刺激和腐蚀性，可引起化学性肺炎。液体或雾对眼有强烈刺激性，可致结膜和角膜溃疡。皮肤接触液体可引起皮炎或灼伤。摄入本品液体腐蚀消化道，出现恶心、呕吐、头痛、虚弱及肾损害。

应急处理

皮肤接触：立即脱去污染的衣着，用大量流动清水冲洗至少15min。就医。

眼睛接触：立即提起眼睑，用大量流动清水或生理盐水彻底冲洗至少15min。就医。

吸　　入：迅速脱离现场至空气新鲜处。保持呼吸道通畅。如呼吸困难，给输氧。如呼吸停止，立即进行人工呼吸。就医。

食　　入：用水漱口，给饮牛奶或蛋清。就医。

防护措施

(1) 管理措施

操作人员必须经过专门培训，严格遵守操作规程。

（2）工程控制

生产过程密闭，加强通风。

（3）个人防护措施

呼吸系统防护：可能接触其粉尘时，必须佩戴防尘面具（全面罩）；可能接触其蒸气时，应该佩戴自吸过滤式防毒面具（全面罩）。

眼睛防护：呼吸系统防护中已作防护。

身体防护：穿连衣式胶布防毒衣。

手 防 护：戴橡胶耐油手套。

其　　他：工作完毕，淋浴更衣。保持良好的卫生习惯。

职业接触限值

中国未制订职业接触限值。

磷酸钠

英 文 名：Sodium phosphate；Trisodium phosphate

中文别名：磷酸三钠

相对分子质量：380.14

分 子 式：$Na_3PO_4 \cdot 12H_2O$

CAS 号：10101－89－0

理化性质

相对密度：1.62　　　　熔　　点：73.4℃

无色晶体，在干燥空气中易风化。溶于水，不溶于乙醇、二硫化碳。在干燥空气中风化，100℃时即失去12个结晶水而成无水物（Na_3PO_4）。水溶液呈碱性，对皮肤有一定的侵蚀作用。

接触机会

用作软水剂、锅炉清洁剂、金属防锈剂以及用于造纸、制革、照相等。

毒性

对黏膜有轻度刺激作用。

急性毒性：大鼠经口 LD_{50} 7400 mg/kg。

应急处理

皮肤接触：脱去污染的衣着，用流动清水冲洗。

眼睛接触：提起眼睑，用流动清水或生理盐水冲洗。就医。

吸　　入：脱离现场至空气新鲜处。如呼吸困难，给输氧。就医。

食　　入：饮足量温水，催吐。就医。

防护措施

（1）管理措施

操作人员必须经过专门培训，严格遵守操作规程。

（2）工程控制

密闭操作，注意通风。

（3）个人防护措施

呼吸系统防护：空气中粉尘浓度较高时，建议佩戴自吸过滤式防尘口罩。

眼睛防护：必要时，戴化学安全防护眼镜。

身体防护：穿一般作业防护服。

手 防 护：戴一般作业防护手套。

其　　他：工作完毕，淋浴更衣。保持良好的卫生习惯。

职业接触限值

中国未制订职业接触限值。

硫酸钠

英 文 名：Sodium sulfate

中文别名：无水芒硝（Anhydrous）

相对分子质量：142.04

分 子 式：Na_2SO_4

CAS　号：7757－82－6

理化性质

相对密度：2.68　　　　　　　　　　熔　　点：884℃

白色、无臭、有苦味的结晶或粉末，有吸湿性。不溶于乙醇，溶于水，溶于甘油。

接触机会

用于制水玻璃、玻璃、瓷釉、纸浆、致冷混合剂、洗涤剂、干燥剂、染料稀释剂、分析化学试剂、医药品等。

毒性

对眼睛和皮肤有刺激作用。基本无毒。

急性毒性：小鼠经口 LD_{50} 5989 mg/kg。

应急处理

皮肤接触：脱去污染的衣着，用大量流动清水冲洗。

眼睛接触：提起眼睑，用流动清水或生理盐水冲洗。就医。

吸　　入：脱离现场至空气新鲜处。如呼吸困难，给输氧。就医。

食　　入：饮足量温水，催吐。就医。

防护措施

（1）工程控制

生产过程密闭，加强通风。

（2）个人防护措施

呼吸系统防护：空气中粉尘浓度超标时，必须佩戴自吸过滤式防尘口罩。紧急事态抢救或撤离时，应该佩戴空气呼吸器。

眼睛防护：戴化学安全防护眼镜。

身体防护：穿防毒物渗透工作服。

手 防 护：戴橡胶手套。

职业接触限值

中国未制订职业接触限值。

硝酸钠

英 文 名：Sodium nitrate

相对分子质量：85.0

分 子 式：$NaNO_3$

CAS 号：7631-99-4

理化性质

相对密度：2.267　　爆炸温度：537℃

熔　　点：308℃

无色透明无臭晶体。味咸，略带苦味。溶于水和甘油，微溶于乙醇。易潮解。加热到380℃时分解成亚硝酸钠和氧。是一种氧化剂。

接触机会

用于搪瓷、玻璃业、染料业、医药，农业上用作肥料。

毒性

本品能经呼吸道、消化道吸收。在人体内转化为亚硝酸钠，与血红蛋白结合形成高铁血红蛋白症，是血红蛋白失去携氧能力。对眼睛、皮肤和黏膜有刺激作用。急性毒性常由食物或水受污染引起。

急性毒性：小鼠经口 LD_{50} 3236 mg/kg。

职业危害

在化肥、炸药等工业部门可因大量吸入引起职业中毒。

大量口服中毒时，患者剧烈腹痛、呕吐、血便、休克、全身抽搐、昏迷，甚至死亡。

应急处理

皮肤接触：脱去污染的衣着，用大量流动清水冲洗。

眼睛接触：提起眼睑，用流动清水或生理盐水冲洗。就医。

吸　　入：脱离现场至空气新鲜处。如呼吸困难，给输氧。如呼吸停止，立即进行人工呼吸。就医。

食　　入：饮足量温水，给饮牛奶或蛋清，就医。洗胃、导泻。

防护措施

(1) 工程控制

生产过程密闭，加强通风。严格遵守操作规程。

(2) 个人防护措施

空气中粉尘浓度超标时，佩戴自吸过滤式防尘口罩。紧急事态抢救或撤离时，应该佩戴空气呼吸器。戴化学安全防护眼镜，穿聚乙烯防毒服，戴氯丁橡胶手套。

职业接触限值

中国未制订职业接触限值。

亚硝酸钠

英 文 名：Sodium nitrite

相对分子质量：69.01

分 子 式：$NaNO_2$

CAS 号：7632－00－0

理化性质

相对密度：2.17　　　　沸　　点：320℃（分解）

熔　　点：271℃

白色或淡黄色细结晶，无臭，略有咸味，易潮解。极易溶于水，难溶于乙醇和乙醚。既有还原性，又有氧化性。

接触机会

用于染料、医药等的制造，也用于有机合成。丁二烯抽提装置使用亚硝酸钠，操作人员配制时可能接触。

毒性

本品经口属剧毒类。急性毒性：大鼠经口 LD_{50}：85mg/kg。人对本品敏感性较动物高，健康人体中有微量亚硝酸盐。大剂量中毒时在体内形成致癌的亚硝胺。

本品毒作用为麻痹血管运动中枢、呼吸中枢及周围血管。亚硝酸盐类使血红蛋白中的二价铁氧化成三价铁，形成高铁血红蛋白，这些高铁血红蛋白能影响正常血红蛋白的携氧和释氧功能，因而造成机体缺氧，尤其中枢神经系统对缺氧更为敏感，从而产生了临床的一系列表现。大剂量亚硝酸盐直接作用于血管，血管运动中枢不完全麻痹，引起血管扩张，血压下降。对皮肤作用，以3%溶液（每天8h）反复润湿豚鼠腿皮，部分动物死亡。尸解发现心肌、脾、肝、肺和脑出血，有变性血红蛋白形成的特征。

职业危害

人误服0.3～0.5g可引起急性中毒，表现为全身无力、头痛、头晕、恶心、呕吐、腹泻、胸部紧迫感以及呼吸困难；检查见皮肤黏膜明显紫绀。严重者血压下降、昏迷、死亡。

慢性影响表现为无力、快速行走易疲劳、头痛、食欲下降和多梦，肢体和关节伸展痛，还有心区痛和手指麻木等症状，并有手掌皮肤发黄、充血、手青紫和水肿，有时足背青紫和水肿，蜕皮、皲裂、水泡状疹，指甲变脆，毛细血管明显改变。

应急处理

皮肤接触：脱去污染的衣着，用肥皂水和清水彻底冲洗皮肤。

眼睛接触：提起眼睑，用流动清水或生理盐水冲洗。就医。

吸　　入：脱离现场至空气新鲜处。如呼吸困难，给输氧。如呼吸停止，立即进行人工呼吸。就医。

食　　入：饮足量温水，催吐。就医。

防护措施

（1）工程控制

密闭操作，加强通风。现场配备冲淋洗眼设施。

操作人员必须经过专门培训，严格遵守操作规程。

（2）个人防护措施

呼吸系统防护：空气中浓度较高时，必须佩戴自吸过滤式防毒防尘口罩。紧急事态抢救或撤离时，应该佩戴空气呼吸器。

眼睛防护：戴化学安全防护眼镜。

身体防护：穿胶布防毒物渗透工作服。

手 防 护：戴橡胶手套。

工作完毕，淋浴更衣。保持良好卫生习惯

职业接触限值

中国未制订职业接触限值。

碳酸氢钠

英 文 名：Sodium bicarbonate；Sodium acid carbonate

中文别名：酸式碳酸钠；小苏打

相对分子质量：84.00

分 子 式：$NaHCO_3$

CAS 号：144－55－8

理化性质

相对密度：2.16　　熔　点：270℃（分解）

白色、有微咸味、粉末或结晶体。溶于水，不溶于乙醇等。碳酸氢钠在常温下是接近中性的极微弱的碱，如将其固体或水溶液加热50℃以上时，可转变为碳酸钠。

接触机会

分析化学用试剂，镀金、镀铂、鞣革、处理羊毛、丝、灭火剂、医药消化剂等，也用作乳油保存剂、木材防熏剂。

毒性

对眼睛、皮肤及呼吸道黏膜有刺激性，引起炎症。

急性毒性：LD_{50} 4220 mg/kg（大鼠经口）。

应急处理

皮肤接触：脱去污染的衣着，用大量流动清水冲洗。

眼睛接触：提起眼睑，用流动清水或生理盐水冲洗。就医。

吸　　入：脱离现场至空气新鲜处。如呼吸困难，给输氧。就医。

食　　入：饮足量温水，催吐。就医。

防护措施

（1）工程控制

生产过程密闭，加强通风。

（2）个人防护措施

呼吸系统防护：空气中粉尘浓度较高时，建议佩戴自吸过滤式防尘口罩。

眼睛防护：戴化学安全防护眼镜。

身体防护：穿一般作业防护服。

手 防 护：戴一般作业防护手套。

职业接触限值

中国未制订职业接触限值。

次氯酸钠

英 文 名：Sodium hypochlorite

中文别名：漂白水

相对分子质量：74.44

分 子 式：NaClO

CAS 号：7681－52－9

理化性质

相对密度：1.10　　沸　点：102.2℃

熔　点：－6℃

淡黄色极不稳定的固体。溶于水，水溶液呈碱性反应，有似氯气的气味。能逐渐分解为氯化钠、氯酸钠和氧。是强氧化剂。在光的作用下或加热时，分解特别迅速。

接触机会

用于水的净化，以及作消毒剂、纸浆漂白等，医药工业中用制氯胺等。

毒性

具腐蚀性，可致人体灼伤，具致敏性。

职业危害

经常用手接触本品的工人，手掌大量出汗，指甲变薄，毛发脱落。本品有致敏作用。本品放出的游离氯有可能引起中毒。

应急处理

皮肤接触：脱去污染的衣着，用大量流动清水冲洗。

眼睛接触：提起眼睑，用流动清水或生理盐水冲洗。就医。

吸　入：迅速脱离现场至空气新鲜处。保持呼吸道通畅。如呼吸困难，给输氧。如呼吸停止，立即进行人工呼吸。就医。

食　入：饮足量温水，催吐。就医。

防护措施

（1）管理措施

操作人员必须经过专门培训，严格遵守操作规程。

（2）工程控制

生产过程密闭，加强通风。

（3）防火和防爆

储存于阴凉、通风的库房。远离火种、热源。库温不宜超过30℃。应与酸类分开存放，切忌混储。储区应备有泄漏应急处理设备和合适的收容材料。

（4）个人防护措施

建议高浓度环境操作人员佩戴直接式防毒面具（半面罩），戴化学安全防护眼镜，穿防腐工作服，戴橡胶手套。防止蒸气泄漏到工作场所空气中。避免与酸类接触。

职业接触限值

中国未制订职业接触限值。

连二亚硫酸钠

英 文 名：Sodium hyposulfite；Sodium dithionite

中文别名：保险粉

相对分子质量：174.11

分 子 式：$Na_2S_2O_4$

CAS 号：7775－14－6

理化性质

相对密度：2.3～2.4　　熔　点：＞300℃（分解）

白色砂状结晶或淡黄色粉末。不溶于乙醇。受热分解、在空气中可氧化。其水溶液性质不安定，有极强的还原性，属于强还原剂。暴露于空气中易吸收氧气而氧化，同时也易吸收潮气发热而变质，并能夺取空气中的氧结块并发出刺激性酸味。属遇湿易燃物品。

接触机会

印染工业中作还原剂，丝、毛的漂白，还用于医药、选矿、硫脲及其硫化物的合成等。

毒性

本品有毒。本品对眼、呼吸道和皮肤有刺激性。一旦遇水发生燃烧或者爆炸，其燃烧后生成的产物大部分都是有毒的气体，例如：硫化氢、二氧化硫。

职业危害

接触后可引起头痛、恶心和呕吐。

应急处理

皮肤接触：脱去污染的衣着，用肥皂水和清水彻底冲洗皮肤。

眼睛接触：提起眼睑，用流动清水或生理盐水冲洗。就医。

吸　入：迅速脱离现场至空气新鲜处。保持呼吸道通畅。如呼吸困难，给输氧。如呼吸停止，立即进行人工呼吸。就医。

食　入：饮足量温水，催吐。就医。

隔离泄漏污染区，限制出入。切断火源。建议应急处理人员戴自给正压式呼吸器，穿化学防护服。不要直接接触泄漏物。小量泄漏：避免扬尘，用洁净的铲子收集于干燥、洁净、有盖的容器中。大量泄漏：用干石灰、沙或苏打灰覆盖，使用无火花工具收集回收或运至废物处理场所处置。

防护措施

（1）管理措施

操作人员必须经过专门培训，严格遵守操作规程。

（2）工程控制

密闭操作，局部排风。

（3）防火和防爆

储存于阴凉、通风的库房。相对湿度保持在75%以下。包装要求密封，不可与空气接触。应与氧化剂、酸类、易（可）燃物分开存放。

尽可能将容器从火场移至空旷处。灭火剂：干粉、二氧化碳、砂土。禁止用水。

(4) 个人防护措施

呼吸系统防护：可能接触其粉尘时，应该佩戴自吸过滤式防尘口罩。必要时，佩戴自给式呼吸器。

眼睛防护：戴安全防护眼镜。

身体防护：穿化学防护服。

手 防 护：戴乳胶手套。

其　　他：工作现场禁止吸烟、进食和饮水。工作完毕，淋浴更衣。注意个人清洁卫生。

职业接触限值

中国未制订职业接触限值。

偏二亚硫酸钠

英 文 名：Sodium metabisulfite；Sodium pyrosulfite

中文别名：焦亚硫酸钠

相对分子质量：190.09

分 子 式：$Na_2S_2O_5$

CAS　号：7681－57－4

理化性质

相对密度：1.48　　熔　　点：>300℃（分解）

白色晶体或结晶粉末，略有亚硫酸气味。溶于水，溶于乙醇、丙酮等。

接触机会

用作化学试剂（印染和摄影等方面）。

毒性

急性毒性：LD_{50} 178 mg/kg（兔静脉）［MLD］。

职业危害

本品对皮肤、黏膜有明显的刺激作用，可引起结膜、支气管炎症状。有过敏体质或哮喘的人，对此非常敏感。皮肤直接接触可引起灼伤。

应急处理

皮肤接触：立即脱去污染的衣着，用大量流动清水冲洗至少15min。就医。

眼睛接触：立即提起眼睑，用大量流动清水或生理盐水彻底冲洗至少15min。就医。

吸　　入：脱离现场至空气新鲜处。如呼吸困难，给输氧。就医。

食　　入：用水漱口，给饮牛奶或蛋清。就医。

防护措施

(1) 管理措施

操作人员必须经过专门培训，严格遵守操作规程。

(2) 工程控制

生产过程密闭，加强通风。

(3) 防火和防爆

储存于阴凉、干燥、通风良好的库房。保持容器密封。应与氧化剂、酸类、食用化学品分开存放。不宜久存，消防人员必须穿全身防火防毒服，在上风向灭火。灭火时尽可能将容器从火场移至空旷处。

（4）个人防护措施

呼吸系统防护：空气中粉尘浓度超标时，必须佩戴自吸过滤式防尘口罩。紧急事态抢救或撤离时，应该佩戴空气呼吸器。

眼睛防护：戴化学安全防护眼镜。

身体防护：穿防毒物渗透工作服。

手 防 护：戴橡胶手套。

其　　他：及时换洗工作服。保持良好的卫生习惯。

职业接触限值

中国未制订职业接触限值。

碳酸钠

英 文 名：Sodium carbonate

中文别名：纯碱（Soda）

相对分子质量：105.99

分 子 式：Na_2CO_3

CAS 号：3313－92－6

理化性质

相对密度：2.53　　　　熔　点：851℃

白色粉末或细颗粒（无水纯品），味涩。易溶于水，不溶于乙醇、乙醚等。

接触机会

是重要的化工原料之一，用于制化学品、清洗剂、洗涤剂、也用于照像术和制医药品。

毒性

本品具有刺激性和腐蚀性。

急性毒性：大鼠经口 LD_{50} 4090 mg/kg。大鼠吸入，2h，LC_{50} 2300mg/m^3。

职业危害

直接接触可引起皮肤和眼灼伤。生产中吸入其粉尘和烟雾可引起呼吸道刺激和结膜炎，还可有鼻黏膜溃疡、萎缩及鼻中隔穿孔。长时间接触本品溶液可发生湿疹、皮炎、鸡眼状溃疡和皮肤松弛。接触本品的作业工人呼吸器官疾病发病率升高。误服可造成消化道灼伤、黏膜糜烂、出血和休克。

应急处理

皮肤接触：立即脱去污染的衣着，用大量流动清水冲洗至少 15min。就医。

眼睛接触：立即提起眼睑，用大量流动清水或生理盐水彻底冲洗至少 15min。就医。

吸　　入：脱离现场至空气新鲜处。如呼吸困难，给输氧。就医。

食　　入：用水漱口，给饮牛奶或蛋清。就医。

隔离泄漏污染区，限制出入。建议应急处理人员戴防尘面具（全面罩），穿防毒服。避免扬尘，小心扫起，置于袋中转移至安全场所。若大量泄漏，用塑料布、帆布覆盖。收集回收或运至废物处理场所处置。

防护措施

(1) 管理措施

操作人员必须经过专门培训，严格遵守操作规程。

(2) 工程控制

生产过程密闭，加强通风。

(3) 防火和防爆

储存于阴凉、通风的库房。应与酸类等分开存放。严禁与酸类、食用化学品等混装混运。

消防人员必须穿全身耐酸碱消防服。灭火时尽可能将容器从火场移至空旷处。

(4) 个人防护措施

呼吸系统防护：空气中粉尘浓度超标时，必须佩戴自吸过滤式防尘口罩。紧急事态抢救或撤离时，应该佩戴空气呼吸器。

眼睛防护：戴化学安全防护眼镜。

身体防护：穿防毒物渗透工作服。

手 防 护：戴橡胶手套。

其　　他：及时换洗工作服。保持良好的卫生习惯。

职业接触限值

中　　国：OELs：*PC-TWA* 3 mg/m^3；*PC-STEL* 6 mg/m^3

亚硫酸钠

英 文 名：Sodium sulfite

相对分子质量：126.04

分 子 式：Na_2SO_3

CAS 号：7757-83-7

理化性质

相对密度：2.63（水=1）　　熔　点：150℃（失水分解）

无色、单斜晶体或粉末。易溶于水，不溶于乙醇等。

接触机会

用于制亚硫酸纤维素酯、硫代硫酸钠、有机化学药品、漂白织物等，还用作还原剂、防腐剂、去氯剂等。

职业危害

对眼睛、皮肤、黏膜有刺激作用。

应急处理

皮肤接触：脱去污染的衣着，用大量流动清水冲洗。

眼睛接触：提起眼睑，用流动清水或生理盐水冲洗。就医。

吸　　入：脱离现场至空气新鲜处。如呼吸困难，给输氧。就医。

食　　入：饮足量温水，催吐。就医。

防护措施

(1) 管理措施

操作人员必须经过专门培训，严格遵守操作规程。

（2）工程控制

生产过程密闭，加强通风。

（3）防火和防爆

储存于阴凉、通风的库房。应与酸类等分开存放。不宜久存。

（4）个人防护措施

呼吸系统防护：空气中粉尘浓度超标时，必须佩戴自吸过滤式防尘口罩。紧急事态抢救或撤离时，应该佩戴空气呼吸器。

眼睛防护：戴化学安全防护眼镜。

身体防护：穿防毒物渗透工作服。

手 防 护：戴橡胶手套。

其　　他：及时换洗工作服。保持良好的卫生习惯。

职业接触限值

中国未制订职业接触限值。

硫酸氢钠

英 文 名：Sodium bisulfate；Sodium acid sulfate

中文别名：酸式硫酸钠

相对分子质量：120.06

分 子 式：$NaHSO_4$

CAS　号：7681－38－1

理化性质

相对密度：2.435（13℃）（水＝1）　　　　熔　　点：＞315℃（分解）

白色结晶或颗粒，无气味。溶于水，不溶于液氨。它的无水物有吸湿性。水溶液显酸性，1mol/L溶液的pH大约为1.4。

接触机会

用作助熔剂、印染助剂、分析试剂、土地改良剂和消毒剂，并用于制硫酸盐和钠矾等。

毒性

具腐蚀性、强刺激性，可致人体灼伤。

职业危害

本品对眼睛、皮肤、黏膜和上呼吸道具强烈刺激作用和腐蚀性。

应急处理

皮肤接触：立即脱去污染的衣着，用大量流动清水冲洗至少15min。就医。

眼睛接触：立即提起眼睑，用大量流动清水或生理盐水彻底冲洗至少15min。就医。

吸　　入：迅速脱离现场至空气新鲜处。保持呼吸道通畅。如呼吸困难，给输氧。如呼吸停止，立即进行人工呼吸。就医。

食　　入：用水漱口，给饮牛奶或蛋清。就医。

防护措施

(1) 管理措施

防止粉尘释放到车间空气中。操作人员必须经过专门培训，严格遵守操作规程。

(2) 工程控制

严加密闭，提供充分的局部排风。

(3) 防火和防爆

储存于阴凉、干燥、通风良好的库房。防止阳光直射。包装密封。应与次氯酸钠等分开存放。

(4) 个人防护措施

呼吸系统防护：可能接触其粉尘时，必须佩戴防尘面具（全面罩）。紧急事态抢救或撤离时，应该佩戴空气呼吸器。

眼睛防护：呼吸系统防护中已作防护。

身体防护：穿橡胶耐酸碱服。

手 防 护：戴橡胶耐酸碱手套。

其　　他：工作现场禁止吸烟、进食和饮水。工作完毕，淋浴更衣。保持良好的卫生习惯。

职业接触限值

中国未制订职业接触限值。

亚硫酸氢钠

英 文 名：Sodium bisulfite；Hydrogen sulfite sodium

中文别名：酸式亚硫酸钠

相对分子质量：104.06

分 子 式：$NaHSO_3$

CAS 号：7631-90-5

理化性质

相对密度：1.48（20℃）

白色结晶粉末，有二氧化硫的气味。易溶于水，微溶于醇、乙醚。

接触机会

用作漂白剂、媒染剂、蔬菜脱水和保存剂、照相还原剂、医药电镀、造纸等助漂净剂。

毒性

急性毒性：大鼠经口 LD_{50}2000 mg/kg。

职业危害

对皮肤、眼、呼吸道有刺激性，可引起过敏反应。可引起角膜损害，导致失明。可引起哮喘；大量口服引起恶心、腹痛、腹泻、循环衰竭、中枢神经抑制。

应急处理

皮肤接触：立即脱去污染的衣着，用大量流动清水冲洗。就医。

眼睛接触：立即提起眼睑，用大量流动清水或生理盐水彻底冲洗至少15min。就医。

吸　　入：迅速脱离现场至空气新鲜处。保持呼吸道通畅。如呼吸困难，给输氧。如呼吸停止，立即进行人工呼吸。就医。

食　　入：饮足量温水，催吐。就医。

隔离泄漏污染区，限制出入。建议应急处理人员戴防尘口罩，穿防酸服。不要直接接触泄漏物。小量泄漏：避免扬尘，小心扫起，收集于干燥、洁净、有盖的容器中。大量泄漏：收集回收或运至废物处理场所处置。

防护措施

（1）管理措施

防止粉尘释放到车间空气中。操作人员必须经过专门培训，严格遵守操作规程。

（2）工程控制

密闭操作，局部排风。

（3）防火和防爆

储存于阴凉、通风的库房。包装密封。应与氧化剂、酸类、碱类分开存放。不宜久存，以免变质。

消防人员必须穿全身耐酸碱消防服。灭火时尽可能将容器从火场移至空旷处。然后根据着火原因选择适当灭火剂灭火。

（4）个人防护措施

呼吸系统防护：空气中粉尘浓度超标时，必须佩戴自吸过滤式防尘口罩。紧急事态抢救或撤离时，应该佩戴空气呼吸器。

眼睛防护：戴化学安全防护眼镜。

身体防护：穿橡胶耐酸碱服。

手 防 护：戴橡胶耐酸碱手套。

其　　他：工作场所禁止吸烟、进食和饮水，饭前要洗手。工作完毕，淋浴更衣。保持良好的卫生习惯。

职业接触限值

中国未制订职业接触限值。

美　　国：ACGIH TLVs：*TWA*　$5mg/m^3$

NIOSH REL：*TWA*　$5mg/m^3$

【钾及其化合物】

钾

英 文 名：Potassium

相对分子质量：39.10

分 子 式：K

CAS　号：7440－09－7

理化性质

相对密度：0.86　　沸　　点：774

熔　　点：63.6℃　　饱和蒸气压：1.33 kPa（443℃）

银白色柔软金属。不溶于烃类，溶于液氨。不稳定；不聚合；接触空气产生剧烈氧化反应。禁配物：强氧化剂、空气、水、氧、酸类、卤素。燃烧产物氧化钾。

接触机会

用于制过氧化钾、合金的热交换剂，也用作试剂。

毒性

侵入途径：吸入、食入。急性毒性：LD_{50} 700 mg/kg（小鼠腹腔）；LC_{50}：无资料。

职业危害

本品对眼、鼻、咽喉和肺有刺激作用，接触后引起喷嚏、咳嗽和喉炎。高浓度吸入可致肺水肿。对眼和皮肤有强烈刺激和腐蚀性，可致灼伤。

应急处理

皮肤接触：立即脱去污染的衣着，用大量流动清水冲洗至少15min。就医。

眼睛接触：立即提起眼睑，用大量流动清水或生理盐水彻底冲洗至少15min。就医。

吸　　入：迅速脱离现场至空气新鲜处。保持呼吸道通畅。如呼吸困难，给输氧。如呼吸停止，立即进行人工呼吸。就医。

食　　入：用水漱口，给饮牛奶或蛋清。就医。

隔离泄漏污染区，限制出入。切断火源。建议应急处理人员戴自给正压式呼吸器，穿化学防护服。不要直接接触泄漏物。小量泄漏：收入金属容器并保存在煤油或液体石蜡中。大量泄漏：用塑料布、帆布覆盖。在专家指导下清除。

防护措施

（1）管理措施

操作人员必须经过专门培训，严格遵守操作规程。

（2）工程控制

密闭操作。提供安全淋浴和洗眼设备。

（3）防火和防爆

浸于煤油中。储存于阴凉、通风的库房。远离火种、热源。库温不超过25℃，相对湿度不超过75%。包装要求密封，不可与空气接触。应与氧化剂、酸类、卤素等分开存放，切忌混储。

灭火方法：不可用水、卤代烃（如1211灭火剂），碳酸氢钠、碳酸氢钾作为灭火剂，即使石墨干粉对钾亦不适用。而应使用干燥氯化钠粉末、碳酸钠干粉、碳酸钙干粉、干砂等灭火。

（4）个人防护措施

呼吸系统防护：一般不需要特殊防护，但建议特殊情况下，佩戴自吸过滤式防毒面具（半面罩）。

眼睛防护：戴安全防护面罩。

身体防护：穿化学防护服。

手 防 护：戴橡胶手套。

其　　他：工作现场严禁吸烟。注意个人清洁卫生。

职业接触限值

中国未制订职业接触限值。

氢化钾

英 文 名：Potassium hydride

相对分子质量：40.1

分 子 式：KH

CAS　号：7693-26-7

理化性质

相对密度：1.43~1.47

白色针状结晶，商品为灰色粉末，半分散于油中。不溶于液氨、二硫化碳。不稳定；不聚合；禁配物：水、醇类、酸类、强氧化剂、氯代烃、卤素、氧、空气。避免接触潮湿空气。燃料分解产物：氧化钾、水。

接触机会

用作有机合成的缩合剂及烷化剂。

职业危害

本品对黏膜、上呼吸道、眼和皮肤有强烈的刺激性。吸入后，可因喉及支气管的痉挛、炎症、水肿，化学性肺炎或肺水肿而致死。接触后引起烧灼感、咳嗽、喘息、喉炎、气短、头痛、恶心、呕吐。

应急处理

皮肤接触：立即脱去污染的衣着，用大量流动清水冲洗至少15min。就医。

眼睛接触：立即提起眼睑，用大量流动清水或生理盐水彻底冲洗至少15min。就医。

吸　　入：迅速脱离现场至空气新鲜处。保持呼吸道通畅。如呼吸困难，给输氧。如呼吸停止，立即进行人工呼吸。就医。

食　　入：用水漱口，给饮牛奶或蛋清。就医。

隔离泄漏污染区，限制出入。切断火源。建议应急处理人员戴自给正压式呼吸器，穿防毒服。不要直接接触泄漏物。小量泄漏：避免扬尘，使用无火花工具收集于干燥、洁净、有盖的容器中，转移至安全场所。大量泄漏：用塑料布、帆布覆盖。与有关技术部门联系，确定清除方法。

防护措施

（1）管理措施

操作人员必须经过专门培训，严格遵守操作规程。

（2）工程防护措施

严加密闭，提供充分的局部排风和全面通风。

（3）防火和防爆

储存于阴凉、干燥、通风良好的库房。远离火种、热源。库温不超过25℃，相对湿度不超过75%。包装密封。应与氧化剂、酸类、醇类、卤素等分开存放，切忌混储。装运本品的车辆排气管须有阻火装置。运输过程中要确保容器不泄漏、不倒塌、不坠落、不损坏。严禁与氧化剂、酸类、醇类、卤素、食用化学品等混装混运。铁路运输时要禁止溜放。

灭火方法：不可用水、泡沫、二氧化碳、卤代烃（如1211灭火剂）等灭火。只能用金属盖或干燥石墨粉、干燥白云石粉末将火焖熄。

（4）个人防护措施

呼吸系统防护：可能接触毒物时，应该佩戴头罩型电动送风过滤式防尘呼吸器。必要时，建议佩戴自给式呼吸器。

眼睛防护：呼吸系统防护中已作防护。

身体防护：穿聚乙烯防毒服。

手 防 护：戴橡胶手套。

其　　他：工作现场严禁吸烟。注意个人清洁卫生。

职业接触限值

中国未制订职业接触限值。

碳酸氢钾

英 文 名：Potassium bicarbonate；Potassium acid carbonate

中文别名：重碳酸钾

相对分子质量：100.12

分 子 式：$KHCO_3$

CAS　号：298－14－6

理化性质

相对密度：2.17　　熔　　点：100～120℃（分解）

无色、无臭、味咸、透明结晶或白色粉末。不溶于乙醇，溶于水等。100～120℃分解为碳酸钾、二氧化碳和水。

接触机会

用作生产碳酸钾、醋酸钾、亚砷酸钾等的原料，亦用于医药、食品、灭火剂等行业。分析用化学试剂。

应急处理

皮肤接触：脱去污染的衣着，用流动清水冲洗。

眼睛接触：提起眼睑，用流动清水或生理盐水冲洗。就医。

吸　　入：脱离现场至空气新鲜处。如呼吸困难，给输氧。就医。

食　　入：饮足量温水，催吐。就医。

防护措施

生产过程密闭，加强通风。

储存于阴凉、通风的库房。应与酸类等分开存放，切忌混储。

呼吸系统防护：空气中粉尘浓度超标时，必须佩戴自吸过滤式防尘口罩。紧急事态抢救或撤离时，应该佩戴空气呼吸器。

眼睛防护：戴化学安全防护眼镜。

身体防护：穿防毒物渗透工作服。

手 防 护：戴橡胶手套。

职业接触限值

中国未制订职业接触限值。

碳酸钾

英 文 名：Potassium carbonate

相对分子质量：138.21

分 子 式：K_2CO_3

CAS 号：584-08-7

理化性质

相对密度：2.43　　熔 点：891℃

白色粉末状或细颗粒状结晶，有很强的吸湿性。易溶于水，不溶于乙醇、醚。禁配物：强氧化剂、潮湿空气、强酸。

接触机会

用于印染、玻璃、肥皂等工业，也用作肥料和分析试剂等。

毒性

本品对呼吸道有刺激作用；对眼有轻到中度刺激作用；皮肤接触有轻到中度刺激性；出现痒、烧灼感和炎症；大量摄入对消化道有腐蚀性。

LD_{50} 1870 mg/kg（大鼠经口）。

职业危害

吸入本品对呼吸道有刺激作用，出现咳嗽和呼吸困难等。对眼有轻到中度刺激作用，引起眼疼痛和流泪。皮肤接触有轻到中度刺激性，出现痒、烧灼感和炎症。大量摄入对消化道有腐蚀性，导致胃痉挛、呕吐、腹泻、循环衰竭，甚至引起死亡。

应急处理

皮肤接触：立即脱去污染的衣着，用大量流动清水冲洗。就医。

眼睛接触：提起眼睑，用流动清水或生理盐水冲洗。就医。

吸　　入：迅速脱离现场至空气新鲜处。保持呼吸道通畅。如呼吸困难，给输氧。如呼吸停止，立即进行人工呼吸。就医。

食　　入：用水漱口，给饮牛奶或蛋清。就医。

隔离泄漏污染区，限制出入。建议应急处理人员戴防尘面具（全面罩），穿防毒服。避免扬尘，小心扫起，置于袋中转移至安全场所。也可以用大量水冲洗，洗水稀释后放入废水系统。若大量泄漏，用塑料布、帆布覆盖。收集回收或运至废物处理场所处置。

防护措施

（1）管理措施

操作人员必须经过专门培训，严格遵守操作规程。

（2）工程控制

生产过程密闭，加强通风。

（3）防火和防爆

储存于阴凉、干燥、通风良好的库房。保持容器密封。应与氧化剂、酸类等分开存放，切忌混储。

（4）个人防护措施

呼吸系统防护：空气中粉尘浓度超标时，必须佩戴自吸过滤式防尘口罩。紧急事态抢救或撤离时，应该佩戴空气呼吸器。

眼睛防护：戴化学安全防护眼镜。

身体防护：穿防毒物渗透工作服。

手 防 护：戴橡胶手套。

其　　他：工作完毕，淋浴更衣。保持良好的卫生习惯。

职业接触限值

中国未制订职业接触限值。

氢氧化钾

英 文 名：Potassium hydroxide

相对分子质量：56.11

分 子 式：KOH

CAS　号：1310－58－3

理化性质

相对密度：2.04　　　　沸　　点：1320℃

熔　　点：360.4℃

白色半透明晶体，有片状、块状、棒状和粒状。易潮解，从空气中吸收二氧化碳和水，生成碳酸钾。溶于水，溶解时强烈放热，溶于乙醇、甘油，微溶于乙醚。

接触机会

用作化工生产的原料，也用于医药、染料、轻工等工业。

毒性

具有强腐蚀性和刺激性。粉尘刺激眼和呼吸道，腐蚀鼻中隔。

大鼠经口 LD_{50}273 mg/kg。

职业危害

皮肤和眼直接接触可引起灼伤；误服可造成消化道灼伤，黏膜糜烂、出血，休克。

应急处理

皮肤接触：立即脱去污染的衣着，用大量流动清水冲洗至少15min。就医。

眼睛接触：立即提起眼睑，用大量流动清水或生理盐水彻底冲洗至少15min。就医。

吸　　入：迅速脱离现场至空气新鲜处。保持呼吸道通畅。如呼吸困难，给输氧。如呼吸停止，立即进行人工呼吸。就医。

食　　入：用水漱口，给饮牛奶或蛋清。就医。

应急处理：隔离泄漏污染区，限制出入。建议应急处理人员戴防尘面具（全面罩），穿防酸碱工作服。不要直接接触泄漏物。小量泄漏：用洁净的铲子收集于干燥、洁净、有盖的容器中。也可以用大量水冲洗，洗水稀释后放入废水系统。大量泄漏：收集回收或运至废物处理场所处置。

防护措施

（1）管理措施

操作人员必须经过专门培训，严格遵守操作规程。

（2）工程控制

密闭操作。提供安全淋浴和洗眼设备。

（3）防火和防爆

储存于阴凉、干燥、通风良好的库房。库内湿度最好不大于85%。包装必须密封，切勿受潮。应与易（可）燃物、酸类等分开存放，切忌混储。

（4）个人防护措施

呼吸系统防护：可能接触其粉尘时，必须佩戴头罩型电动送风过滤式防尘呼吸器。必要时，佩戴空气呼吸器。

眼睛防护：呼吸系统防护中已作防护。

身体防护：穿橡胶耐酸碱服。

手 防 护：戴橡胶耐酸碱手套。

其　　他：工作场所禁止吸烟、进食和饮水，饭前要洗手。工作完毕，淋浴更衣。注意个人清洁卫生。

职业接触限值

中　　国：OELs：*MAC*　$2mg/m^3$

美　　国：ACGIH TLVs：*C*　$2mg/m^3$

NIOSH REL：*C*　$2mg/m^3$

【钙及其化合物】

钙

英 文 名：Calcium

相对分子质量：40.08

分 子 式：Ca

CAS　号：7440－70－2

理化性质

相对密度：1.54　　沸　　点：1484℃

熔　　点：842℃　　饱和蒸气压：1.33 kPa（983℃）

银白色至灰白色粉末。不溶于苯，微溶于醇，溶于酸、液氨。化学性质活泼，能与水、酸反应，有氢气产生。在空气中其表面会形成一层氧化物和氮化物薄膜，以防止继续受到腐蚀。加热时，几乎能还原所有的金属氧化物。

接触机会

用于与铝、铜、铅制合金，也用作制铍的还原剂、合金的脱氧剂、油脂脱氢等。

职业危害

吸入本品粉尘刺激呼吸道和肺，引起咳嗽、呼吸困难。对眼有刺激性，甚至引起灼伤，造成永久性损害。皮肤接触可致灼伤。

应急处理

皮肤接触：立即脱去污染的衣着，用大量流动清水冲洗至少15min。就医。

眼睛接触：立即提起眼睑，用大量流动清水或生理盐水彻底冲洗至少15min。就医。

吸　　入：迅速脱离现场至空气新鲜处。保持呼吸道通畅。如呼吸困难，给输氧。如呼吸停止，立即进行人工呼吸。就医。

食 入：用水漱口，给饮牛奶或蛋清。就医。

隔离泄漏污染区，限制出入。切断火源。建议应急处理人员戴自给正压式呼吸器，穿防毒服。不要直接接触泄漏物。小量泄漏：避免扬尘，小心扫起。大量泄漏：用水润湿，然后收集回收或运至废物处理场所处置。

防护措施

(1) 管理措施

操作人员必须经过专门培训，严格遵守操作规程。

(2) 工程控制

密闭操作，局部排风。

(3) 防火和防爆

储存于阴凉、通风的库房。相对湿度保持在75%以下。包装要求密封，不可与空气接触。应与氧化剂、酸类、醇类等分开存放，切忌混储。

严禁用水、卤代烃灭火剂施救，也不宜用二氧化碳灭火。在灭火时，如灭火剂选用不当，也可发生猛烈反应，引起爆炸，必须特别注意消防施救安全。灭火剂：干燥石墨粉、苏打灰、氯化钠粉末。

(4) 个人防护措施

呼吸系统防护：可能接触其粉尘时，佩戴头罩型电动送风过滤式防尘呼吸器。

眼睛防护：呼吸系统防护中已作防护。

身体防护：穿胶布防毒衣。

手 防 护：戴橡胶手套。

其 他：工作现场严禁吸烟。

职业接触限值

中国未制订职业接触限值。

氧化钙

英 文 名：Calcium oxide

中文别名：生石灰

相对分子质量：56.08

分 子 式：CaO

CAS 号：1305－78－8

理化性质

相对密度：3.35 沸 点：2850℃

熔 点：2580℃

白色无定形粉末，含有杂质时呈灰色或淡黄色，具有吸湿性。不溶于醇，溶于酸、甘油。与水反应生成氢氧化钙并伴生热。吸收空气中二氧化碳而成碳酸钙。

接触机会

用于建筑，并用于制造电石、液碱、漂白粉和石膏。实验室用于氨气的干燥和醇的脱水等。

毒性

本品属强碱，有刺激和腐蚀作用。

职业危害

对呼吸道有强烈刺激性，吸入本品粉尘可致化学性肺炎。对眼和皮肤有强烈刺激性，可致灼伤。口服刺激和灼伤消化道。进入眼中，往往引起结膜水肿和充血，角膜可变为浑浊，呈现灰白色。除了碱性腐蚀作用外，氧化钙因具有强烈的吸水性，与水化合时放出大量热，家中灼伤。长期接触本品可致手掌皮肤角化、皲裂、指甲变形（匙甲）。

应急处理

皮肤接触：立即脱去污染的衣着，先用植物油或矿物油清洗。用大量流动清水冲洗。就医。

眼睛接触：提起眼睑，用流动清水或生理盐水冲洗。就医。

吸　　入：迅速脱离现场至空气新鲜处。保持呼吸道通畅。如呼吸困难，给输氧。如呼吸停止，立即进行人工呼吸。就医。

食　　入：用水漱口，给饮牛奶或蛋清。就医。

隔离泄漏污染区，限制出入。建议应急处理人员戴防尘面具（全面罩），穿防酸碱工作服。不要直接接触泄漏物。小量泄漏：避免扬尘，用洁净的铲子收集于干燥、洁净、有盖的容器中。大量泄漏：喷雾状水控制粉尘，保护人员。

防护措施

（1）管理措施

操作人员必须经过专门培训，严格遵守操作规程。

（2）工程控制

密闭操作，局部排风。

（3）防火和防爆

储存于阴凉、通风的库房。库内湿度最好不大于85%。包装必须完整密封，防止吸潮。应与易（可）燃物、酸类等分开存放。采用干粉、二氧化碳、干砂灭火。

（4）个人防护措施

呼吸系统防护：可能接触其粉尘时，建议佩戴自吸过滤式防尘口罩。

眼睛防护：必要时，戴化学安全防护眼镜。

身体防护：穿防酸碱工作服。

手 防 护：戴橡胶手套。

其　　他：工作场所禁止吸烟、进食和饮水，饭前要洗手。工作完毕，淋浴更衣。注意个人清洁卫生。

职业接触限值

中　　国：OELs：*PC－TWA*　2mg/m^3

美　　国：ACIGH TLVs：*TWA*　2 mg/m^3

OSHA PEL：*TWA*　5mg/m^3

NIOSH REL：*TWA*　2 mg/m^3

IDLH　25mg/m^3

氢氧化钙

英 文 名：Calcium hydroxide

中文别名：熟石灰；消石灰

相对分子质量：74.09

分 子 式：$Ca(OH)_2$

CAS 号：1305-62-0

理化性质

相对密度：2.24　　　　熔　　点：582℃

细腻的白色粉末。不溶于水，溶于酸、甘油，不溶于醇。强碱。

接触机会

用于制造漂白粉、消毒剂，橡胶、石油工业添加剂和软化水用等。

毒性

本品属强碱性物质，有刺激和腐蚀作用。

急性毒性：大鼠经口 LD_{50} 7340 mg/kg。

职业危害

吸入本品粉尘，对呼吸道有强烈刺激性。可引起化学性肺炎。眼接触有强烈刺激性，可致灼伤。误落入消石灰池中，能造成大面积腐蚀灼伤，如不及时处理可致死亡。长期接触可致皮炎和皮炎溃疡。

应急处理

皮肤接触：立即脱去污染的衣着，先用植物油或矿物油清洗。用大量流动清水冲洗至少15min。就医。

眼睛接触：立即提起眼睑，用大量流动清水或生理盐水彻底冲洗至少15min。就医。

吸　　入：迅速脱离现场至空气新鲜处。保持呼吸道通畅。如呼吸困难，给输氧。如呼吸停止，立即进行人工呼吸。就医。

食　　入：用水漱口，给饮牛奶或蛋清。就医。

隔离泄漏污染区，限制出入。建议应急处理人员戴防尘面具（全面罩），穿防毒服。避免扬尘，小心扫起，若大量泄漏，用塑料布、帆布覆盖。收集回收或运至废物处理场所处置。

防护措施

（1）管理措施

操作人员必须经过专门培训，严格遵守操作规程。

（2）工程控制

密闭操作。

（3）防火和防爆

储存于阴凉、通风的库房。远离火种、热源。应与酸类分开存放。起运时包装要完整，装载应稳妥。严禁与酸类、食用化学品等混装混运。运输途中应防曝晒、雨淋，防高温。消防人员必须穿全身防火防毒服，在上风向灭火。灭火时尽可能将容器从火场移至空旷处。

（4）个人防护措施

呼吸系统防护：可能接触其粉尘时，必须佩戴防尘面具（全面罩）。紧急事态抢救或撤离时，应该佩戴空气呼吸器。

眼睛防护：呼吸系统防护中已作防护。

身体防护：穿连衣式胶布防毒衣。

手 防 护：戴橡胶手套。

其　　他：工作完毕，淋浴更衣。注意个人清洁卫生。

职业接触限值

中国未制订职业接触限值。

美　　国：ACGIH TLVs：*TWA*　5mg/m^3

OSHA PEL：*TWA*　15mg/m^3（总尘）、5 mg/m^3（可吸入部分）

NIOSH REL：*TWA*　5 mg/m^3

次氯酸钙

英 文 名：Calcium hypochlorite

中文别名：漂白粉（Bleaching powder）

相对分子质量：142.99

分 子 式：$Ca(ClO)_2$

CAS　号：7778－54－3

理化性质

相 对 密 度：2.35　　　　　熔　　点：100℃（分解）

相对蒸气密度：6.9

白色粉末，有极强的氯臭。其溶液为黄绿色半透明液体。溶于水。强氧化剂。禁配物：强还原剂、强酸、氨、易燃或可燃物、水。

接触机会

用作消毒剂、杀菌剂、漂白剂等。

毒性

急性毒性：LD_{50} 850 mg/kg（大鼠经口）。

职业危害

本品粉尘对眼结膜及呼吸道有刺激性，可引起牙齿损害。皮肤接触可引起中至重度皮肤损害。

应急处理

皮肤接触：立即脱去污染的衣着，用肥皂水和清水彻底冲洗皮肤。就医。

眼睛接触：提起眼睑，用流动清水或生理盐水冲洗。就医。

吸　　入：迅速脱离现场至空气新鲜处。保持呼吸道通畅。如呼吸困难，给输氧。如呼吸停止，立即进行人工呼吸。就医。

食　　入：饮足量温水，催吐。就医。

隔离泄漏污染区，限制出入。建议应急处理人员戴防尘面具（全面罩），穿防毒服。不要直接接触泄漏物。勿使泄漏物与还原剂、有机物、易燃物或金属粉末接触。小量泄漏：避免扬尘，用洁净的铲子收集于干燥、洁净、有盖的容器中，转移至安全场所。大量泄漏：用塑料布、帆布覆盖。然后收集回收或运至废物处理场所处置。

防护措施

（1）管理措施

操作人员必须经过专门培训，严格遵守操作规程。

（2）工程控制

生产过程密闭，加强通风。提供安全淋浴和洗眼设备。

（3）防火和防爆

储存于阴凉、通风的库房。库温不超过30℃，相对湿度不超过80%。包装要求密封，不可与空气接触。应与还原剂、酸类、易（可）燃物等分开存放，切忌混储。不宜大量储存或久存。消防人员须佩戴防毒面具、穿全身消防服，在上风向灭火。灭火剂：直流水、雾状水、砂土。

（4）个人防护措施

呼吸系统防护[illegible]可能接触其粉尘时，建议佩戴头罩型电动送风过滤式防尘呼吸器。

眼睛防护：[illegible]统防护中已作防护。

身体防护：穿[illegible]防毒衣。

手 防 护：戴[illegible]橡胶手套。

其　　他：工作[illegible]现场禁止吸烟、进食和饮水。工作完毕，淋浴更衣。保持良好的卫生习惯。

职业接触限值

中国未制订职业接触限值。

磷酸钙

英 文 名：Calcium phosphate tribasic；Tricalcium phosphate

中文别名：磷酸三钙

相对分子质量：310.18

分 子 式：$Ca_3(PO_4)_2$

CAS　号：7758－87－4

理化性质

相对密度：3.18　　熔　　点：1670℃（分解）

白色、无臭、无味的晶体或无定形粉末。不溶于水，不溶于乙醇、乙酸，溶于酸。

接触机会

用于制陶瓷、乳色玻璃、磷酸一钙、磨光粉、医药品、橡胶、媒染剂等。

职业危害

在生产加工、使用过程中，磷酸钙粉末可进入呼吸道，其职业危害取决于所含有杂质二氧化硅和氟。据有关资料报道，磷酸盐只有在剂量很大的情况下，才可能引起全身毒性作用，在一般生产条件下的剂量没有危险。

应急处理

皮肤接触：脱去污染的衣着，用流动清水冲洗。

眼睛接触：提起眼睑，用流动清水或生理盐水冲洗。就医。

吸　　入：脱离现场至空气新鲜处。如呼吸困难，给输氧。就医。

食　　入：饮足量温水，催吐。就医。

防护措施

（1）工程控制

密闭操作，注意通风。

（2）个人防护措施

呼吸系统防护：空气中粉尘浓度较高时，建议佩戴自吸过滤式防尘口罩。

眼睛防护：必要时，戴化学安全防护眼镜。

身体防护：穿一般作业防护服。

手 防 护：戴一般作业防护手套。

其　　他：及时换洗工作服。注意个人清洁卫生。

职业接触限值

中国未制订职业接触限值。

过磷酸钙

英 文 名：Calcium superphosphate

中文别名：过磷酸石灰

相对分子质量：252.06

分 子 式：$Ca(H_2PO_4)_2 \cdot H_2O$

CAS 号：10031－30－8

理化性质

灰白色至深灰色（有的带粉红色）粉末，有酸味。溶于水。主要有用组分是磷酸二氢钙的水合物 $Ca(H_2PO_4)_2 \cdot H_2O$ 和少量游离的磷酸。弱酸性。

接触机会

水溶性速效磷肥，可用作基肥、追肥或种肥。

职业危害

接触者，少数可能发生皮炎、出现皮疹，烧灼感和瘙痒，面部皮肤水肿，眼灼痛及流泪，停止接触后这些症状很快消失。本品粉尘落入眼内，引起结膜的剧烈刺激，眼睑水肿，角膜混浊，有时甚至角膜穿孔及虹膜脱出。据报道，接触者有前臂骨骼的改变，神经系统功能障碍，嗅阈改变，多汗，动脉压不稳定，女工有月经紊乱等。

应急处理

皮肤接触：脱去污染的衣着，用大量流动清水冲洗。

眼睛接触：立即提起眼睑，用大量流动清水或生理盐水彻底冲洗至少 15 分钟。就医。

吸　　入：脱离现场至空气新鲜处。如呼吸困难，给输氧。就医。

食　　入：饮足量温水，催吐。就医。

防护措施

（1）管理措施

操作人员必须经过专门培训，严格遵守操作规程。

（2）工程控制

密闭操作，注意通风。

（3）防火和防爆

储存于阴凉、通风的库房。远离火种、热源。应与酸类分开存放。

（4）个人防护措施

呼吸系统防护：空气中粉尘浓度超标时，必须佩戴自吸过滤式防尘口罩。紧急事态抢救或撤离时，应该佩戴空气呼吸器。

眼睛防护：戴化学安全防护眼镜。

身体防护：穿防毒物渗透工作服。

手 防 护：戴橡胶手套。

其　　他：及时换洗工作服。注意个人清洁卫生。

职业接触限值

中国未制订职业接触限值。

碳酸钙

英 文 名：Calcium carbonate

中文俗名：石灰石

相对分子质量：100.09

分 子 式：$CaCO_3$

CAS　号：471－34－1

理化性质

相对密度：2.70～2.95（水＝1）　　熔　　点：825℃（分解）

无臭、无味的白色粉末或无色结晶。不溶于水，溶于酸，溶于酸生成二氧化碳和盐。加热到825℃分解为氧化钙和二氧化碳。

接触机会

用于制水泥、陶瓷、石灰、钙盐、牙膏、染料、颜料、矿泉水、人造石、油灰、中和剂、催化剂、填料、医药品等。

毒性

长时间吸入其粉尘（84mg/m^3，每天4h，连续10个月），可引起大白鼠支气管损伤，形成细胞粉尘结节，肺部轻度纤维化，肺气肿等。当一次气管注入或长期吸入其粉尘（250～300 mg/m^3，在6～12个月内每天2h），大鼠可出现结节性尘肺。

职业危害

从事开采加工的工人常出现上呼吸道炎症、支气管炎，可伴有肺气肿。X线胸片上出现淋巴结钙化，肺纹理增强。作业工人患尘肺主要与本品中所含有二氧化硅杂质有关。

应急处理

皮肤接触：脱去污染的衣着，用流动清水冲洗。

眼睛接触：提起眼睑，用流动清水或生理盐水冲洗。就医。

吸　　入：脱离现场至空气新鲜处。如呼吸困难，给输氧。就医。

食　　入：饮足量温水，催吐。就医。

防护措施

（1）管理措施

操作人员必须经过专门培训，严格遵守操作规程。

（2）工程控制

密闭操作，注意通风防尘。

（3）防火和防爆

储运注意事项：应与酸类分开存放。尽可能将容器从火场移至空旷处。

（4）个人防护措施

呼吸系统防护：空气中粉尘浓度较高时，建议佩戴自吸过滤式防尘口罩。

眼睛防护：戴化学安全防护眼镜。

身体防护：穿一般作业防护服。

手 防 护：戴一般作业防护手套。

其　　他：及时换洗工作服。注意个人清洁卫生。

职业接触限值

中国未制订职业接触限值。

美　　国：OSHA PEL：*TWA*　15mg/m^3（总尘）、5mg/m^3（可吸入部分）

NIOSH REL：*TWA*　15mg/m^3（总尘）、5mg/m^3（可吸入部分）

亚硫酸氢钙

英 文 名：Calcium bisulfite；Calcium hydrogensulfite

中文别名：酸式亚硫酸钙

相对分子质量：202.22

分 子 式：$Ca(HSO_3)_2$

CAS　号：13780－03－5

理化性质

相对密度：1.06（15℃）

无色或微黄色固体或液体，有强烈的二氧化硫气味。溶于水、酸。

接触机会

用作二氧化硫发生剂、还原剂、漂白剂、防腐剂等。

毒性

有毒。误服会中毒。蒸气刺激眼睛和黏膜。液体能腐蚀眼睛、皮肤和黏膜。受热分解放出氧化硫烟雾。

应急处理

皮肤接触：立即脱去污染的衣着，用大量流动清水冲洗至少15min。就医。

眼睛接触：立即提起眼睑，用大量流动清水或生理盐水彻底冲洗至少15min。就医。

吸　　入：迅速脱离现场至空气新鲜处。保持呼吸道通畅。如呼吸困难，给输氧。如呼吸停止，立即进行人工呼吸。就医。

食　　入：用水漱口，给饮牛奶或蛋清。就医。

防护措施

（1）管理措施

防止烟雾或粉尘泄漏到工作场所空气中。操作人员必须经过专门培训，严格遵守操作规程。

（2）工程控制

密闭操作，局部排风。

（3）防火和防爆

储存于阴凉、通风的库房。防止阳光直射。保持容器密封。应与氧化剂、酸类、碱类分开存放。不宜久存，以免变质。严禁与氧化剂、酸类、碱类、食用化学品等混装混运。

（4）个人防护措施

呼吸系统防护：空气中浓度超标时，必须佩戴自吸过滤式防毒面具（半面罩）。紧急事态抢救或撤离时，应该佩戴空气呼吸器。

眼睛防护：戴化学安全防护眼镜。

身体防护：穿橡胶耐酸碱服。

手 防 护：戴橡胶耐酸碱手套。

其　　他：工作场所禁止吸烟、进食和饮水，饭前要洗手。工作完毕，淋浴更衣。保持良好的卫生习惯。

职业接触限值

中国未制订职业接触限值。

钼酸钙

英 文 名：Calcium molybdate

相对分子质量：200.02

分 子 式：$CaMoO_4$

CAS　号：7789－82－4

理化性质

相对密度：4.4

无色四方结晶。不溶于水、醇、醚，溶于浓无机酸。

接触机会

用作磷光及发光物质，也用于制造钼酸、铁及钢的合金。

毒性

对眼睛、皮肤有刺激作用。

急性毒性：大鼠经口 LD_{50}：100 mg/kg。

职业危害

在钼金属提炼工厂中部分工人出现尘肺病变，有自觉呼吸困难、全身疲倦、头晕、胸痛、咳嗽等。

应急处理

皮肤接触：脱去污染的衣着，用大量流动清水冲洗。

眼睛接触：提起眼睑，用流动清水或生理盐水冲洗。就医。

吸　　入：迅速脱离现场至空气新鲜处。保持呼吸道通畅。如呼吸困难，给输氧。如呼吸停止，立即进行人工呼吸。就医。

食　　入：饮足量温水，催吐。就医。

隔离泄漏污染区，限制出入。建议应急处理人员戴防尘口罩，穿防毒服。不要直接接触泄漏物。小量泄漏：避免扬尘，小心扫起，收集运至废物处理场所处置。大量泄漏：收集回收或运至废物处理场所处置。

防护措施

（1）工程控制

密闭操作，局部排风。

（2）个人防护措施

呼吸系统防护：空气中粉尘浓度较高时，必须佩戴自吸过滤式防尘口罩。紧急事态抢救或撤离时，应该佩戴空气呼吸器。

眼睛防护：戴化学安全防护眼镜。

身体防护：穿防毒物渗透工作服。

手 防 护：戴橡胶手套。

其　他：工作场所禁止吸烟、进食和饮水，饭前要洗手。工作完毕，淋浴更衣。保持良好的卫生习惯。

职业接触限值

中　　国：OELs：（按钼计）不溶性化合物 *PC－TWA*　$6mg/m^3$

【镁及其化合物】

镁

英 文 名：Magnesium

相对分子质量：24.31

分 子 式：Mg

CAS　号：7439－95－4

理化性质

密　　度：$1.738\ g/cm^3$　　沸　　点：1170℃

熔　　点：650℃

接触机会

用作还原剂，制闪光粉、铅合金，冶金中作去硫剂，此外用于有机合成、照明剂等。

氧化镁

英 文 名：Magnesium oxide

相对分子质量：40.31

分 子 式：MgO

CAS　号：1309－48－4

理化性质

相对密度：3.58　　沸　点：3600℃

熔　点：2800℃

白色粉末。微溶于水。

接触机会

用作抗酸药和轻泻药。

毒性

氧化镁刺激黏膜引起结膜炎和鼻炎。人吸入氧化镁烟尘浓度4～6mg/m^3，12min，可发生金属烟热，患者发热，咳嗽，胸部有压迫感，白细胞明显增多，但比氧化锌烟雾引起的症状要轻而且少见。有资料报道，口服大量氧化镁可引起发热反应，白细胞增多等。

应急处理

皮肤接触：脱去污染的衣着，用流动清水冲洗。

眼睛接触：提起眼睑，用流动清水或生理盐水冲洗。就医。

吸　入：迅速脱离现场至空气新鲜处。如呼吸困难，给输氧。就医。

食　入：饮足量温水，催吐。就医。

防护措施

（1）工程控制

密闭操作，注意通风。

（2）防火和防爆

储存于阴凉、通风的库房。应与氧化剂、酸类、卤化物分开存放。

（3）个人防护措施

呼吸系统防护：空气中粉尘浓度超标时，必须佩戴自吸过滤式防尘口罩。

眼睛防护：戴化学安全防护眼镜。

身体防护：穿防毒物渗透工作服。

手防护：戴橡胶手套。

职业接触限值

中国未制订职业接触限值。

美　国：ACGIH TLVs：*TWA*　10 mg/m^3，A4

OSHA PEL：*TWA*　15mg/m^3

【砷及其化合物】

砷

英文名：Arsenic

相对原子质量：74.92

分子式：As

CAS 号：7440-38-2

理化性质

密　　度：5.73 g/cm³（14℃）　　沸　　点：615℃

熔　　点：817℃

砷元素有灰、黄和黑色三种同素异形体，质脆而硬，具有金属性。可升华，不溶于水。砷酸钙及亚砷酸钙仅微溶于水，但砷酸钠及亚砷酸钠易溶于水。砷在潮湿的空气中易被氧化为三氧化二砷（As_2O_3）。

三氧化二砷

英 文 名：Arsenic oxide

中文别名：砒霜

相对分子质量：197.82

分 子 式：As_2O_3

CAS　号：1327－53－3

理化性质

有三种变体：无色单斜晶体、无色立方晶体、无定形体。

相对密度：4.15；3.86；3.74

熔　　点：313℃；315℃

沸　　点：455℃

升华温度：193℃

又名亚砷酐，俗称砒霜、砒石、信石、白砒，为白色粉末，微溶于水，溶于酸、碱，易升华。

亚砷酸钠

英 文 名：Sodium arsenite

中文别名：偏亚砷酸钠

相对分子质量：129.91

分 子 式：$NaAsO_2$

CAS　号：7784－46－5

理化性质

相对密度：1.87

白色或灰白色粉末，有潮解性。易溶于水，微溶于乙醇。

接触机会

在自然界，砷主要以硫化物的形式存在，如雄黄、雌黄等，并常以混合物的形式分布于各种金属矿石中。

冶炼和焙烧雄黄矿石或其他夹杂砷化合物的金属矿石（如铅、锌、钨、锑、铜等矿石）时，可接触到所生成的三氧化二砷。在这些冶炼炉的烟道灰或矿渣，中，也存在一定量的三氧化二砷粉尘。三氧化二砷曾用作外用中药、杀鼠药、杀虫剂、消毒防腐剂；在生产和使用过程中，均有与之接触的机会。

其他砷化合物包括：杀虫剂如砷酸钙、砷酸铅、亚砷酸铅；除草剂如亚砷酸钙、亚砷酸钠；杀菌剂如五氧化二砷；木材防腐剂如砷酸；有机砷农药如甲基砷酸锌（稻脚青）、甲基砷酸钙（稻宁）、甲基砷酸铁胺（田安）、退菌特（有机硫砷复合杀菌剂）等；含砷染料如巴黎绿；半导体原材料如高纯砷、砷化镓；化工原料如三氯化砷，砷与铜、铅制成的合金；含砷药物如抗癌药、抗梅毒药、枯痣散等；亚砷酸钠还用做分析试剂。在生产和使用这些砷化合物特别是三氧化二砷时，如防护不当，或意外污染食物、饮水时，常有发生急、慢性砷中毒的可能。

毒性

元素砷不溶于水，不易吸收。三价砷化物（三氧化二砷、亚砷酸盐）及五价砷化物（砷酸盐）皆可经呼吸道、皮肤及消化道吸收。职业中毒主要通过呼吸道吸收，砷化合物经皮肤吸收慢。非职业中毒则多为经口中毒，肠道吸收可达80%。

进入体内的砷与血红蛋白的珠蛋白结合，于24h内分布至肝、肾、肺、胃肠道壁及脾脏中。五价砷与骨组织结合，可在骨中储存数年之久，但其大部分皆在体内被还原为三价砷。有机砷在体内也转变为三价砷。三价砷易与巯基结合，可长期蓄积于富含巯基的毛发及指甲的角蛋白中。

砷主要通过肾脏排泄，经口中毒者，粪中排砷较多。砷还可通过胎盘损及胎儿。

砷及其化合物的急性毒性与其水溶性有关。砷元素、雄黄、雌黄在水中溶解度很小，其急性毒性都很低。但砷的氧化物和一些盐类绝大部分属于高毒物质，三价砷化物毒性较五价砷化物为大。

砷化合物可使神经系统、心、肝、肾等多脏器受损，其毒作用机制表现在：

（1）抑制含巯基酶（细胞色素氧化酶、单胺氧化酶、葡萄糖氧化酶、胆碱氧化酶等）的活性，使酶失去活性，干扰细胞的氧化还原反应和能量代谢，导致多脏器系统的损害。

（2）促使氧化磷酸化解偶联。无机砷酸在结构上与磷酸相似，可取代生化反应中的磷酸而使氧化磷酸化解偶联，影响组织的能量生成与供应。

（3）对血管壁的直接损伤。砷可直接损伤毛细血管或作用于血管舒缩中枢，使毛细血管扩张，血管通透性改变，血管平滑肌麻痹。

（4）诱导促进生长的细胞因子。体外实验发现，亚砷酸钠可在皮肤角化细胞中诱导促进生长的细胞因子，这可能与砷所致皮肤癌的机制有关。

（5）干扰DNA合成与修复。砷可与DNA结合，影响DNA的合成与修复；还可直接与巯基反应导致DNA链、DNA－DNA交联或DNA－蛋白交联的断裂；五价砷取代磷插入DNA结构产生不稳定健，造成DNA复制或转录的错误。根据人群资料砷已确定为对人的致癌物。

职业危害

（1）急性中毒

①急性期的表现：工业生产中的急性砷化合物中毒甚为少见。亚急性中毒多在通风不良的条件下加热含砷物质时吸入高浓度砷的氧化物后发生。吸入中毒主要表现为呼吸系统症状如咳嗽、咳痰、胸痛、呼吸困难等及头痛、头晕、躁狂、甚至昏迷；恶心、呕吐、腹痛、腹泻等消化道症状出现晚。部分患者急性中毒后出现肝肿大，黄疸。严重者多因呼吸及血管中枢麻痹死亡。口服砷化合物中毒常表现为“急性胃肠炎型”：恶心、呕吐、腹痛、腹泻、重时吐泻剧烈，可引起脱水、电解质紊乱，严重者出现休克、肾功能衰竭。部

分重度患者可在中毒后短时间内发生急性中毒性脑病，出现兴奋、躁动、谵妄、抽搐、昏迷、尿失禁。大量口服中毒者可因中毒性心肌损害于数小时内突然死亡。

②迟发性神经病：多数患者急性中毒后1~3周缓解恢复期可出现迟发性神经病，患者出现不同程度的“感觉型”或“感觉运动型”多发性神经病的表现，常见为四肢远端对称性“手套”“袜套”样感觉减退，伴肌力减退。

③皮肤及附件改变：几乎所有急性中毒患者指、趾甲上都可出现1~2mm宽的白色横纹（Mess纹），皮肤脱屑、色素沉着亦多见。

（2）慢性中毒

①多样性的皮肤损害：是慢性砷中毒突出的临床表现，常同时存在色素沉着、角化过度或疣状增生三种改变。色素改变可遍及全身，初以色素脱失为主，继而出现色素沉着斑，使皮肤呈雨点状或广泛的花斑状，尤以非暴露部位如胸背部多见。角化过度多见于手掌、足底，皮下可见谷粒状硬结，并逐渐隆起呈角状物，直径0.4~1.0cm，俗称“砷疔”或“砒疔”，可联合成较大的疣状物或感染、坏死、形成经久不愈的溃疡，有的转化为皮肤癌。脱离砷接触数年者，尿砷早已正常，但皮肤损害持续存在，仅个别患者皮肤损害可恢复正常。

②脑衰弱综合征：患者早期可出现头痛、头晕、失眠、多梦、乏力、消化不良、消瘦、肝区不适等脑衰弱综合征等症状。

③肝脏损害：半数患者有肝脏损害如肝肿大，脱离接触后大多可恢复。极少数患者发展成肝硬化。

④周围神经损害：慢性中毒患者可有肢端麻木等症状及神经肌电图显示的神经源性异常。

（3）砷所致职业性肿瘤

砷已被公认为人的致癌物，我国也已将砷所致职业性肿瘤列为法定职业病。砷所引起的皮肤癌可表现为非暴露部位皮肤丘疹样隆起的角化过度或鳞状的角化斑，组织学上常属于浅表型基底细胞癌、表皮内癌、表皮样癌、鳞状上皮癌。

砷所致职业性肺癌的临床表现与病理类型分布和一般人群的肺癌相似，但患者大多具有砷性皮肤损害，故慢性砷中毒具有砷性皮肤损害者应视为砷致肺癌的高危人群。由于慢性砷中毒及职业性砷致肺癌发病的潜伏期长，进展缓慢，即使脱离接触后仍可发生或继续发展，故必须进行离岗后医学观察、随访。

职业禁忌

（1）慢性肝炎；（2）周围神经病；（3）严重慢性皮肤病。

应急处理

吸入者，应迅速脱离现场，移至空气新鲜处，保持呼吸道通畅，如呼吸困难，给氧。如呼吸停止，立即进行人工呼吸，就医。

皮肤接触者，应脱去被污染的衣着，用肥皂水和清水彻底冲洗皮肤后就医。

眼睛接触者，提起眼睑，用流动清水和生理盐水冲洗，就医。

食入者，饮足量水，催吐，洗胃。给饮牛奶或蛋清。就医。

急性中毒治疗原则为尽快将毒物排出体外，应用解毒剂控制体内毒物作用。

隔离泄漏污染区，限制出入。建议应急处理人员戴自给正压式呼吸器，穿防毒服。不要直接接触泄漏物。使用洁净的铲子收集于干燥、洁净、有盖的容器中。转移回收。

防护措施

生产过程自动化、机械化、密闭，注意通风。提供安全淋浴和洗眼设备。

可能接触其粉尘时，佩戴自吸过滤式防尘口罩。必要时佩戴空气呼吸器，戴化学安全防护眼镜，穿胶布防毒衣，戴橡胶手套。

工作现场禁止吸烟、进食和饮水。工作完毕，淋浴更衣。工作服不准带至非作业场所，单独存放被毒物污染的衣服，洗后备用。保持良好的卫生习惯。

对各种含砷的废气、废水与废渣应予回收和净化处理。

储存于阴凉、通风良好的仓间。远离火种、热源。防止阳光照射。保持容器密封，切勿受潮。应与氧化剂、酸类分开存放。搬运时轻装轻卸，防止包装及容器破损。分装和搬运作业要注意个人防护。

职业接触限值

中　国：OELs：砷及其无机化合物（按 As 计）*PC－TWA*　0.01 mg/m^3；
PC－STEL　0.02 mg/m^3；G1

美　国：ACGIH TLVs：砷及其无机化合物 *TWA*　0.01 mg/m^3；A1；BEI
OSHA PEL：砷及其无机化合物 *TWA*　0.01 mg/m^3
NIOSH REL：砷及其无机化合物 *C*　0.002 mg/m^3（15min）；Ca

砷化氢

英 文 名：Arsenic hydride；Arsine

中文别名：胂

相对分子质量：77.93

分 子 式：AsH_3

CAS 号：7784－42－1

理化性质

密　度：2.66 g/cm^3　　沸　点：－55℃

熔　点：－116.3℃

无色气体，带有大蒜样臭味，但无明显刺激性。略溶于水，可溶于酸、碱、乙醇、甘油等。经火燃烧生成 As_2O_3，加热至230℃可分解为元素砷及氢气。

接触机会

本品在工业上无直接用途，既非原料，也非产品，而是某些工业生产过程中所产生的废气。

多种金属如锌、锡、锑、铝、铅、镍、钴等金属矿石中常含有硫化砷。含砷矿石在冶炼、加工、储存过程中与工业硫酸或盐酸等酸类反应，或用水熄灭炽热金属矿渣，或金属矿渣遇湿，均可产生砷化氢。

生产和使用乙炔、生产合成染料、电解法生产硅铁、氰化法提取金银等，也可产生砷化氢。

国外曾有因海鱼腐败使有机砷转化为砷化氢的报道。故中毒可见多种行业，而以冶金工业最为多见。

毒性

本品主要经呼吸道吸入，吸入后除少部分以原形随呼气排出外，95%以上迅速进入血液，与红细胞结合，形成砷－血红蛋白复合物与砷的氧化物，随血液循环分布于全身各脏器，其中以肝脏含量最高，其次为肾、心及大脑。本品以经尿排出为主，部分可经粪排出。砷的氧化物可较长期蓄积于毛发、骨骼及指甲中。

砷化氢属于高毒类。急性毒性：小鼠 LC_{50} 1000mg/m^3，1.25min；50mg/m^3，2.5min；100mg/m^3，500min 出现明显溶血、无尿，继之死亡。

砷化氢的毒作用机制表现在：吸入砷化氢后形成血红蛋白过氧化物，引起血管内溶血。血红蛋白复合物、砷氧化物、血红蛋白管型以及碎红细胞堵塞肾小管，肾血流量减少；溶血后贫血导致肾严重缺血缺氧，结果出现少尿、无尿或急性肾功能衰竭。

砷化氢对全身各组织器官如中枢神经、心、肝、肺、胃肠道等都有极强的毒性，且由于溶血后的作用，使很多器官受到更多损伤。

职业危害

急性中毒

潜伏期砷化氢中毒起病急，潜伏期短，一般不超过24h。潜伏愈短，病情愈严重。轻度中毒一般在接触砷化氢后约10h出现症状，表现出急性溶血和急性肾脏损害的临床表现：头痛、头晕、恶心、呕吐、腹痛、畏寒发热、黄疸、轻度贫血、尿色暗红呈酱紫色、肾区痛等。

严重中毒者常在半小时内起病，出现寒战高热、剧烈头痛、恶心、呕吐、皮肤呈古铜色、紫绀、严重黄疸、贫血、尿色深近黑色、休克、抽搐、昏迷等，肝区和肾区明显胀痛、少尿、无尿，可继发高血钾，引起心脏损害甚至心搏骤停，还可引起代谢性酸中毒、低血钙性手足抽搦、中毒性肝病、中毒性心肌损害等，甚至多脏器功能衰竭。

职业禁忌

(1)贫血；(2)慢性肾小管－间质性肾病；(3)慢性肾小球肾炎。

应急处理

吸入者，应迅速脱离现场，移至空气新鲜处，保持呼吸道通畅，如呼吸困难，给氧。如呼吸停止，立即进行人工呼吸。就医。

皮肤接触：应脱去被污染的衣着，用肥皂水和清水彻底冲洗皮肤后就医。

眼睛接触：提起眼睑，用流动清水和生理盐水冲洗，就医。

食　　入：饮足量水，催吐，洗胃。给饮牛奶或蛋清。就医。

迅速撤离泄漏污染区人员至上风处，并立即进行隔离450m，严格限制出入。切断火源。建议应急处理人员戴自给正压式呼吸器，穿防毒服。尽可能切断泄漏源。合理通风，加速扩散。喷雾状水稀释、溶解。构筑围堤或挖坑收容产生的大量废水。如有可能，将漏出气用排风机送至空旷地方或装设适当喷头烧掉。漏气容器要妥善处理，修复、检验后再用。

防护措施

生产过程严加密闭，提供充分的局部排风和全面通风。提供安全淋浴和洗眼设备。

正常工作情况下，佩戴过滤式防毒面具(全面罩)。高浓度环境中，必须佩戴空气呼吸器，戴化学安全防护眼镜，穿带面罩式胶布防毒衣，戴橡胶手套。

工作现场禁止吸烟、进食和饮水。工作完毕，淋浴更衣。保持良好的卫生习惯。进入罐、限制性空间或其他高浓度区作业，须有人监护。

职业接触限值

中　　国：OELs：　　　*MAC*　0.03mg/m^3；G1
美　　国：ACGIH TLVs：　*TWA*　0.005ppm
　　　　　OSHA PEL：　　*TWA*　0.005ppm(2mg/m^3)
　　　　　NIOSH REL：　　*C*　0.002mg/m^3(15min)

【钛及其化合物】

金属钛

英 文 名：Titanium
相对分子质量：47.90
分 子 式：Ti
CAS　号：7440－32－6

理化性质

相对密度：4.5　　　　引燃温度：460℃
熔　　点：1720℃　　　爆炸极限：40mg/m^3(体积，下限)
沸　　点：3530℃

深灰色或黑色发亮的无定形粉末。不溶于水，溶于氢氟酸、硝酸、浓硫酸。在空气中可氧化。禁配物：氧、卤素、铝、强酸、强氧化剂、二氧化碳。燃烧产物：氧化钛。

接触机会

用于合金制造等。主要用于航天工业和航海工业。

毒性

属低毒类。口服吸收量少，不显示毒性反应。金属钛植入机体未见有病理反应。

职业危害

吸入后对上呼吸道有刺激性，引起咳嗽、胸部紧束感或疼痛。

应急处理

皮肤接触：脱去污染的衣着，用肥皂水和清水彻底冲洗皮肤。

眼睛接触：提起眼睑，用流动清水或生理盐水冲洗。就医。

吸　　入：迅速脱离现场至空气新鲜处。保持呼吸道通畅。如呼吸困难，给输氧。如呼吸停止，立即进行人工呼吸。就医。

食　　入：饮足量温水，催吐。就医。

隔离泄漏污染区，限制出入。切断火源。建议应急处理人员戴防尘面具(全面罩)，穿防毒服。不要直接接触泄漏物。小量泄漏：避免扬尘，用洁净的铲子收集于干燥、洁净、有盖的容器中。转移回收。大量泄漏：用塑料布、帆布覆盖。使用无火花工具转移回收。

防护措施

密闭操作，局部排风。操作人员必须经过专门培训，严格遵守操作规程。产生钛及其化合物粉尘的工作地点，亦须加强防尘措施。大量微小钛粉尘可着火爆炸，因此钛的生产、浇铸、加工应有良好通风防尘设施，及应有防火防爆设备。

为安全起见，储存时常以不少于25%的水润湿、钝化。储存于阴凉、通风的库房。库温不超过30℃，相对湿度不超过80%。保持容器密封，严禁与空气接触。应与氧化剂、酸类、卤素等分开存放。

采用干粉、干砂灭火。严禁用水、泡沫、二氧化碳扑救。高热或剧烈燃烧时，用水扑救可能会引起爆炸。

采取以下个人防护措施：

呼吸系统防护　可能接触其粉尘时，必须佩戴自吸过滤式防尘口罩。

眼睛防护　戴安全防护眼镜。

身体防护　穿透气型防毒服。

手 防 护　戴防毒物渗透手套。

其　　他　工作现场禁止吸烟、进食和饮水。工作完毕，淋浴更衣。注意个人清洁卫生。

职业接触限值

中国未制订职业接触限值。

二氧化钛

英 文 名：Titanium oxide；Titanium dioxide

中文别名：钛白粉

相对分子质量：79.9

分 子 式：TiO_2

CAS　号：13463－67－7

理化性质

相对密度：3.9　　　　沸　　点：3530℃

熔　　点：1560℃

白色粉末。不溶于水，不溶于稀碱、稀酸，溶于热浓硫酸、盐酸、硝酸。

接触机会

是一种重要的白色颜料和瓷器釉料。

毒性

属低毒类。大鼠一次气管内注入20～50mg二氧化钛和兔注入400mg后肺部无特异反应。大鼠吸入二氧化钛尘每天4次，每周5天，历时13个月，停止吸入后7个月，肺无任何病理反应；但豚鼠反复吸入二氧化钛观察到纤维化效应和嗜酸性自细胞浸润。

职业危害

长期吸入氧化钛粉尘的工人，肺部无任何变化，亦未发生接触性皮炎、过敏反应。

应急处理

皮肤接触：脱去污染的衣着，用流动清水冲洗。

眼睛接触：提起眼睑，用流动清水或生理盐水冲洗。就医。

吸　　入：脱离现场至空气新鲜处。

食　　入：饮足量温水，催吐。就医。

隔离泄漏污染区，限制出入。建议应急处理人员戴防尘面具（全面罩），穿一般作业工作服。避免扬尘，小心扫起，置于袋中转移至安全场所。若大量泄漏，用塑料布、帆布覆盖。收集回收或运至废物处理场所处置。

防护措施

（1）管理措施

操作人员必须经过专门培训，严格遵守操作规程。

（2）工程控制

密闭操作，局部排风。

（3）防火和防爆

储存于阴凉、通风的库房。应与酸类分开存放，切忌混储。起运时包装要完整，装载应稳妥。严禁与酸类等混装混运。

（4）个人防护措施

呼吸系统防护：空气中粉尘浓度较高时，建议佩戴自吸过滤式防尘口罩。

眼睛防护：戴化学安全防护眼镜。

身体防护：穿一般作业防护服。

手 防 护：戴一般作业防护手套。

其　　他：及时换洗工作服。注意个人清洁卫生。

职业接触限值

中　　国：	OELs：二氧化钛粉尘（总尘）	*PC-TWA*	$8mg/m^3$
美　　国：	ACGIH TLVs：	*TWA*	$10mg/m^3$
	OSHA PEL：	*TWA*	$15mg/m^3$

二氯化钛

英 文 名：Titanium dichloride

相对分子质量：118.81

分 子 式：$TiCl_2$

CAS　号：10049-06-6

理化性质

相对密度：3.13　　　　熔　　点：1035℃

黑色结晶。溶于乙醇，微溶于氯仿、醚、二硫化碳。和水反应生成 H_2。有强还原性，空气中加热生成 TiO_2 和 $TiCl_4$，真空中加热至800℃歧化成 Ti 和 $TiCl_4$，高温下和 HCl 反应生成 $TiCl_4$ 和 H_2，可被 Cl_2 氧化成 $TiCl_4$，被 Na、Mg、Ca 等还原成金属 Ti。禁配物：强氧化剂。

毒性

本品有刺激作用。

职业危害

热解能放出有毒烟雾，对人有危害。

应急处理

皮肤接触：脱去污染的衣着，用流动清水冲洗。

眼睛接触：提起眼睑，用流动清水或生理盐水冲洗。就医。

吸　　入：脱离现场至空气新鲜处。如呼吸困难，给输氧。就医。

食　　入：饮足量温水，催吐。就医。

隔离泄漏污染区，限制出入。建议应急处理人员戴防尘面具(全面罩)，穿防毒服。用洁净的铲子收集于干燥、洁净、有盖的容器中，转移至安全场所。若大量泄漏，收集回收或运至废物处理场所处置。

防护措施

(1) 管理措施

操作人员必须经过专门培训，严格遵守操作规程。

(2) 工程控制

密闭操作，局部排风。

(3) 防火和防爆

储存于阴凉、通风的库房。应与氧化剂分开存放，切忌混储。起运时包装要完整，装载应稳妥。运输过程中要确保容器不泄漏、不倒塌、不坠落、不损坏。严禁与氧化剂、食用化学品等混装混运。运输途中应防曝晒、雨淋，防高温。车辆运输完毕应进行彻底清扫。

(4) 个人防护措施

呼吸系统防护：空气中粉尘浓度超标时，必须佩戴自吸过滤式防尘口罩。紧急事态抢救或撤离时，应该佩戴空气呼吸器。

眼睛防护：戴化学安全防护眼镜。

身体防护：穿防毒物渗透工作服。

手 防 护：戴橡胶手套。

其　　他：注意个人清洁卫生。

职业接触限值

中国未制订职业接触限值。

三氯化钛

英 文 名：Titanium trichloride；Titanium chloride

中文别名：氯化亚钛

相对分子质量：154.25

分 子 式：$TiCl_3$

CAS　号：7705-07-9

理化性质

相对密度：2.64　　　　熔　　点：440℃(分解)

深紫色结晶，易潮解。溶于水、乙醇。禁配物：强氧化剂、水。

接触机会

用作分析试剂及还原剂、聚丙烯催化剂等。

毒性

本品对黏膜、上呼吸道、眼和皮肤有强烈的刺激性。接触后引起烧灼感、咳嗽、喘息、喉炎、气短、头痛、恶心、呕吐。

职业危害

吸入后，可因喉及支气管的痉挛、炎症、水肿，化学性肺炎或肺水肿而致死。

应急处理

皮肤接触：立即脱去污染的衣着，尽快用软纸或棉花擦去毒物，然后用水冲洗。就医。

眼睛接触：立即提起眼睑，用大量流动清水或生理盐水彻底冲洗至少15min。就医。

吸　　入：迅速脱离现场至空气新鲜处。保持呼吸道通畅。如呼吸困难，给输氧。如呼吸停止，立即进行人工呼吸。就医。

食　　入：用水漱口，给饮牛奶或蛋清。就医。

隔离泄漏污染区，限制出入。切断火源。建议应急处理人员戴自给正压式呼吸器，穿防酸碱工作服。不要直接接触泄漏物。小量泄漏：用砂土、干燥石灰或苏打灰混合。收集于密闭容器中。大量泄漏：与有关技术部门联系，确定清除方法。

防护措施

密闭操作，局部排风。提供安全淋浴和洗眼设备。

储存于阴凉、通风的库房。包装要求密封，不可与空气接触。应与氧化剂等分开存放，切忌混储。不宜大量储存或久存。

个人防护措施

呼吸系统防护：可能接触毒物时，建议佩戴头罩型电动送风过滤式防尘呼吸器。

眼睛防护：呼吸系统防护中已作防护。

身体防护：穿防腐工作服。

手 防 护：戴橡胶手套。

其　　他：工作现场严禁吸烟。注意个人清洁卫生。

职业接触限值

中国未制订职业接触限值。

四氯化钛

英 文 名：Titanium tetrachloride；Titanic chloride

中文别名：氯化钛

相对分子质量：189.71

分 子 式：$TiCl_4$

CAS　号：7550－45－0

理化性质

相对密度：1.73　　饱和蒸气压：1.33 kPa（21.3℃）

熔　　点：－25℃　　临界温度：358℃

沸　　点：136.4℃

无色或微黄色液体，有刺激性酸味。在空气中发烟。溶于冷水、乙醇、稀盐酸。燃烧产物氯化物、氧化钛。

接触机会

用于制造钛盐、虹彩剂、人造珍珠、烟幕、颜料、织物媒染剂等。

毒性

属高毒类。具强腐蚀性和强刺激性。四氯化钛粉尘在潮湿空气中水解形成$Ti(OH)_3$和$TiCl_2(OH)_2$，能深入肺深部进一步水解为 HCl 而产生有害作用。吸入本品烟雾，引起上呼吸道黏膜强烈刺激症状。

急性毒性：大鼠吸入 LC_{50} 400mg/m^3。

职业危害

轻度中毒有喘息性支气管炎症状；严重者出现呼吸困难，呼吸脉搏加快，体温升高，咳嗽，咯痰等，可发展成肺水肿。皮肤直接接触其液体，可引起严重灼伤，治愈后可见有黄色色素沉着。

应急处理

皮肤接触：立即脱去污染的衣着，立即用清洁棉花或布等吸去液体。用大量流动清水冲洗。就医。

眼睛接触：立即提起眼睑，用大量流动清水或生理盐水彻底冲洗至少 15min。就医。

吸　　入：迅速脱离现场至空气新鲜处。保持呼吸道通畅。如呼吸困难，给输氧。如呼吸停止，立即进行人工呼吸。就医。

食　　入：用水漱口，给饮牛奶或蛋清。就医。

迅速撤离泄漏污染区人员至安全区，并立即隔离 150m，严格限制出入。建议应急处理人员戴自给正压式呼吸器，穿防酸碱工作服。从上风处进入现场。尽可能切断泄漏源。小量泄漏：将地面洒上苏打灰，然后用大量水冲洗，洗水稀释后放入废水系统。大量泄漏：构筑围堤或挖坑收容。喷雾状水冷却和稀释蒸汽，保护现场人员，但不要对泄漏点直接喷水。在专家指导下清除。

防护措施

(1) 管理措施

操作人员必须经过专门培训，严格遵守操作规程。

(2) 工程控制

四氯化钛生产过程应尽量密闭，防止其烟气逸出及"跑、冒、滴、漏"。设局部排风。提供安全淋浴和洗眼设备。

(3) 防火和防爆

储存于阴凉、干燥、通风良好的库房。相对湿度保持在 75% 以下。包装必须密封，切勿受潮。应与氧化剂、碱类、食用化学品分开存放，切忌混储。消防人员必须穿全身耐酸碱消防服。灭火剂：干燥砂土。禁止用水。

(4) 个人防护措施

呼吸系统防护：可能接触其蒸气时，应该佩戴自吸过滤式防毒面具(全面罩)。必要时，佩戴自给式呼吸器。加强个人防护，四氯化钛生产设备开盖、清洗、维修时应截防毒面其、防护眼镜。穿防酸防护衣帽。

眼睛防护：呼吸系统防护中已作防护。

身体防护：穿橡胶耐酸碱服。

手 防 护：戴橡胶耐酸碱手套。

其　　他：工作现场禁止吸烟、进食和饮水。工作完毕，淋浴更衣。单独存放被毒物污染的衣服，洗后备用。保持良好的卫生习惯。

定期对接触四氯化钛的生产工人进行休检，有慢性呼吸道疾病患者不能从事接触四氯化钛的工作。

职业接触限值

中国未制订职业接触限值。

【氮及其化合物】

氮

英 文 名：Nitrogen

相对分子质量：28.01

分 子 式：N_2

CAS 号：7727－37－9

理化性质

密　　度　0.967g/cm^3　　　沸　　点：－195.8℃

熔　　点：－209.86 ℃

为无色、无臭的惰性气体。难溶于水。氮气的化学性质极不活泼。

接触机会

化学工业以氮作为合成氨、硝酸铵等的原料。石油化工用氮气作为反应塔釜、钢瓶等容器和管道的吹扫冲洗气相，用氮气做储罐密封气体。还用氮气冲入密闭包装中以防物品氧化变性。液氮用于冷冻金属、速冻及保存器官组织和微生物种系等。压缩氮气、氧气和氦气的混和气用于深海潜水作业。

毒性

正常空气中氮气含量约占 78%～79%，常压下氮气无毒性，也无特殊的生理作用。当氮气分压增高时，如吸入气中氮分压超过一定值时可产生氮麻醉，表现为精神活动障碍，神经肌肉协调障碍。

氮具有脂溶性，高分压氮易溶解于含有丰富类脂质的神经细胞膜，改变膜蛋白功能结构，而干扰三磷酸腺苷合成，抑制钠泵作用，造成神经细胞膜的兴奋障碍，产生麻痹作用。

潜水员从高压环境下过快地转入常压环境，原来溶解于血液或组织中的气体迅速气化，形成氮气气泡，压迫神经血管或造成血管堵塞，引起减压病。

当人进入高浓度氮气环境中所吸入的空气中氧含量减少，引起缺氧窒息。其临床表现与氮气浓度的高低及接触时间的长短有关。

职业危害

吸入高浓度氮气（＞90%）时，可引起头痛、恶心、胸部紧束感、胸痛、四肢麻木、肌张力增高、阵发性痉挛、抽搐、大小便失禁、紫绀、叹息样呼吸，口角可有白色或粉红色泡沫样分泌物溢出，肺可闻干湿啰音，瞳孔缩小，对光反应减弱或消失，出现病理反射，严重者窒息、昏迷、闪电式死亡。

高压下氮气可引起减压病和氮麻醉。

皮肤接触液态氮可引起严重的化学灼伤。

应急处理

迅速使患者脱离现场，移至空气新鲜处，注意保暖，保持呼吸道通畅。如呼吸困难，给输氧。呼吸心跳停止，立即进行人工呼吸和胸外心脏按压术。就医。若设备密闭或出口太小，一时难以救出，应迅速向设备内输送氧气或空气。

迅速撤离泄漏污染区人员至上风处，并立即隔离，严格限制出入。建议应急处理人员戴自给正压式呼吸器，穿一般作业工作服。尽可能切断泄漏源。合理通风，加强扩散。漏气容器要妥善处理、修复、检验后再用。

防护措施

生产设备应严加密闭，提供良好的自然通风条件。

加强管理，严格操作规程，氮气设备、管道定期维修，杜绝氮气跑、漏。

用氮气置换过的容器、设备，要先经充分排风，测定氧含量在20%以上时，方可进入检修。急需进入时须佩戴空气呼吸器，并有人现场监护。

生产液氮时，要戴防护手套和眼镜，车间要通风，保证运输安全。

储存于阴凉、通风的仓间。仓温不宜超过30℃。远离火种、热源。防止阳光直射。验收时要注意品名，注意验瓶日期，先进仓的先发用。搬运时轻装轻卸，防止钢瓶及附件破损。

职业接触限值

中国未制订职业接触限值。

氨

英 文 名：Ammonia

相对分子质量：17.03

分 子 式：NH_3

CAS 号：7664－41－7

理化性质

密　　度：0.597g/cm^3

熔　　点：－77.7℃

沸　　点：－33.5℃

是一种常温常压下具有辛辣刺激性臭味的无色气体。易溶于水，水溶液即为氨水，又称氢氧化铵，具强碱性。常温下加压可液化，成为无色液体，浓氨水约含氨28%～29%。溶于乙醇、乙醚和有机溶剂。

接触机会

氨气用于制造铵盐和氮肥，氨可用于制药、制碱、鞣皮、染料、塑料、树脂、炸药、造纸、化学试剂、合成纤维等各种有机化学工业。氨在石油工业生产中主要作冷冻剂及净化油田气使用。以上多种职业活动中均有氨的接触。常见的职业中毒主要是由于氨的存储、运输和使用过程的意外事故造成的氨的外溢或泄漏引起的，如液氨钢瓶、液氨罐爆炸或高压液氨管道断裂或阀门破裂，及因设备失修，跑、冒、滴、漏等液氨外溢可致急性中毒。

毒性

氨属《高毒物品目录》中的物质。

LD_{50}：350mg/kg（大鼠经口）

LC_{50}：1390mg/m^3，4h（大鼠吸入）

家兔经眼：100mg，重度刺激。大鼠，20mg/m^3，24h/d，84天，或5~6h/d，7个月，出现神经系统功能紊乱，血胆碱酯酶活性抑制等。

致突变性 微生物致突变性：大局杆菌1500ppm（3h）。细胞遗传学分析：大鼠吸入19800μg/m^3，16周。

氨常以气体形式进入机体，进入肺泡，少部分被CO_2中和，部分吸收入血。被吸收的氨大部分在肝脏中解毒，形成尿素，少部分随呼气、汗液、尿液等排出体外。

氨主要作用于眼和呼吸系统，对黏膜产生刺激及腐蚀作用。低浓度使眼结膜及呼吸道黏膜充血、水肿；高浓度可导致支气管坏死、脱落，损伤肺泡毛细血管壁，破坏肺泡表面活性物质，使肺泡上皮和毛细血管通透性增加，肺泡的气－血屏障破坏，使肺泡及肺间质有过多渗出液，引起化学性肺水肿、低氧血症，形成急性成人呼吸窘迫综合征。同时，由于水溶性强，氨能迅速渗透至组织内部，使蛋白变性、脂肪皂化，使细胞结构破坏，组织坏死，使病变向深部发展。氨对神经系统毒作用，表现为兴奋、惊厥、继而嗜睡，甚至昏迷。

长期吸入低浓度氨，对上呼吸道黏膜有刺激和轻微损伤，被损伤的黏膜易受病菌、病毒感染，形成慢性炎症。

职业危害

可经呼吸道进入人体，主要损害呼吸系统，可伴有眼和皮肤灼伤。

低浓度氨对黏膜有刺激作用，高浓度可造成组织溶解坏死。急性中毒：轻度者出现流泪、咽痛、声音嘶哑、咳嗽、咯痰等；眼结膜、鼻黏膜、咽部充血、水肿；胸部X线征象符合支气管炎或支气管周围炎。中度中毒上述症状加剧，出现呼吸困难、紫绀；胸部X线征象符合肺炎或间质性肺炎。严重者可发生中毒性肺水肿，或有呼吸窘迫综合征，患者剧烈咳嗽、咯大量粉红色泡沫痰、呼吸窘迫、瞻妄、昏迷、休克等。可发生喉头水肿或支气管黏膜坏死脱落窒息。高浓度氨可引起反射性呼吸停止。

液氨或高浓度氨可致眼灼伤；液氨可致皮肤灼伤。

职业禁忌

（1）慢性阻塞性肺病；（2）支气管哮喘；（3）间质性肺病伴有肺纤维化；（4）支气管扩张。

应急处理

抢救人员必须佩戴空气呼吸器、穿防静电工作服进入现场。不宜用水浸湿的毛巾掩面，以免形成氨水灼伤皮肤。立即将患者移至空气新鲜处。保持呼吸道通畅。如呼吸困难，给输氧。脱去被污染的衣物，用2%硼酸液或大量清水彻底冲洗皮肤，注意保暖。溅入眼睛，立即提起眼睑，用大量流动清水或生理盐水彻底冲洗至少15~20min。如呼吸停止，立即进行人工呼吸。就医。

消防人员必须穿戴全身防火防毒服。切断气源。若不能立即切断气源，则不允许熄灭正在燃烧的气体。喷水冷却容器，可能的话将容器从火场移至空旷处。灭火剂：雾状水，抗溶性泡沫、二氧化碳、砂土。

迅速撤离泄漏污染区人员至上风处，并立即隔离150m，严格限制出入。切断火源。建议应急处理人员戴自给正压式呼吸器，穿防毒服；尽可能切断泄漏源。合理通风，加速扩散。高浓度泄漏区，喷含盐酸的雾状水中和、稀释、溶解。构筑围堤或挖坑收容产生的大量废水。如有可能，将残余气或漏出气用排风机送至水洗塔或与塔相连的通风橱内。储罐区最好设喷洒设施。漏气容器要妥善处理，修复、检验后再用。

防护措施

生产设备应严加密闭，提供充分的局部排风和全面通风。提供安全淋浴和洗眼设备。

空气中浓度超标时，建议佩戴过滤式防毒面具(半面罩)。紧急事态抢救或撤离时，必须佩戴空气呼吸器、戴化学安全防护眼镜，穿防静电工作服，戴橡胶手套。

工作现场禁止吸烟、进食和饮水。工作完毕，淋浴更衣。保持良好的卫生习惯。

储存于阴凉、干燥、通风良好的仓间。远离火种、热源。防止阳光直射。应与卤素(氟、氯、溴)、酸类等分开存放。配备相应品种和数量的消防器材。禁止使用易产生火花的机械设备和工具。验收时要注意品名，注意验瓶日期，先进仓的先发用。槽车运送时要灌装适量，不可超压超量运输。搬运时轻装轻卸，防止钢瓶及附件破损。运输按规定路线行驶，中途不得停留。

职业接触限值

中　国：OELs：　*PC-TWA*　20mg/m^3；　*PC-STEL*　30mg/m^3

美　国：ACGIH TLVs：*TWA*　25ppm (18mg/m^3)；　*STEL*　30ppm(21mg/m^3)

OSHA PEL：*TWA*　50ppm(35mg/m^3)

NIOSH REL：*TWA*　25ppm(18mg/m^3)；　*STEL*　35ppm(27mg/m^3)

IDLH　300ppm

氮氧化物

英 文 名：Nitrogen oxides

氮氧化物主要有：氧化亚氮(又称：笑气 N_2O)、一氧化氮(NO)、二氧化氮(NO_2)、三氧化二氮(N_2O_3)、四氧化二氮(N_2O_4)、五氧化二氮(N_2O_5)等。除二氧化氮外，其余的氮氧化物均不稳定，遇到光、热、湿会变成二氧化氮、一氧化氮，一氧化氮再变成二氧化氮。职业中接触的是几种气体的混合物，称为硝烟，其中以一氧化氮和二氧化氮为主，主要是二氧化氮。

(1) 一氧化氮

英 文 名：Nitrogen monoxide

相对分子质量：30.01

分 子 式：NO

CAS 号：10102-43-9

理化性质

相对密度：1.034(20℃) 沸 点：-151.5℃

熔 点：-163.6℃ 蒸 气 压：101.31KPa(-151.7℃)

一氧化氮为无色气体，溶于乙醇、二硫化碳，微溶于水和硫酸，水中溶解度4.7%(20℃)，性质不稳定，空气中易氧化为二氧化氮($2NO + O_2 \rightarrow 2NO_2$)。

(2) 二氧化氮

英 文 名：Nitrogen dioxide

相对分子质量：46.01

分 子 式：NO_2

CAS 号：10102-44-0

理化性质

相对密度：1.034(20℃) 沸 点：21.2℃

熔 点：-11.2℃ 蒸 气 压 101.31kPa(21℃)

二氧化氮在21.1℃时为红棕色刺鼻气体，21.1℃以下为呈暗褐色液体。溶于碱、二硫化碳、氯仿，微溶于水。性质较稳定。

接触机会

多种职业活动中接触到氮氧化物，如制造硝酸或使用硝酸浸洗金属；制造硝基炸药、硝化纤维、苦味酸等硝基化合物、苯胺染料的重氮化过程以及有机物(如木屑、纸屑)接触浓硝酸时；硝基炸药的爆炸、含氮物质和硝酸的燃烧；卫星发射、火箭推进所产生的气体也含有大量的氮氧化物气体；电焊、氩弧焊、气割及电弧发光时，产生的高温能使空气中氮和氧结合成氮氧化物；汽车内燃机排出的废气中也含有氮氧化物。另外，某些青饲料和谷物中含有硝酸钾，在通风不良、缺氧条件下发酵，可生成亚硝酸钾和氧，进一步亚硝酸钾变为亚硝酸，当仓内发酵温度增高时，亚硝酸分解成氮氧化物和水，造成“谷仓气体中毒”。此外，有色金属炮采、咖啡焙烧、金银提纯、燃料制造、陶瓷烧制、木材干馏、肥料制造等等，均有氮氧化物的接触。

毒性

氮氧化物是常见的刺激性气体之一，水溶性小，对上呼吸道黏膜刺激作用弱，主要作用于深部呼吸道。氮氧化物进入细支气管和肺泡后，与其表面的液体缓慢作用，生成硝酸和亚硝酸，对肺组织产生强烈的的刺激和腐蚀作用，导致肺泡和毛细血管通透性增加，同时，交感神经兴奋，肺静脉和淋巴管痉挛，肺循环阻力增加，引起肺水肿。硝酸和亚硝酸被吸收入血后，逐渐形成硝酸盐和亚硝酸盐，从而引起高铁血红蛋白血症、血管扩张以及中枢神经系统和心肌损害。

氮氧化物的毒作用取决于环境中一氧化氮和二氧化氮的含量。以一氧化氮为主要成分时，临床以高铁血红蛋白血症、中枢神经系统损害为主，因一氧化氮易氧化，实际很少见到。以二氧化氮为主要成分时，临床以肺水肿为主要病变。二氧化氮生物活性大，毒性是一氧化氮的4~5倍，与一氧化氮同时存在时，毒性作用增强。二氧化氮还影响肺内糖分解酶系，干扰能量代谢，引起肺损害。

长期低浓度接触氮氧化物，可引起支气管炎和肺气肿；二氧化氮可抑制肺巨噬细胞的吞噬功能，降低肺的抵抗力，导致呼吸道的感染率增高。

职业危害

(1) 急性中毒

急性氮氧化物中毒是以呼吸系统急性损害为主的全身性疾病。一般在吸入氮氧化物几小时至72小时发病。轻者表现为胸闷、咳嗽、伴轻度头晕、心悸、恶心、乏力等症状,眼结膜和鼻咽部轻度充血。较重者出现呼吸困难,胸部压迫感,咳嗽加剧,可痰中带血丝,常伴有较重的头痛、无力、恶心以及口唇、四肢发绀。严重中毒时,患者不能平卧,端坐位,呼吸窘迫,剧烈咳嗽,咳出大量白色或粉红色泡沫痰,浑身明显紫绀,可发生窒息或昏迷,并发气胸、皮下或纵膈气肿,少数出现急性成人呼吸窘迫综合征。

少数患者在吸入氮氧化物气体后,无明显中毒症状或在肺水肿恢复期后2周左右,突然出现胸闷、咳嗽、进行性呼吸困难、口唇及四肢末端明显发绀,胸部X线片呈肺水肿的表现或两肺满布粟粒状阴影,此为迟发性阻塞性毛细支气管炎。

(2) 慢性影响

长期接触低浓度(超过最高容许浓度)的氮氧化物,可引起支气管炎和肺气肿。

职业禁忌

慢性阻塞性肺病;支气管哮喘;支气管扩张;慢性间质性肺病。

应急处理

患者应迅速脱离现场,移至空气新鲜处,保暖、静卧休息,保持呼吸道通畅。如呼吸困难,给输氧。呼吸心跳停止,立即进行人工呼吸和胸外心脏按压术。就医。

迅速撤离泄漏污染区人员至上风处,并立即隔离,严格限制出入。建议应急处理人员戴自给正压式呼吸器,穿防毒服。尽可能切断泄漏源。合理通风,加强扩散。喷雾状水稀释、溶解。构筑围堤或挖坑收容产生的大量废水。漏气容器要妥善处理、修复、检验后再用。若是液体,用大量水冲洗,洗水稀释后后放入废水系统。若大量泄漏,构筑围堤或挖坑收容;喷雾状水冷却和稀释蒸气。用防爆泵转移至槽车或专用收集器内,回收或运至废物处理场所处置。

防护措施

生产设备应严加密闭,提供充分的局部排风和全面通风。提供安全淋浴和洗眼设备。

定期检修设备,减少跑、冒、滴、漏现象发生,严格遵守安全操作规程。

空气中浓度超标时,建议佩戴过滤式防毒面具(全面罩)。紧急事态抢救或撤离时,必须佩戴空气呼吸器,戴化学安全防护眼镜,穿胶布防毒衣,戴橡胶手套。

进入罐、限制性空间或其他高浓度区作业,需有人监护。

做好上岗前、在岗期间体检工作,患有慢性阻塞性肺病、支气管哮喘、支气管扩张、慢性间质性肺病患者,不宜从事接触氮氧化物的作业。

职业接触限值

(1) 一氧化氮

中　国:OELs:　*PC-TWA*　15mg/m^3

美　国:ACGIH TLVs:　*TWA*　25ppm(30mg/m^3)

OSHA PEL:　*TWA*　25ppm(30mg/m^3)

NIOSH REL:　*TWA*　25ppm(30mg/m^3)

IDLH　100ppm

(2) 二氧化氮

中　　国：OELs：　　　　*PC-TWA*　5mg/m³；*PC-STEL*　10mg/m³

美　　国：ACGIH TLVs：*TWA*　3ppm；STEL　5ppm

OSHA PEL：*C*　5ppm(9mg/m³)

NIOSH REL：*STEL*　1ppm(1.8mg/m³)

IDLH　20ppm

硝酸

英 文 名：Nitric acid

相对分子质量：63.01

分 子 式：HNO_3

CAS　号：7697-37-2

理化性质

相对密度：1.50(无水)　　　　沸　　点：78℃(分解)

熔　　点：-42℃　　　　　　蒸 气 压　8.27kPa(25℃)

为无色透明的液体，溶于水，在醇中会分解，为强氧化剂，能使有机物氧化或消化，浓硝酸见光或露置空气中产生五氧化二氮，不久分解为二氧化氮而变黄，具有刺鼻的窒息气味。

接触机会

硝酸属于酸性腐蚀品，它用途极广，主要用于有机合成、生产化肥、染料、炸药、火箭燃料、农药等，还常用作分析试剂、电镀、酸洗等作业。在工业生产活动中或意外泄漏的情况下，如果不注意防护，处置不当可引起皮肤或黏膜灼伤，腐蚀设施。同时，产生的氮氧化物气体可对呼吸系统造成严重损害。

毒性

硝酸具有强氧化剂与消化剂作用，对皮肤黏膜有强烈腐蚀性。硝酸烟火浓硝酸蒸气被吸收后，可立即引起上呼吸道黏膜刺激症状，严重者可发生喉痉挛和水肿，出现窒息。硝酸蒸气中，除其本身外，混有各种氮氧化物，其中主要是二氧化氮，其次是一氧化氮。氮氧化物急性中毒表现为呼吸道刺激症状，可引起肺水肿。

浓硝酸最小口服致死量为8mL，大鼠经呼吸道吸入的LC_{50}为49ppm(4h)。

职业危害

急性中毒：吸入较大量硝酸烟或硝酸蒸气时，可引起眼和上呼吸道刺激症状，如流泪、呛咳、胸闷、咽喉灼痛，并伴头晕、头痛。严重者经数小时至48h的潜伏期后出现急性肺水肿表现。高浓度硝酸烟吸入后可立即发生窒息、惊厥和呼吸麻痹。

慢性影响：长期低浓度刺激可致呼吸道慢性炎症，如慢性鼻炎、咽喉炎、气管炎及支气管炎，还可引起牙齿酸蚀症。

组织灼伤：皮肤组织接触硝酸液体后可对皮肤产生腐蚀作用。硝酸与局部组织的蛋白质结合形成黄蛋白酸，使局部组织变黄色或橙黄色，后转为褐色或暗褐色，严重者形成灼伤、腐蚀、坏死、溃疡。食入引起口腔、咽部、胸骨后和腹部剧烈灼热性疼痛。口唇、口腔和咽部可见灼伤、溃疡，吐出大量褐色物。严重者可发生食管、胃穿孔及腹膜炎、喉头痉挛、水肿、休克。硝酸液体溅到眼内，如不立即洗净，可造成眼球结膜、角膜的严重灼伤。硝酸浓度愈高，接触时间愈长，灼伤愈严重。

职业禁忌

(1)牙本质过敏；(2)因反流性食道炎和胃、十二指肠溃疡等非职业性因素致牙酸蚀病；(3)慢性阻塞性肺病；(4)支气管哮喘。

应急处理

皮肤接触后应立即脱离现场，脱去被污染的衣着，用大量流动清水冲洗，至少15min。尽快就医。

眼睛接触后应立即脱离现场，立即提起眼睑，用大量流动清水或生理盐水彻底冲洗至少15min。尽快就医。

误服者用水漱口，给饮牛奶或蛋清。禁止催吐、洗胃。

吸入性急性中毒，急救中，救援人员必须佩戴空气呼吸器进入现场。如无呼吸器，可用小苏打(碳酸氢钠)稀溶液浸湿的毛巾掩口鼻短时间进入现场，快速将中毒者移至上风向空气清新处。注意保持中毒者呼吸通畅，如有假牙须摘除，必要时给予吸氧，如果中毒者呼吸、心跳停止，立即进行心肺复苏，尽快就医。

迅速撤离泄漏污染区人员至安全区，并进行隔离，严格限制出入。建议应急处理人员戴自给正压式呼吸器，穿防酸碱工作服。从上风处进入现场。尽可能切断泄漏源，防止进入下水道、排洪沟等限制性空间。小量泄漏：将地面洒上苏打灰，然后用大量水冲洗，洗水稀释后放入废水系统。大量泄漏：构筑围堤或挖坑收容；喷雾状水冷却和稀释蒸气、保护现场人员、把泄漏物稀释成不燃物。用泵转移至槽车或专用收集器内，回收或运至废物处理场所处置。

防护措施

密闭操作，注意通风。尽可能机械化、自动化。

建立严格的管理制度，制定应急预案。凡涉及硝酸作业的区域，应设置醒目的警示标识、警示线、告知卡，高处设置风向标。设置安全淋浴和洗眼设备。在硝酸大储槽四周，应围以小堤，收集事故中漏出硝酸，并应准备中和手段。

可能接触其烟雾时，佩戴空气呼吸器。紧急事态抢救或撤离时，建议佩戴氧气呼吸器、穿橡胶耐酸碱服、戴橡胶耐酸碱手套。

工作现场禁止吸烟、进食和饮水。工作完毕，淋浴更衣。单独存放被毒物污染的衣服，洗后备用。保持良好的卫生习惯。

储存于阴凉、干燥，通风良好的仓间。应与易燃或可燃物，碱类、金属粉末等分开存放。不可混储混运。搬运时要轻装轻卸，防止包装及容器损坏。分装和搬运作业要注意个人防护。运输按规定路线行驶，勿在居民区和人口稠密区停留。

职业接触限值

中国未制订职业接触限值。

美　国：ACGIH TLVs：*TWA*　2ppm(5mg/m^3)；*STEL*　4ppm(10mg/m^3)

OSHA PEL：*TWA*　2ppm(5mg/m^3)

NIOSH REL：*TWA*　2ppm(5mg/m^3)；*STEL*　4ppm(10mg/m^3)

IDLH　25ppm

硝酸银

英 文 名：Silver nitrate

相对分子质量：169.87

分 子 式：$AgNO_3$

CAS 号：7761-88-8

理化性质

相对密度：4.35 沸 点：444℃（分解）

熔 点：212℃

无色透明的斜方结晶或白色的结晶。当有机物质存在时变成灰色或灰黑色。有苦味。易溶于水、碱，微溶于乙醚。强氧化剂，有腐蚀性。遇热分解放出二氧化氮和氧。

接触机会

用于照相乳剂、镀银、制镜、印刷、医药、染毛发等，也用于电子工业。

毒性

小鼠经口 LD_{50} 50mg/kg。

硝酸银可经呼吸道、消化道及完整皮肤吸收。

职业危害

(1) 急性中毒

① 误服硝酸银可引起剧烈腹痛、呕吐、血便，甚至发生胃肠道穿孔。

② 吸入中毒，表现呼吸困难、咳嗽、胸闷及眼刺激症状，重者可窒息死亡。

③ 皮肤灼伤。本品可造成皮肤和眼灼伤。初起创面呈白色，如冲洗不彻底，形成黑褐色痂皮。局部水泡中积黄色渗出液，周围明显水肿，形成溃疡后瘙痒疼痛。愈后呈灰色或棕黑色斑块。

本品大量吸收中毒应考虑氮氧化物、亚硝酸盐中毒和银吸收。

(2) 慢性中毒

长期接触本品的工人会出现全身性银质沉着症。表现包括：全身皮肤广泛的色素沉着，呈灰蓝黑色或浅石板色；眼部银质沉着造成眼损害；呼吸道银质沉着造成慢性支气管炎等。

应急处理

皮肤接触：脱去污染的衣着，用大量流动清水冲洗。就医。局部灼伤可用6%硫代硫酸钠与1%亚铁氰化钾溶液等量混合冲洗清除银质。

眼睛接触：提起眼睑，用流动清水或生理盐水冲洗。就医。

吸 入：迅速脱离现场至空气新鲜处。保持呼吸道通畅。如呼吸困难，给输氧。如呼吸停止，立即进行人工呼吸。就医。大量吸收中毒，还应针对氮氧化物、亚硝酸盐中毒处理。

食 入：用水漱口，给饮牛奶或蛋清。就医。误服中毒，应迅速服15~20g食盐（加于500mL水中），并以2%氯化钠溶液或生理盐水缓慢洗胃，以形成AgCl沉淀。给予硫酸钠导泻，对症治疗。

隔离泄漏污染区，限制出入。建议应急处理人员戴防尘面具（全面罩），穿防毒服。

不要直接接触泄漏物。勿使泄漏物与还原剂、有机物、易燃物或金属粉末接触。小量泄漏：小心扫起，收集于干燥、洁净、有盖的容器中。大量泄漏：收集回收或运至废物处理场所处置。

防护措施

(1) 管理措施

操作人员必须经过专门培训，严格遵守操作规程。

(2) 工程控制

生产过程密闭，加强通风。提供安全淋浴和洗眼设备。

(3) 个人防护措施

呼吸系统防护：可能接触其粉尘时，建议佩戴自吸过滤式防尘口罩。

眼睛防护：戴化学安全防护眼镜。

身体防护：穿胶布防毒服。

手 防 护：戴氯丁橡胶手套。

其　　他：工作现场禁止吸烟、进食和饮水。工作完毕，淋浴更衣。保持良好的卫生习惯。

职业接触限值

中国未制订职业接触限值。

硝酸铵

英 文 名：Ammonium nitrate

中文别名：硝铵

相对分子质量：80.05

分 子 式：NH_4NO_3

CAS　号：6484-52-2

理化性质

相对密度：1.72(水=1)　　沸　　点：210℃(分解)

熔　　点：169.6℃

无色无臭的透明结晶或呈白色的小颗粒，有潮解性。易溶于水、乙醇、丙酮、氨水，不溶于乙醚。禁与强还原剂、强酸、易燃或可燃物、活性金属粉末配物。

接触机会

用作分析试剂、氧化剂、致冷剂、烟火和炸药原料。

毒性

大鼠经口 LD_{50} 4820mg/kg 。

职业危害

对呼吸道、眼及皮肤有刺激性。接触后可引起恶心、呕吐、头痛、虚弱、无力和虚脱等。大量接触可引起高铁血红蛋白血症，影响血液的携氧能力，出现紫绀、头痛、头晕、虚脱，甚至死亡。口服引起剧烈腹痛、呕吐、血便、休克、全身抽搐、昏迷，甚至死亡。

应急处理

皮肤接触：脱去污染的衣着，用大量流动清水冲洗。

眼睛接触：提起眼睑，用流动清水或生理盐水冲洗。就医。

吸　　入：迅速脱离现场至空气新鲜处。保持呼吸道通畅。如呼吸困难，给输氧。如呼吸停止，立即进行人工呼吸。就医。

食　　入：用水漱口，给饮牛奶或蛋清。就医。

隔离泄漏污染区，限制出入。建议应急处理人员戴防尘面具(全面罩)，穿防毒服。不要直接接触泄漏物。勿使泄漏物与还原剂、有机物、易燃物或金属粉末接触。小量泄漏：小心扫起，收集于干燥、洁净、有盖的容器中。大量泄漏：收集回收或运至废物处理场所处置。

防护措施

(1) 管理措施

操作人员必须经过专门培训，严格遵守操作规程。

(2) 工程控制

生产过程密闭，加强通风。提供安全淋浴和洗眼设备。

(3) 个人防护措施

呼吸系统防护：可能接触其粉尘时，建议佩戴自吸过滤式防尘口罩。

眼睛防护：戴化学安全防护眼镜。

身体防护：穿聚乙烯防毒服。

手 防 护：戴橡胶手套。

其　　他：工作现场禁止吸烟、进食和饮水。工作完毕，淋浴更衣。保持良好的卫生习惯。

职业接触限值

中国未制订职业接触限值。

亚硝酸铵

英 文 名：Ammonium nitrite

相对分子质量：64.04

分 子 式：NH_4NO_2

CAS　号：13446-48-5

理化性质

相对密度：1.69　　　　熔　　点：60~70℃

白色至黄色结晶。易溶于水、稀碱液和乙醇，不溶于醚。受热分解成氮气和水。当温度高于60℃时可发生强烈的爆炸。与有机物、还原剂、易燃物如硫、磷等接触时，有引起燃烧爆炸的危险。燃烧产物：氮氧化物、氨。

接触机会

是氨氧化过程的中间体。

毒性

具刺激作用。误服可引起高铁血红蛋白症。受热分解释出氮氧化物和氨烟雾。可吸入食入或经皮吸收。

职业危害

具刺激作用。误服可引起高铁血红蛋白症。

应急处理

皮肤接触：脱去污染的衣着，用大量流动清水冲洗。

眼睛接触：提起眼睑，用流动清水或生理盐水冲洗。就医。

吸　　入：迅速脱离现场至空气新鲜处。保持呼吸道通畅。如呼吸困难，给输氧。如呼吸停止，立即进行人工呼吸。就医。

食　　入：饮足量温水，催吐。洗胃，导泄。就医。

隔离泄漏污染区，限制出入。建议应急处理人员戴防尘口罩，穿一般作业工作服。不要直接接触泄漏物。小量泄漏：用干石灰、沙或苏打灰覆盖，用洁净的铲子收集于干燥、洁净、有盖的容器中。大量泄漏：收集回收或运至废物处理场所处置。

防护措施

(1) 管理措施

操作人员必须经过专门培训，严格遵守操作规程。

(2) 工程控制

密闭操作，局部排风。防止粉尘释放到车间空气中。

(3) 防火和防爆

储存于阴凉、通风的库房。避免受热。库温不宜超过30℃。包装密封。应与还原剂、易(可)燃物分开存放，切忌混储。

(4) 个人防护措施

呼吸系统防护：空气中粉尘浓度超标时，必须佩戴自吸过滤式防尘口罩。紧急事态抢救或撤离时，应该佩戴空气呼吸器。

眼睛防护：戴化学安全防护眼镜。

身体防护：穿胶布防毒衣。

手 防 护：戴橡胶手套。

其　　他：工作场所禁止吸烟、进食和饮水，饭前要洗手。工作完毕，淋浴更衣。保持良好的卫生习惯。

职业接触限值

中国未制订职业接触限值。

硝酸铯

英 文 名：Cesium nitrate

相对分子质量：194.92

分 子 式：$CsNO_3$

CAS　号：7789-18-6

理化性质

相对密度：2.71(500℃)　　　　熔　　点：414℃

白色结晶粉末，易潮解，有盐硝味。溶于水，溶于丙酮，微溶于乙醇。

接触机会

用于铯盐制造。

毒性

对眼睛、皮肤、黏膜和上呼吸道有刺激作用。

急性毒性：大鼠经口 LD_{50}：2390mg/kg。

职业危害

迄今未见中毒的病例报告；工业生产中，也未见有对工人身体健康产生明显损害的报道。

应急处理

皮肤接触：脱去污染的衣着，用肥皂水和清水彻底冲洗皮肤。

眼睛接触：提起眼睑，用流动清水或生理盐水冲洗。就医。

吸　　入：迅速脱离现场至空气新鲜处。保持呼吸道通畅。如呼吸困难，给输氧。如呼吸停止，立即进行人工呼吸。就医。

食　　入：饮足量温水，催吐。就医。

隔离泄漏污染区，限制出入。建议应急处理人员戴防尘面具（全面罩），穿防毒服。勿使泄漏物与有机物、还原剂、易燃物接触。小量泄漏：用砂土、干燥石灰或苏打灰混合。收集于干燥、洁净、有盖的容器中。大量泄漏：用塑料布、帆布覆盖。然后收集回收或运至废物处理场所处置。

防护措施

（1）管理措施

操作人员必须经过专门培训，严格遵守操作规程。

（2）工程控制

生产过程密闭，加强通风。

（3）防火和防爆

储存于阴凉、通风的库房。包装必须完整密封，防止吸潮。应与易（可）燃物、还原剂等分开存放，切忌混储。

消防人员须佩戴防毒面具、穿全身消防服，在上风向灭火。灭火剂：雾状水、砂土。切勿将水流直接射至熔融物，以免引起严重的流淌火灾或引起剧烈的沸溅。

（4）个人防护措施

呼吸系统防护：可能接触其粉尘时，建议佩戴自吸过滤式防尘口罩。

眼睛防护：戴安全防护眼镜。

身体防护：穿聚乙烯防毒服。

手 防 护：戴氯丁橡胶手套。

其　　他：工作现场禁止吸烟、进食和饮水。注意个人清洁卫生。

职业接触限值

中国未制订职业接触限值。

【磷及其化合物】

磷

英 文 名：Phosphorus

相对原子质量：30.97

相对分子质量：123.88

分 子 式：P_4

CAS 号：7723-14-0

理化性质

密 度：1.82g/cm^3(20℃) 沸 点：280℃

熔 点：44.1℃ 燃 点：34℃

磷是半金属，有四种同素异构体，分别为：黄磷(俗称白磷)、红磷(俗称赤鳞)、紫磷、黑磷，后两种少见。黄磷有剧毒性，红磷常含有约1%的黄磷，毒性较小。紫磷、黑磷毒性很小，不易点燃。黄磷是无色蜡样晶体，曝光变黄，有蒜臭，蒸气密度4.3 mg/cm^3。室温下可蒸发、自燃、摩擦起火。性质活泼，易与金属、氢气、卤素生成磷化物，空气中易氧化，黑暗中发出淡绿色荧光。黄磷不溶于水，难溶于酒精和乙醚，较易溶于油脂、胆汁，易溶于二硫化碳、氯仿及苯。磷的无机化合物包括磷化氢、磷的氯化物及氧化物如三氯化磷、五氯化磷、三氯氧磷、五氧化二磷等。磷化氢将在“磷化氢”中介绍。

三氯化磷

英 文 名：Phosphorus trichloride

相对分子质量：137.39

分 子 式：PCl_3

CAS 号：7719-12-2

理化性质

密 度：1.574 g/cm^3 沸 点：75.5℃

熔 点：-112℃

三氯化磷是一种无色透明发烟液体，混入黄磷时色黄而浑浊。有刺激性气味。遇水降解为亚磷酸和盐酸。

五氯化磷

英 文 名：Phosphorus pentachloride

相对分子质量：208.31

分 子 式：PCl_5

CAS 号：10026-13-8

理化性质

五氯化磷是一种灰黄色发烟状固体，有刺激性难闻气味。加压下148℃溶融，160℃左右升华，遇水分解成三氯氧磷和氯化氢。

三氯氧磷

英 文 名：Phosphorus oxychloride

中文别名：氧氯化磷

相对分子质量：153.33

分 子 式：$POCl_3$

CAS 号：10025－87－3

理化性质

密　度：1.67 g/cm^3　　沸　点：105.3℃

熔　点：2℃

三氯氧磷是一种无色发烟液体，有刺激性臭味，挥发性强呈烟雾状，遇水形成为磷酸和氯化氢。

五氧化二磷

英 文 名：Phosphorus pentoxide；Phosphoric anhydride

中文别名：磷酸酐

相对分子质量：142

分 子 式：P_2O_5

CAS 号：1314－56－3

理化性质

五氧化二磷为白色粉末，密度2.39g/cm^3，加压下563℃熔融，347℃左右升华，有强吸水性，易溶于水，放出大量热而生成磷酸。

磷酸

英 文 名：Phosphoric acid；Orthophosphoric acid

相对分子质量：97.99

分 子 式：H_3PO_4

CAS 号：7664－38－2

理化性质

相对密度：1.834(18℃)　　熔　点：42.35℃

纯品是无色斜方晶体。一般商品含有83%～98%磷酸的稠厚液体。溶于水和乙醇。加热到213℃时，失去一部分水而转变为焦磷酸，进一步转变为偏磷酸。能吸收空气中的水分。酸性介于强酸和弱酸之间。有腐蚀性。

接触机会

黄磷由磷矿石或磷酸钙焙烧制成。黄磷是制造红磷(红磷可用于灭鼠剂“磷化锌”的制造)、磷化合物、磷酸、磷合金、烟幕弹、燃烧弹、信号弹、焰火、爆竹等的原料，也是石油化工做缩合催化剂、表面活性剂、稳定剂、特殊干燥剂及制药、电子、染料、农药、化肥等行业必不可少的原料。因此生产和使用黄磷及其制品的行业均有职业接触机会。一般而言，急性中毒多见于生产事故，慢性中毒多见于黄磷生产的精制工、炉前工、包装工、赤鳞生产、热法磷酸生产、生产磷化合物企业的劳动者。

三氯化磷在医药、农药、染料、塑料、香料等行业的化工合成中用作氯化剂、催化剂、溶剂。五氯化磷在化工行业用作氯化剂、催化剂。三氯化磷在化工、制药、塑料、电子等行业用作氯化剂、催化剂。五氯化磷用作干燥剂、脱水剂及制备高纯度磷酸。在无机磷化合物的生产及使用过程中均有机会接触。

毒性

黄磷主要以粉尘及蒸汽形式经呼吸道、消化道进入人体内，并可通过皮肤吸收。最终以磷酸盐的形式从肾脏排泄，少量经呼气、汗液、及粪便排出。

黄磷属高毒类，对人 MLD 是 0.1～0.5g，吸收量达 1mg/kg 可致死。

黄磷毒作用的靶器官主要为肝脏和骨骼，也可累及其他脏器如肾脏。黄磷是亲肝性毒物，急性中毒可引起肝细胞脂肪变性和坏死，慢性中毒可引起退行性和增殖为主的全肝结构改变，可致肝硬化。经研究发现，黄磷毒作用的靶细胞器是肝微粒体和线粒体，可能是通过脂质过氧化反应或抑制 Ca^{2+}-ATP 酶活性而起作用。黄磷可导致骨损害，这是由于黄磷进入体内转化成磷酸，使血中磷酸含量增高，钙磷比例失调，血磷增高，体内加速排钙，血钙浓度下降，引起脱钙，致骨质疏松和坏死。黄磷对牙齿和下颌骨有特殊亲和力，可溶解牙齿，引起龋齿，并直接损害下颌骨骨质，使其易感染、坏疽。黄磷可影响钙磷代谢，急性中毒时血磷升高，血钙降低。黄磷还能抑制多种细胞酶的活性，致蛋白质及脂肪代谢障碍。

磷的氯化物及氧化物具有类似刺激性气体的作用，可引起眼结膜刺激症状及呼吸道刺激症状。该类化合物吸收后在体内迅速水解成磷酸及盐酸，造成组织刺激损害，在体内无蓄积。短时间接触高浓度蒸汽可致急性中毒，引起结膜炎、支气管炎、肺炎、肺水肿。磷吸收后可引起肝、肾损害。皮肤接触后可出现皮肤灼伤。其中三氯化磷、五氯化磷属中等毒性，三氯氧化磷的毒作用与三氯化磷、五氯化磷相似。五氧化二磷对眼、呼吸道黏膜、皮肤有强烈的刺激和腐蚀作用，其肝毒性与所含游离磷有关。

职业危害

急性黄磷中毒多由吸入黄磷蒸气或黄磷灼伤后经皮肤吸收引起。吸入黄磷数小时后，出现头晕、乏力、恶心、心动过缓或过速、血压偏低，2～3 天后上腹痛、肝肿大、黄疸、血清 ALT、AST 升高、肝功能异常。严重者出现急性肝坏死、肝功能衰竭、肝昏迷，可伴有肾损害，出现血尿、蛋白尿、管型尿、少尿、尿闭、肌酐和尿酸氮升高等肾功能异常和衰竭。亦可累及心、肺等脏器。

黄磷灼伤后如创面处理不及时或处理不当，黄磷则可经创面吸收，于 1～10 天后引起中毒，出现血磷、尿磷升高，严重者导致急性肝、肾、心功能衰竭。

慢性黄磷中毒多由长期吸入黄磷蒸气或粉尘引起，是黄磷主要的职业危害。磷的无机化合物多为酸性毒物，对呼吸道黏膜有刺激性，引起呼吸道黏膜慢性炎症。早期有鼻咽干燥、充血、咳嗽、咳痰等症状，可伴有口蒜臭味、食欲不振、恶心、肝区不适等消化系统症状。继而出现牙周、牙体、下颌骨进行性损伤。表现为牙酸痛、牙周萎缩、牙周袋加深、牙颈部楔形缺损、牙对颌面磨损、牙松动、脱落。严重者下颌骨坏死、坏疽、畸形。可伴肝、肾损害。

磷的无机化合物(不包括磷化氢)大多具有类似刺激性气体的作用，如吸入高浓度的氯化物及氧化物的蒸气或烟雾后，可引起眼和呼吸道刺激症状，表现为流泪、流涕、咽痛、胸闷、咳嗽等，重症患者可出现化学性肺炎或肺水肿。

职业禁忌

(1) 慢性牙周炎、牙本质病变(不包括龋齿)；(2) 下颌骨疾病；(3) 慢性肝炎；(4) 慢性肾炎。

应急处理

吸入者，应迅速脱离现场，移至空气新鲜处，保持呼吸道通畅，如呼吸困难，给氧。如呼吸停止，立即进行人工呼吸。就医。

皮肤接触：应脱去被污染的衣着，用大量流动清水冲洗。立即涂抹2% ~3%硝酸银灭磷火。就医。

眼睛接触：提起眼睑，用大量流动清水和生理盐水彻底冲洗至少15min，就医。

食　　入：立即用2%的硫酸铜洗胃，或用1：5000高锰酸钾洗胃。洗胃及导泻应慎重，防止胃肠穿孔或出血。就医。

隔离泄漏污染区，限制出入。切断火源。建议应急处理人员戴空气呼吸器，穿防毒服。不要直接接触泄漏物。小量泄漏：用水、潮湿的沙或泥土覆盖。收入金属容器并保存于水或矿物油中。大量泄漏：在专家指导下清楚。

防护措施

密闭操作，提供充分的局部排风。尽可能机械化、自动化。提供安全淋浴和洗眼设备。

可能接触毒物时，应该佩戴自吸过滤式防毒面具(全面罩)。戴化学安全防护眼镜，穿胶布防毒衣服，戴橡胶手套。

工作现场禁止吸烟、进食和饮水。工作毕，彻底清洗。保持良好的卫生习惯。

做好上岗前、在岗期间职业健康体检工作。

黄磷应保存在水中，且必须浸没在水下，隔绝空气。储存于阴凉、通风的仓间。远离火种、热源。防止阳光照射。应与氧化剂、H发泡剂、卤素(氟、氯、溴)、金属粉末等分开存放。切忌混储混运。应经常检查润滑剂干燥情况，必要时增加润滑剂。搬运时轻装轻卸，防止包装及容器破损。

职业接触限值

(1) 黄磷

中　国：OELs：　*PC-TWA*　0.05mg/m^3；*PC-STEL*　0.1mg/m^3

美　国：OSHA PEL：*TWA*　0.1mg/m^3

NIOSH REL：*TWA*　0.1/m^3

IDLH　5mg/m^3

(2) 三氯化磷

中　国：OELs：　*PC-TWA*　1mg/m^3；*PC-STEL*　2mg/m^3

美　国：ACGIH TLVs：*TWA*　0.2ppm(1.5mg/m^3)；*STEL*　0.5ppm(3mg/m^3)

OSHA PEL：　*TWA*　0.5ppm(3mg/m^3)

NIOSH REL：*TWA*　0.2ppm(1.5mg/m^3)；*STEL*　0.5ppm(3mg/m^3)

IDLH　25ppm

(3) 三氯氧磷

中　国：OELs：　*PC-TWA*　0.3mg/m^3；*PC-STEL*　0.6mg/m^3

美　国：NIOSH REL：*TWA*　0.1ppm(0.6mg/m^3)；*STEL*　0.5ppm(3mg/m^3)

(4) 三氯硫磷

中　国：OELs：　*MAC*　0.5mg/m^3

(5) 五氯化磷

中国未制订职业接触限值。

美　　国：OSHA PEL：　*TWA*　1mg/m³

NIOSH REL：*TWA*　1mg/m³

IDLH　1mg/m³

(6) 磷酸

中　　国：OELs：　　*PC-TWA*　1mg/m³；*PC-STEL*　3mg/m³

美　　国：ACGIH TLVs：*TWA*　1mg/m³；*STEL*　3mg/m³

OSHA PEL：　*TWA*　1mg/m³

NIOSH REL：*TWA*　1mg/m³；*STEL*　3mg/m³

IDLH　1000mg/m³

磷化氢

英 文 名：Phosphine；Hydrogen phosphide

相对分子质量：34.04

分 子 式：PH_3

CAS　号：7803－51－2

理化性质

密　　度：1.17 g/L　　　　沸　　点：－87.4℃

熔　　点：－113.5℃

磷化氢是无色气体，有腐鱼样臭味。常态磷化氢溶于水，微溶于乙醚、乙醇。易自燃，当空气中浓度达2%～8%时，可以发生爆炸。

接触机会

磷化锌与磷化铝的制造、包装、运输及使用磷化锌、磷化铝熏蒸粮食、中草药、皮毛均可接触到较高浓度的磷化氢；乙炔气制造及矽铁运输因原料中磷化钙遇水或被空气潮解也会产生磷化氢。

工业制备镁粉、黄磷制备、黄磷遇水、含磷化钙水泥遇水、半导体砷化镓扩磷遇酸、饲料发酵等作业工人在一定条件下均有可能接触较高浓度的磷化氢。此外，含有磷的锌、锡、铝、镁遇弱酸或受水作用也可产生磷化氢。

毒性

磷化氢属高毒类，人接触1.4～4.2mg/m³磷化氢即可闻到气味，接触10mg/m³6h出现中毒症状，在409～846mg/m³，吸入0.5～1h可致死。

磷化氢主要经呼吸道吸收入血，随血循环到各组织、器官。磷化锌、磷化铝经口进入，在胃肠道遇酸、遇水产生磷化氢，在吸收入血。磷化氢在体内存留时间不长。部分磷化氢以原形气体由呼吸道排出，其他在体内结合为无机磷酸类化合物经尿排出。

磷化氢经呼吸道吸收后，首先刺激呼吸道，损伤微血管内皮细胞，致使黏膜出血、水肿、肺泡充满血性渗出物，这是磷化氢中毒引起肺水肿的病理基础。磷化氢还通过抑制细胞色素氧化酶，阻断电子传递，抑制氧化磷酸化，造成细胞能量障碍、组织缺氧。同时，通过广泛破坏微血管内皮细胞造成内脏器官广泛性病变。

职业危害

急性中毒早期主要表现为神经系统和呼吸系统症状。

中枢神经系统障碍有头痛、头晕、乏力、失眠、精神不振、烦躁、复视、共济失调，严重者意识障碍、昏迷、抽搐等。

呼吸系统表现有鼻咽发干、咽部充血、咳嗽、气短、胸闷、发绀，严重者出现肺水肿。

消化系统有恶心、频繁呕吐、呕吐物有特殊的电石样臭味，食欲不振、心窝部烧灼痛、腹胀；部分患者有腹泻、胃肠道出血。可伴有肝脏肿大、肝区痛、黄疸、肝功能异常。

早期出现血压降低、甚至休克。心肌受损较为多见。肾脏损害一般较轻，少数病人尿中检出红、白细胞，管型与蛋白，个别严重者出现少尿、急性肾功能衰竭。

国外有报告磷化氢对人体有慢性影响，但无明显特异性表现。

职业禁忌

(1) 支气管扩张；(2) 慢性阻塞性肺病；(3) 慢性间质性肺病；(4) 心肌病；(5) 慢性肝炎。

应急处理

吸入者，应迅速脱离现场，移至空气新鲜处，保持呼吸道通畅，如呼吸困难，给氧。如呼吸停止，立即进行人工呼吸。就医。

迅速撤离泄漏污染区人员至上风处，并立即进行隔离450m，严格限制出入。切断火源，建议应急处理人员戴自给正压式呼吸器，穿防毒服。尽可能切断泄漏源。合理通风。加速扩散。喷雾状水稀释，溶解。构筑围堤或挖坑收容产生的大量废水、如有可能，将漏出气用排风机送至空旷地方或装设适当喷头烧掉。漏气容器要妥善处理，修复、检验后再用。

防护措施

生产过程严加密闭，提供充分的局部排风和全面通风。提供安全淋浴和洗眼设备。

正常工作情况下，佩戴过滤式防毒面具(全面罩)。高浓度环境中，必须佩戴空气呼吸器，戴化学安全防护眼镜，穿戴面罩式胶布防毒衣，戴橡胶手套。

工作现场禁止吸烟、进食和饮水。工作毕，淋浴更衣。保持良好的卫生习惯。进入罐、限制性空间或其他高浓度区作业，须有人监护。

储存于阴凉、通风良好的仓间。远离火种、热源。防止阳光照射。应与氧化剂、氧气、压缩空气等分开存放。验收时要注意品名，注意验瓶日期，先进仓的先发用。搬运时轻装轻卸，防止钢瓶及附件破损。运输按规定路线行驶，勿在居民区和人口稠密区停留。

职业接触限值

中　国：OELs：　*MAC*　0.3mg/m^3

美　国：ACGIH TLVs：*TWA*　0.3ppm(0.4mg/m^3)；*STEL*　1ppm(1.4mg/m^3)

OSHA PEL：　*TWA*　0.3ppm(0.4mg/m^3)

NIOSH REL：*TWA*　0.3ppm(0.4mg/m^3)；*STEL*　1ppm(1.4mg/m^3)

IDLH　50ppm

【硫及其化合物】

硫

英 文 名：Sulfur

相对原子质量：32

分 子 式：S

CAS 号：7704－34－9

理化性质

又名硫磺，具有多种同素异形体。最主要有下列三种形式：菱形硫，系黄色晶体，熔点112.8℃，密度1.96g/m^3；无定形硫，系褐色胶样物，熔点120℃，密度1.95g/m^3；单斜硫，系淡黄色晶体，熔点119℃，密度1.96g/m^3。硫不溶于水。易溶于二硫化碳。能升华。

接触机会

制造硫酸、亚硫酸、金属硫化物、二硫化碳、硫化染料、火柴、焰火、杀虫剂及硫化橡胶的工人及有关人员均有可能接触。炼油企业一般都建设有硫磺回收装置生产硫磺。

毒性

元素硫无毒。吞服本品后在大肠内约有10%转化为硫化氢。口服10～20g后可出现硫化氢中毒的临床表现。

职业危害

长期吸入硫尘无明显毒性作用。硫粉尘有时引起眼结膜炎。硫尘对过敏皮肤有刺激作用，敏感者皮肤可引起湿疹，有时可引起眼结膜炎。

应急处理

皮肤接触，脱去污染的衣着，用肥皂水及清水彻底冲洗；眼睛接触，立即翻开上下眼睑，用流动清水彻底冲洗，就医；吸入后，迅速脱离现场至空气新鲜处。保暖并休息。必要时进行人工呼吸。呼吸困难时给输氧。就医。误服者立即漱口，饮足量温水，催吐，就医。

防护措施

尽量密闭作业，作业场所设置通风、除尘设施。

做好个体防护，硫磺粉尘浓度高时，佩戴过滤式防尘口罩，戴防护手套，穿一般防护服。

注意个人卫生，工作完毕，淋浴更衣。

职业接触限值

中国未制订职业接触限值。

二氧化硫

英 文 名：Sulfur dioxide

相对分子质量：64.07

分 子 式：SO_2

CAS 号：7446-09-5

理化性质

密 度：2.3g/L 沸 点：-10℃

熔 点：-72.7℃

具有强烈辛辣刺激气味的无色气体。不能燃烧及助燃。易溶于甲醇、乙醇，醋酸、氯仿和乙醚，易与水生成亚硫酸(H_2SO_3)，后转化为硫酸。在室温及392.266~490.3325kPa压强下为无色流动液体。

接触机会

二氧化硫的职业性接触，涉及多种行业。在烧制硫磺、制造硫酸及其无机盐、磺酸盐，硫化橡胶、燃烧含硫燃料、熔炼硫化矿石、漂白、制冷、熏蒸杀虫、石油精炼加工，以及化工原料制造、化学肥料制造、涂料及燃料制造、化学助剂制造、合成药置换、加成、聚合、裂解、陶瓷烧成、金属冶炼、食品饮料制造等均可接触二氧化硫。本品是常遇见的一种工业废气，也是大气主要污染物之一。

毒性

家兔经眼：6ppm，每天4h，32天，轻度刺激。大鼠吸入4mg/m^3，24h(交配前72天)，引起月经周期改变或失调，对分娩有影响，对雌性生育指数有影响。小鼠吸入25ppm(7h)，(孕6~15天)，引起胚胎毒性。小鼠吸入500ppm(5min)，30周(间歇)疑致肿瘤。

二氧化硫主要经上呼吸道吸收入血，也可由眼结膜吸收，在血液中与蛋白结合，主要分布于血浆，部分在红细胞内。以气管、肺门淋巴结、食道中含量最高，其次为肝、肾、脾。部分以原形从呼吸道排出，部分生成亚硫酸盐，在肝、心、肾等组织内的亚硝酸氧化酶作用下，氧化生成硫酸盐随尿排出。

二氧化硫属于中等毒类，对眼及呼吸道黏膜有强烈的刺激作用。吸入高浓度的二氧化硫可引起肺水肿、喉水肿、声带水肿或痉挛而引起窒息。

二氧化硫的作用机制为在呼吸道及眼结膜湿润表面生成亚硫酸、硫酸，刺激黏膜使分泌增加形成炎症反应，且腐蚀组织引起坏死。同时，二氧化硫直接刺激呼吸道，使支气管和肺血管痉挛，导致气道阻力增加，通气/血流比例失调，引起低氧血症。

职业危害

(1) 急性中毒：二氧化硫主要经呼吸道进入人体，吸入后很快出现眼和上呼吸道刺激症状。表现为流泪、畏光、视物模糊、咳嗽、咽、喉灼痛等；严重中毒可在数小时内发生肺水肿；极高浓度吸入可引起反射性声门痉挛而致窒息。

液态二氧化硫触及皮肤或眼，可灼伤皮肤和导致角膜上皮细胞坏死，遗留疤痕和角膜白斑。

(2) 慢性影响：长期低浓度接触，可有头痛，头昏、乏力等全身症状以及慢性鼻炎、咽喉炎、支气管炎、嗅觉及味觉减退等。少数工人有牙齿酸蚀症。

职业禁忌

(1)慢性阻塞性肺病；(2)支气管哮喘；(3)支气管扩张；(4)慢性间质性肺病。

应急处理

皮肤接触后立即脱去被污染的衣着，用大量流动清水冲洗后就医。

眼睛接触者应提起眼睑，用流动清水或生理盐水冲洗后就医。

吸入者应迅速脱离现场至空气新鲜处。保持呼吸道通畅，如呼吸困难，给输氧。如呼吸停止，立即进行人工呼吸。就医。

迅速撤离泄漏污染区人员至上风处，并立即进行隔离，小泄漏时隔离150m，大泄漏时隔离450m，严格限制出入。建议应急处理人员戴自给正压式呼吸器，穿防毒服。从上风处进入现场。尽可能切断泄漏源。用工业覆盖层或吸附/吸收剂盖住泄漏点附近的下水道等地方，防止气体进入。合理通风。加速扩散。喷雾状水稀释，溶解。构筑围堤或挖坑收容产生的大量废水、如有可能，用捉捕器使气体通过次氯酸钠溶液。漏气容器要妥善处理，修复、检验后再用。

防护措施

有二氧化硫逸出的生产设备应严加密闭，提供充分的局部排风和全面通风。提供安全淋浴和洗眼设备。

定期检修设备，减少跑、冒、滴、漏现象发生，严格遵守安全操作规程。

空气中浓度超标时，佩戴自吸过滤式防毒面具(全面罩)。紧急事态抢救或撤离时，建议佩戴正压自给式呼吸器。戴化学安全防护眼镜。穿聚乙烯防毒服。戴橡胶手套。

工作现场禁止吸烟、进食和饮水。工作毕，淋浴更衣。保持良好的卫生习惯。

做好上岗前体检工作，患有慢性阻塞性肺病、支气管哮喘、支气管扩张、慢性间质性肺病患者，不宜从事接触二氧化硫的作业。

职业接触限值

中　国：OELs：　*PC-TWA*　5mg/m³；*PC-STEL*　10mg/m³
美　国：ACGIH TLVs：*TWA*　2ppm(5mg/m³)；*STEL*　5ppm(13mg/m³)
OSHA PEL：*TWA*　5ppm(13mg/m³)
NIOSH REL：*TWA*　2ppm(5mg/m³)；*STEL*　5ppm(13mg/m³)
IDLH　100ppm

三氧化硫

英 文 名：Sulfur trioxide；Sulfuric acid anhydride
中文别名：硫酸酐
相对分子质量：80.06
分 子 式：SO_3
CAS 号：7664-93-9

理化性质

熔　点：16.8℃　　蒸气密度：2.8g/L
沸　点：44.8℃

为无色液体或结晶。水中溶解度100%(硫酸)。用于制造硫酸和氯磺酸及有机化合物的磺化。毒性、临床表现及治疗参阅硫酸。

硫酸

英 文 名：Sulfuric acid

相对分子质量：98.07

分 子 式：H_2SO_4

CAS 号：7664－93－9

理化性质

相对密度：1.8305(100%) 沸 点：315～338℃

熔 点：10.4℃

纯品为无色透明油状液体，无臭。遇水大量放热，可发生沸溅。与易燃物(如苯)和可燃物(如糖、纤维素等)接触会发生剧烈反应，甚至引起燃烧。遇电石、高氯酸盐、硝酸盐、苦味酸盐、金属粉末等猛烈反应，发生爆炸或燃烧。有强烈的腐蚀性和吸水性。

接触机会

生产化学肥料、硫酸盐，合成药物、染料、洗涤剂，金属酸洗，石油制品精炼，蓄电池制造及修理，纺织工业，制革工业，运输等。分析化验常用试剂。

毒性

属中等毒类。1mg/m^3 的对人即有刺激，突然吸入 3mg/m^3 有窒息感，吸入6～8mg/m^3 5min 引起严重呛咳。口服 1mL 浓硫酸可致死。硫酸气溶胶比二氧化硫毒性强，吸入 40mg/m^3 硫酸雾引起的气道阻力增高相当于吸入 2190mg/m^3 二氧化硫。硫酸雾的毒性除与其浓度有关外，还与雾滴大小有关。

职业危害

对皮肤、黏膜等组织有强烈的刺激和腐蚀作用。蒸气或雾可引起结膜炎、结膜水肿、角膜混浊，以致失明；引起呼吸道刺激，重者发生呼吸困难和肺水肿；高浓度引起喉痉挛或声门水肿而窒息死亡。口服后引起消化道烧伤以致溃疡形成；严重者可能有胃穿孔、腹膜炎、肾损害、休克等。皮肤灼伤轻者出现红斑，重者形成溃疡，愈后瘢痕收缩影响功能。溅入眼内可造成灼伤，甚至角膜穿孔、全眼炎以至失明。

慢性影响 长期接触硫酸雾的工人，可有鼻黏膜萎缩伴有嗅觉减退或消失，慢性支气管炎、支气管扩张、肺气肿、肺硬化和牙齿酸蚀症。

职业禁忌

(1)牙本质过敏；(2)因反流性食道炎和胃、十二指肠溃疡等非职业性因素致牙酸蚀病；(3)慢性阻塞性肺病；(4)支气管哮喘。

应急处理

若皮肤接触，立即脱去被污染的衣着，用大量流动清水冲洗至少 15min 后就医。若眼睛接触，立即提起眼睑，用大量流动清水或生理盐水彻底冲洗至少 15min 后就医。

若吸入，迅速脱离现场至空气新鲜处。保持呼吸道通畅。如呼吸困难，给输氧。如呼吸停止，立即进行人工呼吸。就医。

误服者用水漱口，给饮牛奶或蛋清，就医。

消防人员必须穿全身耐酸碱消防服。灭火剂：干粉、二氧化碳、砂土。避免水流冲击物品，以免遇水会放大量热量发生喷溅而灼伤皮肤。

迅速撤离泄漏污染区人员至安全区，并进行撤离。严格限制出入。建议应急处理人员戴自给正压式呼吸器，穿防酸碱工作服。不要直接接触泄漏物。尽可能切断泄漏源。防止进入下水道、排洪沟等限制性空间。小量泄漏：用砂土、干燥石灰或苏打灰混合。也可以用大量水冲洗，洗水稀释后放入废水系统。大量泄漏：构筑围堤或挖坑收容；用泵转移至槽车或专用收集器内，回收或运至废物处理场所处置。

防护措施

密闭操作，注意通风。尽可能机械化、自动化。提供安全淋浴和洗眼设备。

可能接触其烟雾时，佩戴自吸过滤式防毒面具(全面罩)或空气呼吸器。紧急事态抢救或撤离时，建议佩戴空气呼吸器，穿橡胶耐酸碱服，戴橡胶耐酸碱手套。稀释或制备溶液时，应把酸加入水中，避免沸腾和飞溅。

工作现场禁止吸烟、进食和饮水。工作完毕，淋浴更衣。单独存放被毒物污染的衣服，洗后备用。保持良好的卫生习惯。

储存于阴凉、干燥、通风良好的仓间。应与易燃或可燃物、碱类、金属粉末等分开存放。不可混储混运。搬运时轻装轻卸，防止包装及容器破损。分装和搬运作业要注意个人防护。

职业接触限值

中　国：OELs：　*PC－TWA*　1mg/m³；*PC－STEL*　2mg/m³；G1

美　国：ACGIH TLVs：*TWA*　0.2mg/m³

OSHA PEL：*TWA*　1mg/m³

NIOSH REL：*TWA*　1mg/m³

IDLH　15mg/m³

硫化氢

英 文 名：Hydrogen sulfide

相对分子质量：34

分 子 式：H_2S

CAS　号：7783－06－4

理化性质

相对密度：1.189　　沸　点：－60℃

熔　点：－85℃　　爆炸极限：4.0%～46%(体积)

常温常压下为无色气体，具有臭皮蛋气味。易溶于水，也溶于醇类、石油溶剂和原油中。

易燃，自燃点260℃，与空气混合能形成爆炸性混合物，遇明火、高热能引起燃烧爆炸。与浓硝酸、发烟硝酸或其他强氧化剂剧烈反应，发生爆炸，硫化氢气体比空气重，能在较低处扩散到相当远的地方，遇明火会引起回燃。

接触机会

职业性硫化氢中毒多由于设备损坏，输送管道或阀门漏气，违反操作规程，生产事故等致使硫化氢大量溢出。或由于含硫化氢的废气、废液排放不当及在疏通阴沟、粪池的意外接触所致。常见有：

(1) 石油和天然气开采过程。

(2) 石油加工过程　脱硫、脱硫醇、精制、延迟焦化、酸性气燃烧、加氢处理、胺液闪蒸、硫磺捕集转化、石蜡加氢精制、汽油加氢精制及排放废气时，有硫化氢逸出。储罐检尺、切水操作等有接触硫化氢机会。

(3) 采矿工业　硫是矿石中常有的杂质之一，金属矿的矿坑和巷道空气中含有少量的硫化氢，在通风不良或长久不用的矿井中可发生急性硫化氢中毒。

(4) 冶金工业　在制造镍、铊、锑、等多种金属过程中用硫化氢与金属反应生成不溶解的硫化物，沉淀后分解提纯时，曾有急性中毒发生。

(5) 化学工业　在精炼硫酸，制造二硫化碳、硫化铵、硫化钠等，或制造农药如对硫磷、乐果等，制造某些磺胺噻唑等含硫药品，都可产生硫化氢。

(6) 煤气工业　在未经分离的粗制煤气中含硫化氢，接触后可发生急性中毒。

(7) 橡胶工业　橡胶的硫化过程有硫化氢逸散。

(8) 染料制造　当制造硫黑、硫蓝、硫棕等染料时，都有硫化氢弥散到空气中。

(9) 造纸、制糖、皮革鞣制、亚麻浸渍、食品加工等工业　由于原料腐败可产生硫化氢。

(10) 污水处理等行业　从事阴沟清理、粪坑清除、腐败鱼类处理，咸菜生产及病畜的处理，由于有机物质的腐败而生成硫化氢，屡有急性中毒发生。

毒性

属剧毒类。主要经呼吸道吸收中毒。硫化氢对呼吸道黏膜有刺激作用，高浓度可引起中枢神经及全身毒作用。家兔吸入 0.01mg/L，2h/d，3 个月，引起中枢神经系统的机能改变，气管、支气管黏膜刺激症状，大脑皮层出现病理改变。小鼠长期接触低浓度硫化氢，有小气道损害。

硫化氢引起人体中毒的主要发病机理是硫化氢与细胞色素氧化酶结合，影响细胞的生物氧化过程，阻断细胞的内呼吸，并作用于血红蛋白产生硫化血红蛋白，导致细胞窒息和组织缺氧。此外，硫化氢可刺激颈动脉窦化学感受器产生反射作用，引起中枢神经系统超限抑制。

职业危害

本品是强烈的神经毒物，对黏膜有强烈刺激作用。

(1) 急性中毒　因接触浓度不同而有明显差别。低浓度时对呼吸道及眼的局部刺激作用明显；浓度越高，全身性作用越明显，表现为中枢神经系统症状和窒息症状。

(2) 轻度中毒　较低浓度引起眼结膜及上呼吸道刺激症状，有畏光、流泪、眼刺痛、异物感、流涕、鼻及咽喉灼热感。检查可见眼结膜充血，数小时或数天后自愈。

(3) 中度中毒　在接触浓度 200～300mg/m^3 时，出现中枢神经系统症状，有头痛、头晕、全身乏力、呕吐、共济失调，同时出现喉部发痒、咳嗽、胸部压迫感等。眼刺激症状增强，引起看光源时周围有色环存在，视觉模糊，这是角膜水肿的征兆。检查有上呼吸道黏膜充血，肺部可能有干性罗音；结膜充血，瞳孔缩小，角膜上有小水泡或溃疡。

(4) 重度中毒　患者首先发生头晕、心悸、呼吸困难、心动迟缓，如继续接触可因呼吸麻痹而死亡。昏迷和抽搐持续较久者可能发生中毒性肺炎、肺水肿或脑水肿，昏迷、谵妄、抽搐可能继续数小时，有时神志时而清醒时而昏迷。一般1～5天痊愈。在接触极高浓度时(1000mg/m^{3}以上)，可发生“电击样”中毒，在数秒钟内突然昏迷倒下，瞬时内呼吸停止。

不同浓度硫化氢对人的影响

浓度/(mg/m^3)	接触时间	毒 性 反 应
1400	立即	昏迷并呼吸麻痹而死亡，除非立即人工呼吸急救，于此浓度时嗅觉立即疲劳，其毒性与氢氰酸相似
1000	数秒钟	很快引起急性中毒，出现明显的全身症状。开始呼吸加快，接着呼吸麻痹而死亡
760	15～60min	可能引起生命危险—发生肺水肿、支气管炎及肺炎。接触时间更长者，可引起头痛、头昏、激动、步态不稳、恶心、呕吐、鼻咽喉发干及疼痛、咳嗽、排尿困难等
300	1h	可引起严重反应——眼和呼吸道黏膜强烈刺激症状，并引起神经系统抑制，6～8min即出现急性眼刺激症状，长期接触可引起肺水肿
70～150	1～2h	出现眼及呼吸道刺激症状。长期接触可引起亚急性或慢性结膜炎。吸入2～15min即发生嗅觉疲劳
30～40		虽臭味强烈，仍能忍耐
4～7		中等强度难闻臭味
0.4		明显嗅出
0.035		嗅觉阈

慢性影响　长期低浓度接触，引起神经衰弱综合征和植物神经功能紊乱。但未有慢性硫化氢中毒的病例报道。

职业禁忌

(1)中枢神经系统器质性疾病；(2)伴肺功能损坏的呼吸系统疾病；(3)器质性心脏病。

应急处理

抢救人员必须佩戴空气呼吸器进入现场。若无呼吸器，可用小苏打(碳酸氢钠)稀溶液浸湿的毛巾掩口鼻短时间进入现场。立即将中毒者移离现场至空气新鲜处，去除污染衣物，皮肤或眼污染用流动的清水冲洗各至少20min，静卧、保温。保持呼吸道通畅，如呼吸困难，给吸氧，必要时用合适的呼吸器进行人工呼吸。立即与医疗单位联系抢救。

迅速撤离泄漏污染区人员至上风处，并立即进行隔离，小泄漏时隔离150m，大泄漏时隔离300m，严格限制出入。切断火源。建议应急处理人员戴自给正压式呼吸器，穿防毒服。从上风处进入现场。尽可能切断泄漏源。合理通风，加速扩散。喷雾状水稀释、溶解。构筑围堤或挖坑收容产生的大量废水。如有可能，将残余气或漏出气用排风机送至水洗塔或与塔相连的通风橱内。或使其通过三氧化铁水溶液，管路装止回装置以防溶液吸回。漏气容器要妥善处理，修复、检验后再用。

防护措施

对含硫的石油和天然气进行脱硫处理。

有硫化氢逸出的生产设备应加强密闭化生产，提供充分的局部排风和全面通风。

作业场所设置警示标识、警示线、告知卡，设置风向标，提供安全淋浴和洗眼设备。在有可能出现硫化氢泄漏的作业场所安装自动报警器。

作业场所禁止吸烟、进食和饮水。工作完毕，淋浴更衣。及时换洗工作服。作业人员应学会自救互救。进入罐、限制性空间或其他高浓度区作业，应配戴合适的防毒面具，佩戴便携式硫化氢报警仪，同时有人监护，做好急救准备。

空气中浓度超标时，佩戴过滤式防毒面具。紧急事态抢救或撤离时，建议佩戴空气呼吸器。戴化学安全防护眼镜。穿防静电工作服。戴防化学品手套。

做好上岗前体检工作，患有中枢神经系统器质性疾病、伴肺功能损坏的呼吸系统疾病、器质性心脏病患者，不宜从事接触硫化氢的作业。

职业接触限值

中　国：OELs：　*MAC*　10mg/m^3

美　国：ACGIH TLVs：*TWA*　10ppm；*STEL*　15ppm

OSHA PEL：*C*　20ppm

NIOSH REL：*C*　10ppm（15mg/m^3）（10min）

IDLH　100ppm

硫酸铵

英 文 名：Ammonium sulfate

中文别名：硫铵

相对分子质量：132.13

分 子 式：$(NH_4)_2SO_4$

CAS 号：7783－20－2

理化性质

相对密度：1.77　　熔　点：140℃

纯品为无色斜方晶体，工业品为白色至淡黄色结晶体。溶于水，不溶于乙醇和丙酮。

接触机会

用于制肥料、氢氧化铵、电池充填、防火化合物等，还可用于医药、皮革、纺织等。

毒性

对眼睛、黏膜和皮肤有刺激作用。

职业危害

可吸入、食入、经皮吸收。接触对眼睛、黏膜和皮肤有刺激作用。

应急处理

皮肤接触：脱去污染的衣着，用大量流动清水冲洗。

眼睛接触：提起眼睑，用流动清水或生理盐水冲洗。就医。

吸入：脱离现场至空气新鲜处。如呼吸困难，给输氧。就医。

食入：饮足量温水，催吐。就医。

防护措施

（1）管理措施

操作人员必须经过专门培训，严格遵守操作规程。

(2) 工程控制

密闭操作，局部排风。

(3) 防火和防爆

储存于阴凉、通风的库房。应与酸类、碱类分开存放，切忌混储。起运时包装要完整，装载应稳妥。严禁与酸类、碱类、食用化学品等混装混运。运输途中应防曝晒、雨淋，防高温。灭火方法：消防人员必须穿全身防火防毒服，在上风向灭火。灭火时尽可能将容器从火场移至空旷处。

(4) 个人防护措施

呼吸系统防护：空气中粉尘浓度超标时，必须佩戴自吸过滤式防尘口罩。紧急事态抢救或撤离时，应该佩戴空气呼吸器。

眼睛防护：戴化学安全防护眼镜。

身体防护：穿防毒物渗透工作服。

手 防 护：戴橡胶手套。

其　　他：工作完毕，淋浴更衣。保持良好的卫生习惯。

职业接触限值

中国未制订职业接触限值。

硫酸镁

英 文 名：Magnesium sulfate

中文别名：泄盐（Epsom salts）

相对分子质量：120.37

分 子 式：$MgSO_4$

CAS　号：7487-88-9

理化性质

相对密度：2.66　　熔　点：1124℃(分解)

外观与性状：白色粉末。溶于水、乙醇、甘油。

接触机会

医药上用作泻剂。也用于制革、炸药、肥料、造纸、瓷器、印染料等工业。

毒性

本品粉尘对黏膜有刺激作用，长期接触可引起呼吸道炎症。误服有导泻作用，若有肾功能障碍者可致镁中毒，引起胃痛、呕吐、水泻、虚脱、呼吸困难、紫绀等。

急性毒性：小鼠皮下 LD_{50} 645mg/kg。

应急处理

皮肤接触：脱去污染的衣着，用流动清水冲洗。

眼睛接触：提起眼睑，用流动清水或生理盐水冲洗。就医。

吸　　入：迅速脱离现场至空气新鲜处。保持呼吸道通畅。如呼吸困难，给输氧。如呼吸停止，立即进行人工呼吸。就医。

食　　入：饮足量温水，催吐。就医。

防护措施

(1) 管理措施

防止粉尘释放到车间空气中。操作人员必须经过专门培训，严格遵守操作规程。

(2) 工程控制

密闭操作，局部排风。

(3) 防火和防爆

储存于阴凉、通风的库房。包装密封。严禁与氧化剂、食用化学品等混装混运消防人员必须穿全身防火防毒服，在上风向灭火。灭火时尽可能将容器从火场移至空旷处。然后根据着火原因选择适当灭火剂灭火。

(4) 个人防护措施

呼吸系统防护：空气中粉尘浓度超标时，必须佩戴自吸过滤式防尘口罩。紧急事态抢救或撤离时，应该佩戴空气呼吸器。

眼睛防护：戴化学安全防护眼镜。

身体防护：穿防毒物渗透工作服。

手 防 护：戴橡胶手套。

其 他：工作场所禁止吸烟、进食和饮水，饭前要洗手。工作完毕，淋浴更衣。保持良好的卫生习惯。

职业接触限值

中国未制订职业接触限值。

硫酸亚铁

英 文 名：Ferrous sulfate

中文别名：绿矾(Green vitriol)

相对分子质量：278.05

分 子 式：$FeSO_4 \cdot 7H_2O$

CAS 号：7782-63-0

理化性质

相对密度：1.897(15℃) 熔 点：64℃

浅蓝绿色单斜晶体。溶于水、甘油，不溶于乙醇。

接触机会

用作净水剂、煤气净化剂、媒染剂、除草剂、并用于制墨水、颜料等，医学上用作补血剂。

毒性

对呼吸道有刺激性，吸入引起咳嗽和气短。对眼睛、皮肤和黏膜有刺激性。

急性毒性：小鼠经口 LD_{50} 1520mg/kg。

职业危害

误服引起虚弱、腹痛、恶心、便血、肺及肝受损、休克、昏迷等，严重者可致死。

应急处理

皮肤接触：脱去污染的衣着，用大量流动清水冲洗。

眼睛接触：提起眼睑，用流动清水或生理盐水冲洗。就医。

吸入：迅速脱离现场至空气新鲜处。保持呼吸道通畅。如呼吸困难，给输氧。如呼吸停止，立即进行人工呼吸。就医。

食入：用水漱口，给饮牛奶或蛋清。就医。

隔离泄漏污染区，限制出入。建议应急处理人员戴防尘口罩，穿一般作业工作服。不要直接接触泄漏物。小量泄漏：避免扬尘，小心扫起，收集于干燥、洁净、有盖的容器中。大量泄漏：收集回收或运至废物处理场所处置。

防护措施

（1）管理措施

防止粉尘释放到车间空气中。操作人员必须经过专门培训，严格遵守操作规程。

（2）工程控制

密闭操作，局部排风。

（3）防火和防爆

储存于阴凉、通风的库房包装必须密封，切勿受潮。应与氧化剂、碱类等分开存放，切忌混储。消防人员必须穿全身防火防毒服，在上风向灭火。灭火时尽可能将容器从火场移至空旷处。然后根据着火原因选择适当灭火剂灭火。

（4）个人防护措施

呼吸系统防护：空气中粉尘浓度超标时，必须佩戴自吸过滤式防尘口罩。紧急事态抢救或撤离时，应该佩戴空气呼吸器。

眼睛防护：戴化学安全防护眼镜。

身体防护：穿橡胶耐酸碱服。

手 防 护：戴橡胶耐酸碱手套。

其　　他：工作场所禁止吸烟、进食和饮水，饭前要洗手。工作完毕，淋浴更衣。保持良好的卫生习惯。

职业接触限值

中国未制订职业接触限值。

硫化钼

英 文 名：Molybdenum sulfide；Molybdenum disulfide

中文别名：二硫化钼

相对分子质量：160.07

分 子 式：MoS_2

CAS　号：1317－33－5

理化性质

相对密度：5.06(15℃)　　引燃温度：520℃(粉尘云)

熔　　点：2375℃

黑色六方晶系粉末。不溶于水，溶于王水、浓硫酸。

接触机会

用作制钼酸盐的原料，加氢反应催化剂和润滑剂。高级固体润滑剂。

毒性

属低毒类。二硫化钼水溶性极低，不能在胃肠道内吸收。大鼠每日经口灌入10～500 mg/kg，数周无毒性反应。家兔吸入二硫化钼粉尘也无毒性表现。对局部有刺激性。

职业危害

未见二硫化钼急性中毒的报道。

应急处理

皮肤接触：脱去污染的衣着，用大量流动清水冲洗。

眼睛接触：提起眼睑，用流动清水或生理盐水冲洗。就医。

吸　　入：迅速脱离现场至空气新鲜处。保持呼吸道通畅。如呼吸困难，给输氧。如呼吸停止，立即进行人工呼吸。就医。

食　　入：饮足量温水，催吐。就医。

隔离泄漏污染区，限制出入。建议应急处理人员戴防尘口罩，穿防毒服。不要直接接触泄漏物。小量泄漏：避免扬尘，小心扫起，置于袋中转移至安全场所。大量泄漏：收集回收或运至废物处理场所处置。

防护措施

(1) 管理措施

防止粉尘释放到车间空气中。操作人员必须经过专门培训，严格遵守操作规程。

(2) 工程控制

密闭操作，局部排风。

(3) 防火和防爆

储存于阴凉、通风的库房。防止阳光直射。包装密封。应与氧化剂、食用化学品分开存放。消防人员必须穿全身防火防毒服，在上风向灭火。灭火时尽可能将容器从火场移至空旷处。然后根据着火原因选择适当灭火剂灭火。

(4) 个人防护措施

呼吸系统防护：空气中粉尘浓度超标时，必须佩戴自吸过滤式防尘口罩。紧急事态抢救或撤离时，应该佩戴空气呼吸器。

眼睛防护：戴化学安全防护眼镜。

身体防护：穿防毒物渗透工作服。

手 防 护：戴橡胶手套。

其　　他：工作场所禁止吸烟、进食和饮水，饭前要洗手。工作完毕，淋浴更衣。保持良好的卫生习惯。

职业接触限值

中国未制订职业接触限值。

【氯及其化合物】

氯气

英 文 名：Chlorine

相对分子质量：70.91

分 子 式：Cl_2

CAS 号：7782－50－5

理化性质

相对密度：1.47（液体），2.48（气体）　　沸　点：－34.6℃

熔　点：－100.98℃

常温下为黄绿色、具有强烈异臭的刺激性气体。高压下液化为琥珀色的液氯。氯气易溶于水和碱溶液，以及二硫化碳和四氯化碳等有机溶剂。干燥的氯低温下不活泼，遇到水反应急剧，生成次氯酸和盐酸，次氯酸又分解为氯化氢和新生态氧，因此是强氧化剂和漂白剂。氯在高温条件下，与一氧化碳作用，生成毒性更大的光气。

接触机会

氯由电解食盐产生，广泛应用于多种工业。用于制造漂白剂、消毒剂、溶剂、农药、合成纤维、塑料及其他氯化物等，在基本化学原料制造业、有机化工制造业、化学试剂制造业、合成橡胶制造业、日用化学产品制造业、有色金属冶炼业以及制药业、印染工业、造纸业、皮革业等大量应用，还有医院、游泳池自来水的消毒等方面，都要用到氯气。

在氯的制造或使用过程中，若设备管道密闭不严或检修时均可接触到氯。液氯灌装、运输和储存时，若钢瓶口密封不严或有故障，可有大量氯气逸散。

石化企业部分循环水场使用氯气做杀菌剂。

毒性

氯是一种强烈的刺激性气体，主要损害呼吸道和肺部，高浓度吸入可引起骤死。氯气由呼吸道进入人体，主要作用于支气管、细支气管和肺泡，氯气的损害作用由次氯酸盐和盐酸所致，尤其是次氯酸有明显的生物学活性。次氯酸可透过细胞膜，破坏其完整性、通透性，导致肺泡壁的气－血、气－液屏障破坏，使大量浆液渗透到组织，引起眼、呼吸道黏膜炎性水肿、充血，甚至坏死，严重者形成肺水肿。次氯酸还可与半胱氨酸的巯基起反应，抑制多种酶的活性。

氯致畸、致突变、致癌作用迄今未被证实。

职业危害

对眼、呼吸道黏膜有刺激作用。

急性中毒：轻度者有流泪、咳嗽、咳少量痰、胸闷，出现气管和支气管炎的表现；中度中毒发生支气管肺炎或间质性肺水肿，病人除有上述症状外，出现呼吸困难、轻度紫绀等；重度者发生肺水肿、昏迷和休克，可出现气胸、纵隔气肿等并发症。吸入极高浓度的氯气，可引起迷走神经反射性心跳骤停或喉头痉挛而发生“电击样”死亡。皮肤接触液氯或高浓度氯，在暴露部位可有灼伤或急性皮炎。

慢性影响：长期低浓度接触，可引起慢性支气管炎、支气管哮喘等；可引起职业性痤疮及牙齿酸蚀症。

职业禁忌

（1）慢性阻塞性肺病；（2）支气管哮喘；（3）慢性间质性肺病；（4）支气管扩张。

应急处理

抢救人员必须佩戴空气呼吸器进入现场，若无呼吸器，可用小苏打（碳酸氢钠）稀溶液浸湿的毛巾掩口鼻短时间进入现场。立即将患者移离现场至空气新鲜处，脱去被污染的衣物；皮肤污染或溅入眼内用流动清水冲洗各至少 20min；呼吸困难给氧，必要时用合适的呼吸器进行人工呼吸；注意保暖、安静。就医。

迅速撤离泄漏污染区人员至上风处，并立即进行隔离，小泄漏时隔离 150m，大泄漏时隔离 450m，严格限制出入。建议应急处理人员戴自给正压式呼吸器，穿防毒服。尽可能切断泄漏源。合理通风，加速扩散。喷雾状水稀释、溶解。构筑围堤或挖坑收容产生的大量废水。如有可能，用管道将泄漏物导至还原剂(酸式硫酸钠或酸式碳酸钠)溶液。也可以将漏气钢瓶浸入石灰乳液中。漏气容器要妥善处理，修复、检验后再用。

防护措施

生产和使用氯气的设备要密闭化，提供充分的局部排风和全面通风设施。

由于氯气对金属设备和管道有较强的腐蚀作用，因此要定期检修、防止跑、冒、滴、漏。

建立严格的管理制度，制定应急预案。凡涉及氯气作业的区域，应设置醒目的警示标识、警示线、告知卡，高处设置风向标；设置氯气检测报警器。设置安全淋浴和洗眼设备。在液氯钢瓶存放处，应设事故处理中和池。

作业场所禁止吸烟、进食和饮水。工作完毕，淋浴更衣。及时换洗工作服。保持良好的卫生习惯。进入罐、限制性空间或其他高浓度区作业，须有人监护。

空气中浓度超标时，建议佩戴空气呼吸器。紧急事态抢救或撤离时，必须佩戴空气呼吸器，穿带面罩式胶布防毒衣，戴橡胶手套。

储存于阴凉、通风仓间内。仓内温度不宜超过 30℃。远离火种，热源，防止阳光直射。应与易燃或可燃物、金属粉末等分开存放。不可混储混运。液氯储存区要建低于自然地面的围堤。搬运时轻装轻卸，防止钢瓶及附件破损。运输按规定路线行驶，勿在居民区和人口稠密区停留。

职业接触限值

中　国：OELs：　*MAC*　1mg/m^3

美　国：ACGIH TLVs：*TWA*　0.5ppm(1.45mg/m^3)；*STEL*　1ppm(3mg/m^3)

OSHA PEL：*C*　1ppm(3mg/m^3)

NIOSH REL：*C*　0.5ppm(1.45mg/m^3)(15min)

IDLH　10ppm

氯化氢(盐酸)

英 文 名：Hydrogen chloride

相对分子质量：36.47

分 子 式：HCl

CAS　号：7647-01-0

理化性质

相对密度：1.27(气体)，1.19 (37%～38%盐酸)

熔　点：-114.8℃

沸　点：-84.9℃

氯化氢为无色气体，具有剧烈的刺激性气味。在空气中呈白色的烟雾。极易溶于水而成为盐酸(hydrochloric acid)，也可溶于乙醇、乙醚等。商品浓盐酸含 37%～38%的氯化氢。

接触机会

在直接使用氯化氢或制造氯气、盐酸、漂白粉、敌百虫、三硫磷和氯化物时可接触到。当某些无机或有机氯化物如三氯化锑、三氯化磷、四氯化钛、亚硫酰二氯、乙酰氯等暴露于空气中时，即与空气中的水分生成氯化氢。在四氟乙烯和聚氯乙烯塑料热加工过程中，也有副产品氯化氢产生。盐酸还用于化学、石油、冶金、印染、皮革的鞣制等工业部门。

石化企业污水处理、循环水、热电锅炉、化学水站等使用盐酸。盐酸是分析化验常用试剂。

毒性

近期研究认为，氯化氢气体和盐酸烟雾被吸入后，能与黏膜面的水分作用而发生解离，其氢离子被水分捕集，形成水合氢离子，具有一定催化作用，可促进与组织内有机分子起反应，导致细胞损伤。此外，本品对局部黏膜有强烈的刺激和腐蚀作用，导致黏膜充血、水肿，甚至坏死。

职业危害

接触氯化氢气体或盐酸烟雾后迅速出现眼和上呼吸道刺激症状，眼睑红肿、结膜充血水肿、鼻、咽部有烧灼感及红肿，甚至发生喉痉挛、喉头水肿，严重者则引起化学性肺炎和肺水肿。

口服盐酸后立即出现消化道刺激和灼伤症状。有口和咽部灼痛、红肿、糜烂、声音嘶哑、吞咽困难、呕吐、腹痛、腹泻、呕血、便血等，甚至发生食管、胃、肠道穿孔。

皮肤受本品气雾刺激后，暴露部位可发生皮炎，局部潮红、痛痒，或出现丘疹及水泡。眼和皮肤直接接触处可发生灼伤。

迄今未见慢性氯化氢中毒报道。长期接触可引起慢性鼻炎、慢性支气管炎、皮肤干裂和痛、痒等。盐酸烟雾的长期接触还可引起牙龈糜烂和牙酸蚀症。

职业禁忌

(1)牙本质过敏；(2)因反流性食道炎和胃、十二指肠溃疡等非职业性因素致牙酸蚀病；(3)慢性阻塞性肺病；(4)支气管哮喘。

应急处理

急性吸入中毒、眼和皮肤灼伤的处理见参见“氯气”。

口服盐酸后，立即用氧化镁溶液、牛奶、花生油等洗胃。

迅速撤离泄漏污染区人员至上风处，并立即进行隔离，小泄漏时隔离150m，大泄漏时隔离300m，严格限制出入。建议应急处理人员戴自给正压式呼吸器，穿防毒服。从上风处进入现场。尽可能切断泄漏源。合理通风，加速扩散。喷氨水或其他稀碱液中和。构筑围堤或挖坑收容产生的大量废水。如有可能，将残余气或漏出气用排风机送至水洗塔或与塔相连的通风橱内。漏气容器要妥善处理，修复、检验后再用。

防护措施

生产和使用的设备要严加密闭，提供充分的局部排风和全面通风设施。

空气中浓度超标时，建议佩戴过滤式防毒面罩(半面罩)，紧急事态抢救或撤离时，必须佩戴空气呼吸器，戴化学安全防护眼镜，穿化学防护服，戴橡胶手套。

建立严格的管理制度，制定应急预案。凡涉及氯化氢作业的区域，应设置醒目的警示标识、警示线、告知卡，高处设置风向标。设置安全淋浴和洗眼设备。

作业场所禁止吸烟、进食和饮水。工作完毕，淋浴更衣。保持良好的卫生习惯。

储存于阴凉、通风仓间内。仓内温度不宜超过30℃。远离火种，热源，防止阳光直射。应与碱类、金属粉末、易燃或可燃物等分开存放。验收时要注意品名，注意验瓶日期，先进仓的先发用。搬运时轻装轻卸，防止钢瓶及附件破损。运输按规定路线行驶，勿在居民区和人口稠密区停留。

职业接触限值

中　　国：OELs：　　　　*MAC*　7.5mg/m³

美　　国：ACGIH TLVs：　*C*　2ppm

OSHA PEL：　*C*　5ppm(7mg/m³)

NIOSH REL：　*C*　5ppm(7mg/m³)

IDLH　50ppm

氯酸盐类

理化性质

包括氯酸钾($KClO_3$)；氯酸钠($NaClO_3$)；氯酸铵(NH_4ClO_3)。均为无色晶体。易爆、易燃。是强氧化剂。

接触机会

制作炸药、火柴、焰火、药物、染料及印染、造纸，也作为消毒剂、除草剂等。

毒性

对皮肤、黏膜有强刺激性。属强氧化剂，可使血红蛋白氧化成高铁血红蛋白。经肾脏排泄。可在酸性尿液中沉淀，阻塞肾小管，引起急性肾功能损害。人口服氯酸钾的 *LD* 约 10g。

职业危害

急性口服中毒者可出现急性胃肠炎症状，出现高铁血红蛋白血症及肝、肾损害，重症者可发生急性肾功能衰竭。

应急处理

迅速将中毒者移离现场至空气新鲜处。保持呼吸道通畅。如呼吸困难，给输氧。如呼吸停止，立即进行人工呼吸。就医。

皮肤接触者，脱去被污染得的衣着，用大量流动清水冲洗。

溅入眼内，应提起眼睑，用流动清水或生理盐水冲洗。就医。

食入者，饮足量温水，催吐，就医。

隔离泄漏污染区，限制出入。建议应急处理人员戴自给式呼吸器，穿一般作业工作服。不要直接接触泄漏物。勿使泄漏物与有机物、还原剂、易燃物接触。小量泄漏：用洁净的铲子收集于干燥、洁净、有盖的容器中。大量泄漏：收集回收或运至废物处理场所处置。

防护措施

生产过程密闭，加强通风。设置安全淋浴和洗眼设备。

可能接触其粉尘时，建议佩戴自吸过滤式防尘口罩。戴化学安全防护眼镜，穿聚乙烯防毒服，戴橡胶手套。

作业场所禁止吸烟、进食和饮水。工作毕，淋浴更衣。保持良好的卫生习惯。

储存于阴凉、通风仓间内。远离火种，热源，防止阳光直射。保持容器密封。应与易燃或可燃物、还原剂、硫、磷(氯酸钾、氯酸钠还应与铵化合物、金属粉末、硫酸)等分开存放。切忌混储混运。搬运时轻装轻卸，防止包装及容器损坏。禁止震动、撞击和摩擦。

职业接触限值

中国未制订职业接触限值。

氯化铵

英 文 名：Ammonium chloride

中文别名：硇砂、氯化亚

相对分子质量：53.49

分 子 式：NH_4Cl

CAS 号：12125－02－9

理化性质

相对密度：1.53　　饱和蒸气压：0.133kPa

熔　　点：520℃

理化性质

无臭、味咸、容易吸潮的白色粉末或结晶颗粒。微溶于乙醇，溶于水。加热至100℃时开始显著挥发，337.8℃时离解为氨和氯化氢，遇冷后又重新化合生成颗粒极小的氯化铵而呈白色浓烟，不易下沉，也极不易再溶解于水。加热至350℃升华。吸湿性小，但在潮湿的阴雨天气也能吸潮结块。水溶液呈弱酸性，加热时酸性增强。对黑色金属和其他金属有腐蚀性，特别对铜腐蚀更大。

接触机会

主要用于干电池、蓄电池、铵盐、鞣革、电镀、精密铸造、医药、照相、电极、黏合剂、酵母菌的养料和面团改进剂等。氯化铵还是一种速效氮素化学肥料。

毒性

本品对皮肤、黏膜有刺激性，可引起肝肾功能损害，诱发肝昏迷，造成氮质血症和代谢性酸中毒等。

大鼠经口 LD_{50} 1650mg/kg。

职业危害

职业性接触，可引起呼吸道黏膜的刺激和灼伤。健康人应用50g 氯化铵可致重度中毒，有肝病、肾病、慢性心脏病的患者，5g 即可引起严重中毒。口服中毒引起化学性胃炎，严重者由于血氨显著增高，诱发肝昏迷。严重中毒时造成肝、肾损害，出现代谢性酸中毒，同时支气管分泌物大量增加。

慢性影响：经常性接触氯化铵，可引起眼结膜及呼吸道黏膜慢性炎症。

应急处理

皮肤接触：脱去污染的衣着，用大量流动清水冲洗。

眼睛接触：提起眼睑，用流动清水或生理盐水冲洗。就医。

吸入：迅速脱离现场至空气新鲜处。保持呼吸道通畅。如呼吸困难，给输氧。如呼吸停止，立即进行人工呼吸。就医。

食入：饮足量温水，催吐。洗胃，导泄。就医。

隔离泄漏污染区，限制出入。建议应急处理人员戴防尘面具（全面罩），穿防毒服。避免扬尘，小心扫起，置于袋中转移至安全场所。若大量泄漏，用塑料布、帆布覆盖。收集回收或运至废物处理场所处置。

防护措施

（1）管理措施

操作人员必须经过专门培训，严格遵守操作规程。

（2）工程控制

密闭操作，全面排风。

（3）防火和防爆

储存于阴凉、通风的库房。应与酸类、碱类等分开存放，切忌混储。起运时包装要完整，装载应稳妥。

（4）个人防护措施

呼吸系统防护：空气中粉尘浓度超标时，必须佩戴自吸过滤式防尘口罩。紧急事态抢救或撤离时，应该佩戴空气呼吸器。

眼睛防护：戴化学安全防护眼镜。

身体防护：穿防毒物渗透工作服。

手 防 护：戴橡胶手套。

其 他：工作完毕，淋浴更衣。注意个人清洁卫生。

职业接触限值

中 国：OELs：烟： *PC-TWA* $10mg/m^3$；*PC-STEL* $20mg/m^3$

美 国：NIOSH REL：*TWA* $10mg/m^3$；*STEL* $20mg/m^3$

三氯化铁

英 文 名：Ferric trichloride；Ferric chloride

中文别名：氯化铁

相对分子质量：162.21

分 子 式：$FeCl_3$

CAS 号：7705-08-0

理化性质

相对密度：2.90　　熔 点：282℃

相对蒸气密度：5.61　　沸 点：319℃

黑棕色结晶，也有薄片状。易溶于水，并且有强烈的吸水性，能吸收空气里的水分而潮解。不溶于甘油，易溶于甲醇、乙醇、丙酮、乙醚。

接触机会

用作饮水和废水的处理剂，染料工业的氧化剂和媒染剂，有机合成的催化剂和氧化剂。

毒性

急性毒性：大鼠经口 LD_{50} 1872mg/kg。

职业危害

吸入本品粉尘对整个呼吸道有强烈腐蚀作用，损害黏膜组织，引起化学性肺炎等。对眼有强烈腐蚀性，重者可导致失明。皮肤接触可致化学性灼伤。口服灼伤口腔和消化道，出现剧烈腹痛、呕吐和虚脱。

慢性影响：长期口服有可能引起肝肾损害。

应急处理

皮肤接触：立即脱去污染的衣着，用大量流动清水冲洗至少 15min。就医。

眼睛接触：立即提起眼睑，用大量流动清水或生理盐水彻底冲洗至少 15min。就医。

吸　　入：迅速脱离现场至空气新鲜处。保持呼吸道通畅。如呼吸困难，给输氧。如呼吸停止，立即进行人工呼吸。就医。

食　　入：用水漱口，给饮牛奶或蛋清。就医。

隔离泄漏污染区，限制出入。建议应急处理人员戴防尘面具(全面罩)，穿防毒服。不要直接接触泄漏物。小量泄漏：用洁净的铲子收集于干燥、洁净、有盖的容器中。也可以用大量水冲洗，洗水稀释后放入废水系统。大量泄漏：用塑料布、帆布覆盖。然后收集回收或运至废物处理场所处置。

防护措施

(1) 管理措施

操作人员必须经过专门培训，严格遵守操作规程。

(2) 工程控制

密闭操作，局部排风。提供安全淋浴和洗眼设备。

(3) 防火和防爆

储存于阴凉、通风的库房。包装密封。应与氧化剂、活性金属粉末等分开存放。采用水、泡沫、二氧化碳灭火。

(4) 个人防护措施

呼吸系统防护：可能接触其粉尘时，必须佩戴头罩型电动送风过滤式防尘呼吸器。必要时，佩戴自给式呼吸器。

眼睛防护：呼吸系统防护中已作防护。

身体防护：穿胶布防毒衣。

手 防 护：戴橡胶手套。

其　　他：工作现场禁止吸烟、进食和饮水。工作完毕，淋浴更衣。单独存放被毒物污染的衣服，洗后备用。保持良好的卫生习惯。

职业接触限值

中国未制订职业接触限值。

氯化镁

英 文 名：Magnesium chloride

相对分子质量：95.21

分 子 式：$MgCl_2$

CAS 号：7791－18－6

理化性质

相对密度：2.325(25℃)　　沸　点：1412℃

熔　点：708℃

无色六角晶体，易潮解。溶于水、醇。

接触机会

用于制金属镁、消毒剂、灭火剂、冷冻盐水、陶瓷，并用于织物和造纸等方面。

毒性

急性毒性：大鼠经口 LD_{50} 2800mg/kg。

职业危害

误服有导泻作用。若肾功能有障碍可出现镁中毒，表现为胃痛、呕吐、水泻、无力和虚脱、呼吸困难、紫绀等。长期接触本品粉尘，眼睛和上呼吸道可发生炎症。

应急处理

皮肤接触：脱去污染的衣着，用大量流动清水冲洗。

眼睛接触：提起眼睑，用流动清水或生理盐水冲洗。就医。

吸　入：迅速脱离现场至空气新鲜处。保持呼吸道通畅。如呼吸困难，给输氧。如呼吸停止，立即进行人工呼吸。就医。

食　入：饮足量温水，催吐。就医。

防护措施

(1) 管理措施

操作人员必须经过专门培训，严格遵守操作规程。

(2) 工程控制

生产过程密闭，全面通风。

(3) 防火和防爆

储存于阴凉、干燥、通风良好的库房。应与氧化剂等分开存放，切忌混储。尽可能将容器从火场移至空旷处。切勿将水流直接射至熔融物，以免引起严重的流淌火灾或引起剧烈的沸溅。灭火剂：雾状水、泡沫、干粉、二氧化碳、砂土。

(4) 个人防护措施

呼吸系统防护：空气中粉尘浓度较高时，建议佩戴自吸过滤式防尘口罩。

眼睛防护：戴化学安全防护眼镜。

身体防护：穿橡胶耐酸碱服。

手 防 护：戴防化学品手套。

其　他：工作时不得进食、饮水或吸烟。工作完毕，彻底清洗。保持良好的卫生习惯。

职业接触限值

中国未制订职业接触限值。

【氟及其化合物】

氟

英 文 名：fluorine

相对分子质量：38.0

分 子 式：F_2

CAS 号：7782－41－4

理化性质

相对密度：1.69g/m³（气体） 沸 点：－188.14℃

熔 点：－219.62℃

属于卤素的在化合物中显负一价的非金属元素，通常情况下氟气是一种浅黄绿色的、有强烈助燃性的、刺激性毒气，是已知的最强的氧化剂之一。氟气为苍黄色气体，化合价－1，氟的电负性最高，是非金属中最活泼的元素，氧化能力很强，能与大多数含氢的化合物如水、氨和除氦氖氩氪氧外一切无论液态、固态、或气态的化学物质起反应。氟气与水的反应很复杂，主要有氟化氢和氧，以及较少量的过氧化氢，二氟化氧和臭氧产生，也可在化合物中置换其他非金属元素。可以同所有的非金属和金属元素起猛烈的反应，生成氟化物，并发生燃烧。有极强的腐蚀性和毒性，操作时应特别小心，切勿使它的液体或蒸气与皮肤和眼睛接触。

接触机会

用作火箭燃料中的氧化剂，以及用于氟化合物、含氟塑料、氟橡胶等的制造。

毒性

本品属高毒类。

急性毒性：LD_{50} 无资料；LC_{50} 233mg/m³，1h（大鼠吸入）。

刺激性：人经眼 25ppm/5min，轻度刺激。

元素氟对皮肤、黏膜有强烈刺激，严重的可引起灼伤。在高浓度时有强腐蚀作用。在人体内，能干扰多种酶的活性，与钙离子结合成氟化钙，引起钙磷代谢紊乱和氟骨症。

职业危害

本品高浓度时有强烈的腐蚀作用。急性中毒：高浓度接触主要表现为眼和上呼吸道强烈的刺激症状，重者引起肺水肿、肺出血、喉及支气管痉挛。氟对皮肤、黏膜有强烈的刺激作用，高浓度可引起严重灼伤。

慢性影响：可引起慢性鼻炎、咽炎、喉炎、气管炎、植物神经功能紊乱和骨骼改变。尿氟可增高。

职业禁忌

地方性氟病；骨关节疾病。

应急处理

皮肤接触：立即脱去污染的衣着，用大量流动清水冲洗至少 15min。就医。

眼睛接触：立即提起眼睑，用大量流动清水或生理盐水彻底冲洗至少15min。就医。

吸　　入：迅速脱离现场至空气新鲜处。保持呼吸道畅通。如呼吸困难，给输氧。如呼吸停止，立即进行人工呼吸。就医。

防护措施

(1) 管理措施

操作人员必须经过专门培训，严格遵守操作规程。避免与活性金属粉末接触。

(2) 工程控制

严加密闭，提供充分的局部排风和全面通风。提供安全淋浴和洗眼设备。

(3) 防火和防爆

储运注意事项：储存于阴凉、通风的库房。库温不超过30℃，相对湿度不超过80%。应严格执行极毒物品“五双”管理制度。

(4) 个人防护措施

呼吸系统防护：正常工作情况下，佩戴过滤式防毒面具(全面罩)。高浓度环境中，必须佩戴空气呼吸器或氧气呼吸器。紧急事态抢救火车撤离时，建议佩戴隔离式呼吸器。

眼睛防护：呼吸系统防护中已作防护。

身体防护：穿胶布防毒衣。

手 防 护：戴橡胶手套。

其　　他：工作现场禁止吸烟、进食和饮水。工作完毕，淋浴更衣。保持良好的卫生习惯。

职业接触限值

中　　国：OELs：　*PC－TWA*　$2mg/m^3$(按氟计)

美　　国：ACGIH TLVs：*TWA*　1ppm($1.6mg/m^3$)；*STEL*　2ppm ($3.1mg/m^3$)

OSHA PEL：*TWA*　0.1ppm($0.2mg/m^3$)

NIOSH REL：*TWA*　0.1ppm($0.2mg/m^3$)

IDLH　25ppm

氟化氢

英 文 名：Hydrogen fluoride

相对分子质量：20.01

分 子 式：HF

CAS　号：7664－39－3

理化性质

相对密度：0.988(液体)　　沸　　点：19.5℃

1.27 (气体)　　蒸 气 压：53.3kPa(2.5℃)

熔　　点：－83℃

无色气体或液体。常成(H_2F_2)二分子状态存在。酸性较强，在空气中发烟。其蒸气具有十分强烈的腐蚀性和毒性。很易溶于水。水溶液在－30℃不结冻。能侵蚀玻璃，但不腐蚀聚乙烯和铂。40%～60%水溶液即为氢氟酸，需用铅制、蜡制或塑料制器皿盛放。无水物应储存于冷却的银器中。

接触机会

用作分析试剂、高纯氟化物的制备、玻璃蚀刻及电镀表面处理等。炼油烷基化装置使用氟化氢，装置人员及分析人员可接触。

毒性

属高毒类。吸入至肺部后，短时间内几乎全部被吸收，迅速进入血循环，约75%与白蛋白结合而运转，少部分氟离子也可穿过毛细血管壁到达组织或器官。体内氟化物主要分布于骨骼、牙齿等硬组织，少量分布于主动脉、心、肺、肝、脾、肾等软组织。它还能透过胎盘屏障。另外，高脂食物会促进氟在体内的储留。体内的氟主要随尿、粪排出，汗液、唾液、乳液等也排出微量。氟化物除引起对黏膜皮肤的刺激或腐蚀作用外，在体内可干扰多种酶的活性，导致钙、磷代谢紊乱，引起低血钙正、氟斑牙及氟骨症等一系列改变。

（1）急性毒性：人在400～430mg/m^3 浓度下，可引起急性中毒致死；100mg/m^3 能耐受1分多钟；50mg/m^3 浓度下感受到皮肤刺痛、黏膜刺激，26mg/m^3 能忍受几分钟。嗅觉阈为0.03mg/m^3。中毒动物表现为结膜充血、流泪、搔鼻、喷嚏、严重呼吸困难而死亡；未死者全身衰竭、体重减轻。尸检见肺部充血、出血、水肿，肝、肾损害。大面积灼伤可引起氟骨病，处理不及时亦可引起氟中毒。

（2）慢性中毒：在平均20mg/m^3 浓度下，1～5.5月，试验动物产生黏膜刺激、体重迅减、食欲丧失、呼吸困难，部分死亡。存活着牙齿、骨骼中含氟量增多。

氟化氢溶于水成氢氟酸对皮肤有强烈的腐蚀性，渗透作用强，对组织蛋白有脱水及溶解作用，引起组织坏死、溃疡，如不及时处理可深达骨膜及骨质，引起骨质无菌性坏死。高浓度时与蛋白质结合，皮肤呈灰白色。

职业危害

（1）急性中毒：出现流泪、流涕、喷嚏、闭塞。吸入高浓度时，鼻、喉、胸骨后灼伤感，嗅觉丧失，咳嗽、声嘶，严重时眼结膜、鼻黏膜、口腔黏膜顽固性溃疡，鼻衄，甚至鼻中隔穿孔，引起支气管炎和支气管肺炎。最重者可引起中毒性肺水肿。有的产生反射性窒息、呼吸循环衰竭、抽搐、呕吐甚至死亡，但甚少见。对氢氟酸灼伤和吸入中毒者必须严密观察，因为可在几小时后突然病情加重，呼吸困难，心跳停止而死亡。

（2）皮肤黏膜损害：接触低浓度往往几小时后出现疼痛及皮肤灼伤，疼痛逐渐加剧以至难以忍受，2～3天缓解。接触较高浓度则疼痛立即发生，皮肤自潮红转暗红，创面苍白、坏死，继之呈黑色，也可形成水疱，不及时处理，形成溃疡不易愈合。接触量多，处理不当时影响骨膜和骨质。氢氟酸蒸气可引起皮肤搔痒和皮炎，大剂量也可引起灼伤。溅到氢氟酸后约25%由皮肤吸收，可引起肾功能异常、呕吐、昏迷，甚至休克。

（3）眼接触高浓度氢氟酸后，局部疼痛并迅速形成白色假膜样混浊，如处理不及时可引起角膜穿孔。

（4）慢性影响：长期接触低浓度氟化氢可引起牙酸蚀症、牙龈出血、干燥性鼻炎、鼻衄、嗅觉减退及咽喉炎、慢性支气管炎。

应急处理

（1）急性中毒　立即脱离现场，按酸性刺激性气体中毒处理。密切注意防止喉头及肺水肿发生。用2% ~4%碳酸氢钠洗鼻、含漱、雾化吸入。呼吸道症状对症治疗。接触量多，可补充钙剂。

（2）氢氟酸灼伤的处理　及早、彻底地用流水冲洗是最重要的措施，不必等待或强调依靠中和药物，冲洗时间尽可能在15~30min以上。24h内用4% ~5%碳酸氢钠或石灰水上清液冲洗浸泡或湿敷后，再涂以33%氧化镁甘油糊剂或维生素A、D混合软膏，或考的松软膏，外盖敷料，早晚各换药一次。

红斑或伴有中心发硬坏死区，可按一般灼伤处理。如形成水疱，剪开水泡后用生理盐水和葡萄糖酸钙冲洗。对深部组织液化坏死的病例，扩创后用5%硼酸液冲洗，然后外敷中药化学烧伤油（紫草、川军、黄芩、黄连、生地榆、当归、白芷、川芎），与氟氢考的松合用有较好疗效。

在灼伤和周围区域以5% ~10%氯化钙做阳离子透入，每次30min。

指甲和甲床损伤，在局麻下作V字形指甲部分切除，或指甲远端切开引流。损及骨膜时要及早扩创，术后以碳酸氢铵或呋喃西林湿敷，待创面清洁后可用凡士林纱布包扎。尽量不做截指术。

（3）眼部污染 立即用大量清水冲洗15min，也可用生理盐水或2% ~3%碳酸氢钠冲洗，每次15min，必要时多次冲洗，并对症处理。

防护措施

（1）生产设备尽可能密闭并经常检修，设备和管道应使用耐腐蚀金属或特种塑料。注意通风。尽可能机械化、自动化。提供安全淋浴和洗眼设备。

（2）操作时按规定戴橡胶手套、氧气面罩或防毒面具，穿橡胶耐酸碱工作服，戴塑料做的防护镜，穿胶鞋。车间应有冲洗设备，以备皮肤污染后及时冲洗。工作完毕，淋浴更衣。单独存放被毒物污染的衣服，洗后备用。保持良好的卫生习惯。

（3）氢氟酸应放置于铅衬罐或其他耐腐蚀材料罐内储存和运送。

（4）摄取富有钙和维生素C的食物。

职业接触限值

中　国：OELs：　*MAC*　2mg/m^3（按氟计）

美　国：ACGIH TLVs：*TWA*　0.5ppm（按氟计）；*C*　2ppm（按氟计）

OSHA PEL：*TWA*　3ppm（2.5mg/m^3）

NIOSH REL：*TWA*　3ppm（2.5mg/m^3）；*C*　6ppm（5mg/m^3）（15min）

IDLH　30ppm

氟化钙

英 文 名：Calcium fluoride

中文别名：氟石；萤石

相对分子质量：78.08

分 子 式：CaF_2

CAS　号：7789 -75 -5

理化性质

密　　度：3.18g/m³　　　　沸　　点：2500℃

熔　　点：1360℃

无色结晶或白色粉末，天然矿石中含有杂质，略带绿色或紫色。加热时发光。难溶于水，溶于铵盐、盐酸、硝酸、硫酸。与热的浓硫酸作用生成氢氟酸。溶于铝盐和铁盐溶液时形成络合物。

接触机会

在化学工业上主要用来制造氢氟酸，再以它为原料来制造有机、无机氟化合物。有机化学反应中用作脱水或脱氢催化剂。在钢铁工业中作助熔剂，可降低熔点，增加渣的流动性。它与石灰共用时可以降低钢中的硫、磷的含量。根据炼钢炉的类型，萤石用量发生调动。陶瓷工业中可用于制作陶瓷，用作搪瓷釉的组分等。还可用于电子、仪表、光学仪器制造。此外，还用于电焊条焊接组分及玻璃、玻璃纤维的制造。纯品可作脱水、脱氢反应的催化剂。合成的纯氟化钙单晶可用作红外光材料。饮水中含1～1.5ppm CaF_2 时，能防治牙病。

毒性

食入、吸入进入人体，产生刺激作用，引起肾炎、骨质硬化、肺纤维样变。

职业危害

通常在接触多年后出现厌食、恶心、呕吐、呼吸短浅、咳嗽、背痛、关节僵硬、便秘、消瘦、衰弱。

应急处理

如误服，饮大量温水，洗胃，导泻，对症处理。

防护措施

注意通风。尽可能机械化、自动化。提供安全淋浴和洗眼设备。

保持良好的卫生习惯，禁止在工作场所进食。

注意个体防护，必要时戴自吸过滤式防尘面罩，戴防护手套，穿防护服。

可能分解产生氟化氢的场所，应注意对氟化氢的防护。

职业接触限值

中　　国：OELs：　　*PC-TWA*　2mg/m³（按F计）

美　　国：ACGIH TLVs：*TWA*　2.5mg/m³（按F计）

六氟化硫

英 文 名：Sulfur hexafluoride

相对分子质量：146.07

分 子 式：SF_6

CAS　号：2551-62-4

理化性质

相对密度：1.67（-100℃）　　　　沸　　点：63.8℃

熔　　点：-50.8℃

为无色无味气体。物理学上被认为是惰性气体。难溶于水，微溶于乙醇、乙醚。

接触机会

用于高压电器的绝缘制品。在高压开关内进行高压电弧切断时，如该开关的过滤装置失效或含水量高等情况下，可产生高毒性气体。

还用作制冷、示踪装置及医疗等。

毒性

纯品无毒，大鼠吸入 80% SF_6 加 20% 氧气 16 ~ 24h 未见异常。工人在平均浓度 80 ~ 3456mg/m^3 或每天短时间吸入 2680 ~ 9000mg/m^3 三年，无不良影响。但产品中如混杂低氟化硫、氟化氢，特别是十氟化氢，则毒性增强。

职业危害

曾有 6 名工人吸入 SF_6 的降解产物出现气短、胸紧、剧咳、鼻和眼刺激，而后头痛、疲乏、恶心、呕吐等症状，胸部 X 见 1 例肺不张、1 例左下肺弥漫性浸润、1 例短暂性肺功能阻塞改变，一年后随访无异常。

应急处理

迅速使患者脱离现场，移至空气新鲜处，保持呼吸道通畅。如呼吸困难，给输氧。呼吸停止，立即进行人工呼吸。就医。

迅速撤离泄漏污染区人员至上风向，并进行撤离。严格限制出入。建议应急处理人员戴自给正压式呼吸器。尽可能切断泄漏源。合理通风，加速扩散。漏气容器要妥善处理、修复、检验后再用。

防护措施

密闭操作，局部排风。严格遵守安全操作规程。

高浓度接触时，可佩戴过滤式防毒面具(全面罩)。必要时戴安全防护眼镜，穿防静电工作服，戴一般作业防护手套。

工作现场禁止吸烟、进食和饮水。保持良好的卫生习惯。

不燃性压缩气体，储存于阴凉、通风的仓间。仓温不宜超过 30℃。远离火种、热源。防止阳光直射。应与易燃或可燃物分开存放。验收时要注意品名，注意验瓶日期，先进仓的先发用。搬运时轻装轻卸，防止钢瓶及附件破损。

职业接触限值

中　国：OELs：　*PC - TWA*　6000mg/m^3

美　国：OSHA PEL：　*TWA*　1000ppm (6000mg/m^3)

NIOSH REL：　*TWA*　1000ppm (6000mg/m^3)

【氰化物】

氰化氢

英 文 名：Hydrogen cyanide

别　　名：氢氰酸(Hydro - cyanic acid；prussic acid；Formonitrile)

相对分子质量：27.03

分 子 式：HCN

CAS　号：74 - 90 - 8

理化性质

相对密度：0.688（液体），0.938（气体）

熔　　点：-13.3℃

沸　　点：25.7℃

蒸 气 压：53.32kPa（9.8℃）

闪　　点：-17.8℃

溶 解 性：溶于水、醇、醚等。

爆炸极限：5.6%~40%（体积）

自 燃 点：538℃

临界温度：183.5℃

临界压力：4.95 MPa

辛醇/水分配系数的对数值：0.35

25.6℃以下为无色液体。水溶液有苦杏仁味。溶于水，水溶液显弱酸性。与水、乙醇混溶、溶于乙醚。氰化氢蒸汽与空气形成爆炸性混合物。其爆炸力超过三硝基甲苯。极易挥发。

接触机会

氰化物种类很多（如氰酸盐类、有机氰类化合物等），在化学反应过程中尤其在高温或与酸性物质作用时，能放出氰化氢气体。常见于氢氰酸生产，制造其他氰化物、药物、塑料、有机玻璃、活性染料；用于电镀、船舱、金属表面渗碳以及摄影；从矿石中提炼贵重金属（金、银）；化学工业中制造各种树脂单体如丙烯酸酯、甲基丙烯酸酯和乙二胺及丙烯腈其他腈类的原料。

毒性

本品属剧毒类。抑制细胞呼吸，造成组织的呼吸障碍，使呼吸及血管中枢缺氧受损，出现呼吸先快后慢、瘫痪、痉挛、窒息、呼吸停止直至死亡。

氢氰酸经呼吸道及胃肠吸收较快。液体或高浓度气体可经皮肤吸收，但稍慢。空气温度高，出汗，可使经皮肤吸收增加。进入人体后迅速析出氰离子，主要代谢产物是毒性较低的硫氰酸盐。在呼出气中也可发现氰化氢。

氢离子与人体中氧化型细胞色素氧化酶中的三价铁结合，阻止了三价铁的还原，阻断了氧化过程中的电子传递，使组织细胞不能利用氧，引起细胞内窒息，是急性中毒主要病理基础。

非骤死者临床分为 4 期：前驱期有黏膜刺激、呼吸加快加深、乏力、头痛；口服舌尖、口腔发麻等。呼吸困难期有呼吸困难、血压升高、皮肤黏膜呈鲜红色等。惊厥期出现抽搐、昏迷、呼吸衰竭。麻痹期全身肌肉松弛，呼吸心跳停止而死亡。可致眼、皮肤灼伤，吸收引起中毒。慢性影响：神经衰弱综合征、皮炎。

本品对皮肤有弱刺激。对眼睛，有局部刺激。

LD_{50}：无资料；LC_{50}：357mg/m³，5min（小鼠吸入）。

致死浓度：狗 100mg/m³（几小时后），小鼠 120mg/m³（45min 后），大鼠 120mg/m³（1.5h 后）。

本品嗅觉阈：0.22 ~5.71mg/m³。

人经口 *MLD*：0.7 ~3.5mg/kg。

吸入致死浓度：150mg/m³（30min），200mg/m³（10min），300mg/m³（立即）。

职业危害

（1）急性中毒：个体间有一定差异。一般认为氰化氢及其可溶性盐类是已知毒物中作用最快的。短时间内吸入高浓度氰化氢气体（300mg/m³），可立即致死。

吸入中毒时，早期有黏膜刺激症状，乏力、头昏、头痛、胸闷、呼吸稍快，偶有恶心、呕吐、胃部发热感，随后呼吸加快加深，血压略有增高，脉搏加快，皮肤黏膜呈鲜红色，瞳孔缩小，心律不齐。接着，呼吸困难加重，全身乏力明显，心前区疼痛并伴有压迫感，呼吸深而慢，脉搏变慢。以后出现阵发性和强直性抽搐，昏迷和血压骤降，呼吸变浅变慢，以致完全停止。中毒者出现紫绀，往往表明呼吸衰竭。病情进展快时，分期不易区分。吸入较少或症状初发时，立即呼吸新鲜空气，前驱症状很快消失。轻度中毒或抢救及时，2~3 天亦可恢复。

(2) 慢性中毒：可出现神经衰弱症候群，眼及上呼吸道刺激症状，尿频、蛋白尿。检查周围血象可见血红蛋白和红细胞代偿性增多。可有血压偏低，甲状腺增大及心、肺、肝等器官变化。

皮肤可有皲裂、湿疹。皮肤接触浓的氢氰酸可发生灼伤。

职业禁忌

(1) 慢性肝炎；(2) 中枢神经系统器质性疾病。

应急处理

对症处理。

(1) 尽快脱去污染的衣服，到新鲜空气处。如呼吸已停止，先行人工呼吸(勿用口对口呼吸)。

(2) 皮肤或眼污染时用大量清水冲洗；皮肤灼伤时用 0.01% 高锰酸钾清洗。

防护措施

(1) 生产、储运、使用氰化氢气体的设备、工序，应严加密闭，有良好的机械通风，保持负压，严防逸出。

(2) 防止皮肤接触。使用不渗透材料制作的防护用品和合适的呼吸保护器。

(3) 氰化物容器应有醒目标记；不用时要加盖或放在通风柜内。

(4) 要准备好一旦发生事故时有良好的通风措施。

(5) 做好工人技术培训和安全卫生、事故处理及人工复苏、药物使用等教育。

职业接触限值

中　国：OELs：　*MAC*　1mg/m^3(按 CN 计)；皮

美　国：ACGIH TLVs：　*TWA*　5mg/m^3(按 CN 计)；皮

OSHA PEL：　*TWA*　10ppm(11mg/m^3)；皮

NIOSH REL：　*STEL*　4.7ppm(5mg/m^3)；皮

IDLH　50ppm

氰化钾

英 文 名：Potassium cyanide

相对分子质量：65.12

分 子 式：KCN

CAS　号：151-50-8

理化性质

相对密度：1.52　　　　　　　　　　　　　　　　　熔　点：634.5℃

溶 解 性：易溶于水、乙醇、甘油，微溶于甲醇、氢氧化钠水溶液。

白色无定形，易潮解的块状或结晶物质。具有微弱的苦杏仁气味。溶于水、乙醇和甘油。吸收空气中的水分及二氧化碳，分解而放出苦杏仁味。

接触机会

见“氢氰酸”。

毒性

属极毒类。大鼠经口 *MLD* 为 10～15mg/kg，狗经口 *LD* 为 1.6～5.3mg/kg。毒性随环境温度降低而增高。

可经皮吸收。兔耳浸入 37℃的 1% KCN 溶液，60min 死亡。人口服 *LD* 约为 0.12g。

LD_{50}：5mg/kg(大鼠经口)；LC_{50}：无资料

职业危害

(1) 健康危害：抑制呼吸酶，造成细胞内窒息。吸入、口服或经皮吸收均可引起急性中毒。口服 50～100mg 即可引起猝死。非骤死者临床分为 4 期：前驱期有黏膜刺激、呼吸加深加快、乏力、头痛；口服有舌尖、口腔发麻等。呼吸困难期有呼吸困难、血压升高、皮肤黏膜呈鲜红色等。惊厥期出现抽搐、昏迷、呼吸衰竭。麻痹期全身肌肉松弛，呼吸心跳停止而死亡。长期接触小量氰化物出现神经衰弱综合征、眼及上呼吸道刺激。接触本品溶液的工人，手部皮肤可发痒，有的发生亚急性或慢性湿疹。在皮损处可形成不易痊愈的溃疡。本品粉尘可致顽固、易复发的皮疹。

(2) 环境危害：本品不燃，剧毒，具刺激性。

职业禁忌

(1) 慢性肝炎；(2) 中枢神经系统器质性疾病。

应急处理

见“氢氰酸”。

防护措施

(1) 采用工程控制措施，严加密闭，提供充分的局部排风和全面通风。尽可能机械化、自动化。提供安全淋浴和洗眼设备。

(2) 采取有效的个人防护措施。

呼吸系统防护：可能接触毒物时，必须佩戴头罩型电动送风过滤式防尘呼吸器。可能接触其粉尘时，应该佩戴隔离式呼吸器。

眼睛防护：呼吸系统防护中已作防护。

身体防护：穿连衣式胶布防毒衣。

手 防 护：戴橡胶手套。

其　　他：工作现场禁止吸烟、进食和饮水。工作完毕，彻底清洗。车间应配备急救设备及药品。单独存放被毒物污染的衣服，洗后备用。作业人员应学会自救互救。

职业接触限值

中　国：	OELs：	*MAC*	$1mg/m^3$(按 CN 计)；皮
美　国：	ACGIH TLVs：	*TWA*	$5mg/m^3$(按 CN 计)；皮
	OSHA PEL：	*TWA*	$5mg/m^3$

NIOSH REL：*C* 4.7ppm（$5mg/m^3$）（15min）

IDLH $25mg/m^3$（按 CN 计）

氰化钠

英 文 名：Sodium cyanide

别　　名：山萘

相对分子质量：49.01

分 子 式：NaCN

CAS　号：151－50－8

理化性质

相对密度：1.596　　沸　　点：1496℃

熔　　点：563.7℃　　蒸 汽 压：0.13（817℃）

白色，易潮解的晶体粉末。易溶于水，微溶于乙醇、液氨、乙醚、苯。水溶液呈强碱性，很快分解。有氰化氢微弱臭味。

接触机会

从矿石中提取金、银（湿法冶金）及电镀（电镀液）、金属淬火、制造农药、有机合成化工等行业均可接触本品。

毒性

属剧毒类。可产生典型的氰基中毒作用。职业性中毒主要为呼吸道吸入而引起中毒。氰化钠也经皮肤、消化道吸收。

动物吸入 400～$500mg/m^3$（10～20min）或 150～$170mg/m^3$（62～76min）可致死。人口服 *LD* 约为 1～2mg/kg。它的毒性作用是在体内释放氰基（—CN），与氧化型细胞色素氧化酶的 Fe^{3+} 结合，使细胞色素失去传递电子能力，使呼吸链中断。出现细胞内窒息，引起组织缺氧而致中毒。

职业危害

生产中，可因在热处理时吸入氰化钠的蒸气或室温下吸入氰化钠粉尘而引起中毒。其中毒表现同“氰化氢”。

（1）人在吸入高浓度气体或吞服致死剂量氰化钠时，即可停止呼吸，造成猝死。

（2）非猝死中毒患者，早期可出现乏力、头昏、头痛、恶心、胸闷、呼吸困难、心慌、意识障碍等表现，甚至并发呼吸衰竭而死亡。

（3）严重中毒非瞬间死亡者，其临床表现可分前驱期、呼吸困难期、痉挛期和麻痹期，但由于病情进展快，各期往往不易区分。

职业禁忌

（1）慢性肝炎；（2）中枢神经系统器质性疾病。

应急处理

（1）立即将中毒患者移离现场。同时注意抢救人员自身防护。

（2）给氧，可提高药物的治疗效果。

（3）若皮肤接触氰化钠粉尘或溶液，须及时彻底清洗。

（4）及时清除环境及工具物品上的氰化钠粉尘，防止遇酸产生氰化氢气体。

防护措施

见“氰化钾”。

职业接触限值

中　　国：OELs：　　　　MAC　1mg/m^3；（按 CN 计）皮

美　　国：ACGIH TLVs：TWA　5mg/m^3；（按 CN 计）皮

OSHA PEL：TWA　5mg/m^3；

NIOSH REL：C　4.7ppm（5mg/m^3）（15min）

$IDLH$　25mg/m^3（按 CN 计）

硫氰酸钠

英 文 名：Sodium thiocyanate

相对分子质量：81.07

分 子 式：NaSCN

CAS　号：540－72－7

理化性质

相对密度：1.73（0℃气体）　　　　熔　　点：287℃

无色易潮解晶体或白色粉末。溶于水和乙醇。

接触机会

用作丙烯腈纤维抽丝溶剂，化学分析试剂，彩色电影胶片冲洗剂，某些植物脱叶剂以及机场道路除锈剂，还用于制药、印染、橡胶处理，黑色镀镍及制造人造芥子油等。

毒性

属低毒类。可能有原发性中枢神经毒作用。动物注射硫氰酸盐后，出现震颤、活动增加、强直性和阵挛性抽搐。硫氰酸钠的毒性主要由其在体内释放的氰根离子而引起。氰根离子在体内能很快与细胞色素氧化酶中的三价铁离子结合，抑制该酶活性，使组织不能利用氧。

本品大部分以原形排泄，极少量以硫酸盐形式排出。

职业危害

氰根离子所致的急性中毒分为轻、中、重三级。轻度中毒表现为眼及上呼吸道刺激症状，有苦杏仁味，口唇及咽部麻木，继而可出现恶心、呕吐、震颤等；中度中毒表现为叹息样呼吸，皮肤、黏膜常呈鲜红色，其他症状加重；重度中毒表现为意识丧失，出现强直性和阵发性抽搐，直至角弓反张，血压下降，尿、便失禁，常伴发脑水肿和呼吸衰竭。

应急处理

吞咽：大量喝清水，不要用嘴对受害者，呕吐时直接找医护人员。

皮肤接触：脱去污染的衣着，用流动清水冲洗。就医。对少量皮肤接触，避免将物质播散面积扩大。注意患者保暖并且保持安静。吸入、食入或皮肤接触该物质可引起迟发反应。确保医务人员了解该物质相关的个体防护知识，注意自身防护。

眼睛接触：立即翻开上下眼睑，用流动清水冲洗15min。就医。眼睛发红发烧，用清水清或生理盐水洗至少15min，并联系医护人员。肤接触后立即用大量水清洗或肥皂水溶液洗涤。

吸　　入：脱离现场至空气新鲜处。就医。如果患者呼吸停止，给予人工呼吸。

如果呼吸困难，给予吸氧。如果患者食入或吸入该物质不要用口对口进行人工呼吸，可用单向阀小型呼吸器或其他适当的医疗呼吸器。吸入时，马上到通风处，并联系医护人员。

食　　入：误服者用水漱口，用1：5000高锰酸钾或5%硫代硫酸钠洗胃。就医。

对症处理。氰化物的特效解毒剂无效。

防护措施

工程控制：密闭操作，局部排风。

呼吸系统防护：可能接触其粉尘时，必须佩戴自吸过滤式防尘口罩。紧急事态抢救或撤离时，建议佩戴空气呼吸器。

眼睛防护：戴化学安全防护眼镜。

身体防护：穿连衣式胶布防毒衣。

手 防 护：戴橡胶手套。

其　　他：工作现场禁止吸烟、进食和饮水。工作完毕，淋浴更衣。单独存放被毒物污染的衣服，洗后备用。保持良好的卫生习惯。

职业接触限值

中国未制订职业接触限值。

硫氰酸氨

英 文 名：Ammonium thiocyanate

别　　名：硫氰酸铵

相对分子质量：76.12

分 子 式：NH_4SCN

CAS　号：1762-95-4

理化性质

相对密度：1.3057　　　　分解温度：170℃

熔　　点：149.6℃

无色，有光泽的单斜晶体。在空气中易潮解。溶于水、乙醇、丙酮和氨水。加热到70℃易变为同分异构体的硫脲。浓的水溶液遇光呈红色。溶于水时有大量的吸热作用。

接触机会

主要用于照相、染料、农药等行业，用于抗菌素的分离，用于印染的扩散剂、有机合成的聚合催化剂、化学分析试剂、还用于涂锌、电镀添加剂等。

毒性

属中等毒类。本品毒作用见硫氰酸钠。降压作用较硫氰酸钠明显。经口给药后，兔血钙升高、血钾降低，随后恢复正常。染毒量的61%左右经肾排出，部分随粪便排出。

有口服15%的本品溶液200mL而中毒，经治疗痊愈。有连续服用3周以上(0.1g每日1~3次)，发生中毒性精神病及死亡事故。

职业危害

刺激眼睛和皮肤；长期暴露可引起流清涕、腹部疼痛、体重减轻、无力和皮疹。

应急处理

眼睛接触：用大量清水冲洗15min。

皮肤接触：立即脱去被污染衣物，用大量清水冲洗。

吸　　入：将患者移至新鲜空气处；呼吸停止时，施行呼吸复苏术；心跳停止时，施行心肺复苏术；就医。

防护措施

密闭操作，局部排风，或穿戴防护用具；暴露之后，立即清洗。

职业接触限值

中国未制订职业接触限值。

【其他无机物】

一氧化碳

英 文 名：Carbon monoxide

相对分子质量：28.01

分 子 式：CO

CAS　号：630-08-0

理化性质

相对密度：0.97(气体)　　　　沸　　点：-191℃

熔　　点：-199℃

无色、无臭、无刺激性的气体。空气混合爆炸极限为12.5%~74%。在水中溶解度甚低，但易溶于氨水。

接触机会

凡含碳的物质燃烧不完全时，都可产生CO气体。在工业生产中，接触CO的机会很多，如冶金工业中炼焦、炼铁、锻冶、铸造和热处理的生产；化学工业中合成氨、丙酮、光气、甲醇的生产；矿井放炮、煤矿瓦斯爆炸事故；碳素石墨电极制造；内燃机试车；以及生产金属羰化物如羰基镍、羰基铁等过程，或生产使用含CO的可燃气体(如水煤气含CO达40%，高炉与发生炉煤气中含30%，煤气含5%~15%)，都可能接触CO。此外各种建筑材料的焙烧窑、家禽孵育房、培植蔬菜的温室、以焦炭或煤炉取暖的家庭，常有CO产生。

石化企业天然气制氢装置中间产物有大量一氧化碳。

毒性

一氧化碳吸入后，通过肺泡进入血液，与血液中的血红蛋白和血液外的某些含铁蛋白形成可逆性结合。一氧化碳和血红蛋白的亲和力要比氧气和血红蛋白的亲和力大240倍，而碳氧血红蛋白的离解比氧合血红蛋白慢3600倍。碳氧血红蛋白不仅本身无携带氧的功能，还影响氧合血红蛋白的离解，阻碍氧的释放和传递，于是组织受到双重缺氧的作用，导致低氧血症。吸入高浓度的一氧化碳时，还可和含铁的组织呼吸酶结合，使组织呼吸直接受抑制，对大脑皮质、苍白球等影响最严重。

紧张的体力劳动、疲劳、贫血、饥饿、营养不良等，均可提高机体对一氧化碳的感受性，在高温或有氮氧化物、二氧化碳、氰化物、苯、汽油等有害气体同时存在时，也能增加机体对一氧化碳的敏感性。

职业危害

(1) 急性中毒

急性一氧化碳中毒是我国发病和死亡人数最多的急性职业中毒。临床上以急性脑缺氧的症状与体征为主要表现。接触一氧化碳后出现头痛、头昏、心悸、恶心等症状，于吸入新鲜空气后症状即可迅速消失者，属一般接触反应。

轻度中毒者出现剧烈头痛、头晕、心跳、眼花、恶心、呕吐、烦躁、步态不稳、四肢无力、轻度至中度意识障碍，但无昏迷，检查时无阳性体征。离开中毒场所，吸入新鲜空气后症状逐渐完全恢复。

中度中毒者除上述症状外，还有皮肤黏膜呈樱红色，脉快、烦躁、步态不稳、浅至中度昏迷，及时移离中毒场所，并经抢救后可渐恢复，一般无明显并发症或后遗症。

重度中毒时，意识障碍严重，患者深度昏迷或植物状态。常见瞳孔缩小、肌张力增强、频繁抽搐、大小便失禁。脑水肿继续加重时，表现持续深度昏迷，连续去大脑强直发作，体温升高至39～40℃，脉快而弱，血压下降，面色苍白或发绀，四肢发凉，出现潮式呼吸。重度中毒患者经过救治从昏迷中苏醒的过程中，常出现躁动、意识混浊、定向力丧失，或失去远、近记忆力。部分患者神志恢复后，可发现皮层功能障碍如失用、失写、失认、失语、皮层性失明或一过性失聪等异常。还可出现以智能障碍为主的精神症状。经过积极治疗，多数重度中毒患者仍可完全恢复。少数出现植物状态的患者，表现为意识丧失、睁眼不语、去大脑强直，预后不良。

除上述脑缺氧的表现外，重度中毒者还可出现其他脏器的缺氧性改变或并发症，如中毒性心肌损害，肺水肿，消化道出血，肝肿大，急性肾衰及筋膜间隙综合征等。

(2) 迟发脑病

部分急性一氧化碳中毒患者昏迷苏醒后，意识恢复正常，但经2～30天的假愈期后，又出现脑病的神经精神症状，称为急性一氧化碳中毒迟发性脑病。常见的临床表现有：

①精神症状：突然发生定向力丧失、表情淡漠、反应迟钝、记忆障碍、大小便失禁、生活不能自理；或出现幻视、错觉、语无伦次、行为失常。

②脑局灶损害：锥体外系神经损害，以帕金森综合症多见，患者四肢呈铅管状或齿轮样肌张力增高，动作缓慢、步行时双上肢失去随伴运动或出现书写过小症与静止性震颤，少数患者可出现舞蹈症；椎体系神经损害，表现为一侧或两侧的轻度偏瘫，上肢屈曲强直，腱反射亢进，踝阵挛阳性，引出一侧或两侧病理反射，也可能出现运动性失语或假性球麻痹。

其　　他：皮层性失明、癫痫发作、顶叶综合征（失用、失写、失认、失算）也曾有报道。

(3) 慢性影响

能否造成慢性中毒及对心血管影响至今尚有争论。

职业禁忌

(1)中枢神经系统器质性疾病；(2)心肌病。

应急处理

抢救人员必须佩戴空气呼吸器，穿防静电服进入现场。迅速将中毒者移离现场至空气新鲜处。静卧、保温。保持呼吸道通畅。如呼吸困难，给输氧。呼吸心跳停止时，立即进行人工呼吸和胸外心脏按压术。就医。

迅速撤离泄漏污染区人员至上风处，并立即隔离150m，严格限制出入。切断火源。尽可能切断泄漏源。合理通风，加速扩散。喷雾状水稀释、溶解。构筑围堤或挖坑收容产生的大量废水。如有可能，将漏出气用排风机送至空旷地方或装设适当喷头烧掉。也可以用管路导致炉中、凹地焚之。漏气容器要妥善处理，修复、检验后再用。

防护措施

改善生产设备，产生一氧化碳的地方要严加密闭，提供充分的局部排风和全面通风。使用一氧化碳的锅炉、输送管道和阀门要经常维修、防止漏气。生产生活用气必须分路。

有条件可用一氧化碳自动报警器或红外线一氧化碳自动报警仪。

工作现场严禁吸烟。实行就业前和定期的体检。定期检测作业场所一氧化碳浓度。严格遵守安全操作规程，进入罐、限制性空间或其他高浓度区作业，须有人监护，并采取有效的个人防护和应急救援措施。

空气中浓度超标时，佩戴自吸过滤式防毒面具(半面罩)。紧急事态抢救或撤离时，建议佩戴空气呼吸器。

高浓度接触时可戴安全防护眼镜，穿防静电工作服，戴一般作业防护手套。

职业接触限值

中　国：OELs：　*PC－TWA*　20mg/m^3(高原海拔2000～3000m及非高原)

15mg/m^3(高原海拔＞3000m)

PC－STEL　30mg/m^3(非高原)

美　国：ACGIH TLVs：*TWA*　25ppm

OSHA PEL：*TWA*　50ppm(55mg/m^3)

NIOSH REL：*TWA*　35ppm(40mg/m^3)；*C*　200ppm(229mg/m^3)

IDLH　1200ppm

二氧化碳

英 文 名：Carbon dioxide

中文别名：碳酸酐

相对分子质量：44.01

分 子 式：CO_2

CAS　号：124－38－9

理化性质

相对密度：1.53(气体)　　沸　　点：－78.5℃(升华)

无色无臭气体。不燃，有酸味。大气中一般含有0.03%，溶于水部分生成碳酸。化学性质稳定。液体二氧化碳蒸发时吸收大量热而凝固成固体二氧化碳(干冰)。

接触机会

本品大多从天然来源产生，如天然气、煤和石油的燃烧，细菌发酵过程以及生物的呼吸都产生二氧化碳。职业性接触二氧化碳的生产过程有：长期不开放的各类矿井、油井、船舱底部及下水道等处；利用植物制糖、酿酒，用玉米制造丙酮以及制造酵母等生产过程；在不通风的地窖和密闭仓库中储藏蔬菜、水果和谷物等可产生高浓度二氧化碳；啤酒、汽水等饮料的碳酸化一般采用充二氧化碳气体的方法；灌装及使用二氧化碳灭火器；化学工业中制造碳酸钠、碳酸氢钠、尿素、碳酸氢铵等多种化学品；亚弧焊作业；潜水作业时因装具故障或使用不当以及在密闭空间作业人数时间超限，均可造成二氧化碳的积累。

毒性

本品低浓度时是一种快作用的急性呼吸兴奋剂，而高浓度时影响中枢神经系统，产生头痛、眩晕、肌肉痉挛，甚至可能丧失知觉和造成死亡。一般二氧化碳急性中毒常常伴有缺氧，但高浓度的二氧化碳在含氧较高的情况下也可引起中毒，低氧时中毒就更为严重。许多重症急性二氧化碳中毒在大量接触后几秒钟内，像触电般昏倒，出现危象。

职业危害

(1) 急性中毒：人们进入高浓度二氧化碳环境，在几秒钟内迅速昏迷倒下，反射消失、瞳孔扩大或缩小，大小便失禁、呕吐等，更严重者出现呼吸停止及休克，甚至死亡。固态(干冰)和液态二氧化碳在常压下迅速汽化，能造成 -80 ~ -43℃低温，引起皮肤和眼睛严重的冻伤。

(2) 慢性影响：经常接触较高浓度的二氧化碳者，可有头晕，头痛、失眠、易兴奋、无力等神经功能紊乱等主诉。但在生产中是否存在慢性中毒国内外均未见病例报道。

应急处理

皮肤、眼睛接触，若有冻伤，就医治疗。

迅速将中毒者脱离现场至空气新鲜处。保持呼吸道通畅。如呼吸困难，给输氧。如呼吸停上，立即进行人工呼吸。就医。

迅速撤离泄漏污染区人员至上风处，并进行隔离，严格限制出入。建议应急处理人员戴自给正压式呼吸器，穿一般作业工作服。尽可能切断泄漏源。合理通风，加速扩散，漏气容器要妥善处理，修复、检验后再用。

防护措施

采用密闭操作。工作场所提供良好的自然通风条件。

进入密闭、长期不开放的场所应当先作测试，不宜贸然进入。

必须进入高浓度二氧化碳场所，应先进行充分的抽风排气，抽风管放到底层，佩戴空气呼吸器，方可进入。

进入罐、限制性空间或其他高浓度区作业，需有人监护。

职业接触限值

中　国：OELs：　*PC-TWA*　9000mg/m^3；*PC-STEL*　18000mg/m^3

美　国：ACGIH TLVs：*TWA*　5000ppm(9000mg/m^3)；*STEL*　30000ppm(54000mg/m^3)

OSHA PEL：*TWA*　5000ppm(9000mg/m^3)

NIOSH REL：*TWA*　5000ppm(9000mg/m^3)；*STEL*　30000ppm(54000mg/m^3)

IDLH 40000ppm

臭氧

英 文 名：Ozone

相对分子质量：48.00

分 子 式：O_3

CAS 号：10025-15-6

理化性质

相对密度：1.71（-183℃） 沸 点：-112℃

熔 点：-193℃

无色气体，有特殊的怪味，液态臭氧呈深蓝色，固态的呈紫黑色，在室温下会慢慢分解。不溶于水。燃烧产物氧气。

接触机会

用于水的消毒和空气的臭氧化，在化学工业中用作强氧化剂。

毒性

本品具有强氧化能力，对眼睛结膜和整个呼吸道黏膜有直接刺激作用引起不同程度的支气管炎。高浓度（$>4mg/m^3$）可致肺水肿；低浓度（$<0.4mg/m^3$）下经一定时间，引起视力降低、暗视障碍，还可引起头痛、头昏及语言障碍，使红细胞易于衰老，影响机体免疫能力。

职业危害

吸入较高浓度臭氧，短时间有直接刺激黏膜作用，经过几个小时潜伏期，逐步发生肺水肿。短时间吸入低浓度，引起咳嗽、咯痰、胸部紧束感，高浓度吸入引起肺水肿。长期接触可引起支气管炎、细支气管炎，甚至发生肺硬化、肺气肿。

除黏膜刺激外，长期吸入臭氧后周围血管扩张，血压下降，呼吸次数减少；视力精确度及暗适应能力减退；常出现头昏、头痛及睡眠异常。

应急处理

吸 入：迅速脱离现场至空气新鲜处。保持呼吸道通畅。如呼吸困难，给输氧。如呼吸停止，立即进行人工呼吸。就医。

迅速撤离泄漏污染区人员至上风处，并进行隔离，严格限制出入。建议应急处理人员戴自给正压式呼吸器，穿防毒服。从上风处进入现场。尽可能切断泄漏源。喷雾状水稀释。漏气容器要妥善处理，修复、检验后再用。

防护措施

（1）管理措施

操作人员必须经过专门培训，严格遵守操作规程。

（2）工程控制

生产过程密闭，全面通风。

（3）个人防护措施

呼吸系统防护：空气中浓度超标时，必须佩戴自吸过滤式防毒面具（全面罩）。紧急事态抢救或撤离时，应该佩戴空气呼吸器。

眼睛防护：戴化学安全防护眼镜。

身体防护：穿防毒物渗透工作服。

手 防 护：戴橡胶手套。

其　　他：工作现场严禁吸烟。保持良好的卫生习惯。

职业接触限值

中　　国：OELs：　　　*MAC*　0.3mg/m³

美　　国：ACGIH TLVs：*TWA*　0.1ppm（0.2mg/m³）

碳酸氢铵

英 文 名：Ammonium bicarbonate

中文别名：酸式碳酸铵

相对分子质量：79.06

分 子 式：NH_4HCO_3

CAS　号：1066－33－7

理化性质

相对密度：1.59　　　　熔　　点：36～60℃（分解）

白色单斜或斜方晶体。溶于水，不溶于乙醇等。性质不稳定，36℃以上分解为二氧化碳、氨和水，60℃可以分解完。有吸湿性，潮解后分解加快。在水中呈碱性反应。易挥发，有强烈的刺激性臭味。

接触机会

可用做肥料，是离子交换法生产碳酸钾和生产试剂碳酸盐的原料，泡沫橡胶的发泡剂，医药工业用作维生素B1的萃取剂，氨苄青霉素中间体苯氨酸的胺化处理剂，还可用作食品膨胀剂，配制冷烫精和电解液的原料，生产荧光粉的辅助原料等。

毒性

碳酸氢铵的分解产物二氧化碳和氨均为人体代谢物，适量摄入对人体健康无害。

应急处理

皮肤接触：脱去污染的衣着，用流动清水冲洗。

眼睛接触：提起眼睑，用流动清水或生理盐水冲洗。就医。

吸　　入：脱离现场至空气新鲜处。如呼吸困难，给输氧。就医。

食　　入：饮足量温水，催吐。就医。

隔离泄漏污染区，限制出入。建议应急处理人员戴防尘面具（全面罩），穿防毒服。用洁净的铲子收集于干燥、洁净、有盖的容器中，转移至安全场所。若大量泄漏，收集回收或运至废物处理场所处置。

防护措施

（1）管理措施

操作人员必须经过专门培训，严格遵守操作规程。

（2）工程控制

提供良好的自然通风条件。

（3）防火和防爆

储存于阴凉、通风的库房。应与氧化剂、酸类分开存放，切忌混储。严禁与氧化剂、酸类、食用化学品等混装混运。灭火方法：消防人员必须穿全身耐酸碱消防服。灭火时尽可能将容器从火场移至空旷处。

(4) 个人防护措施

呼吸系统防护：空气中粉尘浓度超标时，必须佩戴自吸过滤式防尘口罩。紧急事态抢救或撤离时，应该佩戴空气呼吸器。

眼睛防护：戴化学安全防护眼镜。

身体防护：穿防毒物渗透工作服。

手 防 护：戴橡胶手套。

其　　他：及时换洗工作服。注意个人清洁卫生。

职业接触限值

中国未制订职业接触限值。

碘化银

英 文 名：Silver iodide

相对分子质量：234.77

分 子 式：AgI

CAS　号：7783-96-2

理化性质

相对密度：5.67　　　　沸　　点：1506℃

熔　　点：558℃

亮黄色无嗅微晶形粉末，有感光性。不溶于水，不溶于氨水，溶于碘化钾等。

接触机会

用于制照相底片或感光纸。也可用作热电池的原料、化学试剂等。在人工降雨中，用作冰核形成剂。还能防冰雹、防霜冻、防雪、防风暴。在某些化学反应中，用作催化剂，碘化银也用于化学分析试剂。

职业危害

口服、局部接触或职业性长期接触本品，可引起局部或全身性银质沉着，发生局部或全身皮肤沉着症、眼部损害、慢性支气管炎等。

应急处理

皮肤接触：脱去污染的衣着，用流动清水冲洗。

眼睛接触：提起眼睑，用流动清水或生理盐水冲洗。就医。

吸入：脱离现场至空气新鲜处。如呼吸困难，给输氧。就医。

食入：饮足量温水，催吐。就医。

隔离泄漏污染区，限制出入。建议应急处理人员戴防尘面具(全面罩)，穿防毒服。避免扬尘，小心扫起，置于袋中转移至安全场所。若大量泄漏，用塑料布、帆布覆盖。收集回收或运至废物处理场所处置。

防护措施

(1) 管理措施

操作人员必须经过专门培训，严格遵守操作规程。

(2) 工程控制

生产过程密闭，加强通风。提供安全淋浴和洗眼设备。

(3) 防火和防爆

储存于阴凉、通风的库房。保持容器密封。应与氧化剂、酸类分开存放。消防人员必须穿全身防火防毒服，在上风向灭火。灭火时尽可能将容器从火场移至空旷处。

(4) 个人防护措施

呼吸系统防护：空气中粉尘浓度超标时，建议佩戴自吸过滤式防尘口罩。紧急事态抢救或撤离时，应该佩戴空气呼吸器。

眼睛防护：戴化学安全防护眼镜。

身体防护：穿防毒物渗透工作服。

手 防 护：戴乳胶手套。

其　　他：工作完毕，淋浴更衣。保持良好的卫生习惯。

职业接触限值

中国未制订职业接触限值。

附录1 职业病目录

一、尘肺

1. 矽肺
2. 煤工尘肺
3. 石墨尘肺
4. 炭黑尘肺
5. 石棉肺
6. 滑石尘肺
7. 水泥尘肺
8. 云母尘肺
9. 陶工尘肺
10. 铝尘肺
11. 电焊工尘肺
12. 铸工尘肺
13. 根据《尘肺病诊断标准》和《尘肺病理诊断标准》可以诊断的其他尘肺

二、职业性放射性疾病

1. 外照射急性放射病
2. 外照射亚急性放射病
3. 外照射慢性放射病
4. 内照射放射病
5. 放射性皮肤疾病
6. 放射性肿瘤
7. 放射性骨损伤
8. 放射性甲状腺疾病
9. 放射性性腺疾病
10. 放射复合伤
11. 根据《职业性放射性疾病诊断标准(总则)》可以诊断的其他放射性损伤

三、职业中毒

1. 铅及其化合物中毒(不包括四乙基铅)
2. 汞及其化合物中毒
3. 锰及其化合物中毒
4. 镉及其化合物中毒

5. 铍病
6. 铊及其化合物中毒
7. 钡及其化合物中毒
8. 钒及其化合物中毒
9. 磷及其化合物中毒
10. 砷及其化合物中毒
11. 铀中毒
12. 砷化氢中毒
13. 氯气中毒
14. 二氧化硫中毒
15. 光气中毒
16. 氨中毒
17. 偏二甲基肼中毒
18. 氮氧化合物中毒
19. 一氧化碳中毒
20. 二硫化碳中毒
21. 硫化氢中毒
22. 磷化氢、磷化锌、磷化铝中毒
23. 工业性氟病
24. 氰及腈类化合物中毒
25. 四乙基铅中毒
26. 有机锡中毒
27. 羰基镍中毒
28. 苯中毒
29. 甲苯中毒
30. 二甲苯中毒
31. 正己烷中毒
32. 汽油中毒
33. 一甲胺中毒
34. 有机氟聚合物单体及其热裂解物中毒
35. 二氯乙烷中毒
36. 四氯化碳中毒
37. 氯乙烯中毒
38. 三氯乙烯中毒
39. 氯丙烯中毒
40. 氯丁二烯中毒
41. 苯的氨基及硝基化合物(不包括三硝基甲苯)中毒
42. 三硝基甲苯中毒
43. 甲醇中毒

44. 酚中毒
45. 五氯酚(钠)中毒
46. 甲醛中毒
47. 硫酸二甲酯中毒
48. 丙烯酰胺中毒
49. 二甲基甲酰胺中毒
50. 有机磷农药中毒
51. 氨基甲酸酯类农药中毒
52. 杀虫脒中毒
53. 溴甲烷中毒
54. 拟除虫菊酯类农药中毒
55. 根据《职业性中毒性肝病诊断标准》可以诊断的职业性中毒性肝病
56. 根据《职业性急性化学物中毒诊断标准(总则)》可以诊断的其他职业性急性中毒

四、物理因素所致职业病

1. 中暑
2. 减压病
3. 高原病
4. 航空病
5. 手臂振动病

五、生物因素所致职业病

1. 炭疽
2. 森林脑炎
3. 布氏杆菌病

六、职业性皮肤病

1. 接触性皮炎
2. 光敏性皮炎
3. 电光性皮炎
4. 黑变病
5. 痤疮
6. 溃疡
7. 化学性皮肤灼伤
8. 根据《职业性皮肤病诊断标准(总则)》可以诊断的其他职业性皮肤病

七、职业性眼病

1. 化学性眼部灼伤
2. 电光性眼炎

3. 职业性白内障(含放射性白内障、三硝基甲苯白内障)

八、职业性耳鼻喉口腔疾病

1. 噪声聋
2. 铬鼻病
3. 牙酸蚀病

九、职业性肿瘤

1. 石棉所致肺癌、间皮瘤
2. 联苯胺所致膀胱癌
3. 苯所致白血病
4. 氯甲醚所致肺癌
5. 砷所致肺癌、皮肤癌
6. 氯乙烯所致肝血管肉瘤
7. 焦炉工人肺癌
8. 铬酸盐制造业工人肺癌

十、其他职业病

1. 金属烟热
2. 职业性哮喘
3. 职业性变态反应性肺泡炎
4. 棉尘病
5. 煤矿井下工人滑囊炎

附录2　工作场所有害因素职业接触限值

以下仅附有工作场所有害因素的第1部分：化学有害因素(卫生要求、超限倍数)。

(一) 卫生要求

1. 工作场所空气中化学物质容许浓度(附表1)。

附表1　工作场所空气中化学物质容许浓度

序号	中文名	英文名	化学文摘号(CAS No.)	OELs			备注
				MAC/(mg/m³)	PC-TWA/(mg/m³)	PC-STEL/(mg/m³)	
1	安妥	Antu	86-88-4	-	0.3	—	—
2	氨	Ammonia	7664-41-7	—	20	30	—
3	2-氨基吡啶	2-Aminopyridine	504-29-0	—	2	—	皮
4	氨基磺酸铵	Ammonium sulfamate	7773-06-0	—	6	—	—
5	氨基氰	Cyanamide	420-04-2	—	2	—	—
6	奥克托今	Octogen	2691-41-0	—	2	4	—
7	巴豆醛	Crotonaldehyde	4170-30-3	12	—	—	—
8	百草枯	Paraquat	4685-14-7	—	0.5	—	—
9	百菌清	Chlorothalonile	1897-45-6	1	—	—	—
10	钡及其可溶性化合物(按Ba计)	Barium and solubie compounds, as Ba	7440-39-3(Ba)	—	0.5	1.5	1
11	倍硫磷	Fenthion	55-38-9	—	0.2	0.3	皮
12	苯	Benzene	71-43-2	—	6	10	皮
13	苯胺	Aniline	62-53-3	—	3	—	皮
14	苯基醚(二苯醚)	Phenyl ether	101-84-8	—	7	14	—
15	苯硫磷	EPN	2104-64-5	—	0.5	—	皮
16	苯乙烯	Styene	100-42-5	—	50	100	皮
17	吡啶	Pyridine	110-86-1	—	4	—	—
18	苄基氯	Benzyl chloride	100-44-7	5	—	—	G2A
19	丙醇	Propyl alcohol	71-23-8	—	200	300	—
20	丙酸	Propionic acid	1979-9-4	—	30	—	—
21	丙酮	Acetone	67-64-1	—	300	450	—
22	丙酮氰醇(按CN计)	Acetone cyanohydrin, as CN	75-86-5	3	—	—	皮
23	丙烯醇	Allyl alcohol	107-18-6	—	2	3	皮
24	丙烯腈	Acrylonitrile	107-13-1	—	1	2	皮
25	丙烯醛	Acrolein	107-02-8	0.3	—	—	皮

续表

序号	中 文 名	英 文 名	化学文摘号（CAS No.）	OELs			备注
				MAC/（mg/m^3）	PC－TWA/（mg/m^3）	PC－STEL/（mg/m^3）	
26	丙烯酸	Acrylic acid	1979－10－7	—	6	—	皮
27	丙烯酸甲酯	Methyl acrylate	96－33－3	—	20	—	皮，敏
28	丙烯酸正丁酯	*n*－Butyl acrylate	141－32－2	—	25	—	敏
29	丙烯酰胺	Acrylamide	1979－6－1	—	0.3	—	皮，G2A
30	草酸	Oxalic acid	144－62－7	—	1	2	—
31	重氮甲烷	Diazomethane	334－88－3	—	0.35	0.7	—
32	抽余油（60～220℃）	Raffinate（60～220℃）		—	300	—	—
33	臭氧	Ozone	10028－15－6	0.3	—	—	—
34	滴滴涕（DDT）	Dichlorodiphenyltrichloroethane（DDT）	50－29－3	—	0.2	—	G2B
35	敌百虫	Trichlorfon	52－68－6	—	0.5	1	—
36	敌草隆	Diuron	330－54－1	—	10	—	—
37	碲化铋（按 Bi_2Te_3 计）	Bismuth telluride，as Bi_2Te_3	1304－82－1	—	5	—	—
38	碘	Iodine	7553－56－2	1	—	—	—
39	碘仿	Iodoform	75－47－8	—	10	—	—
40	碘甲烷	Methyl iodide	74－88－4	—	10	—	皮
41	叠氮酸蒸气	Hydrazoic acid vapor	7782－79－8	0.2	—	—	—
42	叠氮化钠	Sodium azide	26628－22－8	0.3	—	—	—
43	丁醇	Butyl alcohol	71－36－3	—	100	—	—
44	1,3－丁二烯	1,3－Butadiene	106－99－0	—	5	—	G2A
45	丁醛	Butyladehyde	123－72－8	—	5	10	—
46	丁酮	Methyl ethyl ketone	78－93－3	—	300	600	—
47	丁烯	Butylene	25167－67－3	—	100	—	—
48	毒死蜱	Chlorpyrifos	2921－88－2	—	0.2	—	皮
49	对苯二甲酸	Terephthalic acid	100－21－0	—	8	15	—
50	对二氯苯	*p*－Dichlorobenzene	106－46－7	—	30	60	G2B
51	对茴香胺	*p*－Amisidine	104－94－9	—	0.5	—	皮
52	对硫磷	Parathion	56－38－2	—	0.05	0.1	皮
53	对特丁基甲苯	*p*－Tert－butyltoluene	98－51－1	—	6	—	—
54	对硝基苯胺	*p*－Nitroaniline	100－01－6	—	3	—	皮
55	对硝基氯苯	*p*－Nitrochlorobenzene	100－00－5	—	0.5	—	皮
56	多次甲基多苯基多异氰酸酯	Polymetyhlene polyphenyl isocyanate（PMPPI）	57029－46－6	—	0.3	0.5	—
57	二苯胺	Diphenylamine	122－39－4	—	10	—	—

续表

序号	中文名	英文名	化学文摘号（CAS No.）	OELs MAC/（mg/m³）	PC－TWA/（mg/m³）	PC－STEL/（mg/m³）	备注
58	二苯基甲烷二异氰酸酯	Diphenylmethane diisocyanate	101－68－8	—	0.05	0.1	—
59	二丙二醇甲醚	Dipropylene glycolmethyl ether	34590－94－8	—	600	900	皮
60	2－*N*－二丁氨基乙醇	2－*N*－Dibutylaminoethanol	102－81－8	—	4	—	皮
61	二噁烷	1,1,4－Dioxane	123－91－1	—	70	—	皮，G2B
62	二氟氯甲烷	ChlorodifluoromeThane	75－45－6	—	3500	—	—
63	二甲胺	DimeThylamine	124－40－3	—	5	10	—
64	二甲苯（全部异构体）	Xylene（all isomers）	1330－20－7；95－47－6；108－38－3	—	50	100	—
65	二甲基苯胺	Dimethylanilne	121－69－7	—	5	10	皮
66	1,3－二甲基丁基乙醋酸酯（乙酸仲己酯）	1,3－Dimethylbutyl acetate（sec－hexylacetate）	108－84－9	—	300	—	—
67	二甲基二氯硅烷	Dimethyl dichlorosilane	75－78－5	2	—	—	—
68	二甲基甲酰胺	Dimethylformamide（DMF）	68－12－2	—	20	—	皮
69	3,3－二甲基联苯胺	3,3－Dimethylbenzidine	119－93－7	0.02	—	—	皮，G2B
70	*N*,*N*－二甲基乙酰胺	Dimethyl acetamide	127－19－5	—	20	—	皮
71	二聚环戊二烯	Dicyclopentadiene	77－73－6	—	25	—	—
72	二硫化碳	Carbon disulfide	75－15－0	—	5	10	皮
73	1,1－二氯－1－硝基乙烷	1,1－Dichloro－1－nitroethane	594－72－9	—	12	—	—
74	1,3－二氯丙醇	1,3－Dichloropropanol	96－23－1	—	5	—	皮
75	1,2－二氯丙烷	1,2－Dichloropropane	78－87－5	—	350	500	—
76	1,3－二氯丙烯	1,3－Dichloropropene	542－75－6	—	4	—	皮，G2B
77	二氯二氟甲烷	Dichlorodifluoromethane	75－71－8	—	5000	—	—
78	二氯甲烷	Dichloromethane	75－09－2	—	200	—	G2B
79	二氯乙炔	Dichloroacetyiene	7572－29－4	0.4	—	—	—
80	1,2－二氯乙烷	1,2－Dichloroethane	107－06－2	—	7	15	G2B
81	1,2－二氯乙烯	1,2－Dichloroethylene	540－59－0	—	800	—	—
82	二缩水甘油醚	Diglycidyl ether	2238－7－5	—	0.5	—	—
83	二硝基苯（全部异构体）	Dinitrobenzene（all isomers）	582－29－0；99－65－0；100－25－4	—	1	—	皮

续表

序号	中文名	英文名	化学文摘号(CAS No.)	OELs MAC/(mg/m^3)	PC-TWA/(mg/m^3)	PC-STEL/(mg/m^3)	备注
84	二硝基甲苯	Dinitrotoluene	25321-14-6	—	0.2	—	皮,G2B(2,4-二硝基甲苯;2,6-二硝基甲苯)
85	4,6-二硝基邻苯甲酚	4,6-Dinitro-*o*-cresol	534-52-1	—	0.2	—	皮
86	二硝基氯苯	Dinitrochlorobenzene	25567-67-3	—	0.6	—	皮
87	二氧化氮	Nitrogen dioxide	10102-44-0	—	5	10	—
88	二氧化硫	Sulfur dioxide	7446-09-5	—	5	10	—
89	二氧化氯	Chlorine dioxide	10049-04-4	—	0.3	0.8	—
90	二氧化碳	Carbon dioxide	124-38-9	—	9000	18000	—
91	二氧化锡(按Sn计)	Tin dioxdie, as Sn	1332-29-2	—	2	—	—
92	2-二乙氨基乙醇(皮)	2-Diethylaminoethanol	100-37-8	—	50	—	皮
93	二亚乙基三氨	Diethlene triamine	111-40-0	—	4	—	皮
94	二乙基甲酮	Diethyl ketone	96-22-0	—	700	900	—
95	二乙烯基苯	Divinyl benzene	1321-74-0	—	50	—	—
96	二异丁基甲酮	Diisobutyl ketone	108-83-8	—	145	—	—
97	二异氰酸甲苯酯(TDI)	Toluene-2,4-diisocyanate(TDI)	584-84-9	—	0.1	0.2	敏,G2B
98	二月桂酸二丁基锡	Dibutyltin dilaurate	77-58-7	—	0.1	0.2	皮
99	钒及其化合物(按V计)五氧化二钒烟尘钒铁合金尘	Vanadiumand compounds, as V Vanadium pentoxide fume、dust Ferrovanadium alloy dust	7440-62-6		0.05 1	— —	— —
100	酚	Phenol	108-95-2	—	10	—	皮
101	呋喃	Furan	110-00-9	—	0.5	—	G2B
102	氟化氢(按F计)	Hydrogen fluoride, as F	7664-39-3	2	—	—	—
103	氟化物(不含氟化氢)(按F计)	Fluorides(except HF), as F		—	2	—	—
104	锆及其化合物(按Zr计)	Zirconium and compounds, as Zr	7440-67-7	—	5	10	—
105	镉及其化合物(按Cd计)	Cadmium and compounds, as Cd	7440-43-9	—	0.01	0.02	G1
106	汞-金属汞(蒸气)	Mercury metal(vapor)	7439-97-6	—	0.02	0.04	皮
107	汞-有机汞化合物(按Hg计)	Mercury organic compounds, as Hg		—	0.01	0.03	皮

续表

序号	中文名	英文名	化学文摘号 (CAS No.)	OELs MAC/ (mg/m³)	PC-TWA/ (mg/m³)	PC-STEL/ (mg/m³)	备注
108	钴及其氧化物(按 Co 计) 7440-48-4	Cobalt and oxides, as Co	7440-48-4 (Co)	—	0.05	0.1	G2B
109	光气	Phosgene	75-44-5	0.5	—	—	—
110	癸硼烷	Decaborane	17702-41-9	—	0.25	0.75	皮
111	过氧化苯甲酰	Benzoyl peroxide	94-36-0	—	5	—	—
112	过氧化氢	Hydrogen peroxide	7722-84-1	—	1.5	—	—
113	环已胺	Cyclohexylamine	108-91-8	—	10	20	—
114	环已醇	Cyclohexanol	108-93-0	—	100	—	皮
115	环已酮	Cyclohexanone	108-94-1	—	50	—	皮
116	环已烷	Cyclohexane	110-82-7	—	250	—	—
117	环氧丙烷	Propylene Oxide	75-56-9	—	5	—	敏, G2B
118	环氧氯丙烷	Epichlorohydrin	106-89-8	—	1	2	皮, G2A
119	环氧乙烷	Ethylene oxide	75-21-8	—	2	—	G1
120	黄磷	Yellow phosphorus	7723-14-0	—	0.05	0.1	—
121	已二醇	Hexylene glycol	107-41-5	100	—	—	—
122	1,6-已二异氰酸酯	Hexamethylene diisocyanate	822-06-0	—	0.03	—	—
123	已内酰胺	Caprolactam	105-60-2	—	5	—	—
124	2-已酮	2-Hexanone	591-78-6	—	20	40	皮
125	甲拌磷	Tdimet	298-02-2	0.01	—	—	皮
126	甲苯	Toluene	108-88-3	—	50	100	皮
127	*N*-甲苯胺	*N*-Methyl aniline	100-61-8	—	2	—	皮
128	甲醇	Methanol	67-56-1	—	25	50	皮
129	甲酚(全部异构体)	Cresol(all isomers)	1319-77-3; 95-48-7; 108-39-4; 106-44-5	—	10	—	皮
130	甲基丙烯腈	Methylacrylonitrile	126-98-7	—	3	—	皮
131	甲基丙烯酸	Methacrylic acid	79-41-4	—	70	—	—
132	甲基丙烯酸甲酯	Methyl methacrylate	80-62-6	—	—	-	敏
133	甲基丙烯酸缩水甘油酯	Glycidyl methacrylate	106-91-2	5	—	—	—
134	甲基肼	Methyl hydrazine	60-34-4	0.08	—	—	皮
135	甲基内吸磷	Methyl demeton	8022-00-2	—	0.2	—	皮
136	18-甲基炔诺酮(炔诺孕酮)	18-Methyl norgestrel	6533-00-2	—	0.5	2	—

续表

序号	中文名	英文名	化学文摘号（CAS No.）	OELs MAC/（mg/m^3）	PC-TWA/（mg/m^3）	PC-STEL/（mg/m^3）	备注
137	甲硫醇	Methyl mercaptan	74-93-1	—	1	—	—
138	甲醛	Formaldehyde	50-00-0	0.5	—	—	敏，G1
139	甲酸	Formic acid	64-18-6	—	10	20	—
140	甲氧基乙醇	2-Methoxyethanol	109-86-4	—	15	—	皮
141	甲氧氯	Methoxychlor	72-43-5	—	10	—	—
142	间苯二酚	Resorcinol	108-46-3	—	20	—	—
143	焦炉逸散物（按苯溶物计）	Coke oven emissions, as benzene solube matter	—	—	0.1	—	G1
144	肼	Hydrazine	302-01-2	—	0.06	0.13	皮，G2B
145	久效磷	Monocrotophos	6923-32-4	—	0.1	—	皮
146	糠醇	Furfuryl alcohol	98-00-0	—	40	60	皮
147	糠醛	Furfural	98-00-0	—	5	—	皮
148	考的松	Cortisone	53-06-5	—	1	—	—
149	苦味酸	Picric acid	88-89-1	—	0.1	—	—
150	乐果	Rogor	60-51-5	—	1	—	皮
151	联苯	Biphenyl	92-52-4	—	1.5	—	—
152	邻苯二甲酸二丁酯	Dibutyl phthalate	84-74-2	—	2.5	—	—
153	邻苯二甲酸酐	Phthalic anhydride	85-44-9	1	—	—	敏
154	邻二氯苯	*o*-Dichlorobenzene	95-50-1	—	50	100	—
155	邻茴香胺	*o*-Anisidine	90-04-0	—	0.5	—	皮，G2B
156	邻氯苯乙烯	*o*-Chlorostyrene	2038-87-47	—	250	400	—
157	邻氯苄叉丙二腈	*o*-Chlorobenzylidene malononitrile	2698-41-1	0.4	—	—	皮
158	邻仲丁基苯酚	*o*-sec-Butylphenol	89-72-5	—	30	—	皮
159	磷胺	Phosphamidon	13171-21-6	—	0.02	—	皮
160	磷化氢	Phosphine	7803-51-2	0.3	—	—	—
161	磷酸	Phosphoric acid	7664-38-2	—	1	3	—
162	磷酸二丁基苯酯	Dibutyl phenyl phosphate	2528-36-1	—	3.5	—	皮
163	硫化氢	Hydrogen sulfide	7783-06-4	10	—	—	—
164	硫酸钡（按 Ba 计）	Barium sulfate, as Ba	7727-06-0	—	10	—	—
165	硫酸二甲酯	Dimethyl sulfate	77-78-1	—	0.5	—	皮，G2A
166	硫酸及三氧化硫	Sulfuric acid and sulfur trioxide	7664-93-9	—	1	2	G1
167	硫酰氟	Sulfuryl fluoride	2699-79-8	—	20	40	—

续表

序号	中文名	英文名	化学文摘号 (CAS No.)	OELs MAC/ (mg/m³)	PC-TWA/ (mg/m³)	PC-STEL/ (mg/m³)	备注
168	六氟丙酮	Hexafluoroacetone	684-16-2	—	0.5	—	皮
169	六氟丙烯	Hexafluoropropylene	116-15-4	—	4	—	—
170	六氟化硫	Sulfur hexafluoride	2551-62-4	—	6000	—	—
171	六六六	Hexachlorocyclohexane	608-73-1	—	0.3	0.5	G2B
172	γ-六六六	γ-Hexachlorocyclohexane	58-89-9	—	0.05	0.1	皮,G2B
173	六氯丁二烯	Hexachlorobutadine	87-68-3	—	0.2	—	皮
174	六氯环戊二烯	Hexachlorocyclopentadiene	77-47-4	—	0.1	—	—
175	六氯萘	Hexachloronaphthalene	1335-87-1	—	0.2	—	皮
176	六氯乙烷	Hexachloroethane	67-72-1	—	10	—	皮,G2B
177	氯	Chlorine	7782-50-5	1	—	—	—
178	氯苯	Chlorobenzene	108-90-7	—	50	—	—
179	氯丙酮	Chloroacetone	78-95-5	4	—	—	皮
180	氯丙烯	Allyl chloride	107-05-1	—	2	4	—
181	β-氯丁二烯	Chloroprene	126-99-8	—	4	—	皮,G2B
182	氯化铵烟	Ammonium chloride fume	12125-02-9	—	10	20	—
183	氯化苦	Chloropicrin	76-06-2	1	—	—	—
184	氯化氢及盐酸	Hydrogen chloride and chlorhydric acid	7647-01-0	7.5	—	—	—
185	氯化氰	Cyanogen chloride	506-77-4	0.75	—	—	—
186	氯化锌烟	Zinc chloride fume	7646-85-7	—	1	2	—
187	氯甲甲醚	Chloromethyl methyl ether	107-30-2	0.005	—	—	G1
188	氯甲烷	Methyl chloride	74-87-3	—	60	120	皮
189	氯联苯(54%氯)	Chlorodiphenyl (54% Cl)	11097-69-1	—	0.5	—	皮,G2A
190	氯萘	Chloronaphthalene	90-13-1	—	0.5	—	皮
191	氯乙醇	Ethylene chlorohydrin	107-07-3	2	—	—	皮
192	氯乙醛	Chloroacetaldehyde	107-20-0	3	—	—	—
193	氯乙酸	Chioroacetic acid	1979-11-8	2	—	—	皮
194	氯乙烯	Vinyl chloride	75-01-4	—	10	—	G1
195	α-氯乙酰苯	α-Chloroacetophenone	532-27-4	—	0.3	—	—
196	氯乙酰氯	Chloroacetyl chloride	1979-4-9	—	0.2	0.6	皮

续表

序号	中文名	英文名	化学文摘号（CAS No.）	OELs MAC/（mg/m³）	PC-TWA/（mg/m³）	PC-STEL/（mg/m³）	备注
197	马拉硫磷	Malathion	121-75-5	—	2	—	皮
198	马来酸酐	Maleic anhydride	108-31-6	—	1	2	敏
199	吗啉	Morpholine	110-91-8	—	60	—	皮
200	煤焦油沥青挥发物（按苯溶物计）	Coal tar pitch volatiles, as Benzene soluble matters	65996-93-2	—	0.2	—	G1
201	锰及其无机化合物（按 MnO_2 计）	Manganese and inorganic compounds, as MnO_2	7439-96-5（Mn）	—	0.15	—	—
202	钼及其化合物（按 Mo 计）	Molybdeum and compounds, as Mo	7439-98-7（Mo）				
	钼及不溶性化合物	Molybdeum and insoluble compounds		—	6	—	—
	可溶性化合物	Soluble compounds		—	4	—	—
203	内吸磷	Demeton	8065-48-3	—	0.05	—	皮
204	萘	Naphthalene	91-20-3	—	50	75	皮,G2B
205	2-萘酚	2-Naphthol	2814-77-9	—	0.25	0.5	—
206	萘烷	Decalin	91-17-8	—	60	—	—
207	尿素	Urea	57-13-6	—	5	10	—
208	镍及其无机化合物（按 Ni 计）	Nickel and inorganic compounds, as Ni	7440-02-0（Ni）				G1（镍化合物），G2B（金属镍和镍合金）
	金属镍与难溶性镍化合物	Nickel and isoluble compounds		—	1	—	
	可溶性镍化合物	Soluble compounds			0.5	—	
209	铍及其化合物（按 Be 计）	Beryllium and compounds, as Be	7440-41-7	—	0.0005	0.001	G1
210	偏二甲基肼	Unsymmetric dimethylhydrazine	57-14-7	—	0.5	—	皮,G2B
211	铅及无机化合物（按 Pb 计）	Lead and inorganic Compounds, as Pb	7439-92-1（Pb）				G2B（铅），G2A（铅的无机化合物）
	铅尘	Lead dust		—	0.05	—	
	铅烟	Lead fume		—	0.03	—	
212	氢化锂	Lithium hydride	7580-67-8	—	0.025	0.05	—
213	氢醌	Hydroquinone	123-31-9	—	1	2	—
214	氢氧化钾	Potassium hydroxide	7580-67-8	2	—	—	—
215	氢氧化钠	Sodium hydroxide	123-31-9	2	—	—	—
216	氢氧化铯	Cesium hydroxide	21351-79-1	—	2	—	—
217	氰氨化钙	Calcium cyanamide	156-62-7	—	1	3	—
218	氰化氢（按 CN 计）	Hydrogen cyanide, as CN	74-90-8	1	—	—	皮

续表

序号	中文名	英文名	化学文摘号（CAS No.）	OELs			备注
				MAC/（mg/m^3）	PC－TWA/（mg/m^3）	PC－STEL/（mg/m^3）	
219	氰化物（按CN计）	Cyanides, as CN	460－19－5（CN）	1	—	—	皮
220	氰戊菊酯	Fenvalerate	51630－58－1	—	0.05	—	皮
221	全氟异丁烯	Perfluoroisobutylene	382－21－8	0.08	—	—	—
222	壬烷	Nonane	111－84－2	—	500	—	—
223	溶剂汽油	Solvent gasolines		—	300	—	—
224	n－乳酸正丁酯	n－Butyl lactate	138－22－7	—	25	—	—
225	三次甲基三硝基胺（黑索今）	Cyclonite（RDX）	121－82－4	—	1.5	—	皮
226	三氟化氯	Chlorine trifluoride	7790－91－2	0.4	—	—	—
227	三氟化硼	Boron trifluoride	7637－7－2	3	—	—	—
228	三氟甲基次氟酸酯	Trifluoromethyl hypofluorite		0.2	—	—	—
229	三甲苯磷酸酯	Tricresyl phosphate	1330－78－5	—	0.3	—	皮
230	1,2,3－三氯丙烷	1,2,3－Trichloropropane	96－18－4	—	60	—	皮，G2A
231	三氯化磷	Phosphorus trichloride	7719－12－2	—	1	2	—
232	三氯甲烷	Trichloromethane	67－66－3	—	20	—	G2B
233	三氯硫磷	Phosphorous thiochloride	3982－91－0	0.5	—	—	—
234	三氯氢硅	Trichlorosilane	10025－28－2	3	—	—	—
235	三氯氧磷	Phosphorus oxychloride	10025－87－3	—	0.3	0.6	—
236	三氯乙醛	Trichloroacetaldehyde	75－87－6	3	—	—	—
237	1,1,1－三氯乙烷	1,1,1－trichloroethane	71－55－6	—	900	—	—
238	三氯乙烯	Trichloroethylene	1979－1－6	—	30	—	G2A
239	三硝基甲苯	Trinitrotoluene	118－96－7	—	0.2	0.5	皮
240	三氧化铬、铬酸盐、重铬酸盐（按Cr计）	Chromium trioxide, Hromate, Ichromate, as Cr	7440－47－3－1（Cr）	—	0.05	—	G1
241	三乙基氯化锡	Triethyltin chloride	994－31－0	—	0.05	0.1	皮
242	杀螟松	Sumithion	122－14－5	—	1	2	皮
243	砷化氢（胂）	Arsine	7784－42－1	0.03	—	—	G1
244	砷及其无机化合物（按As计）	Arsenic and inoganic compounds, as As	7440－38－2（As）	—	0.01	0.02	G1
245	升汞（氯化汞）	Mercuric chloride	7487－94－7	—	0.025	—	—
246	石腊烟	Paraffin wax fume	8002－74－2	—	2	4	—

续表

序号	中文名	英文名	化学文摘号（CAS No.）	OELs			备注
				MAC/（mg/m^3）	PC-TWA/（mg/m^3）	PC-STEL/（mg/m^3）	
247	石油沥青烟（按苯溶物计）	Asphalt (petroleum) fume, as benzene soluble matter	8052-42-4	—	5	—	G2B
248	双（巯基乙酸）二辛基锡	Bis(marcaptoacetate) dioctyltin	26401-97-8	—	0.1	0.2	—
249	双丙酮醇	Diacetone alcohol	123-42-2	—	240	—	—
250	双硫醒	Disulfiram	97-77-8	—	2	—	—
251	双氯甲醚	Bis(chloromethyl) ether	542-88-1	0.005	—	—	G1
252	四氯化碳	Carbon tetrachloride	56-23-5	—	15	25	皮,G2B
253	四氯乙烯	Tetrachloroethylene	127-18-4	—	200	—	G2A
254	四氢呋喃	Tetrahydrofuran	109-99-9	—	300	—	—
255	四氢化锗	Germanium tetrahydride	7782-65-2	—	0.6	—	—
256	四溴化碳	Carbon tetrabromide	558-13-4	—	1.5	4	—
257	四乙基铅（按Pb计）	Tetraethyl lead, as Pb	78-00-2	—	0.02	—	皮
258	松节油	Turpentine	8006-64-2	—	300	—	—
259	铊及其可溶性化合物（按Tl计）	Thalium and soluble compounds, as Tl	7440-28-0(Tl)	—	0.05	0.1	皮
260	钽及其氧化物（按Ta计）	Tantalum and oxide, as Ta	7440-25-7(Ta)	—	5	—	—
261	碳酸钠（纯碱）	Sodium carbonate	3313-92-6	—	3	6	—
262	羰基氟	Carbonyl fluoride	353-50-4	—	5	10	—
263	羰基镍（按Ni计）	Nickel carbonyl, as Ni	13463-39-3	0.002	—	—	G1
264	锑及其化合物（按Sb计）	Antimony and compounds, as Sb	7440-36-0(Sb)	—	0.5	—	—
265	铜（按Cu计）	Copper, as Cu	7440-50-8				
	铜尘	Copper dust		—	1	—	—
	铜烟	Copper fume		—	0.2	—	—
266	钨及其不溶性化合物（按W计）	Tungsten and insoluble compounds, as W	7440-33-7(W)	—	5	10	—
267	五氟氯乙烷	Chloropentafluoroethane	76-15-3	—	5000	—	—
268	五硫化二磷	Phosphorus pentasulfide	1314-80-3	—	1	3	—
269	五氯酚及其钠盐	Pentachlorophenol and sodium salts	87-86-5	—	0.3	—	皮
270	五羰基铁（按Fe计）	Iron pentacarbonyl, as Fe	13463-40-6	—	0.25	0.5	—
271	五氧化二磷	Phosphorus pentoxide	1314-56-3	1	—	—	—

续表

序号	中文名	英文名	化学文摘号(CAS No.)	OELs			备注
				MAC/(mg/m³)	PC-TWA/(mg/m³)	PC-STEL/(mg/m³)	
272	戊醇	Amyl alcohol	71-41-0	—	100	—	—
273	戊烷(全部异构体)	Pentane	109-66-0	—	500	1000	—
274	硒化氢(按Se计)	Hydrogen selenide, as Se	7783-07-5	—	0.15	0.3	—
275	硒及其化合物(按Se计)(除外六氟化硒、硒化氢)	Selenium and compounds, as Se (except hexafluoride, hydrogen selenide)	7782-49-2(Se)	—	0.1	—	—
276	纤维素	Cellulose	9004-34-6	—	10	—	—
277	硝化甘油	Nitroglycerine	55-63-0	1	—	—	皮
278	硝基苯	Nitrobenzene	98-95-3	—	2	—	皮,G2B
279	1-硝基丙烷	1-Nitropropane	2108-03-2	—	90	—	—
280	2-硝基丙烷	2-Nitropropane	79-46-9	—	30	—	G2B
281	硝基甲苯(全部异构体)	Nitrotoluene, (all isomers)	88-72-2; 99-08-1; 99-99-0	—	10	—	皮
282	硝基甲烷	Nitromethane	75-52-5	—	50	—	G2B
283	硝基乙烷	Nitroethane	79-24-3	—	300	—	—
284	辛烷	Octane	111-65-9	—	500	—	—
285	溴	Bromine	7726-95-6	—	0.6	2	—
286	溴化氢	Hydrogen bromide	10035-10-6	10	—	—	—
287	溴甲烷	Methyl bromide	74-83-9	—	2	—	皮
288	溴氰菊酯	Deltamethrin	52918-63-5	—	0.03	—	—
289	氧化钙	Calcium oxide	1305-78-8	—	2	—	—
290	氧化镁烟	Magnesium oxide fume	1309-48-4	—	10	—	—
291	氧化锌	Zinc oxide	1314-13-2	—	3	5	—
292	氧乐果	Omethoate	113-02-6	—	0.15	—	皮
293	液化石油气	Liqufied petroleum gas (L.P.G.)	68476-85-7	—	1000	1500	—
294	一甲胺	Monomethylamine	74-89-5	—	5	10	—
295	一氧化氮	Nitric oxide (Nitrogen monoxide)	10102-43-9	—	15	—	—
296	一氧化碳 非高原 高原 海拔2000~3000m 海拔>3000m	Carbon monoxide not in high altitude area in high altitude area 2000~3000m >3000m	630-08-0	 20 15	 20 — —	 30 — —	 — — —

续表

序号	中文名	英文名	化学文摘号(CAS No.)	OELs			备注
				MAC/(mg/m³)	PC-TWA/(mg/m³)	PC-STEL/(mg/m³)	
297	乙胺	Ethylamine	1975-4-7	—	9	18	皮
298	乙苯	Ethyl benzene	100-41-4	—	100	150	G2B
299	乙醇胺	Ethanolamine	141-43-5	—	8	15	—
300	乙二胺	Ethylenediamine	107-15-3	—	4	10	皮
301	乙二醇	Ethylene glycol	107-21-1	—	20	40	—
302	乙二醇二硝酸酯	Ethylene glycol dinitrate	628-96-6	—	0.3	—	皮
303	乙酐	Acetic anhydride	108-24-7	—	16	—	—
304	*N*-乙基吗啉	*N*-Ethylmorpholine	100-74-3	—	25	—	皮
305	乙基戊基甲酮	Ethyl amyl ketone	541-85-5	—	130	—	—
306	乙腈	Acetonitrile	75-05-8	—	10	—	皮
307	乙硫醇	Ethyl mercaptan	1975-8-1	—	1	—	—
308	乙醚	Ethyl ether	60-29-7	—	300	500	—
309	乙硼烷	Diborane	19287-45-7	—	0.1	—	—
310	乙醛	Acetaldehyde	75-07-0	45	—	—	G2B
311	乙酸	Acetic acid	64-19-7	—	10	20	—
312	2-甲氧基乙基乙酸酯	2-Methoxyethyl acctate	110-49-5	—	20	—	皮
313	乙酸丙酯	Propyl acetate	109-60-4	—	200	300	—
314	乙酸丁酯	Butyl acetate	123-86-4	—	200	300	—
315	乙酸甲酯	Methyl acetate	79-20-9	—	100	200	—
316	乙酸戊酯(全部异构体)	Amyl acetate (all isomers)	628-63-7	—	100	200	—
317	乙酸乙烯酯	Vinyl acetate	108-05-4	—	10	15	G2B
318	乙酸乙酯	Ethyl acetate	141-78-6	—	200	300	—
319	乙烯酮	Ketene	463-51-4	—	0.8	2.5	—
320	乙酰甲胺磷	Acephate	30560-19-1	—	0.3	—	皮
321	乙酰水杨酸	Acetylsalicylic acid (aspirin)	50-78-2	—	5	—	—
322	2-乙氧基乙醇	2-Ethoxyethanol	110-80-5	—	18	36	皮
323	2-乙氧基乙基乙酸酯	2-Ethoxyethyl acetate	111-15-9	—	30	—	皮
324	钇及其化合物(按Y计)	Yttrium and compounds (as Y)	7440-65-5	—	1	—	—
325	异丙铵	Isopropylamine	75-31-0	—	12	24	—
326	异丙醇	Isopropyl alcohol(IPA)	67-63-0	—	350	700	—
327	*N*-异丙基苯胺	*N*-Isopropylaniline	768-52-5	—	10	—	皮
328	异稻瘟净	Kitazin o-p	26087-47-8	—	2	5	皮

续表

序号	中文名	英文名	化学文摘号（CAS No.）	OELs			备注
				MAC/（mg/m^3）	PC－TWA/（mg/m^3）	PC－STEL/（mg/m^3）	
329	异佛尔酮	Isophorone	78－59－1	30	—	—	—
330	异佛尔酮二异氰酸酯	Isophorone diisocyante（IPDI）	4098－71－9	—	0.05	0.1	—
331	异氰酸甲酯	Methyl isocyanate	624－83－9	—	0.05	0.08	皮
332	异亚丙基丙酮	Mesityl oxide	141－79－7	—	60	100	—
333	铟及其化合物（按 In 计）	Indium and compounds, as In	7440－74－6	—	0.1	0.3	—
334	茚	Indene	95－13－6	—	50	—	—
335	正丁胺	*n*－Butylamine	109－73－9	15	—	—	皮
336	正丁基硫醇	*n*－Butyl mercaptan	109－79－5	—	2	—	—
337	正丁基缩水甘油醚	*n*－Butyl glycidyl ether	2426－08－6	—	60	—	—
338	正庚烷	*n*－Heptane	142－82－5	—	500	1000	—
339	正己烷	*n*－Hexane	110－54－3	—	100	180	皮

2. 工作场所空气中粉尘容许浓度（附表2）

附表2 工作场所空气中粉尘容许浓度

序号	中文名	英文名	化学文摘号（CAS No.）	PC－TWA/（mg/m^3）		备注
				总尘	呼尘	
1	白云石粉尘	Dolomite dust		8	4	—
2	玻璃钢粉尘	Fiberglass reinforced plastic dust		3	—	—
3	茶尘	Tea dust		2	—	—
4	沉淀 SiO_2（白炭黑）	Precipitated silica dust	112926－00－8	5	—	—
5	大理石粉尘	Marble dust	1317－65－3	8	4	—
6	电焊烟尘	Welding fume		4	—	G2B
7	二氧化钛粉尘	Titanium dioxide dust	13463－67－7	8	—	—
8	沸石粉尘	Zeolite dust		5	—	—
9	酚醛树酯粉尘	Phenolic aldehyde resin dust		6	—	—
10	谷物粉尘（游离 SiO_2 含量 <10%）	Grain dust（free SiO_2 <10%）		4	—	—
11	硅灰石粉尘	Wollastonite dust	13983－17－0	5	—	—
12	硅藻土粉尘（游离 SiO_2 含量 <10%）	Diatomite dust（free SiO_2 <10%）	61790－53－2	6	—	—
13	滑石粉尘（游离 SiO_2 含量 <10%）	Talc dust（free SiO_2 <10%）	14807－96－6	3	1	—

续表

序号	中文名	英文名	化学文摘号（CAS No.）	*PC－TWA*/（mg/m^3）		备注
				总尘	呼尘	
14	活性炭粉尘	Active carbon dust	64365－11－3	5	—	—
15	聚丙烯粉尘	Polypropylene dust		5	—	—
16	聚丙烯腈纤维粉尘	Polyacryonitrile fiber dust		2	—	—
17	聚氯乙烯粉尘	Polyvinyl chloride（PVC）dust	9002－86－2	5	—	—
18	聚乙烯粉尘	Polyethylene dust	9002－88－4	5	—	—
19	铝尘 铝金属、铝合金粉尘 氧化铝粉尘	Aluminium dust Metal and alloys dust Aluminium oxide dust	7429－90－5	 3 4	 — —	 — —
20	麻尘（游离 SiO_2 含量 <10%） 亚麻 黄麻 苎麻	Flax, jute and remine dusts（free SiO_2 <10%） Flax Jute Ramine		 1.5 2 3	—	—
21	煤尘（游离 SiO_2 含量 <10%）	Coal dust（free SiO_2 <10%）		4	2.5	—
22	棉尘	Cotton dust		1	—	—
23	木粉尘	Wood dust		3	—	G1
24	凝聚 SiO_2 粉尘	Condensed silica dust		1.5	0.5	—
25	膨润土粉尘	Bentonite dust	1302－78－9	6	—	—
26	皮毛粉尘	Fur dust		8	—	—
27	人造玻璃质纤维 玻璃棉粉尘 矿渣棉粉尘 岩棉粉尘	Man－made vitrious fiber Fibrous glass dust Slag wool dust Rock wool dust	 3 3 3	 — — —		 — — —
28	桑蚕丝尘	Mulberry silk dust		8	—	—
29	砂轮磨尘	Grinding wheel dust		8	—	—
30	石膏粉尘	Gypsum dust	10101－41－4	8	4	—
31	石灰石粉尘	Limestone dust	1317－65－3	8	4	—
32	石棉（石棉含量10%以上） 粉尘 纤维	Asbestos（Asbestos >10%） Dust Asbestos fibre	1332－21－4	 0.8 0.8f/mL	— —	G1 —
33	石墨粉尘	Graphite dust	7782－42－5	4	2	—
34	水泥粉尘（游离 SiO_2 含量 <10%）	Cement dust（free SiO_2 <10%）		4	1.5	—
35	炭黑粉尘	Carbon black dust	1333－86－4	4	—	G2B
36	碳化硅粉尘	Silicon carbide dust	409－21－2	8	4	—
37	碳纤维粉尘	Carbon fiber dust		3	—	—
38	矽尘 10%≤游离 SiO_2 含量≤50% 50%<游离 SiO_2 含量≤80% 游离 SiO_2 含量>80%	Silica dust 10%≤free SiO_2≤50% 50%<free SiO_2≤80% free SiO_2 >80%	14808－60－7	 1 0.7 0.5	 0.7 0.3 0.2	G1（结晶性）

续表

序号	中文名	英文名	化学文摘号（CAS No.）	PC－TWA/（mg/m³）		备注
				总尘	呼尘	
39	稀土粉尘（游离 SiO_2 含量 <10%）	Rare－earth dust（free SiO_2 <10%）		2.5	—	—
40	洗衣粉混合尘	Detergent mixed dust		1	—	—
41	烟草尘	Tobacco dust		2	—	—
42	萤石混合性粉尘	Fluorspar mixed dust		1	0.7	—
43	云母粉尘	Mica dust	12001－26－2	2	1.5	—
44	珍珠岩粉尘	Perlite dust	93763－70－3	8	4	—
45	蛭石粉尘	Vermiculite dust		3	—	—
46	重晶石粉尘	Barite dust	7727－43－7	5	—	—
47	其他粉尘[注]	Particles not otherwise regulated		8	—	—

注：指游离 SiO_2 低于10%，不含石棉和有毒物质，而尚未制订容许浓度的粉尘。表中列出的各种粉尘（石棉纤维尘除外），凡游离 SiO_2 高于10%者，均按矽尘容许浓度对待。

3. 工作场所空气中生物因素容许浓度（附表3）

附表3 工作场所空气中生物因素容许浓度

序号	中文名	英文名	化学文摘号（CAS No.）	OELs			备注
				MAC/（mg/m³）	*PC－TWA*/（mg/m³）	*PC－STEL*/（mg/m³）	
1	白僵蚕孢子	Beauveria bassiana		6×10^7（孢子数）	—	—	—
2	枯草杆菌蛋白酶	Subtilisins	1395－21－7；9014－01－1	—	15	30	敏

（二）超限倍数

对粉尘和未制定 *PC－STEL* 的化学物质，采用超限倍数控制其短时间接触水平的过高波动。在符合 *PC－TWA* 的前提下，粉尘的超限倍数是 *PC－TWA* 的2倍；化学物质的超限倍数见附表4。

附表4 化学物质超限倍数与 *PC－TWA* 的关系

PC－TWA/（mg/m³）	最大超限倍数
PC－TWA<1	3.0
1≤*PC－TWA*<10	2.5
10≤*PC－TWA*<100	2.0
PC－TWA≥100	1.5

注：本附录中CAS指化学文摘号；*MAC* 指最高容许浓度；*PC－TWA* 指时间加权平均容许浓度；*PC－STEL* 指短时间接触容许浓度。

附录3　美国政府及工业卫生协会制订的接触限值 ACGIH TLVs(2010)

见附表5和附表6。

附表5　2010年接触限值

序号	化合物名称	英文名	化学文摘号（CAS No.）	*TWA*	*STEL*	备注	相对分子质量	TLV[R]依据
1	乙醛	Acetaldehyde	75-07-0	—	*C* 25ppm	A3	44.05	刺激眼睛和上呼吸道
2	乙酸	Acetic acid	64-19-7	10ppm	15ppm	—	60.00	刺激眼睛和上呼吸道；肺功能
3	醋酸酐	Acetic anhydride	108-24-7	5ppm	—	—	102.09	刺激眼睛和上呼吸道
4	丙酮	Acetone	67-64-1	500ppm	750ppm	A4；BEI	58.05	刺激眼睛和上呼吸道；损害中枢神经系统
5	丙酮氰醇（按CN计）	Acetone cyanohydrin，as CN	75-86-5	—	*C* 5mg/m^3	Skin	85.10	刺激上呼吸道；头痛；缺氧/发绀
6	乙腈	Acetonitrile	75-05-8	20ppm	—	Skin；A4	41.05	刺激下呼吸道
7	苯乙酮	Acetophenone	98-86-2	10ppm	—	—	120.15	刺激眼睛
8	乙炔	acetylene	74-86-2		单纯窒息剂		26.02	窒息
9	乙酰水杨酸（阿司匹林）	Acetylsalicylic acid（Aspirin）	50-78-2	5mg/m^3	—	—	180.15	刺激皮肤和眼睛
10	丙烯醛	Acrolein	107-02-8	—	*C* 0.1ppm	Skin；A4	56.06	刺激眼睛和上呼吸道；肺水肿；肺气肿
11	丙烯酰胺	Acrylamide	79-06-1	0.03mg/m^3	—	Skin；A3	71.08	损害中枢神经系统
12	丙烯酸	Acrylic acid	79-10-7	2ppm	—	Skin；A4	72.06	刺激上呼吸道
13	丙烯腈	Acrylonitrile	107-13-1	2ppm	—	Skin；A3	53.05	损害中枢神经系统；刺激下呼吸道
14	己二酸	Adipic acid	124-04-9	5mg/m^3	—	—	146.14	刺激上呼吸道；损害植物神经系统
15	己二腈	Adiponitrile	111-69-3	2ppm	—	Skin	108.10	刺激上呼吸道和下呼吸道

续表

序号	化合物名称	英文名	化学文摘号（CAS No.）	*TWA*	*STEL*	备 注	相对分子质量	TLV[R]依据
16	甲草胺	Alachlor	15972－60－8	1mg/m^3	—	SEN；A3	269.80	含铁血黄素沉着症
17	艾氏剂	Aldrin	309－00－2	0.05mg/m^3	—	Skin；A3	364.93	损害中枢神经系统；损伤肝和肾
18	脂肪族烷烃气体	Aliphatic hydrocarbon gases Alkanes[C_1－C_4]		1000ppm	—	—	Varies	损害中枢神经系统
19	丙烯醇	Allyl alcohol	107－18－6	0.5ppm	—	Skin；A4	58.08	刺激眼睛和上呼吸道
20	3－氯丙烯	Allyl chloride	107－05－1	1ppm	2ppm	A3	76.50	刺激眼睛和上呼吸道；损伤肝和肾
21	烯丙基缩水甘油醚	Allyl glycidyl ether (AGE)	106－92－3	1ppm	—	A4	114.14	刺激上呼吸道；皮肤炎；刺激眼睛和皮肤
22	烯丙基丙基二硫醚	Allyl propyl disulphide	2179－59－1	0.5ppm	—	SEN	148.16	刺激眼睛和上呼吸道
23	铝金属及其不可溶的化合物	Aluminum metal and insoluble compounds	7429－90－5	1mg/m^3	—	A4	26.98 Varies	尘肺症；刺激下呼吸道；神经毒性
24	4－氨基联苯	4－Aminobiphenyl	92－67－1	—	—	Skin；A1	169.23	膀胱癌和肝癌
25	2－氨基吡啶	2－Aminopyridine	504－29－0	0.5ppm	—	—	91.11	头痛；恶心；损害中枢神经系统；头晕
26	氨基三唑	Amitrole	61－82－5	0.2mg/m^3	—	A3	84.08	影响甲状腺
27	氨气(液氨)	Ammonia	7664－41－7	25ppm	35ppm	—	17.03	损伤眼睛，刺激上呼吸道
28	氯化铵烟	Ammonium chloride fume	12125－02－9	10mg/m^3	20mg/m^3	—	53.50	刺激眼睛和上呼吸道
29	全氟辛酸铵	Ammonium perfluorooctanoate	3825－26－1	0.01mg/m^3	—	Skin；A3	431.00	损伤肝
30	氨基硫磺铵	Ammonium sulfamate	7773－06－0	10mg/m^3	—	—	114.13	
31	叔戊基甲醚	*tert*－Amyl methyl ether (TAME)	994－05－8	20ppm	—	—	102.20	损害中枢神经系统；损伤胚胎和胎儿
32	苯胺	Aniline	62－53－3	2ppm	—	Skin；A3；BEI	93.12	高铁血红蛋白贫血

续表

序号	化合物名称	英文名	化学文摘号（CAS No.）	*TWA*	*STEL*	备注	相对分子质量	TLV^R^依据
33	邻氨基苯甲醚	*o* – Anisidine	90 – 04 – 0	0.5mg/m^3	—	Skin；A3；BEI	123.15	高铁血红蛋白贫血
34	4 – 氨基苯甲醚	*p* – Anisidine	104 – 94 – 9	0.5mg/m^3	—	Skin；A4；BEI	123.15	高铁血红蛋白贫血
35	锑及其化合物（按 Sb 计）	Antimony and compounds, as Sb	7440 – 36 – 0	0.5mg/m^3	—	—	121.75	刺激皮肤和上呼吸道
36	锑化氢	Antimony hydride	7803 – 52 – 3	0.1ppm	—	—	124.78	溶血；损伤肾，刺激下呼吸道
37	三氧化二锑	Antimony trioxide	1309 – 64 – 4	—	—	A2	291.50	肺癌；尘肺
38	1 – 萘基 – 2 – 硫脲	ANTU	86 – 88 – 4	0.3mg/m^3	—	A4；Skin	202.27	影响甲状腺；恶心
39	氩（高纯）	Argon	7440 – 37 – 1		普通窒息剂		39.95	窒息
40	砷及其无机化合物（按 As 计）	Arsenic and inorganic compounds, as As	7440 – 38 – 2	0.01mg/m^3	—	A1；BEI	74.92	肺癌
41	砷化氢	Arsine	7784 – 42 – 1	0.005ppm	—	—	77.95	损害周围神经系统；损害血管系统；损害肾和肝
42	石棉，全部异构体	Asbestos，all forms	1332 – 21 – 4	0.1 f/cc	—	A1	NA	尘肺；肺癌；间皮瘤
43	石油沥青烟（以苯溶物气溶胶计）	Asphalt（Bitumen）fume as benzene – soluble aerosol	8052 – 42 – 4	0.5mg/m^3	—	A4；BEI	—	刺激眼睛和上呼吸道
44	阿特拉津	Atrazine	1912 – 24 – 9	5mg/m^3	—	A4	216.06	中枢神经系统痉挛
45	保棉磷	Azinphos_ methyl	86 – 50 – 0	0.2mg/m^3	—	Skin；SEN；A4；BEI	317.34	抑制乙酰胆碱酯酶
46	钡及可溶性化合物（按 Ba 计）	Barium and soluble compounds, as Ba	7440 – 39 – 3	0.5mg/m^3	—	A4	137.30	刺激眼睛，皮肤和眉间；兴奋肌肉
47	硫酸钡	Barium sulfate	7727 – 43 – 7	10mg/m^3	—	—	233.43	尘肺
48	苯菌灵	Benomyl	17804 – 35 – 2	1mg/m^3	—	SEN；A3	290.32	刺激上呼吸道；损伤男性前列腺和睾丸；损伤胚胎和胎儿

续表

序号	化合物名称	英文名	化学文摘号（CAS No.）	*TWA*	*STEL*	备　注	相对分子质量	TLV[R]依据
49	1，2－苯并蒽	Benz[a]anthracene	56－55－3	—	—	A2；BEI	228.30	皮肤癌
50	苯	Benzene	71－43－2	0.5ppm	2.5ppm	Skin；A1；BEI	78.11	白血球过多症
51	联苯胺	Benzidine	92－87－5	—	—	Skin；A1	184.23	膀胱癌
52	苯并（b）荧蒽	Benzo［b］fluoranthene	205－99－2	—	—	A2；BEI	252.30	癌症
53	苯并［a］芘	Benzo［a］pyrene	50－32－8	—	—	A2；BEI	252.30	癌症
54	三氯甲苯	Benzotrichloride	98－07－7	—	*C* 0.1ppm	Skin；A2	195.50	刺激眼睛，皮肤和上呼吸道
55	苯甲酰氯	Benzoyl chloride	98－88－4	—	*C* 0.5ppm	A4	140.57	刺激上呼吸道和眼睛
56	过氧化苯甲酰	Benzoyl Peroxide	94－36－0	5mg/m^3	—	A4	242.22	刺激上呼吸道和皮肤
57	乙酸苄酯	Benzyl acetate	140－11－4	10ppm	—	A4	150.18	刺激上呼吸道
58	苄基氯	Benzyl Chloride	100－44－7	1ppm	—	A3	126.58	刺激眼睛，皮肤和上呼吸道
59	铍及其化合物（按Be计）	Beryllium and compounds as Be	7440－41－7	0.00005	—	Skin；SEN；A1	9.01	慢性铍疾病；铍中毒
60	联苯	Biphenyl	92－52－4	0.2ppm	—	—	154.20	肺功能
61	胺醚	Bis（2－dimethylaminoethyl）ether（DMAEE）	3033－62－3	0.05ppm	0.15ppm	Skin	160.26	刺激上呼吸道，眼睛和皮肤
62	碲化铋 不含Se 含硒（按Bi_2Te_3计）	Bismuth telluride Undoped Se－doped，as Bi_2Te_3	1304－82－1	10mg/m^3 5mg/m^3	— —	A4 A4	800.83	损伤肺
63	硼酸盐无机化合物	Borate compounds，inorganic	1330－43－4； 1303－96－4； 10043－35－3； 12179－04－3	2mg/m^3	6mg/m^3	A4	Varies	刺激上呼吸道

续表

序号	化合物名称	英文名	化学文摘号（CAS No.）	*TWA*	*STEL*	备　注	相对分子质量	TLV[R]依据
64	硼酸酐	Boric oxide	1303－86－2	10mg/m^3	—	—	69.64	刺激眼睛和上呼吸道
65	三溴化硼	Boron tribromide	10294－33－4	—	*C* 1ppm	—	250.57	刺激上呼吸道
66	三氟化硼	Boron trifluoride	7637－07－2	—	*C* 1ppm	—	67.82	刺激下呼吸道，肺炎
67	除草定	Bromacil	314－40－9	10mg/m^3	—	A3	261.11	影响甲状腺
68	溴	Bromine	7726－95－6	0.1ppm	0.2ppm	—	159.81	刺激上下呼吸道，损伤肺
69	五氟化溴	Bromine Pentafluoride	7789－30－2	0.1ppm	—	—	174.92	刺激眼睛，皮肤和上呼吸道
70	溴仿	Bromoform	75－25－2	0.5ppm	—	A3	252.73	刺激上呼吸道和眼睛，损伤肝
71	1－溴丙烷	1－Bromopropane	106－94－5	10ppm	—	—	122.99	损伤肝；损伤胚胎/胎儿；神经毒性
72	1，3－丁二烯	1，3－Butadiene	106－99－0	2ppm	—	A2	54.09	癌症
73	丁烷及所有异构体	Butane，all isomers	106－97－8； 75－28－5	见脂肪组烷烃气体［C_1～C_4］				
74	正丁醇	*n*－Butanol	71－36－3	20ppm	—	—	74.12	刺激眼睛和上呼吸道
75	仲丁醇	*sec*－Butanol	78－92－2	100ppm	—	—	74.12	刺激上呼吸道；损害中枢神经系统
76	叔丁醇	*tert*－Butanol	75－65－0	100ppm	—	A4	74.12	损害中枢神经系统
77	丁烯及所有异构体	Butenes，all isomers	106－98－9； 107－01－7； 590－18－1； 624－64－6； 25167－67－3	250ppm	—	—	56.11	影响体重
	异丁烯	Isobutene	115－11－7	250ppm	—	A4	—	刺激上呼吸道；影响体重
78	2－丁氧基乙醇	2－Butoxyethanol	111－76－2	20ppm	—	A3	118.17	刺激眼睛和上呼吸道
79	乙二醇丁醚乙酸酯	2－Butoxyethyl acetate（EGBEA）	112－07－2	20ppm	—	A3	160.20	溶血
80	乙酸正丁酯	*n*－Butyl acetate	123－86－4	150ppm	200ppm	—	116.16	刺激眼睛和上呼吸道

续表

序号	化合物名称	英文名	化学文摘号（CAS No.）	*TWA*	*STEL*	备 注	相对分子质量	TLV^{R}依据
81	乙酸仲丁酯	*sec* – Butyl acetate	105 – 46 – 4	200ppm	—	—	116.16	刺激眼睛和上呼吸道
82	乙酸叔丁酯	*tert* – Butyl acetate	540 – 88 – 5	200ppm	—	—	116.16	刺激眼睛和上呼吸道
83	丙烯酸正丁酯	*n* – Butyl acrylate	141 – 32 – 2	2ppm	—	SEN；A4	128.17	刺激皮肤，眼睛和上呼吸道
84	正丁胺	*n* – Butylamine	109 – 73 – 9	—	*C* 5ppm	Skin	73.14	头痛；刺激上呼吸道和眼睛
85	丁基羟基甲苯	Butylated hydroxytoluene（BHT）	128 – 37 – 0	2mg/m^3	—	A4	220.34	刺激上呼吸道
86	铬酸叔丁酯	*tert* – Butyl chromate，as CrO_3	1189 – 85 – 1	—	*C* 0.1mg/m^3	Skin	230.22	刺激下呼吸道和下呼吸道
87	正丁基缩水甘油醚	*n* – Butyl glycidyl ether	2426 – 08 – 6	3ppm	—	Skin；SEN	130.21	损伤睾丸
88	乳酸正丁酯	*n* – Butyl lactate	138 – 22 – 7	5ppm	—	—	146.19	头痛；刺激上呼吸道
89	正丁基硫醇	*n* – Butyl mercaptan	109 – 79 – 5	0.5ppm	—	—	90.19	刺激上呼吸道
90	邻仲丁基苯酚	*o* – *sec* – Butylphenol	89 – 72 – 5	5ppm	—	Skin	150.22	刺激上呼吸道，眼睛和皮肤
91	对叔丁基甲苯	*p* – *tert* – Butyl toluene	98 – 51 – 1	1ppm	—	—	148.18	刺激下呼吸道和眼睛；恶心
92	镉及其化合物（按 Cd 计）	Cadmium and compounds，as Cd	7440 – 43 – 9	0.01mg/m^3 0.002mg/m^3	—	A2；BEIA2；BEI	112.4Varies	损伤肾
93	铬酸钙（按 Cr 计）	Calcium chromate，as Cr	13765 – 19 – 0	0.001mg/m^3	—	A2	156.09	肺癌
94	氰氨化钙	Calcium cyanamide	156 – 62 – 7	0.5mg/m^3	—	A4	80.11	刺激眼睛和上呼吸道
95	氢氧化钙	Calcium hydroxide	1305 – 62 – 0	5mg/m^3	—	—	74.10	刺激眼睛，皮肤和上呼吸道
96	氧化钙	Calcium oxide	1305 – 78 – 8	2mg/m^3	—	—	56.08	刺激上呼吸道
97	硅酸钙（合成）	Calcium silicate，synthetic nonfibrous	1344 – 95 – 2	10mg/m^3	—	A4	—	刺激上呼吸道

续表

序号	化合物名称	英文名	化学文摘号（CAS No.）	*TWA*	*STEL*	备注	相对分子质量	TLV^R依据
98	硫酸钙	Calcium sulfate	7778－18－9；10034－76－1；10101－41－4；13397－24－5	10mg/m³	—	—	136.14	鼻子的症状
99	樟脑（合成）	Camphor, synthetic	76－22－2	2ppm	3ppm	A4	152.23	刺激眼睛和皮肤；嗅觉丧失
100	己内酰胺	Caprolactam	105－60－2	5mg/m³	—	A5	113.16	刺激上呼吸道
101	敌菌丹	Captafol	2425－06－1	0.1mg/m³	—	Skin；A4	349.06	刺激皮肤
102	克菌丹	Captan	133－06－2	5mg/m³	—	SEN；A3	300.60	刺激皮肤
103	西维因	Carbaryl	63－25－2	0.5mg/m³	—	Skin；A4；BEI	201.20	抑制乙酰胆碱酯酶；损伤男性前列腺；损伤胚胎
104	呋喃丹	Carbofuran	1563－66－2	0.1mg/m³	—	A4；BEI	221.30	抑制乙酰胆碱酯酶
105	炭黑	Carbon black	1333－86－4	3.5mg/m³	—	A4	—	
106	二氧化碳	Carbon dioxide	124－38－9	5000ppm	30000ppm	—	44.01	窒息
107	二硫化碳	Carbon disulfide	75－15－0	1ppm	—	Skin；A4；BEI	76.14	损害周围神经系统
108	一氧化碳	Carbon monoxide	630－08－0	25ppm	—	BEI	28.01	碳氧血红蛋白贫血
109	四溴化碳	Carbon tetrabromide	558－13－4	0.1ppm	0.3ppm	—	331.65	损伤肝；刺激眼睛，上呼吸道和皮肤
110	四氯化碳	Carbon tetrachloride	56－23－5	5ppm	10ppm	Skin；A2	153.84	损伤肝
111	羰酰氟	Carbonyl fluoride	353－50－4	2ppm	5ppm	—	66.01	刺激下呼吸道；损伤骨头
112	邻苯二酚	Catechol	120－80－9	5ppm	—	Skin；A3	110.11	刺激眼睛和上呼吸道；皮炎
113	纤维素	Cellulose	9004－34－6	10mg/m³	—	—	NA	刺激上呼吸道
114	氢氧化铯	Caesium hydrate	21351－79－1	2mg/m³	—	—	149.92	刺激上呼吸道，皮肤和眼睛
115	氯丹	Chlordane	57－74－9	0.5mg/m³	—	Skin；A3	409.80	损伤肝
116	氯代莰烯	Chlorinated camphene	8001－35－2	0.5mg/m³	1mg/m³	Skin；A3	414.00	损害肝

续表

序号	化合物名称	英文名	化学文摘号（CAS No.）	*TWA*	*STEL*	备　注	相对分子质量	TLV[R]依据
117	邻氯代联苯醚	*o* – Chlorinated diphenyl oxide	31242 – 93 – 0	0.5mg/m³		—	377.00	氯痤疮；损伤肝
118	氯	Chlorine	7782 – 50 – 5	0.5ppm	1ppm	A4	70.91	刺激上呼吸道和眼睛
119	二氧化氯	Chlorine dioxide	10049 – 04 – 4	0.1ppm	0.3ppm	—	67.46	刺激下呼吸道；支气管炎
120	三氟化氯	Chlorine trifluoride	7790 – 91 – 2	—	*C* 0.1ppm	—	92.46	刺激眼睛和上呼吸道，损伤肺
121	氯乙醛	Chloroacetaldehyde	107 – 20 – 0	—	*C* 1ppm	—	78.50	刺激上呼吸道和眼睛
122	氯丙酮	Cholroacetone	78 – 95 – 5	—	*C* 1ppm	Skin	92.53	刺激眼睛和上呼吸道
123	2 – 氯苯乙酮	2 – Chloroacetophenone	532 – 27 – 4	0.05ppm	—	A4	154.59	刺激眼睛，上呼吸道和皮肤
124	氯乙酰氯	Chloroacetyl chloride	79 – 04 – 9	0.05ppm	0.15ppm	Skin	112.95	刺激上呼吸道；皮肤过敏
125	氯苯	Chlorobenzene	108 – 90 – 7	10ppm	—	A3；BEI	112.56	损伤肝
126	邻氯苄叉丙二腈	*o* – Chlorobenzylidene malononitrile	2698 – 41 – 1	—	*C* 0.05ppm	Skin；A4	188.61	刺激上呼吸道
127	氯溴甲烷	Chlorobromomethane	74 – 97 – 5	200ppm	—	—	129.39	损害中枢神经系统；损伤肝
128	二氟氯甲烷	Chlorodifluoromethane	75 – 45 – 6	1000ppm	—	A4	86.47	损害中枢神经系统；窒息
129	氯联苯(42%)	Chlorodiphenyl（42% chlorine）	53469 – 21 – 9	1mg/m³	—	Skin	266.50	损伤肝；刺激眼睛；氯痤疮
130	氯联苯(54%)	Chlorodiphenyl（54% chlorine）	11097 – 69 – 1	0.5mg/m³	—	Skin；A3	328.40	刺激上呼吸道；损伤肝；氯痤疮
131	三氯甲烷	Chloroform	67 – 66 – 3	10ppm	—	A3	119.38	损伤肝；胚胎/胎儿；损害中枢神经系统
132	双氯甲醚	bis（Chloromethyl）ether	542 – 88 – 1	0.001ppm	—	A1	114.96	肺癌
133	氯甲甲醚	Chloromethyl methyl ether	107 – 30 – 2	—	—	A2	80.50	肺癌
134	1 – 氯 – 1 – 硝基丙烷	1 – Chloro – 1 – nitropropane	600 – 25 – 9	2ppm	—	—	123.54	刺激眼睛；肺水肿

续表

序号	化合物名称	英文名	化学文摘号（CAS No.）	*TWA*	*STEL*	备注	相对分子质量	TLV[R]依据
135	五氟氯乙烷	Chloropentafluoroethane	76-15-3	1000ppm	—	—	154.47	心脏敏感
136	氯化苦	Chloropicrin	76-06-2	0.1ppm	—	A4	164.39	刺激眼睛；肺水肿
137	1-氯-2-丙醇 2-氯-1-丙醇	1-Chloro-2-propanol 2-Chloro-1-propanol	127-00-4 78-89-7	1ppm	—	Skin；A4	94.54	损伤肝
138	β-氯丁二烯	β-Chloroprene	126-99-8	10ppm	—	Skin	88.54	刺激上呼吸道和眼睛
139	2-氯丙酸	*o*-Chloropropionic acid	598-78-7	0.1ppm	—	Skin	108.53	损伤男性前列腺
140	邻氯苯乙烯	*o*-Chlorostyrene	2039-87-4	50ppm	75ppm	—	138.60	损害中枢神经系统；周围神经病
141	邻氯甲苯	*o*-Chlorotoluene	95-49-8	50ppm	—	—	126.59	刺激上呼吸道，眼睛和皮肤
142	毒死蜱	Chlorpyrifos	2921-88-2	0.1mg/m³	—	Skin；A4；BEI	350.57	抑制乙酰胆碱酯酶
143	铬酸盐（铬矿石处理）（按Cr计）	Chromite ore processing (Chromate), as Cr		0.05mg/m³	—	A1	—	肺癌
144	铬及其无机化合物（按Cr计）	Chromium, and inorganic compounds, as Cr	7440-47-3					
	金属和三价化合物	Metal and Cr Ⅲ compounds		0.5mg/m³	—	A4	Varies	刺激上呼吸道和皮肤
	水溶性六价化合物	Water-soluble Cr Ⅵ compounds		0.05mg/m³	—	A1；BEI	Varies	刺激上呼吸道；癌症
	不溶性六价化合物	Insoluble Cr Ⅵ compounds		0.01mg/m³	—	A1	Varies	肺癌
145	铬酰氯	Chromyl chloride	14977-61-8	0.025ppm	—	—	154.92	刺激上呼吸道和皮肤
146	屈（1，2苯并菲）	Chrysene	218-01-9	—	—	A3；BEI	228.30	癌症

续表

序号	化合物名称	英文名	化学文摘号(CAS No.)	*TWA*	*STEL*	备注	相对分子质量	TLV[R]依据
147	柠檬醛	Citral	5392-40-5	5ppm(IFV)	—	Skin;SEN;A4	152.24	影响体重；刺激上呼吸道；损伤眼睛
148	二氯二甲吡啶粉	Clopidol	2971-90-6	10mg/m³	—	A4	192.06	刺激上呼吸道
149	煤尘	Coal dust						
	无烟煤	Anthracite		0.4mg/m³	—	A4	—	损伤肺，肺纤维化
	烟煤	Bituminous		0.9mg/m³	—	A4	—	损伤肺，肺纤维化
150	煤焦油沥青挥发物(以苯溶性气溶胶计)	Coal tar pitch volatiles as benzene soluble aerosol	65996-93-2	0.2mg/m³	—	A1；BEI	—	癌症
151	钴及其无机化合物，(以Co计)	Cobalt and inorganic compounds, as Co	7440-48-4	0.02mg/m³	—	A3；BEI	58.93，varies	哮喘；肺功能；影响心肌
152	羰基钴(按Co计)	Cobalt carbonyl, as Co	10210-68-1	0.1mg/m³	—	—	341.94	肺纤维化；损伤脾
153	烃基钴(按Co计)	Cobalt hydrocarbonyl, as Co	16842-03-8	0.1mg/m³	—	—	171.98	肺纤维化；损伤肺
154	铜	Copper	7440-50-8				63.55	刺激胃淋巴；金属烟尘性发热
	烟	Fume		0.2mg/m³	—	—		
	尘和雾(按Cu计)	Dusts and mists, as Cu		1mg/m³	—	—		
155	棉尘，总尘	Cotton dust, raw, untreated		0.1mg/m³	—	A4	—	棉尘肺；支气管炎；肺功能
156	香豆磷	Coumaphos	56-72-4	0.05mg/m³	—	Skin;A4;BEI	362.80	抑制乙酰胆碱酯酶
157	甲酚；全部同分异构体	Cresol, all isomers	1319-77-3；95-48-7；108-39-4；106-44-5	20mg/m³	—	Skin；A4	108.14	刺激上呼吸道

续表

序号	化合物名称	英文名	化学文摘号（CAS No.）	*TWA*	*STEL*	备　注	相对分子质量	TLV^{R}依据
158	巴豆醛	Crotonaldehyde	4170－30－3	—	*C* 0.3ppm	Skin；A3	70.09	刺激眼睛和上呼吸道
159	育畜磷	Crufomate	299－86－5	5mg/m^3	—	A4；BEI	291.71	抑制乙酰胆碱酯酶
160	异丙苯	Cumene	98－82－8	50ppm	—	—	120.19	刺激眼睛，皮肤和上呼吸道；损害中枢神经系统
161	氨基氰	Cyanamide	420－04－2	2mg/m^3	—	—	42.04	刺激皮肤和眼睛
162	乙二腈	Cyanogen	460－19－5	10ppm	—	—	52.04	刺激下呼吸道和眼睛
163	氯化氰	Cyanogen chloride	506－77－4	—	*C* 0.3ppm	—	61.48	肺纤维化，刺激眼睛，皮肤和上呼吸道
164	环己烷	Cyclohexane	110－82－7	100ppm	—	—	84.16	损害中枢神经系统
165	环己醇	Cyclohexanol	108－93－0	50ppm	—	Skin	100.16	刺激眼睛，损害中枢神经系统
166	环己酮	Cyclohexanone	108－94－1	20ppm	50ppm	Skin；A3	98.14	刺激眼睛和上呼吸道
167	环己烯	Cyclohexene	110－83－8	300ppm	—	—	82.14	刺激上呼吸道和眼睛
168	环己胺	Cyclohexylamine	108－91－8	10ppm	—	A4	99.17	刺激上呼吸道和眼睛
169	环三甲撑三硝胺	Cyclonite	121－82－4	0.5mg/m^3	—	Skin；A4	222.26	损伤肝
170	环戊二烯	Cyclopentadiene	542－92－7	75ppm	—	—	66.10	刺激上呼吸道和眼睛
171	环戊烷	Cyclopentane	287－92－3	600ppm	—	—	70.13	刺激上呼吸道，眼睛和皮肤；损害中枢神经系统
172	杀螨锡	Cyhexatin	13121－70－5	5mg/m^3	—	A4	385.16	刺激上呼吸道；影响体重；损伤肾
173	2，4－D	2，4－D	94－75－7	10mg/m^3	—	A4	221.04	刺激上呼吸道和皮肤
174	滴滴涕	DDT	50－29－3	1mg/m^3	—	A3	354.50	损伤肝
175	癸硼烷	Decaborane	17702－41－9	0.05ppm	0.15ppm	Skin	122.31	认识力减退
176	内吸磷	Demeton	8065－48－3	0.05mg/m^3	—	Skin；BEI	258.34	抑制乙酰胆碱酯酶
177	内吸磷－S－甲基	Demeton－S－methyl	919－86－8	0.05mg/m^3	—	Skin；SEN；A4；BEI	230.30	抑制乙酰胆碱酯酶

续表

序号	化合物名称	英文名	化学文摘号（CAS No.）	*TWA*	*STEL*	备　注	相对分子质量	TLV^{R}依据
178	二丙酮醇	Diacetone alcohol	123-42-2	50ppm	—	—	116.16	刺激上呼吸道和眼睛
179	二嗪农	Diazinon	333-41-5	0.01mg/m^3	—	Skin; A4; BEI	304.36	抑制乙酰胆碱酯酶
180	重氮甲烷	Diazomethane	334-88-3	0.2ppm	—	A2	42.04	刺激上呼吸道和眼睛
181	二硼烷	Diborane	19287-45-7	0.1ppm	—	—	27.69	刺激上呼吸道头痛
182	2-*N*-二丁氨基乙醇	2-*N*-Dibutylaminoethanol	102-81-8	0.5ppm	—	Skin; BEI	173.29	刺激眼睛和上呼吸道
183	磷酸二丁氨基苯酯	Dibutyl phenyl phosphate	2528-36-1	0.3ppm	—	Skin; BEI	286.26	抑制乙酰胆碱酯酶；刺激上呼吸道
184	磷酸二丁酯	Dibutyl phosphate	107-66-4	5mg/m^3	—	Skin	210.21	刺激膀胱，眼睛和上呼吸道；
185	邻苯二甲酸二丁酯	Dibutyl phthalate	84-74-2	5mg/m^3	—	—	278.34	损伤睾丸；刺激眼睛和上呼吸道
186	二氯乙酸	Dichloroacetic acid	79-43-6	0.5ppm	—	Skin; A3	128.95	刺激上呼吸道和眼睛；损伤睾丸
187	二氯乙炔	Dichloroacetylene	7572-29-4	—	*C* 0.1ppm	A3	94.93	窒息；损害周围神经系统
188	邻二氯苯	*o*-Dichlorobenzene	95-50-1	25ppm	50ppm	A4	147.01	刺激上呼吸道和眼睛；损伤肝
189	对二氯苯	*p*-Dichlorobenzene	106-46-7	10ppm	—	A3	147.01	刺激眼睛；损伤肾
190	3，3′-二氯联苯胺	3，3′-Dichlorobenzidine	91-94-1	—	—	Skin; A3	253.13	膀胱癌；刺激眼睛
191	1，4-二氯-2-丁烯	1，4-Dichloro-2-butene	764-41-0	0.005ppm	—	Skin; A2	124.99	刺激上呼吸道和眼睛
192	二氯二氟甲烷	Dichlorodifluoromethane	75-71-8	1000ppm	—	A4	120.91	心脏脆弱
193	1，4-二氯-5，5-二甲基乙内酰脲	1，3-Dichloro-5，5-dimethyl hydantoin	118-52-5	0.2mg/m^3	0.4mg/m^3	—	197.03	刺激上呼吸道
194	1，1-二氯乙烷	1，1-Dichloroethane	75-34-3	100ppm	—	A4	98.97	刺激上呼吸道和眼睛；损伤肝和肾

续表

序号	化合物名称	英文名	化学文摘号（CAS No.）	*TWA*	*STEL*	备 注	相对分子质量	TLV^R 依据
195	1，2－二氯乙烯全部异构体	1，2－Dichloroethylene，all isomers	540－59－0；156－59－2；156－60－5	200ppm	—	—	96.95	损害中枢神经系统；刺激眼睛
196	二氯乙醚	Dichloroethyl ether	111－44－4	5ppm	10ppm	Skin；A4	143.02	刺激上呼吸道和眼睛；窒息
197	二氯氟甲烷	Dichlorofluoromethane	75－43－4	10ppm	—	—	102.92	损伤肝
198	二氯甲烷	Dichloromethane	75－09－2	50ppm	—	A3；BEI	84.93	碳氧血红蛋白贫血；损害中枢神经系统
199	1，1－二氯－1－硝基乙烷	1，1－Dichloro－1－nitroethane	594－72－9	2ppm	—	—	143.96	刺激上呼吸道
200	1，3－二氯丙烯	1，3－Dichloropropene	542－75－6	1ppm	—	Skin；A3	110.98	损伤肾
201	2，2－二氯丙酸	2，2－Dichloropropionic acid	75－99－0	5mg/m^3	—	A4	142.97	刺激眼睛和上呼吸道
202	二氯四氟乙烷	Dichlorotetrafluoroethane	76－14－2	1000ppm	—	A4	170.93	肺功能
203	敌敌畏	Dichlorvos(DDVP)	62－73－7	0.1mg/m^3	—	Skin；SEN；A4；BEI	220.98	抑制乙酰胆碱酯酶
204	百治磷	Dicrotophos	141－66－2	0.05mg/m^3	—	Skin；A4；BEI	237.21	抑制乙酰胆碱酯酶
205	二聚环戊二烯	Dicyclopentadiene	77－73－6	5ppm	—	—	132.21	刺激上下呼吸道和眼睛
206	二戊铁	Dicyclopentadienyl iron，as Fe	102－54－5	10mg/m^3	—	—	186.03	损伤肝
207	狄氏剂	Dieldrin	60－57－1	0.1mg/m^3	—	Skin；A3	380.93	损伤肝；影响生殖；损害中枢神经系统
208	柴油，以总碳氢化合物计	Diesel fuel	68334－30－5；68476－30－2；68476－31－3；68476－34－6；77650－28－3	100mg/m^3	—	Skin；A3	Varies	皮肤炎

续表

序号	化合物名称	英文名	化学文摘号（CAS No.）	*TWA*	*STEL*	备　注	相对分子质量	TLV^{R}依据
209	二乙醇胺	Diethanolamine	111-42-2	1mg/m^3	—	Skin；A3	105.14	损伤肝和肾
210	二乙胺	Diethylamine	109-89-7	5ppm	15ppm	Skin；A4	73.14	刺激上呼吸道和眼睛
211	2-二乙胺乙醇	2-Diethylaminoethanol	100-37-8	2ppm	—	Skin	117.19	刺激上呼吸道
212	二乙撑三胺	Diethylene triamine	111-40-0	1ppm	—	Skin	103.17	刺激上呼吸道和眼睛
213	邻苯二(2-乙基)已酯	Di (2-ethuhexyl) phthalate(DEHP)	117-81-7	5mg/m^3	—	A3	390.54	刺激下呼吸道
214	二乙基甲酮	Diethyl ketone	96-22-0	200ppm	300ppm	—	86.13	刺激上呼吸道；损害中枢神经系统
215	邻苯二甲酸二乙酯	Diethyl phthalate	84-66-2	5mg/m^3	—	A4	222.23	刺激上呼吸道
216	二氟二溴甲烷	Difluorodibromomethane	75-61-6	100ppm	—	—	209.83	刺激上呼吸道；损害中枢神经系统；损伤肝
217	二缩水甘油醚	Diglycidyl ether(DGE)	2238-07-5	0.01ppm	—	A4	130.14	刺激眼睛和皮肤；损伤男性前列腺
218	二异丁基甲酮	Diisobutyl ketone	108-83-8	25ppm	—	—	142.23	刺激上呼吸道和眼睛
219	二异丙胺	Diisopropylamine	108-18-9	5ppm	—	Skin	101.19	刺激上呼吸道；损伤眼睛
220	*N*，*N*-二甲基乙酰胺	*N*，*N*-Dimethylacetamide	127-19-5	10ppm	—	Skin；A4；BEI	87.12	损伤肝；损伤胚胎和胎儿
221	二甲胺	Dimethylamine	124-40-3	5ppm	15ppm	A4	45.08	刺激上呼吸道；损伤胃淋巴
222	二甲基苯胺	Dimethylaniline	121-69-7	5ppm	10ppm	Skin；A4；BEI	121.18	高铁血红蛋白贫血
223	二甲基氨基甲酰氯	Dimethyl carbamoyl chloride	79-44-7	0.005ppm	—	Skin；A2	107.54	鼻癌，刺激上呼吸道
224	二甲基二硫	Dimethyl disulfide	624-92-0	0.5ppm	—	Skin	94.20	刺激上呼吸道；损害中枢神经系统
225	二甲基乙氧基硅烷	Dimethylethoxysilane	14857-34-2	0.5ppm	1.5ppm	—	104.20	刺激上呼吸道和眼睛；头痛
226	二甲基甲酰胺	Dimethylformamide	68-12-2	10ppm	—	Skin；A4；BEI	73.09	损伤肝
227	1，1-二甲基肼	1，1-Dimethylhydrazine	57-14-7	0.01ppm	—	Skin；A3	60.12	刺激上呼吸道；鼻癌

续表

序号	化合物名称	英文名	化学文摘号（CAS No.）	*TWA*	*STEL*	备注	相对分子质量	TLV[R]依据
228	邻苯二甲酸二甲酯	Dimethyl phthalate	131－11－3	5mg/m³	—	—	194.19	刺激眼睛和上呼吸道
229	硫酸二甲酯	Dimethyl sulfate	77－78－1	0.1ppm	—	Skin；A3	126.10	刺激眼睛和上呼吸道
230	二甲基硫醚	Dimethyl sulfide	75－18－3	10ppm	—	—	62.14	刺激上呼吸道
231	二硝基苯	Dinitrobenzene，all isomers	528－29－0；99－65－0；100－25－4；25154－54－5	0.15ppm	—	Skin；BEI	168.11	高铁血红蛋白贫血；损伤眼睛
232	二硝基邻苯甲酚	Dinitro－*o*－cresol	534－52－1	0.2mg/m³	—	Skin	198.13	基础的新陈代谢
233	3，5－二硝基－邻甲苯酰胺	3，5－Dinitro－*o*－toluamide	148－01－6	1mg/m³	—	A4	225.16	损伤肝
234	二硝基甲苯	Dinitrotoluene	25321－14－6	0.2mg/m³	—	Skin；A3；BEI	182.15	损害心脏；影响前列腺
235	1，4－二噁烷	1，4－Dioxane	123－91－1	20ppm	—	Skin；A3	88.10	损伤肝
236	二噁磷	Dioxathion	78－34－2	0.1mg/m³	—	Skin；A4；BEI	456.54	抑制乙酰胆碱酯酶
237	1，3－二氧戊烷	1，3－Dioxolane	646－06－0	20ppm	—	—	74.08	影响血液
238	二苯胺	Diphenylamine	122－39－4	10mg/m³	—	A4	169.24	损伤肝和肾；影响血液
239	二丙基甲酮	Dipropyl ketone	123－19－3	50mg/m³	—	—	114.80	刺激上呼吸道
240	杀草快	Diquat	2764－72－9；85－00－7；6385－62－2	0.5mg/m(I)	—	Skin；A4	Varies	刺激下呼吸道；白内障
				0.1mg/m³(R)	—	Skin；A4		刺激下呼吸道；白内障
241	双磷醒	Disulfiram	97－77－8	2mg/m³	—	A4	296.54	血管舒张；恶心
242	乙拌磷	Disulfoton	298－04－4	0.05mg/m³	—	Skin；A4；BEI	274.38	抑制乙酰胆碱酯酶
243	敌草隆	Diuron	330－54－1	10mg/m³	—	A4	233.10	刺激上呼吸道

续表

序号	化合物名称	英文名	化学文摘号（CAS No.）	*TWA*	*STEL*	备　注	相对分子质量	TLV^R依据
244	二乙烯基苯	Divinyl benzene	1321－74－0	10ppm	—	—	130.19	刺激上呼吸道
245	十二烷基硫醇	Dodecyl mercaptan	112－55－0	0.1ppm	—	SEN	202.40	刺激上呼吸道
246	硫丹	Endosulfan	115－29－7	0.1mg/m³	—	Skin；A4	406.95	损伤肝和肾；刺激下呼吸道
247	异狄氏剂	Endrin	72－20－8	0.1mg/m³	—	Skin；A4	380.93	损伤肝；损害中枢神经系统；头痛
248	安氟醚	Enflurane	13838－16－9	75ppm	—	A4	184.50	损害中枢神经系统；损害 Card
249	环氧氯丙烷	Epichlorohydrin	106－89－8	0.5ppm	—	Skin；A3	92.53	刺激上呼吸道；损伤男性前列腺
250	苯硫磷	EPN	2104－64－5	0.1mg/m³	—	Skin；A4；BEI	323.31	抑制乙酰胆碱酯酶
251	乙烷	Ethane	74－84－0	烷烃[C_1～C_4]				
252	乙醇	Ethanol	64－17－5	—	1000ppm	A3	46.07	刺激上呼吸道
253	乙醇胺	Ethanolamine	141－43－5	3ppm	6ppm	—	61.08	刺激眼睛和皮肤
254	乙硫磷	Ethion	563－12－2	0.05mg/m³	—	Skin；A4；BEI	384.48	抑制乙酰胆碱酯酶
255	2－乙氧基乙醇	2－Ethoxyethanol (EGEE)	110－80－5	5ppm	—	Skin；BEI	90.12	损伤男性前列腺；损伤胚胎和胎儿
256	2－乙氧基乙基乙酸酯	2－Ethoxyethyl acetate (EGEEA)	111－15－9	5ppm	—	Skin；BEI	132.16	损伤男性前列腺
257	乙酸乙酯	Ethyl acetate	141－78－6	400ppm	—	—	88.10	刺激上呼吸道和眼睛
258	丙烯酸乙酯	Ethyl acrylate	140－88－5	5ppm	15ppm	A4	100.11	刺激上呼吸道，眼睛和胃淋巴，损害中枢神经系统
259	乙胺	Ethylamine	75－04－7	5ppm	15ppm	Skin	45.08	刺激皮肤和眼睛，损伤眼睛
260	乙基戊基甲酮	Ethyl amyl ketone	541－85－5	10ppm	—	—	128.21	神经毒性
261	乙苯	Ethyl benzene	100－41－4	100ppm	125ppm	A3；BEI	106.16	刺激上呼吸道和眼睛；损害中枢神经系统
262	溴乙烷	Ethyl bromide	74－96－4	5ppm	—	Skin；A3	108.98	损伤肝；损害中枢神经系统
263	乙基叔丁基醚	Ethyl *tert*－butyl ether (ETBE)	637－92－3	5ppm	—	—	102.18	肺功能；损伤睾丸

续表

序号	化合物名称	英文名	化学文摘号（CAS No.）	*TWA*	*STEL*	备 注	相对分子质量	TLV^R依据
264	乙基丁基甲酮	Ethyl butyl ketone	106－35－4	50ppm	75ppm	—	114.19	损害中枢神经系统；刺激眼睛和皮肤
265	氯乙烷	Ethyl chloride	75－00－3	100ppm	—	Skin；A3	64.52	损伤肝
266	氰基丙烯酸乙酯	Ethyl cyanoacrylate	7085－85－0	0.2ppm	—	—	125.12	刺激上呼吸道和皮肤
267	乙烯	Ethylene	74－85－1	200ppm	—	A4	28.05	窒息
268	2－氯乙醇	Ethylene chorohydrin	107－07－3	—	*C* 1ppm	Skin；A4	80.52	损害中枢神经系统；损伤肝和肾
269	乙二胺	Ethylenediamine	107－15－3	10ppm	—	Skin；A4	60.10	
270	二溴乙烯	Ethylene dibromide	106－93－4	—	—	Skin；A3	187.88	
271	二氯乙烯	Ethylene dichloride	107－06－2	10ppm	—	A4	98.96	损伤肝；恶心
272	乙二醇	Ethylene glycol	107－21－1	—	*C* 100mg/m^3	A4	62.07	刺激上呼吸道和眼睛
273	乙二醇二硝酸酯	Ethylene giycol dinitrate	628－96－6	0.05ppm	—	Skin	152.06	血管舒张；头痛
274	环氧乙烷	Ethylene oxide	75－21－8	1ppm	—	A2	44.05	癌症；损害中枢神经系统
275	乙烯亚胺	Ethyleneimine	151－56－4	0.05ppm	0.1ppm	Skin；A3	43.08	刺激上呼吸道；损伤肝和肾
276	乙醚	Ethyl ether	60－29－7	400ppm	500ppm	—	74.12	损害中枢神经系统；刺激上呼吸道
277	甲酸乙酯	Ethyl formate	109－94－4	100ppm	—	—	74.08	刺激上呼吸道和眼睛
278	2－乙基己酸	2－Ethylhexanoic acid	149－57－5	5mg/m^3	—	—	144.24	影响甲状腺
279	乙叉降冰片烯	Ethylidene norbornene	16219－75－3	—	*C* 5ppm	—	120.19	刺激上呼吸道和眼睛
280	乙硫醇	Ethyl mercaptan	75－08－1	0.5ppm	—	—	62.13	刺激上呼吸道；损害中枢神经系统
281	*N*－乙基吗啉	*N*－Ethylmorpholine	100－74－3	5ppm	—	Skin	115.18	刺激上呼吸道；损伤眼睛
282	硅酸乙酯	Ethyl silicate	78－10－4	10ppm	—	—	208.30	刺激上呼吸道和眼睛；损伤肾
283	丰索磷	Fenamiphos	22224－92－6	0.05mg/m^3	—	Skin；A4；BEI	303.40	抑制乙酰胆碱酯酶
284	辛索磷	Fensulfothion	115－90－2	0.01mg/m^3	—	Skin；A4；BEI	308.35	抑制乙酰胆碱酯酶
285	倍硫磷	Fenthion	55－38－9	0.05mg/m^3	—	Skin；A4；BEI	278.34	抑制乙酰胆碱酯酶
286	福美铁	Ferbam	14484－64－1	5mg/m^3	—	A4	416.50	损害中枢神经系统；影响体重；损伤脾

续表

序号	化合物名称	英文名	化学文摘号（CAS No.）	*TWA*	*STEL*	备　注	相对分子质量	TLV^{R}依据
287	铁钒(合金)尘	Ferrovanadium dust	12604－58－9	1mg/m^3	3mg/m^3	—	—	刺激眼睛和上下呼吸道
288	面粉尘	Flour dust		0.5mg/m^3	—	SEN	—	哮喘；刺激上呼吸道；支气管炎
289	氟化物	Fluorides as F		2.5mg/m^3	—	A4；BEI	Varies	损伤骨头；氟中毒
290	氟	Fluorine	7782－41－4	1ppm	2ppm	—	38.00	刺激上呼吸道，眼睛和皮肤
291	地虫磷	Fonofos	944－22－9	0.01mg/m^3	—	Skin；A4；BEI	246.32	抑制乙酰胆碱酯酶
292	甲醛	Formaldehyde	50－00－0	—	*C* 0.3ppm	SEN；A2	30.03	刺激上呼吸道和眼睛
293	甲酰胺	Formamide	75－12－7	10ppm	—	Skin	45.04	刺激眼睛和皮肤；损伤肾和肝
294	甲酸	Formic acid	64－18－6	5ppm	10ppm	—	46.02	刺激上呼吸道，眼睛和皮肤
295	糠醛	Furfural	98－01－1	2ppm	—	Skin；A3；BEI	96.08	刺激上呼吸道和眼睛
296	糠醇	Furfuryl alcohol	98－00－0	10ppm	15ppm	Skin	98.10	刺激上呼吸道和眼睛
297	砷化镓	Gallium arsenide	1303－00－0	0.0003mg/m^3	—	A3	144.64	刺激下呼吸道
298	汽油	Gasoline	86290－81－5	300ppm	500ppm	A3	—	刺激上呼吸道和眼睛；损害中枢神经系统
299	四氢化锗	Gemanium tetrahydridn	7782－65－2	0.2ppm	—	—	76.63	影响血液
300	戊二醛	Glutaraldehyde	111－30－8	—	*C* 0.05ppm	SEN；A4	100.11	刺激上呼吸道，皮肤和眼睛；损害中枢神经系统
301	甘油雾	Glycerin mist	56－81－5	10mg/m^3	—	—	92.09	刺激上呼吸道
302	缩水甘油	Glycidol	556－52－5	2ppm	—	A3	74.08	刺激上呼吸道，眼睛和皮肤
303	乙二醛	Glyoxal	107－22－2	0.1mg/m^3	—	SEN；A4	58.04	刺激上呼吸道；喉组织变形
304	谷物粉尘	Grain dust(oat, wheat, barley)		4mg/m^3	—	—	NA	支气管炎；刺激上呼吸道；肺组织
305	石墨(除石墨纤维外的全部形态)	Graphite (all forms except graphite fibers)	7782－42－5	2mg/m^3	—	—	—	尘肺
306	铪及其化合物	Hafnium and compounds, as Hf	7440－58－6	0.5mg/m^3	—	—	178.49	刺激上呼吸道和眼睛；损伤肝

续表

序号	化合物名称	英文名	化学文摘号（CAS No.）	*TWA*	*STEL*	备　注	相对分子质量	TLV[R]依据
307	氟烷	Halothane	151－67－7	50ppm	—	A4	197.39	损伤肝；损害中枢神经系统；血管舒张
308	氦	Helium	7440－59－7	Simple asphyxiant(D)			4.00	窒息
309	七氯和七氯环氧化物	Heptaachlor	76－44－8	0.05mg/m³	—	Skin；A3	373.32	损伤肝
		Heptachlor epoxide	1024－57－3				389.40	
310	庚烷，全部异构体	Heptane，all isomers	142－82－5；590－35－2；565－59－3；108－08－7；591－76－4；589－34－4	400ppm	500ppm	—	100.20	损害中枢神经系统；刺激上呼吸道
311	六氯苯	Hexachlorobenzene	118－74－1	0.002mg/m³	—	Skin；A3	284.40	影响紫质，损伤皮肤；损害中枢神经系统
312	六氯丁二烯	Hexachlorobutadiene	87－68－3	0.02ppm	—	Skin；A3	260.76	损伤肾
313	六氯环戊二烯	Hexachlorocyclopentadiene	77－47－4	0.01ppm	—	A4	272.75	刺激上呼吸道
314	六氯乙烷	Hexachloroethane	67－72－1	1ppm	—	Skin；A3	236.74	损伤肝和肾
315	六氯萘	Hexachloronaphthalene	1335－87－1	0.2mg/m³	—	Skin	334.74	损伤肝，氯痤疮
316	六氯丙酮	Hexafluoroacetone	684－16－2	0.1ppm	—	Skin	166.02	损伤睾丸；损伤肾
317	六氟丙烯	Hexafluoropropylene	116－15－4	0.1ppm	—	—	150.02	损伤肾
318	六氢化邻苯二甲酸酐	Hexahydrophthalic anhydride；all isomers	85－42－7；13149－00－3；14166－21－3	—	*C* 0.005mg/m³	SEN	154.17	呼吸道过敏；刺激眼睛，皮肤和上呼吸道
319	六甲撑二异氰酸酯	Hexamethylene diisocyanate	822－06－0	0.005ppm	—	—	168.22	刺激上呼吸道；呼吸道过敏

续表

序号	化合物名称	英文名	化学文摘号（CAS No.）	*TWA*	*STEL*	备　注	相对分子质量	TLV[R]依据
320	六甲基磷酰胺	Hexamethyl phosphoramide	680－31－9	—	—	Skin；A3	179.20	上呼吸道癌
321	正已烷	*n*－Hexane	110－54－3	50ppm	—	Skin；BEI	86.18	损害中枢神经系统；末梢神经病；刺激眼睛
322	己烷，其他异构体	Hexane other isomers		500ppm	1000ppm	—	86.18	损害中枢神经系统；刺激上呼吸道和眼睛
323	1，6－己二胺	1，6－Hexanediamine	124－09－4	0.5ppm	—	—	116.21	刺激上呼吸道和皮肤
324	1－己烯	1－Hexene	592－41－6	50ppm	—	—	84.16	损害中枢神经系统
325	乙酸仲己酯	*sec*－Hexyl acetate	108－84－9	50ppm	—	—	144.21	刺激眼睛和上呼吸道
326	己二醇	Hexylene glycol	107－41－5	—	*C* 25ppm	—	188.17	刺激眼睛和上呼吸道
327	肼	Hydrazine	302－01－2	0.01ppm		Skin；A3	32.05	上呼吸道癌
328	氢	Hydrogen	1333－74－0	单纯窒息气体[(D)]			1.01	窒息
329	氢化三联苯	Hydrogenated terphenyls	61788－32－7	0.5ppm	—	—	241.00	损伤肝
330	溴化氢	Hydrogen bromide	10035－10－6	—	*C* 2ppm	—	80.92	刺激上呼吸道
331	氯化氢	Hydrogen chloride	7647－01－0	—	*C* 2ppm	A4	36.47	刺激上呼吸道
332	氰化氢	Hydrongen cyanide	74－90－8	—	*C* 4.27ppm	Skin	27.03	刺激上呼吸道；头痛；恶心；影响甲状腺
	氰化物	Cyanide salts	592－01－8；151－50－8；143－33－9	—	*C* 5mg/m³	Skin	Varies	
333	氟化氢	Hydrogen fluoride	7664－39－3	0.5ppm	*C* 2ppm	Skin；BEI	20.01	刺激上下呼吸道、皮肤和眼睛；氟中毒
334	过氧化氢	Hydrogen peroxide	7722－84－1	1ppm	—	A3	34.02	刺激眼睛、上呼吸道和皮肤
335	硒化氢	Hydrogen selenide	7783－07－5	0.05ppm	—	—	80.98	刺激上呼吸道和眼睛；窒息
336	硫化氢	Hydrogen sulfide	7783－06－4	1ppm	5ppm	—	34.08	刺激上呼吸道；损害中枢神经系统
337	氢醌	Hydroquinone	123－31－9	1mg/m³	—	SEN；A3	110.11	刺激眼睛；损伤眼睛

续表

序号	化合物名称	英文名	化学文摘号（CAS No.）	*TWA*	*STEL*	备 注	相对分子质量	TLV^R依据
338	丙烯酸-2-羟基丙酯	2-Hydroxypropyl axrylate	999-61-1	0.5ppm	—	Skin；SEN	130.14	刺激眼睛和上呼吸道
339	茚	Indene	95-13-6	5ppm	—	—	116.15	损伤肝
340	铟及其化合物（按In计）	Indium and compounds, as In	7440-74-6	0.1mg/m^3	—	—	49.00	肺水肿；神经元炎；腐蚀牙齿；抑郁
341	碘	Iodine	7553-56-2	0.01ppm	0.1ppm	A4	Varies	甲状腺机能减退；刺激上呼吸道
	碘甲胆碱	Iodides		0.01ppm	—	A4	Varies	甲状腺机能减退；刺激上呼吸道
342	碘仿	Iodoform	75-47-8	0.6ppm	—	—	393.78	损害中枢神经系统
343	氧化铁烟尘	Iron oxide	1309-37-1	5mg/m^3	—	A4	159.70	尘肺
344	五羰基铁	Iron pentacarbonyl	13463-40-6	0.1ppm	0.2ppm	—	195.90	肺水肿；损害中枢神经
345	可溶性铁盐（按Fe计）	Iron salts, soluble, as Fe		1mg/m^3	—	—	Varies	刺激上呼吸道和皮肤
346	异戊醇	Isoamyl alcohol	123-51-3	100ppm	125ppm	—	88.15	刺激眼睛和上呼吸道
347	异丁醇	Isobutanol	78-83-1	50ppm	—	—	74.12	刺激皮肤和眼睛
348	乙酸异丁酯	Isobutyl acetate	110-19-0	150ppm	—	—	116.16	刺激眼睛和上呼吸道
349	亚硝基异丁酯	Isobutyl nitnte	542-56-3	—	*C* 1ppm	A3；BEI	103.12	血管舒张；高铁血红蛋白贫血
350	异辛醇	Isooctyl alcohol	26952-21-6	50ppm	—	Skin	130.23	刺激上呼吸道
351	异佛尔酮	Isophorone	78-59-1	—	*C* 5ppm	A3	138.21	刺激眼睛和上呼吸道；损害中枢神经系统；抑郁；疲劳
352	异佛尔酮二异氰酸酯	Isophorone diisocyanate	4098-71-9	0.005ppm	—	—	222.30	呼吸性过敏
353	异丙醇	Isopropanol	67-63-0	见2-丙醇				
354	2-异丙氧乙醇	2-Isopropoxyethanol	109-59-1	25ppm	—	Skin	104.15	影响甲状腺
355	乙酸异丙酯	Isopropyl acetate	108-21-4	100ppm	200ppm	—	102.13	刺激眼睛和上呼吸道；损害中枢神经系统

续表

序号	化合物名称	英文名	化学文摘号（CAS No.）	*TWA*	*STEL*	备　注	相对分子质量	TLV[R]依据
356	异丙胺	Isopropylamine	75－31－0	5ppm	10ppm	—	59.08	刺激上呼吸道；损伤眼睛
357	*N*－异丙基苯胺	*N*－Isopropylaniline	768－52－5	2ppm	—	Skin；BEI	135.21	高铁血红蛋白贫血
358	异丙醚	Isopropyl ether	108－20－3	250ppm	310ppm	—	102.17	刺激眼睛和上呼吸道
359	异丙基缩水甘油醚	Isopropyl glycidyl ether	4016－14－2	50ppm	75ppm	—	116.18	刺激上呼吸道和眼睛；皮肤炎
360	高岭土	Kaolin	1332－58－7	$2mg/m^3$	—	A4	—	尘肺
361	煤油（按总碳氢化合物蒸气计）	Kerosene/Jet fuels, as total hydrocarbon vapor	8008－20－6；64742－81－0	$200mg/m^3$	—	Skin；A3	Varies	刺激皮肤和上呼吸道，损害中枢神经系统
362	乙烯酮	Ketene	463－51－4	0.5ppm	1.5ppm	—	42.04	刺激上呼吸道；肺水肿
363	铅及其无机化合物	Lead and inorganic compounds, as Pb	7439－92－1	$0.05mg/m^3$	—	A3；BEI	207.20 Varies	损害中枢神经系统和周围神经系统；影响血液
364	砷酸铅（按 $Pb_3(AsO_4)_2$ 计）	Lead arsenate, as $Pb_3(AsO_4)_2$	3687－31－8	$0.15mg/m^3$	—	BEI	347.13	损伤胃淋巴；损害中枢神经系统；损伤肾；影响血液
365	铬酸铅（按 Pb 计）	Lead chromate, as Pb	7758－97－6	$0.05mg/m^3$	—	A2；BEI	323.22	损伤男性生殖器；影响畸形；血管收缩
	按铬（按 Cr 计）	as Cr		$0.012mg/m^3$	—	A2		
366	林丹	Lindane	58－89－9	$0.5mg/m^3$	—	Skin；A3	290.85	损伤肝；损害中枢神经系统
367	氢化锂	Lithium hydride	7580－67－8	$0.025mg/m^3$	—	—	7.95	刺激皮肤，眼睛和上呼吸道
368	液化石油气体	L. P. G(Liquefied petroleum gas)	68476－85－7	参考脂肪烷烃气体：[C_1～C_4]				
369	氧化镁	Magnesium oxide	1309－48－4	$10mg/m^3$	—	A4	40.32	
370	马拉硫磷	Malathion	121－75－5	$1mg/m^3$	—	Skin；A4；BEI	330.36	抑制乙酰胆碱酯酶
371	马来酸酐	Maleic anhydride	108－31－6	0.1ppm	—	SEN；A4	98.06	刺激眼睛，上呼吸道和皮肤
372	锰及其无机化合物（按 Mn 计）	Manganese and inorganic compounds, as Mn	7439－96－5	$0.2mg/m^3$	—	—	54.94 Varies	损害中枢神经系统

续表

序号	化合物名称	英文名	化学文摘号（CAS No.）	*TWA*	*STEL*	备注	相对分子质量	TLV[R]依据
373	环戊二烯二羰基锰	Manganese cyclopentadienyl tricarbonyl	12079－65－1	0.1mg/m^3	—	Skin	204.10	刺激皮肤，损害中枢神经系统
374	汞	Mercury	7493－97－6				200.59	
	烷基汞	Alkyl compounds		0.01mg/m^3	0.03mg/m^3	Skin	Varies	损害中枢神经系统和周围神经系统；损伤肾；
	芳基汞	Aryl compounds		0.1mg/m^3	—	Skin	Varies	损害中枢神经系统；损伤肾；
	汞及无机化合物	Elemental and inorganic forms		0.025mg/m^3	—	Skin；A4；BEI	Varies	损害中枢神经系统；损伤肾
375	异亚丙基丙酮	Mesityl oxide	141－79－7	15ppm	25ppm	—	98.14	刺激眼睛和上呼吸道；损伤中枢神经系统
376	甲基烯丙酸	Methacrylic acid	79－41－4	20ppm	—	—	86.09	刺激皮肤和眼睛
377	甲烷	Methane	74－82－8	参考脂肪烃气体：烷[C_1～C_4]				
378	甲醇	Methanol	67－56－1	200ppm	250ppm	Skin；BEI	32.04	头痛；伤害眼睛
379	灭多虫	Methomyl	16752－77－5	2.5mg/m^3	—	A4；BEI_A	162.20	抑制胆碱酯酶
380	甲氧氯	Methoxychlor	72－43－5	10mg/m^3	—	A4	345.65	损害肝；损伤中枢神经系统
381	2－甲氧基乙醇	2－Methoxyethano	109－86－4	0.1ppm	—	Skin	76.09	影响血液；影响生殖系统
382	乙酸2－甲氧基乙酯	2－Methoxyethyl acetate	110－49－6	0.1ppm	—	Skin	118.13	影响血液；影响生殖系统
383	2－甲氧2氧甲基	(2－Methoxymethylethoxy) propanol	34590－94－8	100ppm	150ppm	Skin	148.20	刺激眼睛和上呼吸道；损伤中枢神经系统
384	4－甲氧基苯酚	4－Methoxyphenol	150－76－5	5mg/m^3	—	—	124.15	刺激眼睛；损伤皮肤
385	1－甲氧基2－丙醇	1－Methoxy－2－propanol	107－98－2	100ppm	150ppm	—	90.12	刺激眼睛；损伤中枢神经系统
386	乙酸甲酯	Methyl acetate	79－20－9	200ppm	250ppm	—	74.08	头痛；刺激眼睛和上呼吸道；损伤视觉神经
387	丙炔	Methyl acetylene	74－99－7	1000ppm	—	—	40.07	损伤中枢神经系统

续表

序号	化合物名称	英文名	化学文摘号（CAS No.）	*TWA*	*STEL*	备　注	相对分子质量	TLV^R^依据
388	丙炔－丙二烯混合物	Methyl acetylene － propadiene mixture	59355－75－8	1000ppm	1250ppm	—	40.07	损伤中枢神经系统
389	丙烯酸甲酯	Methyl acrylate	96－33－3	2ppm	—	Skin；SEN；A4	86.09	刺激眼睛，皮肤和上呼吸道；损害眼睛
390	甲基丙烯腈	Methylacrylonitrile	126－98－7	1ppm	—	Skin	67.09	损伤中枢神经系统；刺激眼睛和皮肤
391	甲缩醛	Methylal	109－87－5	1000ppm	—	—	76.10	刺激眼睛；损伤中枢神经系统
392	一甲胺	Methylamine	74－89－5	5ppm	15ppm	—	31.06	刺激眼睛，皮肤和上呼吸道
393	甲基正戊基甲酮	Methyl *n* － amyl ketone	110－43－0	50ppm	—	—	114.18	刺激眼睛和皮肤
394	*N*－甲基苯胺	*N* － Methyl aniline	100－61－8	0.5ppm	—	Skin；BEI_M	107.15	高铁血红蛋白贫血；损伤中枢神经系统
395	溴甲烷	Methyl bromide	74－83－9	1ppm	—	Skin；A4	94.95	刺激眼睛和上呼吸道
396	甲基特丁醚	Methyl *tert* － butyl ether	1634－04－4	50ppm	—	A3	88.17	刺激上呼吸道；损伤肾
397	甲基正丁基甲酮	Methyl *n* － butyl ketone	591－78－6	5ppm	10ppm	Skin；BEI	100.16	末梢神经病变；损伤睾丸
398	氯甲烷	Methyl chlonide	74－87－3	50ppm	100ppm	Skin；A4	50.49	损伤中枢神经系统；损伤 肝和肾；损伤睾丸；产生畸形
399	三氯乙烷	Methyl chloroform	71－55－6	350ppm	450ppm	A4；BEI	133.42	损伤中枢神经系统；损伤肝
400	2－氰基丙烯酸甲酯	Methyl 2 － cyanoacrylate	137－05－3	0.2ppm	—	—	111.10	刺激上呼吸道和眼睛
401	甲基环已烷	Methylcyclohexane	108－87－2	400ppm	—	—	98.19	刺激上呼吸道；损伤中枢神经系统；损害肝和肾
402	甲基环乙醇	Methylcyclohexanol	25639－42－3	50ppm	—	—	114.19	刺激上呼吸道和眼睛
403	邻甲基环已酮	*o* － Methylcyclohexanone	583－60－8	50ppm	75ppm	Skin	112.17	刺激上呼吸道和眼睛；损伤中枢神经系统
404	2－甲基环戊二烯三羰基锰	2 － Methylcyclopentadienyl manganese tricarbonyl	12108－13－3	0.2mg/m^3	—	Skin	218.10	损伤中枢神经系统；损害肺，肝和肾
405	甲基内吸磷	Methyl demeton	8022－00－2	0.05 mg/m$^{3(IFV)}$	—	Skin；BEI_A	230.30	抑制胆碱酯酶

续表

序号	化合物名称	英文名	化学文摘号（CAS No.）	*TWA*	*STEL*	备　注	相对分子质量	TLV^{R}依据
406	二苯基甲烷二异氰酸酯	Methylene bisphenyl isocyanate	101－68－8	0.005ppm	—		250.26	呼吸敏感
407	4，4′－亚甲基双(2－氯苯胺)	4，4′－Methylene bis	101－14－4	0.01ppm	—	Skin；A2；BEI	267.17	膀胱癌；高铁血红蛋白贫血
408	亚甲基双(4－环己基异氰酸酯)	Methylene bis	5124－30－1	0.005ppm	—	—	262.36	呼吸敏感；刺激下呼吸道
409	4，4′－亚甲基联苯胺	4，4′－Methylene dianiline	101－77－9	0.1ppm	—	Skin；A3	198.26	损害肝
410	丁酮	Methyl ethyl ketone	78－93－3	200ppm	300ppm	BEI	72.10	刺激上呼吸道；损伤中枢神经系统和周围神经系统
411	甲乙过氧化物	Methyl ethyl ketone peroxide	1338－23－4	—	*C* 0.2ppm	—	176.24	刺激眼睛和皮肤；损害肝和肾
412	甲酸甲酯	Methyl formate	107－31－3	100ppm	150ppm	—	60.05	刺激上、下呼吸道和眼睛
413	甲肼	Methyl hydrazine	60－34－4	0.01ppm	—	Skin；A3	46.07	刺激上呼吸道和眼睛；肺癌；损伤肝
414	碘甲烷	Methyl iodide	74－88－4	2ppm	—	Skin	141.95	损害眼睛；损伤中枢神经系统
415	甲基异戊基甲酮	Methyl isoamyl ketone	110－12－3	50ppm	—	—	114.20	刺激上呼吸道和眼睛；损伤肾和肝；损伤中枢神经系统
416	甲基异戊醇	Methyl isobutyl carbinol	108－11－2	25ppm	40ppm	Skin	102.18	刺激上呼吸道和眼睛；损伤中枢神经系统
417	甲基异丁基甲酮	Methyl isobutyl ketone	108－10－1	20ppm	75ppm	A3；BEI	100.16	刺激上呼吸道；头晕；头痛
418	异氰酸甲酯	Methyl isocyanate	624－83－9	0.02ppm	—	Skin	57.05	刺激上呼吸道
419	甲基异丙基甲酮	Methyl isopropyl ketone	563－80－4	200ppm	—	—	86.14	刺激上呼吸道和眼睛
420	甲基硫醇	Methyl mercaptan	74－93－1	0.5ppm	—	—	48.11	损害肝
421	甲基丙烯酸甲酯	Methyl methacrylate	80－62－6	50ppm	100ppm	SEN；A4	100.13	刺激上呼吸道和眼睛；影响体重；肺水肿

续表

序号	化合物名称	英文名	化学文摘号（CAS No.）	*TWA*	*STEL*	备注	相对分子质量	TLV^R依据
422	1－甲基萘	1－Methyl naphthalene	90－12－0					
	2－甲基萘	Methyl parathion	91－57－6	0.5ppm	—	Skin；A4	142.20	刺激下呼吸道；损伤肺
423	甲基对硫磷	Methyl propyl ketone	298－00－0	0.02mg/m³	—	Skin；A4；BEI_A	263.20	抑制胆碱酯酶
424	甲基丙基甲酮	Methyl silicate	107－87－9	—	150ppm	—	86.17	肺功能；刺激眼睛
425	硅酸甲酯	α－Methyl styrene	681－84－5	1ppm	—	—	152.22	刺激上呼吸道；损害眼睛
426	α－甲基苯乙烯	Methyl vinyl ketone	98－83－9	10ppm	—	A3	118.18	刺激上呼吸道；损伤肾；损伤女性生殖
427	丁烯酮	Metribuzin	78－94－4	—	*C* 0.2ppm	Skin；SEN	70.10	刺激上呼吸道和眼睛；损伤中枢神经系统
428	嗪草酮	Mevinphos	21087－64－9	5mg/m³	—	A4	214.28	损伤肝；影响血液
429	速灭磷	Mica	7786－34－7	0.01 mg/$m^{3(IFV)}$	—	Skin；A4；BEI_A	224.16	抑制胆碱酯酶
430	云母粉尘	Minerai	12001－26－2	3mg/$m^{3(R)}$	—	—	—	尘肺病
431	矿物质油，不包括金属加工液	Excluding metal working fluids	8012－95－1				—	刺激上呼吸道
	高纯度精炼	Pure highly and severely refined		5mg/$m^{3(I)}$	—	A4		
	低、中纯度精炼	Poorly and mildly refined		—$^{(L)}$	—	A2		
432	钼，以Mo计	Molybdenum，as Mo	7439－98－7				95.95	
	可溶性化合物	Soluble compounds		0.5mg/$m^{3(R)}$	—	A3		刺激下呼吸道
	金属和不可溶性化合物	Metal and insoluble compounds		10mg/$m^{3(I)}$ 3mg/$m^{3(R)}$	— —	— —		
433	一氯醋酸	Monochloroacetic acid	79－11－8	0.5ppm	—	Skin；A4	94.95	刺激上呼吸道

续表

序号	化合物名称	英文名	化学文摘号（CAS No.）	*TWA*	*STEL*	备　注	相对分子质量	TLV^{R}依据
434	久效磷	Monocrotophos	6923－22－4	0.05 mg/m$^{3(IFV)}$	—	Skin；A4；BEI_A	223.16	抑制胆碱酯酶
435	吗啉	Morpholine	110－91－8	20ppm	—	Skin；A4	87.12	损伤眼睛；刺激上呼吸道
436	二溴磷	Naled	300－76－5	0.1 mg/m$^{3(IFV)}$	—	Skin；SEN；A4；BEI_A	380.79	抑制胆碱酯酶
437	萘	Naphthalene	91－20－3	10ppm	15ppm	Skin；A4	128..19	影响血液；刺激上呼吸道和眼睛；损伤眼睛
438	β－萘胺	β－Naphthylamine	91－59－8	—	—	A1	143.18	膀胱癌
439	天然气	Natural gas	8006－14－2	参考脂肪烃气体：烷[C_1～C_4]				
440	天然橡胶乳液	Natural rubber latex	9006－04－6	0.0001 mg/m$^{3(I)}$	—	Skin；SEN	Varies	呼吸性过敏
441	氖	Neon	7440－01－9	单纯窒息剂$^{(D)}$			20.18	窒息
442	镍，按 Ni 计	Nickel						
	元素	Elemental	7440－02－0	1.5mg/m$^{3(I)}$	—	A5	58.71	皮炎；尘肺病
	可溶性无机化合物	Soluble inorganic compounds		0.1mg/m$^{3(I)}$	—	A4	Varies	损害肺；鼻癌
	不可溶的无机化合物	Insolubie inorganic compounds		0.2mg/m$^{3(I)}$	—	A1	Varies	肺癌
	碱式硫化镍，按镍计	Nickel subsulfide	12035－72－2	0.1mg/m$^{3(I)}$	—	A1	240.19	肺癌
443	羰基镍	Nickel carbonly	13463－39－3	0.05ppm	—	—	170.73	肺癌，鼻癌
444	烟碱	Nicotine	54－11－5	0.5mg/m^3	—	Skin	162.23	损伤胃淋巴；损伤中枢神经系统；损伤心脏
445	硝基黄铁矿	Nitrapyrin	1929－82－4	10mg/m^3	20mg/m^3	A4	230.93	损伤肝

续表

序号	化合物名称	英文名	化学文摘号（CAS No.）	*TWA*	*STEL*	备　注	相对分子质量	TLV[R]依据
446	硝酸	Nitric acid	7697 – 37 – 2	2ppm	4ppm	—	63.02	刺激上呼吸道和眼睛；腐蚀牙齿
447	一氧化氮	Nitric oxide	10102 – 43 – 9	25ppm	—	BEI_M	30.01	缺氧；亚硝酰基血红蛋白 形式；刺激上呼吸道
448	对硝基苯胺	*p* – Nitroaniline	100 – 01 – 6	$3mg/m^3$	—	Skin；A4；BEI_M	138.12	高铁血红蛋白贫血；损伤肝；刺激眼睛
449	硝基苯	Nitrobenzene	98 – 95 – 3	1ppm	—	Skin；A3；BEI	123.11	高铁血红蛋白贫血
450	对硝基氯苯	*p* – Nitrochlorobenzene	100 – 00 – 5	0.1ppm	—	Skin；A3；BEI_M	157.56	高铁血红蛋白贫血
451	4 – 硝基联苯	4 – Nitrodiphenyl	92 – 93 – 3	—(L)	—	Skin；A2	199.20	膀胱癌
452	硝基乙烷	Nitroethane	79 – 24 – 3	100ppm	—	—	75.07	刺激上呼吸道；损伤中枢神经系统；损伤肝
453	氮	Nitrogen	7727 – 37 – 9	单纯窒息气体(D)			14.01	窒息
454	二氧化氮	Nitrogen dioxide	10102 – 44 – 0	3ppm	5ppm	A4	46.01	刺激上，下呼吸道
455	三氟化氮	Nitrogen trifluoride	7783 – 54 – 2	10ppm	—	BEI_M	71.00	高铁血红蛋白贫血；损伤肝和肾
456	硝化甘油	Nitroglycerin	55 – 63 – 0	0.05ppm	—	Skin	227.09	血管舒张
457	硝基甲烷	Nitromethane	75 – 52 – 5	20ppm	—	A3	61.04	影响甲状腺；刺激上呼吸道；损伤肺
458	1 – 硝基丙烷	1 – Nitropropane	108 – 03 – 2	25ppm	—	A4	89.09	刺激上呼吸道和眼睛；损伤肝
459	2 – 硝基丙烷	2 – Nitropropane	79 – 46 – 9	10ppm	—	A3	89.09	损伤肝；肝癌
460	*N* – 亚硝基二甲胺	*N* – Nitrosodimethylamine	62 – 75 – 9	—(L)	—	Skin；A3	74.08	肝癌；损伤肝；肾癌
461	硝基甲苯（全部异构体）	Nitrotoluene, all isomers	88 – 72 – 2；99 – 08 – 1；99 – 99 – 0	2ppm	—	Skin；BEI_M	137.13	高铁血红蛋白贫血

续表

序号	化合物名称	英文名	化学文摘号（CAS No.）	*TWA*	*STEL*	备注	相对分子质量	TLV^R依据
462	5－硝基－邻甲基苯胺	5－Nitro－*o*－toluidine	99－55－8	$1mg/m^{3(I)}$	—	A3	152.16	损伤肝
463	氧化亚氮	Nitrous oxide	10024－97－2	50ppm	—	A4	44.02	损伤中枢神经系统；影响血液；损伤胚胎
464	壬烷，全部异构体	Nonane	111－84－2	200ppm	—	—	128.26	损伤中枢神经系统
465	八氯萘	Octachloronaphthalene	2234－13－1	$0.1mg/m^3$	$0.3mg/m^3$	Skin	403.74	损伤肝
466	辛烷，全部异构体	Octane，all isomers	111－65－9	300ppm	—	—	114.22	刺激上呼吸道
467	四氧化锇，按 Os 计	Osmium tetroxide	20816－12－0	0.0002ppm	0.0006ppm	—	254.20	刺激眼睛，上呼吸道和皮肤
468	草酸	Oxalic acid	144－62－7	$1mg/m^3$	$2mg/m^3$	—	90.04	刺激上呼吸道，眼睛和皮肤
469	P－P′羟苯	P－P′－Oxybis	80－51－3	$0.1mg/m^{3(I)}$	—	—	326.00	畸形
470	二氟化氧	Oxygen difluoride	7783－41－7	—	*C* 0.05ppm	—	54.00	头痛；肺肿；刺激上呼吸道
471	臭氧	Ozone	10028－15－6				48.00	肺功能
	重体力工作	Heavy work		0.05ppm	—	A4		
	中等体力工作	Moderate work		0.08ppm	—	A4		
	轻体力工作	Light work		0.10ppm	—	A4		
	重、中或轻度体力负荷(＜2h)	heavy moderate，or light workloads		0.20ppm	—	A4		
472	石蜡烟	Paraffin wax fume	8002－74－2	$2mg/m^3$	—	—	—	刺激上呼吸道；恶心
473	百草枯	Paraquat	4685－14－7	$0.5mg/m^3$	—	—	257.18	损伤肺部
				$0.1mg/m^{3(R)}$	—	—		
474	对硫磷	Parathion	56－38－2	$0.05mg/m^3$	—	Skin；A4；BEI	291.27	抑制胆碱酯酶
475	其他粉尘	Particles (insoluble or poorly soluble) not otherwise specified						
476	戊硼烷	Pentaborane	19624－22－7	0.005ppm	0.015ppm	—	63.17	损伤中枢神经系统

续表

序号	化合物名称	英文名	化学文摘号（CAS No.）	*TWA*	*STEL*	备注	相对分子质量	TLV^{R}依据
477	五氯萘	Pentachloronaphthalene	1321－64－8	0.5mg/m^3	—	Skin	300.40	损伤肝；氯痤疮
478	五氯硝基苯	Pentachloronitrobenzene	82－68－8	0.5mg/m^3	—	A4	295.36	损伤肝
479	五氯酚	Pentachlorophenol	87－86－5	0.5mg/m^3	—	Skin；A3；BEI	266.35	刺激上呼吸道和眼睛；损伤中枢神经系统；损害心脏
480	季戊四醇	Pentaerythritol	115－77－5	10mg/m^3	—	—	136.15	刺激上呼吸道和眼睛
481	戊烷，全部异构体	Pentane，all isomers	78－78－4；109－66－0；463－82－1	600ppm	—	—	72.15	末梢神经病变
482	乙酸戊酯，全部异构体	Pentyl acetate，all isomers	628－63－7；626－38－0；123－92－2；625－16－1；624－41－9；620－11－1	50ppm	100ppm	—	130.20	刺激上呼吸道
483	全氯甲硫醇	Perchloromthyl mercaptan	594－42－3	0.1ppm	—	—	185.87	刺激上呼吸道和眼睛
484	氟化过氯氧	Perchloryl fluoride	7616－94－6	3ppm	6ppm	—	102.46	刺激上呼吸道和下呼吸道；高铁血红蛋白贫血；氟中毒
485	全氟丁基乙烯	Perfluorobutyl ethylene	19430－93－4	100ppm	—	—	246.10	影响血液
486	全氟异丁烯	Perfluoroisobutylene	382－21－8	—	*C* 0.01ppm	—	200.04	刺激上呼吸道；影响血液
487	过硫酸盐	Persulfates，as persulfate		0.1mg/m^3	—	—	Varies	刺激皮肤
488	酚	Phenol	108－95－2	5ppm	—	Skin；A4；BEI	94.11	刺激上呼吸道；损伤肺部；损伤中枢神经系统

续表

序号	化合物名称	英文名	化学文摘号（CAS No.）	*TWA*	*STEL*	备 注	相对分子质量	TLV^{R}依据
489	吩噻嗪	Phenothiazine	92－84－2	5mg/m^3	—	Skin	199.26	眼病；刺激皮肤
490	*N*－苯基*β*－萘胺	*N*－Phenyl－*β*－naphthylamian	135－88－6	—$^{(L)}$	—	A4	219.29	癌症
491	邻苯二胺	*o*－Phenylenediamine	95－54－5	0.1mg/m^3	—	A3	108.05	贫血症
492	间苯二胺	*m*－Phenylenediamine	108－45－2	0.1mg/m^3	—	A4	108.05	损伤肝；刺激皮肤
493	对苯二胺	*p*－Phenylenediamine	106－50－3	0.1mg/m^3	—	A4	108.05	刺激上呼吸道；皮肤过敏
494	苯醚蒸气	Pheny ether, vapor	101－84－8	1ppm	2ppm	—	170.20	刺激上呼吸道和眼睛；恶心
495	缩水甘油苯醚	Phenyl glycidyl ether	122－60－1	0.1ppm	—	Skin；SEN；A3	150.17	损伤睾丸
496	苯肼	Phenylhydrazine	100－63－0	0.1ppm	—	Skin；A3	108.14	贫血症；刺激上呼吸道和眼睛
497	苯硫醇	Phenyl mercaptan	108－98－5	0.1ppm	—	Skin	110.18	损害中枢神经系统；刺激眼睛和皮肤
498	苯膦	Phenylphosphine	638－21－1	—	*C* 0.05ppm	—	110.10	皮肤炎；影响血液；损伤睾丸
499	甲拌磷	Phorate	298－02－2	0.05mg/m$^{3(IFV)}$	—	Skin；A4；BEI$_A$	260.40	抑制胆碱酯酶
500	光气	Phosgene	75－44－5	0.1ppm	—	—	98.92	刺激上呼吸道；肺肿；肺气肿
501	磷化氢	Phosphine	7803－51－2	0.3ppm	1ppm	—	34.00	刺激上呼吸道和拉腺；头痛；损伤中枢神经系统
502	磷酸	Phosphoric acid	7664－38－2	1mg/m^3	3mg/m^3	—	98.00	刺激上呼吸道，眼睛和皮肤
503	黄磷	Phosphorus	12185－10－3	0.1mg/m^3	—	—	123.92	刺激上，下呼吸道和拉腺；损伤肝
504	三氯氧磷	Phosphorus oxychloride	10025－87－3	0.1ppm	—	—	153.35	刺激上呼吸道
505	五氯化磷	Phosphorus pentachloride	10026－13－8	0.1ppm	—	—	208.24	刺激上呼吸道和眼睛
506	五硫化二磷	Phosphorus pentasulfide	1314－80－3	1mg/m^3	3mg/m^3	—	222.29	刺激上呼吸道
507	三氯硫磷	Phosphorus trichloride	7719－12－2	0.2ppm	0.5ppm	—	137.35	刺激上呼吸道，眼睛和皮肤

续表

序号	化合物名称	英文名	化学文摘号（CAS No.）	*TWA*	*STEL*	备 注	相对分子质量	TLV[R]依据
508	邻苯二甲酸酐	Phthalic anhydride	85－44－9	1ppm	—	SEN；A4	148.11	刺激上呼吸道，眼睛和皮肤
509	间酞二腈	*m*－Phthalodinitrile	626－17－5	5mg/m^3	—	—	128.14	刺激眼睛和上呼吸道
510	毒秀定	Picloram	1918－02－1	10mg/m^3	—	A4	241.48	损伤肝和肾
511	苦味酸	Picric acid	88－89－1	0.1mg/m^3	—	—	229.11	皮肤过敏；皮肤炎；刺激眼睛
512	杀鼠酮	Pindone	83－26－1	0.1mg/m^3	—	—	230.25	血凝固
513	哌嗪二盐酸盐	Piperazin dihydrochloride	142－64－3	（5mg/m^3）	（—）	（—）	159.05	刺激眼睛和皮肤；皮肤过敏；哮喘
514	铂	Platinum	7440－06－4					
	金属	Metal		1mg/m^3	—	—	195.09	哮喘；刺激上呼吸道
	可溶性铂盐，按Pt计	Soluble salts，as Pt		0.002mg/m^3	—	—	Varies	哮喘；刺激上呼吸道
515	聚氯乙烯	Polyvinyl chloride（PVC）	9002－86－2	1mg/m$^{3(R)}$	—	A4	Varies	肺尘症；刺激下呼吸道；肺功能改变
516	硅酸盐水泥	Portland cement	65997－15－1	1mg/m$^{3(E,R)}$	—	A4	—	肺功能；呼吸道症状；哮喘
517	氢氧化钾	Potassium hydroxide	1310－58－3	—	*C* 2mg/m^3	—	56.10	刺激上呼吸道，眼睛和皮肤
518	丙烷	Propane	74－98－6	参考脂肪族烃类气体：烷烃[C_1～C_4]				
519	丙烷磺内酯	Propane sultone	1120－71－4	—$^{(L)}$	—	A3	122.14	癌症
520	正丙醇	*n*－Propanol（*n*－Propyl alcohol）	71－23－8	100ppm	—	A4	60.09	刺激上呼吸道和眼睛
521	异丙醇	2－Propanol	67－63－0	200ppm	400ppm	A4	60.09	刺激上呼吸道和眼睛；损伤中枢神经系统
522	炔丙醇	Propargyl alcohol	107－19－7	1ppm	—	Skin	56.06	刺激眼睛；损害肝和肾
523	*β*－丙炔内酯	*β*－Propiolactone	57－57－8	0.5ppm	—	A3	72.06	皮肤癌；刺激上呼吸道

续表

序号	化合物名称	英文名	化学文摘号（CAS No.）	*TWA*	*STEL*	备注	相对分子质量	TLV[R]依据
524	丙醛	Propionaldehyde	123－38－6	20ppm	—	—	58.10	刺激上呼吸道
525	丙酸	Propionic acid	79－09－4	10ppm	—	—	74.08	刺激上呼吸道，眼睛和皮肤
526	残杀威	Propoxur	114－26－1	0.5mg/m^3	—	A3；BEI_A	209.24	抑制胆碱酯酶
527	乙酸正丙酯	*n*－Propyl acetate	109－60－4	200ppm	250ppm	—	102.13	刺激眼睛和上呼吸道
528	丙烯	Propylene	115－07－1	500ppm	—	A4	42.08	窒息；刺激上呼吸道
529	二氯丙烯	Propylene dichloride	78－87－5	10ppm	—	SEN；A4	112.99	刺激上呼吸道；影响体重
530	丙(撑)二醇二硝酸酯	Propylene glycol dinitrate	6423－43－4	0.05ppm	—	Skin；BEI_M	166.09	头痛；损伤中枢神经系统
531	环氧丙烷	Propylene oxide	75－56－9	2ppm	—	SEN；A3	58.08	刺激眼睛和上呼吸道
532	丙烯亚胺	Propyleneimine	75－55－8	0.2ppm	0.4ppm	Skin；A3	57.09	刺激上呼吸道；损伤肾
533	硝酸正丙酯	*n*－Propyl nitrate	627－13－4	25ppm	40ppm	BEI_M	105.09	恶心；头痛
534	除虫菊	Pyrethrum	8003－34－7	5mg/m^3	—	A4	345.00	损伤肝；刺激下呼吸道
535	吡啶	Pyridine	110－86－1	1ppm	—	A3	79.10	刺激皮肤；损害肝和肾
536	苯醌	Quinone	106－51－4	0.1ppm	—	—	108.09	刺激眼睛；损害皮肤
537	间苯二酚	Resorcinol	108－46－3	10ppm	20ppm	A4	110.11	刺激眼睛和皮肤
538	铑，按 Rh 计	Rhodium	7440－16－6				102.91	
	金属和不溶性化合物	Metal and Insoluble compounds		1mg/m^3	—	A4	Varies	金属＝刺激上呼吸道；不溶性化合物＝刺激下呼吸道
	可溶性化合物	Soluble compounds		0.01mg/m^3	—	A4	Varies	哮喘
539	皮蝇磷	Ronnel	299－84－3	5mg/$m^{3(IFV)}$	—	A4；BEI_A	321.57	抑制胆碱酯酶
540	松香焊锡分解产物	Rosin core solder themal decomposition products (colophony)	8050－09－7	—$^{(L)}$	—	SEN	NA	皮肤过敏；皮炎；哮喘

续表

序号	化合物名称	英文名	化学文摘号（CAS No.）	*TWA*	*STEL*	备注	相对分子质量	TLV^R 依据
541	鱼藤酮	Rotenone	83－79－4	5mg/m³	—	A4	391.41	刺激上呼吸道和眼睛；损害中枢神经系统
542	硒及其化合物（按 Se 计）	Selenium	7782－49－2	0.2mg/m³	—	—	78.96	刺激眼睛和上呼吸道
543	六氟化硒	Selenium hexafluoride	7783－79－1	0.05ppm	—	—	192.96	肺肿
544	2，4－滴乙基硫酸钠	Sesone	136－78－7	10mg/m³	—	A4	309.13	刺激腺
545	晶体形二氧化硅，石英和方晶石	Silica，crystalline－α－quartz	14808－60－7；1317－95－9；14464－46－1	0.025 mg/m³⁽ᴿ⁾	—	A2	60.09	肺纤维症；肺癌
546	碳化硅粉尘	Silicon carbide	409－21－2				40.10	
	非纤维性的	Nonfibrous		10mg/m³⁽ᴵ,ᴱ⁾	—	—		刺激上呼吸道
				3mg/m³⁽ᴿ,ᴱ⁾	—	—		刺激上呼吸道
	纤维性的（包括噬菌体颈须）	Fibrous		0.1f/cc⁽ᶠ⁾	—	A2		间皮瘤；癌症
547	四氢化硅	Silicon tetrahydride	7803－62－5	5ppm	—	—	32.12	刺激上呼吸道和皮肤
548	银	Silver	7440－22－4					银中毒
	金属，烟和尘	Metal dust and fume		0.1mg/m³	—	—	107.87	
	可溶性化合物（按 Ag 计）	Soluble compounds，as Ag		0.01mg/m³	—	—	Varies	
549	皂石	（Soapstone）		（6mg/m³⁽ᴱ⁾）	（—）	（—）	（—）	（刺激下呼吸道）
				（3mg/m³⁽ᴿ,ᴱ⁾）	（—）	（—）		
550	三氮化钠	Sodium azide	26628－22－8				65.02	
	按三氮化钠计	as Sodium azide		—	*C* 0.29mg/m³	A4		损害心脏
	按三氮酸蒸气计	as Hydrazoic acid vapor		—	*C* 0.11ppm	A4		损害肺

续表

序号	化合物名称	英文名	化学文摘号（CAS No.）	*TWA*	*STEL*	备 注	相对分子质量	TLV^{R}依据
551	亚硫酸氢钠	Sodium bisulfite	7631-90-5	5mg/m^3	—	A4	104.07	刺激皮肤，眼睛和上呼吸道
552	氟乙酸钠	Sodium fluoroacetate	62-74-8	0.05mg/m^3	—	Skin	100.02	损伤中枢神经系统；损害心脏；恶心
553	氢氧化钠	Sodium hydroxide	1310-73-2	—	*C* 2mg/m^3	—	40.01	刺激上呼吸道，眼睛和皮肤
554	偏亚硫酸氢钠	Sodium metabisulfite	7681-57-4	5mg/m^3	—	A4	190.13	刺激上呼吸道
555	淀粉	Starch	9005-25-8	10mg/m^3	—	A4	—	皮炎
556	硬脂酸酯	Stearates(J)		10mg/m^3	—	A4	Varies	刺激上呼吸道，眼睛和皮肤
557	洗毛织品用汽油类溶剂	Stoddard solvent	8052-41-3	100ppm	—	—	140.00	损害眼睛，皮肤和肾；恶心；损伤中枢神经系统
558	铬酸锶(按Cr计)	Strontium chromate	7789-06-2	0.0005mg/m^3	—	A2	203.61	癌症
559	马钱子碱	Strychnine	57-24-9	0.15mg/m^3	—	—	334.40	损伤中枢神经系统
560	苯乙烯，单体	Styrene, monomer	100-42-5	20ppm	40ppm	A4；BEI	104.16	损伤中枢神经系统；刺激上呼吸道；末梢神经病变
561	枯草杆菌蛋白酶(活性晶体酶)	Subtilisins	1395-21-7；9014-01-1	—	*C* 0.00006 mg/m^3	—	—	哮喘；刺激皮肤，上呼吸道和下呼吸道
562	蔗糖	Sucrose	57-50-1	10mg/m^3	—	A4	342.30	腐蚀牙齿
563	甲嘧磺隆	Sulfometuron methyl	74222-97-2	5mg/m^3	—	A4	364.38	影响血液
564	治螟磷	Sulfotepp(TEDP)	3689-24-5	0.1 mg/m$^{3(IFV)}$	—	Skin；A4；BEI_A	322.30	抑制胆碱酯酶
565	二氧化硫	Sulfur dioxide	7446-09-5	—	0.25ppm	A4	64.07	肺功能；刺激下呼吸道
566	六氟化硫	Sulfur hexafluoride	2551-62-4	1000ppm	—	—	146.07	窒息
567	硫酸	Sulfuric acid	7664-93-9	0.2mg/m$^{3(T)}$	—	A2$^{(M)}$	98.08	肺功能
568	一氯化硫	Sulfur monochloride	10025-67-9	—	*C* 1ppm	—	135.03	刺激眼睛，皮肤和上呼吸道
569	五氟化硫	Sulfur pentafluoride	5714-22-7	—	*C* 0.01ppm	—	254.11	刺激上呼吸道；损伤肺

续表

序号	化合物名称	英文名	化学文摘号（CAS No.）	*TWA*	*STEL*	备 注	相对分子质量	TLV[R]依据
570	四氟化硫	Sulfur tetrafluoride	7783－60－0	—	*C* 0.1ppm	—	108.07	刺激眼睛和上呼吸道；损伤肺
571	硫酰氟	Sulfuryl fluoride	2699－79－8	5ppm	10ppm	—	102.07	损害中枢神经系统
572	硫丙磷	Sulprofos	35400－43－2	0.1mg/m^3	—	Skin；A4；BEI_A	322.43	抑制胆碱酯酶
573	2，4，5－三氯苯氧基乙酸	2，4，5－T	93－76－5	10mg/m^3	—	A4	255.49	损害神经系统
574	滑石粉尘	Talc	14807－96－6					
	不包含棉样纤维	Containing no asbestos fibers		2mg/$m^{3(E,R)}$	—	A4	—	刺激下呼吸道
	包含棉样纤维	Containing asbestos fibers		使用石棉TLV$^{(K)}$	—	A1	—	
575	合成玻璃纤维	Synthetin vitreous fibers						
	连续加热玻璃纤维	Continuous filament glass fibers		1f/cc$^{(F)}$，	—	A4	—	刺激上呼吸道
				5mg/$m^{3(I)}$	—	A4	—	
	玻璃棉纤维	Glass wool fibers		1 f/cc$^{(F)}$	—	A3	—	
	岩棉纤维	Rock wool fibers		1 f/cc$^{(F)}$	—	A3	—	
	矿渣棉纤维	Slag wool fibers		1 f/cc$^{(F)}$	—	A3	—	
	特殊用途玻璃纤维	Special purpose glass fibers		1 f/cc$^{(F)}$	—	A3	—	
	耐高温的陶瓷纤维	Refractory ceramic fibers		0.2f/cc$^{(F)}$	—	A2	—	肺纤维症；肺功能
576	碲及其化合物，按Te计，除碲化氢	Tellurium and compounds(NOS)，as Te	13494－80－9	0.1mg/m^3	—	—	127.60	口臭

续表

序号	化合物名称	英文名	化学文摘号（CAS No.）	*TWA*	*STEL*	备　注	相对分子质量	TLV^R依据
577	六氟化碲	Tellurium hexafluoride	7783－80－4	0.02ppm	—	—	241.61	刺激下呼吸道
578	双硫磷	Temephos	3383－96－8	$1mg/m^{3(IFV)}$	—	Skin；A4；BEI_A	466.46	抑制胆碱酯酶
579	特丁磷	Terbufos	13071－79－9	0.01 $mg/m^{3(IFV)}$	—	Skin；A4；BEI_A	288.45	抑制胆碱酯酶
580	对苯二甲酸	Terephthalic acid	100－21－0	$10mg/m^3$	—	—	166.13	
581	三联苯	Terphenyls	26140－60－3	—	*C* $5mg/m^3$	—	230.31	刺激上呼吸道和眼睛
582	1，1，2，2－四溴乙烷	1，1，2，2－Tetrabromoethane	79－27－6	$0.1ppm^{(IFV)}$	—	—	345.70	刺激眼睛和上呼吸道；肺肿；损害肝
583	1，1，1，2－四氯－2，2－二氟乙烷	1，1，1，2－Tetrachloro－2，2－difluoroethane	76－11－9	100ppm	—	—	203.83	损害肝和肾；损伤中枢神经系统
584	1，1，2，2－－四氯－1，2－二氟乙烷	1，1，2，2－Tetrachloro－1，2－difluoroethane	76－12－0	50ppm	—	—	203.83	损害肝和肾；损伤中枢神经系统
585	1，1，2，2－四氯乙烷	1，1，2，2－Tetrachloroethane	79－34－5	1ppm	—	Skin；A3	167.86	损害肝
586	四氯乙烯	Tetrachloroethylene	127－18－4	25ppm	100ppm	A3；BEI	165.80	损伤中枢神经系统
587	四氯萘	Tetrachloronaphthalene	1335－88－2	$2mg/m^3$	—	—	265.96	损害肝
588	四乙基铅，按 Pb 计	Tetraethyl lead，as Pb	78－00－2	$0.1mg/m^3$	—	Skin；A4	323.45	损伤中枢神经系统
589	焦磷酸四钠	Tetraethyl pyrophosphate	107－49－3	0.01 $mg/m^{3(IFV)}$	—	Skin；BEI_A	290.20	抑制胆碱酯酶
590	四氟乙烯	Tetrafluoroethylene	116－14－3	2ppm	—	A3	100.20	损害肾和肝；肝癌和肾癌

续表

序号	化合物名称	英文名	化学文摘号（CAS No.）	*TWA*	*STEL*	备　注	相对分子质量	TLV^R依据
591	四氢呋喃	Tetrahydrofuran	109－99－9	50ppm	100ppm	Skin；A3	72.10	刺激上呼吸道；损伤中枢神经系统；损害肾
592	四羟甲基磷盐	Tetrakis（hydroxymethyl）phosphonium salts						体重增加；损伤中枢神经系统和肝
	四羟甲基氯化磷	Tetrakis（hydroxymethyl）phosphonium chloride	124－64－1	$2mg/m^3$	—	A4	190.56	
	四羟甲基硫酸磷	Tetrakis（hydroxymethyl）phosphonium sulfate	55566－30－8	$2mg/m^3$	—	SEN；A4	406.26	
593	四甲基铅，按Pb计	Tetramethyl lead，as Pb	75－41－1	$0.1mg/m^3$	—	Skin	267.33	损伤中枢神经系统
594	四甲基琥珀腈	Tetramethyl succinonitrile	3333－52－6	0.5ppm	—	Skin	136.20	头疼；恶心；损伤中枢神经系统
595	四硝基甲烷	Tetranitromethane	509－14－8	0.005ppm	—	A3	196.04	刺激眼睛和上呼吸道；上呼吸道癌
596	甲硝胺	Tetryl	479－45－8	$1.5mg/m^3$	—	—	287.15	刺激上呼吸道
597	铊及其可溶性化合物，按Tl计	Thallium compounds，as Tl	7440－28－0	$0.02mg/m^{3}$ 1	—	Skin	204.37 Varies	损害腺；末梢神经系统
598	4，4′－硫代双(6－特丁基间甲酚)	4，4′－Thiobis(6－*tert*－butyl－m－cresol)	96－69－5	$10mg/m^3$	—	A4	358.52	损害肝和肾
599	硫基醋酸	Thioglycolic acid	68－11－1	1ppm	—	Skin	92.12	刺激眼睛和皮肤
600	亚硫酰二氯	Thionyl chloride	7719－09－7	—	*C* 0.2ppm	—	118.98	刺激上呼吸道
601	福美双	Thiram	137－26－8	0.05 $mg/m^{3(IFV)}$	—	SEN；A4	240.44	影响体重和血液

续表

序号	化合物名称	英文名	化学文摘号（CAS No.）	*TWA*	*STEL*	备注	相对分子质量	TLV^R依据
602	锡，按Sn计	Tin, as Sn	7440－31－5					肺尘症；刺激眼睛和上呼吸道；头疼；恶心
	金属	Metal		2mg/m³	—	—	118.69	
	氧化物和无机化合物(除氢化锡)	Oxide & inorganic compounds, except tin hydride		2mg/m³	—	—	Varies	
	有机化合物	Organic compounds		0.1mg/m³	0.2mg/m³	Skin；A4	Varies	
603	二氧化钛	Titanium dioxide	13643－67－7	10mg/m³	—	A4	79.90	刺激下呼吸道
604	邻联甲苯胺	*o*－Tolidine	119－93－7		—	Skin；A3	212.28	刺激眼睛，膀胱和肾；膀胱癌；高铁血红蛋白贫血
605	甲苯	Toluene	108－88－3	20ppm	—	A4；BEI_A	92.13	损害视力；女性生殖器；丧失妊娠
606	二异氰酸甲苯酯	Toluene－2－4－or 2，6－disocyanate	584－84－9；91－08－7	0.005 ppm	0.02 ppm	SEN；A4	174.15	呼吸敏感；哮喘；刺激眼睛
607	邻甲苯胺	*o*－Toluidine	95－53－4	2ppm	—	Skin；A3；BEI_M	107.15	
608	间甲苯胺	*m*－Toluidine	108－44－1	2ppm	—	Skin；A3；BEI_M	107.15	刺激眼睛，膀胱和肾；高铁血红蛋白贫血
609	对甲苯胺	*p*－Toluidine	106－49－0	2ppm	—	Skin；A3；BEI_M	107.15	高铁血红蛋白贫血
610	磷酸三丁酯	Tributyl phosphate	126－73－8	0.2ppm	—	BEI_A	266.32	恶心；头痛；刺激眼睛和上呼吸道
611	三氯乙酸	Trichloroacetic acid	76－03－9	1ppm	—	A3	163.39	刺激眼睛和上呼吸道
612	1，2，4－三氯苯	1，2，4－Trichlorobenzene	120－82－1	—	C 5ppm	—	181.46	刺激眼睛和上呼吸道
613	1，1，2－三氯乙烷	1，1，2－Trichloroethane	79－00－5	10ppm	—	Skin；A3	133.41	损伤中枢神经系统；损害肝

续表

序号	化合物名称	英文名	化学文摘号（CAS No.）	*TWA*	*STEL*	备 注	相对分子质量	TLV^R 依据
614	三氯乙烯	Trichloroethylene	79－01－6	10ppm	25ppm	A2	131.40	损伤中枢神经系统；认知力减少；肾毒性
615	三氯氟甲烷	Trichlorofluoromethane	75－69－4	—	C1000ppm	A4	137.38	心脏脆弱
616	三氯萘	Trichloronaphthalene	1321－65－9	$5mg/m^3$	—	Skin	231.51	损伤肝；氯痤疮
617	1，2，3－三氯丙烷	1，2，3－Trichloropropane	96－18－4	10ppm	—	Skin；A3	147.43	损伤肝和肾；刺激眼睛和上呼吸道
618	1,1,2－三氯－1,2,2－三氯乙烷	1，1，2－Trichloro－1，2，2－thrifluoroethane	76－13－1	1000ppm	1250ppm	A4	187.40	损伤中枢神经系统
619	敌百虫	Trichlorphon	52－68－6	$1mg/m^{3(I)}$	—	A4；BEI_A	257.60	抑制胆碱酯酶
620	三乙醇胺	Triethanolamine	102－71－6	$5mg/m^3$	—	—	149.22	刺激眼睛和皮肤
621	三乙胺	Triethylamine	121－44－8	1ppm	3ppm	Skin；A4	101.19	损伤视力
622	三氟溴甲烷	Trifluorobromomethane	75－63－8	1000ppm	—	—	148.92	损伤中枢神经系统和心脏
623	1，3，5－三缩水甘油－S－三嗪三酮	1，3，5－Triglycidyl－s－triazinetrione	2451－62－9	$0.05mg/m^3$	—	—	297.25	损害男性生殖系统
624	苯偏三酸酐	Trimellitic anhydride	552－30－7	0.0005 $mg/m^{3(IFV)}$	0.002 $mg/m^{3(IFV)}$	Skin；SEN	192.12	呼吸敏感
625	三甲胺	Trimethylamine	75－50－3	5ppm	15ppm	—	59.11	刺激上呼吸道
626	三甲基苯（混合异构体）	Trimethyl benzene	25551－13－7	25ppm	—	—	120.19	损伤中枢神经系统；哮喘；影响血液
627	磷酸三甲酯	Trimethyl phosphite	121－45－9	2ppm	—	—	124.08	刺激眼睛；抑制胆碱酯酶
628	三硝基甲苯	2，4，6－Trinitrotoluene	118－96－7	$0.1mg/m^3$	—	Skin；BEI_M	227.13	高铁血红蛋白贫血；损伤肝；白内障

续表

序号	化合物名称	英文名	化学文摘号（CAS No.）	*TWA*	*STEL*	备注	相对分子质量	TLV[R]依据
629	磷酸三邻甲苯酯	Triothocresyl phosphate	78－30－8	0.1mg/m³	—	Skin；A4；BEI_A	368.37	抑制胆碱酯酶
630	磷酸三苯酯	Triphenyl phosphate	115－86－6	3mg/m³	—	A4	326.28	抑制胆碱酯酶
631	钨	Tungsten	7440－33－7				183.85	
	金属及其不溶性化合物	Metal and insoluble compounds		5mg/m³	10mg/m³	—	Varies	刺激下呼吸道
	可溶性化合物	Solube compounds		1mg/m³	3mg/m³	—	Varies	损伤中枢神经系统；肺气肿
632	松油脂和所选的一帖类	Turpentine and selected monoterpenes	8006－64－2；80－56－8；127－91－3；13466－78－9	20ppm	—	SEN；A4	136.00 Varies	刺激上呼吸道和皮肤；损伤中枢神经系统；损害肺
633	天然铀	Uranium	7440－61－1				238.03	损伤肾
	可溶性和不可溶性化合物(按U计)	Solube and insolube compound, as U		0.2mg/m³	0.6mg/m³	A1	Varies	
634	戊醛	*n*－Valeraldehyde	110－62－3	50ppm	—	—	86.13	刺激眼睛、皮肤和上呼吸道
635	五氧化二钒(按V计)	Vanadium pentoxide, as V	1314－62－1	0.05mg/m³	—	A3	181.88	刺激上、下呼吸道
636	醋酸乙烯	Vinyl acetate	108－05－4	10ppm	15ppm	A3	86.09	刺激上呼吸道、眼睛和皮肤；损伤中枢神经系统
637	溴乙烯	Vinyl bromide	593－60－2	0.5ppm	—	A2	106.96	肝癌
638	氯乙烯	Vinyl chloride	75－01－4	1ppm	—	A1	62.50	肺癌；损伤肝
639	4－乙烯基环己烯	4－Vinyl cyclohenxene	100－40－3	0.1ppm	—	A3	108.18	损害男、女性生殖系统

续表

序号	化合物名称	英文名	化学文摘号（CAS No.）	*TWA*	*STEL*	备注	相对分子质量	TLV[R]依据
640	二氧化乙烯基环己烯	Vinyl cyclohenxene dioxide	106－87－6	0.1ppm	—	Skin；A3	140.18	损害男、女性生殖系统
641	氟乙烯	Vinyl fluoride	75－02－5	1ppm	—	A2	46.05	肝癌；损伤肝
642	正乙烯吡咯(烷)酮	*n*－Vinyl－2－pyrrolidone	88－12－0	0.05ppm	—	A3	111.16	损伤肝
643	偏二氯乙烯	Vinylidene chloride	75－35－4	5ppm	—	A4	96.95	损伤肝和肾
644	偏二氟乙烯	Vinylidene fluoride	75－38－7	500ppm	—	A4	64.04	损伤肝
645	乙烯基甲苯	Vinyl toluene	25013－15－4	50ppm	100ppm	A4	118.18	刺激上呼吸道和眼睛
646	杀鼠灵	Varfarin	81－81－2	0.1mg/m³	—	—	308.32	血凝固
647	木粉尘	Wood dusts					NA	
	西部红雪松	Western red cedar		0.5mg/m(1)	—	SEN；A4		哮喘
	所有其他种类	All other species		1mg/m³(1)	—	—		肺功能
	致癌性	Carcinogenicity						
	栎树和山毛榉	Oak and beech		—	—	A1		
	白桦，红木，柚木，胡核	Brich, mahogany, teak, walnut		—	—	A2		
	所有其他木尘	All other wood dusts		—	—	A4		
648	二甲苯(邻、间、对异构体)	Xylene	1330－20－7；95－47－6；108－38－3；106－42－3	100ppm	150ppm	A4；BEI	106.16	刺激上呼吸道和眼睛；损伤中枢神经系统

续表

序号	化合物名称	英文名	化学文摘号（CAS No.）	TWA	STEL	备 注	相对分子质量	TLV^R依据
649	间二甲苯α-α′-二氨	m-Xyleneα, α′-diamine	1477-55-0	—	C 0.1mg/m^3	Skin	136.20	刺激眼睛，皮肤和拉腺
650	二甲基苯胺	Xylidine (mixed isomers)	1300-73-8	0.5ppm(IFV)	—	Skin; A3; BEI_M	121.18	损伤肝；高铁血红蛋白贫血
651	钇和其他化合物(按Y计)	Yttrium and compounds, as Y	7440-65-5	1mg/m^3	—	—	88.91	肺纤维化
652	氯化锌	Znic chloride fume	7646-85-7	1mg/m^3	2mg/m^3	—	136.29	刺激上，下呼吸道
653	铬酸锌(按Cr计)	Zinc chromates	13530-65-9; 11103-86-9; 37300-23-5	0.01mg/m^3	—	A1	Varies	鼻癌
654	氧化锌	Zinc oxide	1314-13-2	2mg/$m^{3(R)}$	10mg/$m^{3(R)}$	—	81.37	金属烟雾热
655	锆及其化合物(按Zr计)	Zirconium and compounds, as Zr	7440-67-7	5mg/m^3	10mg/m^3	A4	91.22	

附表6 2010年调整或增加的阈限值

序号	化合物名称	英 文 名	化学文摘号（CAS No.）	TWA	STEL	备 注	相对分子质量	TLV®Basis
1	乙酸酐	Acetic anhydride	108-24-7	1ppm	3ppm	A4	102.09	刺激上呼吸道
2	烯丙基溴	Allyl bromide	106-95-6	0.1ppm	—	Skin; A4	120.99	刺激眼睛和上呼吸道
3	氯丙烯	Allyl chloride	107-05-1	1ppm	2ppm	Skin; A3	76.5	刺激眼睛和上呼吸道；损伤肝和肾
4	硅化碳	Calcium silicate	1344-95-2				—	尘肺病；肺功能
	非纤维颗粒	Nonfibrous particles		0.5mg/$m^{3(E,R)}$	—	A4		
	纤维形式	Fibrous forms		1f/cc(F)	—	A4		
5	炭黑(总尘)	Carbon black	1333-86-4	3mg/$m^{3(I)}$	—	A3	—	支气管炎
6	乙苯	Ethyl benzene	100-41-4	20ppm	—	A3; BEI	106.16	刺激上呼吸道，损伤肾；伤害耳蜗

续表

序号	化合物名称	英文名	化学文摘号（CAS No.）	*TWA*	*STEL*	备注	相对分子质量	TLV® Basis
7	马来酸酐	Maleic anhydride	108－31－6	0.01 mg/m^3(IFV)	—	SEN；A4	98.06	呼吸疾病
8	锰元素和无机化合物（按 Mn 计）	Manganese elemental and inorganid compounds, as Mn	7439－96－5	0.2mg/m^3(I)		A4	54.94	损害中枢神经系统
				0.02mg/m^3(R)			varies	
9	甲基丙烯腈	Methylacrylonitrile	126－98－7	1ppm	—	Skin；A4	67.09	损害中枢神经系统；刺激眼睛和皮肤
10	甲基异戊基甲酮	Methyl isopropyl ketone	563－80－4	20ppm	—	—	86.14	损伤胚胎和胎儿
11	2，4－戊二酮	2，4－Pentanedione	123－54－6	25ppm	—	Skin	100.12	神经毒性；损害中枢神经系统
12	哌嗪	Piperazine	110－85－0	0.1mg/m^3(IFV)	—	SEN；A4	86.14	呼吸疾病；哮喘；损伤肝和肾
13	哌嗪二盐酸盐	Piperazine dihydrochloride	142－64－3	取消已用的文献和 TLV；参考哌嗪的资料				
14	皂石	Soapstone		取消已用的文献和 TLV；参考滑石粉的资料				
15	4，4'－硫代双(6－叔丁基间甲酚)	4，4'－Thiobis(6－*tert*－butyl－m－cresol)	96－69－5	1mg/m^3(I)	—	A4	358.54	刺激腺道；损伤肝；刺激上，下呼吸道
16	二异氰酸甲苯酯	Toluene－2，4－or2，6－diisocyanate (or as a mixture)	584－84－9；91－08－7	0.001 ppm(IFV)	0.003 ppm(IFV)	Skin；SEN；A3	174.15	哮喘

注：D：单一窒息剂。
E：不包括石棉和 <1% 石英晶体的颗粒物质。
F：呼吸性纤维粉尘：长径 >5μm；纵横比≥3:1，可以用薄膜过滤方法测定，测定时放大 400～450 倍到 4mm，并且使用相位对比光源。
G：用棉尘采样器采样，垂直分粒器测定。
H：气溶胶。
I：可吸入部分。
IFV：可吸入部分和蒸气。
J：不包括有毒金属的硬脂酸盐。
K：呼吸性微粒质量不超过 2mg/m^3。
L：所有接触途径都应控制在尽可能低的水平。
M：分类包含在无机强酸雾中的硫酸。
O：采样的方式不应收集到气体。
P：应用的条件是可忽略气溶胶的暴露。
R：可呼吸部分。
T：可进入胸部的部分。
V：蒸气和气溶胶。

附录4　高毒物品目录(2003年版)

见附表7。

附表7　高毒物品目录(2003年版)

序号	毒物名称 CAS No.	别名	英文名称	MAC/ (mg/m³)	PC-TWA/ (mg/m³)	PC-STEL/ (mg/m³)
1	N-甲基苯胺 100-61-8		N-Methyl aniline	—	2	5
2	N-异丙基苯胺 768-52-5		N-Isopropylaniline	—	10	25
3	氨 7664-41-7	阿摩尼亚	Ammonia	—	20	30
4	苯 71-43-2		Benzene	—	6	10
5	苯胺 62-53-3		Aniline	—	3	7.5
6	丙烯酰胺 79-06-1		Acrylamide	—	0.3	0.9
7	丙烯腈 107-13-1		Acrylonitrile	—	1	2
8	对硝基苯胺 100-01-6		p-Nitroaniline	—	3	7.5
9	对硝基氯苯/二硝基氯苯 100-00-5/25567-67-3		p-Nitrochlorobenzene/ Dinitrochlorobenzene	—	0.6	1.8
10	二苯胺 122-39-4		Diphenylamine	—	10	25
11	二甲基苯胺 121-69-7		Dimethylanilne	—	5	10
12	二硫化碳 75-15-0		Carbon disulfide	—	5	10
13	二氯代乙炔 7572-29-4		Dichloroacetylene	0.4	—	—
14	二硝基苯(全部异构体) 582-29-0/99-65-0/100-25-4		Dinitrobenzene(all isomers)	—	1	2.5
15	二硝基(甲)苯 25321-14-6		Dinitrotoluene	—	0.2	0.6
16	二氧化(一)氮 10102-44-0		Nitrogen dioxide	—	5	10
17	甲苯-2,4-二异氰酸酯(TDI) 584-84-9		Toluene-2,4-diisocyanate(TDI)	—	0.1	0.2
18	氟化氢 7664-39-3	氢氟酸	Hydrogen fluoride	2	—	—

续表

序号	毒物名称 CAS No.	别名	英 文 名 称	MAC/(mg/m³)	PC-TWA/(mg/m³)	PC-STEL/(mg/m³)
19	氟及其化合物(不含氟化氢)		Fluorides(except HF), as F	—	2	5
20	镉及其化合物 7440-43-9		Cadmium and compounds	—	0.01	0.02
21	铬及其化合物 305-03-3		Chromic and compounds	0.05	0.15	—
22	汞 7439-97-6	水银	Mercury	—	0.02	0.04
23	碳酰氯 75-44-5	光气	Phosgene	—	0.5	
24	黄磷 7723-14-0		Yellow phosphorus	—	0.05	0.1
25	甲(基)肼 60-34-4		Methyl hydrazine	0.08	—	—
26	甲醛 50-00-0	福尔马林	Formaldehyde	0.5	—	—
27	焦炉逸散物		Coke oven emissions	—	0.1	0.3
28	肼;联氨 302-01-2		Hydrazine	—	0.06	0.13
29	可溶性镍化物 7440-02-0		Nickel soluble compounds	—	0.5	1.5
30	磷化氢;膦 7803-51-2		Phosphine	0.3	—	—
31	硫化氢 7783-06-4		Hydrogen sulfide	10	—	—
32	硫酸二甲酯 77-78-1		Dimethyl sulfate	—	0.5	1.5
33	氯化汞 7487-94-7	升汞	Mercuric chloride	—	0.025	0.025
34	氯化萘 90-13-1		Chlorinated naphthalene	—	0.5	1.5
35	氯甲基醚 107-30-2		Chloromethyl methyl ether	0.005	—	—
36	氯;氯气 7782-50-5		Chlorine	1	—	—
37	氯乙烯;乙烯基氯 75-01-4		Vinyl chloride	—	10	25
38	锰化合物(锰尘、锰烟) 7439-96-5		Manganese and compounds	—	0.15	0.45
39	镍与难溶性镍化物 7440-02-0		Nichel and insoluble compounds	—	1	2.5
40	铍及其化合物 7440-41-7		Beryllium and compounds	—	0.0005	0.001
41	偏二甲基肼 57-14-7		Unsymmetric dimethylhydrazine	—	0.5	1.5
42	铅尘 7439-92-1		Lead dust	0.05	—	—
	铅烟 7439-92-1		Lead fume	0.03	—	—

续表

序号	毒物名称 CAS No.	别名	英文名称	MAC/ (mg/m^3)	PC－TWA/ (mg/m^3)	PC－STEL/ (mg/m^3)
43	氰化氢(按CN计) 460－19－5		Hydrogen cyanide, as CN	1	—	—
44	氰化物(按CN计) 143－33－9		Cyanides, as CN	1	—	—
45	三硝基甲苯 118－96－7	TNT	Trinitrotoluene	—	0.2	0.5
46	砷化(三)氢;胂 7784－42－1		Arsine	0.03	—	—
47	砷及其无机化合物 7440－38－2		Arenic and inorganic compounds	—	0.01	0.02
48	石棉总尘/纤维 1332－21－4		Asbestos	—	0.8 0.8f/mL	1.5 1.5f/mL
49	铊及其可溶化合物		Thallium and soluble compounds	—	0.05	0.1
50	羰基镍 13463－39－3		Nickel carbonyl	0.002	—	—
51	锑及其化合物 7440－36－0		Antimony and compounds	—	0.5	1.5
52	五氧化二钒烟尘 7440－62－6		Vanadium pentoside fume and dust	—	0.05	0.15
53	硝基苯 98－95－3		Nitrobenzene (skin)	—	2	5
54	一氧化碳(非高原) 630－08－0		Carbon monoxide not in high altitude area	—	20	30

索 引

E

F

G

H

J

T

W

X

Y

Z

参考文献

1. 中国石油化工总公司安全监察部. 石油化工毒物手册. 北京：中国劳动出版社，1992
2. 金泰廙主编. 职业卫生与职业医学(第5版). 北京：人民卫生出版社，2003
3. 王广生主编. 石油化工原料与产品安全手册(第2版). 北京：中国石化出版社，2010
4. 卫生部卫生法制与监督司编. 中华人民共和国职业卫生法规汇编. 北京：中国人口出版社，2002
5. 陆春荣，张斌主编. 危险化学品企业安全员工作指导. 北京：中国劳动社会保障出版社，2009
6. 任国友主编. 化工行业安全生产和个体防护实用手册. 北京：中国工人出版社，2009
7. 石惟理主编. 石化行业危险化学品安全培训读本. 北京：中国石化出版社，2009
8. 张德义主编. 石油化工危险化学品实用手册. 北京：中国石化出版社，2006
9. 崔政斌，聂幼平主编. 职业危害控制技术. 北京：化学工业出版社，2009
10. 周志俊主编. 化学毒物危害与控制. 北京：化学工业出版社，2007
11. 张海峰主编. 危险化学品安全技术大典(第Ⅰ卷). 北京：中国石化出版社，2010
12. 夏元洵主编. 化学物质毒性全书. 上海：上海科学技术文献出版社，1991
13. 卫生部卫生法制与监督司，中国疾病预防控制中心职业卫生与中毒控制所编. 建设项目职业病危害评价. 北京：中国人口出版社，2003
14. 杨文芬主编. 职业危害个体防护技术. 北京：中国劳动社会保障出版社，2010
15. 赵容主编. 工业防毒实用技术. 北京：中国劳动社会保障出版社，2010
16. 邵强，胡伟江，张东普编. 职业病危害卫生工程控制技术. 北京：化学工业出版社，2005
17. 周国泰主编. 危险化学品安全技术全书. 北京：化学工业出版社，1997
18. 中国疾病预防控制中心职业卫生与中毒控制所，全国职业卫生标准委员会编. 高毒物品作业职业病危害防护实用指南. 北京：化学工业出版社，2004
19. 中华人民共和国国家质量监督检验检疫局发布. 中华人民共和国国家标准 GB/T 18664—2002. 呼吸防护用品的选择、使用与维护. 北京：中国标准出版社，2002
20. 中华人民共和国卫生部发布. 中华人民共和国国家职业卫生标准 GBZ 2. 1—2007. 工作场所有害因素职业接触限值 第1部分：化学有害因素. 北京：中国卫生出版社，2007
21. 中华人民共和国卫生部发布. 中华人民共和国国家职业卫生标准 GBZ 188—2007. 职业健康监护技术规范. 北京：中国卫生出版社，2007
22. National Institute for Occupational Safety and Health. NIOSH POCKET GUIDE TO CHEMICAL HAZARDS. DHHS (NIOSH) Publication, September 2007
23. American Conference of Governmental Industrial Hygienists. 2010 TLVs and BEIs. Signature Publications, 2010